"十四五"时期国家重点出版物出版专项规划项目

环境催化与污染控制系列

光催化材料的制备科学

余家国　曹少文　朱必成 等　著

科 学 出 版 社

北 京

内 容 简 介

本书以推动实现碳达峰、碳中和为契机，以半导体光催化理论为基础，阐述典型光催化材料的制备科学，详细介绍了 TiO_2、ZnO、$g-C_3N_4$、CdS、铋系光催化剂、碳基光催化剂和梯形异质结光催化剂等典型光催化材料的发展历史，系统综合了各类光催化材料的基本性质，并着重探讨了各类光催化材料的制备原理和光催化机理。

本书可供材料、化学、催化、能源、化工等专业的本科生和研究生作为教材使用，也可作为相关专业科研工作者和教师的专业参考书。

图书在版编目（CIP）数据

光催化材料的制备科学 / 余家国等著. —北京：科学出版社，2023.8

（环境催化与污染控制系列）

"十四五"时期国家重点出版物出版专项规划项目

ISBN 978-7-03-076104-0

Ⅰ. ①光… Ⅱ. ①余… Ⅲ. ①光催化－材料制备－研究 Ⅳ. ①TB383

中国国家版本馆 CIP 数据核字（2023）第 144747 号

责任编辑：肖慧敏 李小锐 / 责任校对：彭 映
责任印制：罗 科 / 封面设计：东方人华

科 学 出 版 社 出版

北京东黄城根北街 16 号
邮政编码：100717
http://www.sciencep.com

成都锦瑞印刷有限责任公司印刷
科学出版社发行 各地新华书店经销

*

2023 年 8 月第 一 版 开本：787×1092 1/16
2023 年 8 月第一次印刷 印张：23 3/4
字数：564 000

定价：298.00 元

（如有印装质量问题，我社负责调换）

丛 书 序

环境污染问题与我国生态文明建设战略实施息息相关,如何有效控制和消减大气、水体和土壤等中的污染事关我国可持续发展和保障人民健康的关键问题。2013 年以来,国家相关部门针对经济发展过程中出现的各类污染问题陆续出台了"大气十条""水十条""土十条"等措施,制定了大气、水、土壤三大污染防治行动计划的施工图。2022 年 5 月,国务院办公厅印发《新污染物治理行动方案》,提出要强化对持久性有机污染物、内分泌干扰物、抗生素等新污染物的治理。大气污染、水污染、土壤污染以及固体废弃物污染的治理技术成为生态环境保护工作的重中之重。

在众多污染物削减和治理技术中,将污染物催化转化成无害物质或可以回收利用的环境催化技术具有尤其重要的地位,一直备受国内外的关注。环境催化是一门实践性极强的学科,其最终目标是解决生产和生活中存在的实际污染问题。从应用的角度,目前对污染物催化转化的研究主要集中在两个方面:一是从工业废气、机动车尾气等中去除对大气污染具有重要影响的无机气体污染物(如氮氧化合物、二氧化硫等)和挥发性有机化合物(VOC);二是工农业废水、生活用水等水中污染物的催化转化去除,以实现水的达标排放或回收利用。尽管上述催化转化在反应介质、反应条件、研究手段等方面千差万别,但同时也面临一些共同的科学和技术问题,比如如何提高催化剂的效率、如何延长催化剂的使用寿命、如何实现污染物的资源化利用、如何更明确地阐明催化机理并用于指导催化剂的合成和使用、如何在复合污染条件下实现高效的催化转化等。近年来,针对这些共性问题,科技部和国家自然科学基金委员会在环境催化科学与技术领域进行了布局,先后批准了一系列重大和重点研究计划和项目,污染防治所用的新型催化剂技术也被列入 2018 年国家政策重点支持的高新技术领域名单。在这些项目的支持下,我国污染控制环境催化的研究近年来取得了丰硕的成果,目前已到了对这些成果进行总结和提炼的时候。为此,我们组织编写"环境催化与污染控制系列",对环境催化在基础研究及其应用过程中的系列关键问题进行系统、深入的总结和梳理,以集中展示我国科学家在环境催化领域的优秀成果,更重要的是通过整理、凝练和升华,提升我国在污染治理方面的研究水平和技术创新,以应对新的科技挑战和国际竞争。

内容上,本系列不追求囊括环境催化的每一个方面,而是更注重所论述问题的代表性和重要性。系列主要包括大气污染治理、水污染治理两个板块,涉及光催化、电催化、热催化、光热协同催化、光电协同催化等关键技术,以及催化材料的设计合成、催化的基本原理和机制以及实际应用中关键问题的解决方案,均是近年来的研究热点;分册作者也都是活跃在环境催化领域科研一线的优秀科学家,他们对学科热点和发展方向的把握是第一手的、直接的、前沿的和深刻的。

　　希望本系列能为我国环境污染问题的解决以及生态文明建设战略的实施提供有益的理论和技术上的支撑，为我国污染控制新原理和新技术的产生奠定基础。同时也为从事催化化学、环境科学与工程的工作者尤其是青年研究人员和学生了解当前国内外进展提供参考。

中国科学院　院士

赵进才

前　言

在过去的几十年里，由于化石燃料的大量消耗，能源危机和环境污染成了亟待解决的两大问题。目前，全球大部分能源供给还是来源于煤、石油和天然气等。随着这些不可再生能源的不断消耗，寻求清洁的可再生能源和解决环境污染问题成了全世界的重要任务。统计数据显示，全球变暖的程度在惊人地增加，全球的平均地表温度正在升高，2006~2015年比1850~1900年升高了0.87 ℃。如果不控制和降低温室气体的排放，到21世纪中叶，温室气体预计将增加近一倍。因此，寻找合适的方法来缓解能源危机和控制温室效应是非常迫切的。

在众多潜在的解决方法中，半导体光催化技术由于其清洁、可再生、经济和安全等优点以及在能源和环境方面的多种应用潜力，受到了全世界的广泛关注。光催化材料和技术能够将低密度的太阳能有效地转化为高密度的化学能储存起来，如分解水制备氢气和氧气，降解有机污染物、还原重金属离子净化水和土壤，还可以将温室气体CO_2转化为碳氢燃料。因此，从绿色能源和绿化环境的角度出发，太阳能光催化技术是解决环境污染和能源紧缺问题，实现碳中和最具潜力的方案之一。

目前，光催化材料的研究发展十分迅速，国内相关研究已处于国际先进水平。关于光催化基本原理的阐述已在多本著作中体现，本书着重关注典型光催化材料的制备科学，对典型光催化材料（如TiO_2、ZnO、$g\text{-}C_3N_4$、CdS、铋系光催化剂、碳基光催化剂和梯形异质结光催化剂等）的发展历史、基本性质和制备方法进行广泛而深入的探讨。本书第1章由徐飞燕和余家国撰写，第2章由戚克振和余家国撰写，第3章由曹少文和余家国撰写，第4章由别传彪和余家国撰写，第5章由赫荣安和余家国撰写，第6章由曹少文和余家国撰写，第7章由徐全龙和余家国撰写，第8章由孟爱云和余家国撰写，第9章由朱必成和余家国撰写。

本书的出版得到了国家重点研发计划项目"太阳能全光谱光热耦合分解水制氢基础研究"课题"光催化剂微结构调控及多相光催化制氢反应体系构建"（2018YFB1502001）、国家自然科学基金重点项目"梯形太阳燃料光催化剂的设计制备与原位机理研究"（51932007）、国家自然科学基金国际（地区）合作交流项目"基于p型半导体的光催化二氧化碳还原"（51961135303）等科研项目的持续支持。

目前光催化材料研究领域发展极为迅速，并且作者水平非常有限，经验不足，书中难免存在疏漏和不足之处，恳请广大读者批评指正。

余家国

2021年8月

目　　录

第 1 章　TiO₂ 和 TiO₂ 纤维光催化材料的静电纺丝制备

1.1　TiO₂ 光催化剂

　　TiO_2 成本低廉、来源广泛、环境友好、无毒无害、可用性强、性价比高，是目前研究最为广泛的光催化剂之一[1]。TiO_2 具有锐钛矿（anatase）、金红石（rutile）和板钛矿（brookite）三种相结构，由[TiO₆]八面体以共用棱边、顶点的方式堆叠和连接而成［图 1-1（a）］。锐钛矿属于四方晶系氧化物，由[TiO₆]八面体共用棱边堆叠构成［图 1-1（b）］，晶体通常为近似八面体的四方双锥，少数呈柱状或板状；金红石也属于四方晶系氧化物，由八面体同时共用顶点和棱边连接而成［图 1-1（c）］，呈现带双锥的柱状或针状形态，柱面常有纵纹；板钛矿属于正交（斜方）晶系氧化物，由八面体同时共用顶点和棱边连接而成［图 1-1（d）］，通常呈板状和叶片状晶形[2-4]。锐钛矿相、金红石相和板钛矿相 TiO_2 在自然界中都能够天然存在。从热力学上看，锐钛矿相和板钛矿相是 TiO_2 的低温亚稳定相，金红石相是 TiO_2 的高温稳定相。在实验条件下，锐钛矿相和板钛矿相经过高温处理后能够转化为金红石相，而金红石相不能向锐钛矿相或板钛矿相转化。不同的相结构具有不同的物理化学性质。与其他两种晶型相比，锐钛矿相 TiO_2 具有更高的光催化活性，在光催化分解水产氢、光催化 CO_2 还原、光催化降解有机污染物及太阳能电池等领域有广泛的研究前景。金红石相 TiO_2 具有耐高低温、抗腐蚀性好、强度高、比重较小等特性，可应用于航空、涂料和光催化等领域。板钛矿相 TiO_2 硬度较低，稳定性不如金红石相，在自然界中含量低，与锐钛矿相 TiO_2 具有相近的光电性质，可用于光催化制氢和 CO_2 还原制备太阳能燃料。

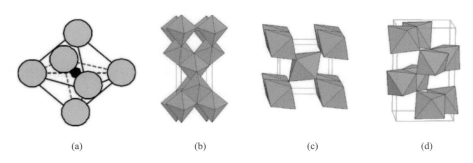

(a)　　　　　　(b)　　　　　　(c)　　　　　　(d)

图 1-1　不同相 TiO₂ 的晶体结构

（a）构成 TiO₂ 的钛氧（[TiO₆]）八面体示意图；（b）锐钛矿相 TiO₂ 的晶体结构；（c）金红石相 TiO₂ 的晶体结构；（d）板钛矿相 TiO₂ 的晶体结构

1.1.1　TiO$_2$的物理化学性质

TiO$_2$的三种相结构中，金红石相 TiO$_2$的相对密度和折射率较大，具有很高的分散光射线本领和很强的遮盖力及着色力；锐钛矿相 TiO$_2$结构不如金红石相稳定，但其光催化活性和超亲水性较高，常用作光催化剂；板钛矿相 TiO$_2$最不稳定，是一种亚稳相，很少被直接应用。锐钛矿相、金红石相和板钛矿相 TiO$_2$的物理性质如表 1-1 所示。

表 1-1　锐钛矿相、金红石相和板钛矿相 TiO$_2$的物理性质

物相	密度/(g·cm^{-3})	熔点和沸点/K	介电常数	硬度	折射率
锐钛矿	3.8～3.9	—	48	5.5～6.0	2.55
金红石	4.2～4.3	3200±300	180（与 c 轴平行）、90（与 c 轴垂直）	6.0～7.0	2.71
板钛矿	3.9～4.1	—	—	5.6～6.0	—

TiO$_2$的化学性质稳定，在常温下几乎不与其他物质发生反应，是一种偏酸性的两性氧化物。TiO$_2$与 O$_2$、H$_2$S、SO$_2$、CO$_2$和 NH$_3$都不发生反应，也不溶于水、脂肪酸和其他有机酸及弱无机酸，微溶于碱和热硝酸，只有在长时间煮沸条件下才能完全溶于浓 H$_2$SO$_4$和 HF。其反应方程式如下：

$$TiO_2 + 6HF \longrightarrow H_2TiF_6 + 2H_2O \tag{1-1}$$
$$TiO_2 + 2H_2SO_4 \longrightarrow Ti(SO_4)_2 + 2H_2O \tag{1-2}$$
$$TiO_2 + H_2SO_4 \longrightarrow TiOSO_4 + H_2O \tag{1-3}$$

TiO$_2$与酸式硫酸盐（如 KHSO$_4$）或焦硫酸盐（如 K$_2$S$_2$O$_7$）共熔，可转变为微溶的 TiOSO$_4$或 Ti(SO$_4$)$_2$：

$$TiO_2 + 2KHSO_4 \longrightarrow TiOSO_4 + K_2SO_4 + H_2O \tag{1-4}$$
$$TiO_2 + 4K_2S_2O_7 \longrightarrow Ti(SO_4)_2 + 4K_2SO_4 + 2SO_3 \tag{1-5}$$

TiO$_2$能熔于碱，与强碱（NaOH、KOH）或碱金属碳酸盐（Na$_2$CO$_3$、K$_2$CO$_3$）熔融时可转化为溶于酸的钛酸盐：

$$TiO_2 + 4NaOH \longrightarrow Na_4TiO_4 + 2H_2O \tag{1-6}$$

在高温下，当有还原剂（碳、淀粉、石油焦）存在时，TiO$_2$能被 Cl$_2$氯化成 TiCl$_4$：

$$TiO_2 + 2C + 2Cl_2 \longrightarrow TiCl_4 + 2CO \tag{1-7}$$

该反应是氯化法生产钛白粉的理论基础，但是若无还原剂混配，则即使在 1800 ℃下，TiO$_2$也不会与 Cl$_2$发生氯化反应。TiO$_2$与 COCl$_2$、CCl$_4$、SiCl$_4$等作用，同样也能被氯化成 TiCl$_4$。

TiO$_2$在高温下可被 H、Na、Mg、Al、Zn、Ca 及某些变价元素的化合物还原成低价态的化合物，但很难被还原成金属 Ti。例如，将干燥的 H$_2$通入赤热的 TiO$_2$，可得到 Ti$_2$O$_3$；在 2000 ℃、15.2 MPa 的 H$_2$中，能获得 TiO，但是若将金红石型钛白粉喷入等离子室中，则 TiO$_2$可与氢气反应而被还原成金属 Ti。反应方程式如下：

$$2TiO_2 + H_2 \longrightarrow Ti_2O_3 + H_2O \tag{1-8}$$

$$TiO_2 + H_2 \longrightarrow TiO + H_2O \tag{1-9}$$

$$TiO_2 + 2H_2 \longrightarrow Ti + 2H_2O \tag{1-10}$$

在光和空气的作用下，悬浮在某些有机介质中的 TiO$_2$ 可循环地被还原与氧化而导致介质被氧化，这种光化学活性在紫外光照射下的锐钛矿相 TiO$_2$ 中表现得尤为明显。这一性质使 TiO$_2$ 成为某些反应的有效催化剂，它既是某些无机化合物的光致氧化催化剂，又是某些有机化合物的光致还原催化剂。

1.1.2　TiO$_2$ 的能带结构

半导体的能带结构一般由填满电子的低能价带（valence band，VB）和空的高能导带（conduction band，CB）构成，价带和导带之间存在禁带。TiO$_2$ 是一种宽禁带半导体，其导带由 Ti 3d 轨道分裂成的两个亚层 e$_g$ 和 t$_{2g}$ 构成，价带由电子占据的 O 2s 和 2p 能带构成。不同相结构的 TiO$_2$ 具有不同的导带、价带位置及禁带宽度，通常，锐钛矿相 TiO$_2$ 的禁带宽度为 3.2 eV，金红石相 TiO$_2$ 的禁带宽度为 3.0 eV。当能量大于禁带宽度的光子照射到 TiO$_2$ 表面时，其价带上的电子被激发跃迁至导带上，在价带上留下相应的空穴。电子和空穴分离并迁移到半导体表面，进行氧化还原反应。半导体的光吸收阈值 λ_g（nm）与禁带宽度 E_g（eV）有着密切的关系，其关系式为

$$\lambda_g = \frac{1240}{E_g} \tag{1-11}$$

由式（1-11）可以判断，光吸收阈值 λ_g 越小，半导体的禁带宽度 E_g 越大。半导体光催化反应能否发生，取决于半导体的导带位置、价带位置和被吸附物质的氧化还原电势。热力学允许的光催化氧化-还原反应要求电子受体电势比 TiO$_2$ 导带电势低（更正），电子给体电势比 TiO$_2$ 价带电势高（更负）。锐钛矿相 TiO$_2$ 空穴的电势大于 3.0 eV，比高锰酸根、氯气、臭氧甚至是氟气的电极电势更正，具有很强的氧化性。研究发现 TiO$_2$ 能氧化多种有机物，并且氧化性很强，能将有机物最终彻底氧化成 CO$_2$、H$_2$O 等无机小分子。

1.1.3　TiO$_2$ 的光催化原理

在太阳光照射下，当 TiO$_2$ 接收到的光子能量大于其禁带宽度时，首先，TiO$_2$ 价带上的电子被激发到导带上，在导带上生成光生电子，同时在价带上留下空穴；其次，部分光生电子和空穴会在 TiO$_2$ 体相重新复合，并以荧光、热或其他能量的形式损失掉［反应方程式如式（1-12）和式（1-13）所示］，而没有在体相复合的光生电子和空穴将转移到 TiO$_2$ 光催化剂的表面；最后，TiO$_2$ 催化剂表面上没有复合的光生电子和空穴与表面吸附的物种发生相应的氧化还原反应。

$$TiO_2 + h\nu \longrightarrow TiO_2 + h^+ + e^- \tag{1-12}$$

$$h^+ + e^- \longrightarrow 复合 + 能量（h\nu' < h\nu 或热能） \tag{1-13}$$

当 TiO_2 表面存在合适的俘获剂或表面缺陷时,光生电子和空穴的复合会得到有效抑制。导带电子是良好的还原剂,而价带空穴是良好的氧化剂。在 TiO_2 光催化过程中,光生空穴具有较大的反应活性,与表面吸附的 H_2O 或 OH^- 反应形成具有强氧化性的羟基自由基,反应方程式如下:

$$H_2O + h^+ \longrightarrow \cdot OH + H^+ \tag{1-14}$$

$$OH^- + h^+ \longrightarrow \cdot OH \tag{1-15}$$

光生电子与表面吸附的 O_2 分子发生反应,分子氧不仅参与表面反应,还是表面羟基自由基的另一个来源,反应方程式如下:

$$O_2 + e^- \longrightarrow \cdot O_2^- \tag{1-16}$$

$$H_2O + \cdot O_2^- \longrightarrow \cdot OOH + OH^- \tag{1-17}$$

$$2 \cdot OOH \longrightarrow O_2 + H_2O_2 \tag{1-18}$$

$$\cdot OOH + H_2O + e^- \longrightarrow H_2O_2 + OH^- \tag{1-19}$$

$$H_2O_2 + e^- \longrightarrow \cdot OH + OH^- \tag{1-20}$$

上面的反应机理方程式中,多个基元反应产生了活泼的 $\cdot OH$、$\cdot O_2^-$ 以及 $\cdot OH_2$,这些都是氧化性很强的活泼自由基,能够将有机物直接氧化为 CO_2、H_2O 等无机小分子。而且由于它们的氧化能力强,氧化反应一般不停留在中间步骤,即不产生中间产物,这也是难以推测其反应机理的重要原因之一。

光催化技术通常应用于光催化分解水产氢[5-7]、光催化还原 CO_2 制备碳氢化合物[8-14]、光催化降解污染物[15-19]、光催化杀菌[20]等领域。光催化分解水产氢半反应是一个典型的利用光生电子的光催化还原反应。从热力学角度来说,只要半导体的导带底位置比 H^+/H_2 的还原电位(0 V vs. NHE)更负,而价带顶位置比 O_2/H_2O 的氧化电位(1.23 V vs. NHE)更正,就可以发生有效的光催化分解水。光催化分解水反应主要包括三个步骤:①在太阳光照射下,半导体吸收能量高于其禁带宽度的光子,在半导体中产生光生电子-空穴对;②部分光生载流子在体相中迅速复合,未能复合的载流子则迁移到半导体表面,实现光生电子和空穴的分离;③迁移到表面的光生载流子与半导体表面吸附态的水分子反应,实现水的分解。半导体被光激发产生光生电子-空穴对后,电子与空穴的复合和分离迁移过程是半导体光催化剂内部两个重要的竞争过程,直接影响光催化反应效率。光生电荷复合既包括体相复合,也包括表面复合,这两种复合都属于失活过程,不利于光催化分解水反应。因此,实现光生载流子快速传输和有效分离,避免其在半导体体相内或表面上复合,是促进光催化分解水产生 H_2 或 O_2 的根本途径。值得注意的是,光催化分解水新生成的 H_2 和 O_2 活性较高,容易在催化剂表面原位发生逆反应而重新化合成水。为了抑制这种表面逆反应和延长光生电子的寿命,通常在光催化反应体系中加入牺牲剂(sacrificial agent,SA)来消耗光生空穴,而光生电子则用来参与光催化分解水产生 H_2 的半反应。因此,目前研究最广泛、最深入的还是光催化分解水产氢半反应,涉及的反应式如下:

$$半导体 + h\nu \longrightarrow 半导体 + h^+ + e^- \tag{1-21}$$

$$h^+ + SA \longrightarrow 氧化的SA \tag{1-22}$$

$$2H^+ + 2e^- \longrightarrow H_2 \tag{1-23}$$

光催化 CO$_2$ 还原是另一个利用光生电子的光催化还原反应,CO$_2$ 还原可将太阳能转换为高附加值的太阳能燃料,包括 CO 和 CH$_4$、CH$_3$OH、HCOOH、HCHO 等碳氢化合物。每种太阳能燃料都有对应的还原电位,当半导体的导带底比某一种或某些碳氢化合物的还原电位更负时, 便可以发生光还原反应生成对应的碳氢化合物。从热力学角度来看,CO$_2$/CH$_4$ 具有更正的还原电势, 而 CO$_2$/HCOOH 则具有更负的还原电势,这就意味着将 CO$_2$ 还原成 CH$_4$ 最容易,而还原成 HCOOH 最困难。此外, 光催化 CO$_2$ 还原反应过程是一个多电子参与的复杂反应, 参加反应的电子数不同, 生成的还原产物也不同:

$$CO_2 + 2H^+ + 2e^- \longrightarrow HCOOH \tag{1-24}$$

$$CO_2 + 2H^+ + 2e^- \longrightarrow CO + H_2O \tag{1-25}$$

$$CO_2 + 4H^+ + 4e^- \longrightarrow HCHO + H_2O \tag{1-26}$$

$$CO_2 + 6H^+ + 6e^- \longrightarrow CH_3OH + H_2O \tag{1-27}$$

$$CO_2 + 8H^+ + 8e^- \longrightarrow CH_4 + 2H_2O \tag{1-28}$$

从还原过程中需要的电子数来看, 通过光催化反应将 CO$_2$ 还原成 CH$_4$ 需要 8 个光生电子,而还原成 HCOOH 和 CO 仅需 2 个光生电子。从动力学角度看, 这又意味着在同等条件下, 将 CO$_2$ 还原成 CH$_4$ 比较困难, 而还原成 HCOOH 和 CO 则相对容易。因此,研究光催化 CO$_2$ 还原效率时, 一般需要综合考虑热力学因素和动力学因素。

光催化 CO$_2$ 还原反应主要包括四个步骤:①CO$_2$ 分子在催化剂表面发生吸附和活化;②在太阳光照射下, 半导体吸收能量高于其禁带宽度的光子, 使得半导体中产生光生电子-空穴对;③半导体中产生的光生载流子部分在体相中快速复合, 而没有复合的载流子则迁移到半导体表面, 并实现光生电子和空穴的分离;④半导体表面吸附并活化了的 CO$_2$ 分子与迁移到半导体表面没有复合的光生电子发生 CO$_2$ 还原反应。

光催化降解污染物是典型的光催化氧化反应。随着工业进程的加快, 大量的废水和废气被排入环境中, 其中有毒有机物会在人体内富集, 严重威胁着人类的健康。而这些有毒的有机化合物通常很难被降解。大量研究表明, 有机染料、有机卤化物、农药、表面活性剂、氰化物等难以降解或通过其他方法难以去除的有机污染物可以通过光催化氧化反应有效地降解、脱色和解毒, 并最终完全矿化为没有任何污染的 CO$_2$、H$_2$O 及其他无机小分子,从而消除它们对环境的污染。当入射光能量高于半导体光催化剂的禁带宽度时, 半导体价带上的电子就会被激发到导带上, 同时在价带上形成空穴, 即产生光生电子和空穴对。受激发产生的光生空穴具有较强的氧化性, 是很好的氧化剂, 会将催化剂表面吸附的水或表面羟基氧化成具有强氧化能力的羟基自由基(•OH), 而羟基自由基几乎能氧化所有有机物并使其矿化。通常, 光催化降解反应在空气中进行, 空气中的氧气可以促进光催化反应,加速反应的进行。这主要是因为氧气可以与光生电子作用生成超氧自由基(•O$_2^-$), 有效抑制半导体光催化剂中光生电子和空穴的复合, 同时超氧自由基也可以氧化并矿化有机污染物。光催化降解污染物过程中所涉及的反应式如式(1-29)～式(1-34)所示:

$$半导体 + h\nu \longrightarrow 半导体 + h^+ + e^- \tag{1-29}$$

$$H_2O + h^+ \longrightarrow \text{•OH} + H^+ \tag{1-30}$$

$$OH^- + h^+ \longrightarrow \cdot OH \tag{1-31}$$

$$O_2 + e^- \longrightarrow \cdot O_2^- \tag{1-32}$$

$$\cdot OH + 有机污染物 \longrightarrow CO_2 + H_2O \tag{1-33}$$

$$\cdot O_2^- + 有机污染物 \longrightarrow CO_2 + H_2O \tag{1-34}$$

光催化杀菌是指利用光催化剂在光照下产生的空穴和活性氧物种将细菌杀死，是一个典型的氧化过程。微生物细胞是由基本元素如 C、H、O、N 等构成的化学键组合而形成的有机体生物，这些微生物通过其体内的辅酶 A、细胞壁（膜）及遗传物质 DNA 进行生存和繁殖。半导体在光照条件下产生光生电子和空穴，光生电子与空气中的 O_2 反应生成超氧自由基（ $\cdot O_2^-$ ），同时光生空穴与吸附在半导体表面的水分子或 OH^- 反应生成羟基自由基（ $\cdot OH$ ），超氧自由基和羟基自由基都具有强氧化性，可以氧化细菌体内的辅酶 A，破坏细菌的细胞壁（膜）和遗传物质 DNA 的结构，从而达到杀菌的效果。与传统的常见抗菌剂相比，半导体光催化剂作为抗菌剂具有抗菌效果持久、使用范围广、耐热性能好、杀菌彻底等优点。同时，光催化技术在杀菌领域具有无毒无味、对皮肤刺激小、安全性较高等优势。因此，选择合适的光催化剂并提高其选择性杀菌能力在杀菌领域具有重要的应用前景。

总的来说，光催化技术在众多领域都有着广泛的应用，其光催化机理基本相同，都是利用光激发产生的光生电子或空穴完成相应的氧化还原反应，具有清洁、高效、应用范围广等优点，在环境与能源领域具有很大的应用潜力。

1.1.4　TiO_2 的制备方法

近年来，科学家们已经报道了多种制备 TiO_2 光催化材料的物理或化学方法，其中水热法、溶剂热法、溶胶-凝胶法、沉淀法和静电纺丝法由于各具特色而成为合成 TiO_2 最常见的方法。

1. 水热法

水热法指在密闭反应体系中，以水为溶剂，通过对反应容器加热，制造一个高温、高压的反应环境，使得难溶或不溶于水的物质溶解并且重结晶，原始混合物进行化学反应，发生粒子的成核和生长，生成形貌和大小可控的微细粉末。水热法制备的纳米 TiO_2 通常具有晶粒发育完整、粒径小且分布均匀、颗粒团聚少的特点，且可直接制备出 TiO_2 晶体颗粒，无须进行后期的高温晶化处理，可以有效控制纳米微粒间的团聚和晶粒长大。与其他方法相比，水热法通常具有以下特点：①产物在水热反应过程中已经晶化，无须再经过高温煅烧热处理，可以有效解决热处理过程中颗粒团聚的问题；②通过改变反应条件（如温度、原料配比、酸碱度等），可以得到具有不同晶体结构、组成、形貌以及颗粒尺寸的产物；③水热过程中污染小；④成本低廉。采用水热法制备 TiO_2 通常在高压反应釜中加入制备 TiO_2 的前驱体（如钛酸四正丁酯、硫酸氧钛、四氯化钛等），按一定的升温速率加热，待高压釜达到所需的温度，恒温一段时间，最后冷却卸压，对产物进行洗涤、干燥后即可得到 TiO_2 粉体。

水热法制备纳米 TiO_2 粉体目前主要用于实验室研究，国内尚没有实现工业化生产的先例，其原因可能是水热法在制备过程中要高温、高压，对设备要求严格，且生产成本高。

2. 溶剂热法

溶剂热法是以有机溶剂为反应介质，在封闭的体系中将其加热到一定温度（通常高于沸点温度），在这种高温高压环境下进行纳米材料合成与制备的方法。溶剂热法中溶剂介质有两个作用：一是反应釜里高压力的直接来源，在高于其正常沸点的温度下溶剂蒸气会产生高压，且温度越高蒸气压力越大；二是绝大多数反应物在高温高压下均能全部或部分溶解于溶剂中，同时可以促进前驱体在此环境中成核并生长成纳米材料。通过溶剂热法可以制备出结晶度好、形貌及尺寸易于控制的 TiO$_2$ 纳米材料。一般认为，溶剂热法可分为以下 6 类。①溶剂热沉淀：某些无机化合物在常温常压下很难形成沉淀，而在高温高压条件下却比较容易形成新的固体沉淀。②溶剂热合成：通过改变反应参数，使两种及两种以上的化合物反应并生成新化合物。③溶剂热氧化：溶剂热条件下水或有机溶剂等与金属或其合金直接发生氧化反应而形成新的金属氧化物。④溶剂热还原：通过调控溶剂热的温度和反应釜内的氧气分压，可将金属盐、金属氧化物或氢氧化物等还原成超细金属粉末。⑤溶剂热分解：某些可分解化合物在高温高压下分解形成新的化合物，甚至可进一步分解而得到纯相的化合物颗粒。⑥溶剂热结晶：溶剂热条件可使某些非晶态化合物脱水结晶，如水合 TiO$_2$ 在高温高压下失去水分子而形成锐钛矿或金红石型粉末。但溶剂热法也存在一些不足，如用于溶剂热反应的容器的选材比较苛刻，它必须能够耐高温高压，同时还必须不与有机溶剂发生化学作用。常见的溶剂热反应装置为聚四氟乙烯内衬及不锈钢反应釜[21]。

3. 溶胶-凝胶法

溶胶-凝胶法是将金属有机（或无机）化合物经过水解和缩聚后形成凝胶，然后进行后处理（一般为热处理）而得到微纳米尺度的金属氧化物的制备方法。溶胶-凝胶法刚兴起时由于溶胶干燥时间过长而没有引起研究者们足够的研究兴趣。20 世纪 70 年代初，科学家发现通过金属醇盐水解可获得多羟基金属的溶胶，这些羟基相互缩合并凝胶化可获得多组分的凝胶。这种以金属醇盐为原料的溶胶-凝胶制备方法得到了材料科学界的极大关注，同时也激发了学者们的研究兴趣。溶胶-凝胶法制备纳米 TiO$_2$，通常是将钛的醇盐（如钛酸四正丁酯、钛酸异丙酯等）溶解在异丙醇、乙醇等有机溶剂中，随后加入适量水和水解催化剂形成溶胶和凝胶，经过干燥和焙烧处理后即可得到需要的纳米 TiO$_2$。一般影响溶胶-凝胶的参数主要包括溶液的 pH、钛醇盐的浓度、凝胶煅烧温度及时间等。与其他方法相比，溶胶-凝胶法具有其独特性：①合成出来的纳米 TiO$_2$ 纯度高且均匀性好；②TiO$_2$ 的尺寸、微观形貌、比表面积和孔结构均可以调控；③钛醇盐的水解和缩合可在室温下进行，工艺简单，无须苛刻的实验条件；④利用该方法可以将钛酸盐在其他材料表面进行水解缩合，经过后处理容易得到异质复合的光催化材料[22]。

4. 沉淀法

以价格低廉、来源广泛的四氯化钛或硫酸钛等无机盐为原料，向反应体系中加入沉淀剂后，形成不溶性的 Ti(OH)$_4$，然后将生成的沉淀过滤，洗去原溶液中的阴离子，再高温

煅烧即得到所需的 TiO_2 粉体。沉淀法一般分为两种类型：直接沉淀法和均匀沉淀法。直接沉淀法是在含有一种或多种离子的可溶性盐溶液中加入沉淀剂，再在一定的反应条件下形成不溶性的氢氧化物，最终将沉淀洗涤、干燥、热分解得到氧化物粉体。该方法操作简单，对设备和技术的要求不太苛刻，产品成本较低，但沉淀洗涤困难，易在产品中引入杂质。均匀沉淀法是利用某一化学反应使溶液中的构晶离子从溶液中缓慢均匀地释放出来，加入的沉淀剂不会立刻与沉淀组分发生反应，而是通过化学反应使沉淀剂在整个溶液中缓慢生成。由于沉淀剂是通过化学反应缓慢生成的，因此，只要控制好沉淀剂的生成速率，该方法就可以避免浓度不均匀的现象，使过饱和度控制在适当范围内，从而控制粒子的生长速度，获得粒度均匀、致密、便于洗涤、纯度高的纳米粒子。

5. 静电纺丝法

静电纺丝法是一种生产直径在几十纳米到几微米之间的纳米纤维的独特技术。该方法主要以熔融聚合物或聚合物溶液作为纺丝前驱体，通过高压电形成的静电场，直接且连续地制备出直径为微纳米尺寸的超细纤维，其应用非常广泛。静电纺丝装置主要包含四个部分：高压直流电源、平头金属针、装有电纺溶液的注射器泵和接地导电接收板。当静电纺丝前驱体溶液被装在注射器中并被注射泵以一定的速度喷射时，针头处的溶液由于表面张力作用形成液滴，当针头与接收板之间存在高压电场时，液滴表面就会带上电荷。当电荷间的斥力强到可以克服液滴自身的表面张力时，液滴就会形成泰勒锥，并向接地导电接收板喷射液体。在到达接地导电接收板之前，射流被静电斥力拉伸，同时溶剂迅速挥发，进而将射流固化为纤维，并沉积在接收板上。与零维纳米颗粒、二维纳米片、三维分级微纳结构相比，TiO_2 纳米纤维材料具有长径比大、比表面积高、易成膜、不易团聚等优点，在吸附、催化、传感等领域具有巨大的应用前景[23]。

1.1.5　TiO_2 光催化剂的起源与发展

1972 年，日本科学家 Fujishima 和 Honda 开创性地报道了在 TiO_2 薄膜电极表面光电裂解水产生 O_2 和 H_2[24]，标志着多相光催化新时代的开始。1976 年，Carey 等[25]报道了 TiO_2 光催化氧化废水中的多氯联苯（PCB）以达到脱氯去毒的效果。1977 年，Frank 和 Bard[26]用 TiO_2 粉末材料光催化氧化水中污染物，取得了突破性的进展。同年，Kraeulter 和 Bard[27]分别以单晶及多晶 TiO_2 半导体材料为电极，以醋酸离子为原料，采用光电法通过 Kolbe 反应成功地合成了乙烷。1979 年，Oliver 等[28]发现 TiO_2 粉末可以有效地光催化降解水中的有机物。然而，当 TiO_2 粉末存在于自然形成的悬浮物或黏土中时，其并不能有效降解水中的有机物，主要是因为悬浮物或黏土会屏蔽 TiO_2 对光的吸收，从而降低光催化降解活性。同年，Inoue 等[29]首次报道了 TiO_2 等几种常见光催化剂悬浮在水溶液中光催化还原 CO_2 生成有机化合物，如甲酸、甲醛、甲醇、甲烷等。自此，半导体 TiO_2 光催化技术在污水处理、空气净化、抗菌等领域的研究广泛开展起来。

进入 20 世纪 90 年代，随着环境问题的日益严峻，大气和水体污染不断加剧，半导体多相光催化逐渐受到科学家们的广泛关注。TiO_2 由于物理化学性质稳定、无毒、成本低廉、具有抗化学和光腐蚀、催化活性高等特性，在光催化领域有广阔的应用前景。1992 年，Saito 等[30]报道了粉末状 TiO₂ 对所有血清型变形链球菌均具有较好的光催化杀菌能力。1994 年，Wei 等[31]研究了 TiO₂ 光催化剂在水介质中的光催化杀菌活性，发现 TiO₂ 对顽固致病性原生动物或顽固藻类具有有效的消杀能力。1997 年，Wang 等[32]报道了一种光诱导的高度两亲性（亲水性和亲油性）TiO₂ 表面，这种表面由紫外线照射产生的亲水性和亲油性相的微观结构组成，由这种表面构成的 TiO₂ 涂层玻璃具有防雾和自清洁功能。1998 年，Sunada 等[33]考察了 TiO₂ 薄膜的抗菌特性，发现 TiO₂ 光催化剂具有杀菌和分解细胞内毒素的功效。

　　纯 TiO₂ 作为光催化剂的研究持续到 20 世纪 90 年代末。进入 21 世纪以来，科学家们发现，TiO₂ 单独作为光催化剂时，其光生电子和空穴的复合率较高，实际参与光催化反应的光生载流子较少，导致其表观量子效率较低。此外，TiO₂ 对太阳能的利用率很低，仅能吸收只占太阳光 4% 的紫外光。因此，对于 TiO₂ 光催化剂的改性研究开始广泛起来。2001 年，Asahi 等[34]为了提高 TiO₂ 光催化剂对太阳能的利用效率，首次设计合成了 N 掺杂的 TiO₂ 光催化剂。为了比较几种常见元素掺杂对 TiO₂ 性质的影响，他们采用第一性原理计算研究了 C、N、F、P、S 几种元素掺杂后的 TiO₂ 的态密度，发现适量 N 掺杂对于改性 TiO₂ 是最有效的，主要是因为 N 的 p 轨道与 O 的 2p 轨道部分重叠后可以有效减小 TiO₂ 的带隙。S 掺杂虽然也可以减小 TiO₂ 的带隙，但 S 元素的离子半径较大，很难将其掺杂进 TiO₂ 晶格内。C 和 P 掺杂由于进入带隙内部太深，掺杂后形成深能级（靠近禁带中心），组成深能级的原子轨道很难与组成 CB（或 VB）的原子轨道有相互作用，即轨道无法重叠。如果光生载流子被激发到深能级，它们就无法迁移出去，深能级就成为电子和空穴的复合中心，不利于光催化反应［图 1-2（a）和图 1-2（b）］。作者还指出，通过掺杂实现 TiO₂ 可见光响应必须满足以下三点：①掺杂物质应在 TiO₂ 禁带内形成掺杂能级，使 TiO₂ 吸收可见光；②掺杂态和 TiO₂ 导带底的能级要高于 H_2/H_2O 能级，以确保发生光催化产氢半反应；③组成掺杂能级的原子轨道要和组成 TiO₂ 价带顶或导带底的原子轨道充分重叠，一旦实现电子态叠加，光生载流子便可在导带（或价带）和杂质能级间传输，进而到达 TiO₂ 表面活性位点。此外，他们还研究了掺杂后 TiO₂ 的光催化降解亚甲基蓝及光催化分解气态乙醛活性［图 1-2（c）和图 1-2（d）］，结果显示，与未掺杂的 TiO₂ 相比，N 掺杂的 TiO₂ 光催化剂在可见光照射下的光催化活性显著提高，而在紫外光照射下，两种材料的光催化活性相当。

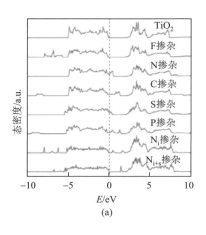

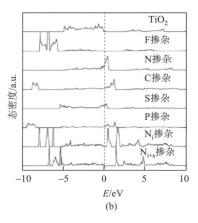

(a)　　　　　　　　　　　　　　　　(b)

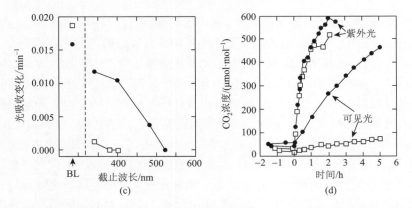

图 1-2 阴离子掺杂的 TiO_2 总态密度图、投影态密度图及光催化活性[34]

（a）阴离子掺杂的 TiO_2 总态密度图；（b）掺杂阴离子的投影态密度图，F、N、C、S 和 P 以取代掺杂的形式（取代 O 位）进入锐钛矿 TiO_2（每晶胞含 8 个 TiO_2 单元），上述结果还包括间隙掺杂 N（N_i 掺杂）及同时存在间隙和取代掺杂 N（N_{i+s} 掺杂）的 TiO_2 态密度，TiO_2 价带顶的能量设定为零，平移各掺杂 TiO_2 的态密度，使距离掺杂原子最远的 O 的 2s 投影态密度能量对齐；（c）N 掺杂的 TiO_2 与未掺杂的 TiO_2 光催化降解亚甲基蓝活性比较，测试在不同截止波长条件下亚甲基蓝光吸收变化；（d）N 掺杂的 TiO_2 与未掺杂的 TiO_2 光催化分解气态乙醛活性比较，测试 CO_2 浓度随光照时间变化的变化情况

　　2002 年，Yu 等[35]通过在 NH_4F-H_2O 体系中水解钛酸异丙酯，提出一种简单、新颖制备 F 掺杂锐钛矿相和板钛矿相混合的 TiO_2 纳米晶光催化剂的方法。热重分析结果表明，F 掺杂可以有效地抑制锐钛矿相向金红石相转变。X 射线衍射（XRD）结果表明，F 掺杂可以提高锐钛矿相的结晶度，当 TiO_2 表面吸附 F^- 时，可以有效抑制板钛矿相的形成，且 F^- 可以促进板钛矿相向锐钛矿相转变，同时阻止锐钛矿相向金红石相的转变。此外，F 掺杂还显著影响 TiO_2 的光吸收特性，与未掺杂的 TiO_2 相比，掺杂后的 TiO_2 在紫外-可见光范围内的吸收增强，且带隙跃迁表现出明显的红移。荧光结果表明，适量的 F 掺杂可以减缓 TiO_2 中光生电子和空穴的辐射复合，而当 F 掺杂量过多时，则会引入新的缺陷位点或复合中心，增强光生电子和空穴的复合。F 掺杂后的 TiO_2 表现出增强的光催化活性，主要是因为 F^- 可以将 Ti^{4+} 转化为 Ti^{3+}。由于 TiO_2 是 n 型半导体，TiO_2 中 Ti^{3+} 表面态在 TiO_2 带隙之间形成空位，Ti^{3+} 表面态可以捕获光生电子并将其转移到吸附在 TiO_2 表面的 O_2 上，因此，TiO_2 中存在适量的 Ti^{3+} 表面态可以有效减小光生电子和空穴的复合速率，从而增强光催化活性。如图 1-3 所示，在紫外光激发下，光生电子在 Ti^{3+} 的能带上积累，光生空穴在 TiO_2 价带上积累，在 Ti^{3+} 能带上积累的电子可以转移到吸附在表面的 O_2 上，有效降低光生电子和空穴的复合速率。

　　随着研究的深入，2008 年，Yang 等[36]认为 TiO_2 暴露的高能晶面是影响其光催化活性的重要因素。他们指出，对于锐钛矿相 TiO_2 而言，若 TiO_2 表面暴露的主要是氧原子，则(100)晶面最稳定；若 TiO_2 表面不含其他基团或暴露的是氢原子，则(101)晶面最稳定；若 TiO_2 表面同时存在 H—和 O—基团，则具有较高的表面能，可以有效抑制锐钛矿相单晶的形成。为了进一步探索不同吸附原子的影响，他们采用第一性原理计算对 12 种非金属原子（H、B、C、N、O、F、Si、P、S、Cl、Br、I）进行了系统的研究，发现当 TiO_2 表面吸附 F 原子时，其(001)晶面比(101)晶面更稳定，且若 TiO_2 表面被 F 原子包围，可以获得高比例(001)晶面的锐钛矿相 TiO_2。基于此，他们使用四氟化钛（TiF_4）作为钛源，氢氟酸（HF）作为 TiO_2 晶面控制剂，制备得到具有高百分比的(001)高能晶面的锐钛矿相

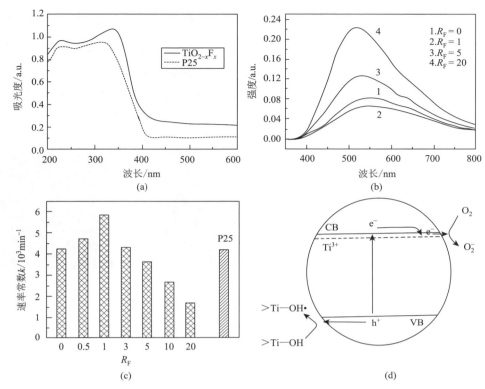

图 1-3　F 掺杂的 TiO$_2$ 纳米光催化剂的紫外可见吸收光谱、荧光光谱、光催化活性及机理[35]

(a) P25 及 F 掺杂的 TiO$_2$ 粉末（TiO$_{2-x}$F$_x$）的紫外可见吸收光谱（UV-vis 光谱）；(b) F 掺杂的 TiO$_2$ 样品的荧光光谱，其中 R_F 代表 TiO$_2$ 和 F 元素的原子比；(c) 各个样品的光催化活性；(d) F 掺杂的 TiO$_2$ 中 Ti^{3+} 能级和载流子动力学示意图

TiO$_2$（图 1-4）。氢氟酸被认为具有双重作用：减缓钛源的水解；降低表面能，促进晶粒沿 (010) 晶面方向和 (100) 晶面方向生长。暴露高能 (001) 晶面的 TiO$_2$ 比暴露 (100) 晶面的 TiO$_2$ 更稳定，在太阳能电池、光子和光电子器件、传感器和光催化等领域具有广阔的应用前景。

　　2010 年，Liu 等[37]报道了一种氟化物控制自转化的方法，用于合成含有约 20%(001) 高能晶面的锐钛矿相 TiO$_2$ 空心微球，该空心微球表面粗糙多孔，直径为 1～2 μm［图 1-5（a）］；从部分 TiO$_2$ 微球壳的高分辨扫描电子显微镜（HRSEM）图［图 1-5（b）］中可以看出，空心微球主要由 50～100 nm 的 TiO$_2$ 纳米颗粒组成，根据锐钛矿相 TiO$_2$ 晶体的对称性，其两个平面和正方形的表面应为 (001) 晶面，而八个侧表面为 (101) 晶面。此外，两个晶面间的夹角约为 68.3°，与锐钛矿相 TiO$_2$(001) 晶面和 (101) 晶面间的夹角一致。在紫外光照射下，该材料在分解水中的偶氮染料时表现出较好的光催化选择性，对甲基橙（MO）的光催化分解作用明显优于亚甲基蓝（MB）［图 1-5（c）］，这主要是因为与 MB 相比，MO 的结构更有利于光催化分解。经过 600℃煅烧后，样品表面结合的氟化物几乎被完全去除，仅保留了 0.3%（原子百分数）的 F 原子，导致样品更有利于光催化分解 MB［图 1-5（d）］。更为重要的是，TiO$_2$ 暴露 (001) 晶面的比例可以较好地调控光催化反应的选择性，用 NaOH 溶液洗涤样品后导致 (001) 晶面上大量的 Ti—F 转化为 Ti—OH，更有利于 MB 的光催化降解［图 1-5（e）］。

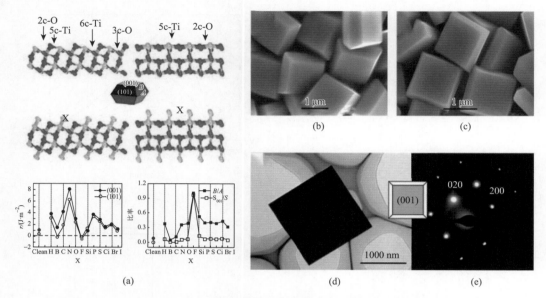

图 1-4 TiO₂高能晶面调控表面能计算及微观形貌[36]

（a）第一性原理计算锐钛矿相 TiO₂(001)晶面和(101)晶面的表面能，其中 X 代表 TiO₂表面吸附的某原子，Clean 代表未吸附；（b）TiF₄浓度为 5.33 mmol·L⁻¹，180 ℃条件下反应 14 h 合成的 TiO₂的扫描电子显微镜（SEM）图；（c）TiF₄浓度减半，反应时间增长至 20 h 合成的 TiO₂的 SEM 图；（d）沿(001)晶面方向生长的锐钛矿相单晶 TiO₂的透射电子显微镜（TEM）图；（e）选区电子衍射（SAED）图，证明锐钛矿相单晶 TiO₂的存在

TiO₂各晶面具有不同的电子结构和费米能级，基于此，Yu 等[13]在 2014 年提出了晶面异质结的概念，首次报道了锐钛矿相 TiO₂中(001)晶面和(101)晶面异质结的形成机理及其对光催化 CO₂还原性能的影响规律。第一性原理计算表明，锐钛矿相(001)晶面的费米能级位置与价带位置重合，而(101)晶面的费米能级位置仍然位于其价带顶部 [图 1-6（a）]。当(001)晶面与(101)晶面接触时，由于费米能级位置的差异，两种晶面间存在电子转移，导致晶面之间构成晶面异质结 [图 1-6（b）]。该晶面异质结有利于光生载流子的转移和分离，在光照条件下，光生电子和空穴分别转移到(101)晶面和(001)晶面上，完成光催化还原和氧化反应。进一步研究表明，暴露的(101)晶面和(001)晶面的比例对锐钛矿相 TiO₂的光催化活

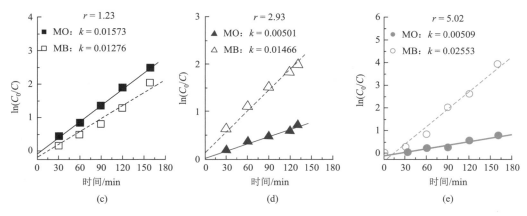

图 1-5　氟化物调节的 TiO₂ 空心微球的微观形貌及光催化活性[37]

（a）单个空心微球的 SEM 图；（b）一部分微球外壳的 HRSEM 图，由具有暴露(001)高能晶面的纳米尺寸多面体组成；（c）～（e）氟化物调节的 TiO₂ 空心微球、600 ℃煅烧后的 TiO₂ 空心微球、NaOH 洗涤后的 TiO₂ 空心微球的光催化降解甲基橙及亚甲基蓝性能比较

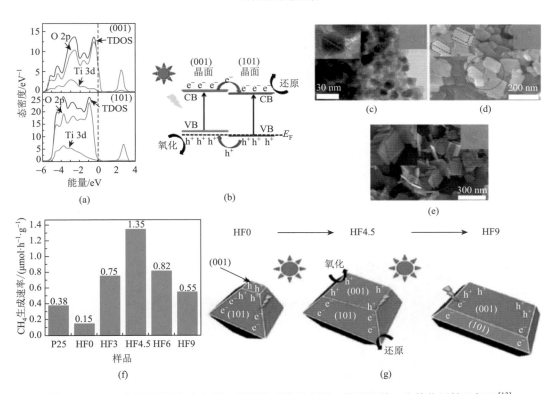

图 1-6　TiO₂ 不同晶面的态密度图、晶面异质结示意图、微观形貌、光催化活性及机理[13]

（a）锐钛矿相 TiO₂(001)晶面和(101)晶面态密度图；（b）(001)晶面和(101)晶面异质结示意图；（c）样品 HF0 的 TEM 图；（d）样品 HF4.5 的 SEM 图；（e）样品 HF9 的 SEM 图；（f）各个样品光催化 CO₂ 还原活性，其中 HFx 代表不同氢氟酸用量制备得到的锐钛矿相 TiO₂，x = 0, 3, 4.5, 6, 9 mL；（g）样品 HF0、HF4.5 及 HF9 上氧化还原位点的空间分离示意图

性有显著影响。通过控制氢氟酸的用量，可以制备得到不同(001)晶面和(101)晶面比例的锐钛矿相 TiO₂。从 TEM 图［图 1-6（c）］中可以看出，当氢氟酸用量为 0 时（HF0），所得

TiO_2 与天然锐钛矿相具有相似形貌，为八面体双锥体；而当氢氟酸用量分别为 4.5 mL（HF4.5）和 9 mL（HF9）时，制备得到的 TiO_2 为纳米片状，且氢氟酸用量越大，得到的晶体尺寸越大，晶化程度也越好 [图 1-6（d）和图 1-6（e）]。此外，HF4.5 和 HF9 暴露的(001)晶面所占百分数比 HF0 要大，说明 F^- 在形成(001)晶面显露的 TiO_2 纳米片中起着关键的作用。通过测试样品的光催化性能，发现当(001)晶面和(101)晶面比例为 45∶55 时（HF4.5），其光催化 CO_2 还原活性最高 [图 1-6（f）]。在光照条件下，TiO_2 价带上的电子跃迁到导带上。HF0 的(001)晶面占比很低，大部分光生电子和空穴聚集在(101)晶面上，光生载流子很容易复合，只有极小部分光生电子和空穴参与光催化反应。而 HF4.5 具有最佳比例的(001)和(101)暴露晶面，此时，光生电子和空穴可以有效地分别转移到(101)晶面和(001)晶面上，有效地抑制了光生载流子的复合，表现出最佳的光催化 CO_2 还原活性。然而，TiO_2 表面暴露过多的(001)晶面可能会对(101)晶面产生电子溢出效应，光生电子转移到(101)晶面会更加困难，不利于光催化过程的进行。光催化反应机理图如图 1-6（g）所示。

TiO_2 表面复合助催化剂是近年来公认的提高 TiO_2 光催化活性的有效策略之一。2012 年，Xiang 等[38]以钼酸钠、硫脲和氧化石墨烯（graphene）为 MoS_2/graphene（MG）复合助催化剂的前驱体，钛酸四正丁酯为 TiO_2 的前驱体，采用简单的两步水热法合成了一种 TiO_2/MoS_2/graphene（TMG）复合光催化材料。TiO_2 纳米颗粒均匀地沉积在层状 MG 复合材料表面 [图 1-7（a）]。在紫外-可见光照射下，以乙醇为牺牲剂，不加任何贵金属助催化剂，该复合材料表现出增强的光催化产氢活性，如图 1-7（b）所示。纯 TiO_2 上光生电子和空穴易快速复合，自身光催化活性低；而引入 MG 复合助催化剂可显著提高 TiO_2 的光催化产氢活性。进一步研究表明，MoS_2/graphene 复合助催化剂的组成对 TiO_2 光催化活性有显著影响。不加石墨烯时，T/100M0G 复合光催化剂表现出较好的光催化产氢活性（36.8 $\mu mol \cdot h^{-1}$），说明 MoS_2 可以有效提高光生载流子的分离效率；加入少量石墨烯（1.0%），所得 T/99M1.0G 复合粒子的光催化产氢活性提高到 76.7 $\mu mol \cdot h^{-1}$；当石墨烯的质量分数增加至 5.0%（T/95M5.0G）时，光催化产氢活性进一步提高到 165.3 $\mu mol \cdot h^{-1}$，

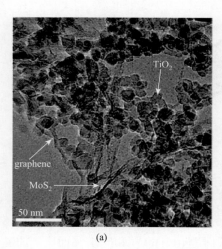

(a)

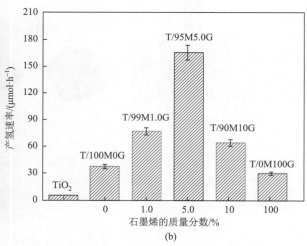

(b)

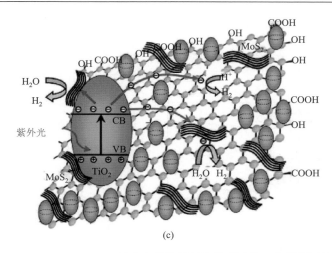

(c)

图 1-7　TiO₂/MoS₂/graphene 复合光催化材料的微观形貌、光催化活性及机理[38]

（a）TiO₂/MoS₂/graphene 复合光催化材料的 TEM 图；（b）各个样品的光催化产氢活性，其中 T/100M0G 代表 TiO₂ 复合光催化剂中含有 100%的 MoS₂，T/99M1.0G 代表 TiO₂ 复合光催化剂中含有 99%的 MoS₂ 及 1.0%的石墨烯，T/95M5.0G 代表 TiO₂ 复合光催化剂中含有 95%的 MoS₂ 及 5.0%的石墨烯，T/90M10G 代表 TiO₂ 复合光催化剂中含有 90%的 MoS₂ 及 10%的石墨烯，T/0M100G 代表 TiO₂ 复合光催化剂中含有 100%的石墨烯；（c）TiO₂/MoS₂/graphene 复合光催化材料光生电荷转移示意图

在 365 nm 单色光下的表观量子效率高达 9.7%。在该复合光催化材料中，TiO₂ 导带上的光生电子可以通过石墨烯薄层转移到 MoS₂ 纳米片上，并与 MoS₂ 表面吸附态 H⁺ 发生反应，生成 H₂。MoS₂ 和石墨烯作为双助催化剂可以有效抑制 TiO₂ 表面光生载流子的复合，延长光生载流子的寿命，提高界面电荷转移效率，并作为活性吸附位点和光催化活性中心，实现高效的光催化产氢性能［图 1-7（c）］。

通常，TiO₂ 光催化剂的光催化活性主要取决于其相结构、晶粒尺寸、比表面积以及孔结构等因素。2014 年，Zhang 等[39]首次报道 TiO₂ 光生载流子的有效质量与其光催化活性的本质联系。图 1-8（a）～图 1-8（c）给出了锐钛矿相、金红石相和板钛矿相 TiO₂ 的能带结构、局域态密度和分波态密度。TiO₂ 的价带主要由 O 2p 轨道以及少量的 Ti 3d 轨道构成，O 2p 与 Ti 3d 之间存在较强的 p-d 轨道杂化，从而在价带中形成成键态。轨道杂化还增加了价带的展宽，有利于光生空穴的快速迁移。TiO₂ 导带则主要由 Ti 3d 以及少量的 O 2p 和 Ti 3p 轨道组成，TiO₂ 导带同样存在 O 2p 与 Ti 3d 的 p-d 轨道杂化，进而在导带中形成反键态。锐钛矿相 TiO₂ 是间接带隙半导体，而金红石相和板钛矿相 TiO₂ 则属于直接带隙半导体。锐钛矿相导带的光生电子不能直接与价带空穴复合，两者复合需要光子的协助才能实现。而直接带隙金红石相或板钛矿相导带光生电子可以直接与价带空穴复合，无须光子的参与［图 1-8（d）］。因此，锐钛矿相 TiO₂ 具有更长的光生载流子寿命和扩散距离。

半导体受光激发后，光生电子与空穴从材料内部向其表面输运和扩散。光生载流子有效质量与扩散平均自由程密切相关，是影响光生载流子寿命的重要参数。第一性原理计算表明，锐钛矿相 TiO₂ 的光生载流子的平均有效质量小于金红石相和板钛矿相，表明光生载流子在锐钛矿相中迁移速率更快，迁移距离更长。在相同合成条件下，锐钛矿相 TiO₂ 更容易生成较小的晶粒。当晶粒尺寸小于或等于光生载流子的平均自由程时，理论上所有光生载流子都可以从催化剂内部迁移到表面，与电子受体或供体作用而参与光催化反应[图1-8（e）]。因此，从光生载流子迁移到表面的难易程度的角度，可以为解释锐钛矿相TiO$_2$光催化活性优于金红石相或板钛矿相提供一定的理论依据。

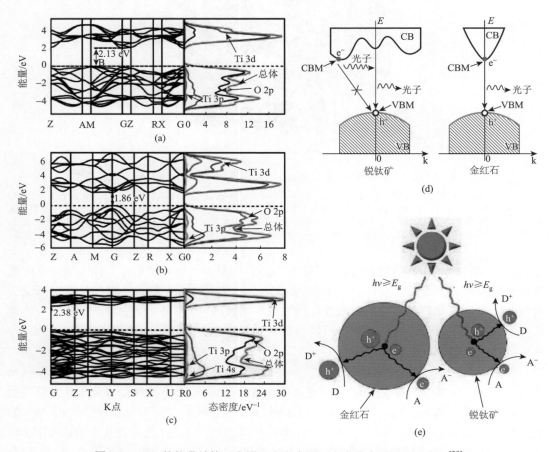

图1-8　TiO$_2$的能带结构示意图、态密度图及光生载流子迁移示意图[39]

（a）～（c）锐钛矿相、金红石相、板钛矿相TiO$_2$的能带结构示意图与态密度图；（d）间接带隙半导体锐钛矿相TiO$_2$与直接带隙金红石相TiO$_2$的光生载流子复合对比示意图；（e）锐钛矿相和金红石相TiO$_2$光生载流子迁移过程示意图，较大的绿色球表示金红石相TiO$_2$纳米颗粒，较小的绿色球表示锐钛矿相TiO$_2$纳米颗粒，红色球的大小表示锐钛矿相和金红石相TiO$_2$相应的光生载流子的有效质量的差异

1.2　静电纺丝技术

近年来，研究较为广泛的TiO$_2$光催化剂主要包括零维纳米颗粒[40,41]或纳米球[42,43]、一维纳米线[5,44]、二维纳米片[6,45]等。这些形态的TiO$_2$光催化剂存在易团聚、难回收、比表面积小、光催化效率低等问题。而通过静电纺丝法制备的一维TiO$_2$纳米纤维作为一种纳米结构材料，被认为是能源相关系统中最理想的光催化材料之一，其独特的微观结构可以有效提高比表面积、缩短光生载流子到表面活性位点的传输距离、促进电子沿一维轨道

纵向传输。更为重要的是，与 TiO₂ 纳米颗粒或纳米片相比，一维 TiO₂ 纳米纤维克服了易团聚的缺点，增加了光催化反应活性位点，且随意堆叠的纳米纤维易形成松散的网状结构，大大降低了反应物和产物的传输阻力[46-48]。随着研究的不断深入，纳米技术的相关理论和制备方法日趋完善和成熟，静电纺丝技术依托其自身简单高效的优势，在制备纳米纤维领域脱颖而出，并逐渐在柔性传感器、生物医用材料、催化剂载体、能源转化等领域发挥巨大的作用。

1.2.1　静电纺丝技术的起源与历史

"静电纺丝"一词源自 electrospinning 或 electrostatic spinning。1934 年，Formhlas[49]首次发明了用高压静电力制备聚合物纤维的装置，公布了聚合物溶液在电极之间形成射流的方法，被认为是静电纺丝技术制备纤维的开端。20 世纪 30～80 年代，静电纺丝技术发展较为缓慢。进入 20 世纪 90 年代，Doshi 和 Reneker[50]对静电纺丝工艺和应用开展了深入而广泛的研究，详细报道了静电纺丝技术的工艺流程、工艺条件、纤维形态及可能的应用领域。2000 年以后，随着纳米技术的发展，静电纺丝技术获得了快速发展，业界对其表现出极大的兴趣。2003 年，Li 和 Xia[51]以乙醇、聚乙烯吡咯烷酮（PVP）、钛酸异丙酯为原料，首次采用静电纺丝技术制备得到无定型的 TiO₂ 纳米纤维，该纳米纤维经 500 ℃高温煅烧后转化为锐钛矿相 TiO₂ 纳米纤维。纳米纤维直径可以通过改变静电纺丝参数加以调控，这些参数包括 PVP 和钛酸异丙酯之间的比例、静电纺丝前驱体溶液浓度、电场强度及前驱体溶液的推进速率。同年，Madhugiri 等[52]提出了利用静电纺丝技术制备介孔 TiO₂ 纳米纤维的方法。随着对静电纺丝技术研究的进一步深入，2004 年，Li 和 Xia[53]首次采用同轴电纺法制备中空 TiO₂ 纳米纤维,他们先用双喷丝头分别喷射两种不混溶的液体，再通过高温煅烧选择性去除纤维芯，最后得到尺寸和壁厚可控的中空 TiO₂ 纳米纤维。2006 年，Ostermann 等[54]认为静电纺丝技术是一种可以制备具有分等级结构纳米纤维的有效方法，他们首先通过静电纺丝技术制备得到无定型 TiO₂、无定型 V₂O₅ 和 PVP 组成的复合纳米纤维，再通过煅烧法在 TiO₂ 纳米纤维表面生长出 V₂O₅ 纳米棒，通过改变纳米纤维的组成或煅烧温度可以有效控制 V₂O₅ 纳米棒的大小，这种构建分等级结构纳米纤维的方法也可以扩展到其他更复杂的分等级结构的构建上。

1.2.2　静电纺丝原理及装置

静电纺丝技术是一种装置简单、成本低廉、用途广泛、工艺可控的利用高压静电力制备直径在纳米至微米范围内的一维纳米纤维的技术[55-58]。在标准静电纺丝过程中，基本装置主要包括四个组成部分：静电纺丝溶液的注射器泵、平头金属针、高压直流电源、接地导电静态或旋转接收板。高压电源与导电接收板及含静电纺丝溶液的针头连接，当提供高压时，针头与接收板之间的电场克服液滴的表面张力，形成泰勒锥。带电溶液通过针头并以射流的形式喷射到接收板上。在射流运动过程中，溶剂缓慢蒸发，带电纤维在导电接收板上堆积。纤维上的电荷最终消散，形成了无纺布纤维毡[59-64]。静电纺丝基本装置如图1-9所示。值得一提的是，如果接收器为接地导电静态接收板，得到的纳米纤维毡是随机堆积的［图1-9（a）］；而当使用接地导电旋转接收板时，收集的纳米纤维则是有序排列的［图1-9（b）］[47]。

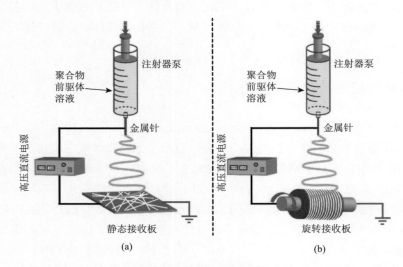

图 1-9　静电纺丝基本装置示意图

（a）静态接收板，纳米纤维随机无序堆积；（b）旋转接收板，纳米纤维有序排列

1.2.3　静电纺丝的影响因素

虽然静电纺丝的装置和原理简单，但静电纺丝制备纳米纤维的过程中仍有诸多重要影响因素，如溶液的性质（包括聚合物的浓度和黏度）、纺丝溶液推进速率、电场强度、接收板与针头之间的距离、环境参数（包括空气湿度、温度）等。

（1）聚合物浓度是控制静电纺丝过程中纳米纤维直径和长度最重要的因素。在电场强度和纺丝溶液推进速率不变的情况下，制备的纳米纤维的直径和长度随聚合物浓度的增加而增大。聚合物浓度越高，制备的纳米纤维的直径越大。然而，当聚合物溶液浓度过高时，其黏度太大，难以在静场力作用下被拉伸成纳米纤维。降低聚合物浓度，纳米纤维的直径会随之成比例地减小，直到达到临界浓度，当聚合物浓度低于临界浓度时，会形成断开的聚合物珠，而不是连续的纳米纤维。

（2）聚合物黏度也是非常重要的影响因素，它决定了是否可以形成纳米纤维，而聚合物黏度又受聚合物的分子量及浓度、温度和环境的相对湿度的影响。原则上，聚合物的分子量越大，溶液的黏度也越大。如果聚合物的分子量太小，则即使浓度很大，聚合物溶液的黏度也会很低，在这种情况下，液滴的表面张力会使聚合物在到达接收板之前分解成液滴而无法形成纳米纤维。相反，如果加入高分子量的过量聚合物，溶液的黏度就会很高，导致它无法自旋，也无法形成纳米纤维。因此，所有聚合物都有一个最佳的分子量或浓度范围，在此范围内它们才可以通过静电纺丝形成纳米纤维。在这个最佳范围内，分子量越大，得到的纳米纤维的直径越大。

（3）纺丝溶液的推进速率由注射器泵控制，是影响纳米纤维直径的另一个重要因素。最佳的推进速率是生产高质量纳米纤维的重要条件之一。当静电纺丝溶液的推进速率较大时，聚合物在到达接收板之前的干燥时间非常短，拉伸力也非常小，此外，过量的溶液聚合物会形成珠状纳米纤维，且进一步增加推进速率还会堵塞针头，影响静电纺丝的正常进行。当推进速率较小时，聚合物溶液将获得足够的极化时间，这对于静电纺丝过程来说是有利的。然而，过低的推进速率可能导致聚合物进料供应不足，或通过电喷雾形成纳米粒子而不是纳米纤维。

（4）电场强度由外加电压控制，是静电纺丝过程的另一个关键因素。在其他参数固定不变的前提下，如果电场强度较低，纳米纤维的直径会不均匀，且纳米纤维的产率很低。随着电场强度的增大，高分子静电纺丝溶液射流的表面电荷密度增大，因而具有更大的静电斥力；同时，电场强度越大，纺丝溶液射流的加速度也越大。这两个因素均能引起纺丝溶液射流，使形成的纳米纤维具有更大的拉伸应力及更高的拉伸应变速率，更有利于制备直径更小的纳米纤维。因此，与上述聚合物浓度、黏度和纺丝溶液的推进速率一样，电场强度的大小也会对纳米纤维的直径产生影响。

除上述四个重要因素外，在静电纺丝过程中还有一些其他影响因素。例如，为了获得更好的纳米纤维，应该优化接收板与针头之间的距离。接收板与针头之间的距离越短，液滴飞行时间越短，这意味着溶剂蒸发的时间不够，可能会导致串珠的形成。一般情况下，如果施加的电压或溶液推进速率较高，射流的加速度也较高，接收板与针头之间的距离需要更大才能得到更好的纳米纤维。同时，环境参数对静电纺丝过程也有很大的影响。聚合物溶液黏度与温度之间具有反相关性，升高温度有利于形成直径较小的纳米纤维。在潮湿的环境下，低湿度会增加溶剂的蒸发速率，并能使溶剂充分干燥；在高湿度环境下，水会凝结在纤维上，影响纳米纤维的形态。一般来说，静电纺丝参数的变化会导致静电纺丝材料具有不同的物理和化学性质。

1.3　TiO$_2$ 纤维静电纺丝制备

静电纺丝可以分为单轴电纺和同轴电纺两种，通过这两种方式可以制备形态不同的 TiO$_2$ 纳米纤维，如实心纤维、空心纤维和核壳结构的纳米纤维。单轴电纺通常用来制备实心 TiO$_2$ 纳米纤维；而同轴电纺一般由两个可以独立控制的推进器构成，每个推进器连接一种纺丝溶液，通常可以获得空心或核壳结构的 TiO$_2$ 纳米纤维。

1.3.1　实心 TiO$_2$ 纳米纤维

实心 TiO$_2$ 纳米纤维是应用前景最为广泛的光催化剂之一，其静电纺丝装置简单，仅需要一个喷丝头即可（图 1-9）。TiO$_2$ 静电纺丝的常用钛源为钛酸异丙酯、钛酸四正丁酯、硫酸氧钛，其基本物理参数如表 1-2 所示。静电纺丝法制备的纤维往往是无定型的 TiO$_2$ 纳米纤维前驱体，将其在空气中煅烧除去有机物，即得到实心 TiO$_2$ 纳米纤维。例如，Li 和 Xia[51]

将 1.5 g 钛酸异丙酯溶解在由 3 mL 乙醇和 3 mL 醋酸组成的混合溶液中，搅拌 10 min 后，再将该溶液加入由 7.5 mL 乙醇和 0.45 g 聚乙烯吡咯烷酮（PVP）组成的混合溶液中继续搅拌 1 h。然后将纺丝溶液转移至注射器中，喷丝头连接 30 kV 高压，接收板与针头距离约为 5 cm，通过单轴电纺制备得到了直径为几十纳米的实心 TiO_2 纳米纤维［图 1-10（a）］。类似地，Xu 等[65]将 2 g 钛酸四正丁酯溶解在由 7.5 g 乙醇和 2 g 醋酸组成的混合溶液中，然后加入 1 g PVP（$M = 1300000$）并于室温下搅拌 5 h。静电纺丝过程中，采用 15 kV 高压，纺丝溶液推进速率为 2.5 $mL·h^{-1}$，接收板与针头的距离为 10～15 cm，通过单轴电纺制备得到了实心的 TiO_2 纳米纤维。该纳米纤维的直径为 200～300 nm，长度为几微米，宏观呈无纺布状［图 1-10（b）］。Morandi 等[66]将由 PVP 和硫酸氧钛组成的纺丝溶液转移至注射器中，采用 27 号针头，控制纺丝电压为 30 kV、接收板与针头距离为 14 cm、纺丝溶液推进速率为 2 $μL·min^{-1}$，通过单轴电纺制备得到了实心 TiO_2 纳米纤维［图 1-10（c）］。

表 1-2　静电纺丝常用钛源的基本物理参数

钛源	化学式	结构式	分子量	外观	闪点	沸点
钛酸异丙酯	$C_{12}H_{28}O_4Ti$		284.22	无色至淡黄色透明液体	42 ℃	220 ℃
钛酸四正丁酯	$C_{16}H_{36}O_4Ti$		340.32	无色至淡黄色透明液体	76.7 ℃	310～314 ℃
硫酸氧钛	$TiOSO_4·H_2O$		177.95	白色或略带黄色粉末	—	—

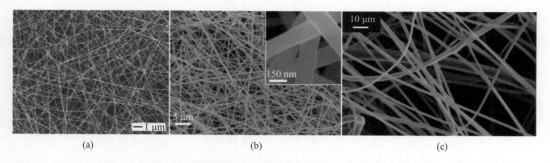

图 1-10　不同钛源制备得到的实心 TiO_2 纳米纤维的 SEM 图

（a）钛酸异丙酯为钛源[51]；（b）钛酸四正丁酯为钛源[65]；（c）硫酸氧钛为钛源[66]

1.3.2　空心 TiO₂ 纳米纤维

空心 TiO₂ 纳米纤维通常由两种互不相溶的无机和有机聚合物溶液混合后通过同轴电纺的方法制备。TiO₂ 前驱体纺丝溶液被注入外壳中，另一种不混相液体则被注入内芯。静电纺丝获得纳米纤维后，经过煅烧等方式去掉内核部分，即可获得空心的 TiO₂ 纳米纤维。例如，Li 和 Xia[53]将两种不混溶的液体通过同轴电纺制备得到空心 TiO₂ 纳米纤维，其同轴电纺装置如图 1-11（a）所示。其中外壳层溶液由钛源（钛酸异丙酯）、乙醇、醋酸和 PVP 组成，内核层溶液为矿物油，纺丝电压设定为 12 kV。静电纺丝完成后，首先用辛烷提取得到的纳米纤维前驱体内核的矿物油，形成无定型的空心 TiO₂ 纳米纤维［图 1-11（b）］，再在 500 ℃下煅烧去除高分子有机物，即得到空心 TiO₂ 纳米纤维，该空心纤维平均直径为 300～400 nm，长度为几微米，如图 1-11（c）和图 1-11（d）所示。

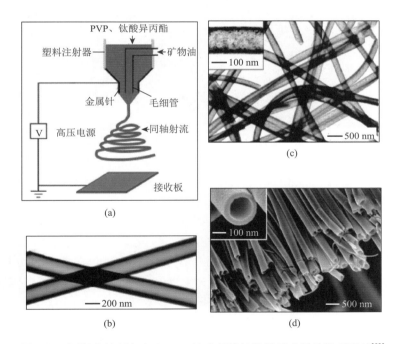

图 1-11　同轴电纺制备空心 TiO₂ 纳米纤维的装置示意图及微观形貌[53]

（a）同轴电纺装置示意图；（b）内核层矿物油去除后的无定型空心 TiO₂ 纳米纤维的 TEM 图；（c）、（d）500 ℃煅烧后锐钛矿相空心 TiO₂ 纳米纤维的 TEM 图和 SEM 图

除了采用同轴电纺制备空心 TiO₂ 纳米纤维，一些研究者还采用单轴电纺再煅烧的方法制备空心 TiO₂ 纳米纤维。例如，Liu 和 Peng[67]采用单轴电纺制备空心 TiO₂ 纳米纤维，他们以乙醇、醋酸、钛酸四正丁酯、聚乙烯吡咯烷酮、乙酰丙酮及矿物油为原料，在静电纺丝过程中，接收板与针头的距离保持在 20 cm，纺丝电压为 18 kV。电纺结束后，将得

到的纳米纤维在空气中静置 12 h，以除去未挥发的溶剂（如乙醇、乙酰丙酮）。最后再将纤维在 500 ℃下煅烧 2 h 即得到空心 TiO$_2$ 纳米纤维（图 1-12）。

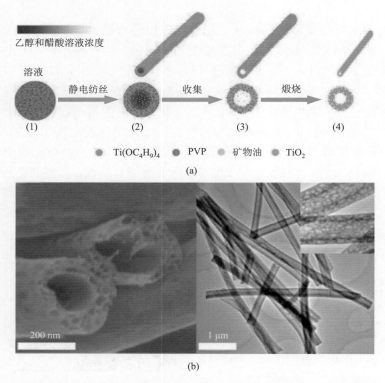

图 1-12　单轴电纺制备空心 TiO$_2$ 纳米纤维的合成示意图及微观形貌[67]

（a）合成示意图；（b）空心 TiO$_2$ 纳米纤维的 SEM 图与 TEM 图

　　单轴电纺还可以用于制备 TiO$_2$ 基中空纳米复合纤维。Wang 等[68]报道了采用单轴电纺制备 Ag/TiO$_2$ 中空纳米复合纤维。静电纺丝前，将乙醇、乙酸、钛酸四正丁酯、PVP、AgNO$_3$、N, N-二甲基甲酰胺（DMF）搅拌 12 h 以得到均相纺丝溶液，再在其中加入少量矿物油并混合均匀。静电纺丝过程中，当纤维从喷丝头中喷射出来时，溶剂（尤其是乙醇）会迅速蒸发，而 PVP 和钛酸四正丁酯被收集。由于存在少量矿物油，纳米纤维中存在大量不能溶解的微滴。静电纺丝结束后，将收集的无定型纳米纤维在 60 ℃下干燥 6 h，使得矿物油微滴在纳米纤维中分散均匀并逐渐聚集在一起形成较大的油微滴，产生相分离效果。最后在 500 ℃下煅烧 2 h，此时矿物油在高温下快速蒸发，从而形成了空心 Ag/TiO$_2$ 纳米复合纤维。单轴电纺制备空心 Ag/TiO$_2$ 纳米纤维合成示意图如图 1-13（a）所示，空心 Ag/TiO$_2$ 纳米纤维的微观形貌如图 1-13（b）和图 1-13（c）所示。

　　在单轴电纺、同轴电纺研究的基础上，Zhao 等[69]于 2010 年提出一种多流态静电纺丝技术，成功制备出多通道空心 TiO$_2$ 纳米纤维。多流态静电纺丝装置示意图与合成示意图如图 1-14（a）所示，该装置由一个外喷嘴和三个内毛细管组成，不混溶的溶液分别由三个内毛细管供应，形成复合液滴。在电场作用下，液体射流被拉伸固化，最后经过煅烧

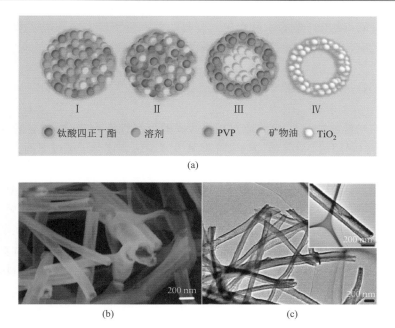

图 1-13　单轴电纺制备空心 Ag/TiO$_2$ 纳米纤维的合成示意图及微观形貌[68]

（a）合成示意图；（b）、（c）空心 Ag/TiO$_2$ 纳米纤维的 SEM 图和 TEM 图

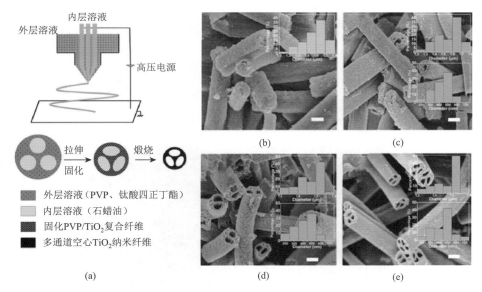

图 1-14　多流态静电纺丝制备多通道空心 TiO$_2$ 纳米纤维的装置示意图、合成示意图及微观形貌[69]

（a）装置示意图与合成示意图；（b）～（e）0 通道、1 通道、2 通道和 3 通道空心 TiO$_2$ 纳米纤维的 SEM 图

形成多通道的空心 TiO$_2$ 纳米纤维。本工作中，最外层溶液为 PVP 和钛酸四正丁酯的混合溶液，内层溶液为石蜡油。通过控制内毛细管数量，可以有效控制空心 TiO$_2$ 纳米纤维通道数，图 1-14（b）～图 1-14（e）分别为 0～3 通道空心 TiO$_2$ 纳米纤维微观形貌。增加通

道数可以增加 TiO_2 纳米纤维的比表面积，同时对气态分子产生内部陷阱效应，对入射光产生多次反射效应，有效增强空心 TiO_2 纳米纤维的光催化活性。

1.3.3　核壳 TiO_2 纳米纤维

核壳结构纳米纤维的壳层通常是天然或合成的可纺性聚合物，而核层通常由溶解性较差且难以纺丝的材料组成。核壳结构纳米纤维可以解决聚合物分子量过低而无法形成聚合物射流进行喷射的问题，通常采用同轴电纺制备。例如，Liu 等[70]采用同轴毛细喷丝头制备了 ZnO/TiO_2 复合纳米纤维（ZnO 为核层，TiO_2 为壳层），静电纺丝装置如图 1-15（a）所示。在静电纺丝过程中，壳层纺丝溶液由聚乙烯吡咯烷酮、钛酸四正丁酯、醋酸及乙醇组成，核层纺丝溶液由聚乙烯吡咯烷酮、醋酸锌、醋酸、乙醇及去离子水组成。壳层纺丝溶液的推进速率（$0.5\ mL\cdot h^{-1}$）略高于核层（$0.4\ mL\cdot h^{-1}$），纺丝电压为 12.5 kV。将复合纳米纤维前驱体在 100 ℃下干燥 2 h，然后以 $10\ ℃\cdot min^{-1}$ 的速率升温到 550 ℃并保温 6 h，即可得到核壳 ZnO/TiO_2 复合纳米纤维 [图 1-15（b）和图 1-15（c）]。

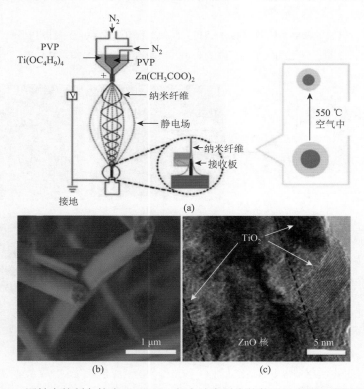

图 1-15　同轴电纺制备核壳 ZnO/TiO_2 复合纳米纤维的装置示意图及微观形貌[70]

（a）装置示意图；（b）、（c）核壳 ZnO/TiO_2 复合纳米纤维的 SEM 图及高分辨透射电子显微镜（HRTEM）图

除核壳结构的纳米纤维外，管中管 TiO_2 纳米纤维也是一种具有有序纳米孔结构的新型纤维。通常通过控制静电纺丝聚合物溶液中 TiO_2 前驱体的浓度或改变前驱体煅烧过程

中的升温速率来形成管中管 TiO$_2$ 纳米纤维。Lang 等[71]通过非同轴电纺成功制备了一种管中管 TiO$_2$ 纳米纤维。他们以乙醇、醋酸、钛酸四正丁酯和聚乙烯吡咯烷酮为原料,设定纺丝电压为 15 kV,纺丝溶液的推进速率为 0.3 mL·h^{-1},针头与接收板的距离为 20 cm。为了得到管中管 TiO$_2$ 纳米纤维,将得到的纳米纤维前驱体在 500 ℃下煅烧 4 h,升温速率为 2 ℃·min^{-1}。通过改变钛酸四正丁酯的浓度,可以制备得到 TiO$_2$ 纳米管或双管或三管结构的 TiO$_2$ 纳米纤维。作者发现,当钛酸四正丁酯的体积小于 0.5 mL 时,可以得到空心 TiO$_2$ 纳米纤维;而当钛酸四正丁酯的体积大于 4 mL 时,则得到实心 TiO$_2$ 纳米纤维 [图 1-16 (c)]。当钛酸四正丁酯的体积在 0.5 mL 和 4 mL 之间时,纳米纤维的前驱体中 TiO$_2$ 纳米颗粒的密度介于空心纳米纤维和实心纳米纤维之间。由于传热过程比较缓慢,表面层及次表面层的熔化和气化速度比内层慢,此时熔化层的 TiO$_2$ 纳米颗粒向表面移动,在压力差的驱动下,形成最外层的壳层。当内层开始熔化和气化时,TiO$_2$ 纳米颗粒在压力差的驱动下向内部熔化层移动,从而在第一个空心纤维中形成第二个空心纤维,最终形成管中管 TiO$_2$ 纳米纤维 [图 1-16 (a) 和图 1-16 (b)]。

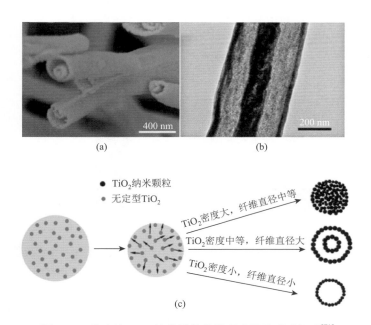

图 1-16　管中管 TiO$_2$ 纳米纤维的微观形貌及形成机理[71]

(a)、(b) 管中管 TiO$_2$ 纳米纤维的 SEM 图和 TEM 图;(c) 实心、空心和管中管 TiO$_2$ 纳米纤维的形成机理

2010 年,Chen 等[72]报道了一种采用多流态同轴电纺制备具有管中线纳米纤维的方法,即将三个同轴毛细管组装为喷丝头,引入一种化学惰性中间流体作为内外流体之间的间隔。在中间流体的保护下,各种内外流体,甚至是完全混相的流体,也可以在电场中拉伸成稳定的复合射流,从而形成三层空心纳米纤维 [图 1-17 (a)]。该方法的特征在于,在传统同轴电纺的核壳液之间引入了一种额外的中间体,将其作为一种有效的间隔液来减少另外两种流体的相互作用。在该同轴电纺过程中,钛酸四正丁酯纺丝溶液分别以 5.0 mL·h^{-1} 和

0.5 mL·h^{-1} 的速率注入最外层及最内层毛细管中，同时以 1.0 mL·h^{-1} 的速率将石蜡油注入中间毛细管中。针头与接收板的距离保持在 25 cm，纺丝电压为 20～30 kV。最后将纤维在 450 ℃下煅烧 2 h 即得到管中线 TiO$_2$ 纳米纤维［图 1-17（b）和图 1-17（c）］。

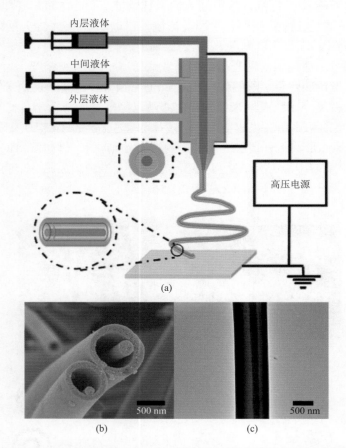

图 1-17　同轴电纺制备管中线 TiO$_2$ 纳米纤维的装置示意图及微观形貌[72]

（a）装置示意图，其中喷丝头由三个同轴不锈钢毛细管组装而成，三种流体通过毛细管在高电场下形成复合射流；
（b）、（c）管中线 TiO$_2$ 纳米纤维的 SEM 图和 TEM 图

1.3.4　TiO$_2$ 纳米纤维的修饰

　　静电纺丝法制备的 TiO$_2$ 纳米纤维具有较高的比表面积和丰富的孔结构，有利于光催化过程中的传质。随机分布的纳米纤维很容易形成无纺布状，克服了传统 TiO$_2$ 纳米颗粒易聚集的缺点。此外，TiO$_2$ 纳米纤维具有物理化学性质稳定、环保、价格低廉、耐光腐蚀、耐化学腐蚀等优点，作为一种最常用的光催化材料，是材料、能源和环境等领域的研究前沿和热点之一，在解决能源短缺和环境污染问题等方面具有巨大的应用潜力。然而，TiO$_2$ 纳米纤维作为光催化材料仍存在以下不足：①与其他单一的光催化剂一样，TiO$_2$ 纳米纤维单独存在时，其光生电子和空穴的复合率较高，实际参与光催化反应的电子与空穴较

少，导致其表观量子效率较低；②TiO$_2$ 纳米纤维对太阳能的利用率低，最常见的锐钛矿相 TiO$_2$ 的禁带宽度为 3.2 eV，仅能吸收只占太阳光 4%的紫外光（波长低于 387 nm）[73,74]。因此，开发和完善具有高效光催化活性的 TiO$_2$ 纳米纤维基光催化剂，并优化相关制备方法及对应的表面改性技术，是当前 TiO$_2$ 光催化技术所面临的重要难题。

通常用以下三种方式来提高 TiO$_2$ 纳米纤维的光催化活性：①加入电子或者空穴的牺牲剂抑制光生电子和空穴的复合，提高 TiO$_2$ 的表观量子效率；②通过异原子掺杂的方法改变 TiO$_2$ 纳米纤维的能带结构，缩小其禁带宽度，延长其光响应范围至可见光区域，充分利用太阳能；③设计合成特殊形貌的 TiO$_2$ 纳米纤维基组装体，利用分级结构对入射光的多次反射吸收，提高入射光利用效率。基于以上思路，提高 TiO$_2$ 纳米纤维的光催化活性的常见策略总结如图 1-18 所示[75,76]。

图 1-18　提高 TiO$_2$ 纳米纤维的光催化活性的常见策略

1. 贵金属沉积

在 TiO$_2$ 纳米纤维表面沉积贵金属作为电子捕获剂是促进光生电子和空穴分离的有效途径之一。贵金属在 TiO$_2$ 纳米纤维表面沉积后形成纳米级的金属原子簇，这些原子簇可以改变 TiO$_2$ 晶格中的电子分布，从而达到调控 TiO$_2$ 纳米纤维的化学活性的目的。一般来说，贵金属的费米能级比 TiO$_2$ 的费米能级要低，当 TiO$_2$ 表面沉积适量的贵金属后，贵金属内部的电子密度小于 TiO$_2$ 导带上的电子密度，从而使得 TiO$_2$ 导带上的电子转移到贵金属上，直至两者的费米能级达到平衡，光生载流子重新分布，形成可以俘获激发电子的肖特基势垒。电子富集在贵金属上可以相应地降低 TiO$_2$ 表面的电子密度，并促进光照条件下光生电子的迁移，从而抑制光生电子和空穴的复合。

TiO$_2$ 纳米纤维具有表面粗糙的介孔结构，是锚定贵金属纳米颗粒、形成肖特基异质结的理想载体。近年来，在 TiO$_2$ 纳米纤维表面沉积的贵金属主要有 Pt[77,78]、Pd[79,80]、Ag[81-94]、Au[95-98]等。在这些贵金属中，Pt 比其他贵金属的费米能级要低，当 TiO$_2$ 纳米纤维表面沉积 Pt 时，电子从 TiO_2 转移到 Pt 的驱动力更强，更有利于形成肖特基异质结。此外，在各种光催化反应过程（如光催化分解水、光催化还原 CO_2 等）中，Pt 通常表现出较低的过电位，更易于光催化反应的进行。更为重要的是，通过原位光还原 $PtCl_6^{2-}$，Pt 纳米颗粒可以原位锚定在 TiO_2 纳米纤维上，实现均匀负载。Yang 等[78]利用光沉积方法将 Pt 纳米粒子均匀负载在 TiO_2 电纺纳米空心纤维表面 [图 1-19（a）和图 1-19（b）]。Pt 与 TiO_2 之间存在较强的化学作用，改变了 TiO_2 的能带结构。当沉积质量分数为 2% 的 Pt 时，TiO_2 纳米纤维的禁带宽度缩小至 2.77 eV，所制备的 Pt/TiO_2 空心纳米纤维在可见光照射下表现出较强的光催化降解酸性橙 II 活性 [图 1-19（c）]。进一步研究表明，TiO_2 导带上的光生电子转移到了 Pt 纳米颗粒上并与 O_2 反应生成 $\cdot O_2^-$，$\cdot O_2^-$ 氧化酸性橙 II 并生成 CO_2、H_2O 及其他产物 [图 1-19（d）]。在该体系中，Pt 纳米颗粒作为助催化剂有效分离了 TiO_2 的光生电子和空穴，进而增强了 TiO_2 纳米纤维的光催化活性。

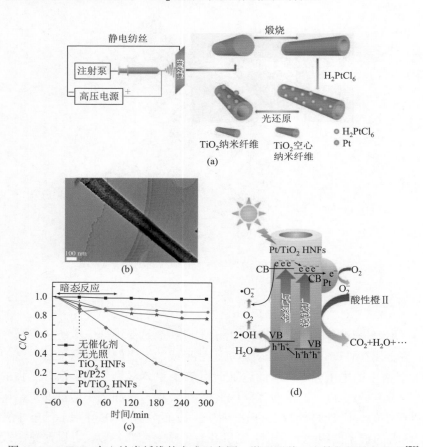

图 1-19   Pt/TiO_2 空心纳米纤维的合成示意图、微观形貌、光催化活性及机理[78]

（a）合成示意图；（b）Pt/TiO_2 空心纳米纤维的 TEM 图；（c）不同催化剂在可见光照射下光催化降解酸性橙 II 的性能比较，其中 HNFs 代表空心纳米纤维；（d）光催化降解过程中光生载流子转移与分离示意图

　　Pt/TiO_2 纳米纤维在光催化活性方面表现出优越性，然而 Pt 的价格却远高于其他贵金属，这使得科学家开始探索以较廉价的贵金属（如 Ag）代替 Pt 用作 TiO_2 纳米纤维的助催化剂。

Yang 等[94]采用静电纺丝和原位化学聚合方法成功合成了一种新型的导电聚合物聚吡咯（PPy）修饰的 Ag/TiO$_2$ 纳米纤维（PPy/Ag/TiO$_2$ 复合纳米纤维）［图 1-20（a）］。Ag/TiO$_2$ 纳米纤维表面的 PPy 层有助于保护 Ag 纳米颗粒不被氧化。如图 1-20（b）所示，样品 PPy/Ag/TiO$_2$ 表现出最佳的光催化活性，该活性远远高于单组分或双组分光催化材料的活性。在可见光照射下，PPy 中产生的光生电子可以直接转移到 Ag 纳米颗粒上，或者先转移到 TiO$_2$ 纳米纤维上，再进一步迁移到 Ag 纳米颗粒上［图 1-20（c）］。金属 Ag 纳米颗粒作为一种助催化剂，可以接收并聚集来自半导体的光生电子，促进光催化反应的进行。

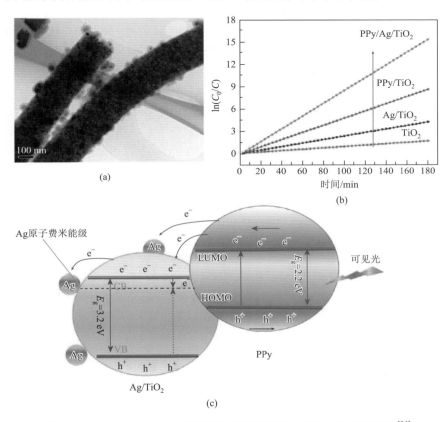

图 1-20　PPy/Ag/TiO$_2$ 复合纳米纤维的微观形貌、光催化活性及机理[94]

（a）PPy/Ag/TiO$_2$ 复合纳米纤维的 TEM 图；（b）不同样品在可见光照射下的光催化活性；（c）可见光照射下光催化降解丙酮的光催化机理

　　除单金属助催化剂外，沉积双金属助催化剂也被用于提高 TiO$_2$ 纳米纤维的光催化活性。由于金属元素具有不同的电负性，两两复合形成纳米合金时，电负性较大的金属原子将夺取电负性较小金属原子的核外电子，从而改变各自的固有电子结构，进而产生协同助催化效应。Zhang 等[99]在 TiO$_2$ 纳米纤维表面修饰 AuPd 合金，在模拟光照条件下选择性光催化分解甲酸产氢，发现当双金属沉积的 AuPd/TiO$_2$ 纳米纤维包含 0.75%Au 和 0.25%Pd 时，其表现出最佳的光催化活性，增强的光催化产氢活性得益于 AuPd 纳米合金的电子限域作用、Pd 对光催化分解甲酸制氢的高选择性，以及 Au 纳米颗粒的表面等离子体共振效应。

　　总之，贵金属沉积既可以实现 TiO_2 纳米纤维中光生电子和空穴的高效分离，还能作为光催化反应的活性位点促进光催化反应的进行。但贵金属来源受限、价格昂贵，大大增加了光催化材料的成本，因此，寻找来源广泛、制备简单、成本低廉、性能优异的助催化剂与 TiO_2 纳米纤维复合，有效提高 TiO_2 纳米纤维中光生载流子的分离效率，是未来研究的重点之一。

　　2. 非贵金属沉积

　　除可用沉积贵金属作为助催化剂来增强 TiO_2 纳米纤维的光催化活性外，近年来，一些其他材料，如 MoS_2[100,101]、碳[102,103]、石墨烯[104-108]、石墨二炔[109]、NiO[110]、CuO[111]等，作为廉价、有效的助催化剂沉积在 TiO_2 纳米纤维表面也已经被广泛研究。跟贵金属一样，这些助催化剂可以捕获 TiO_2 纳米纤维中的光生电子，促进电荷分离。

　　过渡金属二硫族化合物是二维材料家族中的一员，近年来因其优异的光学和导电性能而备受关注。作为一种典型的过渡金属二硫族化合物，MoS_2 在电子器件、电化学和光催化等方面得到了广泛的研究。MoS_2 的禁带宽度很小，大约为 1.2 eV，它的导带位置可以通过改变其层数来调节，这就使得 MoS_2 成为一种非常有前途的光催化助催化剂。例如，Liu 等[100]将单层或多层 MoS_2 纳米片垂直地生长在 TiO_2 纳米纤维表面，成功制备了 TiO_2/MoS_2 复合纳米纤维。MoS_2 纳米片作为助催化剂收集来自 TiO_2 的电子，且是光催化产氢的活性位点。在没有任何贵金属存在的情况下，TiO_2/MoS_2 复合纳米纤维在紫外-可见光照射下表现出优异的光催化产氢活性。2018 年，Xu 等[112]采用水热法在 TiO_2 纳米纤维表面负载厚度约为 2 nm 的 MoS_2 纳米片，制备得到一维/二维 TiO_2/MoS_2 复合纳米纤维 [图 1-21（a）]。分等级的 TiO_2/MoS_2 纳米结构增强了光吸收，提高了 CO_2 吸附量。与纯 TiO_2 纳米纤维相比，TiO_2/MoS_2 复合纳米纤维在紫外-可见光照射下表现出增强的光催化 CO_2 还原活性，可以将 CO_2 光还原为 CH_4 和 CH_3OH [图 1-21（b）]。在光照条件下，得益于两者在接触后会发生带隙平衡及电子转移，TiO_2 导带上的电子更趋向于转移到 MoS_2 纳米片上。MoS_2 纳米片作为助催化剂，有效抑制了光生载流子的复合，提高了光生电子和空穴的分离效率，使复合纳米纤维表现出增强的光催化 CO_2 还原活性。值得注意的是，由于 TiO_2 纳米纤维由锐钛矿相和金红石相两相组成，锐钛矿相和金红石相之间形成同质结也存在电荷转移 [图 1-21（c）]。

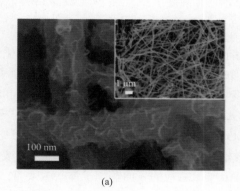
(a)

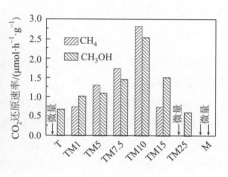
(b)

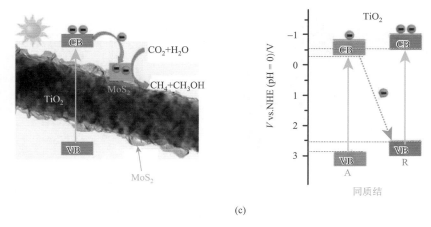

(c)

图 1-21　一维/二维 TiO$_2$/MoS$_2$ 复合纳米纤维的微观形貌、光催化活性及机理[112]

（a）TiO$_2$/MoS$_2$ 复合纳米纤维的 SEM 图；（b）光催化 CO$_2$ 还原活性，其中 T、M 分别代表纯 TiO$_2$ 纳米纤维和纯 MoS$_2$ 纳米片，TMx（x = 1, 5, 7.5, 10, 15, 25）代表 TiO$_2$/MoS$_2$ 复合纳米纤维，x%代表相对于 TiO$_2$ 而言 MoS$_2$ 的摩尔分数；（c）TiO$_2$/MoS$_2$ 复合纳米纤维中光生电荷转移、分离示意图及 TiO$_2$ 纳米纤维中锐钛矿相和金红石相同质结之间的电荷转移示意图

　　除 MoS$_2$ 之外，碳的同素异形体（如介孔碳、石墨烯、石墨二炔）沉积在 TiO$_2$ 纳米纤维表面也可以提高光催化产氢、光催化还原 CO$_2$ 及光催化降解有机染料的活性。例如，Zhang 等[16]制备了 TiO$_2$/C 核壳结构的复合纳米纤维。他们发现，与纯 TiO$_2$ 纳米纤维相比，得到的复合材料在可见光照射下光催化降解罗丹明 B 的活性显著增强，这主要是因为碳作为助催化剂可以有效地分离光生电子和空穴。Xu 等[113]制备了还原氧化石墨烯 rGO/TiO$_2$ 复合纳米纤维，发现即便在没有贵金属的帮助下，该复合材料仍表现出较高的光催化产氢活性。还原氧化石墨烯纳米片作为电子受体，可以促进光生电子和空穴的有效分离，进而增强其光催化产氢活性。

　　石墨二炔（GDY）是一种新兴的碳同素异形体，具有二维特征、独特的炔键和较高的光热转换效率，因此研究石墨二炔非金属助催化剂对促进 TiO$_2$ 纳米纤维光催化还原 CO$_2$ 制备太阳能燃料具有重要意义。基于此，2019 年，Xu 等[109]通过静电纺丝法和静电自组装法将 TiO$_2$ 纳米纤维与二维的石墨二炔纳米片进行复合［图 1-22（a）］。与纯 TiO$_2$ 纳米纤维相比，得到的 TiO$_2$/GDY 复合纳米材料在紫外-可见光的照射下表现出优异的光催化 CO$_2$ 还原活性［图 1-22（b）］。基于密度泛函理论（DFT）计算、原位表征［原位漫反射傅里叶变换红外光谱（DR-FTIR）和光照下的原位 X 射线光电子能谱（XPS）］等手段，他们认为光催化活性增强的主要原因在于以下几点：①作为助催化剂，石墨二炔能有效吸附并活化 CO$_2$ 分子，有利于后续的光催化 CO$_2$ 还原反应［图 1-22（c）和图 1-22（d）］；②TiO$_2$ 费米能级低于石墨二炔费米能级，两者接触时，石墨二炔上的电子会转移到 TiO$_2$ 上，在两者界面处形成由石墨二炔指向 TiO$_2$ 的内建电场［图 1-22（e）］；③光照条件下，在内建电场的驱动下，TiO$_2$ 导带上的光生电子自发地转移到石墨二炔上并在石墨二炔上聚集，从而催化 CO$_2$ 光还原；④石墨二炔独特的光热效应可以使局部反应温度升高，增强 CO$_2$ 分子在石墨二炔表面的化学吸附与活化，从而加速光催化反应。TiO$_2$/GDY 复合纳米材料在紫外-可见光照射下的 CO$_2$ 光还原机理如图 1-22（f）所示。

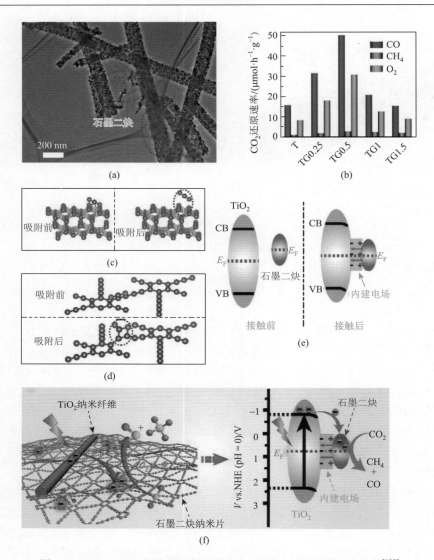

图 1-22　TiO₂/GDY 复合纳米材料的微观形貌、光催化活性及机理[109]

（a）TiO₂/GDY 复合纳米材料的 TEM 图；（b）光催化 CO₂ 还原活性，其中 T 代表纯 TiO₂ 纳米纤维，TGx（x = 0.25, 0.5, 1, 1.5）代表 TiO₂/GDY 复合纳米材料，x%代表相对于 TiO₂ 而言 GDY 的质量分数；（c）、（d）CO₂ 分子在 TiO₂(101)和 GDY(001)表面吸附前后的几何优化模型，其中蓝色、红色和棕色球分别代表 Ti、O 和 C 原子；（e）TiO₂ 和 GDY 接触后的电子转移及内建电场的形成示意图；（f）TiO₂/GDY 复合纳米材料在紫外-可见光照射下电荷转移与分离及 CO₂ 光还原机理图

　　此外，Wang 等[114]将 TiO₂/GDY 复合纳米材料作为生物植入体，探究其光催化抗菌活性及诱导成骨能力。其中，TiO₂ 化学稳定性好，原料易得，具有一定的生物相容性，但其光生电子与空穴易复合，光催化抗菌活性弱；石墨二炔是新兴的电子助催化剂，具有独特的 sp 和 sp² 杂化碳原子，可以捕获 TiO₂ 的光生电子，促进光生电子和空穴分离以及活性氧物种生成。在紫外光照射下，TiO₂/GDY 复合纳米材料能够产生羟基自由基（•OH）、超氧自由基（•O₂⁻）和过氧化氢（H₂O₂）等活性氧物种。原位生成的活性氧物种具有较强的氧化能力，可以破坏抗药性金黄色葡萄球菌（MRSA）的生物膜，还能抑制 MRSA 新

细菌生物膜的形成及其代谢。光照生成的 H$_2$O$_2$ 还具有持续缓释特性，在紫外光移除后，TiO$_2$/GDY 复合纳米材料仍显示出长期的抗菌活性。此外，TiO$_2$/GDY 复合纳米材料具有良好的生物相容性和亲水特性，能有效吸附小鼠成骨细胞并诱导产生骨骼分化所需的蛋白质和酶，证实了 TiO$_2$/GDY 复合纳米材料具有良好的诱导成骨能力（图 1-23）。

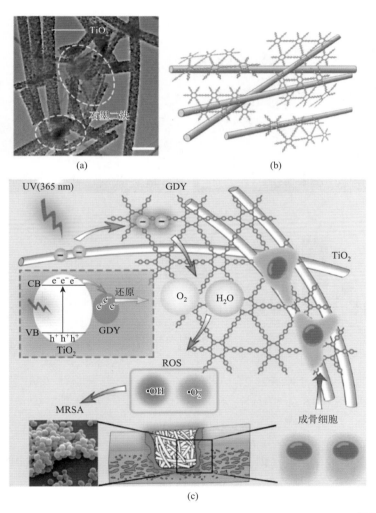

图 1-23　TiO$_2$/GDY 复合纳米材料的微观形貌、结构示意图及功能示意图[114]

（a）TiO$_2$/GDY 复合纳米材料的 TEM 图（标尺为 0.5 μm）；（b）TiO$_2$/GDY 复合纳米材料的结构示意图；（c）TiO$_2$/GDY 复合纳米材料在骨科植入物感染中的双重功能示意图

除上述非金属助催化剂外，2015 年，Li 等[110]采用静电纺丝法和煅烧法制备了介孔 NiO/TiO$_2$ 复合纳米纤维 [图 1-24（a）和图 1-24（b）]，研究了 NiO 的负载量对 NiO/TiO$_2$ 复合纳米纤维微观形貌和光催化产氢活性的影响规律。结果表明，负载少量 NiO 可以明显抑制 TiO$_2$ 晶粒长大。随着 NiO 含量增加，TiO$_2$ 平均晶粒尺寸会逐渐减小，而复合纳米纤维的比表面积、孔体积、平均孔径等均逐渐增大。光催化产氢实验证实 NiO 是 TiO$_2$ 纳米纤维光催化产氢过程中有效的助催化剂，当 NiO 负载质量分数为 0.25%时，NiO/TiO$_2$ 复合纳米纤维的产氢速率最高，达到 377 $\mu mol \cdot h^{-1} \cdot g^{-1}$，表观量子效率为 1.7%[图 1-24（c）]，是纯 TiO$_2$ 纳米纤维产氢速率的 7 倍，这主要是因为 TiO$_2$ 纳米纤维表面沉积的 NiO 团簇作为助催化剂，有效地抑制了光生电子和空穴的复合，降低了产氢过电位，从而显著增强了其光催化产氢活性 [图 1-24（d）]。

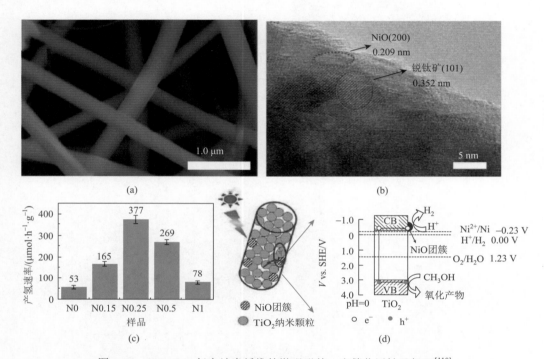

图 1-24 NiO/TiO$_2$ 复合纳米纤维的微观形貌、光催化活性及机理[110]

（a）、（b）样品 N0.25 的 SEM 图及 HRTEM 图；（c）各个样品光催化产氢活性比较，其中 N0 代表没有负载 NiO 的 TiO$_2$ 纳米纤维，N0.15、N0.25、N0.5、N1 分别代表 NiO 负载质量分数为 0.15%、0.25%、0.5%和 1%的 NiO/TiO$_2$ 复合纳米纤维；（d）光照下 NiO/TiO$_2$ 复合纳米纤维中光生载流子转移和分离示意图

Ni(OH)$_2$ 是光催化产氢过程中的有效助催化剂，2018 年，Meng 等[115]选择 Ni(OH)$_2$ 与 TiO$_2$ 纳米纤维复合，探索光催化 CO$_2$ 还原过程中 Ni(OH)$_2$ 是否可以作为助催化剂有效增强 TiO$_2$ 光催化活性。他们通过简单的湿化学沉淀法将 Ni(OH)$_2$ 纳米片沉积在静电纺丝 TiO$_2$ 纳米纤维表面，制备得到分等级的 TiO$_2$/Ni(OH)$_2$ 复合纳米纤维，其中 Ni(OH)$_2$ 纳米片垂直有序地沉积在 TiO$_2$ 纳米纤维表面，纳米片厚度约为 20 nm [图 1-25（a）和图 1-25（b）]。研究发现，TiO$_2$/Ni(OH)$_2$ 复合纳米纤维的光催化 CO$_2$ 还原活性明显高于纯 TiO$_2$ 纳米纤维的活性，纯 TiO$_2$ 纳米纤维在光照下仅能将 CO$_2$ 光还原产生 CH$_4$ 和 CO，生成速率分别为 1.13 $\mu mol \cdot h^{-1} \cdot g^{-1}$ 和 0.76 $\mu mol \cdot h^{-1} \cdot g^{-1}$；而在沉积了质量分数为 0.5%的 Ni(OH)$_2$ 后，CH$_4$ 的生成速率增加到 2.20 $\mu mol \cdot h^{-1} \cdot g^{-1}$，CO 的生成速率没有明显变化。有意思的是，在沉积 Ni(OH)$_2$ 纳米片后，光催化 CO$_2$ 还原过程中除产生 CH$_4$ 和 CO 外，还产生了 CH$_3$OH 和 C$_2$H$_5$OH，当 Ni(OH)$_2$ 负载质量分数为 15%时，CH$_3$OH 和 C$_2$H$_5$OH 的生成速率达到最大（分

别为 0.58 μmol·h⁻¹·g⁻¹、0.37 μmol·h⁻¹·g⁻¹）［图 1-25（c）］。光催化活性提高的主要原因在于以下几点：①沉积的 Ni(OH)₂ 纳米片作为助催化剂，可以增强复合光催化材料的电荷分离效率，增强 CO_2 的捕获能力，增加光催化剂表面的 CO_2 浓度，提高 CO_2 的总转换效率，提高光催化还原产物选择性；②TiO₂ 的光生电子可使一部分 Ni(OH)₂ 还原，形成 Ni(OH)₂/Ni 团簇，Ni(OH)₂/Ni 团簇作为光催化过程中重要的活性位点，可以显著降低光生载流子的复合，从而增强光催化 CO_2 还原活性［图 1-25（d）］。

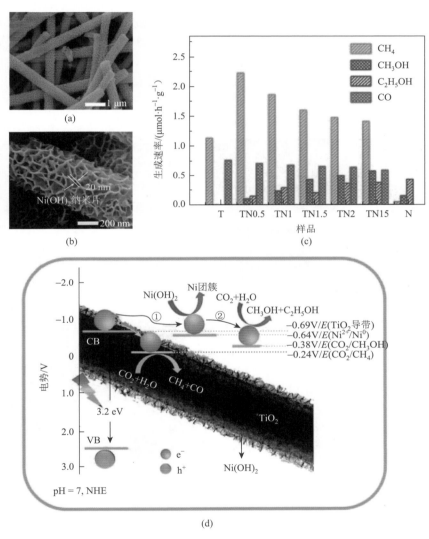

图 1-25　TiO₂/Ni(OH)₂ 复合纳米纤维的微观形貌、光催化活性及机理[115]

（a）、（b）样品 TN15 的 SEM 图；（c）光催化 CO_2 还原活性，其中 T、N 分别代表纯 TiO₂ 纳米纤维和纯 Ni(OH)₂ 纳米片，TNx（x = 0.5, 1, 1.5, 2, 15）代表 TiO₂/Ni(OH)₂ 复合纳米纤维，x 代表 Ni(OH)₂ 的质量分数为 x%；（d）TiO₂/Ni(OH)₂ 复合纳米纤维中光生载流子转移与分离示意图

随着对助催化剂研究的进一步深入，2019 年 Xu 等[46]又在 TiO₂ 纳米纤维表面沉积

双助催化剂，研究双助催化剂对复合纳米纤维光催化活性的影响并深入探讨活性增强机理。他们采用静电纺丝法和湿浸渍法制备 Ag 和 MgO 共改性的 TiO_2 纳米纤维毡，值得注意的是，这里的 TiO_2 纳米纤维毡是一种典型的无纺布，由随机排列的纳米纤维组成 [图 1-26（a）]，克服了传统粉末状 TiO_2 纳米纤维易聚集、活性位点少、回收困难的弊端，具有良好的回收再循环特征；且随意堆叠的纳米纤维易形成松散的网格，可显著降低 CO_2 及气态产物的传输阻力。在 $MgO/Ag/TiO_2$ 复合纳米纤维毡中，MgO 纳米颗粒作为碱性位点，可以有效促进酸性 CO_2 分子在催化剂表面的吸附 [图 1-26（b）]；Ag 纳米颗粒作为电子捕获剂，可以有效地分离光生电子-空穴对，减少由于形成肖特基势垒而导致的光生载流子的复合。此外，Ag 纳米颗粒还具有表面等离子体共振效应，使所制备的复合光催化剂具有良好的可见光吸收性。在 Ag 和 MgO 双助催化剂的协同作用下，复合光催化剂的 CO_2 光还原活性得到显著提高，且具有一定的选择性 [图 1-26（c）和图 1-26（d）]。

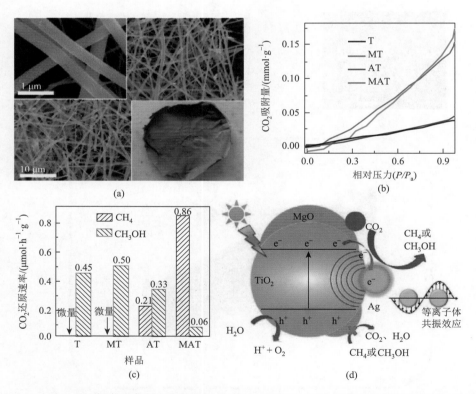

图 1-26　$MgO/Ag/TiO_2$ 复合纳米纤维毡的微观形貌、宏观形状、CO_2 吸附曲线、光催化活性及机理[46]

（a）$MgO/Ag/TiO_2$ 复合纳米纤维毡的 SEM 图及宏观形状；（b）各样品的 CO_2 吸附曲线，其中 T 代表纯 TiO_2 纳米纤维毡，MT 代表 MgO/TiO_2 复合纳米纤维毡，AT 代表 Ag/TiO_2 复合纳米纤维毡，MAT 代表 $MgO/Ag/TiO_2$ 复合纳米纤维毡；（c）各样品的光催化 CO_2 还原活性及选择性；（d）紫外-可见光照射下 $MgO/Ag/TiO_2$ 复合纳米纤维毡中光生电荷转移与分离示意图

　　上述非贵金属都是还原型助催化剂，捕获 TiO_2 纳米纤维的光生电子并成为光还原反应的活性位点。也存在少数非贵金属氧化型助催化剂，它们捕获 TiO_2 光生空穴并作为光

氧化反应的活性位点。在还原型或氧化型助催化剂的帮助下，TiO_2 纳米纤维往往表现出增强的光催化产氢、光催化还原 CO_2 及光催化降解有机染料活性。

3. 掺杂

通过掺杂改性 TiO_2 纳米纤维，缩小其禁带宽度并使其光响应范围延伸至可见光区域，是增强 TiO_2 纳米纤维光催化活性的有效手段之一。通常，掺杂包括非金属掺杂和金属离子掺杂。

非金属掺杂即将某种非金属元素注入 TiO_2 晶格内，这些非金属能够在 TiO_2 的禁带内形成可以吸收、利用可见光的杂质能级，同时要求掺杂后的催化剂的导带能级要比原先 TiO_2 的导带能级高，还需要掺杂后的催化剂中光生载流子可以迁至表面。通常用于掺杂的非金属有 C[116]、N[117-121]、S[122]等。例如，Ma 等[122]发现将 S 掺杂到 TiO_2 纳米纤维中可以有效地抑制晶粒长大，同时可以将光吸收拓展到可见光区域，这对于光催化过程是有利的。Han 等[119]发现 N 掺杂的 TiO_2 纳米纤维与 g-C_3N_4 纳米片复合后表现出增强的光催化产氢活性，这主要得益于增强的可见光吸收及电子转移能力。除此以外，Pradhan 等[120]发现将 N 掺杂到 TiO_2 纳米纤维中更有利于形成氧空位，通过非辐射跃迁，更有助于捕获 TiO_2 导带上的光生电子，有效抑制了光生电子和空穴的复合，增强了光催化活性。

金属离子掺杂一般是通过物理或化学方法，将某种或某些特定的金属离子注入 TiO_2 晶格内，以达到在其中引入新的电荷、形成缺陷或晶格畸变、改变晶体结构的目的。这些缺陷或晶格畸变将在一定程度上改变光生电子和空穴的运动状态和分布状态，同时能有效调节 TiO_2 的能带结构，进而增强 TiO_2 的光催化活性。金属离子掺杂不仅可以有效地抑制光生电子与空穴的复合，提高其表观量子效率，还可以将 TiO_2 的吸收波长范围延伸到可见光区域，增强对太阳光中可见光的利用率。通常用于掺杂的金属离子有 Fe^{3+}[123-125]、Zr^{4+}[126]、La^{3+}[127]、Co^{2+}[19,128]、Ce^{4+}[129,130]等。例如，Park 等[125]发现，在 TiO_2 纳米纤维中引入 Fe^{3+} 不但可以促使 TiO_2 从锐钛矿相转变为金红石相，同时还能促进晶粒长大，有利于提高光催化降解亚甲基蓝活性。然而，Ma 和 Li[127]则发现在 TiO_2 纳米纤维中引入 La^{3+} 可以抑制 TiO_2 由锐钛矿相向金红石相的转变，并且可以提高相转变温度。Song 等[126]发现 Zr^{4+} 的引入可以抑制晶粒的长大，并能减少 TiO_2 纳米纤维的晶体缺陷，这对于光催化降解亚甲基蓝来说是有利的。Song 等[19]发现 Co^{2+}/TiO_2 纳米纤维的吸收带边从紫外光区域拓展到了可见光区域，且由于 Co^{2+} 的掺杂，在 630 nm 左右还出现了一个很宽的吸收峰，表明金属离子掺杂除了影响晶粒生长及相变，还可以拓展 TiO_2 纳米材料的吸收波长范围。Zhang 等[131]发现与纯 TiO_2 纳米纤维相比，W 掺杂的 TiO_2 纳米纤维表现出更好的结晶性、更强的可见光吸收能力及更大的比表面积，这些都有利于提高光催化反应的速率。Wu 等[128]制备了 Fe^{3+} 和 La^{3+} 共同掺杂的 TiO_2 纳米纤维，发现 Fe^{3+} 主要作为空穴的捕获剂而 La^{3+} 作为电子的捕获剂。由于两者的共同作用，光生电荷的复合被抑制，光催化活性得到显著提高。简而言之，将非金属或金属离子掺杂到 TiO_2 纳米纤维中可以增强可见光吸收、减少光生电子和空穴的复合，从而增强光催化产氢、光催化还原 CO_2 及光催化降解有机染料活性。

除上述采用贵金属沉积、非贵金属沉积、掺杂的策略对 TiO_2 纳米纤维进行修饰外，构建 TiO_2 纳米纤维异质结也是提高 TiO_2 纳米纤维光催化活性的有效策略之一。

4. TiO₂ 纳米纤维异质结

　　将两种或多种具有不同导带、价带和禁带宽度的半导体复合构建异质结时,这些半导体的导带和价带会相互交叠产生耦合作用,光生电子和空穴可以在这些能级不同的半导体之间进行转移和分离,从而提高光生载流子的分离效率,增强半导体的光催化活性。根据光生载流子的迁移路径,复合异质结光催化剂主要可以分为传统 II 型异质结、Z 型异质结、p-n 异质结及 S 型异质结。

　　1）传统 II 型异质结

　　TiO₂ 纳米纤维基传统 II 型异质结光催化剂主要分为两种:第一种是将 TiO₂ 纳米纤维与具有导带位置更正的半导体复合 [图 1-27 (a)],此时 TiO₂ 导带上的电子将转移到与其复合的半导体导带上,而半导体价带上的空穴将会转移到 TiO₂ 价带上,实现了光生电子和空穴的有效分离,最后在半导体的导带及 TiO₂ 的价带上分别发生还原和氧化反应;第二种是将 TiO₂ 纳米纤维与具有价带位置更负的半导体复合 [图 1-27 (b)],此时与 TiO₂ 复合的半导体导带上的电子将会转移到 TiO₂ 导带上,而 TiO₂ 价带上的空穴将会转移到与其复合的半导体的价带上,同样也实现了光生电子和空穴的有效分离,最后在 TiO₂ 的导带和半导体的价带上分别发生还原和氧化反应。近年来,用于与 TiO₂ 纳米纤维复合构成传统 II 型异质结的半导体主要有金属氧化物[132-142]、金属硫化物[143-146]、卤化物[147]及其他半导体[148-152]。

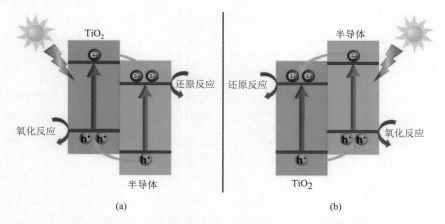

图 1-27　TiO₂ 纳米纤维基传统 II 型异质结中光生电荷转移与分离示意图

（a）TiO₂ 纳米纤维与导带位置更正的半导体复合;（b）TiO₂ 纳米纤维与价带位置更负的半导体复合

　　传统 II 型异质结虽然可以极大地促进光生电子和空穴的分离,然而分离后的光生电子更倾向于聚集在较正的导带上,同时光生空穴更倾向于聚集在较负的价带上。从热力学上来说,导带越正,其上的光生电子的还原能力越弱;价带越负,其上的光生空穴的氧化能力也越弱。所以,传统 II 型异质结中光生电子和空穴的转移方式实际上削弱了光生电荷的氧化还原能力,这对光催化反应来说是不利的。

2) Z 型异质结

如果光生电子和空穴分离后，分别位于位置更负的导带和位置更正的价带上，则可以对应表现出更高的还原氧化能力，对光催化反应而言是十分有利的。基于此，近年来研究者们发现，当两个或多个半导体复合形成 Z 型异质结时，除了可以实现光生电子和空穴的有效分离，还能同时使光生电荷具有较高的氧化还原能力。对 TiO$_2$ 纳米纤维而言，构建 TiO$_2$ 纳米纤维基 Z 型异质结光催化材料被认为是提高 TiO$_2$ 光催化性能的有效手段之一。图 1-28 展示了 TiO$_2$ 纳米纤维与另一种半导体复合后具有电荷传输体的间接 Z 型和不具有电荷传输体的直接 Z 型两种典型的 Z 型转移机理。如图 1-28（a）所示，TiO$_2$ 的导带位置低于另一种半导体的导带，此时，位于 TiO$_2$ 导带上的光生电子首先转移到电荷传输体上，然后进一步转移到与其复合的半导体的价带上并与其空穴复合。在这种情况下，TiO$_2$ 价带上的空穴和半导体导带上的电子保留下来参与光催化反应。从热力学角度来讲，TiO$_2$ 的价带位置越正，与其复合的半导体的导带位置越负，保留下来的光生载流子将具有越强的氧化还原能力。

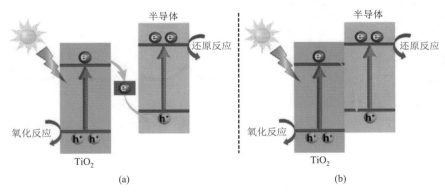

图 1-28　TiO$_2$ 纳米纤维基 Z 型异质结中光生电荷转移与分离示意图

（a）有电荷传输体；（b）无电荷传输体

借助电荷传输体的 Z 型异质结体系虽然能有效分离光生电子和空穴，并保证分离后光生载流子具有强的氧化还原能力，但该体系需要一种中间体作为电子转移的介质，阻碍了 TiO$_2$ 与另一种半导体间的直接接触。鉴于此，研究者们提出了新型的直接 Z 型电荷转移体系。在这种体系中，不需要中间体作为电子转移媒介，两种复合的半导体间存在紧密的界面接触。如图 1-28（b）所示，位于 TiO$_2$ 导带上的光生电子直接转移到与其复合的半导体的价带上并与其空穴复合。这种电荷转移机理也被称作直接 Z 型机理[153-156]。

2018 年，Xu 等[157]采用静电纺丝法和水热法制备了一种新型的 CuInS$_2$ 纳米片包覆的复合 TiO$_2$ 纳米纤维［图 1-29（a）］，该复合纳米纤维表现出增强的光催化 CO$_2$ 还原活性。为了探究光催化活性增强机理，他们首先采用 XPS 和 DFT 计算研究无光照条件下 TiO$_2$ 与 CuInS$_2$ 之间的电子转移情况。根据各元素高分辨 XPS 峰位移情况［图 1-29（b）和图 1-29（c）］发现，TiO$_2$ 与 CuInS$_2$ 复合后，电子从 CuInS$_2$ 转移至 TiO$_2$，从而在两者的界面处形成由 CuInS$_2$ 指向 TiO$_2$ 的内建电场。DFT 计算结果表明，CuInS$_2$ 的费米能级要高于 TiO$_2$ 的费米能级 ［图 1-29（d）和图 1-29（e）］；当两者接触时，电子从费米能级较高的 CuInS$_2$ 转移到费米能级较低的 TiO$_2$，进一步证实了 TiO$_2$/CuInS$_2$ 界面处会形成内建电场。在光照条件下，TiO$_2$ 和 CuInS$_2$ 价带中的电子被激发到导带上。在由 CuInS$_2$ 指向 TiO$_2$ 的内建电场驱动下，TiO$_2$ 导带上的电子将转移到 CuInS$_2$ 价带上，并与价带上的空穴进行复合，构成直接 Z 型异质结，促进光生载流子（CuInS$_2$ 的电子和 TiO$_2$ 的空穴）的有效分离，从而显著增强光催化活性 ［图 1-29（f）］。这种直接 Z 型电荷转移路径可以进一步通过原位 XPS 测试得到证明，如图 1-29（b）和图 1-29（c）所示，复合样品中 Ti 2p 的结合能在光照时较暗态时正移了 0.2 eV；相应地，In 3d 的结合能在光照下负移了约 0.1 eV，这种位移清楚地证实了在光照条件下，TiO$_2$ 表面的电子转移到 CuInS$_2$ 表面，从而构成直接 Z 型异质结。

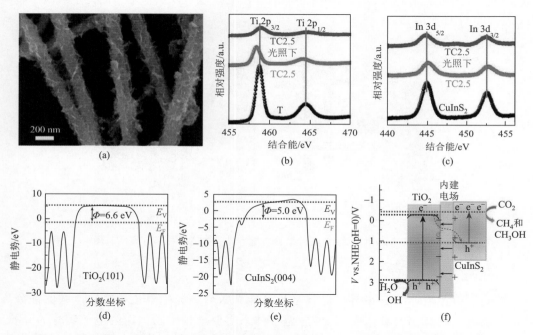

图 1-29　TiO$_2$/CuInS$_2$ 复合纳米纤维的微观形貌、XPS 图谱、功函数计算及光催化机理[157]

（a）TiO$_2$/CuInS$_2$ 复合纳米纤维的 SEM 图；（b）、（c）Ti 2p、In 3d 的非原位、原位高分辨率 XPS 图；（d）、（e）TiO$_2$（101）晶面、CuInS$_2$（004）晶面的静电势计算，红色虚线和蓝色虚线分别表示费米能级和真空能级；（f）TiO$_2$/CuInS$_2$ 复合纳米纤维光照条件下光生电荷转移与分离示意图

　　NiS 是一种价格便宜、无毒、禁带宽度小的半导体，在光催化产氢、光催化还原 CO$_2$ 和太阳能电池等各种应用中受到越来越多的重视。2018 年，Xu 等[158]将 Ni(OH)$_2$ 纳米片硫化成 NiS，得到的核壳结构的 TiO$_2$/NiS 复合纳米纤维可以有效增强光催化产氢活性。如图 1-30（a）所示，厚度约为 28 nm 的 NiS 纳米片垂直均匀地生长在 TiO$_2$ 纳米纤维表面，保证两相的紧密接触以利于电荷转移。通过元素面分布图［图 1-30（b）］可以清楚地看出，TiO$_2$/NiS 复合纳米纤维是典型的核壳结构，其中 TiO$_2$ 纳米纤维是内

核，NiS 纳米片是外壳。实验表明，当 NiS 负载量最佳时，得到的 TiO₂/NiS 复合纳米纤维表现出最佳的光催化产氢活性，产氢速率高达 655 μmol·h⁻¹·g⁻¹，是纯 TiO₂ 纳米纤维产氢速率的 14.6 倍 [图 1-30（c）]。XPS 分析和 DFT 计算表明，TiO₂ 和 NiS 复合后，由于两者的费米能级存在差异，NiS 上的电子转移到 TiO₂ 上，在界面处形成内建电场，促进光照条件下光生电子和空穴的有效分离。原位 XPS 分析进一步表明，在紫外-可见光照射下，TiO₂ 上的光生电子转移到 NiS 上，说明 TiO₂ 与 NiS 之间形成了直接 Z 型异质结，这种直接 Z 型异质结极大地促进了有用的电子-空穴对的分离，提高了光催化产氢活性 [图 1-30（d）]。

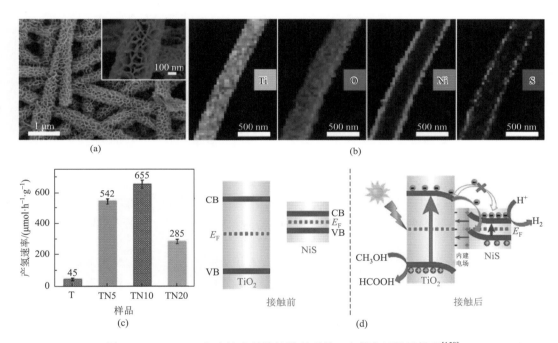

图 1-30　TiO₂/NiS 复合纳米纤维的微观形貌、光催化活性及机理[158]

（a）TiO₂/NiS 复合纳米纤维的 SEM 图；（b）TiO₂/NiS 复合纳米纤维中各元素的元素面分布图；（c）各个样品的光催化产氢活性，其中 T 代表纯 TiO₂ 纳米纤维，TN5、TN10、TN20 分别代表 NiS 负载摩尔分数为 5%、10%、20%的 TiO₂/NiS 复合纳米纤维；（d）TiO₂/NiS 直接 Z 型异质结接触前后电子转移及光生电荷转移与分离示意图

　　综上所述，构建直接 Z 型异质结是提高光生电子和空穴的分离效率、保留光生电子和空穴较强的还原氧化能力、增强光催化活性最有效的途径之一。两种复合半导体间的直接接触是促进两者之间电子转移的首要条件，电子转移将会导致在两种半导体界面处形成内建电场，而内建电场的存在可以有效地促进光生电子和空穴的转移与分离，进而增强光催化活性。

　　3）p-n 异质结

　　TiO₂ 是一种典型的 n 型半导体，其费米能级位于其导带附近，而 p 型半导体的费米能级位于其价带附近。当 n 型 TiO₂ 与 p 型半导体复合形成 p-n 异质结时，由于费米能级的差异，n 型 TiO₂ 和 p 型半导体将在界面处发生电荷转移直至两者的费米能级达到同一水平。n 型 TiO$_2$ 上的部分电子将转移到 p 型半导体上，在两者的接触界面处形成由 n 型 TiO$_2$ 指向 p 型半导体的内建电场。光照条件下，内建电场会驱动光生电子从 p 型半导体的导带转移到 n 型 TiO$_2$ 的导带，同时空穴将从 n 型 TiO$_2$ 的价带转移到 p 型半导体的价带，这种电子和空穴的转移实现了光生电荷的有效分离，从而提高了光催化性能[159-163]。这种 p-n 异质结的形成过程、费米能级的平衡过程及光生电子和空穴的转移过程如图 1-31 所示。

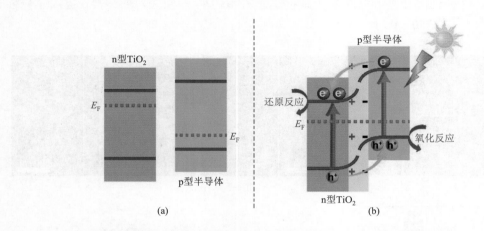

图 1-31　TiO$_2$ 纳米纤维基 p-n 异质结中光生电荷转移与分离示意图

（a）n 型 TiO$_2$ 与 p 型半导体接触前的能带结构及费米能级位置；（b）n 型 TiO$_2$ 与 p 型半导体接触后及光照下电荷转移过程

　　p 型半导体与 n 型 TiO$_2$ 复合构建 p-n 异质结能显著提高 TiO$_2$ 纳米纤维的光催化活性。与传统Ⅱ型异质结不同的是，p-n 异质结中两种半导体费米能级位置差别显著，两者接触后费米能级要处于同一水平而存在电荷转移行为，进而在接触界面处形成内建电场，促使两种半导体中光生电子和空穴的有效转移与分离。值得说明的是，p-n 异质结与直接 Z 型异质结都存在界面内建电场，都可以驱动光生载流子定向转移与分离，内建电场的方向决定了光生电子和空穴的转移方向，这是判断两种半导体复合是构成直接 Z 型异质结还是 p-n 异质结的重要依据。此外，p-n 异质结要求复合的两种半导体分别为 p 型和 n 型半导体，这在一定程度上限制了其应用；而直接 Z 型异质结对半导体的类型没有要求，具有更多的选择性。更为重要的是，p-n 异质结与传统Ⅱ型异质结一样，虽然可以有效地转移光生电子和空穴，但分离后的光生电子更倾向于聚集在较正的导带上，同时光生空穴更倾向于聚集在较负的价带上。从热力学角度来说，这种光生电子和空穴的转移方式实际上削弱了光生电荷的氧化还原能力，不利于光催化反应。

　　4）S 型异质结

　　2019 年，Fu 等[164]提出了一种新型的梯型（Step-scheme，S-scheme）异质结概念。S 型异质结由两种特定的 n 型半导体构成，一种是价带较正的氧化型半导体（OP，如 TiO$_2$、WO$_3$），另一种是导带较负的还原型半导体（RP，如 CdS、g-C$_3$N$_4$）[165]。形成 S 型异质结的关键在于，在两相界面处存在由还原型半导体指向氧化型半导体的内建电场。该内建电场的方向取决于这两种 n 型半导体的费米能级，当两种半导体接触时，电子会从费米能级高的半导体转移至费米能级低的半导体，从而在界面两侧累积带电相反的电荷层，进而形成定向的内建电场。在能带弯曲及内建电场的驱动下，S 型异质结中两种半导体间的光生电子和空穴的转移方向与传统 II 型异质结完全不同，光生电子将从氧化型半导体的导带转移至还原型半导体的价带与其空穴复合，从而保留还原型半导体导带上的光生电子和氧化型半导体价带上的光生空穴。被保留的光生电子和空穴具有极强的还原氧化能力，可以有效地增强光催化活性。S 型异质结的形成过程及光生电子和空穴分离机理如图 1-32 所示。从宏观上来看，S 型异质结中光生电子的位置从低（氧化型半导体的价带）到高（还原型半导体的导带），呈现"梯"型，因此命名为梯型异质结。TiO₂ 是一种价带位置较正的 n 型半导体，其价带上的空穴具有很强的氧化能力，但是其导带上电子的还原能力相对较弱。为了保留其光生空穴强氧化能力的同时提高其光生电子的还原能力，寻找一种导带位置较负的还原型半导体与TiO₂ 纳米纤维复合构建 S 型异质结是提高其光催化活性的有效策略。S 型异质结的详细介绍见第 7 章。

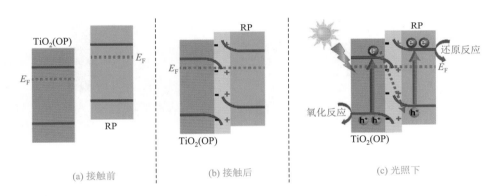

图 1-32 TiO₂ 纳米纤维基 S 型异质结中光生电荷转移与分离示意图

（a）氧化型半导体 TiO₂ 与还原型半导体接触前的能带结构及费米能级位置；（b）氧化型半导体 TiO₂ 与还原型半导体接触后的电荷转移；（c）光照下光生电荷的转移与分离

2019 年，Ge 等[166]采用原位静电纺丝法成功制备了一种新型的一维 TiO₂/CdS 复合纳米纤维 [图 1-33（a）]。他们发现，该复合纳米纤维表现出优异的光催化产氢活性，量子效率达到 10.14% [图 1-33（b）]。XPS 分析和 DFT 计算表明，由于 TiO₂ 和 CdS 之间存在紧密接触，且两者的费米能级位置存在差异，CdS 的电子会自发地转移到 TiO₂ 上，形成由 CdS 指向 TiO₂ 的内建电场，且 TiO₂ 和 CdS 得失电子导致能带弯曲。光照条件下，受内建电场和能带弯曲的驱动，TiO₂ 导带上的光生电子转移到 CdS 价带上并与其空穴快速地复合，导致 TiO₂ 价带上有用的空穴及 CdS 导带上有用的电子被有效分离，进而光催化分解 H₂O 产生 H₂。同样地，这种 S 型异质结也可以通过原位 XPS 得到进一步证明，在光照条件下，复合纳米纤维中 Ti 2p 的高分辨 XPS 峰发生了正位移，而 Cd 3d 的峰发生了负位移，证明在光照条件下，TiO₂ 上的光生电子转移到了 CdS 上，两者之间构成了 S 型异质结，显著增强了光催化产氢活性。TiO₂/CdS 复合纳米纤维 S 型异质结中光生电荷转移与分离示意图如图 1-33（c）所示。

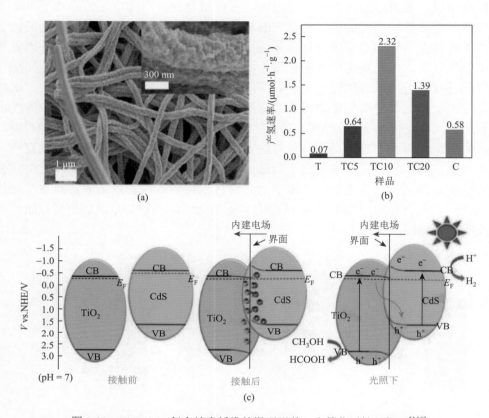

图 1-33　TiO₂/CdS 复合纳米纤维的微观形貌、光催化活性及机理[166]

（a）TiO₂/CdS 复合纳米纤维的 SEM 图；（b）各样品的光催化产氢活性，其中 T、C 分别代表纯 TiO₂ 和 CdS 纳米纤维，TCx（$x = 5, 10, 20$）代表 TiO₂/CdS 复合纳米纤维，x 代表 CdS 的质量分数为 x%；（c）TiO₂/CdS 复合纳米纤维 S 型异质结中光生电荷转移与分离示意图

2020 年，Xu 等[167]采用简单的静电自组装法制备了 TiO₂/CsPbBr₃ 复合纳米纤维 S 型异质结。如图 1-34（a）所示，CsPbBr₃ 量子点均匀地沉积在 TiO₂ 纳米纤维表面，从 HRTEM 图［图 1-34（b）］上可以明显看出 TiO₂ 和 CsPbBr₃ 的晶格条纹，证明成功合成了 TiO₂/CsPbBr₃ 复合纳米纤维。如图 1-34（c）和图 1-34（d）所示，纯 TiO₂ 纳米纤维和纯 CsPbBr₃ 量子点表现出较低的 H₂ 和 CO 生成速率，主要是因为单一光催化剂的光生载流子易复合；而随着 CsPbBr₃ 量子点负载量的增加，H₂ 和 CO 的生成速率逐渐增大，表现出增强的光催化 CO₂ 还原活性。同位素示踪实验结果表明光催化 CO₂ 还原过程中的产物来自 CO₂ 本身，而不是其他可能的碳源。密度泛函理论计算及实验结果表明，当 TiO₂ 和 CsPbBr₃ 接触时，由于费米能级位置的差异，CsPbBr₃ 上的电子会自发地转移到 TiO₂ 上，在两者界面处形成由 CsPbBr₃ 指向 TiO₂ 的内建电场，该内建电场驱动 TiO₂ 上无用的光生电子转移到 CsPbBr₃ 上与其光生空穴复合，TiO₂ 和 CsPbBr₃ 间形成了 S 型异质结，此时，有用的光生电子富集

在 CsPbBr₃ 导带上，而有用的空穴富集在 TiO₂ 价带上，光生载流子得到了有效的分离且被保留的光生电子和空穴具有较强的还原氧化能力，从而加速了光催化 CO_2 还原反应的进行，显著增强了光催化 CO_2 还原活性 [图 1-34（e）]。

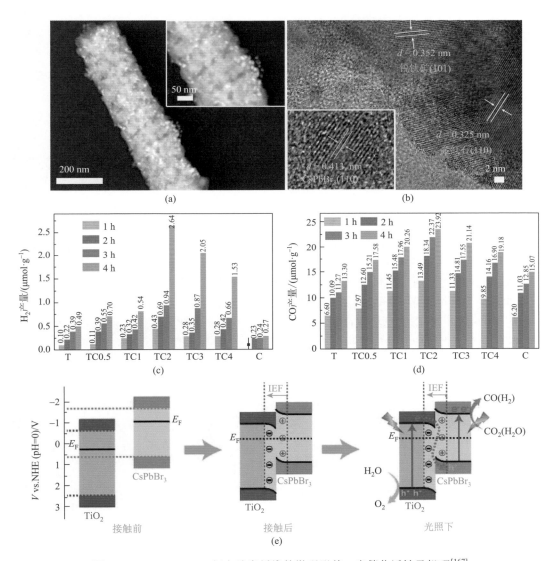

图 1-34　TiO₂/CsPbBr₃ 复合纳米纤维的微观形貌、光催化活性及机理[167]

（a）、（b）TiO₂/CsPbBr₃ 复合纳米纤维的扫描透射电子显微镜（STEM）图及 HRTEM 图；（c）、（d）紫外-可见光照射下 TiO₂、TCx 及 CsPbBr₃ 量子点光催化 CO_2 还原活性，其中 TCx（$x = 0.5, 1, 2, 3, 4$）代表 TiO₂/CsPbBr₃ 复合纳米纤维，x 代表 CsPbBr₃ 的质量分数为 x%；（e）TiO₂/CsPbBr₃ 复合纳米纤维 S 型异质结中光生电荷转移与分离示意图

综上所述，将 TiO₂ 纳米纤维与其他半导体复合构建传统 Ⅱ 型异质结、Z 型异质结、p-n 异质结及 S 型异质结可以有效地分离光生电子和空穴，增强光催化活性。表 1-3 总结了这几种异质结的优缺点。

表 1-3　TiO₂ 纳米纤维基传统 Ⅱ 型异质结、Z 型异质结、p-n 异质结及 S 型异质结的优点和缺点

异质结种类	优点	缺点
传统 Ⅱ 型异质结	有效分离光生载流子	削弱了光生载流子的氧化还原能力
Z 型异质结	有效分离光生载流子；光生载流子氧化还原能力强	包括间接 Z 型异质结、离子态 Z 型异质结、全固态 Z 型异质结、直接 Z 型异质结，种类多，概念易混淆
p-n 异质结	有效分离光生载流子	复合的两种半导体分别为 p 型和 n 型；削弱了光生载流子的氧化还原能力
S 型异质结	有效分离光生载流子；光生载流子氧化还原能力强	复合的两种半导体分别为氧化型和还原型半导体

1.4　小结与展望

TiO_2 作为光催化领域研究最广泛的材料受到了研究者们极大的关注。本章对 TiO_2 光催化材料，特别是静电纺丝法制备的 TiO_2 纳米纤维基异质结进行了概述与总结，介绍了 TiO_2 光催化剂的物理化学性质、能带结构、光催化原理及常见的制备方法，并简单梳理了 TiO_2 光催化材料的起源与发展；重点阐述了静电纺丝技术的基本装置及原理、静电纺丝过程中的几个影响因素、静电纺丝法制备 TiO_2 纳米纤维的制备工艺、TiO_2 纳米纤维的种类及几种 TiO_2 纳米纤维基异质结的设计思路和电荷转移与分离机理。TiO_2 纳米纤维基光催化材料被广泛应用于光催化产氢、光催化还原 CO_2、光催化降解有机染料、光催化抗菌等领域，证实了 TiO_2 纳米纤维是解决环境污染与能源短缺两大问题的理想材料之一。尽管 TiO_2 纳米纤维基光催化材料相关研究已经取得了很大的进展，但其光催化效率仍然很低，目前难以实现大规模应用。为了应对这一挑战，未来的研究工作主要包括以下几个方面。

（1）无针静电纺丝宏量制备 TiO_2 纳米纤维。目前，静电纺丝制备 TiO_2 纳米纤维采用的是针式静电纺丝技术，也就是借助静电力使针头上的液滴喷射出来形成 TiO_2 纤维前驱体。该技术制备的 TiO_2 纳米纤维具有长径比大、比表面积高、易成膜、不易团聚等优点。然而，针式静电纺丝技术纺丝效率极低，尽管多针头静电纺丝技术可以提高纺丝效率，但离工业化应用仍有相当大的差距。此外，纺丝针头易被纺丝液堵塞，难以维护和清洁，这也极大限制了其应用。因此，研究无针静电纺丝技术以宏量制备 TiO_2 纳米纤维是该领域未来的发展方向。无针静电纺丝是利用高压电场在自由液体表面直接形成喷射流的静电纺丝技术。无针静电纺丝过程中，通过电场、磁场或机械振动等方式产生自由表面扰动，在纺丝溶液表面形成无数个泰勒锥，随后在静电场力的拉伸下形成喷射流。目前，利用旋转表面电极的无针静电纺丝技术可以宏量制备多种聚合物纳米纤维。然而，鲜有利用无针静电纺丝技术制备含无机组分聚合物纳米纤维的报道，原因是在加入无机组分后，聚合物纺丝液的介电常数、黏度等物化性质难以满足在其表面产生泰勒锥形扰动的条件。因此，研究无针静电纺丝工艺、电极设计、纺丝液物化特性、喷射流形成机制等因素，是未来宏量制备 TiO_2 纳米纤维光催化材料的主要方向。

（2）构建高活性的新型 TiO_2 纳米纤维基复合光催化体系。尽管大量的 TiO_2 纳米纤维基复合光催化材料被开发、利用和报道，但是其制备过程都是先采用静电纺丝法将 TiO_2 纳米纤维制备出来，再利用水热法、静电自组装法等将其与另一种物质复合以获得 TiO_2 纳米纤维基复合光催化材料，整个制备过程比较烦琐。在未来的研究中，可以将目标物质的前驱体混入静电纺丝溶液中，通过静电纺丝和高温煅烧法直接得到 TiO₂ 纳米纤维基复合光催化材料。这种制备方法简单，无须多个步骤即可制备 TiO₂ 复合纳米纤维。此外，利用助催化剂或半导体复合持续提高 TiO₂ 纳米纤维的光生载流子分离效率仍然是未来 TiO₂ 纳米纤维光催化研究领域的研究热点。可以继续寻找成本低廉、来源广泛、高效稳定的非贵金属助催化剂来代替贵金属，提高光生电子与空穴的使用效率；也可以探索能带结构与 TiO₂ 匹配的新兴 n 型半导体材料，通过构建 S 型异质结，充分利用还原性强的电子和氧化性强的空穴完成氧化还原反应，进而提高 TiO₂ 纳米纤维基复合光催化材料的活性。

（3）深入研究 TiO₂ 纳米纤维基复合光催化材料的反应机理。对于光催化反应机理更深入全面的理解是设计改善 TiO₂ 纳米纤维基复合光催化材料的理论指导。通过更加精确的表征手段，包括表面催化反应的热力学和动力学分析、原位表征技术（原位光谱、原位 XPS 等）、理论计算、瞬态吸收光谱、光电化学测试等，系统研究 TiO₂ 纳米纤维基复合光催化材料界面电子转移行为，分析光生载流子的转移和传输机制，深入理解异质结的本质"构效"关系，明确光催化活性增强的关键因素，设计高效的 TiO₂ 纳米纤维基复合光催化材料。

<h1 align="center">参 考 文 献</h1>

[1] Yu J G，Jaroniec M，Jiang C J. Surface science of photocatalysis[M]. London：Elsevier，Academic Press，2020.

[2] Ge M Z，Cao C Y，Huang J Y，et al. A review of one-dimensional TiO₂ nanostructured materials for environmental and energy applications[J]. Journal of Materials Chemistry，2016，4（18）：6772-6801.

[3] Gupta S M，Tripathi M. A review of TiO₂ nanoparticles[J]. Chinese Science Bulletin，2011，56（16）：1639-1657.

[4] Koparde V N，Cummings P T. Phase transformations during sintering of titania nanoparticles[J]. ACS Nano，2008，2（8）：1620-1624.

[5] Hsieh P Y，Chiu Y H，Lai T H，et al. TiO₂ nanowire-supported sulfide hybrid photocatalysts for durable solar hydrogen production[J]. ACS Applied Materials & Interfaces，2019，11（3）：3006-3015.

[6] Wang J M，Wang Z J，Qu P，et al. A 2D/1D TiO₂ nanosheet/CdS nanorods heterostructure with enhanced photocatalytic water splitting performance for H₂ evolution[J]. International Journal of Hydrogen Energy，2018，43（15）：7388-7396.

[7] Cai J S，Shen J L，Zhang X N，et al. Light-driven sustainable hydrogen production utilizing TiO₂ nanostructures: a review[J]. Small Methods，2019，3（1）：1800184.

[8] Li X，Wen J Q，Low J X，et al. Design and fabrication of semiconductor photocatalyst for photocatalytic reduction of CO₂ to solar fuel[J]. Science China Materials，2014，57：70-100.

[9] Marszewski M，Cao S W，Yu J G，et al. Semiconductor-based photocatalytic CO₂ conversion[J]. Materials Horizons，2015，2（3）：261-278.

[10] Low J X，Cheng B，Yu J G. Surface modification and enhanced photocatalytic CO₂ reduction performance of TiO₂: a review[J]. Applied Surface Science，2017，392：658-686.

[11] 余家国，等. 新型太阳燃料光催化材料[M]. 武汉：武汉理工大学出版社，2019.

[12] Shehzad N，Tahir M，Johari K，et al. A critical review on TiO₂ based photocatalytic CO₂ reduction system: strategies to improve efficiency[J]. Journal of CO₂ Utilization，2018，26：98-122.

[13] Yu J G，Low J X，Xiao W，et al. Enhanced photocatalytic CO₂-reduction activity of anatase TiO₂ by coexposed {001} and {101} facets[J]. Journal of the American Chemical Society，2014，136（25）：8839-8842.

[14] Alkhatib I I，Garlisi C，Pagliaro M，et al. Metal-organic frameworks for photocatalytic CO₂ reduction under visible radiation: a review of strategies and applications[J]. Catalysis Today，2020，340：209-224.

[15] Xu J，Wang W Z，Shang M，et al. Electrospun nanofibers of Bi-doped TiO$_2$ with high photocatalytic activity under visible light irradiation[J]. Journal of Hazardous Materials，2011，196：426-430.

[16] Zhang P，Shao C L，Zhang Z Y，et al. TiO$_2$@carbon core/shell nanofibers：controllable preparation and enhanced visible photocatalytic properties[J]. Nanoscale，2011，3（7）：2943-2949.

[17] Zhang P，Shao C L，Zhang Z Y，et al. Core/shell nanofibers of TiO$_2$@carbon embedded by Ag nanoparticles with enhanced visible photocatalytic activity[J]. Journal of Materials Chemistry，2011，21（44）：17746-17753.

[18] Zhang R Z，Wang X Q，Song J，et al. In situ synthesis of flexible hierarchical TiO$_2$ nanofibrous membranes with enhanced photocatalytic activity[J]. Journal of Materials Chemistry，2015，3（44）：22136-22144.

[19] Song J，Wu X H，Zhang M，et al. Highly flexible，core-shell heterostructured，and visible-light-driven titania-based nanofibrous membranes for antibiotic removal and *E. coil* inactivation[J]. Chemical Engineering Journal，2020，379：122269.

[20] Bai H W，Liu Z Y，Sun D D. Solar-light-driven photodegradation and antibacterial activity of hierarchical TiO$_2$/ZnO/CuO material[J]. ChemPlusChem，2012，77（10）：941-948.

[21] Liu N，Chen X Y，Zhang J L，et al. A review on TiO$_2$-based nanotubes synthesized via hydrothermal method：formation mechanism，structure modification，and photocatalytic applications[J]. Catalysis Today，2014，225：34-51.

[22] Macwan D P，Dave P N，Chaturvedi S. A review on nano-TiO$_2$ sol-gel type syntheses and its applications[J]. Journal of Materials Science，2011，46（11）：3669-3686.

[23] Zhang C L，Yu S H. Spraying functional fibres by electrospinning[J]. Materials Horizons，2016，3（4）：266-269.

[24] Fujishima A，Honda K. Electrochemical photolysis of water at a semiconductor electrode[J]. Nature，1972，238（5358）：37-38.

[25] Carey J H，Lawrence J，Tosine H M. Photodechlorination of PCB's in the presence of titanium dioxide in aqueous suspensions[J]. Bulletin of Environmental Contamination & Toxicology，1976，16（6）：697-701.

[26] Frank S N，Bard A J. Heterogeneous photocatalytic oxidation of cyanide ion in aqueous solutions at TiO$_2$ powder[J]. Journal of the American Chemical Society，1977，99（1）：303-304.

[27] Kraeutler B，Bard A J. Photoelectrosynthesis of ethane from acetate ion at an n-type TiO$_2$ electrode. The photo-Kolbe reaction[J]. Journal of the American Chemical Society，1977，99：7729-7731.

[28] Oliver B G，Cosgrove E G，Carey J H. Effect of suspended sediments on the photolysis of organics in water[J]. Environmental Science & Technology，1979，13（9）：1075-1077.

[29] Inoue T，Fujishima A，Konishi S，et al. Photoelectrocatalytic reduction of carbon dioxide in aqueous suspensions of semiconductor powders[J]. Nature，1979，277：637-638.

[30] Saito T，Iwase T，Horie J，et al. Mode of photocatalytic bactericidal action of powdered semiconductor TiO$_2$ on mutans streptococci[J]. Journal of Photochemistry and Photobiology B：Biology，1992，14（4）：369-379.

[31] Wei C，Lin W Y，Zalnal Z，et al. Bactericidal activity of TiO$_2$ photocatalyst in aqueous media：toward a solar-assisted water disinfection system[J]. Environmental Science & Technology，1994，5（28）：934-938.

[32] Wang R，Hashimoto K，Fujishima A. Light-induced amphiphilic surfaces[J]. Nature，1997，388：431-432.

[33] Sunada K，Kikuchi Y，Hashimoto K，et al. Bactericidal and detoxification effects of TiO$_2$ thin film photocatalysts[J]. Environmental Science & Technology，1998，32（5）：726-728.

[34] Asahi R，Morikawa T，Ohwaki T，et al. Visible-light photocatalysis in nitrogen-doped titanium oxides[J]. Science，2001，293（5528）：269-271.

[35] Yu J C，Yu J G，Ho W，et al. Effects of F-doping on the photocatalytic activity and microstructures of nanocrystalline TiO$_2$ powders[J]. Chemistry of Materials，2002，14（9）：3808-3816.

[36] Yang H G，Sun C H，Qiao S Z，et al. Anatase TiO$_2$ single crystals with a large percentage of reactive facets[J]. Nature，2008，453（7195）：638-641.

[37] Liu S W，Yu J G，Jaroniec M. Tunable photocatalytic selectivity of hollow TiO$_2$ microspheres composed of anatase polyhedra with exposed {001} facets[J]. Journal of the American Chemical Society，2010，132（34）：11914-11916.

[38] Xiang Q J，Yu J G，Jaroniec M. Synergetic effect of MoS$_2$ and graphene as cocatalysts for enhanced photocatalytic H$_2$

production activity of TiO$_2$ nanoparticles[J]. Journal of the American Chemical Society，2012，134（15）：6575-6578.

[39]　Zhang J F，Zhou P，Liu J J，et al. New understanding of the difference of photocatalytic activity among anatase，rutile and brookite TiO$_2$[J]. Physical Chemistry Chemical Physics，2014，16（38）：20382-20386.

[40]　Guidetti G ，Pogna E A A，Lombardi L，et al. Photocatalytic activity of exfoliated graphite-TiO$_2$ nanoparticle composites[J]. Nanoscale，2019，11（41）：19301-19314.

[41]　Lee J K，Kim Y K，Choi B J，et al. SnO-decorated TiO$_2$ nanoparticle with enhanced photocatalytic performance for methylene blue degradation[J]. Applied Surface Science，2019，480：1089-1092.

[42]　Jiang Y H，Li F，Liu Y，et al. Construction of TiO$_2$ hollow nanosphere/g-C$_3$N$_4$ composites with superior visible-light photocatalytic activity and mechanism insight[J]. Journal of Industrial and Engineering Chemistry，2016，41：130-140.

[43]　Jiang Y H，Peng Z Y，Zhang S B，et al. Facile in-situ solvothermal method to synthesize double shell ZnIn$_2$S$_4$ nanosheets/TiO$_2$ hollow nanosphere with enhanced photocatalytic activities[J]. Ceramics International，2018，44（6）：6115-6126.

[44]　Makal P，Das D. Superior photocatalytic dye degradation under visible light by reduced graphene oxide laminated TiO$_2$-B nanowire composite[J]. Journal of Environmental Chemical Engineering，2019，7（5）：103358.

[45]　Jiang Z Y，Sun W，Miao W K，et al. Living atomically dispersed Cu ultrathin TiO$_2$ nanosheet CO$_2$ reduction photocatalyst[J]. Advanced Science，2019，6（15）：1900289.

[46]　Xu F Y，Meng K，Cheng B，et al. Enhanced photocatalytic activity and selectivity for CO$_2$ reduction over a TiO$_2$ nanofibre mat using Ag and MgO as Bi-Cocatalyst[J]. ChemCatChem，2019，11（1）：465-472.

[47]　Esfahani H，Jose R，Ramakrishna S. Electrospun ceramic nanofiber mats today：synthesis，properties，and applications[J]. Materials（Basel），2017，10（11）：1238.

[48]　Choi S K，Kim S，Lim S K，et al. Photocatalytic comparison of TiO$_2$ nanoparticles and electrospun TiO$_2$ nanofibers：effects of mesoporosity and interparticle charge transfer[J]. The Journal of Physical Chemistry C，2010，114（39）：16475-16480.

[49]　Formhals A F. Process and apparatus for preparing artificial threads：us1975504 A[P].1934-10-2.

[50]　Doshi J，Reneker D H. Electrospinning process and applications of electrospun fibers[J]. Journal of Electrostatics，1995，35（2-3）：151-160.

[51]　Li D，Xia Y N. Fabrication of titania nanofibers by electrospinning[J]. Nano Letters，2003，3（4）：555-560.

[52]　Madhugiri S，Sun B，Smirniotis P G，et al. Electrospun mesoporous titanium dioxide fibers[J]. Microporous and Mesoporous Materials，2003，69（1-2）：77-83.

[53]　Li D，Xia Y N. Direct fabrication of composite and ceramic hollow nanofibers by electrospinning[J]. Nano Letters，2004，4（5）：933-938.

[54]　Ostermann R，Li D，Yin Y，et al. V$_2$O$_5$ nanorods on TiO$_2$ nanofibers：a new class of hierarchical nanostructures enabled by electrospinning and calcination[J]. Nano Letters，2006，6（6）：1279-1302.

[55]　Patil J V，Mali S S，Kamble A S，et al. Electrospinning：a versatile technique for making of 1D growth of nanostructured nanofibers and its applications：an experimental approach[J]. Applied Surface Science，2017，423：641-674.

[56]　Zhang C L，Yu S H. Nanoparticles meet electrospinning：recent advances and future prospects[J]. Chemical Society Reviews，2014，43（13）：4423-4448.

[57]　Mondal K，Sharma A. Recent advances in electrospun metal-oxide nanofiber based interfaces for electrochemical biosensing[J]. RSC Advances，2016，6（97）：94595-94616.

[58]　Massaglia G，Quaglio M. Semiconducting nanofibers in photoelectrochemistry[J]. Materials Science in Semiconductor Processing，2018，73：13-21.

[59]　Reneker D H，Chun I. Nanometre diameter fibres of polymer，produced by electrospinning[J]. Nanotechnology，1996，7（3）：216-223.

[60]　Huang Z M，Zhang Y Z，Kotaki M，et al. A review on polymer nanofibers by electrospinning and their applications in nanocomposites[J]. Composites Science and Technology，2003，63（15）：2223-2253.

[61]　Li D，Xia Y N. Electrospinning of nanofibers：reinventing the wheel?[J]. Advanced Materials，2004，16（14）：1151-1170.

[62] Greiner A，Wendorff J H. Electrospinning：a fascinating method for the preparation of ultrathin fibers[J]. Angewandte Chemie（International Edition），2007，46（30）：5670-5703.

[63] Li D，Xia Y N. Rapid fabrication of titania nanofibers by electrospinning[J]. Nanomaterials and Their Optical Applications，2003，5224：17-24.

[64] Xue J J，Xie J W，Liu W Y，et al. Electrospun nanofibers: new concepts，materials，and applications[J]. Accounts of Chemical Research，2017，50（8）：1976-1987.

[65] Xu F Y，Xiao W，Cheng B，et al. Direct Z-scheme anatase/rutile bi-phase nanocomposite TiO_2 nanofiber photocatalyst with enhanced photocatalytic H_2-production activity[J]. International Journal of Hydrogen Energy，2014，39（28）：15394-15402.

[66] Morandi S，Cecone C，Marchisio G，et al. Shedding light on precursor and thermal treatment effects on the nanostructure of electrospun TiO_2 fibers[J]. Nano-Structures & Nano-Objects，2016，7：49-55.

[67] Liu B T，Peng L L. Facile formation of mixed phase porous TiO_2 nanotubes and enhanced visible-light photocatalytic activity[J]. Journal of Alloys and Compounds，2013，571：145-152.

[68] Wang T，Wei J X，Shi H M，et al. Preparation of electrospun Ag/TiO_2 nanotubes with enhanced photocatalytic activity based on water/oil phase separation[J]. Physica E：Low-dimensional Systems and Nanostructures，2017，86：103-110.

[69] Zhao T Y，Liu Z Y，Nakata K，et al. Multichannel TiO_2 hollow fibers with enhanced photocatalytic activity[J]. Journal of Materials Chemistry，2010，20（24）：5095-5099.

[70] Liu X，Hu Y Y，Chen R Y，et al. Coaxial nanofibers of ZnO-TiO_2 heterojunction with high photocatalytic activity by electrospinning technique[J]. Synthesis and Reactivity in Inorganic，Metal-Organic，and Nano-Metal Chemistry，2014，44（3）：449-453.

[71] Lang L M，Wu D，Xu Z. Controllable fabrication of TiO_2 1D-nano/micro structures：solid，hollow，and tube-in-tube fibers by electrospinning and the photocatalytic performance[J]. Chemistry，2012，18（34）：10661-10668.

[72] Chen H Y，Wang N，Di J C，et al. Nanowire-in-microtube structured core/shell fibers via multifluidic coaxial electrospinning[J]. Langmuir，2010，26（13）：11291-11296.

[73] Chen J R，Qiu F X，Xu W Z，et al. Recent progress in enhancing photocatalytic efficiency of TiO_2-based materials[J]. Applied Catalysis A：General，2015，495：131-140.

[74] Ge M Z，Cai J S，Iocozzia J，et al. A review of TiO_2 nanostructured catalysts for sustainable H_2 generation[J]. International Journal of Hydrogen Energy，2017，42（12）：8418-8449.

[75] Cheng X X，Zhao Y H，Zhang T，et al. Research progress on TiO_2-based visible light photocatalyst[J]. Advanced Materials Research，2012，518-523：669-674.

[76] Humayun M，Raziq F，Khan A，et al. Modification strategies of TiO_2 for potential applications in photocatalysis：a critical review[J]. Green Chemistry Letters and Reviews，2018，11（2）：86-102.

[77] He C H，Gong J. The preparation of PVA-Pt/TiO_2 composite nanofiber aggregate and the photocatalytic degradation of solid-phase polyvinyl alcohol[J]. Polymer Degradation and Stability，2003，81（1）：117-124.

[78] Yang Z L，Lu J，Ye W C，et al. Preparation of Pt/TiO_2 hollow nanofibers with highly visible light photocatalytic activity[J]. Applied Surface Science，2017，392：472-480.

[79] Nikfarjam A，Salehifar N. Visible light activation in $TiO_2/Pd/N/Fe_2O_3$ nanofiber hydrogen sensor[J]. IEEE Sensors Journal，2015，15（10）：5962-5970.

[80] Shahreen L，Chase G G，Turinske A J，et al. NO decomposition by CO over Pd catalyst supported on TiO_2 nanofibers[J]. Chemical Engineering Journal，2013，225：340-349.

[81] Barakat N A M，Kim H Y. Effect of silver-doping on the crystal structure，morphology and photocatalytic activity of TiO_2 nanofibers[J]. IOP Conference Series：Materials Science and Engineering，2012，40：012003.

[82] Chang G Q，Zheng X，Chen R Y，et al. Silver nanoparticles filling in TiO_2 hollow nanofibers by coaxial electrospinning[J]. Acta Physico-Chimica Sinica，2008，24（10）：1790-1797.

[83] Kanjwal M A，Barakat N A M，Sheikh F A，et al. Functionalization of electrospun titanium oxide nanofibers with silver

nanoparticles: strongly effective photocatalyst[J]. International Journal of Applied Ceramic Technology, 2009, 7（s1）: E54-E63.

[84] Liu L, Liu Z Y, Bai H W, et al. Concurrent filtration and solar photocatalytic disinfection/degradation using high-performance Ag/TiO₂ nanofiber membrane[J]. Water Research, 2012, 46（4）: 1101-1112.

[85] Mishra S, Ahrenkiel S P. Synthesis and characterization of electrospun nanocomposite nanofibers with Ag nanoparticles for photocatalysis applications[J]. Journal of Nanomaterials, 2012, 2012: 1-6.

[86] Nalbandian M J, Zhang M L, Sanchez J, et al. Synthesis and optimization of Ag-TiO₂ composite nanofibers for photocatalytic treatment of impaired water sources[J]. Journal of Hazardous materials, 2015, 299: 141-148.

[87] Ochanda F O, Barnett M R. Synthesis and characterization of silver nanoparticles and titanium oxide nanofibers: toward multifibrous nanocomposites[J]. Journal of the American Ceramic Society, 2010, 93（9）: 2637-2643.

[88] Park J Y, Hwang K J, Lee J W, et al. Fabrication and characterization of electrospun Ag doped TiO₂ nanofibers for photocatalytic reaction[J]. Journal of Materials Science, 2011, 46（22）: 7240-7246.

[89] Srisitthiratkul C, Pongsorrarith V, Intasanta N. The potential use of nanosilver-decorated titanium dioxide nanofibers for toxin decomposition with antimicrobial and self-cleaning properties[J]. Applied Surface Science, 2011, 257（21）: 8850-8856.

[90] Su C Y, Liu L, Zhang M Y, et al. Fabrication of Ag/TiO₂ nanoheterostructures with visible light photocatalytic function via a solvothermal approach[J]. CrystEngComm, 2012, 14（11）: 3989-3999.

[91] Wang L, Zhang C B, Gao F, et al. Algae decorated TiO₂/Ag hybrid nanofiber membrane with enhanced photocatalytic activity for Cr（VI）removal under visible light[J]. Chemical Engineering Journal, 2017, 314: 622-630.

[92] Wang S, Bai J, Liang H O, et al. Synthesis, characterization, and photocatalytic properties of Ag/TiO₂ composite nanofibers prepared by electrospinning[J]. Journal of Dispersion Science and Technology, 2014, 35（6）: 777-782.

[93] Wang Y, Liu L X, Xu L, et al. Ag/TiO₂ nanofiber heterostructures: highly enhanced photocatalysts under visible light[J]. Journal of Applied Physics, 2013, 113（17）: 174311.

[94] Yang Y C, Wen J W, Wei J H, et al. Polypyrrole-decorated Ag-TiO₂ nanofibers exhibiting enhanced photocatalytic activity under visible-light illumination[J]. ACS Applied Materials & Interfaces, 2013, 5（13）: 6201-6207.

[95] Aswathy P M, Sarina P, Kavitha M K, et al. Development of Au doped TiO₂ nanofibers for photocatalytic applications[J]. AIP Conference Proceedings, 2019, 2082: 030007.

[96] Nalbandian M J, Greenstein K E, Shuai D M, et al. Tailored synthesis of photoactive TiO₂ nanofibers and Au/TiO₂ nanofiber composites: structure and reactivity optimization for water treatment applications[J]. Environmental Science & Technology, 2015, 49（3）: 1654-1663.

[97] Pan C, Dong L. Fabrication of gold-doped titanium dioxide（TiO₂: Au）nanofibers photocatalyst by vacuum ion sputter coating[J]. Journal of Macromolecular Science, 2009, 48（5）: 919-926.

[98] Yang X J, Salles V, Maillard M, et al. Fabrication of Au functionalized TiO₂ nanofibers for photocatalytic application[J]. Journal of Nanoparticle Research, 2019, 21（7）: 1-13.

[99] Zhang Z Y, Cao S W, Liao Y S, et al. Selective photocatalytic decomposition of formic acid over AuPd nanoparticle-decorated TiO₂ nanofibers toward high-yield hydrogen production[J]. Applied Catalysis B: Environmental, 2015, 162: 204-209.

[100] Liu C B, Wang L L, Tang Y H, et al. Vertical single or few-layer MoS₂ nanosheets rooting into TiO₂ nanofibers for highly efficient photocatalytic hydrogen evolution[J]. Applied Catalysis B: Environmental, 2015, 164: 1-9.

[101] Zhang X, Shao C L, Li X H, et al. 3D MoS₂ nanosheet/TiO₂ nanofiber heterostructures with enhanced photocatalytic activity under UV irradiation[J]. Journal of Alloys and Compounds, 2016, 686: 137-144.

[102] Jo W K, Kang H J. Photocatalysis of sub-ppm limonene over multiwalled carbon nanotubes/titania composite nanofiber under visible-light irradiation[J]. Journal of Hazardous Materials, 2015, 283: 680-688.

[103] Mondal K, Bhattacharyya S, Sharma A. Photocatalytic degradation of naphthalene by electrospun mesoporous carbon-doped anatase TiO₂ nanofiber mats[J]. Industrial & Engineering Chemistry Research, 2014, 53（49）: 18900-18909.

[104] Kim H-i, Kim S, Kang J K, et al. Graphene oxide embedded into TiO₂ nanofiber: effective hybrid photocatalyst for solar conversion[J]. Journal of Catalysis, 2014, 309: 49-57.

[105] Lavanya T，Dutta M，Satheesh K. Graphene wrapped porous tubular rutile TiO$_2$ nanofibers with superior interfacial contact for highly efficient photocatalytic performance for water treatment[J]. Separation and Purification Technology，2016，168：284-293.

[106] Lavanya T，Satheesh K，Dutta M，et al. Superior photocatalytic performance of reduced graphene oxide wrapped electrospun anatase mesoporous TiO$_2$ nanofibers[J]. Journal of Alloys and Compounds，2014，615：643-650.

[107] Li Y R，Yan J，Su Q，et al. Preparation of graphene-TiO$_2$ nanotubes/nanofibers composites as an enhanced visible light photocatalyst using a hybrid synthetic strategy[J]. Materials Science in Semiconductor Processing，2014，27：695-701.

[108] Pant H R，Adhikari S P，Pant B，et al. Immobilization of TiO$_2$ nanofibers on reduced graphene sheets：novel strategy in electrospinning[J]. Journal of Colloid and Interface Science，2015，457：174-179.

[109] Xu F Y，Meng K，Zhu B C，et al. Graphdiyne：a new photocatalytic CO$_2$ reduction cocatalyst[J]. Advanced Functional Materials，2019，29（43）：1904256.

[110] Li L L，Cheng B，Wang Y X，et al. Enhanced photocatalytic H$_2$-production activity of bicomponent NiO/TiO$_2$ composite nanofibers[J]. Journal of Colloid and Interface Science，2015，449：115-121.

[111] Zhang F L，Cheng Z Q，Kang L J，et al. 3D controllable preparation of composite CuO/TiO$_2$ nanofibers[J]. RSC Advances，2014，4（108）：63520-63525.

[112] Xu F Y，Zhu B C，Cheng B，et al. 1D/2D TiO$_2$/MoS$_2$ hybrid nanostructures for enhanced photocatalytic CO$_2$ reduction[J]. Advanced Optical Materials，2018，6（23）：1800911.

[113] Xu D F，Li L L，He R G，et al. Noble metal-free RGO/TiO$_2$ composite nanofiber with enhanced photocatalytic H$_2$-production performance[J]. Applied Surface Science，2018，434：620-625.

[114] Wang R，Shi M S，Xu F Y，et al. Graphdiyne-modified TiO$_2$ nanofibers with osteoinductive and enhanced photocatalytic antibacterial activities to prevent implant infection[J]. Nature Communications，2020，11（1）：4465.

[115] Meng A Y，Wu S，Cheng B，et al. Hierarchical TiO$_2$/Ni(OH)$_2$ composite fibers with enhanced photocatalytic CO$_2$ reduction performance[J]. Journal of Materials Chemistry A，2018，6（11）：4729-4736.

[116] Yousef A，Brooks R M，El-Halwany M M，et al. Cu^0-decorated，carbon-doped rutile TiO$_2$ nanofibers via one step electrospinning：effective photocatalyst for azo dyes degradation under solar light[J]. Chemical Engineering and Processing：Process Intensification，2015，95：202-207.

[117] Nguyen H Q，Deng B. Electrospinning and in situ nitrogen doping of TiO$_2$/PAN nanofibers with photocatalytic activation in visible lights[J]. Materials Letters，2012，82：102-104.

[118] Suphankij S，Mekprasart W，Pecharapa W. Photocatalytic of N-doped TiO$_2$ nanofibers prepared by electrospinning[J]. Energy Procedia，2013，34：751-756.

[119] Han C，Wang Y D，Lei Y P，et al. In situ synthesis of graphitic-C$_3$N$_4$ nanosheet hybridized N-doped TiO$_2$ nanofibers for efficient photocatalytic H$_2$ production and degradation[J]. Nano Research，2014，8（4）：1199-1209.

[120] Pradhan A C，Senthamizhan A，Uyar T. Electrospun mesoporous composite CuO-Co$_3$O$_4$/N-TiO$_2$ nanofibers as efficient visible light photocatalysts[J]. Chemistry Select，2017，2（24）：7031-7043.

[121] Yu Q Z，Jin X J，Li S Y，et al. The photocatalytic properties of Fe^{3+} and N Co-doped TiO$_2$ micro/nanofiber film for dye waste water decomposition[J]. Advanced Materials Research，2011，356-360：853-856.

[122] Ma D，Xin Y J，Gao M C，et al. Fabrication and photocatalytic properties of cationic and anionic S-doped TiO$_2$ nanofibers by electrospinning[J]. Applied Catalysis B：Environmental，2014，147：49-57.

[123] Wu N，Chen L，Jiao Y N，et al. Preparation and characterization of Fe^{3+}，La^{3+} Co-doped TiO$_2$ nanofibers and its photocatalytic activity[J]. Journal of Engineered Fibers and Fabrics，2012，7（3）：16-20.

[124] Zhang R，Wu H，Lin D D，et al. Photocatalytic and magnetic properties of the Fe-TiO$_2$/SnO$_2$ nanofiber via electrospinning[J]. Journal of the American Ceramic Society，2010，93（3）：605-608.

[125] Park J Y，Lee J H，Choi D Y，et al. Influence of Fe doping on phase transformation and crystallite growth of electrospun TiO$_2$ nanofibers for photocatalytic reaction[J]. Materials Letters，2012，88：156-159.

[126] Song J，Wang X Q，Yan J H，et al. Soft Zr-doped TiO$_2$ nanofibrous membranes with enhanced photocatalytic activity for water

purification[J]. Scientific Reports，2017，7（1）：1636.

[127] Ma Y T，Li S D. Photocatalytic activity of TiO₂ nanofibers with doped la prepared by electrospinning method[J]. Journal of the Chinese Chemical Society，2015，62（4）：380-384.

[128] Wu N，Jiao Y N，Yuan Z Q，et al. The effect of calcination temperature on the surface evolution and photocatalysis activity of Co-doped PVAc/TiO₂ composite nanofibers[J]. Advanced Materials Research，2011，331：14-18.

[129] Wang L L，Zhao Y C，Zhang J Y. Electrospun cerium-based TiO₂ nanofibers for photocatalytic oxidation of elemental mercury in coal combustion flue gas[J]. Chemosphere，2017，185：690-698.

[130] Worayingyong A，Sang-urai S，Smith M F，et al. Effects of cerium dopant concentration on structural properties and photocatalytic activity of electrospun Ce-doped TiO₂ nanofibers[J]. Applied Physics A，2014，117（3）：1191-1201.

[131] Zhang L，Li Y G，Xie H Y，et al. Efficient mineralization of toluene by W-doped TiO₂ nanofibers under visible light irradiation[J]. Journal of Nanoscience and Nanotechnology，2015，15（4）：2944-2951.

[132] Bai H W，Liu Z Y，Sun D D. The design of a hierarchical photocatalyst inspired by natural forest and its usage on hydrogen generation[J]. International Journal of Hydrogen Energy，2012，37（19）：13998-14008.

[133] Kanjwal M A，Barakat N A M，Sheikh F A，et al. Photocatalytic activity of ZnO-TiO₂ hierarchical nanostructure prepared by combined electrospinning and hydrothermal techniques[J]. Macromolecular Research，2010，18（3）：233-240.

[134] Lee S S，Bai H W，Liu Z Y，et al. Electrospun TiO₂/SnO₂ nanofibers with innovative structure and chemical properties for highly efficient photocatalytic H₂ generation[J]. International Journal of Hydrogen Energy，2012，37（14）：10575-10584.

[135] Lee S S，Bai H W，Liu Z Y，et al. Novel-structured electrospun TiO₂/CuO composite nanofibers for high efficient photocatalytic cogeneration of clean water and energy from dye wastewater[J]. Water Research，2013，47（12）：4059-4073.

[136] Li J，Yan L，Wang Y F，et al. Fabrication of TiO₂/ZnO composite nanofibers with enhanced photocatalytic activity[J]. Journal of Materials Science：Materials in Electronics，2016，27（8）：7834-7838.

[137] Li X，Lin H M，Chen X，et al. Dendritic alpha-Fe₂O₃/TiO₂ nanocomposites with improved visible light photocatalytic activity[J]. Physical Chemistry Chemical Physics，2016，18（13）：9176-9185.

[138] Mu J B，Chen B，Zhang M Y，et al. Enhancement of the visible-light photocatalytic activity of In₂O₃-TiO₂ nanofiber heteroarchitectures[J]. ACS Applied Materials & Interfaces，2012，4（1）：424-430.

[139] Nirmala R，Kim H Y，Navamathavan R，et al. Photocatalytic activities of electrospun tin oxide doped titanium dioxide nanofibers[J]. Ceramics International，2012，38（6）：4533-4540.

[140] Wang C H，Shao C L，Zhang X T，et al. SnO₂ nanostructures-TiO₂ nanofibers heterostructures：controlled fabrication and high photocatalytic properties[J]. Inorganic Chemistry，2009，48（15）：7261-7268.

[141] Yuan Y，Zhao Y C，Li H L，et al. Electrospun metal oxide-TiO₂ nanofibers for elemental mercury removal from flue gas[J]. Journal of Hazardous Materials，2012，227-228：427-435.

[142] Zhang P，Shao C L，Li X H，et al. In situ assembly of well-dispersed Au nanoparticles on TiO₂/ZnO nanofibers：a three-way synergistic heterostructure with enhanced photocatalytic activity[J]. Journal of Hazardous Materials，2012，237-238：331-338.

[143] Qin N，Liu Y H，Wu W M，et al. One-dimensional CdS/TiO₂ nanofiber composites as efficient visible-light-driven photocatalysts for selective organic transformation：synthesis，characterization，and performance[J]. Langmuir，2015，31（3）：1203-1209.

[144] Tian F Y，Hou D F，Hu F C，et al. Pouous TiO₂ nanofibers decorated CdS nanoparticles by SILAR method for enhanced visible-light-driven photocatalytic activity[J]. Applied Surface Science，2017，391：295-302.

[145] Yang G R，Zhang Q，Chang W，et al. Fabrication of Cd₁₋ₓZnₓS/TiO₂ heterostructures with enhanced photocatalytic activity[J]. Journal of Alloys and Compounds，2013，580：29-36.

[146] Zhang X，Li X H，Shao C L，et al. One-dimensional hierarchical heterostructures of In₂S₃ nanosheets on electrospun TiO₂ nanofibers with enhanced visible photocatalytic activity[J]. Journal of Hazardous Materials，2013，260：892-900.

[147] Zhang Y H，Liu S W，Xiu Z L，et al. TiO₂/BiOI heterostructured nanofibers：electrospinning-solvothermal two-step synthesis and visible-light photocatalytic performance investigation[J]. Journal of Nanoparticle Research，2014，16（5）：2375.

[148] Nada A A, Nasr M, Viter R, et al. Mesoporous ZnFe$_2$O$_4$@TiO$_2$ nanofibers prepared by electrospinning coupled to PECVD as highly performing photocatalytic materials[J]. The Journal of Physical Chemistry C, 2017, 121 (44): 24669-24677.

[149] Xie J L, Yang Y F, He H P, et al. Facile synthesis of hierarchical Ag$_3$PO$_4$/TiO$_2$ nanofiber heterostructures with highly enhanced visible light photocatalytic properties[J]. Applied Surface Science, 2015, 355: 921-929.

[150] Zhang M Y, Li L, Zhang X T. One-dimensional Ag$_3$PO$_4$/TiO$_2$ heterostructure with enhanced photocatalytic activity for the degradation of 4-nitrophenol[J]. RSC Advances, 2015, 5 (38): 29693-29697.

[151] Zhang Q, Zhou S, Fu S F, et al. Tetranitrophthalocyanine zinc/TiO$_2$ nanofibers organic-inorganic heterostructures with enhanced visible photocatalytic activity[J]. Nano, 2017, 12 (10): 1750117.

[152] Zhao W J, Zhang J, Pan J Q, et al. One-step electrospinning route of SrTiO$_3$-modified rutile TiO$_2$ nanofibers and its photocatalytic properties[J]. Nanoscale Research Letters, 2017, 12 (1): 371.

[153] Low J X, Jiang C J, Cheng B, et al. A review of direct Z-scheme photocatalysts[J]. Small Methods, 2017, 1 (5): 1700080.

[154] Qi K Z, Cheng B, Yu J G, et al. A review on TiO$_2$-based Z-scheme photocatalysts[J]. Chinese Journal of Catalysis, 2017, 38 (12): 1936-1955.

[155] Xu Q L, Zhang L Y, Yu J G, et al. Direct Z-scheme photocatalysts: principles, synthesis, and applications[J]. Materials Today, 2018, 21 (10): 1042-1063.

[156] Zhou P, Yu J G, Jaroniec M. All-solid-state Z-scheme photocatalytic systems[J]. Advanced Materials, 2014, 26 (29): 4920-4935.

[157] Xu F Y, Zhang J J, Zhu B C, et al. CuInS$_2$ sensitized TiO$_2$ hybrid nanofibers for improved photocatalytic CO$_2$ reduction[J]. Applied Catalysis B: Environmental, 2018, 230: 194-202.

[158] Xu F Y, Zhang L Y, Cheng B, et al. Direct Z-scheme TiO$_2$/NiS core-shell hybrid nanofibers with enhanced photocatalytic H$_2$-production activity[J]. ACS Sustainable Chemistry & Engineering, 2018, 6 (9): 12291-12298.

[159] Li L, Zhang M Y, Liu Y, et al. Hierarchical assembly of BiOCl nanosheets onto bicrystalline TiO$_2$ nanofiber: enhanced photocatalytic activity based on photoinduced interfacial charge transfer[J]. Journal of Colloid and Interface Science, 2014, 435: 26-33.

[160] Lu M X, Shao C L, Wang K X, et al. p-MoO$_3$ nanostructures/n-TiO$_2$ nanofiber heterojunctions: controlled fabrication and enhanced photocatalytic properties[J]. ACS Applied Materials & Interfaces, 2014, 6 (12): 9004-9012.

[161] Wang K X, Shao C L, Li X H, et al. Hierarchical heterostructures of p-type BiOCl nanosheets on electrospun n-type TiO$_2$ nanofibers with enhanced photocatalytic activity[J]. Catalysis Communications, 2015, 67: 6-10.

[162] Wang K X, Shao C L, Li X H, et al. Heterojunctions of p-BiOI nanosheets/n-TiO$_2$ nanofibers: preparation and enhanced visible-light photocatalytic activity[J]. Materials (Basel), 2016, 9 (2): 90.

[163] Liu G, Wang G H, Hu Z H, et al. Ag$_2$O nanoparticles decorated TiO$_2$ nanofibers as a p-n heterojunction for enhanced photocatalytic decomposition of RhB under visible light irradiation[J]. Applied Surface Science, 2019, 465: 902-910.

[164] Fu J W, Xu Q L, Low J X, et al. Ultrathin 2D/2D WO$_3$/g-C$_3$N$_4$ step-scheme H$_2$-production photocatalyst[J]. Applied Catalysis B: Environmental, 2019, 243: 556-565.

[165] Xu Q L, Zhang L Y, Cheng B, et al. S-scheme heterojunction photocatalyst[J]. Chem, 2020, 6 (7): 1543-1559.

[166] Ge H N, Xu F Y, Cheng B, et al. S-scheme heterojunction TiO$_2$/CdS nanocomposite nanofiber as H$_2$ production photocatalyst[J]. ChemCatChem, 2019, 11 (24): 6301-6309.

[167] Xu F Y, Meng K, Cheng B, et al. Unique S-scheme heterojunctions in selfassembled TiO$_2$/CsPbBr$_3$ hybrids for CO$_2$ photoreduction[J]. Nature Communications, 2020, 11: 4613.

第 2 章　ZnO 和分级结构 ZnO 光催化材料的水热制备

2.1　水热法制备 ZnO 简述

2.1.1　水热合成原理

　　水热法（hydrothermal method），又名热液法，是指在密封压力容器中，以水（或其他溶剂）作为溶媒，在高温（大于 100 ℃）、高压（大于 0.1 MPa）条件下，使前驱体（即原料）反应和结晶，从而形成预期材料的方法。水热法生长晶体最早被应用于地质学领域，用来模拟自然界成矿作用；之后被应用于基础研究制备所需材料；1905 年以后开始被用于合成功能材料的研究；采用水热法制备纳米材料则是近几年才发展起来的，在材料制备及应用研究领域，如单晶生长、粉体制备、薄膜和纤维制备、材料合成、材料处理等众多方面得到了广泛的应用和发展。

　　水热法的必备装置是高压反应器——反应釜，如图 2-1 所示。整个容器是密闭的，通常以水（或有机溶剂）为反应介质，在设定的高温下，溶剂部分呈气相，在容器内产生设定的自生压力，合成反应就在此环境中进行。若以水为反应介质，则称为水热合成；若以有机溶剂为反应介质，则称为溶剂热合成。这样的反应器是环境相对友好、具有多

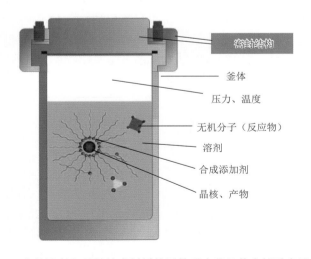

图 2-1　水热法制备无机纳米材料使用的反应釜及其内部反应示意图

样性及可控性的,如水热法制备纳米粉体的化学反应过程是在设定的高温高压下进行和完成的,而外加压式高压釜则通过管道输入高压流体产生设定高压,并不是高温介质自生的高压力。由于水热法提供了一个在常压条件下无法得到的特殊物理化学环境,使前驱体在反应系统中得到充分的溶解,形成原子或者分子生长基元,在满足结晶条件下最后成核结晶,所以水热法制备的纳米晶晶粒发育完整、粒度分布均匀、颗粒之间团聚少。即使是较为便宜的原料,也一样可以得到理想的符合化学计量组成的材料,而且颗粒度可以控制,生产成本也低。另外,用水热法制备的陶瓷粉体在使用时无须烧结,这就可以解决在烧结过程中晶粒长大而且容易混入杂质等问题。需要注意的是,为使反应较快和较充分,通常还需在高压釜中加入各种矿化剂。

水热法一般以氧化物或氢氧化物作为前驱体,它们在加热过程中的溶解度随温度升高而增加,最终导致溶液过饱和并逐步形成更稳定的氧化物新相。反应过程的驱动力是最后可溶的前驱体或中间产物与稳定氧化物之间的溶解度差。严格来说,水热技术中几种重要的纳米粉体制备方法或反应过程的原理并不完全相同,即并非都可用这种“溶解-过饱和-结晶”机理来解释,且反应过程中有关矿化剂的作用、中间产物和反应条件对产物的影响等问题尚不十分清楚。

水热法不仅经济,而且在原料的选择上也十分多样,如锌源可以选用锌粉、硝酸锌、氯化锌、醋酸锌或者锌片等,所用的碱性环境也有多种碱性物质可选,如氢氧化钠、氨水或者其他可提供碱性环境的胺类(诸如六亚甲基四胺、乙二胺、乙醇胺等)。另外,为了更好地控制和引导纳米颗粒形貌的形成,也可添加一些表面活性剂(如羧甲基纤维素、柠檬酸钠等)。使用该方法合成得到的氧化锌颗粒的结构形貌特别丰富,同时产品的纯度很高,形貌、尺寸大小也易控制。当然,锌源和碱类的选择会对纳米颗粒产物的形貌产生一定的影响。

水热法在高质量纳米陶瓷粉体制备领域极有应用前景,通过水热法可在不同温度、压力、溶媒和矿化剂条件下实现多种不同成分纳米级陶瓷粉体的制备。但总体来说,水热条件下的纳米粉体制备,包括粉末粒径及分布的有效控制、粉末的分散度和表面处理,以及纳米粉末形成的过程与机理、合成工艺条件等问题仍处于探索和发展阶段。同时,受水热过程物理化学变化的限制,目前制备的纳米粉体多是氧化物、含氧盐以及羟基化合物,所以深入研究水热法原理和工艺有重要意义。

2.1.2 水热合成注意事项与安全性

(1)水热合成反应釜是在设定的温度和压力条件下合成化学物质的反应器,由金属或者硬质材料制成,在安装和使用时需谨慎,以免对其他玻璃部件造成损坏。另外,每次使用后需清洗,以便再次使用。材料合成的实验温度一般为 $100 \sim 400\ ℃$,压力为 $4.9 \sim 98\ MPa$。釜内的压力是靠在反应釜内填充的一定量的溶液升温膨胀而产生和维持的,实验中采用的填充度为 $50\% \sim 85\%$,介质是水,碱类物质可采用 NaOH、KOH、NaCl、NH_4Cl 等,浓度为 $0.5 \sim 1.5\ mol·L^{-1}$。通常采用胶体和盐溶液作为前驱体制备氧化物纳米晶颗粒,以增加前驱体在釜内溶液中的溶解度。此外，可借助高压釜内底部与上部的温差使溶液迅速达到饱和与过饱和状态，或采取降温措施使晶核迅速形成，因此，控制温度梯度在釜内的分布是控制晶粒尺度的关键。

（2）水热合成反应釜内胆的材质要适用于不同介质的合成反应，应提前查清介质对反应釜内胆有无腐蚀，瞬间反应剧烈、产生大量气体或高温易燃易爆，以及超高压、超高温等对反应釜内胆产生严重腐蚀的反应须采用特殊的反应釜内胆。

（3）装配反应釜时，先把顶丝松开，用扳手拧紧釜体和釜盖，然后拧紧顶丝。确保釜体下垫片位置正确，然后放入聚四氟乙烯衬套或对位聚苯酚（PPL）衬套和上垫片，把釜盖旋钮拧紧。将反应物倒入聚四氟乙烯衬套或 PPL 衬套内，并保证加料系数小于 0.8。

（4）将水热合成反应釜置于加热器内，按照规定的升温速率升温至所需反应温度，但注意反应温度必须低于规定的安全使用温度。

（5）拆开水热合成反应釜时也要先把顶丝松开，再拧开釜体和釜盖。

（6）水热合成反应釜每次使用后要及时清洗干净，尤其是釜体、釜盖的密封处要格外注意，以免锈蚀，并严防碰伤损坏。同时，应特别注意勿将水或其他液体流入加热炉内及接线盒内，防止加热器因短路而被烧坏。

2.1.3　ZnO 的基本物理性质

ZnO 晶体有三种结构：六方纤锌矿结构、立方闪锌矿结构，以及比较罕见的立方岩盐结构，如图 2-2 所示。六方纤锌矿结构在三者中稳定性最高，因而最常见。立方闪锌矿结构可由逐渐在表面生成氧化锌的方式获得。在六方纤锌矿结构和立方闪锌矿结构中，每个锌或氧原子都与相邻原子组成以其为中心的正四面体结构。立方岩盐结构则只曾在 1×10^4 MPa 的高压条件下被观察到。六方纤锌矿结构、立方闪锌矿结构均有中心对称性，但没有轴对称性，晶体的对称性质使得六方纤锌矿结构具有压电效应和焦热点效应，立方闪锌矿结构具有压电效应。六方纤锌矿结构的点群为 $6\,mm$，空间群是 $P6_3\,mc$，晶格常量中，$\mathbf{a} = 3.25$ Å，$\mathbf{c} = 5.2$ Å，$\mathbf{c/a}$ 比率约为 1.60，接近 1.633 的理想六边形比例。表 2-1 给出了六方纤锌矿 ZnO 的基本物理参数。在半导体材料中，锌、氧多以离子键结合是其压电性高的原因之一。氧化锌的莫氏硬度约为 4.5，是一种相对较软的材料。氧化锌的弹性常数比氮化镓等Ⅲ-Ⅴ族半导体材料小。氧化锌的热稳定性和热传导性较好，而且沸点高、热膨胀系数低，在陶瓷材料领域有用武之地。在各种具有四面体结构的半导体材料中，氧化锌有着最高的压电张量，该特性使得氧化锌成为重要的机械电耦合材料之一。在室温下，氧化锌的禁带宽度约为 3.37 eV，因此，纯净的氧化锌是白色的，且高禁带宽度使氧化锌具有击穿电压高、维持电场能力强、电子噪声小、可承受功率高等优点。氧化锌是典型的直接带隙宽禁带半导体材料，室温下自由激发束缚能为 60 meV，远高于室温的热离化能，它的禁带宽度对应光谱中的紫外波段，是理想的紫外光电材料。六方纤锌矿 ZnO 的能带结构如图 2-3 所示。

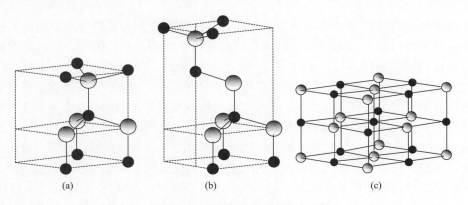

图 2-2　ZnO 晶体的三种结构

（a）六方纤锌矿结构；（b）立方闪锌矿结构；（c）立方岩盐结构；黑球代表 Zn 原子，白球代表 O 原子

表 2-1　六方纤锌矿 ZnO 的基本物理参数

性质	参数
空间点群	$P6_3$ mc-C_{6V}^4
相对分子质量	81.389
密度/(g·cm^{-3})	5.606
熔点/℃	1975
比热容/(J·g^{-1}·K^{-1})	0.494
热电常数/(mV·K^{-1})	1200（300 K）
电阻率/(Ω·cm)	10
莫氏硬度	4.5
热膨胀系数/K^{-1}	4.75（a 轴），2.92（c 轴）
热导率/(W·cm^{-1}·K^{-1})	1.16+0.08（Zn 面），1.10 + 0.09（O 面）
禁带宽度/eV	3.37
激子玻尔半径/nm	2.03
内聚能/eV	1.89
剪切模量/GPa	45
静电介电常数	8.656
折射率	2.008，2.029
本征载流子浓度/cm^3	$<10^6$
电子有效质量	0.24
电子迁移率（300 K，弱 n 型导电性）/(cm^3·V^{-1}·s^{-1})	200
空穴有效质量	0.59
空穴迁移率（300 K，弱 n 型导电性）/(cm^3·V^{-1}·s^{-1})	5～50

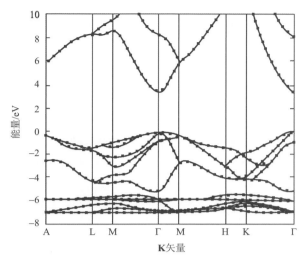

图 2-3　六方纤锌矿 ZnO 的能带结构

2.1.4　ZnO 晶体结构

氧化锌晶体在常温常压下呈六方纤锌矿结构,结构稳定,可以看作是由四面体配位的氧离子（O^{2-}）和锌离子（Zn^{2+}）沿[0001]方向交替堆积而成的层状结构（图 2-4）。六方纤锌矿 ZnO 具有两个重要的结构特征,即正负电荷中心和极性表面的对称性,这是 ZnO 纳米结构压电性能优异和生长行为独特的根源。氧化锌结构中最典型的极性表面是带正电的(0001)-Zn 表面和带负电的 $(000\bar{1})$-O 表面,极性表面上的净电荷是离子电荷或非移动电荷。表面电荷的分布使得系统的静电能最小,这也是极性表面控制下纳米结构生长的重要驱动力之一。原则上,晶体的平衡形态由标准的 Wulff 结构决定,取决于弛豫能,而弛豫能又与晶面和生长方向有关。对于 ZnO 晶体,由于弛豫能的不同,动力学参数随晶面和生长方向的变化而变化,所以在一定的生长条件下,晶体生长得到了强化。因此,从降低系统总能量的角度来看,氧化锌微晶通常会发展成具有清晰的、折射率低的晶面的三

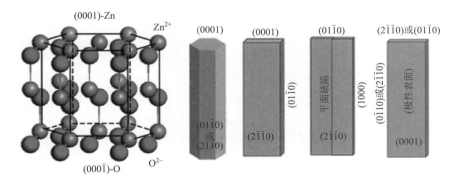

图 2-4　六方纤锌矿 ZnO 的晶体结构[1]及具有特定暴露晶面的 ZnO 结构[2]

维形貌。此外，通过在特定平面上选择性吸附添加剂或表面活性剂可以改变表面能，从而相应地控制表面形貌。

2.1.5　水热法制备纳米 ZnO

目前已有多种方法可合成 ZnO 纳米结构，主要包括气相沉积法、电化学沉积法、溶胶-凝胶法等，例如，由 Pan 等[3]提出的化学气相传输和冷凝过程（VLS）、由 An 等[4]开展的金属-有机化学气相沉积（MOCVD）过程。除此之外还有热蒸发法、分子束外延（MBE）、脉冲激光沉积（PLD）等，如 Wei 等[5]用简单的热蒸发法制备了 ZnO 纳米薄片，可用于传感器的制作。尽管人们利用这些技术成功地制备了形态各异的 ZnO 纳米晶体，但是这些技术需要较高的温度、复杂的步骤、昂贵的设备以及严格的实验条件，不宜大规模生产。

早在 20 世纪 70 年代，Laudise 和 Ballman[6]就已经对水热合成技术进行了深入的研究，并合成了 ZnO 晶体。Pal 和 Santiago[7]利用低温水热法，通过控制反应混合物的 pH，调整晶体成核和生长速率，获得了花状、棒状以及片状等不同形态的 ZnO 纳米结构。Zhang 等[8]利用低温水热法进行花状 ZnO 纳米结构的合成，在水热过程中通过控制反应温度并添加表面活性剂十六烷基三甲基溴化铵（CTAB），使之与 ZnO 晶胞作用，在 ZnO 核上形成许多活性中心，制备了由剑状 ZnO 纳米棒组成的花状结构。Sun 等[9]以涂有 ZnO 薄膜的 Si 片为基片，以 0.1 mol·L^{-1} 的硝酸锌和六亚甲基四胺为原料（密封在 90℃玻璃瓶中混合），然后将基片沉入瓶底并于 90 ℃保温大于 6 h，得到 ZnO 纳米管阵列。Liu 和 Zeng[10]以 Zn(NO$_3$)$_2$、NaOH、CH$_3$CH$_2$OH 和乙二胺为原料，在烘箱中于 180 ℃保温 20 h 得到 ZnO 纳米杆。Wang 等[11]制备的铅笔状纳米结构具有尖端和高的比表面积，有望被应用于场发射微电子器件。Hirano 等[12]采用水热法合成的 ZnO 纳米线阵列表现出温室紫外激光发射行为，可用来制备紫外纳米激光器。表 2-2 列出了一些制备 ZnO 的早期较重要的研究报道，包括制备方法和产物形貌。

近年来水热法制备纳米 ZnO 成为科研工作者关注的热点，主要原因如下：①水热法采用中温液相控制，能耗相对较低，适用性广泛，既可制备超细粒子，也可以得到尺寸较大的晶体；②原料相对廉价易得，反应在液相快速对流中进行，产率高、纯度高、物相均匀、结晶良好，产物的形状和大小可控；③在水热过程中，可以通过调节反应温度、压力、处理时间、溶液成分、pH、前驱体和矿化剂的种类等因素，来达到有效地控制反应和晶体生长特性的目的；④反应在密闭的容器中进行，可控制反应气氛，形成合适的氧化还原反应条件，从而获得某些特殊的物相，尤其有利于有毒体系的合成反应，可以尽可能地减少环境污染。

表 2-2　水热法制备 ZnO 分级结构

前驱体	反应条件	形貌	文献
醋酸锌、氨水	100 ℃，2 h	纳米棒和纳米花	[13]
硝酸锌、氢氧化钠、无水乙醇	190 ℃，12 h	由均匀纳米片组装的纳米花	[14]

前驱体	反应条件	形貌	文献
硫酸锌、氢氧化钠、氨水	90 ℃，5 h	棒状 ZnO 多级纳米结构	[15]
硝酸锌、CTAB、六亚甲基四胺	90 ℃，6 h	纳米花	[16]
硝酸锌、氢氧化钠、CTAB	220 ℃，30 min	剑麻状纳米结构	[17]
硝酸锌、氨水	pH = 11.3，70 ℃，12 h； pH = 10.8，70 ℃，6 h	花状纳米结构；纳米棒阵列	[18]
醋酸锌、氢氧化钠	75 ℃，30 min	纳米花	[19]
醋酸锌、乙醇、咪唑四氟硼酸盐离子液体	180 ℃，12 h	纳米棒组成的微球	[20]
醋酸锌、氨水、乙醇、2-丙醇	150 ℃，72 h	20～60 nm 颗粒构成的聚集体	[21]
醋酸锌、氢氧化钠、六亚甲基四胺	200 ℃，5 h	纳米球	[22]

2.2　ZnO 的成核及生长机理

水热法制备纳米氧化锌需先用直接沉淀法制备出氧化锌前驱体，有以下一些途径：

（1）以 $NH_3 \cdot H_2O$ 作沉淀剂。

$$Zn^{2+} + 2NH_3 \cdot H_2O \longrightarrow Zn(OH)_2\downarrow + 2NH_4^+ \tag{2-1}$$

$$Zn(OH)_2 \longrightarrow ZnO + H_2O \tag{2-2}$$

（2）以碳酸氢铵作沉淀剂。

$$3Zn^{2+} + 6NH_4HCO_3 \longrightarrow ZnCO_3 \cdot 2Zn(OH)_2\downarrow + 5CO_2\uparrow + 6NH_4^+ + H_2O \tag{2-3}$$

$$ZnCO_3 \cdot 2Zn(OH)_2 \longrightarrow 3ZnO + CO_2\uparrow + 2H_2O \tag{2-4}$$

（3）以草酸铵作沉淀剂。

$$Zn^{2+} + (NH_4)_2C_2O_4 + 2H_2O \longrightarrow ZnC_2O_4 \cdot 2H_2O\downarrow + 2NH_4^+ \tag{2-5}$$

$$ZnC_2O_4 \cdot 2H_2O \longrightarrow ZnC_2O_4 + 2H_2O（513\ K） \tag{2-6}$$

$$ZnC_2O_4 \longrightarrow ZnO + CO_2\uparrow + CO\uparrow（分解温度：637～823\ K） \tag{2-7}$$

然后将得到的前驱体置于反应釜中，在水热介质、一定的温度和时间下进行水热反应，生成含氧锌离子的过饱和溶液，促使氧化锌成核、生长而制得纳米氧化锌粉。水热合成中改变水热介质、温度和时间等水热条件可以制得不同形状的纳米氧化锌粉；在水热介质中加入表面活性剂，可以调控纳米氧化锌的晶粒形貌，从而对纳米氧化锌的性能进行调控。迄今为止，人们采用水热法已经制备出了许多结晶性能良好、形态各异的氧化锌纳米材料。

水热条件下纳米晶的结晶习性是指晶粒的结晶形态和相互聚集的程度与生长的物理、化学条件之间的关系。同种晶粒在不同的物理、化学条件下结晶形态是各不相同的，相互之间的联结和聚集程度也因之而异。

2.2.1　一般碱溶液中生长

二价金属在酸性条件下一般无法水解成为氧化物，因此需要用碱溶液来生长 ZnO 纳米晶体，其中 KOH 和 NaOH 是最常用的碱性化合物。然而，由于 K^+ 离子半径较大，比较不易掺入氧化锌的晶格内，此外，Na^+ 比较容易被 OH^- 吸引在纳米晶体周围，形成一个覆盖层，阻碍氧化锌晶体的进一步生长，因此使用 KOH 辅助氧化锌的生长更为理想。

在一般碱性溶液中生长的主要反应过程如下：

$$Zn^{2+} + 2OH^- \longrightarrow Zn(OH)_2 \tag{2-8}$$

$$Zn(OH)_2 + 2OH^- \longrightarrow [Zn(OH)_4]^{2-} \tag{2-9}$$

$$[Zn(OH)_4]^{2-} \longrightarrow ZnO_2^{2-} + 2H_2O \tag{2-10}$$

$$ZnO_2^{2-} + H_2O \longrightarrow ZnO + 2OH^- \tag{2-11}$$

$$ZnO + OH^- \longrightarrow ZnOOH^- \tag{2-12}$$

可见在氧化锌晶格中，中心 Zn^{2+} 源于硝酸锌，而 O^{2-} 源于水。由于 OH^- 的亲核性高于 H_2O，在这种水溶液合成中，中心 Zn^{2+} 周围的配位球主要由 OH^- 控制。生长过程以 Zn^{2+} 和 OH^- 的配位开始，随后，配位络合物通过质子转移脱水 [式（2-9）]，生成具有八面体对称性的 $[Zn_x(OH)_y]^{(2x-y)+}$ 形式的聚集体[23]。在浓氢氧化物溶液中，上述 $[Zn_x(OH)_y]^{(2x-y)+}$ 形式的聚集体会进一步脱水，使 Zn^{2+} 形成阴离子物种（ZnO_2^{2-}）[式（2-10）]。这些阴离子物种至少在一定程度上溶于水，而大多数中性物种则沉淀了。不过上述方程式仅表明生成了生长中间体 $[Zn_x(OH)_y]^{(2x-y)+}$，产物形式可能因合成反应时实验参数的不同而不同。例如，溶液的 pH 和 Zn^{2+} 缔合度在反应过程中会变化，开始时，这些聚集体 $[Zn_x(OH)_y]^{(2x-y)+}$ 由近 50 个离子组成，很快成熟到由 150 个离子组成，成为六方纤锌矿，在中心区域形成氧化锌畴核。该畴核仅由 Zn^{2+} 和 O^{2-} 组成，与表面略有不同，聚集体表面仍存在大量的 OH^- 和 Zn^{2+}。通过这些 Zn^{2+} 和 OH^- 的聚集和脱水，尺寸进一步增大到 200 多个离子，形成了纳米纤锌矿核。

在一般碱溶液的生长中，水溶液的 pH 决定了沉积物的晶相。$0.01\ mol\cdot L^{-1}$ Zn^{2+} 浓度下，ZnO 和 $Zn(OH)_2$ 在 pH 为 7～14 范围内热力学性质稳定。在 pH>9 时，可溶 Zn（Ⅱ）以 $Zn(OH)_2$ 和 $[Zn(OH)_4]^{2-}$ 等形式存在，而 ZnO 的形成正是发生在 pH>9 时[24]。随着溶液中 OH^- 含量增加，OH^- 的化学势也增加，反应就有望向前推进。

除了 $[Zn(OH)_4]^{2-}$，反应釜的热碱性介质中还有两种主要的锌前驱体，即 $ZnOOH^-$ 和 ZnO_2^{2-}，其含量取决于 OH^- 的浓度和溶液的温度。随着 OH^- 浓度的增加，ZnO_2^{2-} 对晶体生长的贡献也会增加，因为锌氧之间是离子键，极性大，而极性生长是氧化锌晶体生长的原因。事实上，(0001)晶面和 $(000\bar{1})$ 晶面的最外层就是分别由 Zn^{2+} 和 O^{2-} 组成的，这种锌封端表面的生长过程涉及不同带电体之间的异性相吸反应。

在乙醇、甲醇等有机物和离子液体等多种溶剂中也可以生长出氧化锌纳米结构，这时反应介质中无须加入碱，所以没有碱的存在，于是就证实了氧化锌纳米颗粒中的氧来自溶剂而不是碱。虽然上述反应过程看起来很简单，但实际上却很复杂。方程中尚未考虑的氧分子（O_2）其实起着关键作用，溶解在溶液中的氧分子对最终产品的结晶度有很大的影响。

极性无机晶体的形貌在很大程度上取决于晶体-溶剂界面的相互作用。ZnO 作为极性材料，在生长过程中受饱和蒸汽压（关系到反应介质的氧含量）和溶剂极性（关系到反应的活化能）的强烈影响。根据不同极性溶剂极性的大小，可以调节表面的生长速率，从而得到不同尺寸的纳米线。当然，氧化锌极性表面与极性溶剂的强相互作用会阻碍前驱体分子在表面的吸附。值得注意的是，除极性溶剂外，在非极性溶剂中也合成了一维纳米结构。另外，在碱性溶液中生长一维氧化锌纳米结构不仅限于体合成，还可采用这种常见的溶液路线来实现薄膜合成。Wu 等[25]在近室温下用 $Zn(NO_3)_2$ 和 KOH 在锌箔上得到了高取向的 ZnO 纳米结构阵列，即在低温下硝酸锌的碱性溶液中由 O_2 直接氧化锌箔产生纳米针，而温度略有升高时，纳米棒阵列出现。Li 等[26]则在以 Si 为衬底的 ZnO 籽晶上合成了 ZnO 纳米棒阵列，并通过调节 $Zn(NO_3)_2$ 与 NaOH 的摩尔比来控制纳米棒的密度和尺寸。

2.2.2　氨和六亚甲基四胺辅助生长

不仅强碱（如 KOH 和 NaOH）能为氧化锌的生长创造碱环境，弱碱［如氨和六亚甲基四胺（HMTA）等胺类］也能为氧化锌的生长创造碱环境。Liu 等[27]详细研究了在 $NH_3 \cdot H_2O$ 环境中生长的氧化锌纳米线，他们在没有使用晶种、催化剂和表面活性剂的低温碱性溶液中，以导电合金为基底生长了垂直排列的氧化锌一维纳米结构。$NH_3 \cdot H_2O$ 不仅为氧化锌的生长创造了基本的碱环境，而且促进了非均相成核[28]。实验还证明，随着时间的推移，Zn^{2+} 逐渐消耗，使纳米结构的生长也慢下来，最终达到生长溶解平衡。当然，这种困难可以通过在溶液中进一步添加锌盐和氨加以克服。

除一般含有氢氧根的碱外，合成氧化锌最常用的胺是 HMTA，它是一种非离子性的环叔胺。作为一个双齿路易斯碱，HMTA 配位和连接 Zn^{2+}。导向制备一维 ZnO 结构，最常用的途径是 $Zn(NO_3)_2$ 和 HMTA 辅助的水热合成，其中硝酸盐提供 ZnO 生长所需的 Zn^{2+}，水分子提供 O^{2-}。HMTA 除为 ZnO 中的各个 Zn^{2+} 提供配位和桥联外，还具有弱碱性并起着 pH 缓冲的作用，以及在控制 ZnO 生长速率方面有着重要作用。同时，HMTA 优先附着在非极性面上，助长了氧化锌沿极性面方向生长的固有行为。HMTA 是一种高温下保持刚性的分子，与水混合生成氨，氨作为螯合剂通过与锌离子结合形成$[Zn(NH_3)_4]^{2+}$。

$$(CH_2)_6N_4 + 6H_2O \longrightarrow 4NH_3 + 6HCHO \tag{2-13}$$

$$NH_3 + H_2O \longrightarrow NH_4^+ + OH^- \tag{2-14}$$

$$Zn^{2+} + 4NH_3 \longrightarrow [Zn(NH_3)_4]^{2+} \tag{2-15}$$

在这种合成过程中，HMTA 在水中的水解速度是一个非常关键的因素，快速的水解速度会在一段时间后阻止 ZnO 的生长，其原因在于，HMTA 的快速水解使 OH⁻的产生也非常快，创造了一个碱性的基本环境，这种碱性环境促使溶液中的 Zn^{2+} 沉淀 [式（2-16）]，导致生长基元物质的快速消耗，从而阻碍 ZnO 晶体生长。此外，可以使用烘箱或者微波炉辅助制备，按照式（2-17），在较高的温度下分解 $Zn(OH)_2$，生成 ZnO。

$$Zn^{2+} + OH^- \longrightarrow Zn(OH)_2 \tag{2-16}$$

$$Zn(OH)_2 \longrightarrow ZnO + H_2O \tag{2-17}$$

式（2-16）是可逆反应，可以通过调节反应参数，使其正向或逆向进行。一般来说，氧化锌纳米线的形貌和长径比取决于生长时间和加工温度，而纳米线的数量密度则取决于营养盐浓度。反应过程在室温下开始得很慢，微波加热的应用提高了反应速率。除硝酸盐外，含有其他阴离子的盐也能够产生氧化锌纳米结构，其中纳米结构的形貌由所选择的阴离子决定。此外，配位体和胺等的选择也能控制 ZnO 纳米结构的形态。

2.3　分级结构增强光催化活性的机理

设计合理的光催化剂的层次结构（包括孔隙率和形貌）不仅可以改进分子的扩散/传输动力和增强光的吸收，而且可以增加比表面积和活性中心的数量，从而加速表面反应动力学。另外，通过减小晶体尺寸（小到纳米级），可以利用量子尺寸效应来调整分层组装纳米材料的导带和价带。在提高整体光催化效率方面，分层结构具有一些显著优点：①改进分子的扩散/传输动力；②增强光吸收；③增大比表面积。

2.3.1　改进分子的扩散/传输动力

设计和形成新的层次形态和相互连接的多孔网络可以产生更有效的通道，将反应物分子输送到存在于孔壁上的反应位点，也就是促进扩散。孔隙可分为三类：微孔（直径小于 2 nm）、介孔（直径介于 2 nm 和 50 nm 之间）和大孔（直径大于 50 nm）。有机分子在微孔通道（小于 2 nm）内的扩散（如在沸石中）可能会被阻碍[29]。其中，具有有序介孔和大表面积的半导体材料被广泛用于制备先进的复合光催化剂，而通过制备具有粒间和粒内孔隙率的结构可得到具有多级有序结构的大孔-介孔催化剂[30,31]。重要的是，具有不同大小孔隙率的多级结构有优良的传输路径，这不仅可以大大缩短介孔通道的长度，还可以增加复合光催化剂的可接近表面积[32]。因此，在具有适当互连的不同大小孔的分级光催化剂中，反应物分子可以很容易地扩散到反应部位，产物也可以自由地从反应部位溢出（图 2-5）。结果表明，大分子在大介孔（410 nm）和大孔（450 nm）介质中的扩散和传输速率与在开放介质中相当。但对于常见的亚甲基蓝（MB）分子（大小为 1.43 nm×0.6 nm×0.4 nm）而言，它在微孔中的物理吸附机制类似于孔隙填充（这是由 MB 与微孔壁之间较强的相互作用造成的），导致该染料的运输受阻。而在具有分级大介孔（414 nm）和大孔（450 nm）的材料中，MB 分子就很容易迁移到表面结合位点，反应物和产物分子的迁移和扩散的改善有利于提高光催化性能。

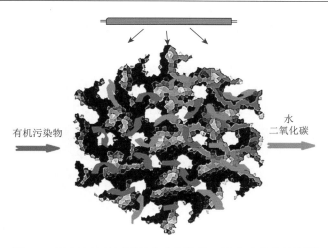

图 2-5　具有连续的周期性多孔网络的三维介孔纳米结构[32]

2.3.2　增强光吸收

提高光催化剂的集光能力可以大大提高光催化性能，然而，提高光吸收效率仍然是高活性光催化剂设计的主要挑战之一。多孔结构的光催化剂可以增加光的传播路程，从而增加光与底物的相互作用时间，提高光的吸收效率，特别是在核壳结构和空心结构的催化剂颗粒中，这一效果更明显。所以提高光催化剂光吸收效率的一个有效方法是设计和制备分级大孔或介孔结构的催化剂颗粒，这种具有三维形貌的层状结构颗粒可以通过纳米结构块的自组装或模板化来制备。例如，由于光线在空心结构中的多次反射［图 2-6（a）］，具有空心结构的多孔 TiO$_2$[33]对的利用率更高了，因而表现出更大的光催化降解活性。再如，由于通过空心结构中的多次光反射可以更有效地利用光，分级 ZnO 空心球体显示出更强的光催化染料降解活性[34]。对于碳掺杂的多孔 ZnO 纳米结构，由于孔通道网络内的光路长度增加，其光催化产氢活性也获得增强[35]，增强的光吸收归因于光散射效应，这种改性方法也被广泛应用于染料敏化太阳能电池[36]。一般来说，层次结构中相互连接的可通达的孔通道对于提高光吸收效率至关重要，因此，多层多孔纳米结构的构建对于提高光的吸收效率尤为有效。

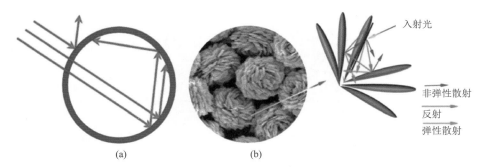

图 2-6　空心球和分层微球的反射和散射效应示意图[40]

（a）空心球；（b）分层微球

此外，具有类海胆结构的 Fe_3O_4/Bi_2S_3 颗粒[37]、Co_3O_4 颗粒[38]、CdS/ZnO 和 CdS/Al$_2$O$_3$ 异质结构颗粒[39]的光催化降解有机污染物和光催化产氢活性也显著增强。这些结果表明，光散射效应在提高分级结构光催化剂的光吸收效率方面起着关键作用［图 2-6（b）］[40]。例如，薄膜的透射光谱清楚地表明，由于改进了光散射效应，多层微纳米多孔 TiO_2 薄膜比纳米结构薄膜具有更高的光吸收效率[41]。同样，有机-无机杂化太阳能电池表面抛光后的平面硅表面在太阳光谱（400～1100 nm）中的反射率为 15%～30%，而多层硅表面的反射率由于捕获光能力的显著改善而降低到 10%以下[42]。显然，内在相互关联的可通达的介孔道和层次结构的形成是提高采光效率的关键因素。综上，制备分级有序的大孔/介孔材料被认为是提高整体光利用效率的最普遍的方法之一。

2.3.3　增大比表面积

除了改善光吸收和质量传输，增加半导体的比表面积也被证明是提高光催化活性的最有效方法之一。大多数具有分级结构的大孔/介孔光催化剂具有相当高的比表面积（50～500 $m^2 \cdot g^{-1}$）[43]，与大孔/介孔材料相比，微孔材料的比表面积更大。当然，一些分级多孔碳（即活性炭）的比表面积通常可以达到 800～2800 $m^2 \cdot g^{-1}$[44]。总之，三维（3D）层次纳米结构具有高的表面积对体积比、大的可接触表面积和较好的渗透性，不仅可以提供丰富的活性吸附位点和光催化反应位点，同时也可改善光催化剂中活性中心分布的均匀性。例如，分级多孔 $Ni(OH)_2$ 和 NiO 纳米片的比表面积分别为 201 $m^2 \cdot g^{-1}$ 和 127 $m^2 \cdot g^{-1}$，可以通过无模板水热反应沉淀路线制备得到（图 2-7）[45]。由于比表面积的增加，所得材料对 N_2 和刚果红（CR）的吸附能力均优于传统的 NiO（S_{BET} = 2.5 $m^2 \cdot g^{-1}$）。类似地，分级的 γ-Al$_2$O$_3$ 具有独特的分级纳米结构和高比表面积（140 $m^2 \cdot g^{-1}$），这使得二氧化碳和污染物在空气和水中的吸附率均有很大的提高[46]。由于反应物和产物的扩散和可扩散催化剂 Pt 纳米颗粒的高分散性，具有高比表面积的分级大孔/介孔 Pt/γ-Al$_2$O$_3$ 复合微球在室温下对 HCHO 的氧化

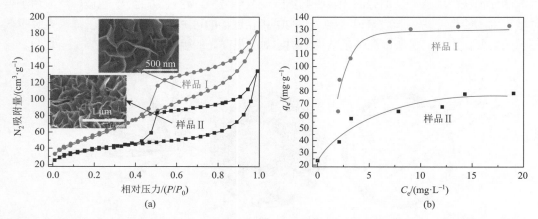

图 2-7　样品 I［分级多孔 $Ni(OH)_2$ 纳米片］和样品 II（分级多孔 NiO 纳米片）的吸附-解吸等温线[45]
（a）氮气吸附-解吸等温线；（b）刚果红（CR）吸附等温线（T = 251 ℃、吸附剂剂量 = 200 $mg \cdot L^{-1}$、CR 浓度为 15～50 $mg \cdot L^{-1}$、pH = 7）

分解也显示出较高的催化活性。具有高比表面积和大孔容的层状 Pt/γ-AlOOH 纳米片具有丰富的表面羟基和良好的 HCHO 吸附性能，对 HCHO 的室温分解具有较高的催化活性。与 P25 和纯 TiO$_2$ 相比，类花型 TiO$_2$ 由于具有高比表面积的层次结构，对水溶液中罗丹明 B（RhB）的降解也表现出更强的光催化活性。所有这些因素都能显著地改善表面反应动力学，并大大减少光生电荷的表面复合，对于获得分级光催化剂的优异光活性至关重要。

此外，在分级异质结构纳米复合材料中，光生电荷的收集、转移和分离效率也可得到部分提高。通过自组装方法制备具有分级结构的光催化剂，可以避免在用非自组装方法制备时观察到的团聚和烧结问题。以传统的纳米光催化剂为例，通过自组装方法制备的结构分级的光催化剂通常在微米范围内具有均匀的粒径分布，更有利于回收，使光催化反应后水悬浮液中光催化剂的再利用和再循环比简单纳米颗粒的情况要好。考虑到上述因素在提高光催化活性方面的作用，设计分级的纳米结构是一种有希望的策略。最佳的光催化剂应该是具有相互连接的大孔（能够实现良好的光吸收、分子扩散和气体/液体流速）和介孔（确保高比表面积和基底-气体接触）的分层多孔结构。分级纳米结构的制备方法和生长机制将在 2.4 节中介绍。

综上所述，半导体纳米结构的比表面积和多孔结构对其光催化活性起着重要作用。许多研究表明，具有高比表面积的层状纳米结构具有比传统材料更好的光催化性能[47,48]。而一般低维 ZnO 纳米结构，如纳米颗粒、纳米棒、纳米片、纳米四聚体等[49]，通常比表面积小于 10 m^2·g^{-1}。相比之下，分级纳米结构具有较高的表面体积比、较大的可接近表面积和较好的渗透性，不仅可以提供丰富的活性吸附位点和光催化反应位点[50]，而且可以改善活性位点在光催化剂中分布的均匀性。虽然在某些情况下，比表面积的增加也会导致表面缺陷的增加，但是它们可能正是光催化反应的活性中心。Wang 等[51]开发了一种简便的超快速溶液法来制备具有可调谐 BET 比表面积和富氧空位缺陷的 ZnO 纳米片，制备的 ZnO 纳米片含有丰富的氧空位，BET 比表面积的增大导致表面氧空位浓度的进一步增加，丰富的氧空位促进了 ZnO 纳米片的可见光吸收，导致其对罗丹明 B 的光催化降解活性提高，约为 ZnO 纳米片的 11 倍（其氧空位较少）。由于具有相互连接孔的纳米结构块，所以构建的分层纳米结构也会导致比表面积的增加。例如，利用金属有机骨架（MOF）作为前驱体可以制备比表面积大于 500 m^2·g^{-1} 的 ZnO 多孔结构[52]。研究还表明，在分层结构中形成多孔网络将产生更有效的反应物分子传输通道，从而促进扩散。

2.4　分级结构 ZnO 的制备方法

制备分层半导体结构的方法一般可分为两类：模板法和无模板法。

2.4.1　模板法

模板法具有重现性好、合成规模大、物理模板种类多等优点，是制备层状纳米结构材料最重要、最常用的方法之一，在合成过程中，为了控制层状纳米材料的定向生长，需要预先制备好各种形貌的纳米结构模板。根据模板的物理性质，合成的模板一般可分为三类：硬模板、软模板和生物模板。

1. 硬模板

硬模板主要是通过共价键维系的刚性模板，如具有不同空间结构的高分子聚合物、阳极氧化铝膜、二氧化硅、金属模板、天然高分子材料、分子筛、胶态晶体、碳纳米管、金属碳酸盐（如 $CaCO_3$）等。例如，利用二氧化硅微球作为模板，可以制备各种层次多孔的 ZnO 球，由于形成了可控的大孔隙率，其光催化性能大大提高[53]。ZnO 空心结构可以由多种形式构建，如各种空心球，包括核壳、蛋黄壳等一些有趣的形貌。例如，Dilger 等[54]报道了在不同温度下通过气相处理合成的卵黄壳和空心 ZnO 球，其中二氧化硅硬模板可以部分或完全去除，还可以选择软模板来辅助空心结构的形成。

由于大的活性表面积有利于客体分子的扩散，多孔结构特别是三维有序大孔（3DOM）纳米结构越来越受到研究学者们的关注。Wang 等[55]通过一步胶体晶体模板法（CCT），以聚甲基丙烯酸甲酯（PMMA）微球为硬模板，合成了 3DOM 结构的 In 掺杂 ZnO（图 2-8）。PMMA 硬模板可以通过煅烧很容易地被去除。在另一种情况下，使用蛋白石作为模板，在微反应器内可直接合成 3DOM 结构 ZnO[56]，蛋白石首先在微反应器的通道上自组装以产生锌源通道，然后通过煅烧去除蛋白石。类似的合成策略也被用于制备其他 ZnO 多孔结构，如在氧化铟锡（ITO）衬底上掺杂 C 的 ZnO 分层结构[35]。此外，通过一步 CCT 路线，Kim 等[57]使用表面活性剂为模板，通过月桂酰氯与不同氨基酸的偶联反应，制备了具有层次结构的 ZnO 介孔。

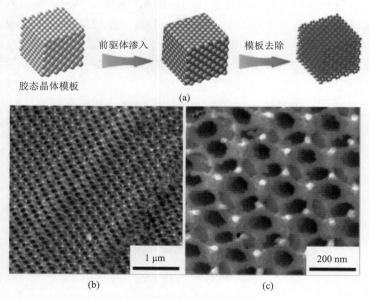

图 2-8　In 掺杂 ZnO 三维有序大孔结构[55]

（a）形成过程；（b）、（c）SEM 图

Deng 等[58]提出了一种合成氧化锌空心球的新工艺。在这种工艺中，聚苯乙烯（PS）球先被磺化并称为模板球，然后这个模板球与 $Zn(Ac)_2 \cdot 2H_2O$ 在乙醇溶液中通过锌离子的静电作用，将锌离子黏附在模板球表面。随后，当 NaOH 溶液加入上述溶液中时，它们会与模板球表面吸附的锌离子反应形成微小的 ZnO 晶核，这些晶核逐渐发展成 ZnO 纳米壳，包裹在模板球外。此时不需要通过额外的溶解或煅烧工艺来除去作为模板球的 PS 球，模板核可以直接"溶解"在同一溶液中，并最终得到 ZnO 空心球（图 2-9）。空心球的大小可以由模板球的大小控制，壁厚可以根据 $Zn(Ac)_2 \cdot 2H_2O$ 的浓度调整。

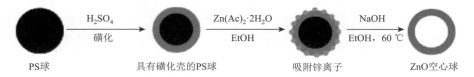

图 2-9　以聚苯乙烯（PS）为模板制备 ZnO 空心球的过程示意图[58]

2. 软模板

软模板常常是由表面活性剂分子聚集而成的，主要包括两亲分子形成的各种有序聚合物，如液晶、囊泡、胶团、微乳液、自组装膜以及生物分子和高分子的自组织结构等。分子间或分子内的弱相互作用是维系模板的作用力，从而形成不同空间结构特征的聚集体。这种聚集体具有明显的结构界面，无机物正是通过这种特有的结构界面呈现特定的趋向分布，进而获得模板所具有的特异结构的纳米材料。

Sinha 等[34]报道了在钨光照射下，采用改进的水热法，以水泡为软模板制备 ZnO 空心球。此外，Sun 等[59]以表面活性剂作为软模板，利用三元嵌段共聚物的聚环氧乙烷-聚环氧丙烷-聚环氧乙烷（PEO20PPO7O-POE20，P123）和无水乙醇（EtOH）来协助 ZnO 空心球的形成。Yin 等[60]则提出了一种水溶性生物聚合物作为软模板的制备方法，用于制备由 ZnO 纳米棒组装而成的空心笼状结构，通过控制反应时间可以调整空心笼的数量，双笼型 ZnO 结构的微观形貌如图 2-10 所示。

 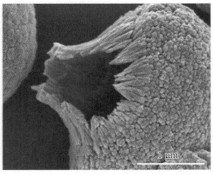

(a)　　　　　　　　　　　　　　(b)

图 2-10　纳米棒组装的空心笼状结构的 SEM 图[60]

（a）双笼型 ZnO 结构；（b）一些断裂结构

Liu 和 Zeng[61]制备了 CTAB 模板球，从而将氧化锌纳米晶体围成有三层结构的空心微球（图 2-11）。其机理是 CTAB 可以在极性介质中形成胶体囊泡，它就成为氧化锌纳米棒自组装的软模板，而这些氧化锌纳米棒是在乙二胺（EDA）螯合剂的辅助下先期合成的。

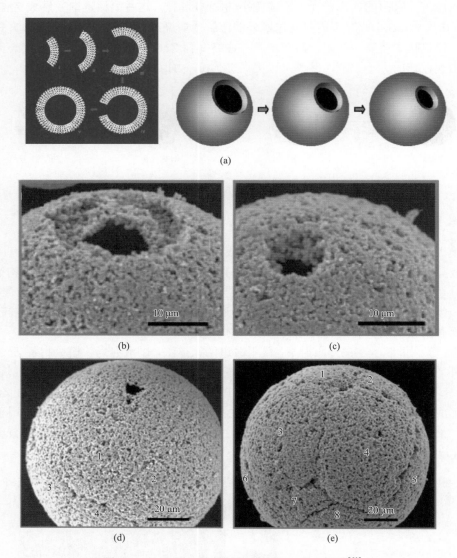

图 2-11   以 CTAB 为模板制备的 ZnO 空心微球[61]

（a）ZnO 空心微球自组装过程；（b）、（c）开孔微球的场发射扫描电子显微镜（FESEM）图；（d）、（e）组装的纳米结构单元（见数字标记）的 FESEM 图

3. 生物模板

以生物材料为基础的模板包括蝴蝶翅膀、豆科植物、稻壳、丝素和纤维素等，它们被广泛应用于制备具有较高光催化活性的多层次光催化剂。由于可以通过绿色途径获得廉

价、丰富的生物模板，生物模板的合成技术是未来纳米材料研究的一个很有前途的方向。重要的是，在相对温和的条件下，生物模板的去除也很容易实现。

传统的模板辅助技术往往采用无机模板，耗时长、成本高、对环境不友好。为了解决这些问题，研究者们开始应用生物模板制备 ZnO 空心球（球壳）。例如，Zhou 等[62]利用嗜热链球菌作为一种绿色、经济的生物模板，在水热过程中成功地制备了氧化锌空心球（球壳），其基础是锌源反应物与细胞壁上固有官能团之间存在相互作用，使模板球被氧化锌微晶包裹，然后设法（如煅烧）去除细胞（图 2-12）。他们认为氧化锌空心球（球壳）的形成是一个两步封装过程，而第二步处理时条件可能不够温和，对产品的孔结构会有一定的影响。

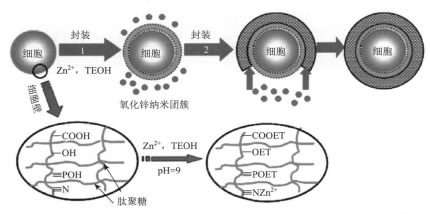

图 2-12　细菌/ZnO 核壳球两步封装形成机理图（TEOH 代表三乙醇胺）[62]

2.4.2　无模板法

基于模板的方法已被广泛用于制备多层 ZnO 结构。然而，一些典型的缺点依然存在，如反应过程长，模板成本高，模板去除过程中也许会发生一些不可控的形态变化，以及有非均相杂质等残留。为了克服这些缺点，研究者们开发了方便有效的新方法（如无模板法）来制备分层纳米结构。

1. 前驱体或自模板策略

一种典型的无模板路线即前驱体衍生法或自模板路线，合成过程主要分为两个步骤：①生成含有特定层次结构的前驱体；②煅烧前驱体以获得最终产物。用于制备分级结构的前驱体通常分为无机前驱体和有机前驱体，其中，具有特定层次结构的含锌无机盐通常被用来制备不同层次的 ZnO 纳米结构。例如，层状的碱式碳酸锌（LBZC）可以作为前驱体制备保持了 LBZC 形貌、形状和尺寸的介孔层状 ZnO 纳米结构的退火产物。在这种方法中，由于材料的形貌取决于前驱体的选择，因此许多研究者重点关注前驱体的易制备性。Liu 等[63]引入聚乙二醇（PEG）介导的有机-无机界面协同自组织策略，使 $Zn_5(CO_3)_2(OH)_6$ 纳米片自组装成花朵状的三维超结构前驱体，然后将此三维超结构转化为多孔的 ZnO 纳米片结构而不改变该前驱体的形貌。此外，Sinhamahapatra 等[64]通过煅烧该前驱体的方法，直接由前驱体二维（2D）纳米片构建出三维层状多孔 ZnO 结构。Liang 等[65]以 Zn₄(OH)₆SO₄·4H₂O 为前驱体，也得到了类似花状的 ZnO 结构。Lei 等[66]通过热处理前驱体碱式碳酸锌制备了球状 ZnO 多孔结构（图 2-13），该材料的孔结构使其对染料的吸附能力较未处理的 ZnO 有了很大的提升。

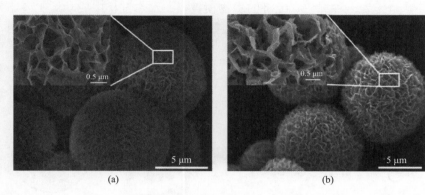

图 2-13　前驱体碱式碳酸锌和多孔 ZnO 微球的 SEM 图[66]

（a）前驱体碱式碳酸锌；（b）多孔 ZnO 微球

除上述由无机锌盐形成 ZnO 层状结构外，还可使用一些有机含锌前驱体。例如，Hong 等[67]通过煅烧处理锌甘油前驱体制备了分层次片状结构的 ZnO。Yang 等[52]在不同的大气条件下，通过简单的 MOF-5 热处理制备了具有三维立方形貌的 ZnO，该多级结构由 ZnO 纳米颗粒聚集而成。此外，根据 MOF-5 前驱体的分解条件控制，Li 等[68]报道了分级 ZnO 平行六面体的制备过程。在未来的研究中，有希望利用前驱体或自模板策略获得越来越多有趣的层次结构。

2. 多步连续生长路线

多步法指从多个独立过程或具有连续过程的"一锅法"溶液中，逐次制备出多种层次结构材料，如分支纳米结构、纳米片或纳米棒结构、球壳结构等。与传统的一步法相比，多步顺序生长路径允许多个纳米级结构构建成组合结构。此外，这种方法还是降低成本或提高效益的有效方式，可形成异质界面结构或杂化界面结构的纳米材料。

具有多个不连续过程的多步自组装首先要制备原始低维结构，然后通过对原始低维结构的顺序组装，逐次形成层次结构。如图 2-14 所示，Zhang 等[69]报道了一种在溶液法下，由一维单元结构组合构建复杂 ZnO 层状纳米结构的多序列生长路线，其生长过程包括三个步骤：首先制备 ZnO 棒，然后通过低温溶液法在这些 ZnO 棒的柱状面上定向生长许多垂直于轴向的纳米板，最后通过进一步水热处理形成复杂的 ZnO 层状结构。采用类似的生长方法，Zhang 等[70]通过简单的水热方法制备了由初始一维 ZnO 纳米结构组装而成的刷状、层状 ZnO 纳米结构。Ko 等[36]制备了高密度的纳米森林，即长支链树状分层 ZnO。为了提高合成效率，可采用两步反应策略，即在低维结构形成的种子基片上，再经过进一步的化学反应得到最终的层次结构。例如，Xu 等[71]报道了一种两步合成制备分级 ZnO 纳米线加纳米片阵列的方法，该方法涉及两个过程：①在导电玻璃板衬底上制备 ZnO 纳米片阵列；②让 ZnO 纳米线在初级 ZnO 纳米片表面通过水化学法继续生长。Cheng 等[72]通过类似的策略在导电玻璃板衬底上制备了支链 ZnO 纳米线。上述分层的 ZnO 纳米结构也可以在其他衬底板上制得，如 ITO、氟掺杂氧化锡（FTO）、硅等。

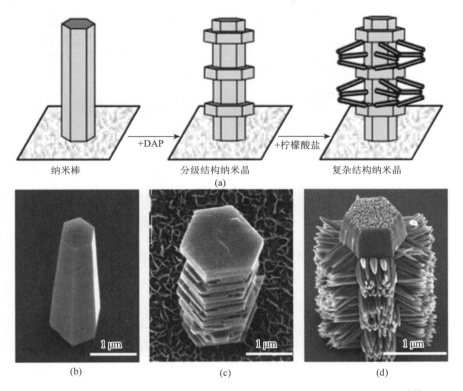

图 2-14　由一维单元结构组合构建复杂 ZnO 层状纳米结构的生长过程[69]

（a）ZnO 层状纳米结构的形成示意图；（b）～（d）不同形成阶段样品的 SEM 图

尽管多步非连续自组装技术可用于 ZnO 多层结构的制备，但反应时间长、工艺烦琐等问题限制了其大规模的生产及应用。为了解决这一问题，研究者们开发了一步法制备 ZnO 纳米结构的多步自组装技术。例如，Lu 和 Xue[73]报道了一步法连续两步反应制备 ZnO 三维超结构，其中结晶和组装过程由 H_2O_2 和二甲基亚砜（DMSO）有机溶剂之间的稳定气/液相控制，首先由 ZnO 纳米棒构建微球，然后在二次组装过程中将这些微球连接，并排形成 3D 超结构。另外，在其他情况下，也可以获得由 ZnO 纳米片[74]、ZnO 纳米棒[75]组成的分级 ZnO 纳米球结构。

利用纳米片和纳米棒通过一种简单的溶液方法可以组装成层次结构的 ZnO[76]。在这个反应体系中，最关键的形态控制器是 OH^- 的浓度，当 OH^- 浓度为 0.33 $mol \cdot L^{-1}$ 时，首先形成的 ZnO 纳米片作为下一步生长的衬底，然后在第二次组装过程中定向生长出 ZnO 纳米棒阵列，这就是以生成的 $\gamma\text{-}Zn(OH)_2$ 和 $\varepsilon\text{-}Zn(OH)_2$ 作为锌源制备 ZnO 纳米棒阵列得到的最终结构（图 2-15）。上述方法都可以逐次控制实验条件，为纳米结构中受控结构的合理设计和合成提供机会。

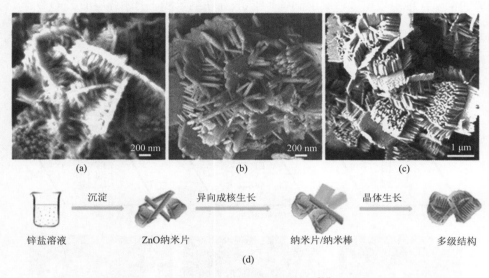

图 2-15　分级 ZnO 结构[76]

（a）～（c）形貌演变；（d）形成机理示意图

3. 自组装

可调谐积木组装法，即相互连接的单晶纳米片在室温下经声化学处理组成 ZnO 层级结构，无须任何模板的帮助[77]。此层次结构的形成是以定向匹配和重构为基础的，即在反应合成系统中，首先通过小尺寸纳米晶体的定向连接，制备出较厚的、多孔的、粗晶的 ZnO 薄膜，然后由此进行重建，从而获得超薄的、集成的单晶纳米片（图 2-16）。当然，还可以获得各种不同的 ZnO 层次结构，如花状、梳状、蓬蓬状、纳米晶聚集体、孪晶球、超支化阵列、六角锥状微晶等。Pachauri 等[78]使用纳米板作为基本构建块制备了各种层次结构，包括花朵状、黏性手指状和滚针状。另外，在简单的低温化学浴生长过程中可获得部署着纳米线作为构建块的八木天线状 ZnO 层次结构。值得一提的是，这种层次结构的形态可以通过调节前驱体来控制。

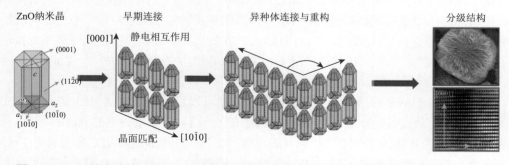

图 2-16　ZnO 纳米片的形成机理示意图与通过小尺寸纳米晶体定向匹配和重构的层次结构[77]

还可以通过调节 pH 或前驱体浓度来调控层级结构的制备。Wang 等[79]报道了只需用简便的溶液方法，就可以超快速形成各种层次的 ZnO 结构，如纳米棒微晶组装的微花、纳米片微晶组装的微球和星形微晶组装的纳米颗粒。调节稀释率或[OH⁻]与[Zn²⁺]的比值，以及过饱和度，可以很容易地控制分层结构微晶的形状（图 2-17）。随着过饱和度从 1.26 增加到 2.34，再增加到 3.51，ZnO 微晶的形貌从纳米棒型转变为纳米片型，最后转变为星形。无模板方法具有显著的优越性，可以进一步实现各种层次结构的大规模合成。

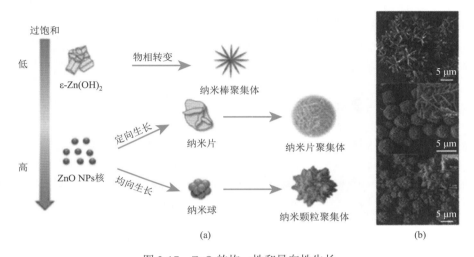

图 2-17　ZnO 的均一性和异向性生长

（a）ZnO 层状结构形成机理示意图；（b）不同形貌 ZnO 纳米结构的 SEM 图

Ostwald 熟化法是制备 ZnO 空心材料的最有效方法之一。Wang 等[80]通过无模板水热法制备了纳米 ZnO 球壳。他们发现，通过调节锌源浓度，可以控制这些微球壳的空心度（图 2-18）。Jia 等[81]报道了通过一步溶剂热法制备纳米 ZnO 类蒲公英球壳。另一报道介绍了类似的方法，即通过微波辅助溶剂热法制备由纳米颗粒组成的分级 ZnO 球壳[82]。

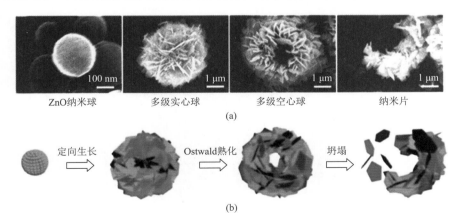

图 2-18　Ostwald 熟化法制备空心层状 ZnO 结构[80]

（a）ZnO 在不同反应时间形貌演变的 SEM 图；（b）空心层状 ZnO 结构形成过程示意图

2.5　分级 ZnO 的修饰及异质结

分级微/纳米结构的优异光催化性能与它们的自支撑结构特征有关，这可以克服常规纳米 ZnO 结块的缺点。此外，在这些组织良好的自支撑纳米结构中，尤其是在进一步用它来构建异质结构纳米复合材料时，电荷转移和分离效率有望得到提高。由于自支撑 ZnO 纳米结构具有上述优点，研究者们开发了各种制备自支撑 ZnO 纳米结构的方法，并在此基础上，利用半导体、金属和碳材料与 ZnO 之间的协同作用，研发制备了具有异质结的分级 ZnO 复合材料，以提高光催化效率。

2.5.1　与半导体材料复合

ZnO 与其他半导体耦合形成异质结是一种重要的修饰策略，控制不同半导体之间的界面相互作用所形成的异质结能够发挥两个半导体之间的协同作用，延长载流子寿命和增强界面电荷转移。根据载流子分离机理的不同，ZnO 基异质结一般可分为三种类型，即传统的Ⅱ型异质结、p-n 异质结和 Z 型异质结。本节对这三种异质结的基本原理和光催化应用进行讨论。

1. Ⅱ型异质结

传统的Ⅱ型异质结通常是通过将两个具有适当能带位置的半导体结合而形成的，两个半导体的 CB 和 VB 可以满足图 2-19 中所示的光生电子-空穴对的转移路径[83]。因此，对于这两个半导体而言，光生电子和空穴的复合可能性降低了，从而使得还原和氧化反应有足够的时间在不同的半导体上分别进行，互不干扰。然而，在Ⅱ型异质结中，这种典型的电荷转移方式大大降低了电子和空穴的还原氧化能力，从热力学角度降低了光催化活性。

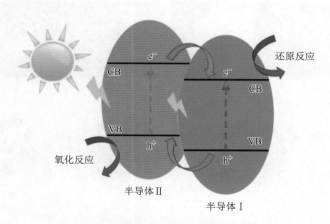

图 2-19　常规Ⅱ型异质结示意图[83]

将 ZnO 与窄禁带半导体复合，能够同时提高电荷分离效率和改善太阳光吸收。例如，Jung 和 Yong[84]报道了在 ZnO 纳米线阵列上包覆生长 CuO 纳米片，构成 ZnO/CuO 复合材料，并在太阳光照射下光催化降解酸性橙 7（AO7）。在图 2-20（a）中，ZnO 纳米线阵列均匀地生长在柔性不锈钢网基板上。如图 2-20（b）所示，ZnO/CuO 复合材料由聚集的 CuO 纳米片覆盖的 ZnO 纳米线组成。与纯 ZnO 相比，ZnO/CuO 体系的光吸收边缘扩展到可见光范围内［图 2-20（c）］。在太阳光下，ZnO/CuO 复合材料对 AO7 的光催化降解活性高于纯 ZnO 和 CuO，其机理如图 2-20（d）所示，即在 CuO 和 ZnO 之间形成了 II 型异质结，促进 ZnO/CuO 体系的光生电子-空穴对分离，当 ZnO/CuO 异质结构受到太阳光照射时，光生电子从 CuO 的 CB 转移到 ZnO 的 CB，空穴从 ZnO 的 VB 转移到 CuO 的 VB。

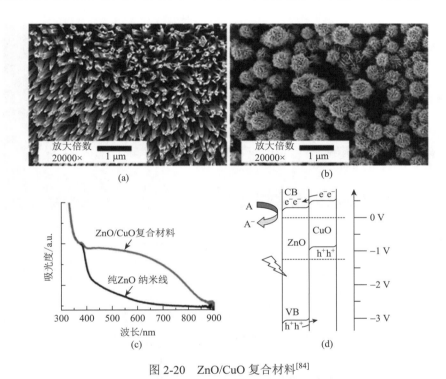

图 2-20　ZnO/CuO 复合材料[84]

（a）ZnO 纳米线阵列的 SEM 图；（b）ZnO/CuO 复合材料的 SEM 图；（c）ZnO 和 ZnO/CuO 的 UV-vis 光谱图；（d）ZnO/CuO 异质结构中光生电子-空穴对分离和转移机理图

Cheng 等[85]用已合成的 SnO_2 纳米线作为骨架，利用浸渍法在其表面包覆了 ZnO 纳米颗粒，然后进一步利用水热法使得 ZnO 纳米颗粒再生长结晶，在 SnO_2 纳米线的表面形成了 ZnO 枝晶，从而制备出 SnO_2/ZnO 分级纳米结构材料。通过调节浸渍过程中 $Zn(NO_3)_2$ 的浓度，可得到不同长度和直径的 ZnO 枝晶，SnO_2/ZnO 分级纳米结构（在 SnO_2 脊骨上生长着 ZnO 分支）（图 2-21）表现出较强的光催化性能。

2. p-n 异质结

图 2-22 为 p-n 异质结形成示意图和光生电子-空穴对的分离传输过程[86]。由图 2-22

可知，电荷载流子的迁移路径如下：在靠近 p-n 异质结的区域，n 型半导体 TiO₂ 中的电子将在不受光照的情况下迁移到 p 型半导体 ZnO 中，而 ZnO 中的空穴将迁移到 TiO₂ 中，以实现系统的费米能级平衡，从而引起内部电场的积累。在光照下，n 型 TiO₂ 和 p 型 ZnO 都会被激发，并产生电子-空穴对，它们将被有效地分离和转移（图 2-22 中的小箭头），在内部电场的影响下进行所需的反应。由于导带（CB）和价带（VB）在整个能带中的位置合适，电子-空穴对的分离和转移在热力学上是能自发进行的，因此，内部电场和能带排列的协同效应使得 p-n 异质结比传统的 II 型异质结更有效地增强了 TiO₂ 的光催化性能。虽然 p-n 异质结的构筑能够极大地提升光生载流子的空间分离效率，但是这种分离效率的提升会导致光生载流子的氧化还原能力减弱。

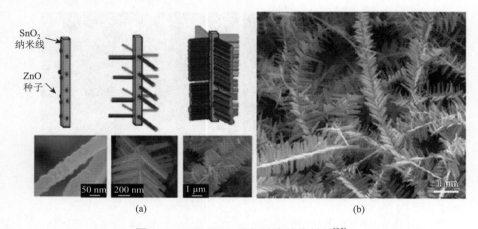

图 2-21　SnO₂/ZnO 分级纳米结构材料[85]

（a）SnO₂/ZnO 分级纳米结构的生长过程和相应产物的 SEM 图；（b）SnO₂/ZnO 分级纳米结构的 SEM 图

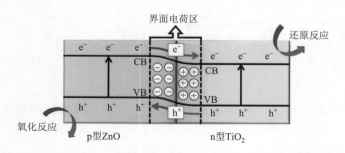

图 2-22　p-n 异质结形成示意图和光生电子-空穴对的分离传输过程[86]

在紫外光照射下甲基橙染料的光降解中，ZnO/TiO₂ 复合材料比 TiO₂ 和 ZnO 表现出更好的光捕获性能和光催化性能[87]。Zha 等[87]通过溶剂热法制备了类似于刺猬状的 ZnO/TiO₂ 纳米结构［图 2-23（a）］，从 HRTEM 图中可以观察到结晶 ZnO 和 TiO₂ 晶格同时存在［图 2-23（b）］。由于 ZnO 与 TiO₂ 之间形成了 p-n 异质结，发生了有效的电荷分离，减少了它们在 ZnO/TiO₂ 复合材料中的复合，从而延长了光生电子-空穴对的寿命，提高了光催化活性。

(a) 　　　　　　　　　　　　　　(b)

图 2-23　ZnO/TiO$_2$ 异质结[87]

（a）SEM 图；（b）HRTEM 图

3. Z 型异质结

在光照射下，半导体 II 上的光生电子将迁移到半导体 I 的价带上，与半导体 I 价带上的光生空穴发生复合，而半导体 II 价带上的光生空穴和半导体 I 导带上的光生电子得以分离和保留（图 2-24）[83]。这些保留的电子和空穴在复合材料中分别具有较高的还原电位和较低的氧化电位，因此，与传统的 II 型异质结相比，Z 型异质结光催化剂的氧化还原能力保持着各自半导体的优势。

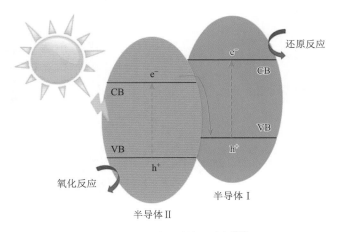

图 2-24　Z 型异质结示意图[83]

Yu 等[88]合成了用于光催化 CO$_2$ 还原的直接 Z 型 ZnO/g-C$_3$N$_4$ 异质结。与纯 g-C$_3$N$_4$ 相比，ZnO/g-C$_3$N$_4$ 异质结具有更大的可见光吸收范围，这是由于 g-C$_3$N$_4$ 与 ZnO 纳米颗粒相互作用产生的缺陷态更多。与商用 ZnO、实验室合成 ZnO 和 g-C$_3$N$_4$ 相比，ZnO/g-C$_3$N$_4$ 的光催化 CO$_2$ 还原效率更高，如图 2-25（a）所示[88]。图 2-25（b）给出了 g-C$_3$N$_4$ 和 ZnO 的能带结构及相关氧化还原对的标准电位。图 2-25 还列出了 II 型异质结［图 2-25（c）］

和 Z 型异质结 [图 2-25 (d)] 的电子-空穴对分离机理。DFT 计算结果也证实 g-C_3N_4 与 ZnO 之间形成了 Z 型异质结。在 g-C_3N_4 和 ZnO 之间形成 Z 型异质结，可以促进电子-空穴对分离，优化氧化还原电位。此外，估算 g-C_3N_4 和 ZnO 的光生电子和空穴的相对有效质量，发现 ZnO 在 G-Z 方向的光生电子的相对有效质量（0.034）比 g-C_3N_4 的（3.9）小得多，表明电子从 ZnO 向 g-C_3N_4 的迁移比其从 g-C_3N_4 向 ZnO 的迁移更容易。因此，·OH 捕获实验和 DFT 计算结果都表明直接 Z 型异质结的形成使 ZnO/g-C_3N_4 的光催化性能得到了提高。

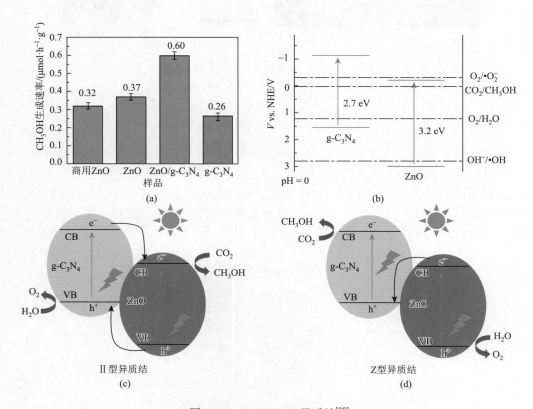

图 2-25　ZnO/g-C_3N_4 异质结[88]

（a）商用 ZnO、实验室合成 ZnO、ZnO/g-C_3N_4 和 g-C_3N_4 用于光催化 CO_2 还原制 CH_3OH 催化活性比较；（b）g-C_3N_4 和 ZnO 的能带结构及相关氧化还原对的标准电位；（c）Ⅱ型异质结示意图；（d）Z 型异质结示意图

2.5.2　掺杂 ZnO

　　宽禁带 ZnO（3.37 eV）只能在紫外（UV）区域被激活，而紫外光只占太阳光的 4%，且 ZnO 中光生电子和空穴的快速复合常常导致光催化活性降低。N 掺杂和 C 掺杂的 ZnO 分级光催化剂则具有较小的带隙，因此在可见光和紫外光区域表现出更好的光吸收性能，在 ZnO 晶格中掺杂非金属来取代晶格氧原子已被广泛研究。需要注意的是，掺杂元素不仅需要具有比氧更低的电负性，还应该具有与 O 原子相似的原子半径，这是有效掺杂的两个

必要条件。掺杂元素（如 C、N 和 S）可以在带隙中形成中间能级，从而提高可见光催化活性。Liu 等[63]通过对形态相似的前驱体 $Zn_5(CO_3)_2(OH)_6$ 进行热解制备了花状 C 掺杂的 ZnO 层状结构，并研究了其光降解 RhB 和 4-氯酚的活性（图 2-26）。这种 ZnO 分级结构是多孔的，其光催化活性增强就与多孔纳米片的结构有关，多孔纳米片之间和内部的致密空隙以及 C 掺杂导致了光的吸收增强。在可见光照射下，ZnO 纳米花能高度生成·OH，并表现出良好的光催化降解性能。与纯 ZnO 相比，C 掺杂的 ZnO 吸收边红移。DFT 计算结果表明，C 掺杂后，在 ZnO 价带顶部稍低的位置形成了新的能级，导致整个价带向下移动，因此，在光照下，电子从隙态转移到空位态所需的能量较少。

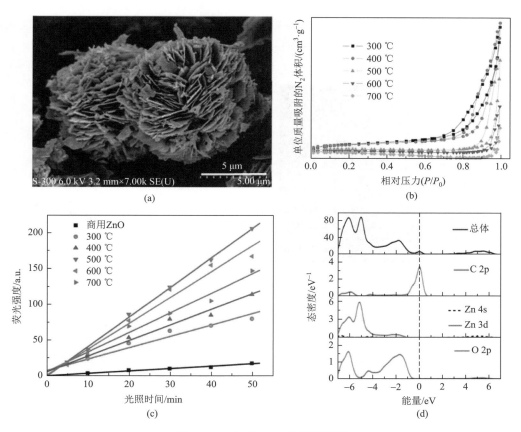

图 2-26　C 掺杂 ZnO 分级结构[63]

（a）C 掺杂 ZnO 分级结构的 SEM 图；（b）不同温度煅烧 ZnO 的氮吸附等温线；（c）不同温度煅烧 ZnO 的荧光强度与光照时间的关系曲线；（d）C 掺杂 ZnO 的态密度图

　　稀土元素是很好的掺杂元素，可以用来改变 ZnO 的电子结构，扩大可见光吸收范围。稀土元素的掺杂在 ZnO 的能带结构中形成了一个局部化的杂质能级，改变了 ZnO 的能带。ZnO 的电子结构还受 ZnO 的 VB 或 CB 与稀土元素 4f 或 5d 轨道之间的电荷转移的影响。尽管稀土元素掺杂具有一些优势，但由于稀土元素离子的离子半径不同以及稀土元素离子与 ZnO 的能级位置不匹配，稀土元素离子在 ZnO 晶格中的掺杂饱和度较低，限制了这一技术的发展。Ce（铈）掺杂可以改善 ZnO 的光催化性能，因为其促进了微晶的形成从而减小了颗粒尺寸和增大了比表面积，这有助于提高光降解效率。Ce 掺杂会导致 ZnO 的吸收边红移[89]，且掺杂后，可以在 ZnO 的 VB 以下产生杂质态，实现电中性的补偿。因此，Ce 掺杂在 ZnO 的 VB 和新的能量状态之间可以诱导一些额外的电子跃迁，并且改善可见光响应。Kannadasan 等[90]通过简单的化学沉淀方法成功制备了 Ce 掺杂的 ZnO 微球，提高了 ZnO 的光催化性能（图 2-27），其中 Ce 掺杂 ZnO 微球的结构由许多交错纳米片组成。Ce（1.5%①）掺杂的 ZnO 在苯酚光降解过程中的反应速率常数（k）是纯 ZnO 的 1.9 倍。Ce 掺杂的 ZnO 的光致发光（PL）强度明显弱于未掺杂的 ZnO，这是由于 Ce 掺杂剂的电子俘获效应阻止了光生电子和空穴的复合[89]。Ce 掺杂 ZnO 光催化降解苯酚的机理为在太阳光照射下，掺杂的 Ce^{4+} 被光激发电子还原，从而形成 Ce^{3+}，然后 Ce^{3+} 与 O_2 反应，产生 $\bullet O_2^-$ 和 Ce^{4+}，光生空穴同时与水反应生成$\bullet OH$，$\bullet O_2^-$ 和$\bullet OH$ 随后降解污染物。

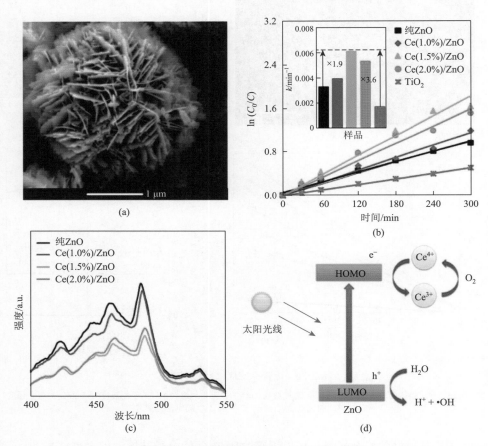

图 2-27　Ce 掺杂提高 ZnO 的光催化性能[89,90]

（a）Ce（2.0%）掺杂 ZnO 的 FESEM 图；（b）未掺杂和 Ce 掺杂 ZnO 光降解苯酚的动力学研究；（c）不同 Ce 掺杂量的 Ce/ZnO 和纯 ZnO 的 PL 光谱；（d）Ce 掺杂 ZnO 光催化降解苯酚机理图

注：① 表示原子百分数，图 2-27 类同。

2.5.3　与贵金属复合

贵金属的沉积是指贵金属（如 Ag、Pd、Pt、Au 等）沉积在 ZnO 表面。一方面，在 ZnO 表面沉积贵金属后，电子从费米能级较高的 ZnO 转移到费米能级较低的贵金属上，直至费米能级相同，形成肖特基势垒，在光照下产生光生载流子后，光生电子转移到贵金属上，光生空穴留在 ZnO 表面，从而分离光生电子和光生空穴，通过抑制光生载流子的复合，提高了 ZnO 的光催化活性。另一方面，贵金属通过表面等离子体共振（SPR）可以捕获光生电子，增强 ZnO 对光的吸收。这两种效应均明显促进了氧化还原反应，提高了光催化性能[91]。一些具有适当功函数的贵金属纳米颗粒也能促进光生电子-空穴对的分离。此外，金属核动力源周围有一个双电荷层，这有利于它们的电子储存[92]。综上，贵金属纳米颗粒可充当 ZnO 的光生电子的电子陷阱，防止光生载流子的复合。

Ag 修饰后的 ZnO 的光催化活性和稳定性都显著提高。通过光还原 Ag^+ [93]，可以使用溶剂热路线或光沉积方法制备负载 Ag 的 ZnO 复合材料。图 2-28 讨论了 Ag 在紫外光照射下促进 Ag/ZnO 体系电荷转移的方式，其中图 2-28（a）显示了 Ag/ZnO 异质结的能带结构，包括无紫外光照射的费米能级（E_f）。考虑到 ZnO 的功函数较大，Ag 的费米能级（E_{fm}）比 ZnO 的费米能级（E_{fs}）高，因此，光生电子将从 Ag 转移到 ZnO，直到两个体系达到平衡，一个新的 E_f 出现[94]。在紫外光照射下 [图 2-28（b）]，ZnO 导带（CB）下边缘的费米能级高于 Ag/ZnO 的费米能级，导致 CB 上的光生电子从 ZnO 转移到 Ag，富集在 Ag 表面的电子与吸附氧反应，留在 ZnO 上的空穴与表面羟基反应。在此过程中，Ag 纳米颗粒作为电子吸收池，减少了光生电子和空穴的复合，提高了 ZnO 的光催化活性。如前所述，Ag 纳米颗粒的表面等离子体共振也有利于光的吸收。

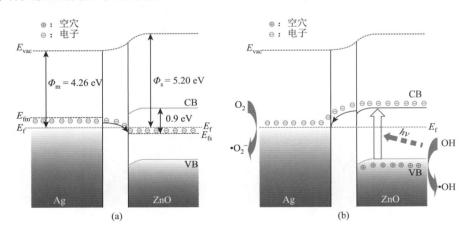

图 2-28　Ag/ZnO 异质结[94]

（a）没有紫外光照射时，Ag/ZnO 异质结的能带结构和费米能级平衡；（b）在紫外光照射下，Ag/ZnO 异质结的电荷转移过程和光催化机理

Cheng 等[95]采用 $ZnCl_2$ 和 NaOH 为原料，在加入表面活性剂 CTAB 的条件下，180 ℃

水热制备出绒球状 ZnO；然后应用光还原法将 Ag 沉积在绒球状 ZnO 表面，制得绒球状的 Ag/ZnO 复合催化剂，其微观形貌如图 2-29 所示。

(a) (b)

图 2-29　绒球状 ZnO 和 Ag/ZnO 复合催化剂的 SEM 图[95]

（a）绒球状 ZnO；（b）绒球状 Ag/ZnO 复合催化剂

Wu 等[96]应用两步水热法在锌箔上成功地制备出 Ag/ZnO 复合催化剂。图 2-30 为 Ag/ZnO 复合催化剂的制备流程示意图、SEM 图和 TEM 图，由图 2-30 可以清晰地看到，通过水热法在锌箔上制备出针状的 ZnO 纳米棒后，再一次应用水热法，在针状 ZnO 纳米棒的表面沉积半径为 30～50 nm 的 Ag 纳米颗粒，即可得到 Ag/ZnO 复合催化剂。

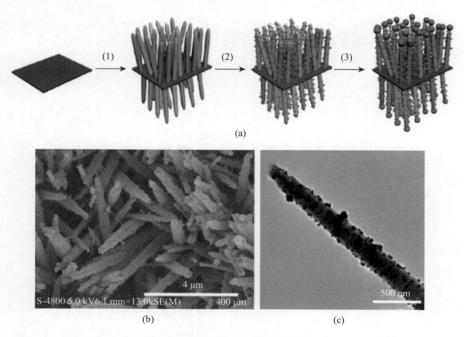

(a)

(b) (c)

图 2-30　Ag/ZnO 复合催化剂[96]

（a）制备流程示意图；（b）SEM 图；（c）TEM 图

Wang 等[97]应用种子生长法成功地制备出具有良好光催化活性的蠕虫状 Ag/ZnO 光催化剂。研究者首先运用化学还原法制备 Ag 纳米棒，再将制备好的 Ag 纳米棒浸入配置好的 ZnO "种子溶液"中，用乙醇洗涤后，将其转移至干净的玻璃基片上，待乙醇全部蒸发，将样品置于 60 ℃下干燥 1 h，使 Ag 纳米棒能与玻璃基片有良好的附着力；然后将样品转移至硝酸锌和六亚甲基四胺的混合溶液中，95 ℃下反应 6 h，使 ZnO 可以在 Ag 纳米棒表面进一步生长；最后，ZnO 经过二次成核和生长过程，生成了蠕虫状的 Ag/ZnO 复合光催化剂，很大程度地提高了 ZnO 的光催化活性。

2.5.4　与碳材料复合

由于半导体本身的光生电子和空穴很容易复合，严重影响光催化活性，电荷的传输和转移效率是关键的影响因素。碳材料［如富勒烯（C_{60}）、还原氧化石墨烯（rGO）和碳纳米管（CNT）］因具有良好的导电性、大的比表面积、强耐腐蚀性而受到光催化领域研究者的广泛关注。将 ZnO 与碳材料复合后，二者的协同作用可以有效地提高复合材料的光催化活性，这是因为：①导电性良好的碳材料可以快速转移 ZnO 表面的光生电子，延长光生载流子寿命；②碳材料作为载体可以减少硫化物的团聚，增加反应的活性位点；③碳材料可以作为光敏剂，类似一种"黑色染料"，增强 ZnO 的光吸收性能，提高其对太阳光的利用率。此外，碳材料较为廉价，是取代贵金属作为助催化剂的较佳选择。

C_{60} 是富勒烯家族中最具代表性的一员，可以作为吸收或放出电子的库，具有较强的化学反应活性。C_{60} 高度对称的共轭大 π 键体系和 C 原子的锥形排列方式使其在电子传输过程中能够有效地发生快速的光致电荷分离和相对较慢的电荷复合，因此 C_{60} 是一种潜在的光敏材料，可提高半导体的光电转换效率和光催化活性。

如图 2-31（a）所示，与纯 ZnO 相比，ZnO/C_{60} 复合材料不仅将吸光度扩展到可见光区域，而且随着质量比（C_{60}/ZnO）的增加，特别是从 0.5%增加到 1.5%，ZnO/C_{60} 复合材料的吸光度也增加，图 2-31（a）中的插图给出了 ZnO/C_{60} 复合材料在 600 nm 波长下的吸光度随质量比（C_{60}/ZnO）的变化情况[98]。与纯 ZnO 相比，ZnO/C_{60} 复合材料具有更高的光催化降解亚甲基蓝（MB）的活性，如图 2-31（b）所示[54]，最佳质量比（C_{60}/ZnO）为 1.5%，此时速率常数为 0.0569 min^{-1}，是纯 ZnO（0.0188 min^{-1}）的 3 倍。ZnO/C_{60} 复合材料光催化活性的提高是由光激发载流子在 C_{60} 和 ZnO 界面上的高迁移率所致，由于 ZnO 和 C_{60} 之间的强相互作用，以及 C_{60} 具有共轭 p 轨道系统，C_{60} 在传输和储存来自 ZnO 的光生电子方面起到了很重要的作用，提高了电子和空穴的分离效率，加快了载流子的迁移速度。此外，由于 C_{60} 吸附在 ZnO 表面，保护 ZnO 表面的氧空位不受溶液中 O_2 腐蚀，抑制了 ZnO 的光腐蚀，提高了 ZnO 的光稳定性。

碳纳米管具有特殊的一维空心纳米结构、较大的比表面积、优异的力学性能、很强的储蓄电子能力和可以与金属比拟的导电性，被广泛应用于光催化领域。碳纳米管中长程的 π-π 共轭键有利于吸收半导体表面的电子，并且使其快速转移，因此可减小半导体表面的光生电子和空穴复合概率，也就是说，碳纳米管起到了类似贵金属的作用，可捕获半导体表面的光生电子，提高光催化剂的还原能力。为了使碳纳米管与半导体紧密接触，提高电荷的迁移效率，通常采用热处理、等离子体氧化、强酸处理或者阳极交换等方法对碳纳米管表面进行改性和修饰。迄今为止，已有很多学者尝试采用碳纳米管改性 ZnO，结果发现可以有效提高 ZnO 的光催化活性。

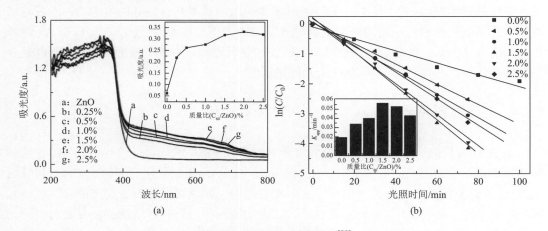

图 2-31　ZnO/C$_{60}$复合材料[98]

（a）UV-vis 光谱图；（b）光催化降解 MB 活性

碳纳米管还可以作为敏化 ZnO 的光敏剂，如多壁碳纳米管（MWCNT）修饰的 ZnO 对 MB 的光降解具有可见光活性。图 2-32（a）显示，在可见光照射下，ZnO/MWCNT 复合材料的 MB 降解速率常数为 0.00387 min^{-1}，而纯 ZnO 没有催化活性。该结果与 UV-vis 结果一致［图 2-32（b）］，说明 MWCNT 改性扩展了 ZnO 的可见光响应范围。在紫外光照射下［图 2-32（c）］，ZnO/MWCNT 复合材料的 MB 降解速率常数（0.01445 min^{-1}）也远高于纯 ZnO（0.00286 min^{-1}），图 2-32（d）给出了光催化机理[99]，即在可见光照射下，MWCNT 吸收可见光辐射，将光生电子转移到 ZnO 的导带中，MB 在 ZnO 表面降解，带正电的 MWCNT 从 ZnO 的价带中除去一个电子，留下一个空穴；在紫外光照射下，ZnO/MWCNT 复合材料中，ZnO 的光生电子向 MWCNT 移动，并在 ZnO 价带内留下空穴。因此，在紫外光照射下，MWCNT 降低了光生电子和空穴复合的可能性，提高了 MB 的光催化降解活性。

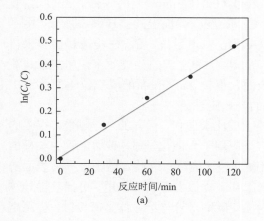

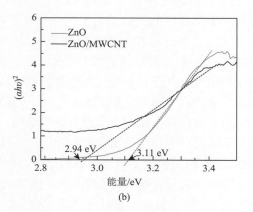

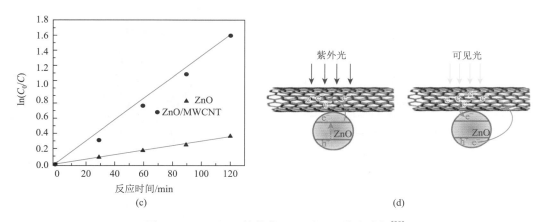

(c)　　　　　　　　　　　　　　(d)

图 2-32　MWCNT 修饰的 ZnO 对 MB 的光降解[99]

（a）ZnO/MWCNT 复合材料可见光下降解 MB；（b）ZnO 和 ZnO/MWCNT 的 UV-vis 光谱图；（c）ZnO/MWCNT 复合材料紫外光下降解 MB；（d）MWCNT 对紫外光下 ZnO/MWCNT 复合材料中光生电子和空穴复合的抑制作用（左），ZnO/MWCNT 复合材料中 MWCNT 的可见光敏化机理（右）

　　石墨烯具有超薄的二维结构，是迄今已知的导电性能最好的材料，它的电子迁移速度可以达到光速的 1/300，远远高于一般导体内电子的运动速度。此外，由于石墨烯具有较高的载流子迁移速率（$2 \times 10^5 \, cm^2 \cdot V^{-1} \cdot s^{-1}$）、较大的热导率（$5000 \, W \cdot m^{-1} \cdot K^{-1}$）、巨大的比表面积（理论计算值为 $2600 \, m^2 \cdot g^{-1}$）以及优异的耐腐蚀性，因此，石墨烯在光催化领域存在着极大的应用空间。石墨烯（GR）通过简单的化学法进行表面改性，既可以与 ZnO 复合，又可以在光催化中发挥更大的作用。通常，采用化学法将石墨粉剥离，即可得到表面具有大量亲水基团的氧化石墨烯（GO），使其在水溶液中得以良好地分散，并且与半导体催化剂前驱体紧密结合，再将复合物通过一定的化学方法进行还原，得到还原氧化石墨烯（rGO）和半导体复合。此时，还原氧化石墨烯的导电性得到了一定的恢复，可以作为良好的电子导体增强光生载流子的传输效率，同时，石墨烯表面残留的一些含氧基团又保证了复合物具有一定的亲水性，从而有利于光生电荷与水发生反应，这在光解水制氢中是重要的一步。

　　图 2-33（a）显示了紫外光照射下，在石墨烯、ZnO、ZnO 与石墨烯的机械混合物和 ZnO/GR 复合材料（石墨烯质量分数为 2.0%）上 MB 的光催化降解速率，由结果可知 ZnO/GR 复合材料具有四者之间最高的光催化活性[100]。石墨烯片并非完全平坦，而是有一些褶皱，ZnO 和石墨烯之间的紧密吸附使得电子之间的相互作用成为可能[图 2-33（b）]，

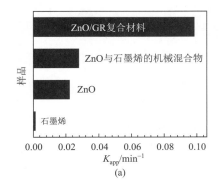

(a)

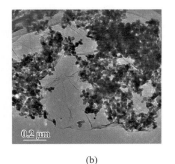

(b)

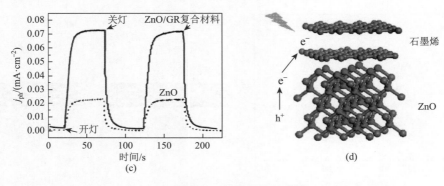

图 2-33　ZnO/GR 复合材料[100]

（a）石墨烯、ZnO、ZnO 与石墨烯的机械混合物和 ZnO/GR 复合材料（石墨烯质量分数为 2.0%）光降解 MB 的速率常数；
（b）～（d）ZnO/GR 复合材料的 TEM 图、光电流响应和紫外光照射下的电荷迁移机理图

并提高了光诱导电子和空穴的分离效率。如图 2-33（c）所示，ZnO/GR 复合材料的光电流是纯 ZnO 的 3.5 倍，其光催化活性的增强是由于 GR 与 ZnO 的耦合作用可以促进光生载流子的分离，延长光生电子-空穴对的寿命，或者抑制光生载流子的复合。此外，如图 2-33（d）所示，ZnO/GR 复合材料中的 GR 还可以增强对 MB 的吸附亲和力，也有助于提高 ZnO/GR 复合材料的光催化活性[82-85]。

　　MOF 和以其为前驱体通过焙烧制备的多孔碳材料具有均匀的金属活性位点分布、较高的比表面积和良好的电子传输性能等优点，在光催化领域逐渐被研究者们所重视。Liu 等[101]以类沸石咪唑框架（ZIF-8）为前驱体，在空气中煅烧，制备出具有介孔结构和表面碳涂层改性的 ZnO 光催化剂，该催化剂表现出优异的光催化 CO_2 还原性能，光催化机理如图 2-34 所示，即多孔碳改性 ZnO 光催化剂具有较高的比表面积、原位碳掺杂和表面改性，增强了 CO_2 捕集能力、扩大了可见光吸收范围、促进了电荷分离，从而提高了光催化 CO_2 还原的活性。

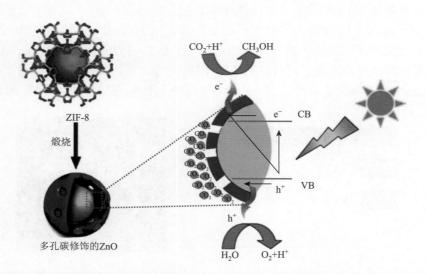

图 2-34　以 ZIF-8 为前驱体制备多孔碳改性 ZnO 光催化剂及增强光催化 CO_2 还原活性的示意图[101]

虽然碳材料可以很好地提高 ZnO 的光催化活性,同时提高光生载流子的分离效率,但是过量的碳材料也会起到"屏蔽作用",阻挡一部分光照射到半导体上,降低其光催化活性。因此,适量的碳材料负载对提高 ZnO 的光催化活性至关重要。

2.6　小结与展望

近年来,ZnO 纳米结构的制备方法及其光催化性能的研究取得了很大的进展。分级 ZnO 纳米材料具有高的比表面积和多孔结构,有利于多种物理和化学过程的进行,这种分级材料不仅继承了单个纳米结构原有的优良性能,而且由于纳米结构块之间的相互作用产生了新的性能,因此,分级 ZnO 纳米材料在光催化领域具有广泛的应用前景。研究者们通过合理的实验设计,研究了各种分级纳米结构的制备方法,特别是采用水热法开发简单的无模板合成技术,可以高效、环保地合成三维 ZnO 纳米结构;在每种方法中,研究者们还对合成原理、影响最终结构和形貌的因素以及典型实例进行了简要讨论。此外,作为光催化剂,ZnO 基复合材料与窄禁带半导体或贵金属配合使用后具有高比表面积、高孔隙率以及协同作用等优点,提高了光的利用率和电荷转移性能,从而在可见光照射下表现出更强的光催化性能。因此,在适当的无模板方法下制备上述复合材料在环境和能源应用中具有重要的作用。本章结合一些实例,对分级 ZnO 纳米结构的设计、可控合成、生长机理和各种应用进行了全面的阐述。

尽管分级 ZnO 纳米材料具有独特的性质,如更高的集光效率、电荷分离能力、物质传输和吸附能力,在光催化领域中已经被广泛研究,但是在通过简单易得的合成策略制备这些分级 ZnO 光催化剂以及更好地理解其光催化活性增强机理等方面,仍然存在许多挑战。未来的研究工作可在以下几个方面进行开展。

(1)构建基于多维杂化的多层次纳米结构。由于二维纳米片的超薄结构和暴露的高能面结构,一些通过二维纳米片构建的新的层次结构更适合于提高光催化性能,特别是多孔介晶和光子晶体结构显示出很高的光催化活性,在光催化领域具有巨大的应用潜力。在未来,通过简单易行的方法来构建介晶和光子晶体结构,将为它们在多相光催化中的应用开辟一条新的途径,新的合成方法也为探索新的形貌和理解纳米结构的形成机理提供了机会。

(2)通过无模板法合成具有层次多孔结构和高比表面积的高活性 ZnO 光催化剂。自然界中的层次结构是丰富、高效的,自然界为合理设计受自然启发的层次光催化纳米材料提供了众多优秀的生物模板。但由于对无模板自组装的认识不足和生物模板数量不足,分级结构 ZnO 的合理设计和光催化性能的进一步优化变得困难,这是亟待解决的问题。在这一方面,应更加重视对纳米结构组装、生长和加工的基本原理和理论的理解,这有利于合理设计多功能耦合的多层次光催化剂。此外,关于分级纳米结构的功能修饰的相关研究较少,因此,不同的改性策略,如掺杂、异质结的形成以及合适的助催化剂的负载等,都需要进行广泛的研究,以进一步提高光催化剂的光催化性能。

(3)在各种光催化过程中开发和应用分级结构 ZnO 光催化剂。本章仅介绍了它们在光催化领域的一些典型应用实例，在光催化有机合成中，关于半导体的应用研究还很少，因此，应探索出廉价、高活性的分级结构半导体材料，并将其应用于光催化有机合成中。更重要的是，探索分级结构光催化剂的基本原理，深入研究分级纳米结构对活性物质形成和有机合成产物选择性的影响，将进一步促进这些多功能材料的合理设计和广泛应用。

此外，这些分级结构 ZnO 光催化剂在热催化、吸附分离、电化学超级电容器、电催化、太阳能电池和净化过程中具有应用潜力，也可用于制备功能性无机膜，并可作为模板材料用于探索新的先进材料。在未来，绿色、低成本、无模板合成分级结构 ZnO 光催化剂将是非常理想的，更环保的分级结构半导体的合理设计和光催化应用仍备受期待。

<h1 align="center">参 考 文 献</h1>

[1] Wang Z L. Nanostructures of zinc oxide[J]. Materials Today，2004，7（6）：26-33.

[2] Wang Z L. ZnO nanowire and nanobelt platform for nanotechnology[J]. Materials Science and Engineering：R：Reports，2009，64（3-4）：33-71.

[3] Pan Z W，Dai Z R，Wang Z L. Nanobelts of semiconducting oxides[J]. Science，2001，291（5510）：1947-1949.

[4] An S J，Park W II，Yi G C，et al. Heteroepitaxal fabrication and structural characterizations of ultrafine GaN/ZnO coaxial nanorod heterostructures[J]. Applied Physics Letters，2004，84（18）：3612-3614.

[5] Wei Q，Meng G，An X，et al. Temperature-controlled growth of ZnO nanostructures：branched nanobelts and wide nanosheets[J]. Nanotechnology，2005，16（11）：2561-2566.

[6] Laudise R A，Ballman A A. Hydrothermal synthesis of zinc oxide and zinc sulfide[J]. The Journal of Physical Chemistry，1960，64（5）：688-691.

[7] Pal U，Santiago P. Controlling the morphology of ZnO nanostructures in a low-temperature hydrothermal process[J]. The Journal of Physical Chemistry B，2005，109（32）：15317-15321.

[8] Zhang H，Yang D R，Ji Y J，et al. Low temperature synthesis of flowerlike ZnO nanostructures by cetyltrimethylammonium bromide-assisted hydrothermal process[J]. The Journal of Physical Chemistry B，2004，108（13）：3955-3958.

[9] Sun Y，Fuge G M，Fox N A，et al. Synthesis of aligned arrays of ultrathin ZnO nanotubes on a Si wafer coated with a thin ZnO film[J]. Advanced Materials，2005，17（20）：2477-2481.

[10] Liu B，Zeng H C. Hydrothermal synthesis of ZnO nanorods in the diameter regime of 50nm[J]. Journal of the American Chemical Society，2003，125（15）：4430-4431.

[11] Wang R C，Liu C P，Huang J L，et al. ZnO nanopencils：efficient field emitters[J]. Applied Physics Letters，2005，87（1）：013110.

[12] Hirano S，Takeuchi N，Shimada S，et al. Room-temperature nanowire ultraviolet lasers：an aqueous pathway for zinc oxide nanowires with low defect density[J]. Journal of Applied Physics，2005，98（9）：094305.

[13] Gao H Y，Yan F W，Li J M，et al. Synthesis and characterization of ZnO nanorods and nanoflowers grown on GaN-based LED epiwafer using a solution deposition method[J]. Journal of Physics D：Applied Physics，2007，40（12）：3654-3659.

[14] Pan A L，Yu R C，Xie S S，et al. ZnO flowers made up of thin nanosheets and their optical properties[J]. Journal of Crystal Growth，2005，282（1-2）：165-172.

[15] Wang Y X，Li X Y，Lu G，et al. Synthesis and photo-catalytic degradation property of nanostructured-ZnO with different morphology[J]. Materials Letters，2008，62（15）：2359-2362.

[16] Kharisov B. A review for synthesis of nanoflowers[J]. Recent Patents on Nanotechnology，2008，2（3）：190-200.

[17] Ge J C，Tang B，Zhuo L H，et al. A rapid hydrothermal route to sisal-like 3D ZnO nanostructures via the assembly of CTA$^+$ and Zn(OH)$_4^{2-}$：growth mechanism and photoluminescence properties[J]. Nanotechnology，2006，17（5）：1316-1322.

[18] Jiang Y H，Wu M，Wu X J，et al. Low-temperature hydrothermal synthesis of flower-like ZnO microstructure and nanorod array

on nanoporous TiO$_2$ film[J]. Materials Letters，2009，63（2）：275-278.

[19] Kumar K M，Mandal B K，Naidu E A，et al. Synthesis and characterisation of flower shaped zinc oxide nanostructures and its antimicrobial activity[J]. Spectrochimica Acta Part A：Molecular and Biomolecular Spectroscopy，2013，104：171-174.

[20] Zhang J D，Wang J X，Zhou S B，et al. Ionic liquid-controlled synthesis of ZnO microspheres[J]. Journal of Materials Chemistry，2010，20（43）：9798-9804.

[21] Musić S，Dragčević Đ，Popović S，et al. Precipitation of ZnO particles and their properties[J]. Materials Letters，2005，59（19-20）：2388-2393.

[22] Ismail A A，El-Midany A，Abdel-Aal E A，et al. Application of statistical design to optimize the preparation of ZnO nanoparticles via hydrothermal technique[J]. Materials Letters，2005，59（14-15）：1924-1928.

[23] Xu S，Wang Z L. One-dimensional ZnO nanostructures：solution growth and functional properties[J]. Nano Research，2011，4（11）：1013-1098.

[24] Yamabi S，Imai H. Growth conditions for wurtzite zinc oxide films in aqueous solutions[J]. Journal of Materials Chemistry，2002，12（12）：3773-3778.

[25] Wu X F，Bai H，Li C，et al. Controlled one-step fabrication of highly oriented ZnO nanoneedle/nanorods arrays at near room temperature[J]. Chemical Communications，2006，（15）：1655-1657.

[26] Li Q，Cheng K，Weng W J，et al. Room-temperature nonequilibrium growth of controllable ZnO nanorod arrays[J]. Nanoscale Research Letters，2011，6（1）：477.

[27] Liu J P，Huang X T，Li Y Y，et al. Vertically aligned 1D ZnO nanostructures on bulk alloy substrates：direct solution synthesis，photoluminescence，and field emission[J]. The Journal of Physical Chemistry C，2007，111（13）：4990-4997.

[28] Gao Y F，Nagai M，Chang T C，et al. Solution-derived ZnO nanowire array film as photoelectrode in dye-sensitized solar cells[J]. Crystal Growth & Design, 2007，7（12）：2467-2471.

[29] Rolison D R. Catalytic nanoarchitectures：the importance of nothing and the unimportance of periodicity[J]. Science，2003，299（5613）：1698-1701.

[30] Wang X C，Yu J C，Ho C，et al. Photocatalytic activity of a hierarchically macro/mesoporous titania[J]. Langmuir，2005，21（6）：2552-2559.

[31] Xi G C，Ye J H. Synthesis of hierarchical macro-/mesoporous solid-solution photocatalysts by a polymerization-carbonization-oxidation route：the case of Ce$_{0.49}$Zr$_{0.37}$Bi$_{0.14}$O$_{1.93}$[J]. Chemistry：A European Journal，2010，16（29）：8719-8725.

[32] Yu J C，Wang X C，Fu X Z. Pore-wall chemistry and photocatalytic activity of mesoporous titania molecular sieve films[J]. Chemistry of Materials，2004，16（8）：1523-1530.

[33] Li H X，Bian Z F，Zhu J，et al. Mesoporous titania spheres with tunable chamber stucture and enhanced photocatalytic activity[J]. Journal of the American Chemical Society，2007，129（27）：8406-8407.

[34] Sinha A K，Basu M，Pradhan M，et al. Fabrication of large-scale hierarchical ZnO hollow spheroids for hydrophobicity and photocatalysis[J]. Chemistry：A European Journal，2010，16（26）：7865-7874.

[35] Lin Y G，Hsu Y K，Chen Y C，et al. Visible-light-driven photocatalytic carbon-doped porous ZnO nanoarchitectures for solar water-splitting[J]. Nanoscale，2012，4（20）：6515-6519

[36] Ko S H，Lee D，Kang H W，et al. Nanoforest of hydrothermally grown hierarchical ZnO nanowires for a high efficiency dye-sensitized solar cell[J]. Nano Letters，2011，11（2）：666-671.

[37] Luo S R，Chai F Y，Zhang L Y，et al. Facile and fast synthesis of urchin-shaped Fe$_3$O$_4$@Bi$_2$S$_3$ core-shell hierarchical structures and their magnetically recyclable photocatalytic activity[J]. Journal of Materials Chemistry，2012，22（11）：4832-4836.

[38] Edla R，Patel N，Orlandi M，et al. Highly photo-catalytically active hierarchical 3D porous/urchin nanostructured Co$_3$O$_4$ coating synthesized by pulsed laser deposition[J]. Applied Catalysis B：Environmental，2015，166-167：475-484.

[39] Barpuzary D，Khan Z，Vinothkumar N，et al. Hierarchically grown urchinlike CdS@ZnO and CdS@Al$_2$O$_3$ heteroarrays for efficient visible-light-driven photocatalytic hydrogen generation[J]. The Journal of Physical Chemistry，2012，116（1）：150-156.

[40] Xiong T，Dong F，Wu Z B. Enhanced extrinsic absorption promotes the visible light photocatalytic activity of wide band-gap

(BiO)$_2$CO$_3$ hierarchical structure[J]. RSC Advances，2014，4（99）：56307-56312.

[41]　Zhao Y，Zhang X T，Zhai J，et al. Enhanced photocatalytic activity of hierarchically micro-/nano-porous TiO$_2$ films[J]. Applied Catalysis B：Environmental，2008，83（1-2）：24-29.

[42]　Wei W R，Tsai M L，Ho S T，et al. Above-11%-efficiency organic-inorganic hybrid solar cells with omnidirectional harvesting characteristics by employing hierarchical photon-trapping structures[J]. Nano Letters，2013，13（8）：3658-3663.

[43]　Yu J G，Zhang L J，Cheng B，et al. Hydrothermal preparation and photocatalytic activity of hierarchically sponge-like macro-/mesoporous titania[J]. The Journal of Physical Chemistry C，2007，111（28）：10582-10589.

[44]　Wickramaratne N P，Jaroniec M. Phenolic resin-based carbons with ultra-large mesopores prepared in the presence of poly(ethylene oxide)-poly(butylene oxide)-poly(ethylene oxide) triblock copolymer and trimethyl benzene[J]. Carbon，2013，51：45-51.

[45]　Cheng B，Le Y，Cai W Q，et al. Synthesis of hierarchical Ni(OH)$_2$ and NiO nanosheets and their adsorption kinetics and isotherms to Congo red in water[J]. Journal of Hazardous Materials，2011，185（2-3）：889-897.

[46]　Cai W Q，Hu Y Z，Yu J G，et al. Template-free synthesis of hierarchical g-Al$_2$O$_3$ nanostructures and their adsorption affinity toward phenol and CO$_2$[J]. RSC Advances，2015，5（10）：7066-7073.

[47]　Cai W Q，Yu J G，Jaroniec M. Template-free synthesis of hierarchical spindle-like γ-Al$_2$O$_3$ materials and their adsorption affinity towards organic and inorganic pollutants in water[J]. Journal of Materials Chemistry，2010，20（22）：4587-4594 .

[48]　Yu X X，Yu J G，Cheng B，et al. Synthesis of hierarchical flower-like AlOOH and TiO$_2$/AlOOH superstructures and their enhanced photocatalytic properties[J]. The Journal of Physical Chemistry，2009，113（40）：17527-17535.

[49]　Guo M Y，Ng A M C，Liu F Z，et al. Effect of native defects on photocatalytic properties of ZnO[J]. The Journal of Physical Chemistry，2011，115（22）：11095-11101.

[50]　Mukhopadhyay S，Das P P，Maity S，et al. Solution grown ZnO rods：synthesis，characterization and defect mediated photocatalytic activity[J]. Applied Catalysis B：Environmental，2015，165：128-138.

[51]　Wang J，Xia Y，Dong Y，et al. Defect-rich ZnO nanosheets of high surface area as an efficient visible-light photocatalyst[J]. Applied Catalysis B：Environmental，2016，192：8-16.

[52]　Yang S J，Im J H，Kim T，et al. MOF-derived ZnO and ZnO@C composites with high photocatalytic activity and adsorption capacity[J]. Journal of Hazardous Materials，2011，186（1）：376-382.

[53]　Takai-Yamashita C，Ishino T，Fuji M，et al. Preparation and formation mechanism of ZnO supported hollow SiO$_2$ nanoparticle by an interfacial reaction through micropores[J]. Colloids and Surfaces A：Physicochemical and Engineering Aspects，2016，493：9-17.

[54]　Dilger S，Wessig M，Wagner M R，et al. Nanoarchitecture effects on persistent room temperature photoconductivity and thermal conductivity in ceramic semiconductors：mesoporous，yolk-shell，and hollow ZnO spheres[J]. Crystal Growth & Design，2014，14（9）：4593-4601.

[55]　Wang Z H，Tian Z W，Han D M，et al. Highly sensitive and selective ethanol sensor fabricated with in-doped 3DOM ZnO[J]. ACS Applied Materials & Interfaces，2016，8（8）：5466-5474.

[56]　Lin Y G，Hsu Y K，Chen S Y，et al. O$_2$ plasma-activated CuO-ZnO inverse opals as high-performance methanol microreformer[J]. Journal of Materials Chemistry，2010，20（47）：10611-10614

[57]　Kim S H，Olson T Y，Satcher J H，et al. Hierarchical ZnO structures templated with amino acid based surfactants[J]. Microporous and Mesoporous Materials，2012，151：64-69.

[58]　Deng Z W，Chen M，Gu G X，et al. A facile method to fabricate ZnO hollow spheres and their photocatalytic property[J]. The Journal of Physical Chemistry B，2008，112（1）：16-22.

[59]　Sun Z Q，Liao T，Liu K，et al. Robust superhydrophobicity of hierarchical ZnO hollow microspheres fabricated by two-step self-assembly[J]. Nano Research，2013，6（10）：726-735.

[60]　Yin J Z，Lu Q Y，Yu Z N，et al. Hierarchical ZnO nanorod-assembled hollow superstructures for catalytic and photoluminescence applications[J]. Crystal Growth & Design，2010，10（1）：40-43.

[61] Liu B，Zeng H C. Hollow ZnO microspheres with complex nanobuilding units[J]. Chemistry of Materials，2007，19（24）：5824-5826.

[62] Zhou H，Fan T X，Zhang D. Hydrothermal synthesis of ZnO hollow spheres using spherobacterium as biotemplates[J]. Microporous and Mesoporous Materials，2007，100（1-3）：322-327.

[63] Liu S W，Li C，Yu J G，et al. Improved visible-light photocatalytic activity of porous carbon self-doped ZnO nanosheet-assembled flowers[J]. CrystEngComm，2011，13（7）：2533-2541.

[64] Sinhamahapatra A，Giri A K，Pal P，et al. A rapid and green synthetic approach for hierarchically assembled porous ZnO nanoflakes with enhanced catalytic activity[J]. Journal of Materials Chemistry，2012，22（33）：17227-17235.

[65] Liang W T，Li W P，Chen H N，et al. Exploiting electrodeposited flower-like $Zn_4(OH)_6SO_4\cdot 4H_2O$ nanosheets as precursor for porous ZnO nanosheets[J]. Electrochimica Acta，2015，156：171-178.

[66] Lei C S，Pi M，Jiang C J，et al. Synthesis of hierarchical porous zinc oxide（ZnO）microspheres with highly efficient adsorption of Congo red[J]. Journal of Colloid and Interface Science，2017，490：242-251.

[67] Hong Y，Tian C G，Jiang B J，et al. Facile synthesis of sheet-like ZnO assembly composed of small ZnO particles for highly efficient photocatalysis[J]. Journal of Materials Chemistry A，2013，1（18）：5700-5708.

[68] Li Y F，Che Z Z，Sun X，et al. Metal-organic framework derived hierarchical ZnO parallelepipeds as an efficient scattering layer in dye-sensitized solar cells[J]. Chemical Communications，2014，50（68）：9769-9772.

[69] Zhang T R，Dong W J，Keeter-Brewer M，et al. Site-specific nucleation and growth kinetics in hierarchical nanosyntheses of branched ZnO crystallites[J]. Journal of the American Chemical Society，2006，128（33）：10960-10968.

[70] Zhang Y，Xu J Q，Xiang Q，et al. Brush-like hierarchical ZnO nanostructures：synthesis，photoluminescence and gas sensor properties[J]. The Journal of Physical Chemistry C，2009，113（9）：3430-3435.

[71] Xu F，Dai M，Lu Y N，et al. Hierarchical ZnO nanowire-nanosheet architectures for high power conversion efficiency in dye-sensitized solar cells[J]. The Journal of Physical Chemistry C，2010，114（6）：2776-2782.

[72] Cheng H M，Chiu W H，Lee C H，et al. Formation of branched ZnO nanowires from solvothermal method and dye-sensitized solar cells applications[J]. The Journal of Physical Chemistry C，2008，112（42）：16359-16364.

[73] Lu P，Xue D F. ZnO 3D-superstructures via two-step assembly at gas/liquid interface[J]. Nanoscience and Nanotechnology Letters，2011，3（3）：429-433.

[74] Guo H L，Zhu Q，Wu X L，et al. Oxygen deficient ZnO_{1-x} nanosheets with high visible light photocatalytic activity[J]. Nanoscale，2015，7（16）：7216-7223.

[75] Chen M，Wang Y L，Song L Y，et al. Urchin-like ZnO microspheres synthesized by thermal decomposition of hydrozincite as a copper catalyst promoter for the Rochow reaction[J]. RSC Advances，2012，2（10）：4164-4168.

[76] Wang J，Li X，Xia Y，et al. Hierarchical ZnO nanosheet-nanorod architectures for fabrication of poly(3-hexylthiophene)/ZnO hybrid NO_2 sensor[J]. ACS Applied Materials & Interfaces，2016，8（13）：8600-8607.

[77] Shi Y T，Zhu C，Wang L，et al. Ultrarapid sonochemical synthesis of ZnO hierarchical structures：from fundamental research to high efficiencies up to 6.42% for quasi-solid dye-sensitized solar cells[J]. Chemistry of Materials，2013，25（6）：1000-1012.

[78] Pachauri V，Kern K，Balasubramanian K. Template-free self-assembly of hierarchical ZnO structures from nanoscale building blocks[J]. Chemical Physics Letters，2010，498（4-6）：317-322.

[79] Wang J，Hou S C，Zhang L Z，et al. Ultra-rapid formation of ZnO hierarchical structures from dilution-induced supersaturated solutions[J]. CrystEngComm，2014，16（30）：7115-7123.

[80] Wang D W，Du S S，Zhou X，et al. Template-free synthesis and gas sensing properties of hierarchical hollow ZnO microspheres[J]. CrystEngComm，2013，15（37）：7438-7442.

[81] Jia Q Q，Ji H M，Zhang Y，et al. Rapid and selective detection of acetone using hierarchical ZnO gas sensor for hazardous odor markers application[J]. Journal of Hazardous Materials，2014，276：262-270.

[82] Zhao X W，Qi L M. Rapid microwave-assisted synthesis of hierarchical ZnO hollow spheres and their application in Cr（Ⅵ）removal[J]. Nanotechnology，2012，23（23）：235604.

[83] Qi K Z，Cheng B，Yu J G，et al. Review on the improvement of the photocatalytic and antibacterial activities of ZnO[J]. Journal of Alloys and Compounds，2017，727：792-820.

[84] Jung S，Yong K. Fabrication of CuO-ZnO nanowires on a stainless steel mesh for highly efficient photocatalytic applications[J]. Chemical Communications，2011，47（9）：2643-2645.

[85] Cheng C W，Liu B，Yang H Y，et al. Hierarchical assembly of ZnO nanostructures on SnO$_2$ backbone nanowires：low-temperature hydrothermal preparation and optical properties[J]. ACS Nano，2009，3（10）：3069-3076.

[86] Low J X，Cheng B，Yu J G. Surface modification and enhanced photocatalytic CO$_2$ reduction performance of TiO$_2$: a review[J]. Applied Surface Science，2017，392：658-686.

[87] Zha R H，Nadimicherla R，Guo X. Ultraviolet photocatalytic degradation of methyl orange by nanostructured TiO$_2$/ZnO heterojunctions[J]. Journal of Materials Chemistry A，2015，3（12）：6565-6574.

[88] Yu W L，Xu D F，Peng T Y. Enhanced photocatalytic activity of g-C$_3$N$_4$ for selective CO$_2$ reduction to CH$_3$OH via facile coupling of ZnO：a direct Z-scheme mechanism[J]. Journal of Materials Chemistry A，2015，3（39）：19936-19947.

[89] Sin J C，Lam S M，Lee K T，et al. Preparation of cerium-doped ZnO hierarchical micro/nanospheres with enhanced photocatalytic performance for phenol degradation under visible light[J]. Journal of Molecular Catalysis A：Chemical，2015，409：1-10.

[90] Kannadasan N，Shanmugam N，Cholan S，et al. The effect of Ce^{4+} incorporation on structural，morphological and photocatalytic characters of ZnO nanoparticles[J]. Materials Characterization，2014，97：37-46.

[91] Wang Y，Fang H B，Zheng Y Z，et al. Controllable assembly of well-defined monodisperse Au nanoparticles on hierarchical ZnO microspheres for enhanced visible-light-driven photocatalytic and antibacterial activity[J]. Nanoscale，2015，7（45）：19118-19128.

[92] McEvoy J G，Zhang Z S. Antimicrobial and photocatalytic disinfection mechanisms in silver-modified photocatalysts under dark and light conditions[J]. Journal of Photochemistry and Photobiology C：Photochemistry Reviews，2014，19：62-75.

[93] Xie W，Li Y Z，Sun W，et al. Surface modification of ZnO with Ag improves its photocatalytic efficiency and photostability[J]. Journal of Photochemistry and Photobiology A：Chemistry，2010，216（2-3）：149-155.

[94] Lu W W，Gao S Y，Wang J J. One-pot synthesis of Ag/ZnO self-assembled 3D hollow microspheres with enhanced photocatalytic performance[J]. The Journal of Physical Chemistry C，2008，112（43）：16792-16800.

[95] Cheng Y，An L，Lan J，et al. Facile synthesis of pompon-like ZnO-Ag nanocomposites and their enhanced photocatalytic performance[J]. Materials Research Bulletin，2013，48（10）：4287-4293.

[96] Wu Z C，Xu C R，Wu Y Q，et al. ZnO nanorods/Ag nanoparticles heterostructures with tunable Ag contents：a facile solution-phase synthesis and applications in photocatalysis[J]. CrystEngComm，2013，15（30）：5994-6002.

[97] Wang S W，Yu Y，Zuo Y H，et al. Synthesis and photocatalysis of hierarchical heteroassemblies of ZnO branched nanorod arrays on Ag core nanowires[J]. Nanoscale，2012，4（19）：5895-5901.

[98] Fu H B，Xu T G，Zhu S B，et al. Photocorrosion inhibition and enhancement of photocatalytic activity for ZnO via hybridization with C$_{60}$[J]. Environmental Science & Technology，2008，42（21）：8064-8069.

[99] Samadi M，Shivaee H A，Zanetti M，et al. Visible light photocatalytic activity of novel MWCNT-doped ZnO electrospun nanofibers[J]. Journal of Molecular Catalysis A：Chemical，2012，359：42-48.

[100] Xu T G，Zhang L W，Cheng H Y，et al. Significantly enhanced photocatalytic performance of ZnO via graphene hybridization and the mechanism study[J]. Applied Catalysis B：Environmental，2011，101（3-4）：382-387.

[101] Liu S W，Wang J H，Yu J G. ZIF-8 derived bimodal carbon modified ZnO photocatalysts with enhanced photocatalytic CO$_2$ reduction performance[J]. RSC Advances，2016，6（65）：59998-60006.

第3章　石墨相氮化碳（g-C₃N₄）的改性与性能增强

3.1　g-C₃N₄的发展历史、基本性质和制备方法

3.1.1　g-C₃N₄的发展历史

石墨相氮化碳（g-C₃N₄）是近年来快速发展的一种新型光催化剂，被广泛应用于光催化降解污染物、光催化分解水产氧、光催化还原 CO_2、光催化有机合成和光催化杀菌等领域[1,2]。2009 年，Wang 等[3]首次报道 g-C₃N₄ 在可见光及牺牲剂存在条件下能够光催化分解水，分别制备氢气和氧气，自此，g-C₃N₄ 基光催化材料迅速成为光催化领域的一种常用半导体材料。g-C₃N₄ 的历史可以追溯到 19 世纪 30 年代由 Berzelius 和 Liebig 发现的一种均三嗪类线性聚合物，名为 melon，实为氮化碳高分子衍生物。1922 年，Franklin[4]以 Hg(CN)₂ 和 Hg(SCN)₂ 等为前驱体，通过热解过程制备出一种无定形的氮化碳。1989 年，Liu 和 Cohen[5]通过理论计算发现 β-C₃N₄ 是一种超硬材料，其硬度与金刚石相当，且具有良好的导热性能。1996 年，Teter 和 Hemley[6]利用第一性原理对 C₃N₄ 的结构进行系统性的计算分析，提出 α 相、β 相、c 相（立方相）、p 相（准立方）和 g 相（石墨相）五种相结构，其中前四种均为具有良好化学稳定性和热稳定性的超硬材料，而 g-C₃N₄ 则是常温常压下最稳定的软质相。直到 2006 年，g-C₃N₄ 才被逐渐应用于多相催化领域[7,8]。研究者们通常认为 g-C₃N₄ 是一种以七嗪环（C₆N₇）为结构单元的二维聚合物，如图 3-1 所示。

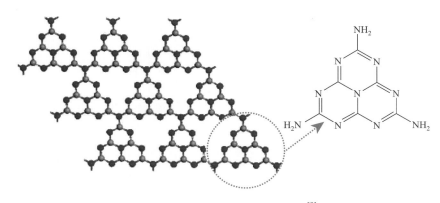

图 3-1　g-C₃N₄ 的二维结构示意图[9]

3.1.2 g-C₃N₄ 的基本性质和制备方法

作为一种聚合物半导体，g-C₃N₄具有诸多特点。其带隙约为 2.7 eV，导带底和价带顶位置分别在 –1.1 V 和 + 1.6 V（vs.NHE）左右，因此可以作为可见光光催化剂应用于很多光催化反应中[10,11]。其导带底位置较水的还原电势更负，也较 CO_2 转化为碳氢燃料的还原电势更负，因此在制备太阳燃料方面具有一定的优势。g-C₃N₄分子结构中含有类芳烃结构的 C—N 杂环，因而具有良好的热稳定性，在空气中 600 ℃下仍然可以稳定存在。g-C₃N₄具有良好的化学稳定性，在水、乙醇、N, N-二甲基甲酰胺、四氢呋喃、乙醚、甲苯及稀的酸、碱等多种溶剂中均可稳定存在。由于具有类似于石墨的层状结构，理想单层结构的 g-C₃N₄ 的比表面积理论值可高达 2500 m²·g⁻¹[12,13]。g-C₃N₄制备成本较低，且其仅含有碳和氮这两种地球上含量丰富的元素，因此可以通过简单方法对其组成进行微调[14,15]。此外，g-C₃N₄ 的聚合物属性不仅使其在分子水平上的改性和表面功能化更加容易，也使其物理结构具有充分的柔性，可以作为较好的载体负载各种无机纳米粒子，有利于 g-C₃N₄ 基复合材料的制备[16,17]。

聚合物氮化碳可以通过热缩聚一些低成本的富氮前驱体来简单地制备[18]，这些前驱体包括但不局限于氰胺、双氰胺、三聚氰胺、硫脲和尿素等，如图 3-2 和表 3-1 所示。此

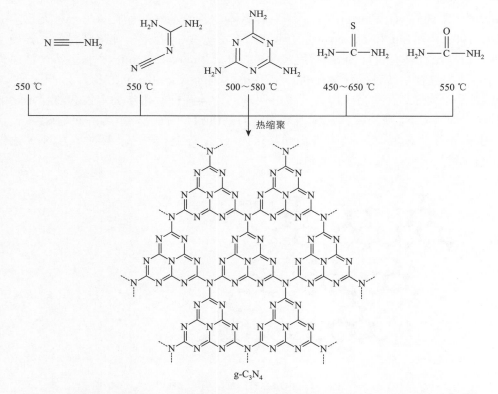

图 3-2　以氰胺、双氰胺、三聚氰胺、硫脲、尿素为前驱体煅烧制备 g-C₃N₄ 的示意图[18]

外，也有少量的研究报道用电化学沉积法[19]和溶剂热法[20]制备 g-C₃N₄。然而，用传统方法制备的氮化碳材料通常光催化效率较低。众所周知，半导体的光生电子和空穴的复合过程（约为 10^{-9} s）比表面催化反应过程（$10^{-8}\sim10^{-1}$ s）要快得多，这就导致大多数载流子被浪费，从而降低太阳能转化效率。因此，构建复合光催化剂对于改善氮化碳材料的电荷分离和扩展其光吸收能力具有重要的意义。同时，反应物分子或离子的吸附和活化以及产物分子的脱附是影响表面催化过程的关键因素[21,22]，故还需要通过有效的策略来改进光催化剂的表面性质，促进表面催化反应。

表 3-1　用于制备 g-C₃N₄ 材料的前驱体的基本理化性质

中文名称	分子式	结构式	基本理化性质
氰胺（单氰胺）	CH_2N_2	N≡—NH₂	密度为 1.282 g·cm⁻³（20 ℃）；在水中的溶解度为 4.59 kg·L⁻¹（20 ℃）；熔点为 46 ℃；沸点为 83 ℃（50.66 kPa）；其水溶液呈弱酸性，30%氰胺溶液的 pH 为 4.5
二氰二胺（双氰胺）	$C_2H_4N_4$	H₂N—NH₂ / N≡	白色晶体；密度为 1.4 g·cm⁻³（25 ℃）；熔点为 207～209 ℃；沸点为（229.8±23.0）℃（760 mmHg）；13 ℃时在水中的溶解度为 2.26%，在热水中溶解度较大；水溶液在 80 ℃时可逐渐分解产生氨；13 ℃时在无水乙醇、乙醚中的溶解度分别为 1.26%和 0.01%；溶于液氨，不溶于苯和氯仿
三聚氰胺	$C_3H_6N_6$	（三嗪环结构）	纯白色单斜棱晶体；密度为 1.57 g·cm⁻³（20 ℃）；常压下熔点为 354 ℃（分解）；沸点为 299.696 ℃（760 mmHg）；快速加热升华，升华温度为 300 ℃；水溶液呈弱碱性（pH = 8）；在水中溶解度随温度升高而增大，20 ℃时水溶解度约为 3.3 g·L⁻¹，微溶于冷水，溶于热水，极微溶于热乙醇，不溶于醚、苯和四氯化碳，可溶于甲醇、甲醛、乙酸、热乙二醇、甘油、吡啶等
三聚氰氯	$C_3N_3Cl_3$	（三嗪环结构）	白色结晶粉末；密度为 1.32 g·cm⁻³（25 ℃）；熔点为 146 ℃；沸点为 209.523 ℃（760 mmHg）；溶于氯仿（三氯甲烷）、四氯化碳、乙醇、乙醚、丙酮、二恶烷、苯、乙腈，不溶于水等其他溶剂；在空气中不稳定，有挥发性和刺激性；遇水和碱易分解成三氯氰酸，同时释放出盐酸气体，呈烟雾状
三聚硫氰酸	$C_3H_3N_3S_3$	（三嗪环结构）	淡黄色粉末；沸点为 242.5 ℃（760 mmHg）；熔点及分解温度在 320 ℃以上；难溶于水（20 ℃）
三聚氰酸	$C_3H_3N_3O_3$	（三嗪环结构）	无色或白色晶体；有吸湿性；密度为 1.768 g·cm⁻³（0 ℃）；360 ℃时会分解；饱和水溶液呈酸性（pH = 3.8～4.0）；溶于热水、热醇、吡啶；溶于浓盐酸及硫酸而不分解，也溶于氢氧化钠和氢氧化钾水溶液，不溶于冷水、醇、醚、丙酮、苯和氯仿
尿素	$CO(NH_2)_2$	H₂N—C(=O)—NH₂	无色或白色针状或棒状结晶体，含氮量约为 46.67%；熔点为 132.7 ℃；密度为 1.335 g·cm⁻³（25 ℃）；沸点为 196.6 ℃（标准大气压）；溶于水、甲醛、液态氨和醇，难溶于乙醚、氯仿；水溶性为 1080 g·L⁻¹（20 ℃），呈弱碱性
硫脲	$CS(NH_2)_2$	H₂N—C(=S)—NH₂	白色而有光泽的晶体；相对密度为 1.41（水）；熔点为 176～178 ℃；真空下在 150～160 ℃时升华，180 ℃时分解；20 ℃时在水中的溶解度为 137 g·L⁻¹，加热时能溶于乙醇，极微溶于乙醚

续表

中文名称	分子式	结构式	基本理化性质
盐酸胍	CH$_6$ClN$_3$	H$_2$N—C(=NH)—NH$_3^+$Cl$^-$	白色结晶体；密度为 1.18 g·cm^{-3}（25 ℃）；沸点为 132.9 ℃（760 mmHg）；熔点为 181～183 ℃；溶解性：20 ℃时在 100 g 水中可以溶解 228 g，在 100 g 甲醇中可以溶解 76 g，在 100 g 乙醇中可以溶解 24 g，几乎不溶于丙酮、苯和乙醚；pH 为 6.4（4%水溶液，25 ℃）

3.1.3 g-C$_3$N$_4$ 的等电点

电泳实验表明，许多化合物分散在水中后，它们的表面是带电的，而且所带的电荷量与悬浮液的 pH 有很大的关系。一般而言，随着溶液从酸性变化至碱性，化合物的表面由带正电逐渐变为带负电。当某个 pH 条件下化合物表面的带电量为 0 时，这个 pH 称为该化合物的等电点（isoelectric point，IEP）或者零电势点（point of zero charge，PZC）。化合物的等电点是一个非常重要的参数，它反映了化合物在不同条件下的带电性，而化合物的带电性对化合物的吸附性能有着重要的影响，因此，测试 g-C$_3$N$_4$ 的等电点、研究 g-C$_3$N$_4$ 表面的带电性，能够为分析 g-C$_3$N$_4$ 在溶液中的吸附结合情况提供依据，进一步为 g-C$_3$N$_4$ 表面改性提供指导。Yan 等[23]将煅烧过的 SBA-15、四氯化碳和乙二胺在 363 K 下进行回流，再将回流产物分别在 673 K、773 K 和 873 K 下煅烧，得到的煅烧产物用氢氟酸处理以除去二氧化硅骨架，最后得到的三种介孔氮化碳的等电点分别为 4.81、4.08 和 3.37。Zhu 等[24]采用三聚氰胺、硫脲和尿素作为原料，在 550 ℃下煅烧 2 h 得到了三种 g-C$_3$N$_4$ 样品，它们具有不同的比表面积、孔径结构和微观形貌，等电点分别为 5.0、4.4 和 5.1，如图 3-3 所示。三种样品的带电性是由表面的胺基、水中的氢离子、氢氧根离子之间的相互作用形成的，在中性酸碱度条件下表面带负电，因此在水溶液中可以吸附阳离子染料亚甲基蓝，而对阴离子染料甲基橙没有明显的吸附。由尿素煅烧得到的 g-C$_3$N$_4$ 对亚甲基蓝具有最强的吸附活性，这是因为它具有最大的比表面积和较多的表面负电荷。

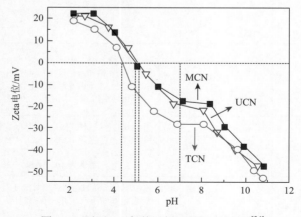

图 3-3 不同 pH 条件下样品的 Zeta 电位[24]

MCN、TCN 和 UCN 分别为由三聚氰胺、硫脲和尿素制备的 g-C$_3$N$_4$

3.2　增强光生电荷产生能力的改性策略

在光照条件下产生光生载流子是半导体光催化反应的第一步，因此，增强光生电荷产生能力是提高氮化碳材料的太阳能转化效率最基本也是极其重要的途径，这一途径的本质是通过吸收足够多的光子转换成光激发的电子和空穴。为此，可采用空心结构、元素掺杂、分子改性三种方法来增强氮化碳的光捕获能力或扩展氮化碳的光吸收范围。

3.2.1　空心结构

空心结构通过提供空腔内部大量的散射和连续的反射路径，可以捕获更多的光子，从而产生更多的光生载流子，有效地提高光催化剂的光捕获能力[25]。Sun 等[26]在单分散的二氧化硅纳米颗粒表面包覆一层薄的介孔二氧化硅，并以此核壳结构为模板制备了 g-C₃N₄ 空心球，即将氰胺分子注入该模板的介孔二氧化硅壳层中，进一步煅烧缩聚并移除二氧化硅模板，获得尺寸均一的 g-C₃N₄ 空心纳米球，同时，通过调整介孔二氧化硅壳层的厚度，可对 g-C₃N₄ 空心纳米球的壁厚在 56～85 nm 进行调节。这种可控的空心结构能够非常有效地通过内部反射和散射来捕获光，从而增强可见光分解水制氢效率，其在以质量分数为 3%的 Pt 为助催化剂、体积分数为 10%的三乙醇胺（TEOA）为牺牲剂的水溶液体系中的表观量子效率达到 7.5%。该研究小组的进一步研究表明，这些单分散的 g-C₃N₄ 空心纳米球的光催化性能可以通过共聚合[27]、后退火[28]和 MoS₂ 复合[29]等方式得到进一步增强。在另一项工作中，Tong 等[30]以三层空心结构的 SiO₂ 纳米球作为模板，并使用氰胺作为前驱体制备了三层空心结构的 g-C₃N₄ 球，如图 3-4（a）和图 3-4（b）所示，三层壳的厚度从外到内分别为 20 nm、20 nm 和 40 nm，空心球体的整体直径为 400 nm。这种三层空心结构的 g-C₃N₄ 球类似于自然界光合作用系统中的类囊体，与单层和双层空心球相比，具有更强的光捕获能力［图 3-4（c）］，这是由于入射光可通过增加的多孔壳层进行不断的散射和反射。结果表明，在可见光（λ＞420 nm）照射下，以质量分数为 3%的 Pt 为助催化剂、体

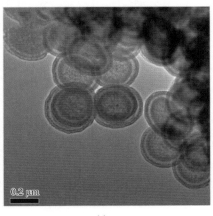

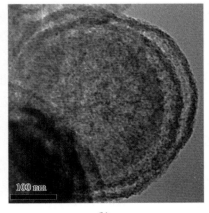

(a)　　　　　　　　　　　　　　　　　(b)

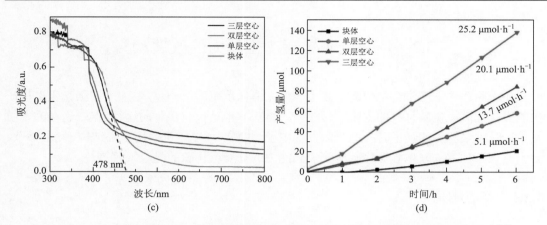

图 3-4　三层空心结构 g-C₃N₄ 球的微观形貌及各种 g-C₃N₄ 样品的光学性质和光催化活性[30]

（a）三层空心结构 g-C₃N₄ 球的 TEM 图；（b）三层空心结构 g-C₃N₄ 球的 HRTEM 图；（c）各种 g-C₃N₄ 样品的 UV-vis 光谱图；
（d）各种 g-C₃N₄ 样品的可见光光催化产氢效率

积分数为 10% 的三乙醇胺为牺牲剂的水溶液体系中，三层空心结构的 g-C₃N₄ 球表现出比块体、单层和双层空心 g-C₃N₄ 更好的光催化分解水产氢活性（630 $\mu mol \cdot h^{-1} \cdot g^{-1}$）[图 3-4（d）]。

3.2.2　元素掺杂

元素掺杂在调整 g-C₃N₄ 的电子结构方面具有显著效果。通常，非金属原子倾向于取代 C 或 N 原子，而金属原子则插入 g-C₃N₄ 的结构框架中。由于掺杂效应，g-C₃N₄ 可获得更窄的带隙，从而扩展其光吸收范围。目前，各种元素（如 B[31,32]、C[33]、N[34,35]、O[36,37]、F[38,39]、P[40,41]、S[42-44]、Na[45,46]、K[47,48]等）均可成功掺入 g-C₃N₄ 的分子结构中，并实现性能改进。例如，Ran 等[49]使用 2-氨基乙基膦酸（AEP）和三聚氰胺（ME）作为前驱体，通过 P 掺杂和热剥离相结合的策略制备了多孔的 P 掺杂 g-C₃N₄ 纳米片[图 3-5（a）和图 3-5（b）]。P 的取代掺杂导致形成中间能级（相对于标准氢电极 –0.16 V），将 g-C₃N₄ 的光响应区域大幅扩展至 557 nm[图 3-5（c）]。在可见光照射、Pt 为助催化剂、TEOA 为牺牲剂的条件下，这种改性后的 g-C₃N₄ 的光催化产氢速率为 1596 $\mu mol \cdot h^{-1} \cdot g^{-1}$[图 3-5（d）]，其在 420 nm 处的表观量子效率为 3.56%。

Fu 等[50]结合热氧化剥离和卷曲缩合的方法，制备了一种 O 掺杂的分等级结构多孔氮化碳纳米管[OCN-Tube，图 3-6（a）和图 3-6（b）]。由此产生的相互连接的多壁纳米管的直径为 20～30 nm，具有大量暴露的边缘活性位点和多个光反射/散射通道[图 3-6（c）和图 3-6（d）]。O 掺杂和分等级多孔管状结构的协同作用增强了氮化碳的光捕获能力[图 3-6（e）]，提高了其比表面积，改善了其 CO₂ 吸附能力，并提高了其光生电荷的分离效率。光催化实验表明，分等级结构多孔氮化碳纳米管在气相中显示出良好的可见光驱动的光催化 CO₂ 还原性能[图 3-6（f）]，相应的甲醇产生速率为 0.88 $\mu mol \cdot g^{-1} \cdot h^{-1}$，是普通氮化碳（0.17 $\mu mol \cdot g^{-1} \cdot h^{-1}$）的 5 倍。

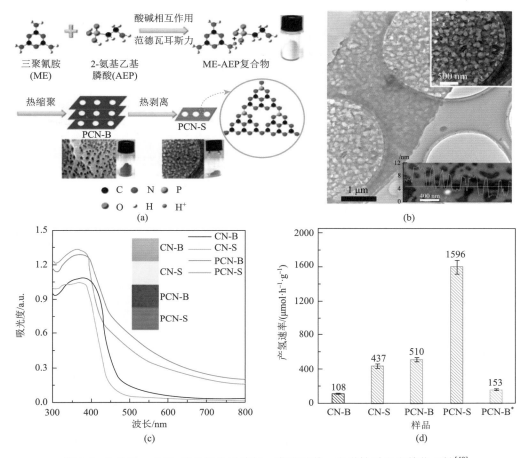

图 3-5　P 掺杂 g-C₃N₄ 样品的合成路径、微观形貌、光学性质和光催化活性[49]

（a）PCN-S 的合成路径；（b）PCN-S 的 TEM 图，插图为 HRTEM 图、原子力显微镜（AFM）图和相应的 PCN-S 厚度；
（c）CN-B、CN-S、PCN-B 和 PCN-S 的 UV-vis 光谱图，插图显示具有不同颜色的样品粉末的光学图像；（d）CN-B、CN-S、
PCN-B、PCN-S 和 PCN-B*在可见光照射下使用体积分数为 20%的 TEOA 水溶液作为牺牲剂的光催化产氢活性，CN-B、CN-S、
PCN-B、PCN-S 和 PCN-B*分别表示块状 g-C₃N₄、g-C₃N₄ 纳米片、P 掺杂的块状 g-C₃N₄、P 掺杂的 g-C₃N₄ 纳米片和以(NH₄)₂HPO₄
为掺杂源的 P 掺杂的块状 g-C₃N₄

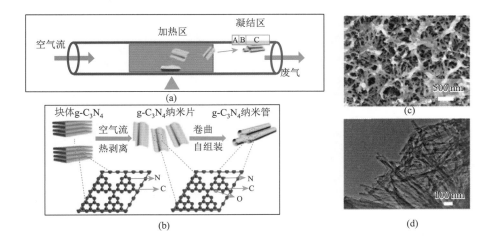

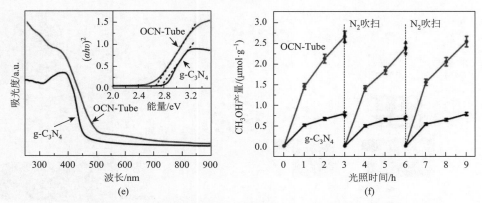

图 3-6　O 掺杂 g-C₃N₄ 样品的合成路径、微观形貌、光学性质和光催化活性[50]

（a）在管式炉中制备分等级结构多孔氮化碳纳米管的实验过程示意图；（b）分等级结构多孔氮化碳纳米管的形成过程示意图；
（c）、（d）分等级结构多孔氮化碳纳米管的 SEM 图和 TEM 图；（e）普通氮化碳和分等级结构多孔氮化碳纳米管的 UV-vis
光谱图，插图根据 Kubelka-Munk 方程转化所得；（f）普通氮化碳和分等级结构多孔氮化碳纳米管的光催化制备甲醇性能，其
中 OCN-Tube 为 O 掺杂的分等级结构多孔氮化碳纳米管

3.2.3　分子改性

由于聚合物氮化碳的分子结构源自富含氮的前驱体的聚合，可以通过在聚合过程中添加与前驱体分子结构相匹配的有机小分子，从而实现对氮化碳分子结构的有效改性，进一步调节氮化碳的电子结构。研究者们使用不同的单体/共聚单体对（如双氰胺/巴比妥酸[51]、双氰胺/2-氨基苯甲腈[52]、双氰胺/二氨基马来腈[53]、尿素/苯脲[54]和双氰胺/3-氨基噻吩-2-腈[55]），制备了一系列带有功能化有机锚定基团的改性氮化碳，这些功能性分子修饰可以显著缩小氮化碳的带隙从而拓展其光吸收范围。例如，通过双氰胺与不同量的巴比妥酸共聚合获得的改性氮化碳在 1.58～2.67 eV 的范围内带隙可调，从而将其光吸收范围逐渐扩展至约 750 nm（图 3-7）[51]。Chu 等[56]则通过 melem 与均苯四甲酸二酐的共聚合，将均苯

（a）

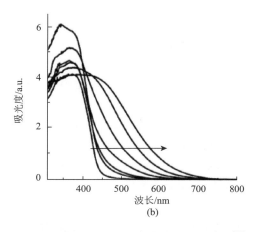

图 3-7　改性氮化碳的制备过程和光学性质[51]

（a）双氰胺与巴比妥酸共聚合制备改性氮化碳的过程；（b）共聚合制备的改性氮化碳的 UV-vis 光谱图，沿箭头方向巴比妥酸的含量逐渐增加

四甲酸二酐成分掺入氮化碳的骨架中，从而获得改性的氮化碳材料，这种共聚改性可以同时降低氮化碳材料导带和价带的位置。此外，Schwinghammer 等[57]将 4-氨基-2, 6-二羟基嘧啶掺入非晶相氮化碳材料中，将光吸收范围扩展至 800 nm。

3.3　提高光生电荷分离效率的改性策略

光生载流子的迁移和分离是光催化反应的第二步，电荷分离效率的改善对于提高氮化碳的光催化太阳能转化效率至关重要，这既需要加速电荷从体相到表面的输运，又需要加速电荷在界面间的转移。在这一方面，可以采用诸如减小厚度和增加结晶度的策略来促进体相到表面的电荷传输，也可以采用诸如导体或半导体复合的策略来促进氮化碳的界面电荷转移。

3.3.1　超薄纳米片结构

氮化碳材料厚度的减小可以有效缩短从体相到表面活性位点的电荷传输距离，促进电荷从体相到表面的转移。迄今为止，已有多种方法可以将块体氮化碳剥离为薄层氮化碳，从而提高比表面积，提升电子传输能力，进一步提高电荷分离效率，这些方法包括使用有机溶剂[58,59]、酸[60]或碱[61]的液相剥离法和简单的热剥离法[62,63]等。例如，Yang 等[58]通过超声辅助液相剥离法发现异丙醇是在连续超声条件下大规模剥离块体氮化碳，从而获得超薄氮化碳的优良溶剂，所得氮化碳纳米片的厚度约为 2 nm，比表面积高达 384 m²·g⁻¹。电化学阻抗谱（EIS）研究表明，薄层氮化碳纳米片的电荷传输和分离过程得到了显著的改善。

Xia 等[64]以双氰胺为前驱体，先煅烧制备出块体 g-C₃N₄，然后通过氨气辅助的热剥离法对 g-C₃N₄ 同时进行结构和表面改性，获得了氨基修饰的多级结构 g-C₃N₄ 超薄纳米片组装体，其形貌如图 3-8（a）和图 3-8（b）所示。相反，块体 g-C$_3$N$_4$ 由不规则聚集的颗粒组成 [图 3-8（c）]。进一步通过 TEM 和 AFM 观察发现，组装体结构中的纳米片单元的厚度仅为 3 nm [图 3-8（d）和图 3-8（e）]。作为一种极性气体小分子，NH$_3$ 能够在煅烧的过程中进入 g-C$_3$N$_4$ 的层间，破坏类石墨层间的分子间作用力，达到剥离 g-C$_3$N$_4$ 的效果，如图 3-8（f）所示。超薄纳米片组装体的比表面积（116 m^2·g^{-1}）远高于块体 g-C$_3$N$_4$（5 m^2·g^{-1}），并且具有丰富的多孔结构。EIS 图谱 [图 3-8（g）] 和时间分辨光致发光谱（TRPL）图谱 [图 3-8（h）] 证实，超薄的结构大幅缩短了电荷从体相到表面的传输距离，从而获得了更有效的电荷迁移和分离效率。因此，与传统的块体 g-C$_3$N$_4$ 相比，g-C$_3$N$_4$ 超薄纳米片组装体表现出更好的光催化 CO$_2$ 还原性能 [图 3-8（i）]。

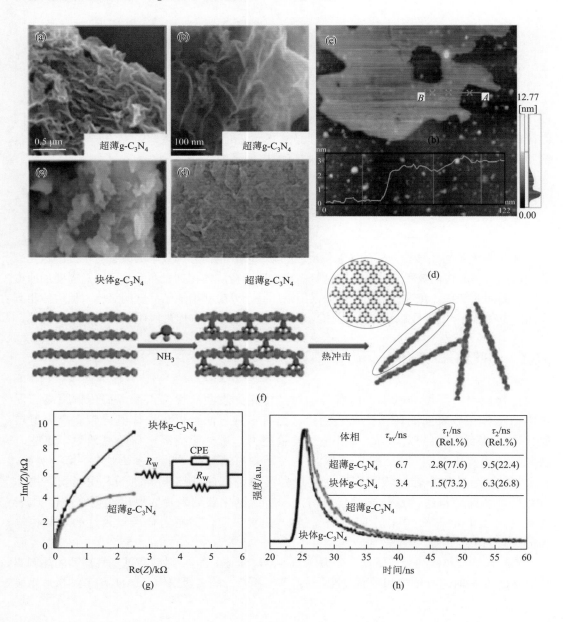

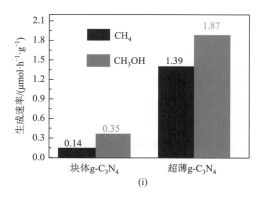

(i)

图 3-8　g-C₃N₄ 样品的微观形貌、形成过程、EIS 图谱、TRPL 图谱和光催化活性[64]

（a）、（b）g-C₃N₄ 超薄纳米片组装体的 FESEM 图；（c）块体 g-C₃N₄ 的 FESEM 图；（d）、（e）g-C₃N₄ 超薄纳米片组装体的 TEM 图和 AFM 图；（f）g-C₃N₄ 超薄纳米片组装体的形成示意图；（g）～（i）g-C₃N₄ 超薄纳米片组装体和块体 g-C₃N₄ 的 EIS 图谱、TRPL 图谱和光催化 CO₂ 还原性能

3.3.2　高结晶氮化碳材料

研究表明，高温熔盐条件下，七嗪环聚合物可部分溶解并再次聚合、重结晶，最终达到接近完全缩合的状态，从而获得具有高结晶度和极少缺陷的氮化碳材料[65-72]。Zhang 等[66]首先使用尿素和草酰胺发生共聚合反应获得初次 g-C₃N₄，然后将初次 g-C₃N₄ 在熔盐（KCl/LiCl）中再次进行高温煅烧，制备出高度结晶的氮化碳材料，其 π-π 层堆积作用产生的层间距为 0.292 nm［图 3-9（a）］。与普通的氮化碳相比，这种高结晶氮化碳具有更弱的稳态 PL 强度、更短的 TRPL 荧光寿命、更小的 EIS 曲线半径以及更大的光电流［图 3-9（b）和图 3-9（c）］，这表明结晶氮化碳的面内和层间电荷传输以及激子解离得到显著改善。其在以质量分数为 3% 的 Pt 为助催化剂、体积分数为 10% 的 TEOA 为牺牲剂的水溶液体系中表现出优异的光解水产氢活性，特别是在质量分数为 3% 的 NaCl 的条件下，表观量子效率

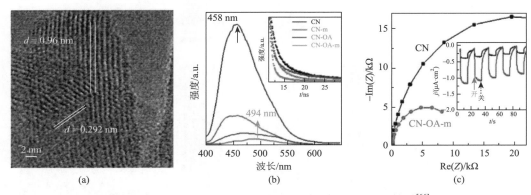

图 3-9　g-C₃N₄ 样品的微观形貌、光学性质和光电化学性质[66]

（a）CN-OA-m 的 HRTEM 图；（b）CN、CN-OA、CN-m 和 CN-OA-m 的室温稳态 PL 光谱，其中插图为 CN、CN-OA、CN-m 和 CN-OA-m 的 TRPL 图谱；（c）CN 和 CN-OA-m 在可见光照射下的 EIS 图谱，其中插图为 CN 和 CN-OA-m 的瞬态光电流曲线（测试偏压为 −0.2 V），图中 CN、CN-OA、CN-m 和 CN-OA-m 分别代表以尿素、尿素/草酰胺为前驱体、熔盐条件下的以尿素和尿素/草酰胺为前驱体制备的氮化碳

高达 57%。他们进一步的研究表明结晶氮化碳可在波长 420 nm 处获得 60% 的表观量子效率[67]，这是迄今为止基于氮化碳材料的光催化分解水产氢体系的最高值。

Xia 等[73]选用乙腈为溶剂，在低温溶剂热的条件下，通过盐酸胍和双氰胺的共缩合，合成了一种同时具有高结晶度和富含缺陷、分子结构高度有序的氮化碳材料。高结晶度提高了电荷的迁移率，而带有氰基和羧基的结构末端促进了光吸收、电子储存及 CO_2 吸附。这种富含缺陷的高结晶氮化碳材料在不使用任何助催化剂或牺牲剂的情况下，在气相条件中可有效地将 CO_2 光还原成碳氢化合物燃料，其碳氢化合物产率为 12.07 $\mu mol \cdot h^{-1} \cdot g^{-1}$，相应的选择性为 91.5%。图 3-10（a）显示高结晶氮化碳（CCN）和块体氮化碳（BCN）均有两个不同的特征峰。BCN 样品的(100)和(002)峰分别位于 13.0° 和 27.4°，前者源自七嗪环单元的重复堆叠，对应的晶面间距为 0.68 nm，而后者来源于石墨层的周期性堆叠，对应的晶面间距为 0.325 nm。所不同的是，CCN 样品的(100)晶面所产生的衍射峰偏移到 10.6°，对应的晶面间距变为 0.83 nm，与此同时，CCN 样品的(002)晶面所产生的衍射峰偏移至 27.8°，对应的晶面间距缩小为 0.320 nm，这表明相邻层间的相互作用增强。此外，与 BCN 样品的 XRD 衍射峰相比，CCN 样品的 XRD 衍射峰的半高宽明显减小，峰型更加尖锐，说明溶剂热法制备的 CCN 样品具有较高的结晶度。图 3-10（b）和图 3-10（c）显示 CCN 是由长度大于 10 μm、宽度大于 2 μm 的规整带状 CN 晶体组成的，图 3-10（d）进一步表明 CCN 呈扭曲的带状形貌。图 3-10（e）是经过球差校正和傅里叶变换获得的 HRTEM 图，清晰的晶格条纹表明 CCN 中存在非常有序的周期性结构，证实了 CCN 材料的高结晶度。图 3-10（f）为 CCN 样品的 AFM 图，测得 CCN 的厚度约为 120 nm。

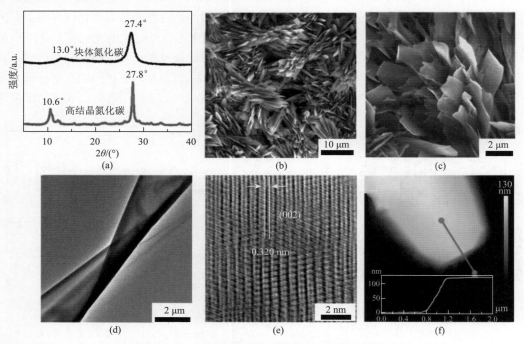

图 3-10　氮化碳样品的 XRD 图和微观形貌[73]

（a）高结晶氮化碳和块体氮化碳的 XRD 图；（b）～（f）高结晶氮化碳的 SEM 图、TEM 图、傅里叶变换球差校正 HRTEM 图和 AFM 图

3.3.3　单原子金属/氮化碳复合材料

为了构建用于太阳能转化的光催化体系，一种有效的方法是将氮化碳光催化剂与合适的金属助催化剂进行耦合，金属助催化剂可充当电子陷阱，促进电荷分离，还可降低表面催化反应的活化能和过电势。到目前为止，贵金属 Pt 是光催化分解水产氢最有效的助催化剂之一，被广泛用于氮化碳光催化体系中。此外，Au[74]和 Ag[75,76]由于具有表面等离子体共振（SPR）效应也表现出优异的助催化性能。

Cao 等[77]通过浸渍热扩散-光还原的方法同时在氮化碳层间嵌入和表面锚定单原子 Pd，一方面利用层间桥联的 Pd 原子构建电子快速传输的垂直通道，促进光生电子从体相向表面转移；另一方面利用表面锚定的 Pd 原子形成靶向活性位点，进一步捕获电子用于质子还原反应。这种协同作用使得氮化碳材料在有效减少金属助催化剂负载量的同时，获得了高效稳定的光催化产氢活性。经优化后的单原子 Pd（质量分数为 0.11%）修饰的氮化碳光催化产氢速率为 6688 $\mu mol \cdot g^{-1} \cdot h^{-1}$，在 420 nm 处的表观量子效率为 4%，性能优于常规的 Pt（质量分数为 0.96%）修饰的氮化碳。这种原子级分散的 Pd 在氮化碳结构框架中相邻层的桥联位点和表面位点如图 3-11（a）所示。Pd/g-CN 样品的 Pd K 边缘的傅里叶变换扩展 X 射线吸收精细结构（FT-EXAFS）光谱图［图 3-11（b）］和 Ar⁺溅射后的 XPS 图［图 3-11（c）］证实了 Pd 原子在氮化碳表面（Pd^0 状态）和相邻层之间（Pd^{2+}状态）的单原子分布，这些金属单原子通过 Pd—N/C 键的强相互作用而稳定存在。这种独特的结构构建了一个垂直传输通道，通过桥联的 Pd 原子将电子定向地从体相转移到表面，同时通过表面 Pd 原子建立靶向活性位点，用于光催化还原水的反应。EIS、PL 和 TRPL［图 3-11（d）～图 3-11（f）］分析表明，Pd/g-CN 的电荷转移能力大幅提高，甚至比常规 Pt/g-CN 材料更好。Pd/g-CN 在以 TEOA 为牺牲剂的水溶液体系中表现出优异的光解水产氢活性，其产氢速率是常规 Pt/g-CN 材料的 1.8 倍［图 3-11（g）］。

Wang 等[78]设计并合成了单原子 Cu 修饰的氮化碳光催化剂，Cu 原子均匀分布并完全配位在氮化碳骨架中，形成 C-Cu-N₂ 活性中心，这些活性中心在光催化 CO₂ 还原过程中表现出促进电荷转移和降低反应势垒的协同效应。作者通过高角环形暗场(HAADF)-STEM、EXAFS、电子能量损失谱（EELS）和 XPS 等一系列实验分析，证实了

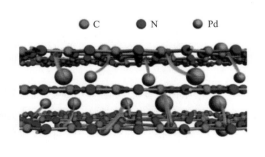

(a)

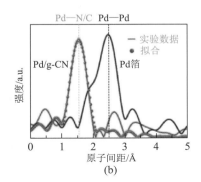

(b)

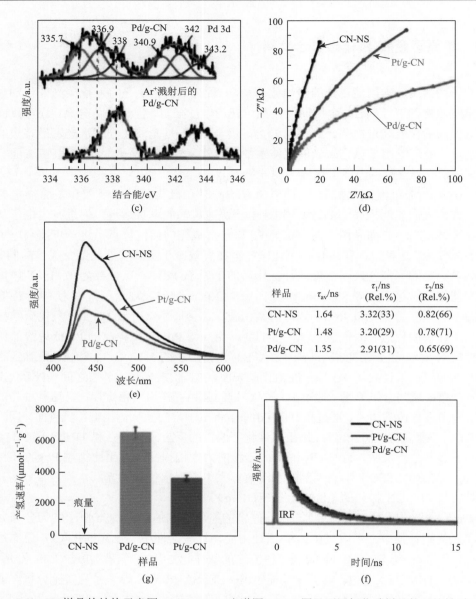

图 3-11　Pd/g-CN 样品的结构示意图、FT-EXAFS 光谱图、XPS 图及不同氮化碳样品的阻抗性质、光学性质和光催化活性[77]

(a) 氮化碳层间嵌入和表面锚定单原子 Pd 的氮化碳材料示意图；(b) Pd/g-CN 样品和参比 Pd 箔的 Pd K 边缘 FT-EXAFS 光谱图；(c) Ar+ 溅射前后 Pd/g-CN 的高分辨率 Pd 3d XPS 图；(d) ～ (g) CN-NS（氮化碳纳米片）、Pd/g-CN 和 Pt/g-CN 的 EIS 图谱、稳态 PL 光谱、TRPL 图谱及相应拟合结果和光催化产氢活性

Cu 原子的均匀分布以及 Cu 原子与氮化碳基体之间的强相互作用。由于该体系中稳定存在着 Cu^+/Cu^0 混合价态，这是一种类似血蓝蛋白的 Cu 基化合物，因此该体系类似于人造酶。进一步的实验结果和 DFT 计算结果表明，$C-Cu-N_2$ 活性中心既是光生电子的有效收集器，同时也是活化 CO_2 分子的反应结合位点。因此，单原子 Cu 修饰的氮化碳能够实现更有效和更有选择性的 CO_2 光还原。类似的单原子 $Cu/g-C_3N_4$ 也在其他研究中得到发现[79,80]。

3.3.4　石墨烯/氮化碳复合材料

石墨烯具有良好的导电性和电子迁移率，以及很高的理论比表面积，是一种理想的促进半导体光催化剂电荷转移和分离的材料[81,82]。将 g-C₃N₄ 和石墨烯进行复合可以显著提升 g-C₃N₄ 的光催化性能，因为二者皆为二维材料，可以形成较大的接触界面并提高界面间的电荷转移速率[83-85]。Xiang 等[86]通过化学还原法还原石墨烯氧化物制备了石墨烯，并用以改性 g-C₃N₄，用质量分数为 1%的石墨烯改性的 g-C₃N₄ 在甲醇为牺牲剂的情况下的可见光光催化产氢速率为 451 μmol·h⁻¹·g⁻¹，比纯的 g-C₃N₄ 高出 3 倍。这种提升主要是因为以石墨烯作为良好的载流子通道，可使光生电子和空穴实现有效分离。当 g-C₃N₄ 被可见光照射激发时，在导带和价带上分别产生电子和空穴，通常大部分的光生电荷会发生复合，只有小部分会参与到随后的表面反应当中。不过，石墨烯可以作为一种电子受体或者传导媒介捕获导带中的电子，而这些电子随后可累积在铂助催化剂表面并最终与水反应生成氢气，与此同时，价带中的空穴与甲醇反应完成整个光催化过程。

Xia 等[87]通过熔盐法使石墨烯表面生长了有序排列的高结晶氮化碳纳米棒（图 3-12）。首先，三聚氰胺分子通过其胺基与氧化石墨烯（GO）表面的 C ══ O 官能团形成氢键而将其固定在 GO 表面上；然后，在加热条件下，三聚氰胺发生缩合反应产生 melon 结构并与氧化石墨烯发生键合作用得到 melon/rGO 复合物；再将该 melon/rGO 复合物分散到熔盐（KCl/LiCl）中并进行 550 ℃煅烧；最后 melon 结构从石墨烯片中部分溶解、重聚合和重结晶，生成垂直排列在石墨烯表面的氮化碳纳米棒（CNNA）。在此过程中，石墨烯促进了 CNNA 的成核和生长，同时也增强了石墨烯与 CNNA 之间的相互作用。这种石墨烯负载的一维高结晶氮化碳纳米棒改善了材料体系的光捕获、CO₂ 捕获和界面电荷转移情况，

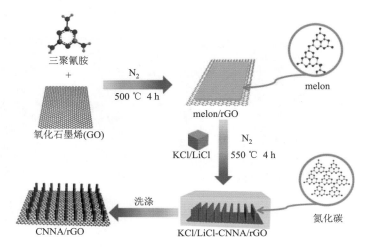

图 3-12　熔盐法合成 CNNA/rGO 异质结光催化剂示意图[87]

CNNA 为氮化碳纳米棒，rGO 为还原氧化石墨烯

此外，其在 CO_2 和 N_2 的混合气体中对 CO_2 具有较高的吸附选择性，CO_2/N_2 吸附比值最高可达 44，对 CO_2 的吸附热为 $55.2\ kJ\cdot mol^{-1}$。因此，这种异质结光催化剂可在气相中驱动简单而有效的 CO_2 光还原反应，无须添加任何助催化剂或牺牲剂，即使在更低浓度 CO_2 的情况下也是如此。

如图 3-13（a）所示，普通氮化碳（bCN）的 XRD 图在 $2\theta = 13.0°(100)$ 和 $27.4°(200)$ 处出现两个特征峰，分别对应于 bCN 结构中面内重复结构单元（两相邻结构单元之间的距离为 0.68 nm）和层间共轭环状结构沿 c 轴周期性的堆叠（层间距离为 0.325 nm）。在样品 bCN 经过熔盐处理后，大量的共轭结构发生重新聚合，导致 bCN 样品的(100)峰位置偏移到 7.9°，平面内的重复结构单元距离为 1.12 nm，形成基于七嗪环单元的高结晶氮化碳。与此同时，该样品在 28.2° 处出现更尖、更窄的(002)峰，这表明 CNNA 具有高度的结晶性。当石墨烯与 CNNA 进行复合后，制备出的样品与 CNNA 具有相似的 XRD 图，表明 CNNA 的高结晶性不受石墨烯影响。使用 FESEM 对样品形貌进行观察发现，如图 3-13（b）和图 3-13（c）所示，CNNA 由随机分布的纳米棒组成，相比之下，CNNA/rGO 的形貌呈现为纳米棒阵列垂直排列在石墨烯表面。同时，TEM 图揭示了 CNNA 纳米棒的直径为 15～40 nm，长度为 200～400 nm［图 3-13（d）］。

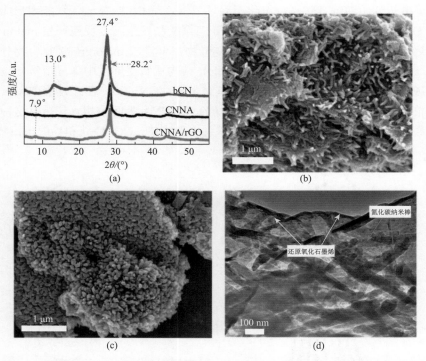

图 3-13　样品普通氮化碳（bCN）、氮化碳纳米棒（CNNA）和还原氧化石墨烯负载的氮化碳纳米棒（CNNA/rGO）的结构和微观形貌[87]

（a）样品 bCN、CNNA 和 CNNA/rGO 的 XRD 图；（b）、（c）样品 CNNA 和 CNNA/rGO 的 FESEM 图；（d）样品 CNNA/rGO 的 TEM 图

荧光光谱图[图 3-14（a）]显示，CNNA 的荧光强度相对于 bCN 有显著降低，CNNA/rGO

表现出最低的荧光强度，说明结晶度的增强有助于电荷转移到材料表面，同时异质结的形成提高了激子解离和电荷转移效率。TRPL 图谱［图 3-14（b）］表明，样品 CNNA 的荧光寿命长于 bCN，即引入石墨烯后，复合物的荧光寿命达到最长。通过对光谱进行拟合，得到 bCN、CNNA 和 CNNA/rGO 的平均荧光寿命分别为 7.18 ns、8.82 ns 和 12.58 ns，这一结果表明，结晶性能的提高可减少晶体内部的缺陷，有利于光生载流子的迁移与分离，同时，由于 CN 纳米棒的高结晶性和 CNNA/rGO 异质结的协同效应，光生电荷进一步分离，平均寿命得到延长。总的来说，由于石墨烯具有良好的导电性能和电子储存能力以及 CNNA 具有高的结晶性，当石墨烯与 CNNA 紧密接触时，光生载流子得到有效分离，从而有效抑制光生电子和空穴的复合。进一步的电化学测试显示，与 bCN 和 CNNA 相比，CNNA/rGO 的 EIS 曲线半径较小，而 rGO 具有最小的 EIS 曲线半径［图 3-14（c）］，表明 rGO 具有良好的导电性且有助于降低 CNNA/rGO 的电阻，从而提高电子迁移率。光电流测试结果表明，CNNA/rGO 的光电流最大［图 3-14（d）］，再次说明 CNNA/rGO 的电荷复合率最低，电子迁移电阻小。

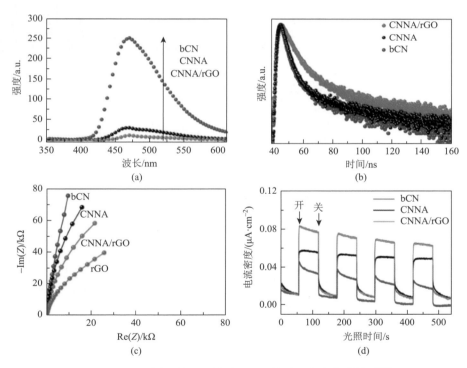

图 3-14　不同样品的光学性质、阻抗性质和光电化学性质[87]

（a）、（b）样品 bCN、CNNA 和 CNNA/rGO 荧光光谱图和 TRPL 图谱；（c）样品 rGO、bCN、CNNA 和 CNNA/rGO 的 EIS 图谱；（d）样品 bCN、CNNA 和 CNNA/rGO 的光电流曲线图谱，其中 rGO、bCN、CNNA 和 CNNA/rGO 分别表示还原氧化石墨烯、普通氮化碳、氮化碳纳米棒和还原氧化石墨烯负载的氮化碳纳米棒

　　作者还探究了在太阳光照射、不添加任何牺牲剂的情况下所制备样品的光催化 CO₂ 还原性能。如图 3-15（a）所示，光催化剂还原 CO₂ 的主要还原产物为 CO、CH₄、CH₃OH

和 C_2H_5OH，其中 CNNA 比 bCN 具有更好的 CO_2 光催化还原性能，而 CNNA/rGO 异质结表现出最佳反应活性，其 CO_2 总转化速率为 12.63 $\mu mol \cdot h^{-1} \cdot g^{-1}$。同时，高结晶度的 CNNA更有利于 C_2H_5OH 的生成，值得注意的是，当 CNNA 与 rGO 形成异质结后，由于 rGO 有助于积聚光电子并可以增加材料的 CO_2 吸附量，因此进一步提高了 C_2H_5OH 的生成速率。不过，引入过少或过量的 rGO 均会导致 CO_2 光催化还原效率降低，所以在该反应中还原活性位点数与氧化活性位点数目相匹配至关重要。此外，对样品 CNNA/rGO 进行 6 次循环实验［图 3-15（b）］，其光催化活性仅略微下降，表明 CNNA/rGO 具有良好的光催化稳定性。

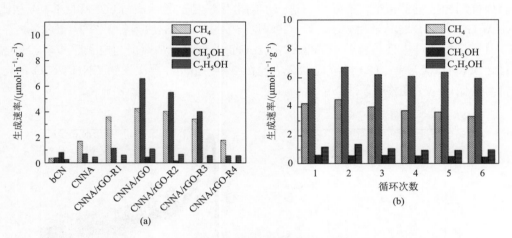

图 3-15　不同样品的光催化活性[87]

（a）样品 bCN、CNNA 和不同 rGO 含量的 CNNA/rGO 在 $CO_2 + H_2O$ 气相体系中的光催化 CO_2 还原性能；（b）样品 CNNA/rGO 光催化 CO_2 还原循环性能测试

3.4　促进表面催化反应过程的改性策略

光催化反应的最后一步是表面催化反应过程的完成，因此，充分利用反应物分子以有效消耗分离且迁移至催化剂表面的光生电荷是至关重要的。改善这一过程的策略通常集中在如何促进物质传输和分子吸附方面。

3.4.1　多孔结构

多孔结构可提供大的比表面积和丰富的通道，促进反应物和产物的扩散和传递。研究者们通过选择不同的二氧化硅模板，并使用各种前驱体（如氰胺[88,89]、硫氰酸铵[90,91]、硫脲[92]和尿素[93]等）成功制备出具有各种多孔结构的氮化碳。模板删除后可获得氮化碳三维纳米结构，其比表面积高达 373 $m^2 \cdot g^{-1}$，孔径大小通常与原始二氧化硅纳米颗粒模板的孔径一致。Chen 等[94]以氰胺为前驱体合成了比表面积 239 $m^2 \cdot g^{-1}$、孔体积为 0.34 $cm^3 \cdot g^{-1}$ 的有序介孔 g-C_3N_4，其孔径大小为 5.3 nm，小于 SBA-15 模板的 10.4 nm，这是因为 g-C₃N₄ 孔的大小对应 SBA 模板孔壁的厚度。在另一种改进的方法中，Zhang 等[95]对 SBA-15 模板用盐酸进行了预处理，以改善二氧化硅和氰胺之间的相互作用，然后在真空和超声条件下将氰胺分子注入 SBA-15 的孔道中，进一步制备了具有更大比表面积（517 $m^2 \cdot g^{-1}$）和更大孔体积（0.49 $cm^3 \cdot g^{-1}$）的有序介孔 g-C₃N₄，其制备过程和微观形貌如图 3-16 所示。

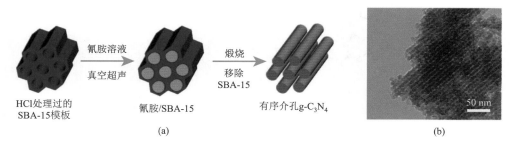

图 3-16　有序介孔 g-C₃N₄ 的制备示意图和微观形貌[95]

（a）以 SBA-15 为硬模板制备有序介孔 g-C₃N₄ 的示意图；（b）有序介孔 g-C₃N₄ 的 TEM 图

3.4.2　表面缺陷

另一种策略是通过产生氰基或碳/氮空位来对周期性重复的七嗪环单元进行缺陷改性[96-100]。这些缺陷态通过影响氮化碳的 π 共轭体系来拓宽其光谱响应范围，并且还可充当吸附/活化反应物分子的活性位点。

Yu 等[96]通过 KOH 辅助的一步法制备了含氮缺陷的氮化碳。如图 3-17（a）所示，在尿素（或三聚氰胺、硫脲）的热缩合过程中，原位形成了两种类型的氮缺陷：氰基和氮空位。傅里叶变换红外光谱（FTIR）［图 3-17（b）］、核磁共振谱（NMR）［图 3-17（c）］和 XPS 图［图 3-17（d）］充分证明了氰基和氮空位的存在。尤其是 FTIR 图谱在 2177 cm^{-1} 处的新峰可归因于氰基的不对称拉伸振动，而在 NMR 图谱的 123.8 ppm①和 171.0 ppm 处的两个新峰可归属于氰基中的碳原子（3）和相邻的 C 原子（4）。同时，在 XPS 图中，N_{2C} 的强度降低（N_{2C}/C 原子比从 1.10 降低到 0.51），有力地证明了氮化碳表面 N_{2C} 空位的形成。氮缺陷的引入显著增强了材料的可见光吸收性能，改善了光生载流子的分离情况，且促进了反应物分子的吸附，因此，与未改性的氮化碳相比，缺陷改性后的氮化碳在可见光照射下具有更好的光催化产氢性能（6.9 $mmol \cdot g^{-1} \cdot h^{-1}$）［图 3-17（e）］。

3.4.3　MOF/氮化碳复合材料

金属有机骨架（MOF）是具有超高比表面积和可控空心结构的微孔三维材料，其中一些 MOF 不仅可促进电荷的有效转移以进行氧化还原反应，更重要的是具有很强的 CO_2

_____

① ppm 表示 10^{-6}，余同。

吸附能力[101-103]。因此，可通过 MOF 与氮化碳的偶联来有效提高材料体系的光催化 CO_2 还原性能。

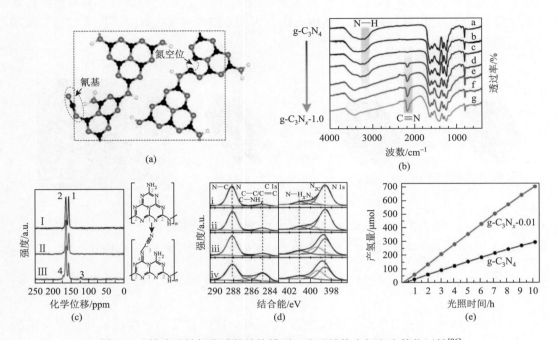

图 3-17　缺陷改性氮化碳的结构模型、分子结构表征和光催化活性[96]

（a）具有氮缺陷（包括氰基和氮空位）的氮化碳的结构模型；（b）g-C_3N_4 和缺陷改性氮化碳 g-C_3N_x 的 FTIR 图谱，其中 a～g 代表氰基含量不断增加的氮化碳；（c）g-C_3N_4 和缺陷改性氮化碳 g-C_3N_x 的固态 ^{13}C MAS NMR 图谱，其中 I ～III代表氰基含量不断增加的氮化碳；（d）g-C_3N_4 和缺陷改性氮化碳 g-C_3N_x 的 C 1s 和 N 1s XPS 图，其中 i～iv 代表氮空位含量增加的 g-C_3N_x；（e）可见光（$\lambda > 420\,nm$）照射、体积分数为 25% 的乳酸水溶液中、质量分数为 1% 的 Pt 助催化剂条件下 g-C_3N_4 和缺陷改性氮化碳 g-C_3N_x-0.01 的光催化产氢性能

　　Shi 等[103]通过简单的静电自组装方法，将 UiO-66（锆基 MOF）与氮化碳纳米片成功复合 [图 3-18（a）和图 3-18（b）]。由于引入了 UiO-66，所得复合材料具有较大的比表面积（1315.3 $m^2 \cdot g^{-1}$）和优异的 CO_2 捕获能力 [32.7 $cm^3 \cdot g^{-1}$，图 3-18（c）]。同时，氮化碳纳米片中的光生电子可以转移至 UiO-66，抑制了电子和空穴的复合，从而提供了长寿命的光生电子来还原吸附的 CO_2 分子。因此，UiO-66 修饰的氮化碳具有良好的光催化 CO_2 还原活性，远高于纯的氮化碳材料 [图 3-18（d）]。

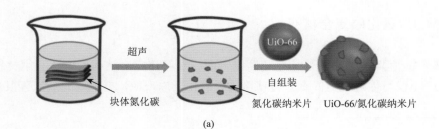

（a）

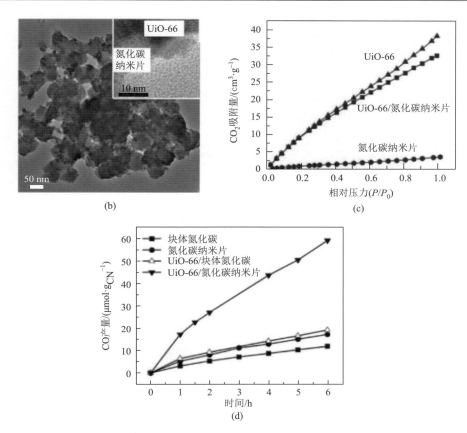

图 3-18 UiO-66/氮化碳纳米片光催化剂的合成示意图、微观形貌及不同样品的
CO₂ 吸附性能和光催化活性[103]

（a）UiO-66/氮化碳纳米片复合光催化剂的合成示意图；（b）UiO-66/氮化碳纳米片的 TEM 图和 HRTEM 图；（c）UiO-66、
氮化碳纳米片和 UiO-66/氮化碳纳米片的室温 CO₂ 吸附等温线；（d）块体氮化碳、氮化碳纳米片、UiO-66/块体氮化碳和 UiO-66/
氮化碳纳米片光催化 CO₂ 还原活性

3.4.4 LDH/氮化碳复合材料

层状双金属氢氧化物（LDH）是与氮化碳复合以形成二维/二维异质结的理想材料，因为它们具有二维分层结构，且由于表面羟基的碱性和可见光吸收能力，可有效地用于光催化 CO₂ 还原[104,105]。对于 LDH/氮化碳复合光催化剂，其通常具有很高的 CO₂ 吸附能力以及优异的电荷转移能力。

Hong 等[104]通过静电相互作用诱导的自组装方法制备了氮化碳和 LDH 的复合光催化材料［图 3-19（a）］。可以看到，Mg-Al-LDH 显示出比其他 LDH 和氮化碳高得多的 CO₂ 吸附能力［图 3-19（b）］。此外，在溶液体系的光催化 CO₂ 还原过程中，原始的硝酸根插入的 Mg-Al-LDH 可以通过阴离子交换转化为碳酸根插入的 LDH。基于这些优势，在富含碳酸根的 Mg-Al-LDH 存在的条件下，以氮化碳为光催化剂、Pd 为助催化剂的体系在将 CO₂ 光还原为 CH₄ 方面表现出较高的活性［图 3-19（c）］。

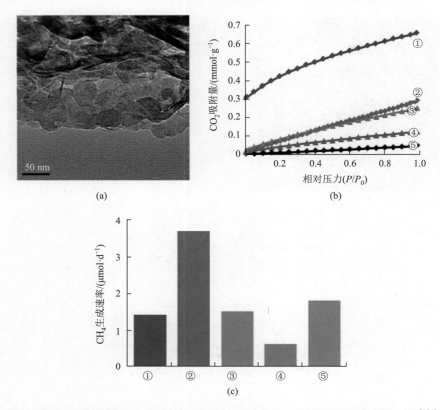

图 3-19　LDH/氮化碳的微观形貌及不同样品的室温 CO_2 吸附性能和光催化活性[104]

（a）LDH/氮化碳的 TEM 图；（b）①Mg-Al-LDH、②氮化碳（CN）、③Ni-Al-LDH、④Zn-Al-LDH 和⑤Zn-Cr-LDH 的室温
CO_2 吸附等温线；（c）①Pd/CN、②Pd/(Mg-Al-LDH/CN)、③Pd/(Zn-Al-LDH/CN)、④Pd/(Ni-Al-LDH/CN)和
⑤Pd/(Zn-Cr-LDH/CN）的 CH_4 生成速率对比

3.4.5　金属助催化剂的晶面调控

金属纳米颗粒在许多重要反应中被广泛用作有效的催化剂。由于表面原子的排列不同，金属纳米颗粒的暴露晶面可显著影响催化活性，这些表面原子通常充当主要的活性位点，尤其是在光催化反应中，金属纳米颗粒作为助催化剂，通过促进电荷分离、降低活化能和过电势来增强光催化剂在光催化分解水产氢和 CO_2 还原等反应中的性能。因此，金属助催化剂的表面原子结构将对光催化反应中的分子吸附和电荷分离产生显著的影响。

Cao 等[106]采用静电自组装法将立方体和八面体 Pt 纳米晶分别沉积于 g-C_3N_4 基体上用于可见光光催化产氢。两种不同形状的 Pt 纳米晶尺寸相近（均为 10 nm 左右），但表面暴露不同晶面［图 3-20（a）］。由于 g-C_3N_4 和 Pt 纳米晶的等电点分别为 4.4～5.1[24]和 2～3［图 3-20（b）］，因此将溶液的 pH 调至 4 左右，事先制备好的 Pt 纳米晶便可自发组装在 g-C_3N_4 表面［图 3-20（c）］。实验结果显示，八面体 Pt/g-C_3N_4 的可见光光催化活性优于立方体 Pt/g-C_3N_4［图 3-20（d）］，这表明贵金属 Pt 纳米颗粒负载 g-C_3N_4 的光

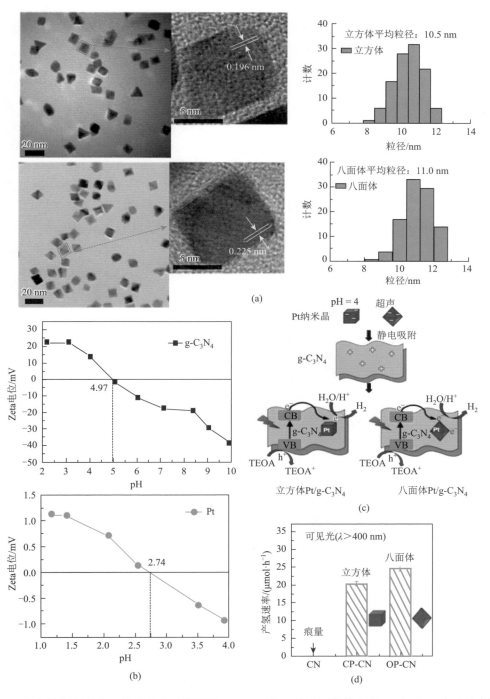

图 3-20　立方体和八面体 Pt 纳米晶的微观形貌、g-C₃N₄ 和 Pt 纳米晶的等电点、Pt/g-C₃N₄ 合成示意图及
不同样品的光催化活性[106]

（a）立方体和八面体 Pt 纳米晶的 TEM 图和粒径分布图；（b）g-C₃N₄ 和 Pt 纳米晶在不同 pH 条件下的 Zeta 电位；（c）静电
自组装法制备 Pt/g-C₃N₄ 示意图；（d）纯的 g-C₃N₄（CN）、立方体 Pt 修饰的 g-C₃N₄（CP-CN）和八面体 Pt 修饰的 g-C₃N₄（OP-CN）
在三乙醇胺（TEOA）溶液中的光催化产氢性能对比

催化产氢活性受 Pt 助催化剂形貌的影响。这种受形貌影响的光催化活性与 Pt 纳米晶不同暴露晶面的表面原子结构有关，并进一步影响光催化反应的活性位点和吸附作用。立方体的 Pt 表面暴露(100)晶面而八面体的 Pt 表面暴露(111)晶面，所以八面体 Pt 表面具有更多数量的不饱和配位的边角原子，从而具有更多的光催化活性位点。另外，通过计算水分子在 Pt(100)晶面和 Pt(111)晶面的吸附能（E_{ads}）可知，水分子在(111)晶面的吸附能更大，即更倾向于吸附在(111)晶面上发生产氢还原反应（图 3-21）。因此，可以通过调节助催化剂纳米颗粒的形状来合理设计具有改进的活性和选择性的更有效的光催化剂。此外，Cao 等[107]也发现 Pd 助催化剂在 g-C₃N₄ 光催化还原 CO₂ 过程中的晶面依赖性。与具有(100)暴露面的立方体 Pd 纳米晶相比，具有(111)暴露面的四面体 Pd 纳米晶是一种更有效的助催化剂，更有利于增强 CO₂ 光还原性能。这种形状诱导效应是由于与 Pd(100)晶面相比，Pd(111)晶面对电荷的捕获与转移更有效，因此对 CO₂ 的吸附和 CH₃OH 的脱附更有效。

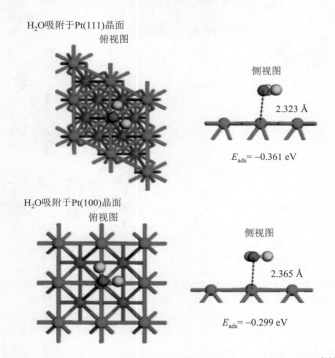

图 3-21　水分子在 Pt(111)和 Pt(100)晶面的吸附模型和吸附能[106]

吸附能为负值表示该吸附过程为能量减小的反应，即放热反应

3.5　小结与展望

　　基于聚合物氮化碳的光催化剂是很有前景的功能材料，是解决日益增长的能源需求和日益严重的环境污染的潜在材料体系。本章根据增强光生电荷产生能力、提高电荷转移和分离效率，以及促进表面催化反应过程的改性策略，全面介绍了用于光催化反应的改进型

氮化碳光催化剂。具体地，空心结构的构建、元素掺杂和分子结构的修饰可以有效地增强氮化碳的光捕获能力或拓展其光吸收范围，从而吸收大量的光子以通过光激发产生更多的光生载流子。此外，减小氮化碳的厚度并提高其结晶度可以促进体相到表面的电荷传输。同时，构建金属/氮化碳、石墨烯/氮化碳和梯形异质结可显著促进界面电荷转移。最后，通过多孔结构和表面缺陷的引入、MOF/氮化碳、LDH/氮化碳复合材料的构建以及金属助催化剂的晶面调节可以实现有效的物质传输和分子吸附，确保反应物分子与迁移到表面的载流子的有效结合。

　　尽管氮化碳光催化剂在太阳能转化方面显示出了巨大潜力，但其在现阶段仍然面临重大挑战。首先，从材料方面来看，第二代氮化碳，即结晶氮化碳，虽然在转移光生载流子方面十分有效，但是缺陷的减少也可能削弱其对反应物分子的吸附能力，因此需要开发新型的氮化碳材料以在高结晶度和有效缺陷之间取得平衡，从而同时实现高效的电荷转移和分子吸附。其次，从设计光催化体系的角度来看，由于缺乏统一的实验标准，目前很难比较不同光催化剂的性能。在各种研究中，光源、反应介质和助催化剂不尽相同，因此，需要开发出一种用于评估光催化性能的标准系统，这对于指导设计高效的氮化碳光催化剂十分有益。最后，当前的产氢性能研究主要集中在牺牲剂存在的条件下光催化产氢的活性方面。但是，出于实际应用的目的，基于全水分解的光催化产氢更接近"清洁和可再生能源"的范畴，获得有效的氮化碳光催化体系用于全水分解仍然具有挑战性。另外，迄今为止，光催化 CO_2 还原制备碳氢燃料的活性和选择性都不足以令人满意，有必要开发新颖的材料和体系来增强这些性能。为了从原子水平获得更深入的认识，基于先进光谱技术的精准原位观察和基于专业计算模拟的理论分析对于避免在太阳能转化的研究中走弯路非常重要。

参 考 文 献

[1] 余家国，等. 新型太阳燃料光催化材料[M]. 武汉：武汉理工大学出版社，2019.

[2] Yu J G，Jaroniec M，Jiang C J. Surface science of photocatalysis[M]. London：Elsevier，Academic Press，2020.

[3] Wang X C，Maeda K，Thomas A，et al. A metal-free polymeric photocatalyst for hydrogen production from water under visible light[J]. Nature Materials，2009，8（1）：76-80.

[4] Franklin E C. The ammono carbonic acids[J]. Journal of the American Chemical Society，1922，44（3）：486-509.

[5] Liu A Y，Cohen M L. Prediction of new low compressibility solids[J]. Science，1989，245（4290）：841-842.

[6] Teter D M，Hemley R J. Low-compressibility carbon nitrides[J]. Science，1996，271（5245）：53-55.

[7] Goettmann F，Fischer A，Antonietti M，et al. Chemical synthesis of mesoporous carbon nitrides using hard templates and their use as a metal-free catalyst for Friedel-Crafts reaction of benzene[J]. Angewandte Chemie（International Edition），2006，45（27）：4467-4471.

[8] Goettmann F，Fischer A，Antonietti M，et al. Metal-free catalysis of sustainable Friedel-Crafts reactions：direct activation of benzene by carbon nitrides to avoid the use of metal chlorides and halogenated compounds[J]. Chemical Communications，2006，（43）：4530-4532.

[9] Cao S W，Yu J G. g-C₃N₄-based photocatalysts for hydrogen generation[J]. The Journal of Physical Chemistry Letters，2014，5（12）：2101-2107.

[10] Liu J，Wang H Q，Antonietti M. Graphitic carbon nitride "reloaded"：emerging applications beyond（photo）catalysis[J]. Chemical Society Reviews，2016，45（8）：2308-2326.

[11] Ye S，Wang R，Wu M Z，et al. A review on g-C₃N₄ for photocatalytic water splitting and CO₂ reduction[J]. Applied Surface

Science，2015，358：15-27.

[12] Ong W J，Tan L L，Ng Y H，et al. Graphitic carbon nitride（g-C_3N_4）-based photocatalysts for artificial photosynthesis and environmental remediation: are we a step closer to achieving sustainability?[J]. Chemical Reviews，2016，116（12）：7159-7329.

[13] Dong G P，Zhang Y H，Pan Q W，et al. A fantastic graphitic carbon nitride（g-C_3N_4）material: electronic structure, photocatalytic and photoelectronic properties[J]. Journal of Photochemistry and Photobiology C: Photochemistry Reviews，2014，20：33-50.

[14] Wang Y，Wang X C，Antonietti M. Polymeric graphitic carbon nitride as a heterogeneous organocatalyst: from photochemistry to multipurpose catalysis to sustainable chemistry[J]. Angewandte Chemie（International Edition），2012，51（1）：68-89.

[15] Jiang W J，Luo W J，Wang J，et al. Enhancement of catalytic activity and oxidative ability for graphitic carbon nitride[J]. Journal of Photochemistry and Photobiology C: Photochemistry Reviews，2016，28：87-115.

[16] Zhang J S，Chen Y，Wang X C. Two-dimensional covalent carbon nitride nanosheets: synthesis, functionalization, and applications[J]. Energy & Environmental Science，2015，8（11）：3092-3108.

[17] Zhao Z W，Sun Y J，Dong F. Graphitic carbon nitride based nanocomposites: a review[J]. Nanoscale，2015，7（1）：15-37.

[18] Cao S W，Low J X，Yu J G，et al. Polymeric photocatalysts based on graphitic carbon nitride[J]. Advanced Materials，2015，27（13）：2150-2176.

[19] Li C，Cao C B，Zhu H S. Preparation of graphitic carbon nitride by electrodeposition[J]. Chinese Science Bulletin，2003，48（16）：1737-1740.

[20] Cui Y J，Ding Z X，Fu X Z，et al. Construction of conjugated carbon nitride nanoarchitectures in solution at low temperatures for photoredox catalysis[J]. Angewandte Chemie（International Edition），2012，51（47）：11814-11818.

[21] Chang X X，Wang T，Gong J L. CO_2 photo-reduction: insights into CO_2 activation and reaction on surfaces of photocatalysts[J]. Energy & Environmental Science，2016，9（7）：2177-2196.

[22] Cao S W，Tao F F，Tang Y，et al. Size-and shape-dependent catalytic performances of oxidation and reduction reactions on nanocatalysts[J]. Chemical Society Reviews，2016，45（17）：4747-4765.

[23] Yan T T，Chen H，Wang X，et al. Adsorption of perfluorooctane sulfonate（PFOS）on mesoporous carbon nitride[J]. RSC Advances，2013，3（44）：22480-22489.

[24] Zhu B C，Xia P F，Ho W K，et al. Isoelectric point and adsorption activity of porous g-C_3N_4[J]. Applied Surface Science，2015，344：188-195.

[25] Li X，Yu J G，Jaroniec M. Hierarchical photocatalysts[J]. Chemical Society Reviews，2016，45（9）：2603-2636.

[26] Sun J H，Zhang J S，Zhang M W，et al. Bioinspired hollow semiconductor nanospheres as photosynthetic nanoparticles[J]. Nature Communications，2012，3：1139.

[27] Zheng D D，Pang C Y，Liu Y X，et al. Shell-engineering of hollow g-C_3N_4 nanospheres via copolymerization for photocatalytic hydrogen evolution[J]. Chemical Communications，2015，51（41）：9706-9709.

[28] Zheng D D，Huang C J，Wang X C. Post-annealing reinforced hollow carbon nitride nanospheres for hydrogen photosynthesis[J]. Nanoscale，2015，7（2）：465-470.

[29] Zheng D D，Zhang G G，Hou Y D，et al. Layering MoS_2 on soft hollow g-C_3N_4 nanostructures for photocatalytic hydrogen evolution[J]. Applied Catalysis A: General，2016，521：2-8.

[30] Tong Z W，Yang D，Li Z，et al. Thylakoid-inspired multishell g-C_3N_4 nanocapsules with enhanced visible-light harvesting and electron transfer properties for high-efficiency photocatalysis[J]. ACS Nano，2017，11（1）：1103-1112.

[31] Raziq F，Qu Y，Zhang X L，et al. Enhanced cocatalyst-free visible-light activities for photocatalytic fuel production of g-C_3N_4 by trapping holes and transferring electrons[J]. The Journal of Physical Chemistry C，2015，120（1）：98-107.

[32] Sagara N，Kamimura S，Tsubota T，et al. Photoelectrochemical CO_2 reduction by a p-type boron-doped g-C_3N_4 electrode under visible light[J]. Applied Catalysis B: Environmental，2016，192：193-198.

[33] Dong G H，Zhao K，Zhang L Z. Carbon self-doping induced high electronic conductivity and photoreactivity of g-C_3N_4[J]. Chemical Communications，2012，48（49）：6178-6180.

[34] Zhou Y J，Zhang L X，Huang W M，et al. N-doped graphitic carbon-incorporated g-C_3N_4 for remarkably enhanced

photocatalytic H₂ evolution under visible light[J]. Carbon，2016，99：111-117.

[35] Fang J W，Fan H Q，Li M M，et al. Nitrogen self-doped graphitic carbon nitride as efficient visible light photocatalyst for hydrogen evolution[J]. Journal of Materials Chemistry A，2015，3（26）：13819-13826.

[36] Li J H，Shen B，Hong Z H，et al. A facile approach to synthesize novel oxygen-doped g-C₃N₄ with superior visible-light photoreactivity[J]. Chemical Communications，2012，48（98）：12017-12019.

[37] Huang Z F，Song J J，Pan L，et al. Carbon nitride with simultaneous porous network and O-doping for efficient solar-energy-driven hydrogen evolution[J]. Nano Energy，2015，12：646-656.

[38] Wang Y，Di Y，Antonietti M，et al. Excellent visible-light photocatalysis of fluorinated polymeric carbon nitride solids[J]. Chemistry of Materials，2010，22（18）：5119-5121.

[39] Lin Z Z，Wang X C. Ionic liquid promoted synthesis of conjugated carbon nitride photocatalysts from urea[J]. ChemSusChem，2014，7（6）：1547-1550.

[40] Guo S E，Deng Z P，Li M X，et al. Phosphorus-doped carbon nitride tubes with a layered micro-nanostructure for enhanced visible-light photocatalytic hydrogen evolution[J]. Angewandte Chemie（International Edition），2016，55（5）：1830-1834.

[41] Zhu Y P，Ren T Z，Yuan Z Y. Mesoporous phosphorus-doped g-C₃N₄ nanostructured flowers with superior photocatalytic hydrogen evolution performance[J]. ACS Applied Materials & Interfaces，2015，7（30）：16850-16856.

[42] Hong J D，Xia X Y，Wang Y S，et al. Mesoporous carbon nitride with in situ sulfur doping for enhanced photocatalytic hydrogen evolution from water under visible light[J]. Journal of Materials Chemistry，2012，22（30）：15006-15012.

[43] Wang K，Li Q，Liu B S，et al. Sulfur-doped g-C₃N₄ with enhanced photocatalytic CO₂-reduction performance[J]. Applied Catalysis B：Environmental，2015，176-177：44-52.

[44] Liu G，Niu P，Sun C H，et al. Unique electronic structure induced high photoreactivity of sulfur-doped graphitic C₃N₄[J]. Journal of the American Chemical Society，2010，132（33）：11642-11648.

[45] Zhao J N，Ma L，Wang H Y，et al. Novel band gap-tunable K-Na co-doped graphitic carbon nitride prepared by molten salt method[J]. Applied Surface Science，2015，332：625-630.

[46] Jiang J，Cao S W，Hu C L，et al. A comparison study of alkali metal-doped g-C₃N₄ for visible-light photocatalytic hydrogen evolution[J]. Chinese Journal Catalysis，2017，38（12）：1981-1989.

[47] Wu M，Yan J M，Tang X N，et al. Synthesis of potassium-modified graphitic carbon nitride with high photocatalytic activity for hydrogen evolution[J]. ChemSusChem，2014，7（9）：2654-2658.

[48] Xiong T，Cen W L，Zhang Y X，et al. Bridging the g-C₃N₄ interlayers for enhanced photocatalysis[J]. ACS Catalysis，2016，6（4）：2462-2472.

[49] Ran J R，Ma T Y，Gao G P，et al. Porous P-doped graphitic carbon nitride nanosheets for synergistically enhanced visible-light photocatalytic H₂ production[J]. Energy & Environmental Science，2015，8（12）：3708-3717.

[50] Fu J W，Zhu B C，Jiang C J，et al. Hierarchical porous O-doped g-C₃N₄ with enhanced photocatalytic CO₂ reduction activity[J]. Small，2017，13（15）：1603938.

[51] Zhang J S，Chen X F，Takanabe K，et al. Synthesis of a carbon nitride structure for visible-light catalysis by copolymerization[J]. Angewandte Chemie（International Edition），2010，49（2）：441-444.

[52] Zhang J S，Zhang G G，Chen X F，et al. Co-monomer control of carbon nitride semiconductors to optimize hydrogen evolution with visible light[J]. Angewandte Chemie（International Edition），2012，51（13）：3183-3187.

[53] Zheng H R，Zhang J S，Wang X C，et al. Modification of carbon nitride photocatalysts by copolymerization with diaminomaleonitrile[J]. Acta Physico-Chimica Sinica，2012，28（10）：2336-2342.

[54] Zhang G G，Wang X C. A facile synthesis of covalent carbon nitride photocatalysts by Co-polymerization of urea and phenylurea for hydrogen evolution[J]. Journal of Catalysis，2013，307：246-253.

[55] Zhang J S，Zhang M W，Lin S，et al. Molecular doping of carbon nitride photocatalysts with tunable bandgap and enhanced activity[J]. Journal of Catalysis，2014，310：24-30.

[56] Chu S，Wang Y，Guo Y，et al. Band structure engineering of carbon nitride：in search of a polymer photocatalyst with high

photooxidation property[J]. ACS Catalysis，2013，3（5）：912-919.

[57] Schwinghammer K，Tuffy B，Mesch M B，et al. Triazine-based carbon nitrides for visible-light-driven hydrogen evolution[J]. Angewandte Chemie（International Edition），2013，52（9）：2435-2439.

[58] Yang S B，Gong Y J，Zhang J S，et al. Exfoliated graphitic carbon nitride nanosheets as efficient catalysts for hydrogen evolution under visible light[J]. Advanced Materials，2013，25（17）：2452-2456.

[59] She X J，Xu H，Xu Y G，et al. Exfoliated graphene-like carbon nitride in organic solvents：enhanced photocatalytic activity and highly selective and sensitive sensor for the detection of trace amounts of Cu^{2+} [J]. Journal of Materials Chemistry A，2014，2（8）：2563-2570.

[60] Xu J，Zhang L W，Shi R，et al. Chemical exfoliation of graphitic carbon nitride for efficient heterogeneous photocatalysis[J]. Journal of Materials Chemistry A，2013，1（46）：14766-14772.

[61] Sano T，Tsutsui S，Koike K，et al. Activation of graphitic carbon nitride（g-C_3N_4）by alkaline hydrothermal treatment for photocatalytic NO oxidation in gas phase[J]. Journal of Materials Chemistry A，2013，1（21）：6489-6496.

[62] Niu P，Zhang L L，Liu G，et al. Graphene-like carbon nitride nanosheets for improved photocatalytic activities[J]. Advanced Functional Materials，2012，22（22）：4763-4770.

[63] Xu H，Yan J，She X J，et al. Graphene-analogue carbon nitride：novel exfoliation synthesis and its application in photocatalysis and photoelectrochemical selective detection of trace amount of Cu^{2+} [J]. Nanoscale，2014，6（3）：1406-1415.

[64] Xia P F，Zhu B C，Yu J G，et al. Ultra-thin nanosheet assemblies of graphitic carbon nitride for enhanced photocatalytic CO_2 reduction[J]. Journal of Materials Chemistry A，2017，5（7）：3230-3238.

[65] Chen Z P，Savateev A，Pronkin S，et al. "The easier the better" preparation of efficient photocatalysts-metastable poly（heptazine imide）salts[J]. Advanced Materials，2017，29（32）：1700555.

[66] Zhang G G，Li G S，Lan Z A，et al. Optimizing optical absorption，exciton dissociation，and charge transfer of a polymeric carbon nitride with ultrahigh solar hydrogen production activity[J]. Angewandte Chemie（International Edition），2017，56（43）：13445-13449.

[67] Zhang G G，Lin L H，Li G S，et al. Ionothermal synthesis of triazine-heptazine-based copolymers with apparent quantum yields of 60% at 420 nm for solar hydrogen production from "sea water"[J]. Angewandte Chemie（International Edition），2018，57（30）：9372-9376.

[68] Schwinghammer K，Mesch M B，Duppel V，et al. Crystalline carbon nitride nanosheets for improved visible-light hydrogen evolution[J]. Journal of the American Chemical Society，2014，136（5）：1730-1733.

[69] Miller T S，Suter T M，Telford A M，et al. Single crystal，luminescent carbon nitride nanosheets formed by spontaneous dissolution[J]. Nano Letters，2017，17（10）：5891-5896.

[70] Lin L H，Ren W，Wang C，et al. Crystalline carbon nitride semiconductors prepared at different temperatures for photocatalytic hydrogen production[J]. Applied Catalysis B：Environmental，2018，231：234-241.

[71] Lin L H，Ou H H，Zhang Y F，et al. Tri-*s*-triazine-based crystalline graphitic carbon nitrides for highly efficient hydrogen evolution photocatalysis[J]. ACS Catalysis，2016，6（6）：3921-3931.

[72] Ou H H，Lin L H，Zheng Y，et al. Tri-*s*-triazine-based crystalline carbon nitride nanosheets for an improved hydrogen evolution[J]. Advanced Materials，2017，29（22）：1700008.

[73] Xia P F，Antonietti M，Zhu B C，et al. Designing defective crystalline carbon nitride to enable selective CO_2 photoreduction in the gas phase[J]. Advanced Functional Materials，2019，29（15）：1900093.

[74] Di Y，Wang X C，Thomas A，et al. Making metal-carbon nitride heterojunctions for improved photocatalytic hydrogen evolution with visible light[J]. ChemCatChem，2010，2（7）：834-838.

[75] Chen J，Shen S H，Guo P H，et al. Plasmonic Ag@SiO_2 core/shell structure modified g-C_3N_4 with enhanced visible light photocatalytic activity[J]. Journal of Materials Research，2014，29（1）：64-70.

[76] Bai X J，Zong R L，Li C X，et al. Enhancement of visible photocatalytic activity via Ag@C_3N_4 core-shell plasmonic composite[J]. Applied Catalysis B：Environmental，2014，147：82-91.

[77] Cao S W，Li H，Tong T，et al. Single-atom engineering of directional charge transfer channels and active sites for photocatalytic hydrogen evolution[J]. Advanced Functional Materials，2018，28（32）：1802169.

[78] Wang J，Heil T，Zhu B C，et al. A single Cu-center containing enzyme-mimic enabling full photosynthesis under CO₂ reduction[J]. ACS Nano，2020，14（7）：8584-8593.

[79] Xiao X D，Gao Y T，Zhang L P，et al. A promoted charge separation/transfer system from Cu single atoms and C₃N₄ layers for efficient photocatalysis[J]. Advanced Materials，2020，32（33）：2003082.

[80] Li Y，Li B H，Zhang D N，et al. Crystalline carbon nitride supported copper single atoms for photocatalytic CO₂ reduction with nearly 100% CO selectivity[J]. ACS Nano，2020，14（8）：10552-10561.

[81] Xiang Q J，Yu J G，Jaroniec M. Graphene-based semiconductor photocatalysts[J]. Chemical Society Reviews，2012，41（2）：782-796.

[82] Xiang Q J，Yu J G. Graphene-based photocatalysts for hydrogen generation[J]. The Journal of Physical Chemistry Letters，2013，4（5）：753-759.

[83] Du A J，Sanvito S，Li Z，et al. Hybrid graphene and graphitic carbon nitride nanocomposite: gap opening，electron-hole puddle，interfacial charge transfer，and enhanced visible light response[J]. Journal of the American Chemical Society，2012，134（9）：4393-4397.

[84] Li X R，Dai Y，Ma Y D，et al. Graphene/g-C₃N₄ bilayer: considerable band gap opening and effective band structure engineering[J]. Physical Chemistry Chemical Physics，2014，16（9）：4230-4235.

[85] Low J X，Cao S W，Yu J G，et al. Two-dimensional layered composite photocatalysts[J]. Chemical Communications，2014，50（74）：10768-10777.

[86] Xiang Q J，Yu J G，Jaroniec M. Preparation and enhanced visible-light photocatalytic H₂-production activity of graphene/C₃N₄ composites[J]. The Journal of Physical Chemistry C，2011，115（15）：7355-7363.

[87] Xia Y，Tian Z H，Heil T，et al. Highly selective CO₂ capture and its direct photochemical conversion on ordered 2D/1D heterojunctions[J]. Joule，2019，3（11）：2792-2805.

[88] Wang X C，Maeda K，Chen X F，et al. Polymer semiconductors for artificial photosynthesis: hydrogen evolution by mesoporous graphitic carbon nitride with visible light[J]. Journal of the American Chemical Society，2009，131（5）：1680-1681.

[89] Yang J H，Kim G，Domen K，et al. Tailoring the mesoporous texture of graphitic carbon nitride[J]. Journal of Nanoscience and Nanotechnology，2013，13（11）：7487-7492.

[90] Cui Y J，Zhang J S，Zhang G G，et al. Synthesis of bulk and nanoporous carbon nitride polymers from ammonium thiocyanate for photocatalytic hydrogen evolution[J]. Journal of Materials Chemistry，2011，21（34）：13032-13039.

[91] Cui Y J，Huang J H，Fu X Z，et al. Metal-free photocatalytic degradation of 4-chlorophenol in water by mesoporous carbon nitride semiconductors[J]. Catalysis Science & Technology，2012，2（7）：1396-1402.

[92] Dong F，Li Y H，Ho W，et al. Synthesis of mesoporous polymeric carbon nitride exhibiting enhanced and durable visible light photocatalytic performance[J]. Chinese Science Bulletin，2014，59（7）：688-698.

[93] Lee S C，Lintang H O，Yuliati L. A urea precursor to synthesize carbon nitride with mesoporosity for enhanced activity in the photocatalytic removal of phenol[J]. Chemistry - An Asian Journal，2012，7（9）：2139-2144.

[94] Chen X F，Jun Y S，Takanabe K，et al. Ordered mesoporous SBA-15 type graphitic carbon nitride: a semiconductor host structure for photocatalytic hydrogen evolution with visible light[J]. Chemistry of Materials，2009，21（18）：4093-4095.

[95] Zhang J S，Guo F S，Wang X C. An optimized and general synthetic strategy for fabrication of polymeric carbon nitride nanoarchitectures[J]. Advanced Functional Materials，2013，23（23）：3008-3014.

[96] Yu H J，Shi R，Zhao Y X，et al. Alkali-assisted synthesis of nitrogen deficient graphitic carbon nitride with tunable band structures for efficient visible-light-driven hydrogen evolution[J]. Advanced Materials，2017，29（16）：1605148.

[97] Liu G G，Zhao G X，Zhou W，et al. In situ bond modulation of graphitic carbon nitride to construct p-n homojunctions for enhanced photocatalytic hydrogen production[J]. Advanced Functional Materials，2016，26（37）：6822-6829.

[98] Lau V W H，Moudrakovski I，Botari T，et al. Rational design of carbon nitride photocatalysts by identification of cyanamide

defects as catalytically relevant sites[J]. Nature Communications，2016，7：12165.

[99] Liang Q H，Li Z，Huang Z H，et al. Holey graphitic carbon nitride nanosheets with carbon vacancies for highly improved photocatalytic hydrogen production[J]. Advanced Functional Materials，2015，25（44）：6885-6892.

[100] Li L N，Cruz D，Savateev A，et al. Photocatalytic cyanation of carbon nitride scaffolds：tuning band structure and enhancing the performance in green light driven C-S bond formation[J]. Applied Catalysis B：Environmental，2018，229：249-253.

[101] Wang S B，Lin J L，Wang X C. Semiconductor-redox catalysis promoted by metal-organic frameworks for CO_2 reduction[J]. Physical Chemistry Chemical Physics，2014，16（28）：14656-14660.

[102] Zhou H，Li P，Liu J，et al. Biomimetic polymeric semiconductor based hybrid nanosystems for artificial photosynthesis towards solar fuels generation via CO_2 reduction[J]. Nano Energy，2016，25：128-135.

[103] Shi L，Wang T，Zhang H B，et al. Electrostatic self-assembly of nanosized carbon nitride nanosheet onto a zirconium metal-organic framework for enhanced photocatalytic CO_2 reduction[J]. Advanced Functional Materials，2015，25（33）：5360-5367.

[104] Hong J D，Zhang W，Wang Y B，et al. Photocatalytic reduction of carbon dioxide over self-assembled carbon nitride and layered double hydroxide：the role of carbon dioxide enrichment[J]. ChemCatChem，2014，6（8）：2315-2321.

[105] Tonda S，Kumar S，Bhardwaj M，et al. g-C_3N_4/NiAl-LDH 2D/2D hybrid heterojunction for high-performance photocatalytic reduction of CO_2 into renewable fuels[J]. ACS Applied Materials & Interfaces，2018，10（3）：2667-2678.

[106] Cao S W，Jiang J，Zhu B C，et al. Shape-dependent photocatalytic hydrogen evolution activity over a Pt nanoparticle coupled g-C_3N_4 photocatalyst[J]. Physical Chemistry Chemical Physics，2016，18（28）：19457-19463.

[107] Cao S W，Li Y，Zhu B C，et al. Facet effect of Pd cocatalyst on photocatalytic CO_2 reduction over g-C_3N_4[J]. Journal of Catalysis，2017，349：208-217.

第 4 章　CdS 光催化剂的形貌调控

4.1　CdS 的基本特征、制备方法及发展历史

4.1.1　CdS 的基本特征

硫化镉是一种重要的光催化剂[1-3]。由于颜色鲜艳，它从 19 世纪开始被作为颜料使用，也就是所谓的"镉黄"。工业上通常先将镉矿浸渍在硫酸中形成硫酸镉，再调节 pH，最后用硫化钠沉淀得到硫化镉。作为一种易于分离和提纯的化合物，硫化镉是几乎所有商业应用中主要的镉来源。高纯度硫化镉是良好的半导体，对可见光有强烈的光电效应，其基本性质如表 4-1 所示。在自然界中，硫化镉主要存在于方硫镉矿（hawleyite）和硫镉矿（greenockite）中，少部分以杂质形式存在于锌矿中。方硫镉矿中的硫化镉主要是立方闪锌矿结构 [图 4-1（a）]；硫镉矿中的硫化镉主要是六方纤锌矿结构 [图 4-1（b）]。大块体相 CdS 一般为六方纤锌矿型晶体结构，空间群为 $P6_3\,mc$；立方闪锌矿 CdS 的空间群则为 $F\overline{4}3\,m$。有研究表明，随着 CdS 尺寸的减小，CdS 的晶体结构有由六方纤锌矿相向立方闪锌矿相转变的趋势[4,5]。六方纤锌矿 CdS 和立方闪锌矿 CdS 的理论禁带宽度分别为 2.4 eV 和 2.3 eV[6]。在 CdS 的能带结构中，S 3p 轨道贡献于价带顶，Cd 5s 和 5p 轨道贡献于导带底，而 CdS 价带中更低的位置则由 Cd 3d 轨道主导[7,8]。此外，CdS 的六方纤锌矿结构比立方闪锌矿结构更稳定。更重要的是，Zhang 等[9]的计算结果表明，CdS_4 四面体单元的畸变导致六方纤锌矿 CdS 内部电场和电子偶极矩的形成，有利于光生载流子的有效分离和扩散，然而，相关特性却没有在立方闪锌矿 CdS 中被发现。而且，六方纤锌矿 CdS 的光生载流子的有效质量小于立方闪锌矿 CdS，这意味着光生载流子在六方纤锌矿 CdS 表面进行光催化反应的速度更快。上述因素导致六方纤锌矿 CdS 中光生载流子复合率较低，因此，六方纤锌矿 CdS 通常表现出比立方闪锌矿 CdS 更高的光催化活性。

表 4-1　硫化镉的基本性质

中文名	英文名	化学式	分子量	熔点	沸点	晶体结构
硫化镉	cadmium sulfide	CdS	144	1750 ℃	980 ℃	立方闪锌矿相或六方纤锌矿相

外观	气味	等电点	溶解性	半导体类型	禁带宽度	密度
黄色至橘红色粉末	无臭	约 5.5	溶于酸，微溶于氨水，不溶于水	n 型直接带隙半导体	2.4 eV	4.82 g·cm^{-3}

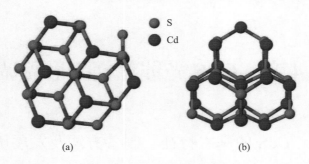

图 4-1　CdS 的结构模型

（a）立方闪锌矿；（b）六方纤锌矿

4.1.2　CdS 的制备方法

对于 CdS 光催化剂的合成化学反应，首先必须考虑热力学上的净驱动力大于零，使其在理论上能够进行；其次还要考虑反应的速率，甚至反应的机理。前者属于化学热力学问题，后者则属于化学动力学问题，两者是相辅相成的。如果 CdS 的合成反应在热力学上是可能的，但其反应速率过慢，仍然无法实现工业化生产，还必须通过对动力学的研究来降低反应的阻力，加快反应速率。不同的制备方法可以影响光催化剂的结构、尺寸和形态，从而影响光催化剂的性能。CdS 光催化剂的制备方法主要包括热注入法、水热法、溶剂热法、模板法、化学浴沉积法、声化学法、离子交换法、微波辅助合成法、热煅烧法和种子生长法等。

热注入法是指利用注射器或其他注入工具将前驱体溶液注入热的反应溶液中，最后形成均匀产物的方法[10]。热注入法制备 CdS 的影响因素有温度、溶剂、搅拌速度、注入速度以及反应时间等。在热注入过程中，反应溶液的过饱和度瞬间增大，发生均匀成核；随着成核的完成，溶液的过饱和度逐渐下降，晶核开始生长。成核和生长阶段的分离使得晶体的生长状态基本保持一致，这保证了产物的单分散性[11]。热注入法不需要严苛的反应条件，因此对设备的要求较低，通过对温度、反应物浓度和注入速度等条件的控制，可以很容易地控制产物的尺寸、形貌和晶体结构。热注入法的晶体生长较快，产物的纯度高、单分散性好，一般用来制备 CdS 量子点或尺寸较小的纳米晶，而且会涉及油酸、油胺和十八烯等试剂。这些试剂可以很好地抑制晶核、小颗粒间的取向连接，降低体系黏度，从而为制备单分散纳米晶创造条件。此外，热注入法通常需要在惰性气氛中进行，因此安全性较高，但这增加了操作的复杂度。

水热法是指在密闭体系（如高压釜）内，以水为介质，在一定的温度和溶液的自生压力下，使原始反应物发生反应的一种制备方法。hydrothermal（水热）一词起源于地质学[12]，1845 年，德国地质学家 Karl Emil von Schafhäutl 首次报道了晶体的水热生长，他在高压锅中培育出了微小的石英晶体[13]。晶体生长通常是在一个由钢制高压釜组成的设备中进行的，这种高压釜必须长时间经受高温高压。此外，高压釜材料相对溶剂必须是惰性的；高压釜内的温度梯度应保证在生长室的两端之间，较热的一端营养溶质溶解，而在较冷的一端，它沉积在晶核上，生长出所需的晶体。

溶剂热法是在水热法的基础上发展起来的，与水热法唯一不同的是，溶剂热法以有机物或非水介质为溶剂。溶剂热法制备 CdS 的影响因素有溶剂种类、反应温度、反应时间、升温速率和反应液体积等。在溶剂热反应中液相的超临界条件下，分散在溶液中的反应物随着温度或压力的变化而变得比较活泼，从而发生反应，最终缓慢生成产物。其操作过程相对简单、易于控制，在密闭体系中可以有效地防止有毒物质的挥发，且高温高压环境下的化学对流能形成过饱和状态，促进 CdS 晶体的生长。与其他方法相比，溶剂热法通过调节反应条件可以很容易地控制 CdS 的晶体尺寸和形貌，并且可以使 CdS 光催化剂具有更少的缺陷、更小的热应力、更好的分散性和更高的结晶度。但高压釜的价格昂贵是溶剂热法的缺点之一，而且如果使用高压釜，就不能观察到晶体的生长。此外，由于溶剂热法需要高温、高压，具有一定的危险性，因此，在利用溶剂热法制备材料之前，一定要弄清楚反应物和介质的物理化学性质、反应物之间以及反应物与介质之间的相互作用，防止出现爆炸等危险情况。

模板法就是将具有纳米结构、形状容易控制、价廉易得的物质作为模板，通过物理或化学的方法将相关材料沉积到模板的孔中或表面，然后去除模板得到纳米材料的方法，其是制备纳米材料的一种重要方法，也是纳米材料研究中应用最广泛的方法之一[14]，特别是在制备性能特异的纳米材料方面，模板法可以根据合成材料的性能以及形貌选择不同的模板，以满足实际需要。模板法根据其模板自身的特点又可分为硬模板、软模板和无模板三种，前两者的共性是都能提供一个有限大小的反应空间，区别在于软模板提供的是处于动态平衡的模板，而硬模板提供的是静态存在的模板。自 1998 年 Caruso 等[15]采用模板法成功制备了空心硅-聚合物纳米球以来，模板法制备空心结构得到了广泛的应用。模板法制备空心结构的机理主要有奥斯特瓦尔德熟化（Ostwald ripening）[16]、表面保护刻蚀（surface-protected etching）[17]、克肯达尔效应（Kirkendall effect）[18]和电化学置换（galvanic replacement）[19]四种。作为制备 CdS 空心结构的有效方法，模板法的影响因素主要是模板的选择，此外，在不同的合成环境下，反应温度、反应时间和反应液浓度等因素也会影响 CdS 空心结构的制备。模板法制备 CdS 空心结构包含三个主要步骤：首先，制备需要的模板；然后，通过控制反应条件（如反应温度、反应时间和反应物的量等），将 CdS 与模板结合；最后，通过物理或化学方法去除模板，以获得 CdS 空心结构。用模板法制备纳米材料与其他制备方法相比具有诸多优点，主要表现为：①以模板为载体可精确控制纳米材料的尺寸、形貌、结构和性质；②实现纳米材料合成与组装一体化，同时可以解决纳米材料的分散稳定性差的问题；③制备过程相对简单，很多方法适合批量生产。虽然模板法具有诸多优点，但也存在一些缺点，如在目标材料的制备过程中，模板可能出现团聚、刻蚀等现象；模板的去除过程可能导致目标材料的变形；模板法制备过程复杂，成本较高等。

化学浴沉积法也是一种制备纳米材料的常见方法，可用于批量合成或连续沉积[20]，包括成核和生长两个步骤，其基础是溶液中固相的形成，影响因素有浴温、溶液的 pH、反应物浓度和反应时间等。化学浴沉积法是应用最广泛的材料制备方法之一，与其他制备方法相比，其在性价比上有明显的优势，具有可控性好、均匀性好、成本低等特点，而且，由于反应条件较为温和，化学浴沉积法的安全性较高。这种方法的缺点在于每次沉积后的溶液损耗以及得到的产物的结晶性没有通过水热法和溶剂热法制备的好。它也是制备 CdS 光催化剂最常用的方法之一。

声化学法是利用超声波来引发或加速化学反应以制备纳米材料的方法。在化学领域，声化学的关键在于超声波在液体中形成声空化作用，从而引发或增强溶液中的化学活性[21]，因此，超声波的化学效应不是来自超声波与溶液中的分子的直接相互作用。以超声波频率在液体中传播的声波，其波长比分子尺寸或分子中原子间键长的数倍还要长，声波不能直接影响键的振动能，因而不能直接增加分子的内能[22]。实际上，声化学来源于声空化时液体中气泡的形成、生长和内爆破裂，这些气泡的破裂是一个几乎绝热的过程，会在气泡内产生大量的能量，在超声处理的液体的微观区域造成极高的温度和压力，气泡迅速内爆时，高温和压力导致了气泡内或非常接近气泡的任何物质的化学激发，因此，声辐射气泡的形成、生长和内爆破裂是声化学的动力。空化过程中，气泡的压缩比热传输更快，会产生一个短暂的局部热点，故空化作用能在低温液体中创造极端的物理和化学条件。对于含有固体的液体，暴露在超声波下也可能出现类似的现象，一旦在固体表面附近发生空化作用，空化气泡的坍塌将驱动高速射流到固体表面[23]，这些喷射流和相关的冲击波会破坏被高度加热的表面，并使粒子间发生高速碰撞，从而改变表面形态、成分和反应性[24]。1927 年，Wood 和 Loomis[25]、Richards 和 Loomis[26]报道了声波在液体中传播的影响，经过大量研究，他们认为将声音传播到水中的最好方法是通过制造与声音同时产生的气泡来将声音分散到水中。尽管他们提出了革命性的观点，却被大多数人忽视了。此后，随着廉价可靠的高强度超声波发生器的出现，声化学法在 20 世纪 80 年代经历了一次复兴[27]。如今，声化学法被应用于多种材料的合成与制备，具有能耗低、产品高度均匀、分散细小等特点。更重要的是，声化学法应用于化学反应不仅能提高化学反应速率、缩短反应时间、提高反应选择性，而且为在正常条件下难以实现或无法实现的化学反应提供了特定的物理环境，能激发在没有超声波存在时不能发生的化学反应。由于反应条件温和、安全性较高，声化学法已广泛应用于 CdS 纳米材料的合成，影响因素包括超声功率、溶剂种类、反应物浓度和反应时间等。

离子交换法在化学合成中是一种借助于固体中的离子与溶液中的离子进行交换，以提取溶液中的某些离子来合成新的产物的方法[28,29]。大部分离子交换反应是可逆反应，反应的方向取决于反应物和生成物的热力学性质，可用吉布斯反应自由能进行预测[30]。此外，键离解能是另一个与离子交换反应热力学相关的重要参数，它可以预测许多化合物的相对稳定性[31]。虽然热力学性质可以决定离子交换反应的方向，但一些实验因素，如温度、离子浓度、溶剂和配体等，可以显著改变反应平衡[32]，此时，溶度积常数（K_{sp}）和软硬酸碱理论[33]可以用来进一步指导反应。离子交换过程是固液两相间的传质（包括外扩散和内扩散）与化学反应（离子交换反应）的过程，如果进行交换的离子在液相中的扩散速度较慢，称为外扩散控制；如果在固相中的扩散较慢，则称为内扩散控制。通常，离子交换反应速率主要由传质速率决定，这与物质的溶度积有关。离子交换法制备 CdS 的影响因素有温度、离子浓度、溶剂、反应时间和溶度积等，该方法一般少用或不用有机溶剂，而且成本低、设备简单、操作方便，还能在一定程度上保持原有材料的形貌。此外，由于离子交换法一般在液相中进行，且不需要高温、高压条件，因此制备

CdS 的安全性较高。但离子交换法生产周期较长，受 pH 影响较大，甚至受离子交换动态平衡过程的影响，故难以得到纯度很高的产品。而且离子交换反应一般在液相中发生，主要以离子化合物为载体，这也是离子交换法的局限所在。

微波辅助合成法是将微波应用于现代有机合成研究的技术。自 1986 年 Gedye 等[34]首次将微波辐射用于有机合成以来，这种技术便在材料制备领域得到了广泛应用。微波辅助合成的原理是利用微波发生器产生交变电场，该电场作用在处于微波场的物质上，电荷分布不平衡的极性小分子吸收电磁波产生极高频率的转动和碰撞，从而产生热效应[35]。分子的高速旋转和振动使分子处于亚稳态，这有利于分子进一步电离或处于反应的准备状态。微波加热有致热和非致热两种效应，前者使反应物分子运动加剧而温度升高，后者则来自微波场对离子和极性分子的洛伦兹力作用。微波功率、温度、反应时间和反应压力等因素均会影响 CdS 的微波辅助合成。微波辅助合成法的反应时间普遍较其他传统合成方法短，同时具有加热均匀、操作简便、产率高及产品易纯化等优点，此外，由于不同介质对微波的吸收能力不同，微波辅助合成法还具有选择性加热的特点。但因为微波辅助合成法加热速度较快，合成温度难以精准控制，甚至有热失控的危险，这种合成方法难以应用于吸收微波能力弱的微波透明型材料以及热的不良导体材料的制备。

热煅烧法是一种对原料进行加热处理，在高温下进行反应得到产品的制备方法，一般包括加热、保温和冷却三个步骤，因此，加热速率、煅烧温度、保温时间以及煅烧气氛等条件会对 CdS 的热煅烧合成有一定影响。需要注意的是，在煅烧前要先充分了解前驱体的分解温度、熔点、沸点等，再通过控制煅烧的温度参数来获得预期的产物。热煅烧法的优点是可以利用高温来引发一些常温难以发生的反应，并且所得到的产物结晶性好、纯度高，然而在高温的环境下，产物的形貌以及晶粒尺寸一般都难以控制，这也是热煅烧法的主要缺点。此外，热煅烧法对设备有一定的要求，需要在耐高温、隔热性好的设备中进行，且煅烧涉及高温程序，制备过程具有一定的危险性。

种子生长法是一种利用制备好的晶种促进晶体二次生长，避免晶体自然生长的缓慢随机性，从而获得预期产物的方法，最早出现于 1918 年 Czochralski[36]制造大块单晶的研究中。该方法包括两个不同的阶段：成核和生长[37]，为了控制种子的大小分布，应缩短单分散性的成核周期[38]。种子通常由小的纳米粒子组成，并通过配体稳定，配体一般是有机分子，其结合在种子表面，阻止种子进一步生长及团聚[39]。配体的亲和力和选择性可用于控制种子的形状和生长，在种子合成中，应选择具有中低亲和力的配体，以便在生长阶段进行交换。利用种子生长法来制备 CdS 的影响因素包括晶种的数量、反应时间、反应液浓度和生长温度等。晶种一般具有较大的表面能，可通过长大（降低比表面积）或表面改性（降低表面能）稳定存在，其中，晶核的长大主要有晶核生长和晶核团聚两种方式，种子生长法侧重于晶核生长。大晶体可以通过将种子晶体浸入过饱的溶液中或者让生长所需材料的蒸气在种子晶体表面流通来促进生长。在溶液中，被释放的分子可以做无规则的布朗运动，这种无规则运动允许两个或多个分子化合物相互作用，从而增强分子间的相互作用力，这是形成晶格的基础。将晶种放入溶液中不仅可以增强分子间的相互作用，还可以减少随机碰撞，加快再结晶过程。通过引入目标晶体的晶种，分子间的相互作用更容易实现。因此，种子生长法缩短了成核的时间，保证了产物的均匀性，适合工业规模的生产，且安全性一般较高；缺点在于需要控制晶核团聚（普遍使用盖帽剂等表面活性剂来稳定晶核），且需要额外步骤来制备种子晶体，这使种子生长法变得繁复。

CdS 光催化剂的制备除要选择合适的方法之外，还要选取恰当的原料，不同的原料也会极大地影响制备 CdS 光催化剂的效率和成功率。作为镉原子和硫原子的化合物，CdS 的制备通常涉及镉源和硫源的选取，表 4-2 列举了制备 CdS 的常见的镉源与硫源，以及它们的基本特征。

表 4-2　制备 CdS 的常见原料及其基本特征

原料	中英文名称	分子式	结构式	基本理化性质
硫源	斜方硫 rhombic sulfur	S_8		又称 α-硫，俗称硫黄；淡黄色晶体，有特殊臭味；难溶于水，微溶于乙醇，易溶于二硫化碳；在 95.6 ℃以下最稳定，质脆，不易传热导电，既有氧化性又有还原性；分子量为 256，密度为 2.1 g·cm⁻³，熔点为 112.8 ℃，沸点为 445 ℃
	二甲基亚砜 dimethyl sulfoxide（DMSO）	C_2H_6OS		常温下为无色无臭的黏稠透明油状液体；具有高极性、弱碱性、可燃性、强吸湿性、热稳定性好、与水混溶等特性，是弱氧化剂；能溶于除石油醚外的大多数有机物，被誉为"万能溶剂"；分子量为 78，密度为 1.1 g·mL⁻¹，熔点为 18.45 ℃，沸点为 189 ℃
	硫化钠 sodium sulfide	Na_2S		又称臭碱、臭苏打、黄碱、硫化碱；常温下纯品为无色或微紫色的棱柱形晶体，具有臭味；溶于冷水，极易溶于热水，微溶于醇；吸潮性强，在空气中潮解，同时逐渐发生氧化作用，遇酸生成硫化氢；分子量为 78，密度为 1.86 g·cm⁻³，熔点为 950 ℃，水溶性为 186 g·L⁻¹（20 ℃）
	半胱氨酸 L-cysteine	$C_3H_7NO_2S$		又称 L-半胱氨酸，白色结晶粉末；溶于水、乙醇、乙酸和氨水，不溶于乙醚、丙酮、乙酸乙酯、苯、二硫化碳和四氯化碳；在中性和弱碱性溶液中能被空气氧化成胱氨酸；分子量为 121，密度为 1.334 g·cm⁻³，熔点为 220 ℃，沸点为 293.9 ℃，水溶性为 280 g·L⁻¹（25 ℃）
	硫代乙酰胺 thioacetamide（TAA）	CH_3CSNH_2		无色或白色结晶；溶于水，极微溶于苯、乙醚，其水溶液在室温或 50～60 ℃时相当稳定，但当有氢离子存在时，很快产生硫化氢而分解；分子量为 75，密度为 1.07 g·cm⁻³，熔点为 112～114 ℃，沸点为 111.7 ℃
	硫脲 thiourea	$CS(NH_2)_2$		又称硫代尿素，白色光亮晶体；真空下 150～160 ℃时升华，180 ℃时分解；溶于水，加热时能溶于乙醇，微溶于乙醚；分子量为 76，密度为 1.41 g·cm⁻³，熔点为 176～178 ℃
镉源	氯化镉 cadmium chloride	$CdCl_2$		无色单斜晶体；易溶于水，溶于丙酮，微溶于甲醇、乙醇，不溶于乙醚；分子量为 183，密度为 4.05 g·cm⁻³，熔点为 568 ℃，沸点为 960 ℃，水溶性为 1350 g·L⁻¹（20 ℃）
	硝酸镉 cadmium nitrate	$Cd(NO_3)_2$		白色菱形或针状结晶；容易潮解，溶于水、乙醇、丙酮和乙酸乙酯，几乎不溶于浓硝酸；分子量为 236，密度为 2.455 g·cm⁻³，熔点为 59.5 ℃，沸点为 132 ℃

续表

原料	中英文名称	分子式	结构式	基本理化性质
镉源	乙酸镉 cadmium acetate	Cd(CH₃COO)₂		又称醋酸镉，无色晶体；是一种配位聚合物，由乙酸配体连接中心原子镉；易溶于水和乙醇，不溶于乙醚；分子量为 230，密度为 2.34 g·cm⁻³，熔点为 256 ℃
	氧化镉 cadmium oxide	CdO	Cd²⁺O²⁻	常温时为棕红色至棕黑色无定形粉末或立方晶系微细结晶；溶于酸、氨水和铵盐溶液，不溶于水；在空气中吸收二氧化碳，变成碳酸镉，其色逐渐变白；分子量为 128，密度为 8.15 g·cm⁻³，熔点为 900 ℃，沸点为 1385 ℃

4.1.3　CdS 光催化剂的发展历史

在一份历史记载中，Tokumaru 指出，photokatalyse 和 photokatalytisch 这两个早期意为光催化的术语的首次出现是在 1910 年俄罗斯人 J. Plotnikow 的光化学教科书中[40,41]。1911 年，Eibner[42]在研究光照下氧化锌对普鲁士蓝的漂白作用时，纳入了光催化的概念。同年，Bruner 和 Kozak 发表了一篇文章，讨论了铀酰盐存在时，在光照条件下草酸的变质[43]。1913 年，Landau 发表了一篇解释光催化现象的文章[44]。这些研究推动了光测量的发展，为确定光化学反应中的光子通量奠定了基础。在短暂的光催化研究空白期后，Baly 等[45]1921 年利用铁氢氧化物和铀盐作为催化剂，在可见光下生成了甲醛。1938 年，Goodeve 和 Kitchener[46]发现了二氧化钛是一种稳定、无毒、在有氧条件下可以作为光敏剂漂白染料的材料，二氧化钛吸收紫外光在其表面产生活性氧物种，再通过光致氧化作用与有机化合物反应。这实际上标志着首次观察到多相光催化的基本特性。

CdS 光催化剂的历史可以追溯到 20 世纪中叶。1955 年，Stephens 等[47]研究了许多光合成过氧化氢的固体催化剂，如 CdS、CdSe、CdTe、ZnS、ZnTe、HgS、GaN、Ga₂S₃、Ga₂O₃、Se 等，结果发现 CdS 的催化效率最高。由于不同的材料（如 GaN、CdSe 和 Se 等）都可以催化过氧化氢的光合成，因此催化作用可能不是由特定的离子或离子空位引发，而是通过晶体的整体结构对能量的吸收和转移来实现。这些材料的光电特性支持了 Baur[48]提出的电解机制的主要步骤：晶体中光激电子的还原过程，值得注意的是，几乎所有对照实验中采用的催化剂都有形成纤锌矿晶体结构的共同趋势。Schleede[49]也发现硫化锌的光敏变暗是纤锌矿结构的一种主要特性，因此，他们推测纤锌矿结构在某些光学特性方面可能是独特的。此外，光电导率、光催化活性及相关现象可能与特定的晶体结构有关，这种光电导率的大小取决于处理样品的方式，因为固体的电子结构和导电性对杂质和制备方法非常敏感。这项研究表明，过氧化氢的光合成能够作为一种将太阳能转化为化学能的储存方式。1977 年，Watanabe 等[50]发现，虽然罗丹明 B 水溶液在可见光下相当稳定，但当粉末状 CdS 分散在罗丹明 B 溶液中时，罗丹明 B 经历了高效的光化学氮位脱乙基（N-deethylation）作用，并且伴随着乙醛的形成。他们认为这种光化学反应主要是通过被吸附的染料分子的光吸收发生的，较小程度上是通过 CdS 的光激发发生的，而不是通过未被吸附的染料分子的光吸收发生的。对氮位脱乙基作用的量子效率的最低估计是 0.46，这一数值远远大于当时报道的在纯水溶液中进行相同光化学反应的量子效率。考虑到大多数氮位脱乙基作用发生在自由基阳离子形成之前，以及染料的低系统交叉概率，他们推测所观察到的光化学反应应该来自从单线态激发的吸附染料转移到 CdS 导带的电子的作用。此外，他们总结了实验所得到的三个结论：①罗丹明 B 在 CdS 上以吸附态经历高效的光化学氮位脱乙基作用的同时产生了乙醛，而染料的均相溶液实际上是没有光反应活性的；②氮位脱乙基作用在吸附染料的激发作用下的量子效率高于 0.46，在 CdS 的激发作用下的量子效率为 0.03～0.04；③这个反应需要氧气的存在。1981 年，Darwent 等[51]研究发现，CdS 粉末通过电子牺牲给体［半胱氨酸和乙二胺四乙酸（EDTA）］对 H_2O 的还原具有光敏性，且镀铂的 CdS 产生 H_2 的效率要比纯 CdS 高出 20 倍。当光被 CdS 吸收后，电子从价带跃迁到导带，从而形成电子-空穴对，在有利的条件下，液体/半导体界面的能带弯曲将分离电子和空穴。CdS 导带中的电子具有强还原性，在 Pt 催化剂存在的情况下能有效将水还原。然而，半胱氨酸和 EDTA 对 CdS 的稳定效果不明显，失去电子后，半胱氨酸和 EDTA 会发生不可逆的动力学反应，阻止热力学上的逆反应，表现为 H_2 的生成速率随时间延长而降低。在这个体系中，缓慢的 H_2 生成速率可能会导致负电荷的积聚，并增加电荷重组的概率，但可以通过提高沉积在半导体表面的铂的比例来避免。1988 年，Eggins 等[52]在胶体 CdS 的存在下，用可见光对含有四甲基氯化铵的 CO_2 水溶液进行光催化，得到乙醛酸、甲酸、乙酸和乙醛。这是早期的基于 CdS 光催化剂的光催化 CO_2 还原反应。

2006 年，Tada 等[53]报道了以 CdS/Au/TiO_2 三元组分为基础的全固态 Z 型光催化体系，这种三组分体系表现出很高的光催化活性，远远超过单组分和双组分体系。2008 年，Zong 等[54]将 MoS_2 助催化剂负载在 CdS 光催化剂上，极大地提高了光催化产氢效率，MoS_2 与 CdS 之间的结合和 MoS_2 优异的产氢活化性能被认为是提高 MoS_2/CdS 光催化活性的主要原因。2011 年，Li 等[55]以氧化石墨烯（GO）为载体，醋酸镉为镉前驱体，DMSO 为硫前驱体和溶剂，采用溶剂热法制备了 CdS 簇修饰的石墨烯纳米片（标记为 GCx，表示石墨烯质量分数为 x%的石墨烯/CdS 样品）作为光催化剂[图 4-2（a）和图 4-2（b）]，实现了可见光驱动的高效光催化产氢 [图 4-2 （c）]。性能最优的复合样品的光催化产氢速率高达 1.12 mmol·h^{-1}（大约是纯 CdS 纳米颗粒的 4.87 倍）。当石墨烯质量分数为 1.0%（GC1.0）、Pt 负载质量分数为 0.5%时，在 420 nm 的可见光照射下，表观量子效率为 22.5%。高效的光催化产氢活性主要归因于石墨烯的存在，石墨烯的独特性能使其成为 CdS 纳米颗粒的良好支撑材料，且作为电子聚集体和传输体，有效地延长了光生载流子的寿命 [图 4-2 （d）]。此外，复合材料中的石墨烯纳米片提高了 CdS 簇的结晶度和样品的比表面积，这也促进了光催化活性的提高。在前人的研究基础之上，CdS 逐渐成为热点光催化材料。

此外，光催化剂的性能不仅取决于其化学成分，而且与其形貌有极大的关联，相同组成但不同形态的纳米结构（如纳米片与纳米棒、实体与空心）可以表现出不同的光催化性能，因此，光催化材料的形貌控制被广泛应用于剪裁及调节物理和化学性能，从而提高光催化活性。近年来，为了提升 CdS 的光催化性能，广大科研工作者在零维、一维、二维和三维尺度上对 CdS 的形貌调控都做了大量的研究。例如，Yu 等[56]通过调节硫源和溶剂，采用易操作的溶剂热法合成了形貌可控的 CdS 光催化剂，包括纳米颗粒、纳米棒、海胆状等不同形貌。其中，以四乙烯五胺（TEPA）为溶剂，以 L-半胱氨酸为硫前驱体制备的 CdS 纳米线在 420 nm 的光照下表现出了良好的光催化产氢活性，量子效率为 37.7%。高纯度、良好的结晶度、独特的微观结构和能带结构有利于光生载流子的分离和转移，从而减少电子和空穴的复合，这些被认为是光催化活性增强的主要原因，因此，形貌特征对 CdS 的光催化性能有着极大的影响。本章接下来将以 CdS 光催化剂为载体，从量子点[57-60]、纳米颗粒[61-64]、纳米棒（线）[65-68]、纳米片[69-71]和空心球[72-75]五个主要的形貌方向来论述 CdS 的形貌调控及其制备方法在光催化方面的应用研究（图 4-3）。

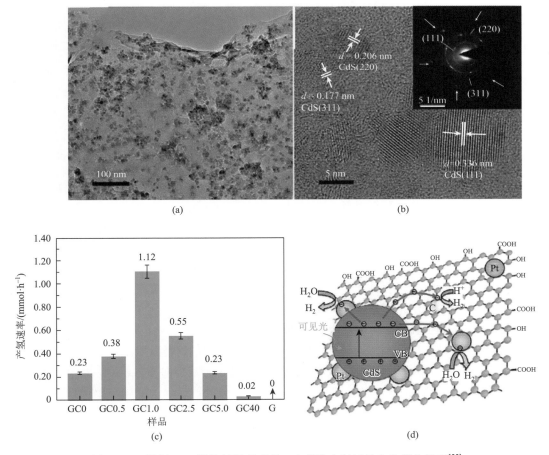

图 4-2　石墨烯/CdS 样品的微观形貌、光催化产氢活性和光催化机理[55]

（a）、（b）样品 GC1.0 的 TEM 图和 HRTEM 图；（c）样品 GC0、GC0.5、GC1.0、GC2.5、GC5.0、GC40 和 G 的可见光光催化活性比较；（d）电荷分离和转移的示意图，其中 GCx 表示石墨烯质量分数为 x%的石墨烯/CdS 样品

图 4-3　CdS 光催化剂的主要形貌调控

4.2　CdS 量子点的制备原理与方法

4.2.1　CdS 量子点的特征

量子点是一种三维尺度都不大于其相应材料的激子玻尔半径两倍的半导体纳米晶体，由于其电子能级量子化，因此被称为量子点。量子点（quantum dot）一词是在 1986 年创造的[76]，它们最初是在玻璃基质和胶体溶液中被发现的。1981 年，Kalyanasundaram 等[77] 合成出了 CdS 胶体。1983 年，贝尔实验室的 Rossetti 等[78]在 CdS 纳米晶溶液中发现了量子尺寸效应等相关性质。自此，有关 CdS 量子点的研究拉开了序幕。CdS 量子点的制备方法有多种，一般来说，热注入法是制备 CdS 量子点最常见的策略，此外还有离子交换法、化学浴沉积法和溶剂热法等制备方法。一般来说，量子点的直径为 2～20 nm。量子点的独特结构使其在光子学、电子学和光电子应用等许多领域具有重要的研究价值，特别是与其他尺寸的光催化剂相比，量子点具有许多优点。例如，可以通过改变尺寸大小来方便地调节量子点的氧化还原能力。量子点的带隙随尺寸的减小而增大，带隙的增大为电荷转移带来了更大的驱动力，从而促进了光催化反应。另外，强量子限域效应使得载流子更容易转移到量子点表面[79]，且由于尺寸较小，载流子转移到表面的路径也会较短，降低了载流子在迁移过程中的损耗，因此，电荷转移在量子点和其他量子受限结构（如纳米棒和纳米片）中更有效。此外，量子点中的强载流子-载流子相互作用使得吸收一个高能光子后产生多个激子成为可能（即单线态裂变）[80]。虽然在传统的体相材料中，多重激子的产生是有限的，但这种现象在量子点中强载流子-载流子相互作用下却大大增强了[81]，使光反应的能量转换效率得到极大的提高。值得一提的是，由于量子点的尺寸较小，量子点的表面原子与总原子的比例急剧增加。这些表面原子不完全配位，通常由附加的表面配体来稳定，表面原子和配体形成的不同表面态能影响量子点的整体性质，特别是当电子和空穴需要通过量子点的表面向外界环境转移时，量子点的表面状态对光催化反应的性能至关重要[82]。

4.2.2　热注入法制备 CdS 量子点

1993 年，Murray 等[83]报道了利用 Cd(CH₃)₂ 作为镉前驱体，通过热注入法制备高质量单分散 CdS 半导体纳米晶，对均一形貌量子点的制备进行了探究。更早之前，LaMer 和 Dinegar[38]的研究表明，一系列单分散疏水胶体的生成依赖于时间上的离散成核，然后在现有核上控制生长。在 Murray 等的制备方法中，时间上的离散成核是通过注射时反应物浓度的迅速增加来实现的，这导致了溶液突然的过饱和，虽然这种过饱和会被晶核的形成及晶核的生长所缓解，但注入试剂时导致的温度骤降以及成核导致的试剂消耗会阻止进一步的成核。温和的加热可以使晶体缓慢生长和退火。晶体的生长与"奥斯瓦尔德熟化"机理相一致，小晶体的高表面自由能使它们在溶剂中的稳定性比大晶体更差，这种稳定性梯度的最终结果是物质从小颗粒向大颗粒转变。样品中晶体的平均尺寸和尺寸分布取决于生长温度，这与晶体表面自由能的影响有关。维持晶体稳定生长所需的温度随平均晶粒尺寸的增大而增大，而且，随着粒径分布变窄，必须提高反应温度才能保持晶体稳定地生长；相反，如果粒径分布拓宽，则晶体稳定生长所需的温度下降。因此，对反应温度的调节可以使样品在生长过程中保持一个窄尺寸分布。此外，配体基团对晶体表面的进一步生长构成了显著的空间障碍，减缓了晶体的生长动力学过程。Murray 等的研究指出，三正辛基膦/三正辛基氧膦（TOP/TOPO）溶剂能与晶体表面相协调，使其在 280 ℃以上缓慢地稳定生长。不同的盖帽基团能使晶体在不同溶剂中稳定分散，而且，用更短的基团取代辛基链可以控制生长的温度。然而，这一阶段的量子点纳米晶由于尺寸分布不太均匀，且表面缺陷较多，难以得到实际的应用，同时，Cd(CH₃)₂ 具有高毒性、自燃性、价格昂贵、稳定性差、高温下易爆炸等缺点也阻碍了基于 Cd(CH₃)₂ 合成 CdS 纳米晶量子点的研究。综上，当时的 CdS 量子点在普通实验室的可控合成还难以实现。

2001 年，Peng 和 Peng[84]利用 CdO 替代 Cd(CH₃)₂ 作为镉前驱体，通过热注入法实现了高质量 CdS 纳米晶的制备。在具体实验方案中，CdO、TOPO 和己基膦酸（HPA）/十四烷基膦酸（TDPA）被装在三颈烧瓶中，当温度达到 300 ℃左右时，注入 S 原料液即可得到高质量的 CdS 纳米晶。在以 Cd(CH₃)₂ 为镉前驱体的制备方法中，Cd(CH₃)₂ 的活性很高，这使得成核初期极为迅速。与之不同的是，用 CdO 替代 Cd(CH₃)₂，进而与 HPA/TDPA 形成的 Cd-HPA/Cd-TDPA 复合物稳定性相对更高，因此，在这个体系中，成核速率相对缓慢。总的来说，用热注入法制备 CdS 量子点具有三个重要优势：①热注入时的温度不需要太高；②晶体的成核和生长与注入几乎没有关系，这使得合成的重复性很高；③初始成核时间的延迟意味着注入时间能够长达数十秒，可以向反应容器中加入大量的原料液。同时，缓慢的初始成核速率为时间分辨和原位研究结晶过程提供了可能。这种制备方案是迈向绿色化学及大规模工业化制备高质量 CdS 半导体纳米晶的重要一步，为之后量子点的飞速发展奠定了基础。

表面配体是量子点光催化剂研究的一个重要方面，反应物分子应该尽可能靠近量子点表面进行电荷转移，这是光催化的基本行为，而去除盖帽配体是确保反应物与量子点紧密接触的有效手段。Chang 等[85]的研究中，与使用巯基丙酸（MPA）盖帽的 CdS 量子点相比，经过配体去除处理的 CdS 量子点光催化活性明显增强。他们采用热注入法首先制备了油酸（OA）盖帽的 CdS 量子点（CdS QD-OA），并进一步用于制备 MPA 盖帽的 CdS 量子点（CdS QD-MPA）和无配体、电荷稳定的 CdS 量子点（CdS QD-BF$_4$），其中 CdS QD-MPA 通过配体交换法制备，CdS QD-BF$_4$ 通过改良的反应性配体去除法制备，即在 N, N-二甲基甲酰胺（DMF）存在的情况下使用三甲基镓四氟硼酸（[Me$_3$O]BF$_4$）去除油酸基团。量子点在极性溶剂（如 DMF 和 DMSO）中悬浮时，配体去除过程能产生分散良好的单个粒子。这些量子点在析氢反应中的活性能通过添加二价钴盐作为助催化剂得到进一步增强，值得注意的是，钴的来源对量子点的最终光催化活性几乎没有影响，使用简单钴盐或高效钴肟敏化染料的体系表现出相近的活性［图 4-4（a）］。与配体去除型量子点相比，经配体交换处理后的 MPA 盖帽的 CdS 量子点表现出较弱的析氢活性，他们认为，MPA 干扰了 CdS QD-MPA/Co 体系的活性，主要是因为它起到了一种物理屏障的作用。此外，CdS QD-BF$_4$/CoCl$_2$ 光催化剂对 pH 的敏感性是影响其光催化长期稳定性的主要因素［图 4-4（b）］。

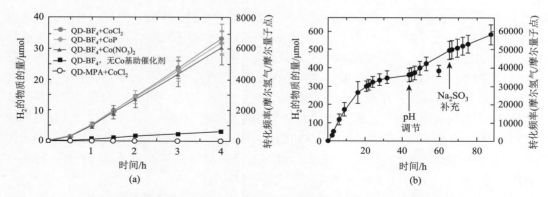

图 4-4　钴盐助催化剂及 pH 对 CdS 量子点的光催化产氢性能的影响[85]

（a）在各种 Co 基助催化剂存在下的 CdS 量子点的光催化产氢性能比较；（b）CdS QD-BF$_4$/CoCl$_2$ 光催化剂的长期光催化活性

配体去除还被发现可以促进光催化分解甲酸选择性的增强。在 Kuehnel 等[86]的研究中，通过热注入法制备的 CdS QDs 和钴基助催化剂体系可以选择性地光催化分解甲酸为 H$_2$ 和 CO$_2$。催化体系在水介质中的效率有所降低，反应途径也发生了改变，甲酸的分解产物为 CO 和 H$_2$O，产物选择性的转化是由溶液环境决定的。用三甲基镓四氟硼酸和 DMF 将配体去除后，CdS 量子点原本低效的光催化活性得到显著增强，该催化体系可以在太阳光下实现甲酸的选择性及长期稳定的转化。MPA 盖帽的 CdS 量子点与钴助催化剂在室温下光催化分解甲酸生成 H$_2$ 具有极高的活性以及大于 99% 的选择性［图 4-5（a）和图 4-5（b）］；在配体去除后，CO 在水溶液中更容易形成，且具有较高的活性和效率

［图 4-5（c）和图 4-5（d）］。该研究首次以选择性光催化甲酸转化为 CO 为例，介绍了甲酸是一种可再生的 CO 储存材料，并表明纳米颗粒表面的设计与反应介质的优化能赋予利用甲酸持续生产有价值的化学原料的光催化反应更高的灵活性。

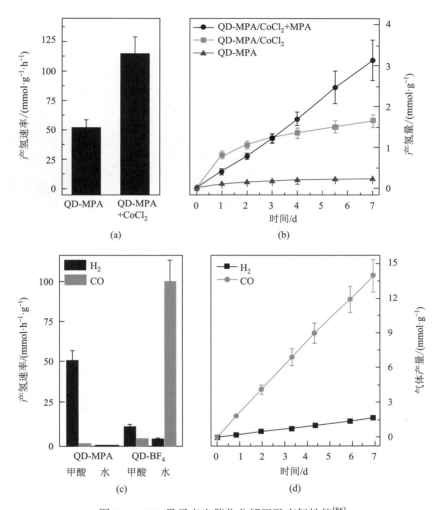

图 4-5　CdS 量子点光催化分解甲酸产氢性能[86]

（a）添加与不添加 CoCl₂ 助催化剂的 CdS QD-MPA 的光催化产氢活性；（b）CdS QD-MPA（MPA 盖帽的 CdS QD）、CdS QD-MPA/CoCl₂（添加 CoCl₂ 助催化剂的 CdS QD-MPA）、CdS QD-MPA/CoCl₂ + MPA（添加 CoCl₂ 助催化剂及过量 MPA 的 CdS QD-MPA）的长期光催化活性；（c）在没有 CoCl₂ 助催化剂的情况下，溶剂对 CdS QDs 产物选择性的影响，其中 QD-BF₄ 即去除配体的 CdS QD；（d）CdS QD-BF₄ 的长期光催化活性

　　尽管量子点表面的配体对量子点的光催化性能至关重要，但不同配体对光催化产氢活性的影响的研究却鲜有报道。Wang 等[87]利用几乎单分散的 CdSe/CdS 核/壳量子点作为光催化剂模型，研究了三种不同配体（聚丙烯酸、3-巯基丙酸和 2,3-二巯基丁二酸）对其光催化产氢活性的影响（图 4-6）。结果表明，光催化产氢活性与量子点的表面配体高度相关，且随着配体中功能性硫醇基团数量的增加而提高。其中，以 2,3-二巯基丁二酸为盖

帽剂的量子点的产氢活性最高,3-巯基丙酸盖帽的量子点产氢活性其次,聚丙烯酸盖帽的量子点产氢活性最低。这种依赖于配体的光催化活性被认为主要与不同配体表面包覆引起的量子点表面陷阱和相应的电荷分离效率的变化有关。量子点的表面配体工程对提高量子点体系的光催化活性具有重要意义,这项工作有望为进一步提高量子点体系的光催化效率提供新的线索。

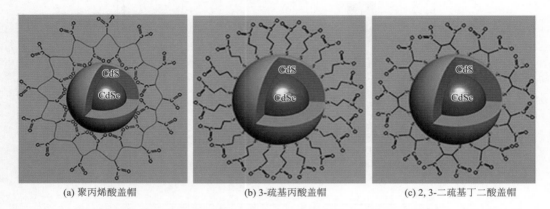

(a) 聚丙烯酸盖帽　　　　　　　(b) 3-巯基丙酸盖帽　　　　　　(c) 2, 3-二巯基丁二酸盖帽

图 4-6　用聚丙烯酸、3-巯基丙酸和 2, 3-二巯基丁二酸盖帽的 CdSe/CdS 核/壳量子点示意图[87]

一般来讲,表面陷阱态会阻碍量子点外部电子的转移。Thibert 等[88]通过探索 CdSe/CdS 核/壳量子点的光催化分解水产氢活性,研究了 CdS 壳层对电子转移效率的影响,研究表明,CdSe/CdS 核/壳量子点的光催化分解水产氢活性是 CdSe 量子点的 10 倍。性能的增强可以归因于外部的 CdS 壳层对 CdSe 核上的表面陷阱态的钝化,该钝化作用使光生电子保持了足以使水还原成氢气的还原电势。虽然在核-壳体系中,光生电子必须通过壳层到达表面才能发生催化反应,但这种势垒对光催化效率的影响很小,因为电子隧穿速率比催化所需的最低速率高三个数量级。因此,表面质量是决定量子点光催化剂活性的重要因素。此外,Huang 等[89]通过在 CdS 纳米晶上生长 ZnS 壳层,制备了 CdS/ZnS 核/壳量子点纳米晶,以抑制 CdS 纳米晶上的光腐蚀和钝化表面的陷阱态。其中,CdS 核是通过热注入法

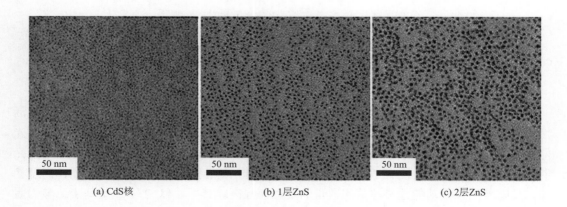

(a) CdS核　　　　　　　　　　(b) 1层ZnS　　　　　　　　　　(c) 2层ZnS

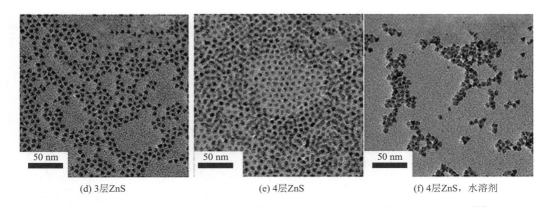

(d) 3层ZnS   (e) 4层ZnS   (f) 4层ZnS，水溶剂

图 4-7   CdS 纳米晶和沉积了不同层数 ZnS 的 CdS/ZnS 核/壳纳米晶的 TEM 图[89]

（a）分散在氯仿中的 CdS 核纳米晶；（b）~（e）分散在氯仿中的沉积了不同层数 ZnS 的 CdS/ZnS 核/壳纳米晶；
（f）分散在水中的沉积了 4 层 ZnS 的 CdS/ZnS 核/壳纳米晶

制备的［图 4-7（a）］，CdS/ZnS 核/壳结构采用连续离子层吸附反应法制备［图 4-7（b）~
图 4-7（f）］。连续离子层吸附反应法是利用特定溶液中的前驱体离子在活性基体材料表
面的化学吸附以及吸附层的离子间化学反应，将反应产物沉积于基材表面形成表面改
性层的沉积工艺。它通过离子在基体上的吸附形成吸附离子层，吸附的离子与配位离
子间发生反应生成沉淀，或者吸附离子自身进行水解反应生成沉淀，吸附离子层转化
为固态膜层，就实现了纳米尺度的生长。通过控制前驱体溶液中离子的浓度和重复沉
积循环的次数就可以控制其吸附层的厚度。随后，他们在 CdS/ZnS 核/壳量子点的基础
上，负载双助催化剂，促进电子和空穴从 CdS 核到 ZnS 外表面的分离和转移，从而进
行光催化反应，研究发现，Pt 和 Ni 是有效的还原助催化剂，PdS 和 PbS 是促进电荷分
离和转移的有效氧化助催化剂。

Gao 等[90]采用热注入法制备了粒径分布均匀的油溶性 $Zn_xCd_{1-x}S$ 量子点（ZCS QD）。
首先，将 0.4 mmol CdO、0.1 mmol ZnO、15 mL 十八烯和 1 mL 油酸的混合物用氮气排气
20 min，并加热到 130 ℃保温 20 min。之后，将混合液进一步加热到 300 ℃获得 $Cd(OA)_2$
和 $Zn(OA)_2$ 的无色混合物溶液；在此温度下，将溶解在 3 mL 油胺中的 0.02 g 硫粉快速注
入混合溶液中并保温 10 min；待溶液冷却至室温后，加入约 10 mL 丙酮来沉淀 ZCS QD
并弃掉上清液。最后，将 ZCS QD 在 1 mL 正己烷和 10 mL 丙酮中纯化数次即得到油溶性
ZCS QD。但由于油溶性 ZCS QD 具有疏水性，因而没有光催化产氢活性，于是，他们通
过配体交换法将油溶性 ZCS QD 转化为水溶性 ZCS QD［图 4-8（a）和图 4-8（b）］，具体
操作如下：将纯化的油溶性 ZCS QD 加入含 10 mL 环己烷、10 mL 甲酰胺和 2 g $Na_2S \cdot 9H_2O$
的混合溶液中搅拌 30 min，即得到水溶性 ZCS QD。量子点晶体尺寸小对光生电子-空穴
对具有良好的分离效率，光电流曲线图［图 4-8（c）］和 EIS 图谱［图 4-8（d）］表明，
ZCS QD 具有良好的载流子分离效率。水溶性 ZCS QD 在甘油和 Ni^{2+} 的存在下表现出优异
的光催化产氢性能［图 4-8（e）］，其产氢速率约是常规沉淀法制备的 $Zn_xCd_{1-x}S$ 对照样品
的 10.7 倍，在 420 nm 光照射下的表观量子效率为 15.9%。如图 4-8（f）所示，在长期光
照条件下，ZCS QD 仍然具有良好的产氢稳定性。

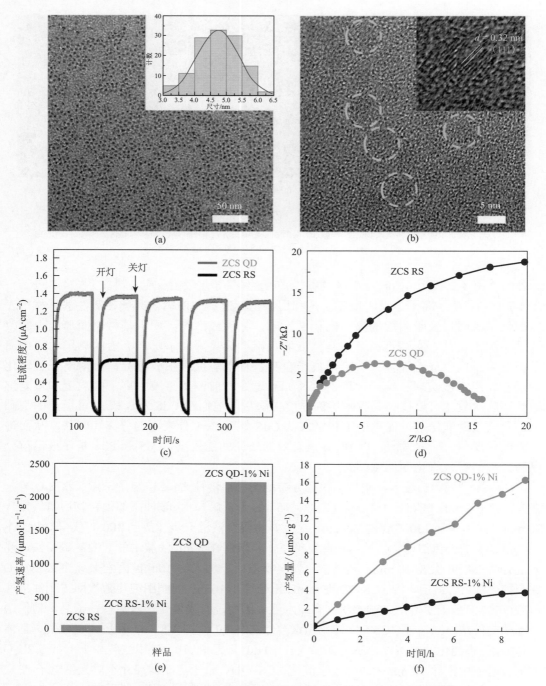

图 4-8　$Zn_xCd_{1-x}S$ 量子点的微观形貌、光电化学性质及光催化活性[90]

（a）$Zn_xCd_{1-x}S$ 量子点的 TEM 图，插图是其粒径分布图；（b）S 量子点的 HRTEM 图，插图显示了它的晶格间距及暴露面；
（c）$Zn_xCd_{1-x}S$ 量子点（ZCS QD）及其对照样（ZCS RS）的光电流曲线图；（d）$Zn_xCd_{1-x}S$ 量子点及其对照样的 EIS 图谱；
（e）$Zn_xCd_{1-x}S$ 量子点、对照样 ZCS RS、添加 1%Ni 盐助催化剂的 $Zn_xCd_{1-x}S$ 量子点（ZCS QD-1%Ni）和添加 1%Ni 盐助催
化剂的对照样 ZCS RS（ZCS RS-1%Ni）的光催化产氢活性；（f）添加 1%Ni 盐助催化剂的 $Zn_xCd_{1-x}S$ 量子点（ZCS QD-1%Ni）
和添加 1%Ni 盐助催化剂的对照样 ZCS RS（ZCS RS-1%Ni）的长期光催化产氢活性

4.2.3 离子交换法制备 CdS 量子点

除热注入法外，离子交换法也能制备 CdS 量子点。2009 年，Li 等[91]先将 CdO 负载在有序介孔 TiO₂ 骨架上，然后通过离子交换法将 CdO 转化为 CdS 量子点，制备了 CdS 量子点敏化的介孔二氧化钛光催化剂。TiO₂ 骨架中 CdS 量子点的存在促进了光生电子从 CdS 敏化剂向 TiO₂ 的转移，并使其光响应范围扩展到了可见光区。在可见光照射下，得到的光催化剂对 NO 气体在空气中的氧化和有机物在水溶液中的降解均表现出良好的光催化效果。Yu 等[92]通过简单的阳离子交换途径制备了 CdS 量子点敏化的 $Zn_{1-x}Cd_xS$ 固溶体，用于可见光光催化产氢。首先以硫脲和硝酸锌为前驱体，采用水热法制备 ZnS 纳米颗粒；然后以 ZnS 纳米颗粒和硝酸镉作为前驱体，通过调节 Cd/Zn 的原子比来进行阳离子交换；最后经过水热反应得到一系列对比样品。此外，利用硝酸镉也可制备纯的 CdS 纳米颗粒，所用的方法与制备 ZnS 所用的方法类似。如图 4-9（a）所示，样品 2（Cd/Zn 值①为 2.5 的样品）的峰强明显变弱，峰位向左微移，与样品 1（ZnS）的吸收光谱相比，样品 2 的吸收光谱明显向更大的波长偏移，说明样品 2 不是 ZnS 和 CdS 的简单混合物，而是 $Zn_{1-x}Cd_xS$ 固溶体。此外，图 4-9（b）显示，Cd/Zn 值分别为 5 和 10 的样品 3 和样品 4 有两个吸收边，说明样品中含有 $Zn_{1-x}Cd_xS$ 和 CdS 两种半导体。CdS 量子点敏化样品的吸收光谱的蓝移证实了 CdS 量子点的量子尺寸效应。由图 4-9（c）的机理图可知，CdS 吸收光后激发的电子转移到 $Zn_{1-x}Cd_xS$ 固溶体的导带上，然后将 H₂O 还原成 H₂。图 4-9（d）给出了 ZnS、$Zn_{1-x}Cd_xS$ 和 CdS 在体相和量子尺寸下的氧化还原电位的关系。CdS 量子点的存在改变了复合半导体系统中导带和价带的能级，有利于电子的转移和增强光活性，因此，样品 3（Cd/Zn 值为 5 的样品）展现出了极高的可见光光催化产氢活性，产氢速率高达 2128 $\mu mol·h^{-1}·g^{-1}$，是 CdS 纳米颗粒产氢速率的 53 倍，在紫外光和可见光下均比 Pt/ZnS 的产氢速率更高，即使不添加贵金属助催化剂，其在 420 nm 时的表观量子效率也达到了 6.3%。这不仅表明在光催化产氢过程中使用 CdS 量子点代替贵金属的可能性，而且提出了一种利用量子尺寸效应提高产氢活性的新方法。

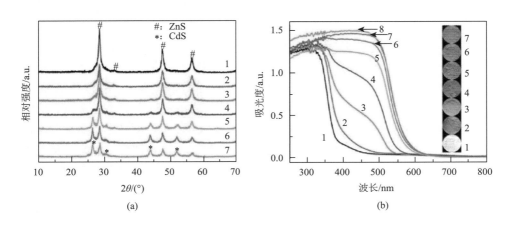

(a)　　　　　　　　　(b)

---

① Cd/Zn 值为原子比。

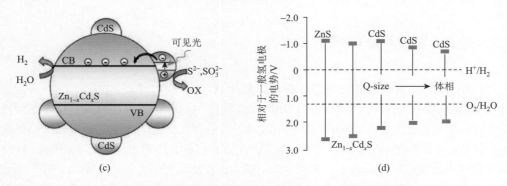

图 4-9　样品的物理化学性质、光学性质及光催化机理[92]

（a）ZnS（样品 1）、$Zn_{1-x}Cd_xS$（样品 2）、CdS 量子点敏化的 $Zn_{1-x}Cd_xS$ 固溶体（样品 3～7 的 Cd/Zn 值分别为 5、10、20、50、80）的 XRD 图；（b）ZnS、$Zn_{1-x}Cd_xS$、CdS 量子点敏化的 $Zn_{1-x}Cd_xS$ 固溶体和 CdS 纳米颗粒（样品 8）的 UV-vis 光谱图；（c）可见光下 CdS 量子点敏化的 $Zn_{1-x}Cd_xS$ 中电荷转移和分离的示意图；（d）不同尺寸的 ZnS、$Zn_{1-x}Cd_xS$ 和 CdS 的导带、价带边能级，其中 Q-size 表示带隙由于量子尺寸效应而增大

4.2.4　化学浴沉积法制备 CdS 量子点

化学浴沉积法作为一种简便的制备方法，在制备 CdS 量子点的研究方面受到了广泛的关注。Tang 等[93]用化学浴沉积法制备了 CdS 量子点用于光催化降解污染物，在制备过程中，首先，Na_2S 和 $Cd(NO_3)_2$ 以 0.01 $mol \cdot L^{-1}$ 的浓度分别被分散在水里；然后，将上述溶液均用盐酸调节至 pH 为 2.0，在室温下搅拌 30 min 以后，将 $Cd(NO_3)_2$ 溶液进一步在 100 ℃下油浴搅拌；随后，将 Na_2S 溶液逐滴滴加到 $Cd(NO_3)_2$ 溶液中并继续搅拌 30 min，冷却到室温后，通过乙醇和去离子水反复离心洗涤产物，并将得到的沉淀物在 60 ℃的温度下干燥一晚；再将溴化 1-十六烷基-3-甲基咪唑（$C_{20}H_{39}BrN_2$）离子液体（IL）以 10 $g \cdot L^{-1}$ 的浓度溶于水中；之后，将制备好的 CdS 量子点以 1∶1 的质量比与上述溶液混合，并在 0 ℃冰水浴下轻轻搅拌形成 IL-CdS 量子点；最后，通过在与石墨烯杂化的介孔二氧化钛纳米晶（GMT）通道中固定 CdS 量子点构建了 Z 型光催化剂（CdS/GMT/GR）。研究表明，所制备的 CdS/GMT/GR 光催化剂在可见光的照射下展现出了高效的光催化金橙 Ⅱ 降解活性，这主要归因于两点：①在 Z 型系统中，石墨烯在提高光催化活性方面起着重要的载流子运输和收集作用，显著提升了光生电子和空穴的分离与转移；②石墨烯与介孔二氧化钛的杂化的形成使 Z 型系统的载流子在可见光下具有很高的氧化还原电势，因此，石墨烯的含量会影响其光催化活性。在这个体系中，不仅有 CdS 量子点作为光敏剂，而且 CdS/GMT 独特的孔隙结构也有效提高了光的利用率，这项工作为构建可见光驱动的 Z 型光催化剂以缓解环境污染问题提供了一种新的策略。此外，Ge 等[94]也采用化学浴沉积法制备了 CdS 量子点修饰的石墨相氮化碳（g-C_3N_4）光催化剂，他们以铂为助催化剂，在甲醇水溶液中研究了不同 CdS 量子点负载量对可见光光催化产氢速率的影响。研究结果表明，g-C_3N_4 与 CdS QDs 的协同作用能使光生载流子有效分离，从而增强材料的可见光光催化产氢活性；CdS QDs 最优质量分数为 30%，在可见光下相应的光催化产氢速率能达到 17.27 $\mu mol \cdot h^{-1}$，是纯 g-C_3N_4 的 9 倍。作为高效的光催化剂，CdS QDs/g-C_3N_4 复合材料有望成为高效产氢光催化剂的候选材料。

化学浴沉积法为制备 CdS 量子点修饰的复合物光催化剂来光降解污染物提供了便捷。Mao 等[95]采用化学浴沉积法成功制备了 CdS 量子点修饰的 Zn_2GeO_4 纳米带，Zn_2GeO_4/CdS 由均匀的 Zn_2GeO_4 纳米带和高度分散的 CdS 量子点组成，在 510 nm 处表现出较强的可见光吸收。结果表明，在可见光照射下，Zn_2GeO_4/CdS 复合光催化剂的光催化降解罗丹明 B 活性明显高于纯 Zn_2GeO_4 纳米材料，同时，循环稳定性实验未发现 Zn_2GeO_4/CdS 明显失活。Liu 等[96]制备了高分散性的 TiO_2 纳米管阵列（TiO_2-NTAs）并在 TiO_2-NTAs 上通过化学浴沉积法负载了 CdS 和 CdSe 量子点。所制备的（CdS-CdSe）/TiO_2-NTAs 复合物在可见光下降解甲基橙的光降解率在 2h 内达到 95.1%，3 个循环后降解率仍能达到 87.5%，这说明所制备的（CdS-CdSe）/TiO_2-NTAs 具有良好的稳定性。Ge 和 Liu[97]利用 CdS 量子点敏化的 Bi_2WO_6 材料光催化降解甲基橙，其中 CdS 量子点是以巯基乙酸（TGA）为稳定剂，在液相中通过化学浴沉积法制备得到的，制备过程如下：先将 TGA 加入醋酸镉溶液中，再加入氢氧化钠溶液调节溶液的 pH 至 10.5（镉前驱体浓度控制为 75 mmol·L^{-1}，TGA/Cd 的摩尔比为 1.2），加入一定量的 Na_2S 后，在 65 ℃下搅拌 30 min，然后在 65 ℃下熟化 90 min，得到含有 CdS 量子点的溶液；CdS 量子点敏化的 Bi_2WO_6 材料则通过在 CdS 量子点的溶液中加入制备好的 Bi_2WO_6 搅拌得到。在 CdS 量子点敏化后，Bi_2WO_6 仍保持正交晶系结构。CdS/Bi_2WO_6 复合材料在可见光区表现出很强的光吸收和红移。CdS 量子点敏化能促进光生电子-空穴对的有效分离，从而提高光催化活性。因此，CdS 量子点敏化的光催化剂是一种很有前途的光催化材料，在污染物净化方面具有良好的应用前景。

4.2.5　溶剂热法制备 CdS 量子点

溶剂热法也是制备 CdS 量子点的一种有效方法。Liu 等[98]采用简单的溶剂热法制备了 CdS 量子点敏化的分等级 BiOBr 光催化剂。CdS 量子点的引入并不影响 BiOBr 的晶体结构，其均匀分布在 BiOBr 表面，当质量分数达到 4%时，CdS 量子点才有明显的聚集。与纯的 BiOBr 相比，CdS/BiOBr 光催化剂在可见光区有较强的光吸收，并且在可见光照射下的光催化降解甲基橙活性高于纯 BiOBr，其中 CdS 质量分数为 2%的 CdS/BiOBr 复合材料的活性最高。CdS 量子点和 BiOBr 匹配的能带电位使光生电子-空穴对有效分离，从而使光催化性能得到增强。甲基橙的光降解与 •O_2^-、CdS 量子点和 BiOBr 的价带上的光生空穴有关，此外，CdS 量子点的水溶性也会影响光催化产氢效率。Xiang 等[99]采用溶剂热法制备了油溶性 CdS 量子点，然后在 pH 为 13 时，以巯基丙酸为盖帽剂，通过配体交换将油溶性 CdS QDs 转化为水溶性 CdS QDs［图 4-10（a）］，并以甘油为牺牲剂、Sn^{2+} 为助催化剂，在可见光照射下研究了其光催化性能。油溶性 CdS QDs 未观察到产生 H_2 的活性，而水溶性 CdS QDs 具有显著的产氢活性，但由于电子和空穴的高复合率和高过电位，原始水溶性 CdS 量子点产氢效率相对较低；当助催化剂 Sn^{2+} 浓度增加到 0.2 mmol·L^{-1} 时，水溶性 CdS QDs 的产氢速率能达到 1.61 mmol·h^{-1}·g^{-1}，是原始水溶性 CdS QDs 的 24 倍［图 4-10（b）］，在 420 nm 光照下的表观量子效率达到 10.9%。在光照过程中，CdS 量子点表面吸附的 Sn^{2+} 会进一步被光电子还原为 Sn 原子，原位生成的 Sn 原子不仅作为助催化剂降低了产氢的过电位，而且还参与了与 CdS 量子点形成半导体/金属肖特基异质结的过程 [图 4-10（c）]，促进了光生载流子的分离效率。然而，随着溶液中 Sn^{2+} 浓度的进一步升高，光催化产氢速率会迅速降低，这是因为过量的 Sn^{2+} 不仅可以作为光生载流子的复合中心，还可以屏蔽 CdS QDs 的光吸收。这个研究对提高 CdS 量子点的光催化产氢活性有重要的借鉴意义。

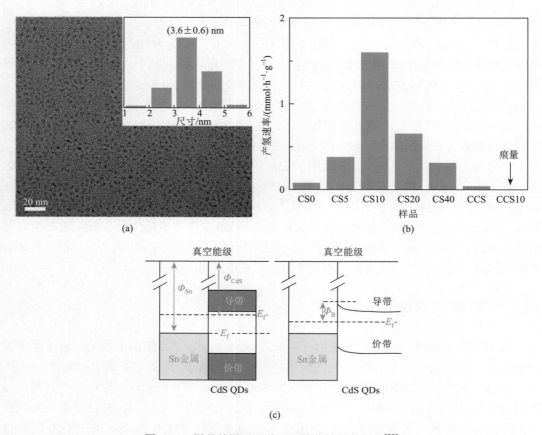

图 4-10　样品的微观形貌、光催化性能与机理[99]

（a）水溶性 CdS 量子点的 TEM 图以及相应的粒径分布；（b）不同样品的产氢活性对比图，CSx 表示 Sn 离子与 Cd 原子摩尔比为 x% 的样品，CCSx 表示以商业 CdS 为基体的 Sn 离子与 Cd 原子摩尔比为 x% 的样品；（c）Sn 与 CdS 形成肖特基接触的示意图

4.3　CdS 纳米颗粒的制备原理与方法

4.3.1　CdS 纳米颗粒的特征

与同样是零维材料的 CdS 量子点相比，CdS 纳米颗粒（NPs）（本章中特指尺寸大于量子点范畴的纳米粒子）的尺寸相对较大，但由于其表面一般没有有机链基团盖帽保护，体系为了趋于能量最小化，部分纳米颗粒容易团聚长大，因此，CdS NPs 的尺

寸分布一般要比 CdS QDs 宽。而表面没有盖帽剂修饰的好处就是加强了 CdS 纳米颗粒与反应物分子之间的直接接触，这不仅对促进催化反应的吸附与活化过程至关重要，而且有利于 CdS 纳米颗粒与其他异质成分之间载流子的分离与转移，从而为光催化反应活性的提升奠定基础。高性能 CdS 纳米颗粒的设计和制备也随着现代技术的发展得到进一步完善，制备方法主要有热煅烧法、声化学法、微波辅助合成法、溶剂热法和化学浴沉积法等。

4.3.2　热煅烧法制备 CdS 纳米颗粒

热煅烧法是一种在一定反应温度和反应体系下，通过加热前驱体便可获得产物的制备方法。热煅烧法的反应温度一般较高，这有利于形成高结晶度的 CdS 光催化剂，而高结晶度会改善光催化剂的稳定性，从而有助于持续的光催化反应的进行。Liu 等[100]以硝酸镉、硫脲和氧化石墨烯为原料，采用热煅烧法在 300 ℃下制备了 CdS/还原氧化石墨烯复合材料（CRG）。当 GO/CdS 质量比较小（<0.005）时，CdS 呈六方相结构，随着氧化石墨烯的量的增加，CdS 由六方相转变为立方相。通过热煅烧反应后，氧化石墨烯被还原为还原氧化石墨烯，CdS 纳米颗粒则附着在还原氧化石墨烯的表面。所有复合样品相比纯 CdS 纳米颗粒均表现出更好的可见光光降解亚甲基蓝活性，其中 CRG-0.005 样品（GO/CdS 质量比为 0.005 的样品）的光活性最好。引入还原氧化石墨烯后，CdS 的光降解性能得到改善主要是因为还原氧化石墨烯能增强催化体系的光吸收能力，增大表面积，并且通过将电子从 CdS 转移到还原氧化石墨烯中，使得光生电子与空穴的复合最小化。这种简单的一步热煅烧法还可用于其他半导体-还原氧化石墨烯复合材料的制备，在环境与能源领域具有巨大的应用潜力。此外，Mani 等[101]以硝酸镉和硫脲为原料，采用热煅烧法制备了硫化镉纳米材料，他们通过改变氧化剂/燃料比，得到了一系列样品，标记为 CdS（x），x 代表氧化剂/燃料比值。如图 4-11（a）所示，氧化剂/燃料比值为 1 时，样品 CdS（1）中存在部分 CdO 的特征峰，随着氧化剂/燃料比值提高，CdO 的特征峰消失，样品主要成分是 CdS。TEM 图显示，光催化性能最优的 CdS（2）样品主要由 50 nm 左右的颗粒组成［图 4-11（b）］。CdS 纳米材料的光催化产氢活性的增强可以归因于可见光区域的良好吸收［图 4-11（c）］、结晶度高，以及 C 和 N 掺杂抑制了载流子复合，且所有样品都表现出了良好的稳定性。此外，热煅烧法不仅可以利用分离的镉源和硫源来制备 CdS，还可以通过热煅烧同时制备含有镉源和硫源的单源前驱体来得到 CdS。Mondal 等[102]合成了 3,5-二甲基吡唑配体及其镉（Ⅱ）配合物，如[Cd(mdpa)$_2$Cl$_2$]（其中 mdpa 为 3,5-二甲基吡唑-1-二硫代酸甲酯）和[Cd(bdpa)$_2$Cl$_2$]（其中 bdpa 为 3,5-二甲基吡唑-1-二硫代酸苄酯）。在 3,5-二甲基吡唑的 N^1 位上，烷基和芳基碳二硫酸盐基的功能化使其与硫和氮供体原子螯合，容易形成在空气中稳定的镉（Ⅱ）配合物，即[Cd(mdpa)$_2$Cl$_2$]和[Cd(bdpa)$_2$Cl$_2$]。该类配合物可作为单源前驱体，在无任何外部表面活性剂的条件下，通过热煅烧法制备 CdS 纳米晶。在单源前驱体的热解中原位生成的硫醇（在 mdpa 复合物中为 CH$_3$SH，在 bdpa 复合物中为 PhCH$_2$SH）控制着纳米晶的生长，CH$_3$SH 是一种较小的硫醇，可以促进纳米晶体各向同性生长，形成球状 CdS；而 PhCH$_2$SH 则可以结合极性平面，形成棒状 CdS 结构。不同的反应温度对产物的形貌没有明显的影响，只会改

变产物的粒径。生成的 CdS 纳米晶在可见光下对玫瑰红（RB）和亚甲基蓝（MB）染料的光降解具有较高的活性。

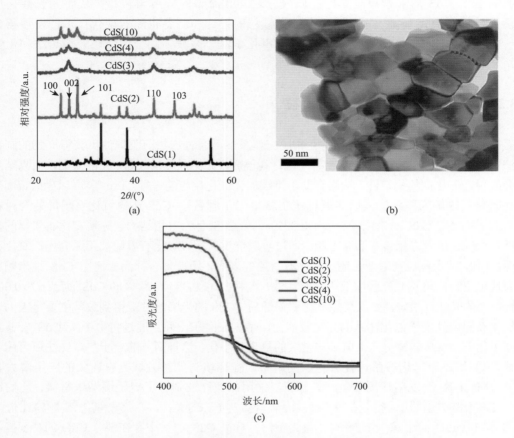

图 4-11　CdS 样品的物相、微观形貌、光吸收能力[101]

（a）热煅烧法制备的 CdS 样品的 XRD 图，CdS（x）代表制备过程中氧化剂/燃料比值为 x 的样品；（b）具有最佳活性的 CdS（2）样品的 TEM 图；（c）热煅烧法制备的 CdS 样品的 UV-vis 光谱图

4.3.3　声化学法制备 CdS 纳米颗粒

声化学法是利用超声波来促进化学反应的一种方法，它能激发或促进各类化学反应，加快化学反应速率，诱发普通条件下不能发生的化学反应，改变某些化学反应的方向，由此产生一些令人意想不到的效果。与其他制备方法相比，该方法具有温和、方便、廉价、绿色、高效等优点。Liu 等[103]利用声化学法在水溶液中制备了 Fe_3O_4/CdS 纳米复合材料，光催化活性研究证实，制备的 Fe_3O_4/CdS 纳米复合材料对甲基橙在水溶液中的光降解具有较高的光催化活性。此外，光催化循环 12 个周期后，光降解速率仅略有下降，因此，这些 Fe_3O_4/CdS 纳米复合材料可以作为有效且方便的可回收光催化剂。Ghows 和 Entezari[104]通过声化学法使 CdS 纳米粒子与 TiO_2 在微乳液中很容易地结合。由于 CdS 上包覆了一层

均匀的 TiO_2，形成的核壳结构导致纳米颗粒的尺寸增大。TiO_2 壳层厚度为 1.4～2.3 nm，通过调节钛酸异丙酯（TTIP）的浓度，可以很容易地控制 CdS 上 TiO_2 层的厚度。同时，由于反应过程产生了强烈的冲击波和局部加热，从而增加了粒子间的传质和扩散，提高了纳米颗粒的结晶度，TiO_2 和 CdS 的晶相分别为锐钛矿相和六方相。此外，研究还发现，通过增加纳米复合材料中 TiO_2 的量，可使吸收光谱发生红移。Wang 等[105]采用声化学法制备了一种新型的 $CdS/La_2Ti_2O_7$ 纳米复合材料，该纳米复合材料在紫外光和可见光照射下均对甲基橙（MO）的分解具有较强的光催化活性。其中原子比（La：Cd）为 1：3 的纳米复合材料具有最高的光催化活性，光催化性能的增强归因于 $CdS/La_2Ti_2O_7$ 纳米复合材料的层状结构和两种半导体匹配的能带电位。Hao 等[106]采用声化学法制备了 Bi_2S_3/CdS 纳米晶复合材料，在可见光（$\lambda > 400$ nm）照射下，不使用任何助催化剂，该复合材料光催化产氢的初始速率可达 5.5 $mmol·h^{-1}·g^{-1}$。当 CdS 与 Bi_2S_3 复合时，光生载流子的复合明显受到抑制。此外，这个研究还为设计和合成由多种半导体光催化剂组成的独特结构提供了一种简便的策略，可用于光催化和其他应用领域。Mukhopadhyay 等[107]利用声化学法和水热法制备了具有增强光捕获能力和光稳定性的 ZnO/CdS 纳米复合材料。在 CdS 纳米颗粒敏化的 ZnO 棒复合材料中，ZnO 和 CdS 均以不同形态的六方相形式存在；而在 CdS 敏化的 ZnO 颗粒组成的复合材料中，ZnO 以六方相形式存在，CdS 则以立方相形式存在。在模拟太阳光照射下，所制备的 ZnO 棒/CdS 和 ZnO 纳米颗粒/CdS 复合材料光催化剂分别具有 870 $μmol·h^{-1}·g^{-1}$ 和 1007 $μmol·h^{-1}·g^{-1}$ 的光催化产氢速率，均比纯的 ZnO（ZnO 棒为 40 $μmol·h^{-1}·g^{-1}$，ZnO 颗粒为 154 $μmol·h^{-1}·g^{-1}$）和 CdS（208 $μmol·h^{-1}·g^{-1}$）高。CdS 的表观量子效率只有 1.2%，而 ZnO 棒/CdS 和 ZnO 纳米颗粒/CdS 复合材料的量子产率分别为 4.9% 和 5.7%，这是因为 CdS 和 ZnO 两种半导体的耦合作用增强了纳米复合材料的可见光吸收能力。CdS 的敏化作用能有效地将吸收边延长到 540 nm，并减少 ZnO 纳米结构中光生电子-空穴对的重组。此外，复合材料具有均匀的多孔结构，因此有更多的表面活性位点。

4.3.4　微波辅助合成法制备 CdS 纳米颗粒

微波具有加热快速、均匀和选择性等优点，微波辅助合成法被广泛应用于 CdS 光催化剂的制备。Liu 等[108]利用微波辅助合成法成功制备了 CdS/还原氧化石墨烯（CdS/rGO）复合材料。CdS/rGO 复合材料相对于纯 CdS 表现出增强的还原 Cr（VI）的光催化性能，在可见光照射下的最高 Cr（VI）还原效率能达到 92%，而纯 CdS 的效率为 79%，主要原因在于体系中还原氧化石墨烯的引入增加了光吸收并降低了电子和空穴的复合。Li 等[109]采用微波辅助合成法制备了以二硫化钼为助催化剂的 CdS/WO_{3-x} 纳米复合材料，并将其用于可见光照射下的光催化产氢。结果表明，MoS_2 质量分数为 0.1%、WO_{3-x} 质量分数为 30%、反应时间为 120 min 的复合材料（M0.1CW30-120）的光催化产氢速率为 2852.5 $μmol·g^{-1}·h^{-1}$，是纯 CdS 的 5.5 倍（519.1 $μmol·g^{-1}·h^{-1}$），是 WO_{3-x} 质量分数为 30%（其余条件不变）的 CdS/WO_{3-x} 复合材料（1879.0 $μmol·g^{-1}·h^{-1}$）的 1.5 倍，量子效率在波长为 420 nm 的可见光照射下达到 10.0%。光催化性能的提高可以归结为 CdS 与 WO_{3-x} 之间 Z 型体系的形成与作为电子受体的 MoS_2 的负载。值得一提的是，复合材料的尺寸大小与产氢速率负相关。更重要的是，WO_{3-x} 的氧空位对提高光催化性能和光捕获能力、促进电子和空穴的分离与转移起到了不可替代的作用。这个研究为利用缺陷对 CdS/WO_{3-x} 基光催化剂进行改性以提高光催化性能提供了一种参考，并揭示了光催化剂的粒径和光催化活性之间的关系。Meng 等[110]采用微波辅助合成法制备了 Z 型 $InVO_4$/CdS 异质结光催化剂。$InVO_4$/CdS 复合材料由大约 15 nm 的 $InVO_4$ 纳米颗粒和 1.5 μm 的 CdS 微球组成。所有的复合材料在可见光区域都表现出良好的光吸收。所制备的样品的光催化活性是通过在可见光（$\lambda > 420$ nm）照射下降解罗丹明 B（RhB）和环丙沙星（CIP）来评估的，与纯的 $InVO_4$ 和 CdS 相比，$InVO_4$/CdS 异质结对 RhB 和 CIP 的光催化降解活性显著增强。其中，质量分数为 40% 的 $InVO_4$ 与 CdS 耦合的复合物对 RhB 光降解的催化效率最高，在 40 min 内达到了 93.1%，分别是纯 $InVO_4$ 和 CdS 的 59.4 倍和 4.8 倍。此外，活性物质捕获实验和电子自旋共振（electron spin resonance，ESR）测试表明，在光催化反应过程中，空穴和 $\cdot O_2^-$ 是主要的活性物质。增强的光催化活性可以归因于 Z 型异质结体系对光生电子-空穴对的有效分离和转移。而且，$InVO_4$/CdS 异质结也表现出了较高的有机污染物降解稳定性。Diarmand-Khalilabad 等[111]采用微波辅助合成法制备了氮化碳纳米片/碳点/CdS（CN-NS/CDs/CdS）纳米复合材料。其中，CdS 质量分数为 30% 的 CN-NS/CDs/CdS 样品在模拟太阳光照射下的光催化固氮活性分别是氮化碳（CN）、氮化碳纳米片（CN-NS）、CdS 和氮化碳纳米片/碳点（CN-NS/CDs）样品的 17.10 倍、5.64 倍、5.38 倍和 4.51 倍，且经过几个周期后，光催化剂仍保留较高的活性，这对可持续的光催化过程至关重要。氮化碳纳米片、碳点和 CdS 的协同作用显著提高了太阳能的光吸收，减少了载流子的复合，提高了电子的迁移率，这些均有利于提高光催化活性。同时，三元纳米复合材料体系中的 NH_4^+ 生成速率与电子和质子的存在有关，它是氮还原反应中的主要反应物种。此外，CdS 质量分数为 30% 的 CN-NS/CDs/CdS 纳米复合材料在光催化甲基蓝降解反应中的速率常数也最高，分别为 CN、CdS、CN-NS 和 CN-NS/CDs 的 50 倍、46.3 倍、25 倍和 12 倍。因此，氮化碳纳米片/碳点/CdS 纳米复合材料具有显著的光催化固氮和污染物降解潜力。Jin 等[112]以二乙基二硫代氨基甲酸镉（CED）为单源前驱体，通过微波辅助合成法和化学浴沉积法制备了 CdS 纳米晶。结果表明，微波辅助合成法获得了几乎单分散的海胆状 CdS 纳米颗粒［图 4-12（a）～图 4-12（d）］，而化学浴沉积法获得了被大块突起覆盖的 CdS 纳米颗粒［图 4-12（e）～图 4-12（h）］。微波辅助合成法制备的 CdS 纳米颗粒光降解罗丹明 B 的活性远高于化学浴沉积法制备的 CdS 纳米颗粒和商用 CdS 纳米颗粒，这是由于海胆状纳米晶具有较大的比表面积和较高的结晶度，其中较高的结晶度归因于微波能提供更均匀的加热，有助于 CdS 晶体的生长。海胆纳米结构的形成是快速反应动力学过程与微波增强取向生长竞争的结果，大比表面积与高结晶度使得海胆状 CdS 纳米晶能在不到 20 min 的时间内有效光降解近 80% 的有机染料。更重要的是，利用微波辅助合成法来提高 CdS 纳米颗粒的催化活性有望扩展到其他半导体纳米结构的制备领域。

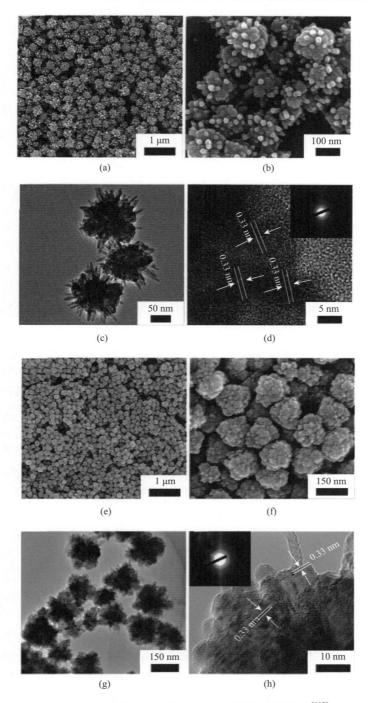

图 4-12　不同条件下制备的 CdS 纳米晶的微观形貌[112]

（a）、（b）在 160 ℃下通过微波辅助合成法制备的 CdS 纳米晶的 SEM 图；（c）、（d）在 160 ℃下通过微波辅助合成法制备的 CdS 纳米晶的 TEM 图；（e）、（f）在 160 ℃下化学浴沉积法制备的 CdS 纳米晶的 SEM 图；（g）、（h）在 160 ℃下化学浴沉积法制备的 CdS 纳米晶的 TEM 图

4.3.5　溶剂热法制备 CdS 纳米颗粒

Xia 等[113]将 CdS 纳米颗粒通过溶剂热法固定在由多壁碳纳米管纵向展开形成的石墨烯纳米带（GNR）上，制备了具有可回收性的 CdS/GNR 复合材料［图 4-13（a）］，它们在可见光驱动的分解水产氢过程中呈现出依赖于石墨烯纳米带含量的光催化活性。其中，石墨烯纳米带质量分数为 2% 的 CdS/GNR 复合材料具有 1.89 $mmol·h^{-1}·g^{-1}$ 的最大产氢速率［图 4-13（b）］，是原始 CdS 纳米颗粒的 3.7 倍，相应的表观量子效率为 19.3%。研究发现，通过纵向展开多壁碳纳米管而制备的石墨烯纳米带能增大样品的比表面积［图 4-13（c）］和促进光吸收［图 4-13（d）］。此外，稳态 PL 光谱和 TRPL 图谱表明，在石墨烯纳米带的作用下，CdS/GNR 复合材料的光生载流子能得到有效分离，并且载流子寿命能得到有效延长，从而极大地促进光催化产氢活性。Peng 等[114]通过溶剂热法将镍助催化剂的碳包封策略应用于新型碳包覆镍（Ni@C）/CdS 纳米复合光催化剂的制备，发现金属 Ni 纳米颗粒封装在石墨状碳壳中具有较高的化学稳定性和热稳定性。在 Ni@C 基础上制备的 Ni@C/CdS 纳米复合材料在可见光照射下 5 h 内的平均光催化产氢速率为 622.7 $\mu mol·h^{-1}$，在 420 nm 单色光照射下的表观量子效率大约为 20.5%。Ni@C 中的金属 Ni 作为助催化剂，而石墨状碳作为 CdS 纳米颗粒的载体和电子受体，实现了高效的电荷分离，提高了原始 CdS 纳米颗粒的光催化产氢活性和稳定性。碳包封助催化剂策略能充分利用催化剂的独特性质，为制备具有良好光催化活性和稳定性的新型光催化剂提供思路。Jia 等[115]报道了一种一步溶剂热法制备直接 Z 型 CdS/CdWO$_4$ 复合材料的方法。UV-vis 光谱图和 XPS 图表明，CdWO$_4$ 具有大量的氧空位，有助于拓宽光吸收范围。与 CdS 相比，CdS/CdWO$_4$ 复合材料的可见光光催化产氢活性提高了 18 倍，光电流密度提高了 7.8 倍。这种 Z 型体系不仅改善了电荷分离，而且保留了 CdS 的强还原性，因此，这种光催化剂在可见光下表现出了更高的产氢活性和稳定性。Wang 等[116]利用一步溶剂热法可控地制备了 CdS 纳米颗粒修饰的共价三嗪基骨架（CdS NPs/CTF-1）。在共价三嗪基骨架的三嗪单元中存在氮位点，因此可以获得高度分散和大小可控的 CdS 纳米颗粒，并将其稳定在共价三嗪基骨架的表面。与纯 CdS 和共价三嗪基骨架及其物理混合物相比，制备的 CdS NPs/CTF-1 复合材料在可见光照射下具有更高的光催化活性。在 CdS NPs/CTF-1 上所观察到的优异的光催化性能被归因于高度分散的 CdS NPs 与共价三嗪基骨架的强相互作用，这种强相互作用不仅可以促进光生电荷的分离，还可以使 CdS 具有纳米级的结构和高稳定性。Xu 等[117]以溶剂热法制备了通过阳离子配位竞争来控制活性边缘暴露的 CdS/MoS$_2$ 纳米复合材料。随着 Cd^{2+}的参与，形成的 CdS 纳米晶优先与 MoS$_2$ 边缘自优化配位形成独特的 CdS/MoS$_2$ 杂化，使得活性区域、光生电子的转移以及光催化产氢反应最优化。最佳 CdS/MoS$_2$ 复合材料的光催化产氢速率高达 1009 $mmol·h^{-1}·g^{-1}$，是纯 CdS 的 10^4 倍，在 420 nm 的光的照射下的表观量子效率高达 71%。这项研究为设计 MoS$_2$ 边缘活性位点，实现高效的光催化产氢性能提供了一种简便的策略。

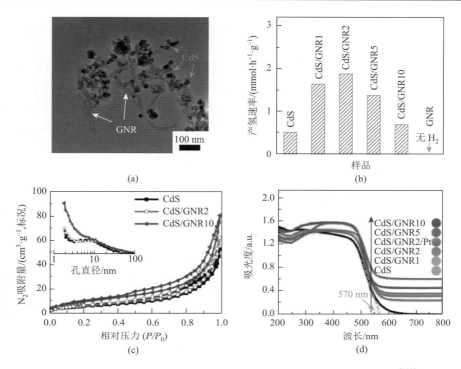

图 4-13　样品的微观形貌、物理化学性质、光学性质与光催化性能[113]

（a）CdS/GNR 复合材料的 TEM 图；（b）CdS、石墨烯纳米带以及 CdS/GNR1、CdS/GNR2、CdS/GNR5 和 CdS/GNR10（CdS/GNRx
中，x%表示 GNR 相对于 CdS 纳米颗粒的质量分数）的产氢速率的比较；（c）CdS、CdS/GNR2 和 CdS/GNR10 的比表面积及
孔径分布图；（d）CdS、CdS/GNR1、CdS/GNR2、CdS/GNR2/Pt、CdS/GNR5 和 CdS/GNR10 的 UV-vis 光谱图

4.3.6　化学浴沉积法制备 CdS 纳米颗粒

　　化学浴沉积法作为一种常见的制备方法，已经被广泛应用于 CdS 纳米颗粒的制备。
Pawar 和 Lee[118]采用简单的低温化学浴沉积法制备了由还原氧化石墨烯（rGO）、CdS 纳
米颗粒和 ZnO 纳米棒组成的复合光催化剂，复合样品在可见光照射下对亚甲基蓝的光降
解性能相比 CdS 和 ZnO 显著提高。加入质量分数为 0.2%的还原氧化石墨烯的样品在
40 min 内就能降解亚甲基蓝，且动力学速率常数（$k = 0.028\ \text{min}^{-1}$）是未加入石墨烯时的
4 倍。性能的提高主要是由于还原氧化石墨烯有效地分离了光生电子-空穴对，促进了光
吸收，同时其大比表面积也有助于提高降解效率。Wang 等[119]通过简单的化学浴沉积法将
CdS 纳米颗粒沉积在氮掺杂还原氧化石墨烯（N-rGO）上，从而制备出三明治状的
CdS/N-rGO 混合纳米片。与纯 CdS 和 CdS/还原氧化石墨烯样品相比，三明治状 CdS/N-rGO
在可见光照射下对 Cr（Ⅵ）的还原和对罗丹明 B 的光降解均表现出明显增强的光催化活
性。石墨烯碳网络中的氮掺杂、CdS 纳米颗粒和氮掺杂还原氧化石墨烯纳米片的独特组合
以及氮掺杂还原氧化石墨烯的优异导电性对抑制光生电子和空穴的复合起到了重要的作
用，从而增强了光催化活性。Qi 等[120]利用化学浴沉积法制备了 CdS 纳米颗粒敏化的
Pt/TiO₂ 纳米片。在紫外光或可见光照射下，纯 TiO₂ 纳米片不具有光催化产氢活性，CdS

纳米颗粒在 Pt/TiO$_2$ 纳米片上的沉积提高了光催化产氢速率，如图 4-14（a）所示，CdS 纳米颗粒能显著增强复合材料的光吸收能力。与 TiO$_2$ 纳米片、负载 Pt 的 TiO$_2$ 纳米片相比，CdS 纳米颗粒敏化的 Pt/TiO$_2$ 纳米片的光催化活性最高 [图 4-14（b）]，在 420 nm 的光的照射下的表观量子效率为 13.9%，超过 CdS 纳米颗粒敏化的 Pt/P25 的 10.3% 以及 Pt/TiO$_2$ 的 1.21%，这可以归因于多方面的共同作用，包括光吸收能力的增强、表面氟化和大比表面积 [图 4-14（c）] 等。此外，经过多次循环实验，CdS 纳米颗粒敏化的 Pt/TiO$_2$ 纳米片的光催化活性损失不大，证实了 CdS/Pt/TiO$_2$ 体系的稳定性。

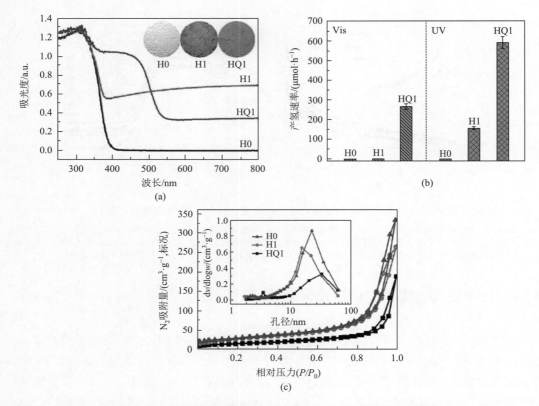

图 4-14　样品的物理化学性质、光学性质及光催化性能[120]

（a）H0（TiO$_2$ 纳米片）、H1（负载 Pt 的 TiO$_2$ 纳米片）和 HQ1（CdS 纳米颗粒敏化的负载 Pt 的 TiO$_2$ 纳米片）的 UV-vis 光谱图；（b）H0、H1 和 HQ1 分别在紫外光和可见光照射下的产氢活性；（c）H0、H1 和 HQ1 的比表面积及孔径分布图

　　化学浴沉积法还能应用于 CdS 光催化薄膜的制备。Chai 等[121]报道了通过电泳和连续化学浴沉积法制备均匀的碳点/CdS 异质结薄膜。该异质结薄膜在低功率辐照下用于水相中硝基苯衍生物的还原时，表现出高效的可见光驱动光催化活性。碳点/CdS 的光催化效率显著提高的原因主要有以下几个方面：第一，碳点与 CdS 的结合形成了紧密的界面接触，有利于电荷的分离和转移；第二，碳点作为有效的电子受体，接受来自 CdS 的光生电子，从而抑制电子和空穴的复合；第三，碳点的存在增强了复合材料的光吸收，导致更多的光生载流子的生成。Wang 等[122]通过化学浴沉积法在氧化锌微球表面沉积了

CdS 纳米颗粒，制备了 ZnO/CdS 分等级复合材料［图 4-15（a）和图 4-15（b）］。元素面分布图［图 4-15（c）～图 4-15（f）］表明了 CdS 纳米颗粒在 ZnO 微球上的均匀负载。通过优化 CdS 的含量，利用 0.2 mmol 镉前驱体和硫前驱体制备的 ZnO/CdS 微球具有 4134 μmol·h⁻¹·g⁻¹ 的最高光催化产氢速率［图 4-15（g）］。而且，此样品具有较好的光催化稳定性［图 4-15（h）］。CdS 与 ZnO 形成的 Z 型体系赋予了该复合材料较强的产氢能力，促进了光生载流子的分离与转移，改善了其光催化性能。该研究为构建高光催化活性的直接 Z 型光催化体系提供了新的思路。

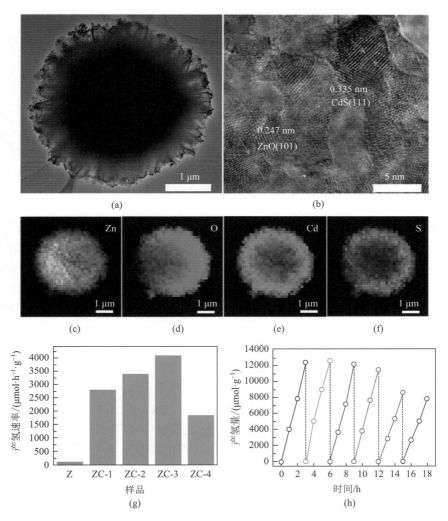

图 4-15　样品的微观形貌及光催化产氢活性[122]

（a）、（b）ZnO/CdS 微球的 TEM 图、HRTEM 图；（c）～（f）Zn 元素、O 元素、Cd 元素和 S 元素的面分布图；（g）Z（ZnO 微球）、ZC-1（利用 0.05 mmol 镉前驱体和硫前驱体制备的 ZnO/CdS 微球）、ZC-2（利用 0.1 mmol 镉前驱体和硫前驱体制备的 ZnO/CdS 微球）、ZC-3（利用 0.2 mmol 镉前驱体和硫前驱体制备的 ZnO/CdS 微球）、ZC-4（利用 0.4 mmol 镉前驱体和硫前驱体制备的 ZnO/CdS 微球）的光催化产氢活性；（h）ZC-3 样品的循环稳定性

4.4　CdS 纳米棒（线）的制备原理与方法

4.4.1　CdS 纳米棒的特征

一维 CdS 纳米结构因其独特的光学特性和几何结构受到广泛关注。在一维纳米棒中，激子运动在径向上是受量子约束的，但在轴向上却与在体相中类似[123,124]，因此，纳米棒同时具有量子点（如大小可调的能带隙、强载流子相互作用、强界面耦合）和体相晶体（如大的光吸收截面和长距离电荷传输与分离）的特性[125]。一维纳米结构沿径向尺寸的直径可与许多重要的物理参数的重要性相媲美，如激子玻尔半径、光的波长、声子平均自由程、激发扩散长度等[126]。一方面，一维纳米结构的有限尺寸会产生相关量子效应[127]；另一方面，轴向的无约束尺寸为载流子的传导提供了直接电荷传输路径[128]。在一维纳米结构中，光吸收沿一维纳米结构的较长维度发生，而载流子分离则是通过在较短的径向距离上的扩散而发生[129]。一维纳米结构具有增强的光吸收和散射特性，并具有快速和长距离电荷传输的优点，为有效的人工太阳能转化提供了广阔的前景。一维 CdS 纳米棒的制备工艺目前主要有种子生长法、溶剂热法、热注入法和微波辅助合成法等。

4.4.2　种子生长法制备 CdS 纳米棒

Amirav 和 Alivisatos[130]报道了通过种子生长法制备用于光催化产氢的多组分 CdS 纳米棒异质结构。如图 4-16（a）和图 4-16（b）所示，该光催化剂由一根 Pt 尖端修饰的 CdS 纳米棒及其内部的 CdSe 种子组成。在这种结构中，空穴被三维限制在 CdSe 中，而离域电子被转移到 Pt 尖端，因此，电子是通过一个可调的物理长度从三个不同组成部分的空穴中被分离出来的。这样的多组分样品有利于高效、持久地分离电子和空穴以及降低电子和空穴之间的复合。通过调整纳米棒的异质结构、长度和种晶大小，能够显著提高光催化产氢活性。在波长为 450 nm 时该光催化剂的表观量子效率为 20%，并且在橙色光照射下仍具有活性；与没有 CdSe 种子的 CdS 纳米棒相比，其稳定性也得到了改善。Wu 等[131]以 CdS 纳米棒为例，研究了纳米棒的非均匀直径对 CdS 和 Pt 尖端修饰的 CdS 纳米棒中激子局域化和解离动力学的影响。他们发现，通过种子生长法制备的 CdS 纳米棒上存在一个直径更大的球泡，这导致了在球泡处比 CdS 棒中的激子能量更低的额外吸收带的形成。因此，在 CdS 棒中产生的激子除在 CdS 棒上被捕获外，还可以在球泡区域进行超快局域化。他们观察到 Pt 尖端通过电子转移导致了激子的快速解离。然而，位于 CdS 球泡上的激子的平均电子转移速率要低于位于直径区激子的平均电子转移速率。当球泡区域的直径比棒的直径大时，球泡处的激子带能量较低，在 CdS 棒区域产生的激子会在亚皮秒尺度上被超快局域化到球泡，或者在 CdS 棒内由于强库仑作用与空穴结合。从棒区域到球泡的激子局域化过程是一个与纳米棒长度有关的过程，其时间常数随纳米棒长度的增加而增大，振幅随纳米棒长度的增加而减小。这一棒直径诱导的激子局域化过程被证明对 Pt 修饰的 CdS 纳米棒中的激子解离有显著影响，位于球泡内的激子的解离速率比位于更均匀的棒区域的激子慢得多。因此，在太阳能转换装置中应用 CdS 纳米棒或类似的一维材料时，应考虑到这种效应。

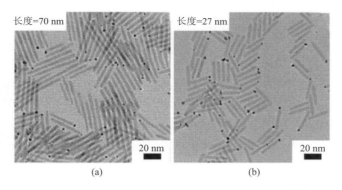

图 4-16　Pt 尖端修饰的 CdS 纳米棒的微观形貌[130]

（a）、（b）由 CdSe 种子晶体生长得到的平均长度为 70 nm 和 27 nm 的 Pt 尖端修饰的 CdS 纳米棒的 TEM 图

　　半导体-金属复合纳米结构为光诱导电荷分离提供了一个高度可控的平台，这直接关系到它们在光催化中的应用。制备方法的改善使对光催化剂的尺寸和形态的控制变得可能，提供了光学和电子特性的可调性。Ben-Shahar 等[132]利用 CdS/Au 纳米棒模型，研究了 Au 尖端的尺寸对光催化性能的影响（图 4-17），包括电荷转移动力学过程和产氢效率。

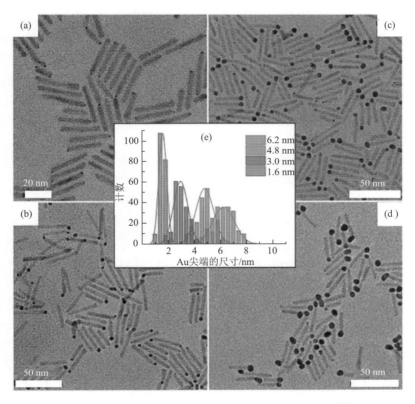

图 4-17　CdS/Au 复合纳米棒的微观形貌和尺寸分布[132]

（a）在黑暗条件下制备的 CdS/Au 复合纳米棒的 TEM 图，Au 尖端尺寸为(1.5±0.2) nm；（b）～（d）光诱导制备的 Au 尖端尺寸分别为(3.0±0.5) nm、(4.8±0.7) nm 和(6.2±0.8) nm 的 CdS/Au 复合纳米棒的 TEM 图；（e）Au 尖端的尺寸分布直方图

瞬态吸收、产氢动力学和理论模型的结合揭示了 Au 尖端尺寸的非单调行为。他们找到了一种 CdS/Au 纳米棒光催化分解水产氢的最佳金属域尺寸,并从竞争过程的角度解释了最优值,其中小尖端的产氢量子效率主要由 Au 尖端的电子注入速率决定,而大尖端的产氢量子效率主要由金属表面的水还原速率决定,这两种不同尺寸的尖端均表现出与金属域大小相反的依赖关系。他们用一个极简和通用的动力学模型进行了解释,该模型的参数适合定性地重现实验结果,特别适合在将金属域吸收效应归一化之后,因此,该现象是普遍的,不局限于金属类型或还原反应,也适用于半导体-金属纳米结构光催化剂的合理设计。

4.4.3　溶剂热法制备 CdS 纳米棒

溶剂热法也是一种制备 CdS 纳米棒的典型方法。Jin 等[133]以乙二胺为溶剂,采用溶剂热法制备了单晶六方相 CdS 纳米棒,并采用不同的还原方法制备了 Pt/CdS 纳米复合材料,同时在可见光（$\lambda \geqslant 420$ nm）照射下,用乳酸水溶液对制备的 Pt/CdS 纳米复合材料进行了光催化产氢性能评估。以 NaBH$_4$ 为还原剂制备的 Pt/CdS 样品比光沉积法制备的 Pt/CdS 样品具有更高的光催化产氢活性,在以少量的 Pt（质量分数为 0.3%）为助催化剂的条件下,其表现出产氢速率为 1.49 mmol·h^{-1}、量子效率为 61.7%的高效光催化产氢活性。不同样品的光催化活性差异主要是由于不同的还原方法影响了 Pt 纳米颗粒的尺寸和分散度,进而影响了光催化产氢活性。NaBH$_4$ 还原法制备的样品含有更小的 Pt 纳米颗粒（约 1.2 nm）和更高的 Pt 分散度（72%）,因此具有更高的光催化产氢活性。进一步的实验表明,一维纳米结构显著提高了 CdS 的光催化产氢活性,纳米线经过球磨后结构被破坏,CdS 光催化产氢活性便降低了 30%以上。循环产氢实验表明,制备的 Pt/CdS 纳米线在光催化活性方面没有明显的降低,说明制备的 Pt/CdS 纳米复合材料具有良好的稳定性。Zhang 等[134]报道了一种简便易行的制备 Pt 修饰 CdS 纳米棒的一锅溶剂热法,该方法使六方相一维 CdS 的形成和 Pt 的沉积可以同时实现,比传统的分步沉积法（如光化学还原法和浸渍还原法）更高效。TEM 图［图 4-18（a）］显示了 CdS 棒的一维结构,HRTEM 图［图 4-18（b）］显示 CdS 具有较高的结晶度,HAADF-STEM 图［图 4-18（c）］中的选区元素面分布表明了 S［图 4-18（d）］、Cd［图 4-18（e）］、Pt［图 4-18（f）］元素的均匀分布。在可见光照射下,只添加质量分数为 0.06%的 Pt,CdS 纳米棒的光催化产氢速率就可以从 2.10 mmol·h^{-1}·g^{-1} 显著提高到 10.29 mmol·h^{-1}·g^{-1},且 20 h 的循环实验未观察到样品失活。Pt 的负载量大大低于之前报道的最优值（通常质量分数为 0.5%～2%）,相差超过一个数量级。除 Pt 外,一锅溶剂热法还可用于 Pd 或 Ru 在 CdS 上的沉积,负载质量分数均为 0.06%时,光催化产氢速率顺序为 Ru/CdS（12.89 mmol·h^{-1}·g^{-1}）＞Pt/CdS（10.29 mmol·h^{-1}·g^{-1}）＞Pd/CdS（6.72 mmol·h^{-1}·g^{-1}）。结果表明,在不大幅度降低产氢速率的前提下,该方法可以显著降低贵金属助催化剂的用量,这为低成本光催化剂的制备提供了新的思路。

Li 等[135]采用溶剂热法制备了均匀的一维 NiS/CdS 纳米复合材料。CdS 和 NiS 的协同作用源于它们之间的密切接触有效地增强了电子-空穴对的分离,且 NiS 作为一种非贵金属助催化剂,丰富了光催化产氢的活性位点,因此,与原始的 CdS 纳米棒相比,NiS/CdS 纳米复合材料在光催化产氢过程中表现出更好的可见光反应活性。乳酸和木质素作为空穴捕

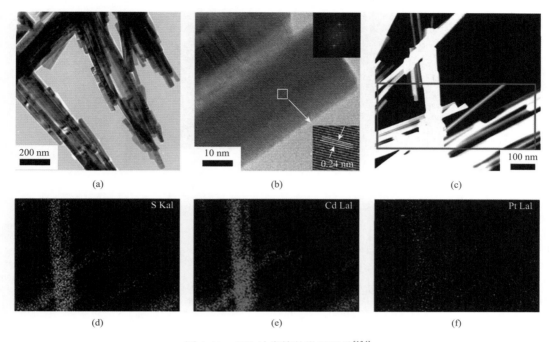

图 4-18　CdS 纳米棒的微观形貌[134]

（a）～（c）制备的 Pt 修饰 CdS 纳米棒的 TEM 图、HRTEM 图和 HAADF-STEM 图；（d）～（f）S、Cd、Pt 元素的
面分布图

获剂共存时，负载 20%（摩尔分数）NiS 的 NiS/CdS 复合材料的活性是原始 CdS 的 5041
倍，相应的表观量子效率为 44.9%。为了更深入地了解性能增强背后的机理，基于飞秒瞬
态吸收技术的超快动力学研究被应用于探究电荷载流子动力学。结果表明，20%（摩尔分
数）NiS 的存在使 CdS 纳米棒的平均载流子寿命提高了 97 倍，有助于实现更高效的电荷
分离和转移。然而，由于 NiS 的聚集，进一步增加了 NiS 的负载量，导致载流子寿命变
短或电子和空穴更快地复合。超快动力学研究结果与光催化实验结果相对应：载流子寿命
越长，其产氢性能越好，因为更长寿命的载流子将有更大的机会参与光催化反应，而不是
进行复合。这项研究为设计和制备高效、低成本的非贵金属产氢光催化剂提供了一个简单
的策略。Zhang 等[136]采用简单的两步水热法制备了 NiS 纳米颗粒改性的 CdS 纳米棒 p-n
结光催化剂 [图 4-19（a）和图 4-19（b）]。由于 NiS 有助于增强光吸收和促进载流子的
分离效率，即使在不添加 Pt 助催化剂的情况下，制备的 NiS/CdS 样品的可见光光催化活
性也得到了明显的增强。最佳的 NiS 负载摩尔分数为 5%，相应的产氢速率达到了
1131 $\mu mol \cdot h^{-1} \cdot g^{-1}$，甚至高于负载 Pt 的 CdS 纳米棒 [图 4-19（c）]。此外，如图 4-19（d）
所示，制备的 NiS/CdS 样品具有良好的光催化产氢稳定性。他们认为 p 型 NiS 纳米颗粒
在 n 型 CdS 纳米棒表面的负载形成了大量的 p-n 异质结，可以有效降低电子与空穴的复合
率，从而大大提高光催化活性。这项工作不仅进一步表明了利用低成本的 NiS 替代贵金属
纳米粒子（如 Pt）来增强光催化产氢活性的可能性，还提供了设计和制备 p-n 异质结来增
强光催化产氢活性的新思路。

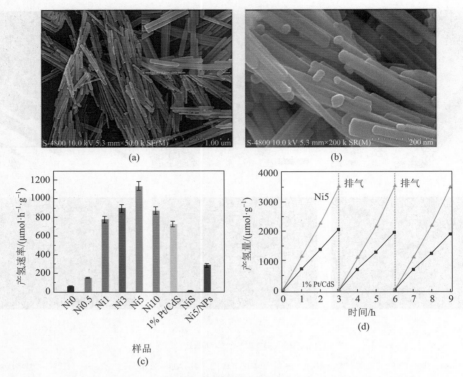

图 4-19　样品的微观形貌和光催化产氢活性[136]

（a）、（b）Ni0 和 Ni5 的 SEM 图；（c）NiS、Ni0、Ni0.5、Ni1、Ni3、Ni5、Ni10、1%Pt/CdS 和 Ni5/NPs（Ni 原子与 Cd 原子比为 5%的 NiS/CdS 纳米颗粒样品）的光催化产氢活性；（d）Ni5 和 1%Pt/CdS 的循环产氢活性，其中 Nix 代表 Ni 原子与 Cd 原子比为 x%的 NiS/CdS 纳米棒样品，1%Pt/CdS 代表负载质量分数为 1%的 Pt 的样品

4.4.4　热注入法制备 CdS 纳米棒

　　热注入法在 CdS 纳米棒的制备方面也得到了广泛应用[137]。Li 等[138]在氮气气氛下采用热注入法制备了具有精确可控带隙和合适导带位置的 $Mn_xCd_{1-x}S$ 纳米棒固溶体。其中，$Mn_{0.5}Cd_{0.5}S$ 固溶体的光催化产氢速率最高，为 26 mmol·h^{-1}·g^{-1}，比纯 CdS 高 216 倍，比单独的 γ-MnS 高 565 倍，在 400 nm 的光的照射下的表观量子效率为 30.3%。另外，由于具有较高的结晶度，$Mn_xCd_{1-x}S$ 固溶体表现出良好的光催化稳定性。因此，热注入法在制备二元或多元组分高效固溶体光催化剂方面具有广阔的应用前景。Wolff 等[139]报道了由纳米级还原助催化剂和分子级氧化助催化剂修饰的 CdS 纳米棒，同时光催化制取 H$_2$ 和 O$_2$。整个过程完全不需要牺牲剂，而是依赖通过热注入法制备的 CdS 纳米棒的形态来在空间上分离还原和氧化位点。H$_2$ 是在 CdS 纳米棒尖端生长的铂纳米颗粒上生成的，O$_2$ 则由 Ru(tpy)(bpy)Cl$_2$ 基分子级氧化助催化剂通过二硫代氨基甲酸盐固定在 CdS 纳米棒侧面产生。^{18}O 同位素标记实验验证了水中 O$_2$ 的生成，时间分辨荧光光谱结果证实了有效的电荷分离以及电子和空穴向反应位点的超快转移。众所周知，光催化全分解水反应依赖于光生电荷的有效分离，电荷应该被输送到催化位点，并保持足够长的分离时间使表面反应发生。CdS 纳米棒形态固有的各向异性特别适合这一过程，其在尖端和侧面能提供两种不同

的、电荷容易接近的和空间上分离的活性位点。因此，在各向异性纳米晶体上结合纳米级和分子级助催化剂为可见光驱动的光催化水裂解提供了一条有效途径。

4.4.5　微波辅助合成法制备 CdS 纳米棒

微波辅助合成法也是一种制备 CdS 纳米棒的常用手段。Yu 等[140]采用微波辅助合成法以乙醇胺水溶液为溶剂制备了还原氧化石墨烯(rGO)/CdS 纳米复合材料［图 4-20（a）和图 4-20（b）］。如图 4-20（c）所示，还原氧化石墨烯的引入能显著提高复合材料的光吸收能力。即使没有贵金属作为助催化剂，这些复合材料也表现出很高的光催化 CO$_2$ 还原活性。rGO 质量分数为 0.5%的 rGO/CdS 纳米复合材料具有 2.51 μmol·h^{-1}·g^{-1} 的 CH$_4$ 生成速率［图 4-20（d）］，在相同的反应条件下，该反应速率比纯 CdS 纳米棒的反应速率高出 10 倍以上，而且比 Pt/CdS 纳米棒复合材料的反应速率还要高。这种高光催化活性主要归

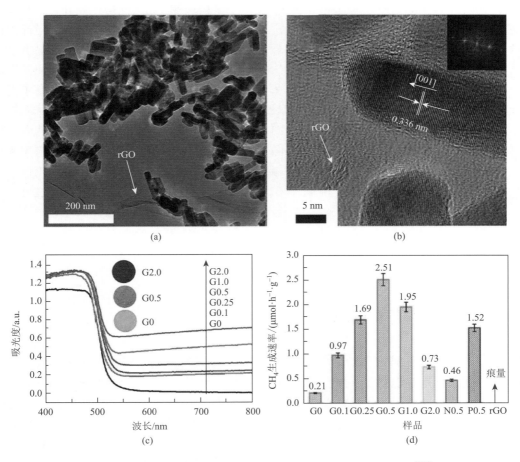

图 4-20　样品的微观形貌、光吸收能力和光催化 CO$_2$ 还原活性[140]

（a）、（b）G0.5 的 TEM 图和 HRTEM 图；（c）G0、G0.1、G0.25、G0.5、G1.0 和 G2.0 的 UV-vis 光谱图；（d）G0、G0.1、G0.25、G0.5、G1.0、G2.0、N0.5（rGO 负载质量分数为 0.5%的 CdS 纳米颗粒）、P0.5（Pt 负载质量分数为 0.5%的 CdS 纳米棒）和 rGO 的光催化 CO$_2$ 还原活性，其中 Gx 表示 rGO 质量分数为 x%的 CdS 纳米棒

因于还原氧化石墨烯薄片作为电子受体和载体,有效地分离了光生载流子,此外,rGO 的引入可以增强 CO_2 分子的吸附和活化,加速光催化 CO_2 还原为 CH_4。这项研究不仅展示了一种简便的制备高活性 rGO/CdS 纳米复合材料的微波辅助合成法,而且还证明了利用还原氧化石墨烯代替贵金属来促进光催化 CO_2 还原的可能性。

4.5　CdS 纳米片的制备原理与方法

4.5.1　CdS 纳米片的特征

二维 CdS 纳米片结构在光催化中一直被广泛关注,其大的横向尺寸、单原子或单元晶胞的厚度提供了大比表面积,并为光生载流子提供了短的迁移距离[141]。二维材料除具有大横向尺寸和薄纵向厚度的几何特征外,在电子结构转变(如从间接带隙到直接带隙的转变,从金属到半导体的转变)、光吸收、载流子传输、分子和离子的吸附、反应活性位点等方面也具有独特的性质[142]。这些特性为 CdS 纳米片成为高效的光催化剂提供了巨大的优势:①大比表面积有利于光吸收、传质,以及反应物与表面的接触;②使光生电子和空穴到达表面的迁移距离极大地缩短,降低了电子和空穴复合的概率,提高了光催化性能;③二维纳米片具有很高比例的暴露表面,表面原子可以在制备过程中从晶格中逃逸,从而形成空位型催化活性位点,空位缺陷的控制允许电子结构的改变,从而提供了调整相应催化活性的自由度;④具有单晶结构的纳米片无晶界,有利于光生电荷的输运,从而减少了载流子的复合;⑤纳米片边缘的原子位点具有不饱和配位和悬空键,有助于稳定反应中间体和降低活化能垒;⑥二维纳米片结构对环境非常敏感,通过机械应变、外加电场、掺杂、构建异质结构、化学修饰等策略,可以调整它们的性能,从而为提高 CdS 光催化剂的催化活性提供了多种途径[143]。因此,CdS 纳米片已经被用于制备各种光催化体系。对于二维 CdS 纳米片,研究者们也探索了多种制备方法,主要包括溶剂热法、微波辅助合成法、离子交换法和热煅烧法等。

4.5.2　溶剂热法制备 CdS 纳米片

溶剂热法作为一种常见的制备方法,为 CdS 纳米片的制备提供了一条有效途径。Ma 等[144]采用溶剂热法制备了炭黑和 NiS_2 双助催化剂改性的 CdS 纳米片光催化剂。炭黑(CB)和 NiS_2 的负载可以显著提高 CdS 纳米片的光催化产氢活性,在可见光($\lambda \geqslant 420$ nm)下,CdS/0.5%CB/1.0%NiS_2 复合催化剂表现出最高的光催化产氢活性,产氢速率为 166.7 $\mu mol \cdot h^{-1}$,分别是纯的 CdS 纳米片和 CdS/1.0%NiS_2 的 5.16 倍和 1.87 倍。炭黑与 NiS_2 之间良好的协同作用可以明显提高可见光吸收效率,促进光生电子-空穴对的分离,从而增强光催化产氢活性。而且,炭黑不仅可以作为光催化产氢的助催化剂,还可以作为电子传输体促进电荷迁移。此外,Ma 等[145]将 Ni_3C 纳米颗粒作为光催化产氢的助催化剂,对通过溶剂热法制备的 CdS 纳米片进行修饰，得到了在可见光照射下具有高效光催化产氢活性的复合材料。其中，CdS/1.0%Ni₃C 表现出最高的光催化产氢活性，在硫化物作为牺牲剂和乳酸作为牺牲剂的条件下的产氢速率分别为 357 μmol·h^{-1} 和 450.5 μmol·h^{-1}，大约是纯 CdS 纳米片的 7.76 倍和 4.79 倍。在波长为 420 nm 的光的照射下的量子效率分别为7.58%和 8.72%。显然，无论在酸性还是碱性介质中，Ni₃C 纳米颗粒都可以作为光催化产氢的优良助催化剂，究其原因为 CdS 纳米片表面的非贵金属 Ni₃C 助催化剂可以有效地提高催化剂的光吸收率，促进载流子的分离和转移，改善表面的光催化产氢动力学过程，从而实现光催化产氢性能的提升。Pan 等[146]采用溶剂热法制备了横向尺寸为几十微米、原子厚度约为 0.7 nm 的平整的 CdS 纳米薄片。平整的 CdS 纳米薄片在溶液中可以很好地保持平整的形貌，而干燥后则会产生不可逆的褶皱，形成褶皱状的 CdS 纳米片。他们发现褶皱的形成会降低光吸收率，缩小带隙，使导带位置下移，加速电子与空穴复合。在可见光照射下，没有任何助催化剂的平整的 CdS 纳米片的光催化产氢速率为138.7 mmol·h^{-1}·g^{-1}，远远高于褶皱状的 CdS 纳米片的光催化产氢速率（52.8 mmol·h^{-1}·g^{-1}）。这项研究表明，在制备及研究 CdS 纳米片光催化剂时，二维结构中的褶皱应该引起更多的关注。

4.5.3　微波辅助合成法制备 CdS 纳米片

微波辅助合成法制备 CdS 纳米片光催化剂也受到了广泛关注。Han 等[147]利用微波辅助合成法制备了超薄的 CdS 纳米片，并利用镍修饰的超薄 CdS 纳米片（Ni/CdS）（厚度约为 1 nm）研究了生物质衍生的重要中间体［如糠醇和 5-羟甲基糠醛（HMF）等］向增值产品（醛类和酸类）的光催化转化。HMF 中的醛基对 Ni/CdS 的亲和力略强，导致 HMF向 2, 5-二甲呋喃的转化率低于糠醇向糠醛的转化率，但重要的是，糠醇和 HMF 在碱性条件下的光催化氧化完成了各自羧基的转化，并作为质子源实现了同步制氢。Ke 等[148]通过微波辅助合成法制备了 CdS/二亚乙基三胺（CdS/DETA）纳米薄片，即利用小的有机胺分子将普通的 CdS 纳米颗粒连接在一起，形成大比表面积的纳米片，然后，将 NiS 沉积在CdS/DETA 表面，进一步提高了光催化产氢性能。NiS/CdS/DETA 复合物在可见光下的最高光催化产氢速率为230.6 μmol·h^{-1}，分别是纯的 CdS 纳米颗粒和 CdS/DETA 纳米片的 8.42 倍和 1.72 倍，甚至高于 Pt/CdS/DETA（173.8 μmol·h^{-1}）。此研究制备了一种高效、稳定的NiS/CdS/DETA 纳米片光催化剂，在光催化产氢领域具有良好的应用前景。Di 等[149]采用微波辅助合成法制备了由 4.7 nm 厚的超薄 CdS 纳米片自组装形成的分等级光催化剂，并采用原位离子交换法在 CdS 纳米片边缘负载了 Ag₂S 纳米颗粒［图 4-21（a）和图 4-21（b）］。分等级 CdS/Ag₂S 纳米复合材料表现出高效的可见光下的光催化产氢活性［图 4-21（c）］，其原因为由于功函数存在差异，CdS 的电子容易迁移到 Ag₂S，这种迁移促进了 CdS 中光生载流子的有效分离，此外，Ag₂S 的引入不仅能促进光吸收能力［图 4-21（d）］，也提高了红外光的利用率，由此产生的显著光热效应提高了催化剂在光照时的温度，促进了光催化反应。

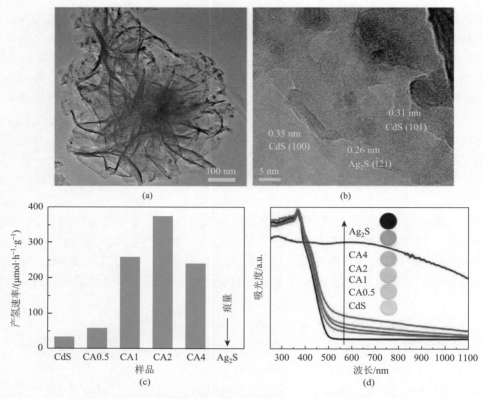

图 4-21　样品的微观形貌、光催化产氢活性、光吸收能力[149]

（a）、（b）CA2（Ag 与 Cd 的原子比为 2%的复合样品）的 TEM 图和 HRTEM 图；（c）CdS、Ag₂S、CA0.5、CA1、CA2 和 CA4 的光催化产氢活性，其中 CAx 表示 Ag 与 Cd 的原子比为 x%的复合样品；（d）CdS、Ag₂S、CA0.5、CA1、CA2 和 CA4 的 UV-vis 光谱图

4.5.4　离子交换法制备 CdS 纳米片

离子交换法也是一种制备 CdS 纳米片的有效手段。Xiang 等[150]以 Cd(OH)₂ 为原料 [图 4-22（a）和图 4-22（b）]，采用简单的离子交换策略，制备了具有分等级结构的多孔 CdS 纳米片自组装花 [图 4-22（c）和图 4-22（d）]。由于分等级的多孔纳米片结构能够有效地增强光吸收能力 [图 4-22（e）]，并提供更多的活性吸附位点，该 CdS 纳米片自组装花具有 468.7 μmol·h⁻¹ 的光催化产氢速率，是 CdS 纳米颗粒的 3 倍以上 [图 4-22（f）]，在波长为 420 nm 光照下的表观量子效率为 24.7%。这一研究表明了分等级多孔 CdS 纳米片自组装花在光催化产氢方面的巨大潜力，也证明了以 Cd(OH)₂ 为中间体的离子交换策略能用于制备 CdS 纳米片分等级结构。Zhao 等[151]研究发现在可见光（λ>420 nm）照射下，通过简单的离子交换法制备的多孔单晶 CdS 纳米片对胺与氧气的有氧氧化偶联反应具有显著的光催化活性。催化活性的提高可能与多孔单晶 CdS 纳米片的高比表面积和独特的晶面暴露有关。初步的机理研究表明，高效的光催化活性来自光生电子与空穴的协同作用，这对胺向碳阳离子-自由基型中间体的氧化过渡至关重要。此外，

孔径较小的多孔 CdS 纳米片表现出更高的催化活性可能是载流子到表面的迁移距离变短、活性位点增加、载流子迁移变快等导致的。He 等[152]采用离子交换法制备了多孔 CdS 纳米片，并在多孔 CdS 纳米片上修饰了 C_3N_4 纳米片得到 CdS/C_3N_4 复合材料。一方面，多孔结构具有较大的比表面积，大大提高了复合材料的吸光能力和表面活性位点的数量；另一方面，CdS/C_3N_4 异质结也有效地促进了光生载流子的分离，从而提高了光催化产氢活性，因此，在可见光（$\lambda \geqslant 400$ nm）照射下，复合材料的产氢速率可达到 13.1 mmol·h^{-1}·g^{-1}。

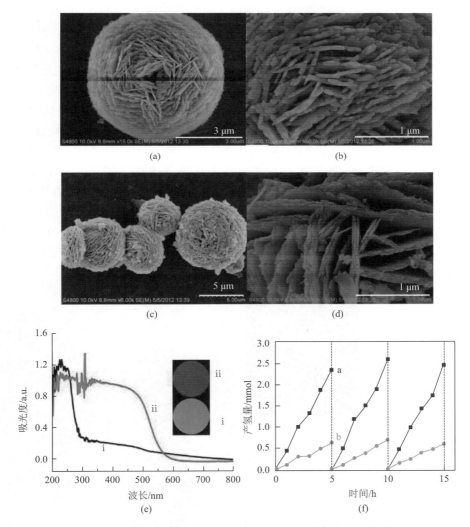

图 4-22　样品的微观形貌、光吸收能力和光催化产氢活性[150]

（a）、（b）Cd(OH)$_2$ 的 TEM 图与 HRTEM 图；（c）、（d）通过离子交换法以 Cd(OH)$_2$ 为原料制备的 CdS 纳米片自组装花的 TEM 图与 HRTEM 图；（e）Cd(OH)$_2$（i）和 CdS（ii）的 UV-vis 光谱图；（f）样品的光催化产氢稳定性，a 和 b 分别代表 CdS 纳米片自组装花与 CdS 纳米颗粒

4.5.5　热煅烧法制备 CdS 纳米片

热煅烧法也经常被应用于 CdS 纳米片的制备。Cheng 等[153]使用 $CdSO_4 \cdot 8/3H_2O$ 和 CH_4N_2S 作为原料通过简单的一步热煅烧法制备了二维超薄 CdS 纳米片。在 300 ℃下煅烧 4 h 的 2D 超薄 CdS 纳米片显示出优越的光催化活性，光催化产氢速率能达到 149.67 $\mu mol \cdot h^{-1}$，并且在 450 nm 波长的光的照射下的表观量子效率为 36.7%。光催化活性的增强和优异的光催化稳定性是通过高结晶度和超薄的二维纳米片结构实现的，其中超薄 CdS 纳米片提供了大比表面积和丰富的活性吸附位点，且超薄结构能促进光生载流子的分离和转移，防止表面硫离子被氧化，使 CdS 纳米片具有良好的稳定性。控制实验中，前驱体 $ZnSO_4 \cdot 7H_2O$ 和 $Cd(Ac)_2 \cdot H_2O$ 通过一步热煅烧法也能转换为二维 ZnS 和 CdS 纳米片，说明这种简单的一步热煅烧策略可以扩展到其他二维金属硫化物纳米结构光催化剂的制备。Zhukovskyi 等[154]通过对二乙基二硫代氨基甲酸镉的热煅烧，获得了高质量、厚度可控的 CdS 纳米片 [图 4-23（a）和图 4-23（b）]，厚度分别为 1.50 nm、1.80 nm 和 2.16 nm 的 CdS 纳米片的横向尺寸大约为 90 nm×20 nm。通过在 CdS 纳米片上进行 Ni 的光沉积，得到了平均粒径为 6 nm 的 Ni 纳米颗粒修饰的 CdS 纳米片 [图 4-23（c）和图 4-23（d）]。随后在水和乙醇的混合溶液中测试比较了 CdS 纳米片与 Ni 纳米颗粒修饰的 CdS 纳米片的光催化产氢性能，结果显示在光照的前 2 h 内，Ni 纳米颗粒修饰的 CdS 纳米片的表观量子效率高达 25%，瞬态量子效率高达 64%。飞秒瞬态吸收光谱表明，这种高量子效率来源于 CdS 向 Ni 的有效电子转移。其中，CdS/Ni 异质结起到解离强束缚激子的作用，产生了进行相关还原反应所需的自由载流子。

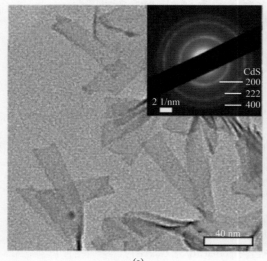
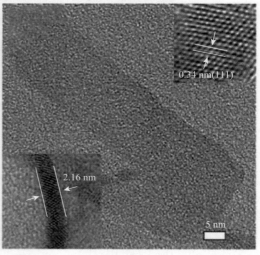

(a)　　　　　　　　　　　　　　　　　(b)

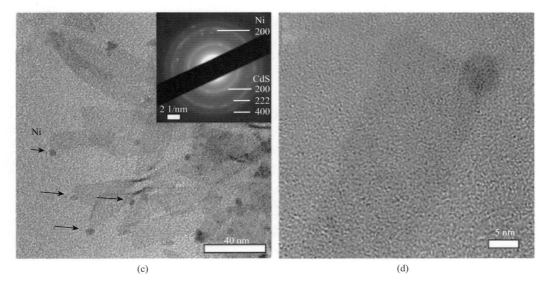

图 4-23　CdS 纳米片的微观形貌[154]

（a）、（b）CdS 纳米片的 TEM 图和 HRTEM 图；（c）、（d）Ni 纳米颗粒修饰的 CdS 纳米片的 TEM 图和 HRTEM 图

4.6　CdS 空心球的制备原理与方法

4.6.1　CdS 空心球的特征

在 CdS 光催化剂的各种形貌结构中，空心球具有独特的优势[155]。从几何结构演化的角度来看，三维空心球可以看作是二维纳米片的卷曲和封闭，因此，空心球作为高效的催化剂结构既具有二维材料的特征，又具有独特的性能。空心结构的光催化剂具有较大的比表面积，为氧化还原反应提供了丰富的活性位点[156]。超薄的壳结构有利于通过缩短载流子从内部到表面的扩散距离来增强光生电荷的分离并暴露丰富的活性位点，促进表面氧化还原催化反应[157]。而且，壳层将外部与空心腔体分开，使不同的反应在空间上分离。空心结构产生的光散射和反射效应可以增强对太阳能的吸收和利用，空心结构促进的快速传质也可以进一步加速反应[158]。此外，可通过制备方法对催化剂的微观结构参数（如外表面、内表面、壳体孔隙结构等）进行精确调整，使空心纳米材料的整个催化过程变得可控。利用可控合成、结构良好的空心纳米材料不仅可以在纳米尺度上对催化机理进行系统、深入的研究，而且为合理设计高效催化剂提供了一种良好的途径[159]。自 1998 年 Caruso 等[15]首次报道了以胶体粒子为模板制备空心球结构之后，各种空心球结构的制备方法被逐渐开发。制备 CdS 空心球的方法按模板可主要分为硬模板法、软模板法和无模板法。硬模板法和软模板法的相同之处是都能提供一个大小有限的反应空间，区别在于软模板法提供的是处于动态平衡的空腔，物质可以透过腔壁扩散进出；而硬模板法提供的是静态的孔道或表面结构，物质只能从开口处进入孔道内部或与外表面结合。随后，模板的选择

性去除会产生空心结构。模板法能通过直接改变模板属性来调整空心结构的形状和尺寸等参数。

4.6.2　硬模板法制备 CdS 空心球

与软模板相比,硬模板具有较高的稳定性和良好的限域作用,能严格地控制纳米材料的大小和形貌,但硬模板结构比较单一,因此用硬模板制备的纳米材料的形貌通常变化也较少。2003 年,Song 等[160]以聚苯乙烯-丙烯酸共聚物（PSA）为模板制备了平均直径为800～850 nm 的 CdS 空心球,具体方案如下:将含有 PSA 乳胶、Cd(NO$_3$)$_2$、硫脲、尿素和聚乙烯吡咯烷酮的混合物在去离子水中进行超声波浴,然后在 85 ℃下的有盖试管中老化 18 h;离心洗涤后,将得到的沉淀分散在甲苯中溶解 PSA 核,经过纯化后,最后得到 CdS空心球。此后,Jiang 等[161]同样以 PSA 为模板制备了 Fe$_3$O$_4$/CdS 空心球,并成功地将其应用于光催化降解甲基橙。Xing 等[162]采用硬模板法成功制备了一种新型的 MnO$_x$/CdS/CoP 空心球光催化剂,展示了一种空间分离的光催化体系的设计（图 4-24）,该体系具有 CoP修饰的还原表面,可用于高效太阳能驱动的光催化产氢,并且该体系没有使用贵金属,大大降低了制备成本。CoP 和 MnO$_x$ 纳米粒子作为电子和空穴受体,分别选择性地固定在 CdS 壳的外表面和内表面。在太阳光照射下,光生空穴和电子分别定向地向 MnO$_x$ 和CoP 转移,因此光催化产氢速率从纯 CdS 空心球的 32.0 μmol·h^{-1} 增加到 MnO$_x$/CdS/CoP空心球的 238.4 μmol·h^{-1},甚至高于负载铂的 MnO$_x$/CdS/Pt 光催化剂的产氢速率。与受到严重光腐蚀的纯 CdS 相比,即使经过 4 个循环周期,MnO$_x$/CdS/CoP 的产氢速率和对罗丹明 B 的光降解活性仍然保持不变。该研究为制备具有选择性还原表面的空间分离型光催化剂提供了新的策略,更重要的是,该研究成了关于纳米材料的微观结构决定其性能的典型案例。

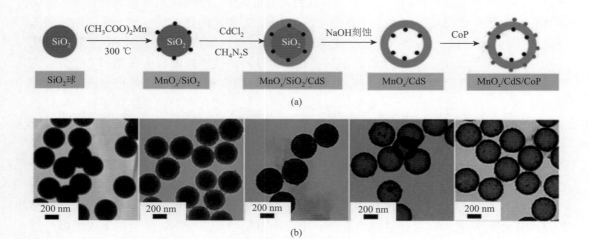

(a)

(b)

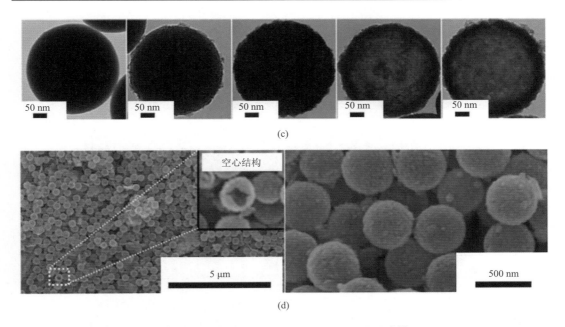

图 4-24　样品的制备流程示意图和微观形貌[162]

（a）硬模板法制备 $MnO_x/CdS/CoP$ 的过程：先在 SiO_2 球上负载 MnO_x 颗粒，然后在上面生长 CdS 壳，经过 NaOH 刻蚀去除 SiO_2 模板后，最后在 MnO_x/CdS 空心球上负载 CoP 纳米颗粒得到 $MnO_x/CdS/CoP$ 光催化剂；（b）、（c）各阶段样品的 TEM 图（从左至右依次为 SiO_2、MnO_x/SiO_2、$MnO_x/SiO_2/CdS$、MnO_x/CdS、$MnO_x/CdS/CoP$）；（d）$MnO_x/CdS/CoP$ 的 SEM 图

　　此外，Bie 等[163]通过硬模板法制备了 CdS 空心球，并采用化学气相沉积法在 CdS 空心球上原位生长氮掺杂石墨烯（NG），实现了光催化 CO_2 的有效还原（图 4-25）。首先，在 500 nm 左右的 SiO_2 球模板上生长 CdS 壳；然后，以吡啶为原料在 CdS/SiO_2 上原位生长氮掺杂石墨烯；最后，通过碱刻蚀去除 SiO_2 模板，得到负载氮掺杂石墨烯的 CdS 空心球。所制备的光催化剂具有空心的内部结构，通过光折射和散射来增强光吸收；薄的壳层用于缩短电子迁移距离；紧密的接触界面可促进载流子的分离和转移；氮掺杂石墨烯外表面用于吸附和活化 CO_2 分子。实现光催化剂与助催化剂之间的无缝接触，为载流子提供无污染、大面积的接触界面，是提高光催化 CO_2 还原性能的有效策略。因此，该研究中作为主要产物的 CO 和 CH_4 的产率分别比原来的 CdS 空心球的产率提高了 4 倍和 5 倍。这个研究强调了光催化剂与助催化剂之间接触界面调节的重要性，为异质结的无缝、大面积接触提供了新的思路。

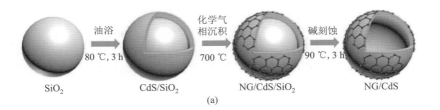

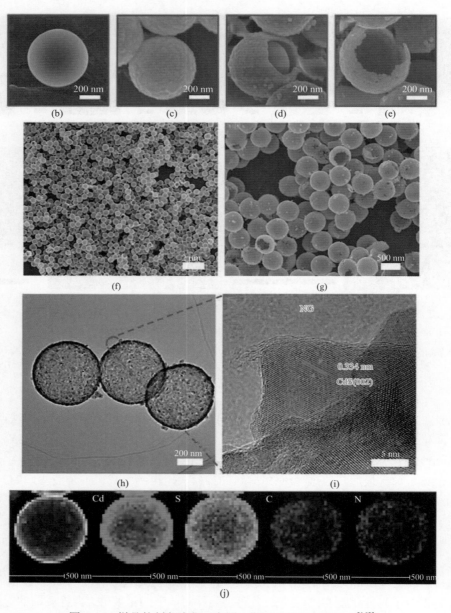

图 4-25　样品的制备流程示意图、微观形貌和元素分布[163]

（a）以硬模板法制备负载氮掺杂石墨烯的 CdS 空心球的工艺流程图；（b）～（e）各阶段样品的 FESEM 图；（f）、（g）CdG2（以 20 μL 吡啶为原料制备的负载氮掺杂石墨烯的 CdS 空心球样品）的 FESEM 图；（h）、（i）CdG2 的 TEM 图；（j）CdG2 的 STEM 图及其 Cd、S、C、N 元素面分布图

除 PSA 和 SiO$_2$ 以外，聚苯乙烯也是一种很好的硬模板。Yuan 等[164]采用硬模板法结合热煅烧法和溶剂热法制备了 CdS/TiO$_2$ 空心微球，并通过将 Au 纳米颗粒沉积在 CdS/TiO$_2$ 上成功制备了 CdS/TiO$_2$/Au 空心微球。结果显示，在由 CdS 纳米颗粒构成的 CdS 壳表面生长了蓬松状的 TiO$_2$ 涂层，形成了空心的介孔双壳结构。这种复合光催化剂在可见光照

射下表现出优异的光催化产氢活性和稳定性，其光催化产氢速率（1720 μmol·g^{-1}·h^{-1}）分别是 CdS/TiO$_2$ 和 CdS 空心微球的 2.37 倍和 12.7 倍，这是由于独特的空心介孔双壳异质结构提高了光吸收率，阻止了 CdS 壳与 O$_2$、H$_2$O 之间的直接接触，促进了传质，减少了光生载流子的复合。这个研究通过合理的设计提高了 CdS 空心球在可见光下的光催化活性，拓宽了 CdS 空心球光催化剂在光催化产氢中的应用。

4.6.3　软模板法制备 CdS 空心球

软模板通常是由表面活性剂分子聚集而成的，主要包括两亲分子形成的各种有序聚合物，如液晶、囊泡、胶团、微乳液、自组装膜以及生物分子和高分子的自组织结构等。分子间或分子内的弱相互作用是维系软模板的作用力，通过该作用力可形成不同空间结构特征的聚集体。这种聚集体具有明显的结构界面，无机物正是通过这种特有的结构界面呈现特定的趋向分布，进而形成具有特异结构的纳米材料。1999 年，Braun 和 Stupp[165]报道了以液晶为软模板制备 CdS 空心球，他们将醋酸镉的盐溶液均匀地分散在液晶中，然后通入 H$_2$S 得到 CdS 与液晶的混合物，再用等体积比的乙醚/乙醇混合液将 CdS 与液晶的混合物清洗多次，最终得到了 CdS 空心球。这对之后的软模板法制备 CdS 空心球的发展具有重要的借鉴意义。此后，Wei 等[166]以聚羧基壳聚糖生物聚合物为软模板制备了单分散 CdS 空心球，并将其应用于光催化降解染料。Yin 等[167]采用软模板法与化学吸附相结合的策略，制备了不同 g-C$_3$N$_4$ 含量的 CdS/g-C$_3$N$_4$ 空心球。研究结果表明，g-C$_3$N$_4$ 涂层能显著提高纯 CdS 纳米空心球的光催化产氢速率，且 g-C$_3$N$_4$ 质量分数为 5%的复合样品产氢速率最高。CdS/g-C$_3$N$_4$ 空心球具有优异的光催化活性主要是由于其尺寸小、载流子传递快、光能利用率高等，因此，这种无贵金属 CdS/g-C$_3$N$_4$ 空心球在可见光照射下具有很大的光催化产氢潜力。此外，Zhang 等[168]采用软模板法制备了一系列锰掺杂的 CdS 空心球光催化剂，在制备过程中，谷胱甘肽作为硫源和软模板在 CdS 空心球的形成过程中起到了重要作用。在可见光（λ>420 nm）照射下，制备的 CdS 空心球和 Mn 掺杂的 CdS 空心球的光催化活性均明显高于 P25，其中，掺杂摩尔分数为 2%的 Mn 的 CdS 空心球样品去除有机污染物罗丹明 B 的光催化活性最高。并且，在甲基橙降解实验中，可见光照射 50 min 后约有 99.2%甲基橙被降解。此外，该催化剂还表现出良好的稳定性，经过 4 次循环后，降解效率仍保持在 85%。Mn 掺杂的 CdS 空心球具有良好的光催化活性主要是其适当的带隙结构和特殊的多孔球形貌协同作用的结果：Mn 的掺杂能促进光诱导电子-空穴对的产生，并作为临时捕获位点抑制了载流子的复合；独特的空心球结构具有特殊的多重散射效应，有利于光的捕获。该材料在环境修复方面具有巨大的应用潜力。

4.6.4　无模板法制备 CdS 空心球

无模板法即反应体系中无须起模板作用的物质即可生成空心结构的方法。其中，自模板法是一种先制备具有一定尺度或形貌的"模板"，再将其转变为空心结构的方法。与硬模板法和软模板法的区别在于，这里的"模板"不仅起到传统模板的支撑框架作用，还直接参与到壳层的形成过程中——"模板"材料直接转化为壳层或者作为壳层的前驱体[169]。因此，自模板法并未借助真正的外来模板参与制备过程，在此将其归于无模板法一类。2003 年，Shao 等[170]采用自模板法制备了 CdS 空心球，他们将 0.002 mol CdSO$_4$ 粉末和 10 mL 30 ℃的饱和硫脲溶液放入锥形瓶中，然后将锥形瓶置于室温（20 ℃）、常压下保存 30 天，最后将反应产物用蒸馏水洗净，在 35 ℃的真空中干燥 4 h 得到 CdS 空心球。这种简单的无模板法为 CdS 空心球的制备提供了极大的便利。Luo 等[171]采用无模板法制备了 CdS 和 Ni 掺杂的 CdS 空心球，该催化剂在可见光照射下对罗丹明 B 的降解具有较好的光催化活性，其中，加入摩尔分数为 1.2%的 Ni 的 CdS 空心球的光降解性能最佳。此外，该催化剂的稳定性较高，经过 4 次循环后，活性没有明显降低。独特的空心球结构有利于内部空间通过多次散射增强对光的捕获，而 Ni^{2+}的掺杂能促进电子-空穴对的产生，并作为光诱导电子的临时捕获位点，抑制载流子的复合。

4.7　小结与展望

综上所述，基于 CdS 的光催化研究已经发展了 60 多年。CdS 的制备方法决定了 CdS 光催化剂的形貌，而 CdS 的形貌对其光催化活性有着至关重要的影响，包括对光吸收、光生载流子的分离与转移、表面活性位点的丰富与暴露、反应物的吸附与活化、带隙和氧化还原电位等方面的调控。通过制备具有不同形貌特征的 CdS 光催化剂来满足不同光催化反应的需求具有重要的现实意义。

CdS 量子点的制备方法主要有热注入法、离子交换法、化学浴沉积法和溶剂热法等。由于其独特的量子特性，CdS 量子点的导带、价带位置可以通过尺寸大小来方便地调节，从而适用于各种光催化反应。小尺寸及强量子限域效应使得载流子更容易转移到 CdS 量子点表面参与光催化反应。此外，量子点中的强载流子-载流子相互作用使得吸收一个高能光子后产生多个激子的可能性大大提高，这种多重激子效应可以使光催化反应中的能量转换效率得到极大的提高。

CdS 纳米颗粒的制备方法主要有热煅烧法、声化学法、微波辅助合成法、溶剂热法和化学浴沉积法等。CdS 纳米颗粒在尺寸上比量子点稍大一些，因此能部分保留量子点的特性。量子点一般都要保存在溶液相中，相比之下，CdS 纳米颗粒要比 CdS 量子点更容易收集和储存。此外，量子点表面一般都会有保护基团，会阻碍光生载流子的转移，而 CdS 纳米颗粒表面就不存在这个问题，这使得 CdS 纳米颗粒与反应物有更好的相容性以及更有效的载流子转移。因此，CdS 纳米颗粒在光催化中的应用也具有重要地位。

CdS 纳米棒的制备方法主要有种子生长法、溶剂热法、热注入法和微波辅助合成法等。纳米棒可以同时具有量子点（如大小可调的能带隙、强载流子相互作用、强界面耦合）和体相晶体（如大的吸收截面和长距离电荷传输与分离）的特性。一方面，一维纳米结构的横向有限尺寸会产生量子限域效应；另一方面，一维纳米结构的纵向无约束尺寸为载流子的传导提供了直接传输路径。在一维纳米结构中，光吸收沿一维纳米结构的较长维度发生，而载流子分离是通过在较短的径向距离上的扩散而发生的。一维纳米结构具有增强的光吸收和散射特性，并具有快速和长距离电荷传输的优点，为有效的人工太阳能转化提供了广阔的前景。

　　CdS 纳米片的制备方法主要有溶剂热法、微波辅助合成法、离子交换法和热煅烧法等。二维纳米片结构为 CdS 在光催化中的应用提供了巨大的优势：①大比表面积有利于光吸收、传质，并增加了反应物与表面的接触概率；②超薄的厚度极大地缩短了光生电子和空穴到达表面的迁移距离，从而降低了电子和空穴复合的概率，提高了光催化性能；③二维纳米片结构具有很高比例的表面暴露原子，从而形成了更多的催化活性位点；④纳米片边缘的原子位点具有不饱和配位和悬空键，有助于有效稳定反应中间体和降低活化能垒。

　　CdS 空心球的制备方法目前主要有硬模板法、软模板法和无模板法三种途径。从几何结构的角度看，三维空心球可以看作是二维纳米薄片的卷曲和封闭，因此，CdS 空心球作为高效的光催化剂既具有二维结构的优势，又具有三维结构的特性。空心结构具有较大的比表面积，为氧化还原反应提供了丰富的活性位点。超薄的壳纳米片亚结构有利于通过减小从内部到表面的扩散距离来增强光诱导电荷的分离。另外，壳层能将外部空间与内部空间分开，使不同的反应能在空间上分离。而且，空心结构的光散射和反射效应可以增强光吸收和利用率。此外，还能通过制备方法对 CdS 光催化剂的微观结构参数（如外表面、内表面、孔隙结构等）进行精确调整。因此，可控合成、结构良好的 CdS 空心球不仅可以在纳米尺度上对催化机理进行系统、深入的研究，而且为合理设计高效催化剂提供了一个良好的策略。

　　CdS 光催化剂的形貌控制离不开科学的方法与原理的指导，随着科技的进步和基础学科的完善，CdS 光催化剂的制备技术也在逐渐发展。然而目前 CdS 的光催化性能还是难以达到实际应用的需求，这也意味着需要进一步设计与制备更高效的 CdS 光催化剂。此外，CdS 光催化剂的制备成本也应该被控制在工业化以下的水平，这样才能实现太阳能高效转换的最终目标。

参 考 文 献

[1]　Di T M，Xu Q L，Ho W K，et al. Review on metal sulphide-based Z-scheme photocatalysts[J]. ChemCatChem，2019，11（5）：1394-1411.

[2]　Low J X，Dai B Z，Tong T，et al. In situ irradiated X-ray photoelectron spectroscopy investigation on a direct Z-scheme TiO$_2$/CdS composite film photocatalyst[J]. Advanced Materials，2019，31（5）：1807920.

[3]　Li Q，Li X，Wageh S，et al. CdS/graphene nanocomposite photocatalysts[J]. Advanced Energy Materials，2015，5（14）：1500010.

[4]　Banerjee R，Jayakrishnan R，Banerjee R，et al. Effect of the size-induced structural transformation on the band gap in CdS nanoparticles[J]. Journal of Physics：Condensed Matter，2000，12（50）：10647-10654.

[5]　Shanavas K V，Sharma S M，Dasgupta I，et al. First-principles study of the effect of organic ligands on the crystal structure of CdS nanoparticles[J]. The Journal of Physical Chemistry C，2012，116（11）：6507-6511.

[6]　Zakharov O，Rubio A，Blasé X，et al. Quasiparticle band structures of six Ⅱ-Ⅵ compounds：ZnS，ZnSe，ZnTe，CdS，CdSe，and CdTe[J]. Physical Review B，1994，50（15）：10780-10787.

[7]　Tong H，Umezawa N，Ye J H，et al. Electronic coupling assembly of semiconductor nanocrystals：self-narrowed band gap to promise solar energy utilization[J]. Energy & Environmental Science，2011，4（5）：1684-1689.

[8]　Zhang G，Monllor-Satoca D，Choi Wongyong. Band energy levels and compositions of CdS-based solid solution and their

relation with photocatalytic activities[J]. Catalysis Science & Technology，2013，3（7）：1790-1797.

[9]　Zhang J F，Wageh S，Al-Ghamdi A，et al. New understanding on the different photocatalytic activity of wurtzite and zinc-blende CdS[J]. Applied Catalysis B：Environmental，2016，192：101-107.

[10]　de Mello Donegá C，Liljeroth P，Vanmaekelbergh D. Physicochemical evaluation of the hot-injection method，a synthesis route for monodisperse nanocrystals[J]. Small，2005，1（12）：1152-1162.

[11]　Park J，Joo J，Kwon S G，et al. Synthesis of monodisperse spherical nanocrystals[J]. Angewandte Chemie（International Edition），2007，46（25）：4630-4660.

[12]　Lyell C. A manual of elementary geology[M]. Boston：Murray，1855.

[13]　Byrappa K，Yoshimura M. Handbook of hydrothermal technology[M]. Norwich：William Andrew，2012.

[14]　Qi J，Lai X Y，Wang J Y，et al. Multi-shelled hollow micro-/nanostructures[J]. Chemical Society Reviews，2015，44（19）：6749-6773.

[15]　Caruso F，Caruso R A，Möhwald H. Nanoengineering of inorganic and hybrid hollow spheres by colloidal templating[J]. Science，1998，282（5391）：1111-1114.

[16]　Weng W S，Lin J，Du Y C，et al. Template-free synthesis of metal oxide hollow micro-/nanospheres via Ostwald ripening for lithium-ion batteries[J]. Journal of Materials Chemistry A，2018，6（22）：10168-10175.

[17]　Zhang Q，Zhang T R，Ge J P，et al. Permeable silica shell through surface-protected etching[J]. Nano Letters，2008，8（9）：2867-2871.

[18]　Yin Y D，Rioux R M，Erdonmez C K，et al. Formation of hollow nanocrystals through the nanoscale Kirkendall effect[J]. Science，2004，304（5671）：711-714.

[19]　Xia X H，Wang Y，Ruditskiy A，et al. Galvanic replacement：a simple and versatile route to hollow nanostructures with tunable and well-controlled properties[J]. Advanced Materials，2013，25（44）：6313-6333.

[20]　Kozhevnikova N S，Vorokh A S，Uritskaya A A. Cadmium sulfide nanoparticles prepared by chemical bath deposition[J]. Russian Chemical Reviews，2015，84（3）：225-250.

[21]　Suslick K S. Sonochemistry[J]. Science，1990，247（4949）：1439-1445.

[22]　Suslick K S，Flannigan D J. Inside a collapsing bubble：sonoluminescence and the conditions during cavitation[J]. Annual Review of Physical Chemistry，2008，59：659-683.

[23]　Leighton T. The acoustic bubble[M]. London：Academic Press，1994.

[24]　Suslick K S. Effects of ultrasound on surfaces and solids[J]. Advances in Sonochemistry，1990，1：197-230.

[25]　Wood R W，Loomis A L. The physical and biological effects of high-frequency sound-waves of great intensity[J]. The London，Edinburgh，and Dublin Philosophical Magazine and Journal of Science，1927，4（22）：417-436.

[26]　Richards W T，Loomis A L. The chemical effects of high frequency sound waves I. A preliminary survey[J]. Journal of the American Chemical Society，1927，49（12）：3086-3100.

[27]　Suslick K S. The chemical effects of ultrasound[J]. Scientific American，1989，260（2）：80-87.

[28]　Cho G，Park Y S，Hong Y K，et al. Ion exchange：an advanced synthetic method for complex nanoparticles[J]. Nano Convergence，2019，6：17.

[29]　Son D H，Hughes S M，Yin Y D，et al. Cation exchange reactions in ionic nanocrystals[J]. Science，2004，306（5698）：1009-1012.

[30]　Beberwyck B J，Surendranath Y，Alivisatos A P. Cation exchange：a versatile tool for nanomaterials synthesis[J]. The Journal of Physical Chemistry C，2013，117（39）：19759-19770.

[31]　De Trizio L，Manna L. Forging colloidal nanostructures via cation exchange reactions[J]. Chemical Reviews，2016，116（18）：10852-10887.

[32]　Li X Y，Ji M W，Li H B，et al. Cation/anion exchange reactions toward the syntheses of upgraded nanostructures：principles and applications[J]. Matter，2020，2（3）：554-586.

[33]　Pearson R G. Hard and soft acids and bases[J]. Journal of the American Chemical Society，1963，85（22）：3533-3539.

[34]　Gedye R，Smith F，Westaway K，et al. The use of microwave ovens for rapid organic synthesis[J]. Tetrahedron Letters，1986，27（3）：279-282.

[35]　Bilecka I，Niederberger M. Microwave chemistry for inorganic nanomaterials synthesis[J]. Nanoscale，2010，2（8）：1358-1374.

[36]　Czochralski J. Ein neues Verfahren zur Messung der Kristallisationsgeschwindigkeit der Metalle[J]. Zeitschrift für Physikalische Chemie，1918，92（1）：219-221.

[37]　Carbone L，Nobile C，De Giorgi M，et al. Synthesis and micrometer-scale assembly of colloidal CdSe/CdS nanorods prepared by a seeded growth approach[J]. Nano Letters，2007，7（10）：2942-2950.

[38]　LaMer V K，Dinegar R H. Theory，production and mechanism of formation of monodispersed hydrosols[J]. Journal of the American Chemical Society，1950，72（11）：4847-4854.

[39]　Xia Y N，Gilroy K D，Peng H C，et al. Seed-mediated growth of colloidal metal nanocrystals[J]. Angewandte Chemie（International Edition），2017，56（1）：60-95.

[40]　Serpone N，Emeline A V，Horikoshi S，et al. On the genesis of heterogeneous photocatalysis：a brief historical perspective in the period 1910 to the mid-1980s[J]. Photochemical & Photobiological Sciences，2012，11（7）：1121-1150.

[41]　Plotnikow J. Textbook of photochemistry[M]. Berlin：Verlag von Wilhelm Knapp，1910.

[42]　Eibner A. Action of light on pigments I[J]. Chemiker-Zeitung，1911，35：753-755.

[43]　Bruner L，Kozak J. Information on the photocatalysis I the light reaction in uranium salt plus oxalic acid mixtures[J]. Zeitschrift für Elektrochemie und Angewandte Physikalische Chemie，1911，17：354-360.

[44]　Landau M. Le phénomène de la photocatalyse[J]. Comptes Rendus，1913，156：1894-1896.

[45]　Baly E C C，Heilbron I M，Barker W F. CX.—Photocatalysis. Part I. The synthesis of formaldehyde and carbohydrates from carbon dioxide and water[J]. Journal of the Chemical Society，Transactions，1921，119：1025-1035.

[46]　Goodeve C F，Kitchener J A. The mechanism of photosensitisation by solids[J]. Transactions of the Faraday Society，1938，34：902-908.

[47]　Stephens R E，Ke B，Trivich D. The efficiencies of some solids as catalysts for the photosynthesis of hydrogen peroxide[J]. The Journal of Physical Chemistry，1955，59（9）：966-969.

[48]　Baur E. 4. Einzelvorträge：Photochemie.：Über Sensibilierte Photolysen[J]. Zeitschrift für Elektrochemie und Angewandte Physikalische Chemie，1928，34（9）：595-598.

[49]　Schleede A. Über die Schwärzung des Zinksulfids durch Licht[J]. Zeitschrift für Physikalische Chemie，1923，106U（1）：386-398.

[50]　Watanabe T，Takizawa T，Honda K. Photocatalysis through excitation of adsorbates. 1. Highly efficient N-deethylation of rhodamine B adsorbed to cadmium sulfide[J]. The Journal of Physical Chemistry，1977，81（19）：1845-1851.

[51]　Darwent J R. H_2 production photosensitized by aqueous semiconductor dispersions[J]. Journal of the Chemical Society，Faraday Transactions 2，1981，77（9）：1703-1709.

[52]　Eggins B R，Irvine J T S，Murphy E P，et al. Formation of two-carbon acids from carbon dioxide by photoreduction on cadmium sulphide[J]. Journal of the Chemical Society，Chemical Communications，1988，（16）：1123-1124.

[53]　Tada H，Mitsui T，Kiyonaga T，et al. All-solid-state Z-scheme in CdS-Au-TiO$_2$ three-component nanojunction system[J]. Nature Materials，2006，5（10）：782-786.

[54]　Zong X，Yan H J，Wu G P，et al. Enhancement of photocatalytic H_2 evolution on CdS by loading MoS$_2$ as cocatalyst under visible light irradiation[J]. Journal of the American Chemical Society，2008，130（23）：7176-7177.

[55]　Li Q，Guo B D，Yu J G，et al. Highly efficient visible-light-driven photocatalytic hydrogen production of CdS-cluster-decorated graphene nanosheets[J]. Journal of the American Chemical Society，2011，133（28）：10878-10884.

[56]　Yu J G，Yu Y F，Zhou P，et al. Morphology-dependent photocatalytic H$_2$-production activity of CdS[J]. Applied Catalysis B：Environmental，2014，156-157：184-191.

[57]　Badalyan A，Yang Z Y，Hu M W，et al. Tailoring electron transfer pathway for photocatalytic N$_2$-to-NH$_3$ reduction in a CdS quantum dots-nitrogenase system[J]. Sustainable Energy & Fuels，2022，6（9）：2256-2263.

[58] Ma D D，Shi J W，Zou Y J，et al. Highly efficient photocatalyst based on a CdS quantum dots/ZnO nanosheets 0D/2D heterojunction for hydrogen evolution from water splitting[J]. ACS Applied Materials & Interfaces，2017，9（30）：25377-25386.

[59] Kandi D，Martha S，Thirumurugan A，et al. Modification of BiOI microplates with CdS QDs for enhancing stability，optical property，electronic behavior toward rhodamine B decolorization，and photocatalytic hydrogen evolution[J]. The Journal of Physical Chemistry C，2017，121（9）：4834-4849.

[60] Jensen S C，Homan S B，Weiss E A. Photocatalytic conversion of nitrobenzene to aniline through sequential proton-coupled one-electron transfers from a cadmium sulfide quantum dot[J]. Journal of the American Chemical Society，2016，138（5）：1591-1600.

[61] Cao S W，Wang Y J，Zhu B C，et al. Enhanced photochemical CO_2 reduction in the gas phase by graphdiyne[J]. Journal of Materials Chemistry A，2020，8（16）：7671-7676.

[62] Jin J，Yu J G，Guo D P，et al. A hierarchical Z-scheme CdS-WO_3 photocatalyst with enhanced CO_2 reduction activity[J]. Small，2015，11（39）：5262-5271.

[63] Pan Y X，Peng J B，Xin S，et al. Enhanced visible-light-driven photocatalytic H_2 evolution from water on noble-metal-free CdS-nanoparticle-dispersed Mo_2C@C nanospheres[J]. ACS Sustainable Chemistry & Engineering，2017，5（6）：5449-5456.

[64] Shang L，Tong B，Yu H J，et al. CdS nanoparticle-decorated Cd nanosheets for efficient visible light-driven photocatalytic hydrogen evolution[J]. Advanced Energy Materials，2016，6（3）：1501241.

[65] Di T，Zhu B C，Zhang J，et al. Enhanced photocatalytic H_2 production on CdS nanorod using cobalt-phosphate as oxidation cocatalyst[J]. Applied Surface Science，2016，389：775-782.

[66] Zhou X，Jin J，Zhu X J，et al. New $Co(OH)_2$/CdS nanowires for efficient visible light photocatalytic hydrogen production[J]. Journal of Materials Chemistry A，2016，4（14）：5282-5287.

[67] Ran J R，Yu J G，Jaroniec M. $Ni(OH)_2$ modified CdS nanorods for highly efficient visible-light-driven photocatalytic H_2 generation[J]. Green Chemistry，2011，13（10）：2708-2713.

[68] Yu J G，Yu Y F，Cheng B. Enhanced visible-light photocatalytic H_2-production performance of multi-armed CdS nanorods[J]. RSC Advances，2012，2（31）：11829-11835.

[69] Madhusudan P，Zhang J，Cheng B，et al. Fabrication of $CdMoO_4$@CdS core-shell hollow superstructures as high performance visible-light driven photocatalysts[J]. Physical Chemistry Chemical Physics，2015，17（23）：15339-15347.

[70] Xu Q C，Zeng J X，Wang H Q，et al. Ligand-triggered electrostatic self-assembly of CdS nanosheet/Au nanocrystal nanocomposites for versatile photocatalytic redox applications[J]. Nanoscale，2016，8（45）：19161-19173.

[71] Iqbal S，Pan Z W，Zhou K B. Enhanced photocatalytic hydrogen evolution from in situ formation of few-layered MoS_2/CdS nanosheet-based van der Waals heterostructures[J]. Nanoscale，2017，9（20）：6638-6642.

[72] Huang J X，Xie Y，Li B，et al. In-situ source-template-interface reaction route to semiconductor CdS submicrometer hollow spheres[J]. Advanced Materials，2000，12（11）：808-811.

[73] Yu X L，Du R F，Li B Y，et al. Biomolecule-assisted self-assembly of CdS/MoS_2/graphene hollow spheres as high-efficiency photocatalysts for hydrogen evolution without noble metals[J]. Applied Catalysis B：Environmental，2016，182：504-512.

[74] Ma Y R，Qi L M，Ma J M，et al. Synthesis of submicrometer-sized CdS hollow spheres in aqueous solutions of a triblock copolymer[J]. Langmuir，2003，19（21）：9079-9085.

[75] Wu D Z，Ge X W，Zhang Z C，et al. Novel one-step route for synthesizing CdS/polystyrene nanocomposite hollow spheres[J]. Langmuir，2004，20（13）：5192-5195.

[76] Reed M A，Bate R T，Bradshaw K，et al. Spatial quantization in GaAs-AlGaAs multiple quantum dots[J]. Journal of Vacuum Science & Technology B：Microelectronics Processing and Phenomena，1986，4（1）：358-360.

[77] Kalyanasundaram K，Borgarello E，Duonghong D，et al. Cleavage of water by visible-light irradiation of colloidal CdS solutions；inhibition of photocorrosion by RuO_2[J]. Angewandte Chemie（International Edition），1981，20（11）：987-988.

[78] Rossetti R，Nakahara S，Brus L E. Quantum size effects in the redox potentials，resonance Raman spectra，and electronic spectra of CdS crystallites in aqueous solution[J]. The Journal of Chemical Physics，1983，79（2）：1086-1088.

[79] Wu K F，Lian T Q. Quantum confined colloidal nanorod heterostructures for solar-to-fuel conversion[J]. Chemical Society Reviews，2016，45（14）：3781-3810.

[80] Beard M C. Multiple exciton generation in semiconductor quantum dots[J]. The Journal of Physical Chemistry Letters，2011，2（11）：1282-1288.

[81] Nozik A J. Multiple exciton generation in semiconductor quantum dots[J]. Chemical Physics Letters，2008，457（1-3）：3-11.

[82] Fan X B，Yu S，Hou B，et al. Quantum dots based photocatalytic hydrogen evolution[J]. Israel Journal of Chemistry，2019，59（8）：762-773.

[83] Murray C B，Norris D J，Bawendi M G. Synthesis and characterization of nearly monodisperse CdE（E = sulfur，selenium，tellurium）semiconductor nanocrystallites[J]. Journal of the American Chemical Society，1993，115（19）：8706-8715.

[84] Peng Z A，Peng X. Formation of high-quality CdTe，CdSe，and CdS nanocrystals using CdO as precursor[J]. Journal of the American Chemical Society，2001，123（1）：183-184.

[85] Chang C M，Orchard K L，Martindale B C M，et al. Ligand removal from CdS quantum dots for enhanced photocatalytic H_2 generation in pH neutral water[J]. Journal of Materials Chemistry A，2016，4（8）：2856-2862.

[86] Kuehnel M F，Wakerley D W，Orchard K L，et al. Photocatalytic formic acid conversion on CdS nanocrystals with controllable selectivity for H_2 or CO[J]. Angewandte Chemie（International Edition），2015，54（33）：9627-9631.

[87] Wang P，Zhang J，He H L，et al. The important role of surface ligand on CdSe/CdS core/shell nanocrystals in affecting the efficiency of H_2 photogeneration from water[J]. Nanoscale，2015，7（13）：5767-5775.

[88] Thibert A，Frame F A，Busby E，et al. Sequestering high-energy electrons to facilitate photocatalytic hydrogen generation in CdSe/CdS nanocrystals[J]. The Journal of Physical Chemistry Letters，2011，2（21）：2688-2694.

[89] Huang L，Wang X L，Yang J H，et al. Dual cocatalysts loaded type I CdS/ZnS core/shell nanocrystals as effective and stable photocatalysts for H_2 evolution[J]. The Journal of Physical Chemistry C，2013，117（22）：11584-11591.

[90] Gao R R，Cheng B，Fan J J，et al. $Zn_xCd_{1-x}S$ quantum dot with enhanced photocatalytic H_2-production performance[J]. Chinese Journal of Catalysis，2021，42（1）：15-24.

[91] Li G S，Zhang D Q，Yu J C. A new visible-light photocatalyst：CdS quantum dots embedded mesoporous TiO_2[J]. Environmental Science & Technology，2009，43（18）：7079-7085.

[92] Yu J G，Zhang J，Jaroniec M. Preparation and enhanced visible-light photocatalytic H_2-production activity of CdS quantum dots-sensitized $Zn_{1-x}Cd_xS$ solid solution[J]. Green Chemistry，2010，12（9）：1611.

[93] Tang N M，Li Y J，Chen F T，et al. In situ fabrication of a direct Z-scheme photocatalyst by immobilizing CdS quantum dots in the channels of graphene-hybridized and supported mesoporous titanium nanocrystals for high photocatalytic performance under visible light[J]. RSC Advances，2018，8（73）：42233-42245.

[94] Ge L，Zuo F，Liu J K，et al. Synthesis and efficient visible light photocatalytic hydrogen evolution of polymeric g-C_3N_4 coupled with CdS quantum dots[J]. The Journal of Physical Chemistry C，2012，116（25）：13708-13714.

[95] Mao X L，Xu D X，Fu M L，et al. Synthesis，characterization，and visible photocatalytic performance of Zn_2GeO_4 nanobelts modified by CdS quantum dots[J]. Chemical Engineering Journal，2013，218：73-80.

[96] Liu L J，Hui J N，Su L L，et al. Uniformly dispersed CdS/CdSe quantum dots co-sensitized TiO_2 nanotube arrays with high photocatalytic property under visible light[J]. Materials Letters，2014，132：231-235.

[97] Ge L，Liu J. Efficient visible light-induced photocatalytic degradation of methyl orange by QDs sensitized CdS-Bi_2WO_6[J]. Applied Catalysis B：Environmental，2011，105（3-4）：289-297.

[98] Liu Z S，Wu B T，Zhu Y B，et al. Cadmium sulphide quantum dots sensitized hierarchical bismuth oxybromide microsphere with highly efficient photocatalytic activity[J]. Journal of Colloid and Interface Science，2013，392：337-342.

[99] Xiang X L，Zhu B C，Cheng B，et al. Enhanced photocatalytic H_2-production activity of CdS quantum dots using Sn^{2+} as cocatalyst under visible light irradiation[J]. Small，2020，16（26）：2001024.

[100] Liu J X，Pu X P，Zhang D F，et al. Combustion synthesis of CdS/reduced graphene oxide composites and their photocatalytic properties[J]. Materials Research Bulletin，2014，57：29-34.

[101] Mani A D, Xanthopoulos N, Laub D, et al. Combustion synthesis of cadmium sulphide nanomaterials for efficient visible light driven hydrogen production from water[J]. Journal of Chemical Sciences, 2014, 126 (4): 967-973.

[102] Mondal G, Acharjya M, Santra A, et al. A new pyrazolyl dithioate function in the precursor for the shape controlled growth of CdS nanocrystals: optical and photocatalytic activities[J]. New Journal of Chemistry, 2015, 39 (12): 9487-9496.

[103] Liu X W, Fang Z, Zhang X J, et al. Preparation and characterization of Fe_3O_4/CdS nanocomposites and their use as recyclable photocatalysts[J]. Crystal Growth & Design, 2009, 9 (1): 197-202.

[104] Ghows N, Entezari M H. Fast and easy synthesis of core-shell nanocrystal (CdS/TiO_2) at low temperature by micro-emulsion under ultrasound[J]. Ultrasonics Sonochemistry, 2011, 18 (2): 629-634.

[105] Wang R, Xu D, Liu J B, et al. Preparation and photocatalytic properties of CdS/$La_2Ti_2O_7$ nanocomposites under visible light[J]. Chemical Engineering Journal, 2011, 168 (1): 455-460.

[106] Hao L X, Chen G, Yu Y G, et al. Sonochemistry synthesis of Bi_2S_3/CdS heterostructure with enhanced performance for photocatalytic hydrogen evolution[J]. International Journal of Hydrogen Energy, 2014, 39 (26): 14479-14486.

[107] Mukhopadhyay S, Mondal I, Pal U, et al. Fabrication of hierarchical ZnO/CdS heterostructured nanocomposites for enhanced hydrogen evolution from solar water splitting[J]. Physical Chemistry Chemical Physics, 2015, 17 (31): 20407-20415.

[108] Liu X J, Pan L K, Lv T, et al. Microwave-assisted synthesis of CdS-reduced graphene oxide composites for photocatalytic reduction of Cr (VI) [J]. Chemical Communications, 2011, 47 (43): 11984-11986.

[109] Li F Y, Hou Y P, Yu Z B, et al. Oxygen deficiency introduced to Z-scheme CdS/WO_{3-x} nanomaterials with MoS_2 as the cocatalyst towards enhancing visible-light-driven hydrogen evolution[J]. Nanoscale, 2019, 11 (22): 10884-10895.

[110] Meng Y D, Hong Y Z, Huang C Y, et al. Fabrication of novel Z-scheme $InVO_4$/CdS heterojunctions with efficiently enhanced visible light photocatalytic activity[J]. CrystEngComm, 2017, 19 (6): 982-993.

[111] Diarmand-Khalilabad H, Habibi-Yangjeh A, Seifzadeh D, et al. g-C_3N_4 nanosheets decorated with carbon dots and CdS nanoparticles: novel nanocomposites with excellent nitrogen photofixation ability under simulated solar irradiation[J]. Ceramics International, 2019, 45 (2): 2542-2555.

[112] Jin H L, Chen L Y, Liu A L, et al. The significance of different heating methods on the synthesis of CdS nanocrystals[J]. RSC Advances, 2016, 6 (34): 28229-28235.

[113] Xia Y, Cheng B, Fan J J, et al. Unraveling photoexcited charge transfer pathway and process of CdS/graphene nanoribbon composites toward visible-light photocatalytic hydrogen evolution[J]. Small, 2019, 15 (34): 1902459.

[114] Peng T Y, Zhang X H, Zeng P, et al. Carbon encapsulation strategy of Ni co-catalyst: highly efficient and stable Ni@C/CdS nanocomposite photocatalyst for hydrogen production under visible light[J]. Journal of Catalysis, 2013, 303: 156-163.

[115] Jia X, Tahir M, Pan L, et al. Direct Z-scheme composite of CdS and oxygen-defected $CdWO_4$: an efficient visible-light-driven photocatalyst for hydrogen evolution[J]. Applied Catalysis B: Environmental, 2016, 198: 154-161.

[116] Wang D K, Li X, Zheng L L, et al. Size-controlled synthesis of CdS nanoparticles confined on covalent triazine-based frameworks for durable photocatalytic hydrogen evolution under visible light[J]. Nanoscale, 2018, 10 (41): 19509-19516.

[117] Xu X Y, Luo F T, Zhou G, et al. Self-assembly optimization of cadmium/molybdenum sulfide hybrids by cation coordination competition toward extraordinarily efficient photocatalytic hydrogen evolution[J]. Journal of Materials Chemistry A, 2018, 6 (38): 18396-18402.

[118] Pawar R C, Lee C S. Single-step sensitization of reduced graphene oxide sheets and CdS nanoparticles on ZnO nanorods as visible-light photocatalysts[J]. Applied Catalysis B: Environmental, 2014, 144: 57-65.

[119] Wang S L, Li J J, Zhou X D, et al. Facile preparation of 2D sandwich-like CdS nanoparticles/nitrogen-doped reduced graphene oxide hybrid nanosheets with enhanced photoelectrochemical properties[J]. Journal of Materials Chemistry A, 2014, 2 (46): 19815-19821.

[120] Qi L F, Yu J G, Jaroniec M. Preparation and enhanced visible-light photocatalytic H_2-production activity of CdS-sensitized Pt/TiO_2 nanosheets with exposed (001) facets[J]. Physical Chemistry Chemical Physics, 2011, 13 (19): 8915-8923.

[121] Chai N N, Wang H X, Hu C X, et al. Well-controlled layer-by-layer assembly of carbon dot/CdS heterojunctions for efficient

visible-light-driven photocatalysis[J]. Journal of Materials Chemistry A，2015，3（32）：16613-16620.

[122] Wang S，Zhu B C，Liu M J，et al. Direct Z-scheme ZnO/CdS hierarchical photocatalyst for enhanced photocatalytic H$_2$-production activity[J]. Applied Catalysis B：Environmental，2019，243：19-26.

[123] Katz D，Wizansky T，Millo O，et al. Size-dependent tunneling and optical spectroscopy of CdSe quantum rods[J]. Physical Review Letters，2002，89（8）：086801.

[124] Li L S，Hu J T，Yang W D，et al. Band gap variation of size-and shape-controlled colloidal CdSe quantum rods[J]. Nano Letters，2001，1（7）：349-351.

[125] Wu K F，Zhu H M，Lian T Q. Ultrafast exciton dynamics and light-driven H$_2$ evolution in colloidal semiconductor nanorods and Pt-tipped nanorods[J]. Accounts of Chemical Research，2015，48（3）：851-859.

[126] Liu S Q，Tang Z R，Sun Y G，et al. One-dimension-based spatially ordered architectures for solar energy conversion[J]. Chemical Society Reviews，2015，44（15）：5053-5075.

[127] Tian J，Zhao Z H，Kumar A，et al. Recent progress in design，synthesis，and applications of one-dimensional TiO$_2$ nanostructured surface heterostructures：a review[J]. Chemical Society Reviews，2014，43（20）：6920-6937.

[128] Ma G J，Liu J Y，Hisatomi T，et al. Site-selective photodeposition of Pt on a particulate Sc-La$_5$Ti$_2$CuS$_5$O$_7$ photocathode：evidence for one-dimensional charge transfer[J]. Chemical Communications，2015，51（20）：4302-4305.

[129] Bierman M J，Jin S. Potential applications of hierarchical branching nanowires in solar energy conversion[J]. Energy & Environmental Science，2009，2（10）：1050-1059.

[130] Amirav L，Alivisatos A P. Photocatalytic hydrogen production with tunable nanorod heterostructures[J]. The Journal of Physical Chemistry Letters，2010，1（7）：1051-1054.

[131] Wu K F，Rodriguez-Córdoba W，Lian T Q. Exciton localization and dissociation dynamics in CdS and CdS-Pt quantum confined nanorods: effect of nonuniform rod diameters[J]. The Journal of Physical Chemistry B，2014，118（49）：14062-14069.

[132] Ben-Shahar Y，Scotognella F，Kriegel I，et al. Optimal metal domain size for photocatalysis with hybrid semiconductor-metal nanorods[J]. Nature Communications，2016，7：10413.

[133] Jin J，Yu J G，Liu G，et al. Single crystal CdS nanowires with high visible-light photocatalytic H$_2$-production performance[J]. Journal of Materials Chemistry A，2013，1（36）：10927-10934.

[134] Zhang L，Fu X L，Meng S G，et al. Ultra-low content of Pt modified CdS nanorods：one-pot synthesis and high photocatalytic activity for H$_2$ production under visible light[J]. Journal of Materials Chemistry A，2015，3（47）：23732-23742.

[135] Li C H，Wang H M，Naghadeh S B，et al. Visible light driven hydrogen evolution by photocatalytic reforming of lignin and lactic acid using one-dimensional NiS/CdS nanostructures[J]. Applied Catalysis B：Environmental，2018，227：229-239.

[136] Zhang J，Qiao S Z，Qi L F，et al. Fabrication of NiS modified CdS nanorod p-n junction photocatalysts with enhanced visible-light photocatalytic H$_2$-production activity[J]. Physical Chemistry Chemical Physics，2013，15（29）：12088-12094.

[137] Simon T，Bouchonville N，Berr M J，et al. Redox shuttle mechanism enhances photocatalytic H$_2$ generation on Ni-decorated CdS nanorods[J]. Nature Materials，2014，13（11）：1013-1018.

[138] Li L，Liu G N，Qi S P，et al. Highly efficient colloidal Mn$_x$Cd$_{1-x}$S nanorod solid solution for photocatalytic hydrogen generation[J]. Journal of Materials Chemistry A，2018，6（46）：23683-23689.

[139] Wolff C M，Frischmann P D，Schulze M，et al. All-in-one visible-light-driven water splitting by combining nanoparticulate and molecular co-catalysts on CdS nanorods[J]. Nature Energy，2018，3（10）：862-869.

[140] Yu J G，Jin J，Cheng B，et al. A noble metal-free reduced graphene oxide-CdS nanorod composite for the enhanced visible-light photocatalytic reduction of CO$_2$ to solar fuel[J]. Journal of Materials Chemistry A，2014，2（10）：3407-3416.

[141] Liu G，Zhen C，Kang Y Y，et al. Unique physicochemical properties of two-dimensional light absorbers facilitating photocatalysis[J]. Chemical Society Reviews，2018，47（16）：6410-6444.

[142] Xiong J，Di J，Li H M. Atomically thin 2D multinary nanosheets for energy-related photo，electrocatalysis[J]. Advanced Science，2018，5（7）：1800244.

[143] Sun Z Y，Talreja N，Tao H C，et al. Catalysis of carbon dioxide photoreduction on nanosheets: fundamentals and challenges[J].

Angewandte Chemie（International Edition），2018，57（26）：7610-7627.

[144] Ma S，Xu X M，Xie J，et al. Improved visible-light photocatalytic H_2 generation over CdS nanosheets decorated by NiS_2 and metallic carbon black as dual earth-abundant cocatalysts[J]. Chinese Journal of Catalysis，2017，38（12）：1970-1980.

[145] Ma S，Deng Y P，Xie J，et al. Noble-metal-free Ni_3C cocatalysts decorated CdS nanosheets for high-efficiency visible-light-driven photocatalytic H_2 evolution[J]. Applied Catalysis B：Environmental，2018，227：218-228.

[146] Pan Z W，Li J N，Zhou K B. Wrinkle-free atomically thin CdS nanosheets for photocatalytic hydrogen evolution[J]. Nanotechnology，2018，29（21）：215402.

[147] Han G Q，Jin Y H，Burgess R A，et al. Visible-light-driven valorization of biomass intermediates integrated with H_2 production catalyzed by ultrathin Ni/CdS nanosheets[J]. Journal of the American Chemical Society，2017，139（44）：15584-15587.

[148] Ke X C，Dai K，Zhu G P，et al. In situ photochemical synthesis noble-metal-free NiS on CdS-diethylenetriamine nanosheets for boosting photocatalytic H_2 production activity[J]. Applied Surface Science，2019，481：669-677.

[149] Di T M，Cheng B，Ho Wingkei，et al. Hierarchically CdS-Ag_2S nanocomposites for efficient photocatalytic H_2 production[J]. Applied Surface Science，2019，470：196-204.

[150] Xiang Q J，Cheng B，Yu J G. Hierarchical porous CdS nanosheet-assembled flowers with enhanced visible-light photocatalytic H_2-production performance[J]. Applied Catalysis B：Environmental，2013，138-139：299-303.

[151] Zhao W W，Liu C B，Cao L M，et al. Porous single-crystalline CdS nanosheets as efficient visible light catalysts for aerobic oxidative coupling of amines to imines[J]. RSC Advances，2013，3（45）：22944-22948.

[152] He J，Chen L，Yi Z Q，et al. Fabrication of two-dimensional porous CdS nanoplates decorated with C_3N_4 nanosheets for highly efficient photocatalytic hydrogen production from water splitting[J]. Catalysis Communications，2017，99：79-82.

[153] Cheng L，Zhang D D，Liao Y L，et al. One-step solid-phase synthesis of 2D ultrathin CdS nanosheets for enhanced visible-light photocatalytic hydrogen evolution[J]. Solar RRL，2019，3（6）：1900062.

[154] Zhukovskyi M，Tongying P，Yashan H，et al. Efficient photocatalytic hydrogen generation from Ni nanoparticle decorated CdS nanosheets[J]. ACS Catalysis，2015，5（11）：6615-6623.

[155] Prieto G，Tueysuez H，Duyckaerts N，et al. Hollow nano-and microstructures as catalysts[J]. Chemical Reviews，2016，116（22）：14056-14119.

[156] Wang S B，Wang Y，Zang S Q，et al. Hierarchical hollow heterostructures for photocatalytic CO_2 reduction and water splitting[J]. Small Methods，2019，4（1）：1900586.

[157] Zhang P，Lou X W D. Design of heterostructured hollow photocatalysts for solar-to-chemical energy conversion[J]. Advanced Materials，2019，31（29）：1900281.

[158] Xiao M，Wang Z L，Lyu M Q，et al. Hollow nanostructures for photocatalysis：advantages and challenges[J]. Advanced Materials，2019，31（38）：1801369.

[159] Zhu W，Chen Z，Pan Y，et al. Functionalization of hollow nanomaterials for catalytic applications：nanoreactor construction[J]. Advanced Materials，2019，31（38）：1800426.

[160] Song C X，Gu G H，Lin Y S，et al. Preparation and characterization of CdS hollow spheres[J]. Materials Research Bulletin，2003，38（5）：917-924.

[161] Jiang W Q，Jiang C F，Zhen C，et al. Fabrication and characterization of photocatalytic activity of Fe_3O_4-doped CdS hollow spheres[J]. Journal of Physics and Chemistry of Solids，2009，70（3-4）：782-786.

[162] Xing M Y，Qiu B C，Du M M，et al. Spatially separated CdS shells exposed with reduction surfaces for enhancing photocatalytic hydrogen evolution[J]. Advanced Functional Materials，2017，27（35）：1702624.

[163] Bie C B，Zhu B C，Xu F Y，et al. In situ grown monolayer N-doped graphene on CdS hollow spheres with seamless contact for photocatalytic CO_2 reduction[J]. Advanced Materials，2019，31（42）：1902868.

[164] Yuan W，Zhang Z，Cui X L，et al. Fabrication of hollow mesoporous CdS@TiO_2@Au microspheres with high photocatalytic activity for hydrogen evolution from water under visible light[J]. ACS Sustainable Chemistry & Engineering，2018，6（11）：13766-13777.

[165] Braun P V，Stupp S I. CdS mineralization of hexagonal，lamellar，and cubic lyotropic liquid crystals[J]. Materials Research Bulletin，1999，34（3）：463-469.

[166] Wei C Z，Zang W Z，Yin J Z，et al. Biomolecule-assisted construction of cadmium sulfide hollow spheres with structure-dependent photocatalytic activity[J]. ChemPhysChem，2013，14（3）：591-596.

[167] Yin C C，Cui L F，Pu T T，et al. Facile fabrication of nano-sized hollow-CdS@g-C$_3$N$_4$ core-shell spheres for efficient visible-light-driven hydrogen evolution[J]. Applied Surface Science，2018，456：464-472.

[168] Zhang C Y，Lai J S，Hu J C. Hydrothermal synthesis of Mn-doped CdS hollow sphere nanocomposites as efficient visible-light driven photocatalysts[J]. RSC Advances，2015，5（20）：15110-15117.

[169] Zhang Q，Wang W S，Goebl J，et al. Self-templated synthesis of hollow nanostructures[J]. Nano Today，2009，4（6）：494-507.

[170] Shao M W，Wang D B，Hu B，et al. Self-template route to CdS hollow spheres and in situ conversion to CdS/Ag$_2$S composite materials[J]. Journal of Crystal Growth，2003，249（3）：549-552.

[171] Luo M，Liu Y，Hu J C，et al. One-pot synthesis of CdS and Ni-doped CdS hollow spheres with enhanced photocatalytic activity and durability[J]. ACS Applied Materials & Interfaces，2012，4（3）：1813-1821.

第 5 章　Bi 系光催化剂的制备与形貌调控

5.1　Bi 系光催化剂的优缺点

铋（Bi）系光催化剂是一类重要的光催化剂，除 BiOF、BiOCl 和 BiPO$_4$ 等少数铋系化合物外，大多数铋系半导体都具有较窄的禁带宽度（<3.0 eV），能被可见光激发，生成光催化反应所需的光生电子和空穴，故其主要用于可见光区的光催化反应。

近年来，随着可见光光催化剂越来越受重视，铋系光催化剂的研究也受到了人们广泛的关注，现已逐渐成为可见光光催化剂中的重要成员[1-8]。在铋系光催化剂中，Bi（Ⅴ）化合物的稳定性比 Bi（Ⅲ）化合物差，化合物中的 Bi（Ⅴ）在光催化反应中容易被还原成 Bi（Ⅲ）。此外，Bi（Ⅲ）化合物的种类也比 Bi（Ⅴ）化合物多，Bi（Ⅲ）化合物有 Bi$_2$O$_3$[9]、Bi$_2$S$_3$[10]、Bi$_2$Ti$_2$O$_7$[11]、Bi$_4$Ti$_3$O$_{12}$[12]、Bi$_2$WO$_6$[13]、Bi$_2$MoO$_6$、BiVO$_4$[14]、BiFeO$_3$[15]、Bi$_2$O$_2$CO$_3$[16]、BiOCl[17]、BiOI[18]、BiOIO$_3$[19]等多种，而 Bi（Ⅴ）化合物只有 LiBiO$_3$ 和 KBiO$_3$[20]等少数几种，因此，围绕 Bi（Ⅲ）化合物及其复合物的研究报道明显多于 Bi（Ⅴ）光催化剂，是铋系光催化剂的主要研究内容。图 5-1 给出了几种典型的 Bi（Ⅲ）半导体的晶体结构。一些常见的铋系光催化剂的基本物理化学性质参见表 5-1。

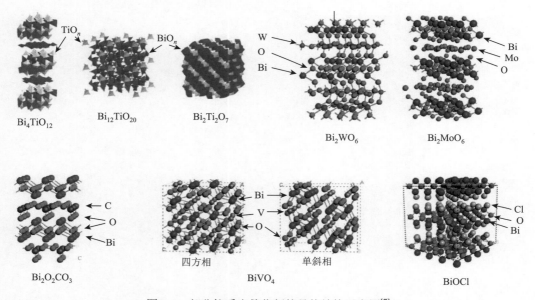

图 5-1　部分铋系光催化剂的晶体结构示意图[7]

表 5-1　常见铋系光催化剂的基本物理化学性质

光催化剂	半导体类型	熔点/℃	密度/(g·cm^{-3})	稳定相	等电点	禁带宽度/eV	参考文献
Bi_2O_3	n	825	8.64	单斜相（α-Bi_2O_3）	6.2	2.7~2.9	[21]、[22]
Bi_2S_3	n, p	685	6.78	斜方相	—	1.3~1.5	[23]~[25]
$Bi_4Ti_3O_{12}$	n	870	7.96	四方相	4.0	2.7~2.9	[25]~[27]
$BiVO_4$	n	600	6.25	单斜相（m-$BiVO_4$）	2.5	2.3~2.8	[28]、[29]
Bi_2WO_6	n	842	7.44	斜方相（γ-Bi_2WO_6）	3.43	2.6~2.8	[30]~[32]
Bi_2MoO_6	n	>300	7.30	斜方相（γ-Bi_2WO_6）	5.2	2.3~2.7	[33]~[35]
$Bi_2O_2CO_3$	n	—	6.86	四方相	—	3.1~3.3	[36]、[37]
BiOCl	n, p	218	7.72	四方相	3.84	3.3~3.5	[38]~[40]
BiOBr	n, p	—	8.11	四方相	2.8	2.6~2.8	[41]、[42]
BiOI	n, p	—	8.01	四方相	2.9	1.8~1.9	[43]、[44]
$BiFeO_3$	n	—	8.37	六方相	—	1.8~2.7	[45]~[47]

在表 5-1 列出的铋系光催化剂中，有一些铋系半导体具有多种相态，包括稳定相和亚稳定相。例如，Bi_2O_3 有 7 种相：单斜相（α-Bi_2O_3）、四方相（β-Bi_2O_3）、体心立方相（γ-Bi_2O_3）、面心立方相（δ-Bi_2O_3）、三斜相（ω-Bi_2O_3）、斜方相（ε-Bi_2O_3）、六方相（η-Bi_2O_3）。其中，在室温下，α-Bi_2O_3 是稳定相，其他相是非稳定相，在不同温度下，这些相会相互转化，故室温下制备得到的 Bi_2O_3 通常以 α-Bi_2O_3 居多。但是，当 Bi_2O_3 在其他基底材料上成核并生长时，则可得到非稳定相的 Bi_2O_3。Bi_2WO_6 和 Bi_2MoO_6 结构类似，都有四种相：γ-Bi_2XO_6、γ'-Bi_2XO_6、γ''-Bi_2XO_6、γ'''-Bi_2XO_6（X = W，Mo）。其中，γ-Bi_2XO_6 是室温稳定相，具有极化正交结构，也是最常见的相。$BiVO_4$ 也有四种相：正交相、锆石四方相、单斜相（m）、四方相（t）。目前，实验室制备的主要是单斜相的 m-$BiVO_4$ 和四方相的 t-$BiVO_4$，t-$BiVO_4$ 在高温下可转化为 m-$BiVO_4$[48,49]。由于 m-$BiVO_4$ 的稳定性和活性更高，相关研究报道也更多。

作为一种可见光光催化剂，Bi（Ⅲ）化合物具有几个明显的优势。第一，Bi（Ⅲ）化合物具有独特的带隙结构和较窄的禁带宽度，有利于充分利用太阳能进行光催化反应。Bi^{3+} 具有充满的 $6s^2$ 电子构型，可与 O 2p 轨道发生部分重叠形成价带顶，从而使价带顶上移，禁带宽度减小，故大多数 Bi（Ⅲ）化合物的禁带宽度小于 2.8 eV，有的甚至小于 2.0 eV，具有较好的可见光响应性能。而且与其他光催化剂相比，Bi（Ⅲ）化合物的价带（VB）位置比较低，氧化能力较强，即便禁带宽度较窄，其氧化能力也足够氧化多种有机污染物，故在污染物降解领域有良好的应用前景。第二，许多 Bi（Ⅲ）化合物具有 Sillén-Aurivillius 层状结构，有利于电荷分离以及组成和形貌的调控。这种结构的层与层之间可形成内建电场，促进电荷分离；而层间的作用力较弱，又为调整计量比、制备固溶体等带来方便；同时，这种层状结构使化合物容易定向生长成纳米片，为晶面调控和构筑分级结构带来方便。第三，铋系化合物较容易结晶，这使其制备更为方便、灵活，用室温水解、水热或溶剂热等方法就可制备出结晶较好的半导体，不需要进行煅烧处理，而常见的 TiO_2、ZnO 等光催化剂通常需要进行高温煅烧才能达到较好的结晶效果。第四，铋系化合物无毒。虽然铋属于重金属，但由于其原子半径较大，不易被人体吸收，故对人体的危害远低于 Pb、Cr 等重金属。

不过，铋系光催化剂依然存在一些不足：①铋系半导体的光生电子和空穴容易复合，不利于光生载流子的有效利用。光生电子和空穴产生后，需要到达表面才能参与光催化反应，如果它们在到达表面之前发生了复合，就不能起到作用。虽然铋系光催化剂的 Sillén-Aurivillius 层状结构对电荷分离有促进作用，但电荷的传输性能弱于 TiO_2，故仍有大量的载流子会发生复合，未被有效利用。因此，为了减少光生电子和空穴的复合，不仅要使光生电子和空穴被有效分离，还要使它们尽快到达表面。②铋系半导体的导带（CB）较低，不利于光生电子的消耗。许多铋系光催化剂的导带底位置为正（$>0\ eV$），而 O_2 获得电子变为超氧自由基（ $\cdot O_2^-$ ）的电势为负（$<0\ eV$），因此，并不是所有导带上的电子都能与 O_2 发生反应，只有一些被较短波长的光激发到更高激发态的电子才能将 O_2 还原。而那些未反应的光生电子会在导带上富集，并与新的光生空穴复合，加快光生空穴的消耗，从而降低铋系光催化剂的氧化性能。较低的导带和较差的还原能力也使铋系光催化剂在产 H_2、CO_2 还原等领域的应用受到了很大限制。③铋系光催化剂中的 Bi^{3+} 容易被还原，同时，生成的 Bi 单质也容易被氧化，使铋系光催化剂容易发生光腐蚀。例如，Bi 的氧化-还原电势 φ（BiO^+/Bi^0）$= 0.32\ V$（vs. NHE），与许多铋系化合物的导带位置接近，故在无氧或氧含量较低的环境中，Bi（Ⅲ）可被化合物激发的光生电子还原成单质 Bi。同时，由于大多数铋系化合物的价带位置低于 Bi 的氧化-还原电势，当环境中的氧含量增加时，形成的单质 Bi 又会被氧化，因此，在光催化氧化污染物的过程中，如果反应体系中 O_2 的量不足，可能会出现铋系化合物因部分转变成氧化铋而使性能下降的情况。

为了克服和弥补以上这些不足，围绕铋系半导体的光吸收、带隙结构调控、光生载流子的生成和有效利用，研究者们在形貌调控、组成控制、异质结构建和表面改性等方面开展了大量研究[2,3,6,50-55]。其中，形貌调控不仅可直接提高光催化剂的性能，也能为异质结构建和表面改性提供良好的基础，故形貌控制尤为重要，受到研究者们的青睐。形貌调控对铋系光催化剂性能的提升主要体现在三个方面。第一，促进光生载流子的利用。铋系光催化剂的厚度减小可使载流子更快地到达表面参与反应，减少复合引起的载流子损坏；同时，铋系半导体若具有贯通孔的分级结构，还可减小反应物和产物的扩散阻力，使光催化剂与反应物更充分地接触，提高载流子的利用效率。第二，对光的吸收和电荷的激发有明显的促进作用。当铋系化合物具有分级结构后，光可在催化剂中发生多次反射和吸收，延长了光程，有利于催化剂对光的吸收。第三，对铋系化合物的带隙结构有一定的调节作用。由于铋系半导体不同晶面的导带和价带位置有一定差异，故通过增加导带较高晶面的比例，可使光催化剂的导带有一定上移，有利于光生电子参与反应。当导带上的光生电子密度减小后，其还原电势会减弱，也会在一定程度上减弱铋系光催化剂的光腐蚀。

5.2　制　备　原　理

　　铋系光催化剂较早大多用于产 H_2、CO_2 还原等光催化还原领域。例如，Aliwi 和 AI-Jubori[56]于 1989 年报道了具有光催化 CO_2 还原活性的 Bi_2S_3，他们发现 H_2S 的存在会提高 Bi_2S_3 的光催化性能。Kudo 和 Hijii[57]通过研究发现，在 $AgNO_3$ 水溶液中，Bi_2WO_6 具有明显的光催化分解水产 O_2 的活性，在甲醇的水溶液中，Bi_3TiNbO_9 有明显的光催化产 H_2 和产 O_2 性能。随着研究范围的拓展，铋系光催化剂又逐渐被用于污染物降解。例如，张礼知课题组[58]早在 2008 年就利用水热法制备了 BiOCl、BiOBr 和 BiOI 三种具有分级结构的卤氧化铋，并发现 BiOI 具有良好的可见光光催化性能。黄柏标课题组[59]对 BiOCl、BiOBr 和 BiOI 等卤氧化铋光催化剂的特性和性能增强设计进行了较为系统的研究。朱永法课题组[60,61]利用水热法制备出了四方片形 Bi_2WO_6 纳米片，并发现其具有可见光光催化降解罗丹明 B 的活性。余家国课题组[62]则利用水热法制备了 Bi_2WO_6 粉体，并发现其对气态甲醛有良好的光催化降解活性，他们还利用模板剂通过水热法制备了分级结构的 Bi_2WO_6[63]。表 5-2 列出了一些典型铋系光催化剂早期较重要的研究报道，包括制备方法和应用领域。这些铋系光催化剂在被用于光催化之前，大多数已在不同的基础和应用领域被研究过，如 $BiVO_4$ 原先主要用于颜料制备，其一些早期的基础研究是围绕相转换、铁弹性、电性能等进行的[64-66]。Bi_2O_3 主要用于制备陶瓷、玻璃、电解质材料和超导材料等，相应的研究围绕材料的光学和电学性质展开[67-70]。卤氧化铋则在珠光材料、装饰材料、消毒剂等的制备中得到应用，相关的基础研究报道较少，在被发现有光催化性能后，才开始被大量研究[59,71,72]。钛酸铋原先被用于制备压电材料、信息材料，故其压电性质、铁电性质被广泛研究，在被发现具有光催化性能后，其在光催化领域也得到了大量研究[73-75]。钨酸铋原先主要用于制备光学材料，后其光催化性能受到关注，逐渐成为重要的光催化材料[76-78]。这些研究为铋系光催化剂的广泛和深入研究奠定了较好的基础。

表 5-2　典型铋系光催化剂的早期的重要研究报道

铋系化合物	制备方法	光催化应用	贡献和意义	年份	参考文献
Bi_2X_3（X = S，O）					
Bi_2S_3	液相反应法	CO_2 还原	首次报道 Bi_2S_3 用于光催化	1989	[56]
Bi_2S_3/TiO_2	沉淀法	去除羟基苯甲酰甲酸、苯甲酰胺	首次报道 Bi_2S_3 基异质结光催化剂	2004	[79]
Bi_2O_3	声化学法	去除甲基橙	首次报道 Bi_2O_3 用于光催化	2006	[9]
BiOX（X = Cl，Br，I）					
BiOCl	水解法	去除甲基橙	首次报道 BiOX 用于光催化	2006	[17]
BiOI	溶剂热法	去除甲基橙	首次报道分级结构 BiOI 光催化剂	2008	[58]
$BiOI_xCl_{1-x}$	软化学法	去除甲基橙	首次报道 $BiOX_xY_{1-x}$ 固溶体光催化剂	2007	[80]
$BiOI/TiO_2$	浸渍-羟基化	去除甲基橙	首次采用包覆法制备 $BiOI/TiO_2$ 复合光催化剂	2011	[55]

铋系化合物	制备方法	光催化应用	贡献和意义	年份	参考文献
Bi₂XO₆ (X = W, Mo)					
Bi₂WO₆	固相反应法	去除氯仿、乙醛	首次报道 Bi₂WO₆ 用于光催化	2004	[81]
Bi₂WO₆	水热法	去除甲醛	首次报道水热法制备 Bi₂WO₆ 光催化剂	2005	[62]
Ag，石墨烯/Bi₂WO₆	光还原沉积	去除罗丹明 B	双助催化剂修饰 Bi₂WO₆	2014	[82]
Bi₂MoO₆	固相回流反应	产 O₂	首次报道 Bi₂MoO₆ 用于光催化	2006	[83]
BiXO₄ (X = V，P)					
BiVO₄	水解法	产 O₂	首次报道 BiVO₄ 用于光催化	2001	[84]
BiVO₄/rGO/Ru/SrTiO₃-Rh	混合光还原	分解水	Z 型异质结光催化剂	2011	[85]
BiPO₄	水热法	去除亚甲基蓝	首次报道 BiPO₄ 用于光催化	2010	[86]
其他化合物					
Bi₂O₂CO₃	水热法	去除罗丹明 B	首次报道 Bi₂O₂CO₃ 用于光催化	2010	[37]
Bi₂Ti₂O₇	溶胶-凝胶法	去除甲基橙	首次报道 Bi₂Ti₂O₇ 用于光催化	2010	[11]
BiFeO₃	水热法	分解水	首次报道 BiFeO₃ 用于光催化	2006	[87]

目前，围绕铋系光催化剂的制备，研究者们已探索出多种方法，如水热法、溶剂热法、水解法、固相反应法、前驱体原位转化法、原位沉积法等。水热法、溶剂热法和水解法既可以制备纯的半导体，也可用于异质结构建，且有利于形貌控制，故被广泛采用。其中，水热法和溶剂热法通用性较强，可用于大部分铋系光催化剂的制备，同时，其高温、高压和封闭的环境还有利于制备出一些具有独特结构和形貌的产物；但其缺点也较为明显，如高温、高压的环境会带来一定的危险性，制备过程耗时长、能源消耗大，不利于对反应过程的观察和反应机理的分析等。水解法通常在常压下进行，安全性优于水热法，既可以在加热条件下进行，也可在室温下进行，方法简单，且有利于观察反应过程。不过，水解法通常用于易结晶的 BiOCl、Bi₂O₂CO₃ 和 Bi₂O₃ 等半导体的制备，若用于制备 Bi₂WO₆、Bi₂MoO₆ 等需要较高温度才能结晶的半导体，则还需要对产物进行后续的煅烧处理，制备过程较长。固相反应法、前驱体原位转化法和原位沉积法等在单一光催化剂的制备中应用较少，主要用于异质结构建和形貌控制，或与水热法和水解法结合进行单一半导体的制备。

无论是水热法还是水解法，其基本原理都是通过可溶性的含铋盐与其他相应的可溶性化合物进行液相反应制得铋系光催化剂。表 5-3 列出了一些主要铋系光催化剂的制备中常用的原料及其物理化学性质。在可溶性含铋盐中，用得最多的是 Bi(NO₃)₃·5H₂O。由于 Bi(NO₃)₃ 在水中会水解，故用水作溶剂时，需要加入少量 HNO₃ 促进溶解；若以乙二醇或甘油等多元醇为溶剂，则可直接将 Bi(NO₃)₃·5H₂O 完全溶解，无须加入 HNO₃ 促溶。由于以多元醇作溶剂更为方便，故在近来的研究中，越来越多的研究者使用多元醇来配置硝酸铋溶液。含有 Bi(NO₃)₃ 的溶液配制好后，再在溶液中加入含有 W、Mo、V 和 X（X = Cl、

Br、I）等元素的化合物的溶液，通过水热法或水解法等方法，便可制备出相应的铋系光催化剂。反应的历程较为复杂，现有的研究报道中提出的反应机理也不尽相同[88-91]，不过总体上认为是 $Bi(NO_3)_3$ 溶解后，溶液中的 Bi^{3+} 水解形成 BiO^+，然后 BiO^+ 与其他反应物进行反应，析出产物。若采用水作溶剂，则 BiO^+ 通过式（5-1）形成；若采用乙二醇作为溶剂，则 BiO^+ 的形成可用式（5-2）和式（5-3）表示；若溶液中加入 KI，则由式（5-4）生成 BiOI；若加入含特定元素离子的溶液，则可生成相应的铋系光催化剂。

$$Bi^{3+} + H_2O \longrightarrow BiO^+ + 2H^+ \tag{5-1}$$

$$Bi^{3+} + 3HOCH_2CH_2OH \longrightarrow Bi(OCH_2CH_2OH)_3 + 3H^+ \tag{5-2}$$

$$Bi(OCH_2CH_2OH)_3 + 2H_2O \longrightarrow BiO^+ + 3HOCH_2CH_2OH + OH^- \tag{5-3}$$

$$BiO^+ + I^- \longrightarrow BiOI \tag{5-4}$$

通过上述反应，铋系半导体先形成小的晶核，再以晶核为种子，生长形成不同的形貌。单晶化合物的形貌主要由晶型决定，而多晶化合物的整体形貌控制则主要通过对晶体生长方式的调整来实现。由于大多数铋系化合物为层状结构，故不易形成一维（1D）形貌，只有少数无层状结构的铋系化合物能形成一维形貌，如 Bi_2S_3 的晶型为斜方晶系，在制备时，易形成纳米线、纳米棒等形貌。虽然 $\alpha\text{-}Bi_2O_3$ 为单斜晶系，能形成纳米棒外观，不过其长径之比较小，不易形成一维线状形貌。对大多数铋系化合物而言，二维（2D）形貌的形成要相对容易得多，BiOI、BiOBr、$Bi_2O_2CO_3$ 和 Bi_2WO_6 等典型的铋系光催化剂的单晶都具有纳米片形貌。利用这些铋系化合物各向异性的层状结构，通过调整模板剂、溶剂和反应体系的酸碱性，可控制晶体的生长取向，进而控制纳米片的厚度和暴露晶面的比例。随着纳米片厚度减小，其比表面积增大，表面能也会相应地增大，此时，这些纳米片会以自组装的方式聚集在一起生长，以降低表面能，从而形成 3D 形貌。在通过自组装方式构筑铋系化合物的 3D 形貌时，还可借助模板剂和 Ostwald 熟化等途径来进一步调控。对于铋系光催化剂的形貌控制，应根据不同铋系化合物的特点，采用合适的方法，才能构建出较为理想的形貌，增强其光催化性能。

表 5-3　制备铋系光催化剂的常用原料及其物理化学性质

原料试剂	溶解性和稳定性	熔点/℃	密度/(g·mL^{-1})	分子量
$Bi(NO_3)_3 \cdot 5H_2O$	溶于乙二醇、甘油和稀硝酸	30	2.8	485
$BiCl_3$	溶于醇、盐酸和硝酸，水中易水解	230	4.7	315
$BiBr_3$	溶于醇、盐酸，水中易水解	218	5.7	449
BiI_3	溶于醇、盐酸，水中易水解	408	5.8	590
$C_6H_5O_7Bi$	溶于氨水，不溶于水、醇	300	0.9	398
NH_4VO_3	溶于热水，微溶于冷水，不溶于乙醇、醚，135 ℃分解	—	2.3	117
$(NH_4)_2MoO_4$	溶于水、酸和碱，不溶于醇，190 ℃分解	—	2.5	196
$Na_2WO_4 \cdot 2H_2O$	溶于水，不溶于乙醇，微溶于氨水	698	3.2	330
Na_2CO_3	溶于水和甘油，微溶于乙醇，难溶于丙醇	851	2.5	106

原料试剂	溶解性和稳定性	熔点/℃	密度/(g·mL^{-1})	分子量
NaI	溶于水和甘油，可被空气氧化生成单质碘	651	3.6	150
NaBr	溶于水、乙腈、乙酸，微溶于醇	755	3.2	103
NaCl	溶于水、甘油，微溶于乙醇、液氨，不溶于浓盐酸	801	2.2	58.4

5.3　卤氧化铋的形貌调控

卤氧化铋是一种重要的铋系光催化剂，不仅包括等计量比的 BiOX（X = F、Cl、Br、I），也包括非等计量比的 $Bi_{12}O_{15}Cl_6$、Bi_3O_4Cl、$Bi_4O_5Br_2$、$Bi_4O_5Br_2$、$Bi_7O_9I_3$ 和 Bi_5O_7I 等化合物[6,52]。BiOX 中除 BiOF 为直接带隙外，其他三种均为间接带隙。BiOF 和 BiOCl 的带隙较宽（分别为 3.6 eV 和 3.2 eV），可见光响应性差；BiOBr 和 BiOI 的带隙较窄（分别为 1.9 eV 和 2.6 eV），具有良好的可见光响应性。它们特有的 Sillén 层状结构是通过$[Bi_2O_2]^{2+}$正电层和$[X_2]^{2-}$双卤素负电层相互交错插层形成的，层内原子通过强共价键连接，而$[Bi_2O_2]^{2+}$层和$[X_2]^{2-}$层之间存在弱范德瓦耳斯力相互作用[92]。这种结构有利于原子轨道的极化，可形成垂直于$[Bi_2O_2]^{2+}$层和$[X_2]^{2-}$层的内建电场，促进光生电子和空穴的有效分离，从而提高其光催化活性[4,7]。BiOX 的价带顶主要由混合的 O 2p 轨道和 Cl 3p（或 Br 4p、I 5p）轨道组成，而导带主要由 Bi 6p 轨道组成。当 Bi、O、X 的计量组成改变时，卤氧化铋的带隙结构会发生改变，随着 O 含量的增加，VB 中的 O 2p 轨道比重增加，而 X np 轨道的比重减小，VB 不断接近 Bi_2O_3[93]，故不同计量组成的卤氧化铋的光催化性能会存在一定差异[94]。制备卤氧化铋时，既可以用常用的 $Bi(NO_3)_3$ 和卤化物分别作为铋源和卤源，通过水热法或水解法反应进行制备，也可以采用 BiX_3（X = Cl、Br、I）直接进行水解或醇解的方法得到产物。在制备过程中，对卤氧化铋的形貌调控主要通过控制纳米片的暴露晶面和构筑各种分级结构来实现，不过在很多情况下，这两者并不是完全孤立的，而是同时进行、相互作用的。

5.3.1　控制暴露晶面

卤氧化铋具有层状结构和纳米片形貌，纳米片厚度、暴露晶面比例、比表面积等因素会对其光催化性能产生明显的影响。这些因素的影响并不是相互独立的，而是相互关联和作用的。比如，纳米片的厚度减小会使其比表面积增大，增强其光吸收和与反应物的接触，而随着纳米片厚度的减小，纳米片主导晶面（正面）的比例也会增大，纳米片正面和侧面存在相互作用，各自的表面反应也会有所差别，因此，正面和侧面的表面反应都会受到影响，从而使光催化剂的性能发生变化。不仅如此，由于在垂直于片层的方向会形成内建电场，当片层厚度减小时，内建电场强度会增加，而此时，纳米片主导晶面的比例又是增加的，故整个内建电场会更强，对电荷的迁移产生更大的促进作用。因此，这些因素一般会综合发挥作用，不会是单一因素起作用，要实现对光催化剂晶面比例的优化，应对这些因素进行综合分析和考察，通过对纳米片的生长进行控制，使暴露晶面的大小和比例更有利于光催化反应。

　　如果要更直观地比较特定晶面在光催化反应中的作用，可制备较大的单晶纳米片进行研究。由于单晶纳米片的尺寸较大，可形成单独的四方形片状外观，晶面比例可从 SEM 图中直接观察得到，故有利于对特定晶面的对比分析。单晶纳米片主要利用水热法在较高的温度下长时间反应得到，一般温度高于 150 ℃、时间为 24 h。通过改变溶液的 pH，可实现对晶面的控制。例如，张礼知课题组[39]采用硝酸铋和 KCl 的混合水溶液，通过水热法制备了(001)晶面主导的 BiOCl 单晶纳米片，其外观为四方形薄片（图 5-2）。若在混合溶液中加入 NaOH，将溶液分别调整至中性和弱碱性，还可相应地制备出(010)晶面主导的 BiOCl 单晶纳米片和四方形的 Bi_3O_4Cl 单晶纳米片[39,95,96]。

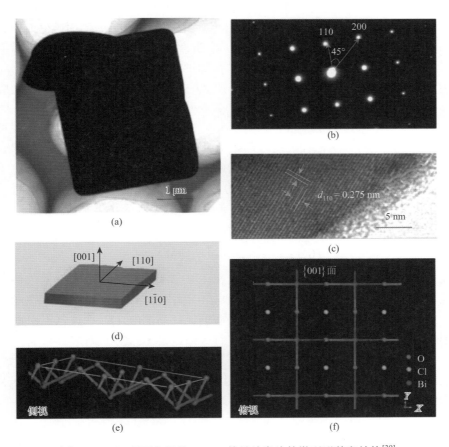

图 5-2　(001)晶面主导的 BiOCl 单晶纳米片的微观形貌和结构[39]

（a）TEM 图；（b）SAED 图；（c）HRTEM 图；（d）纳米片主导晶面示意图；（e）、（f）晶面结构模型

　　较薄的卤氧化铋纳米片具有更高的比表面积和光吸收效率，有利于光生电子和空穴的

激发和利用，从而有利于提高光催化活性，因此，降低卤氧化铋纳米片的厚度是提高它们光催化性能的有效途径。不过，随着纳米片厚度的减小，其比表面积和表面能都会明显增加，单独存在的纳米片越薄，热力学稳定性越差，此时，它们更倾向于聚集在一起生长，形成一个更大的粒子，以降低生长过程中的表面能。因此，常见的卤氧化铋光催化剂大多是由纳米片构成的颗粒[97,98]。单独存在的卤氧化铋纳米薄片很难通过直接合成的方法制得，一般是通过对预先制备的块体或颗粒进行剥离的方法来制备。实际上，在光催化反应中，这些纳米薄片构筑成的较大颗粒具有三维形貌，更有利于反应效率的提升，故一般情况下，并不对这些颗粒进行剥离处理，而是直接将其用于光催化反应。对纳米片的晶面调控也是在保持其三维构型的基础上进行的。这样做不仅可以简化操作步骤，还可以在较低的温度下用较短的时间完成制备，所以该方法被许多研究者采用。

在用水热法或水解法制备卤氧化铋时，通过调整反应液 pH 来控制晶面的生长取向是一种简单有效的手段。由于不同的晶面生长与溶液的酸碱性有关，在中性环境中，晶粒倾向于沿着与(001)晶面平行的方向生长；而在酸性环境中，其他晶面的生长在热力学上更为有利，故通过调节溶液的 pH 可控制晶体的生长取向，从而调整晶面比例。例如，在制备 BiOI 样品时，通过先将 $Bi(NO_3)_3 \cdot 5H_2O$ 与 KI 混合研磨，再将混合物加入水中室温水解的方法可制备出 BiOI 纳米片球，并可通过改变水的加入量来调节混合反应液的 pH，实现对晶面的调控[44]。在反应过程中，$Bi(NO_3)_3$ 和 KI 在固相研磨时会发生反应，生成黑色的 BiI_3；当将生成的 BiI_3 加入水中时，BiI_3 先溶解，然后水解生成 BiOI［式（5-5）］。由于反应过程产生 H^+，故随反应的进行溶液酸性增强。当反应体系中水的加入量较少时，反应体系酸性较强，BiOI 的(001)晶面在酸性环境中具有比(110)晶面更高的亲水性，溶解的 Bi^{3+} 和 I^- 更倾向于在 BiOI 的(001)晶面上沉积并反应，使晶体向垂直于(001)晶面的方向生长，使(110)晶面比例增加；而当反应体系中水的加入量较多时，反应体系的酸性明显减弱，此时，(001)晶面和(110)晶面的亲水性接近，使 BiOI 按热力学有利的方向生长，形成(001)晶面占主导的 BiOI，这一过程如图 5-3 所示。

$$Bi^{3+} + I^- + H_2O \longrightarrow BiOI + 2H^+ \tag{5-5}$$

与此相似，利用水热法制备 BiOCl 时，在 120 ℃和反应时间为 12 h 的条件下，通过调整反应液中水的加入量，也可制备得到不同晶面比例的 BiOCl 样品[99]。在此过程中，随着水的加入量增加，反应体系的酸性不断减弱，样品的(001)晶面比例不断增大。如果把块体 BiOCl 放入盐酸和氨水的混合液中进行处理，使 BiOCl 重新成核和生长，(001)晶面比例与 pH 之间依然存在这样的变化规律[40]。将含氯化合物改成含溴化合物，如 CTAB，增大溶液的 pH，同样能使相应 BiOBr 的(001)晶面比例增加，所得到的样品纳米片更薄，比表面积更大[100]。

除了调整溶液酸碱性，还可通过调整溶剂改变反应体系的黏度来达到调控晶面比例的目的。制备过程中，无论是 $Bi(NO_3)_3$ 水解后与卤素离子反应，还是 BiX_3（X = Cl、Br、I）的直接水解或醇解，都涉及离子的扩散，而离子的扩散受溶液黏度的影响，故可通过改变溶剂来调整卤氧化铋纳米片的生长取向和晶面比例。例如，在制备 BiOI 时，分别选用水、乙醇、乙二醇和甘油作溶剂，可得到不同晶面比例的 BiOI[88]，主要的原因在于 Bi^{3+} 和 I^-

的扩散受溶剂黏度的影响，使 BiOI 晶核晶面上的离子沉积和反应速率存在明显差异，导致晶体的生长取向不同。采用 BiBr$_3$ 制备 BiOBr 时，分别采用水、乙醇和异丙醇作溶剂，进行水解和醇解，可得到不同晶面比例的 BiOBr[101]。

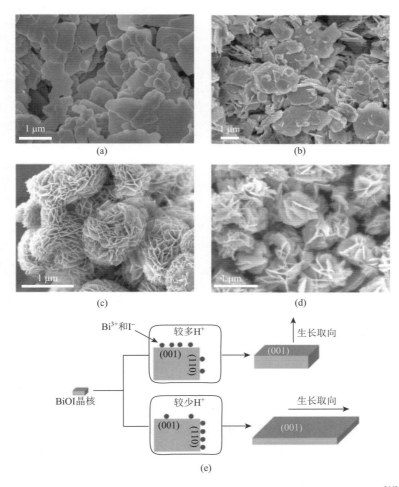

图 5-3　室温水解制备 BiOI 过程中水的加入量对产物形貌的影响及机理[44]

（a）～（d）加入 1 mL、5 mL、80 mL 和 400 mL 水所制备的 BiOI 样品的 SEM 图；（e）溶液酸性强弱对 BiOI 纳米片生长取向影响的原理示意图

　　当然，对于何种暴露晶面对光催化反应有利，以及该晶面对反应的促进作用究竟多大，不同研究者也存在不同的看法，有的研究者认为增加(110)暴露晶面有利于提高 BiOBr 的光催化活性，而有的认为(102)暴露晶面比(110)暴露晶面具有更高的活性[42,101]。实际上，光催化剂的综合性能不仅与晶面比例、纳米片厚度和样品比表面积等有关，还与样品的宏观结构（如球形结构、空心结构、分级结构等）有关，这些因素同时作用时，难以将晶面比例的作用与其他因素分割开进行比较，因而对于纳米片组装成的卤氧化铋样品，直接考察晶面比例的优劣是比较困难的。

5.3.2　构筑分级结构

如前所述，当卤氧化铋的纳米片薄到一定程度以后，这些纳米片在生长过程中倾向于聚集在一起生长，形成由纳米片构筑的较大颗粒。这种构造通常是一种分级结构，即具有不同层次多维多畴或不同形态多孔结构的纳米结构[102]，其外形有多种，如海胆状、花状、树枝状等。这些分级结构不仅有利于光催化剂对光的吸收和载流子的激发，还使光催化剂具有较大的比表面积和更多的活性位点，并且能降低物质在溶液和催化剂表面间的扩散阻力，促进反应物和产物的传输，从而使具有分级结构的光催化剂比块体光催化剂有更好的光催化性能。因此，在卤氧化铋的形貌控制中，研究者更多地关注分级结构的构筑和调控。在卤氧化铋分级结构中，较常见的形貌有片球、无规则颗粒、花形和由这些形状的颗粒构建成的更大的颗粒，无论哪种分级结构，都是由无规则的微小纳米碎片组装而成的。通过调整制备方法、模板剂、溶剂、酸碱性和反应原料等，可制备得到不同分级结构的卤氧化铋。

通过不同的制备方法，也可得到不同形貌的卤氧化铋。分别采用水热法、溶剂热法、水解法和油浴加热回流法进行碘氧化铋的制备，产物的形貌有明显的差别，组成也有差异。例如，采用微波辅助的溶剂热法进行制备时，得到的是均匀的由 $Bi_4O_5I_2$ 纳米片组成的小颗粒，用油浴加热回流法制备得到的是由无规则 $Bi_4O_5I_2$ 纳米颗粒聚集的较大团簇，水解法得到的则是无规则聚集的较大 BiOI 纳米颗粒。这是由于采用微波辅助的溶剂热法制备时，反应液整体受热，故成核较多也较为均匀；这些晶核所处的环境（温度、反应物浓度等）接近，它们以相近的速度和取向生长和聚集，最终形成较为均匀的颗粒；同时，由于反应温度下溶液中会形成一定的 I_2，I_2 可挥发，故溶液中生成的半导体为富氧的 $Bi_4O_5I_2$。进行油浴加热回流制备时，同样存在 I_2 的挥发，故所形成的产物也是 $Bi_4O_5I_2$，但此时，由于油浴加热中热量是由外壁传向溶液的，存在一定的温度梯度，故溶液靠近器壁的地方先成核并逐渐长大，随后，溶液中陆续有 $Bi_4O_5I_2$ 晶核形成并生长，最终形成结合在一起生长的无规则颗粒。当采用室温水解时，纳米颗粒的成长方式与加热回流类似，只是由于反应过程没有加热，故得到的是等计量比的 BiOI，其形貌也是结成一体的无规则颗粒。图 5-4 给出了采用不同方法制备碘氧化铋时，碘氧化铋颗粒形成的过程示意图[103]。

在水热法和水解法制备的基础上，还可结合热处理对卤氧化铋的形貌做进一步的调整。由于在不同温度下进行热处理，卤氧化铋的组成会发生变化，晶体结构也会相应改变，故利用高温煅烧可使原有的具有分级结构的卤氧化铋的组成和形貌发生改变。如将室温水解制备的 BiOI 微球分别在 410 ℃和 500 ℃下煅烧，可分别得到分级结构的 $Bi_4O_5I_2$ 和 Bi_5O_7I，两者仍为微球形外观，但微球的组成单元已由纳米片变成了不同形貌的纳米颗粒（图 5-5）[104]。

利用模板剂对卤氧化铋的形貌进行调控较为直接，制备的卤氧化铋通常具有较规整的球形外观，选用合适的模板，还可进一步制备空心的分级结构。所用的模板剂既可以是单独的表面活性剂，也可以是含卤素的离子液体，单独的模板剂有聚乙烯吡咯烷酮（PVP）[89]、十二烷基硫酸钠（SDS）[105]、聚乙烯醇（PVA）[106]、柠檬酸[107]等，其中以 PVP 作模板较为普遍。用水热法制备 BiOI 时，在溶液中加入少量 PVP 作为模

板，改变反应物的浓度，可分别得到实心和空心两种形貌的 BiOI 微球[108]。反应物浓度
较低时，得到的是实心片球；反应物浓度较高时，可形成空心结构。含卤素的离子液
体不仅可以作为模板剂，还可同时作为反应物，故制备更为简便，例如，将 1-丁基-3-
甲基碘化咪唑作为碘源，利用水解法可制备 BiOI 空心微球（图 5-6）[109]。借助模板剂，
不仅可制备出常见的花状、球形外观，还可制备出其他形状的样品，例如，Ding 等[110]
以氨基葡萄糖盐酸盐作为氯源，用溶剂热法制备了四方相 BiOCl 多孔六方柱（图 5-7），
其比表面积可达 32 $m^2 \cdot g^{-1}$，在光催化降解 MO 和苯甲醇氧化成苯甲醛的反应中表现出
了高活性和高选择性，且比表面积越大，活性越高。一般情况下，采用水作单一溶剂时，
不加模板剂也可制备得到具有分级结构的样品，但样品的整体外观不规整，要得到较规整
的外观，仍然需要借助模板剂。

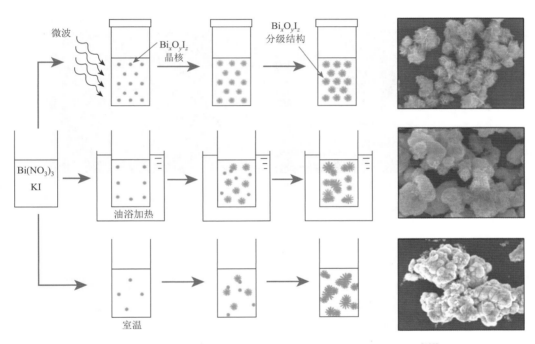

图 5-4　不同条件下相应的分级结构碘氧化铋形成过程示意图[103]

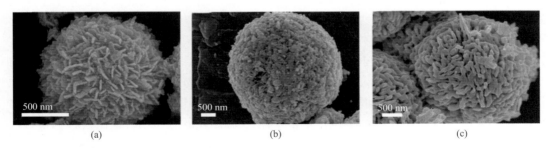

图 5-5　水解法制备的 BiOI 在不同温度热处理后的样品的微观形貌[104]

（a）BiOI；（b）BiOI 在 410 ℃下煅烧得到的 $Bi_4O_5I_2$；（c）BiOI 在 500 ℃下煅烧得到的 Bi_5O_7I

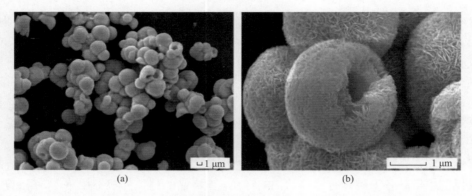

图 5-6　BiOI 空心微球（碳量子点修饰）的 SEM 图和 HRSEM 图[109]

（a）SEM 图；（b）HRSEM 图

图 5-7　以氨基葡萄糖盐酸盐作为氯源，在 180 ℃下水热反应 2 h 制备的
棱柱状 BiOCl 的 SEM 图和 HRSEM 图[110]

（a）SEM 图；（b）HRSEM 图

　　如果不用模板剂，利用合适的溶剂，通过溶剂热法进行卤氧化铋的制备也能起到形貌控制的作用。例如，在用微波辅助的溶剂热法制备 BiOBr 时，分别采用二甘醇和油酸作溶剂，可得到两种不同形貌的 BiOBr 微球，如图 5-8 所示[111]。采用二甘醇作溶剂时，形成的 BiOBr 微球由较小的纳米片组成，呈表面均匀的球形；而采用油酸作溶剂时，所得的 BiOBr 微球由较大的纳米片排列而成，纳米片的堆垛方式也发生了明显的改变，变成由这些较大的纳米片层叠地排列成花苞形。在不引入模板剂的情况下，不仅可制备分级微球，还可制备空心结构的卤氧化铋微球。此时，空心结构的形成过程一般被认为是一种 Qstwald 熟化过程，即小颗粒表面的饱和浓度大于大颗粒表面的饱和浓度，当溶液浓度超过大颗粒表面的饱和浓度时，物质在大颗粒表面析出，小颗粒由于表面尚未饱和而继续溶解，最终使大颗粒变大，小颗粒变小或消失。在卤氧化铋的制备中，卤氧化铋在溶剂中微溶，当反应形成的微小纳米片结合在一起生长时，会形成闭合的结构，其相对于内部是较大的颗粒，通过 Qstwald 熟化，溶液中的卤氧化铋不断在内部沉积，而内部较小的颗粒会逐渐溶解，最终形成空心结构。例如，采用以乙二醇为溶剂的 $Bi(NO_3)_3$ 和 NaI 混合液，通过溶剂热法制备碘氧化铋时，可得到

空心的 $Bi_4O_5I_2$ 微球[112]，且随着反应时间的延长，$Bi_4O_5I_2$ 空心微球的颗粒和颗粒中的空腔都会变大，这是 Qstwald 熟化过程的典型特征。

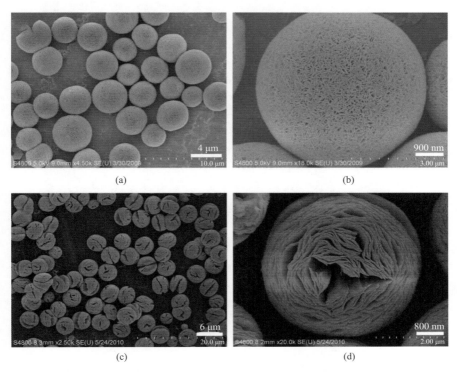

图 5-8　采用二甘醇和油酸作溶剂时 BiOBr 微球的 SEM 图[111]

（a）、（b）二甘醇作溶剂；（c）、（d）油酸作溶剂

利用适当的载体进行表面原位沉积可进一步将铋系化合物的尺寸缩小到纳米尺度，不仅减少化合物的用量，还可使其与载体之间形成异质结，进而促进其光催化性能的发挥。例如，用常规煅烧法制备的石墨相氮化碳（g-C_3N_4）作为载体，将量子尺度的 BiOI 沉积在 g-C_3N_4 表面，可得到分级结构的 BiOI/g-C_3N_4 复合光催化剂[113]。制备过程中，虽然可以将 g-C_3N_4 分散在以乙二醇为溶剂的 $Bi(NO_3)_3$ 和 NaI 混合液中，通过水热法或水解法进行制备，但 BiOI 的尺寸难以控制在量子尺度。因此，为了控制 BiOI 的尺寸，可采用原位转化的方法，即先利用原位光沉积制备 Bi_2O_3 量子点/g-C_3N_4 复合光催化剂，再以其为前驱体，利用液相原位转化的方法，将前驱体分散在含有 KI 的水溶液中，使 Bi_2O_3 量子点转化为 BiOI 量子点，从而实现在 g-C_3N_4 表面沉积 BiOI 量子点。采用上述方法得到的 BiOI/g-C_3N_4 复合光催化剂的微观形貌如图 5-9 所示，从图 5-9（c）和图 5-9（d）中可清晰地看到 g-C_3N_4 表面的 BiOI 量子点，转化反应过程如图 5-9（e）所示。如果在溶液中改用其他卤素，可制备其他卤氧化铋与 g-C_3N_4 的复合光催化剂。此外，还可将卤氧化铋沉积在聚合物纤维上，制备出分级结构的复合光催化剂，提高光催化性能[114]。

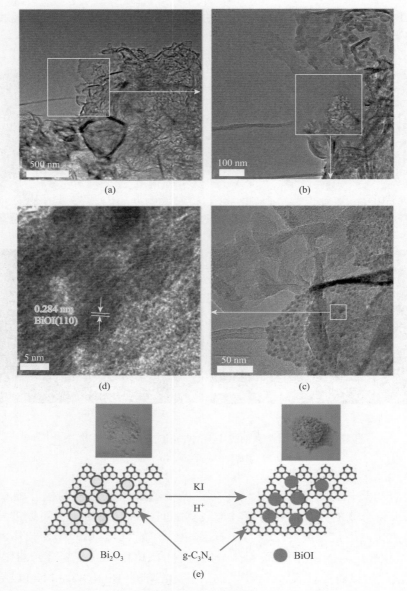

图 5-9   Bi$_2$O$_3$/g-C$_3$N$_4$ 的微观形貌和形成机理[113]

（a）～（c）TEM 图；（d）HRTEM 图；（e）在 g-C$_3$N$_4$ 表面原位沉积 BiOI 量子点的过程示意图

5.4   Bi$_2$O$_2$CO$_3$ 的制备

碱式碳酸铋（Bi$_2$O$_2$CO$_3$）具有 Sillen 相泡铋矿结构，最早被 Grice 报道。它由 Bi-O 层和 CO$_3$ 层交替叠层而构成，其中 8 配位的 Bi^{3+} 具有立体活性的孤对电子会使 Bi-O 多面体产生较大的变形[37,115]。Bi$_2$O$_2$CO$_3$ 以前常被用作工业助剂和制造胃药的原料，而近年来的研究表明，它还是一种颇具应用潜力的光催化剂。$Bi_2O_2CO_3$ 的制备主要是通过溶液中的 BiO^+ 与 CO_3^{2-} 发生液相反应来实现的［式（5-6）］，其中 BiO^+ 由 Bi^{3+} 在弱碱性环境中与 OH^- 反应形成［式（5-7）］，而 CO_3^{2-} 则可有多种来源，既可以采用碳酸盐直接获得，也可通过尿素水解得到。以碳酸盐为原料时，通过反应式（5-8）形成 CO_3^{2-}；以尿素为原料时，通过反应式（5-9）形成 CO_3^{2-} [116,117]。由于 $Bi_2O_2CO_3$ 的层状结构与卤氧化铋较为相似，故对两者的形貌控制所采用的方法也有一定的相似性，只是鉴于 $Bi_2O_2CO_3$ 的合成反应需要在弱碱性环境中进行，故需要对其反应体系的 pH 进行控制。

$$2BiO^+ + CO_3^{2-} \longrightarrow Bi_2O_2CO_3 \tag{5-6}$$

$$Bi^{3+} + OH^- \longrightarrow BiO^+ + H^+ \tag{5-7}$$

$$Na_2CO_3 \longrightarrow 2Na^+ + CO_3^{2-} \tag{5-8}$$

$$NH_2CONH_2 + 2H_2O \longrightarrow CO_3^{2-} + 2NH_4^+ \tag{5-9}$$

5.4.1 四方形纳米片的制备

在 $Bi_2O_2CO_3$ 的形貌控制中，如果采用水作为溶剂，且不加模板剂，产物形貌一般是形状不规则的片或颗粒。要想得到规整的四方形 $Bi_2O_2CO_3$ 纳米片，则需要适当增加溶液的 pH 和延长反应时间，例如，采用尿素作碳源进行 $Bi_2O_2CO_3$ 的制备时，随着尿素量的增加和水热反应时间的延长，形成的 $Bi_2O_2CO_3$ 纳米片逐渐变得规整，会形成如图 5-10 所示的规则的四方形纳米片[118]。

(a)　　　　　　　　　　　　　　　(b)

图 5-10　四方形 $Bi_2O_2CO_3$ 纳米片的 TEM 图和 SEM 图[118]

（a）TEM 图；（b）SEM 图

5.4.2 分级结构的制备

要使 $Bi_2O_2CO_3$ 形成花形、球形等具有较为规整外观的分级结构，可通过引入模板剂的方法，或采用具有螯合作用的多元醇作溶剂。常用的模板剂主要是表面活性剂，如 PVP、柠檬酸、柠檬酸钠、十六烷基三甲基溴化胺、1-乙基-3-硫酸甲基咪唑（[EMIm]HSO_4）等。

采用水热法制备 $Bi_2O_2CO_3$ 时，其分级结构的形成过程可用图 5-11 表示[36,116]，首先，$Bi_2O_2CO_3$ 晶核在溶液中形成；随后，晶核在 PVP 的作用下聚集在一起生长，随着时间的延长，发生 Ostwald 熟化；最终形成具有分级结构的花球形外观。利用柠檬酸作模板剂时，模板剂要达到一定的浓度（约 $0.04~g\cdot mL^{-1}$），形成的样品才能形成较为均匀规整的球形外观，随着柠檬酸浓度的增加，样品的球形颗粒的尺寸会逐渐增大[117]。

图 5-11　水热条件下层状 $Bi_2O_2CO_3$ 微球形成的示意图[116]

　　采用不同的模板剂时，$Bi_2O_2CO_3$ 的形貌会有所差异，故可通过改变模板剂种类对形貌进行一定程度的调控。例如，在用 $Bi(NO_3)_3$ 制备 $Bi_2O_2CO_3$ 时，采用 PVP、柠檬酸铋和 CTAB 作模板剂均可制得花形样品，样品形貌分别如图 5-12（a）～图 5-12（c）所示；用柠檬酸作模板剂时，得到的 $Bi_2O_2CO_3$ 则为球形［图 5-12（d）］，而用柠檬酸钠作模板剂（pH = 9），则得到海绵状样品［图 5-12（e）］；若不用模板剂，制备的 $Bi_2O_2CO_3$ 则是片状的［图 5-11（f）］[116,119,120]。柠檬酸在 175 ℃会分解生成 CO_2 和水，故在水热反应条件下，可利用柠檬酸或柠檬酸盐的分解为 $Bi_2O_2CO_3$ 提供 CO_3^{2-}。此时，柠檬酸、柠檬酸铋或柠檬酸钠等在反应过程中不仅起到形貌控制的作用，还可作为反应物。

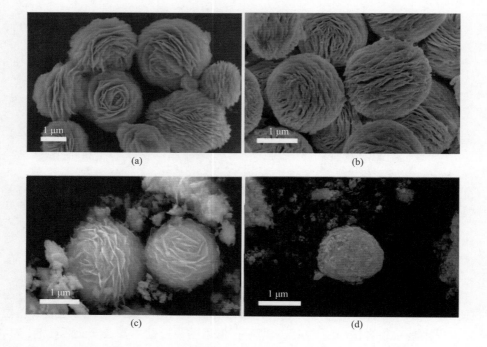

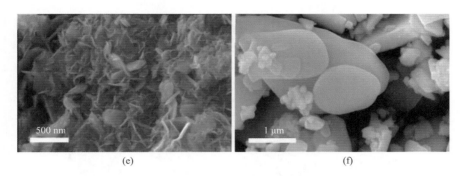

图 5-12　采用不同模板剂制备的 $Bi_2O_2CO_3$ 样品的微观形貌[119]

（a）PVP[116]；（b）柠檬酸铋[120]；（c）CTAB[119]；（d）柠檬酸[119]；（e）柠檬酸钠（pH = 9）[119]；（f）未加模板剂

　　如果采用乙二醇、二甘醇等多元醇作溶剂，其也可与溶液中的 Bi^{3+} 结合，起到模板剂的作用，制备出分级结构的 $Bi_2O_2CO_3$，但产物的整体规整性要比有模板剂时的差，这与卤氧化铋的制备情况有所不同。因而，在 $Bi_2O_2CO_3$ 的形貌控制中，利用柠檬酸、柠檬酸钠或柠檬酸铋作模板剂的方法更受研究者们关注。尽管如此，多元醇作溶剂在制备一维 $Bi_2O_2CO_3$ 材料方面仍可发挥较明显的作用，当用 $Bi(NO_3)_3$ 和尿素（摩尔比为 1∶10）通过溶剂热法制备 $Bi_2O_2CO_3$ 时，若采用乙二醇作溶剂，可得到纳米管；而采用水作溶剂时，只能得到纳米片[121]。

　　如果制备时不用可溶性铋盐，而用不溶性的含铋半导体作为原料，则不需保持弱碱性环境也能制备非纳米片形貌的 $Bi_2O_2CO_3$。例如，Cui 等[122,123]以 Bi_2O_3 和 Na_2CO_3 为原料，在 NaCl 和 HCl 存在的条件下，保持反应液 pH = 3，通过水热法制备得到了 $Bi_2O_2CO_3$ 纳米线（图 5-13）。需要指出的是，在制备 $Bi_2O_2CO_3$ 时，如果溶液中含有其他的酸根，如卤酸根或其他含过渡金属的酸，则需要保持溶液为弱碱性（pH 为 9～10），若溶液酸性较强，则会生成其他产物。例如，在 $Bi(NO_3)_3$ 和 KI 的乙二醇混合溶液中，其水热反应在弱酸性、中性、弱碱性和碱性环境中分别得到的产物为 BiOI、$Bi_4O_5I_2$、$Bi_2O_2CO_3$ 和单质 Bi（图 5-14）[124]；若碱性较强，则得到的是 Bi_2O_3 或金属 Bi。

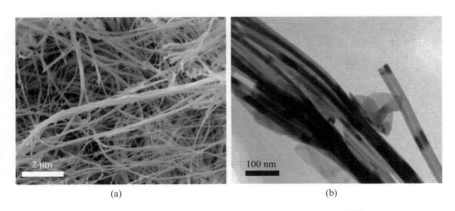

图 5-13　$Bi_2O_2CO_3$ 纳米线的 SEM 图和 TEM 图[123]

（a）SEM 图；（b）TEM 图

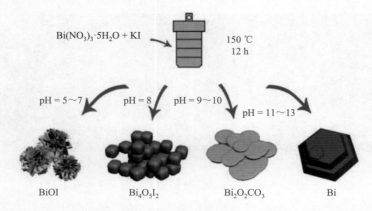

图 5-14　不同 pH 条件下 Bi(NO₃)₃ 和 KI 的乙二醇溶液发生水热反应生成的不同含 Bi 产物[124]

5.5　Bi 系固溶体的制备

制备固溶体是通过在原子尺度上对两个或多个晶相进行杂化来调整光催化剂能带结构的一种有效方法。固溶体可以看作是一种特殊的掺杂半导体，在整个组成范围内，半导体的阴离子或阳离子选择性地被引入的阴离子或阳离子所取代。通过调节阳离子和阴离子取代的浓度（控制成分和组成），可以调节固溶体的能带结构。虽然通过常规掺杂也能在一定程度上提高铋系光催化剂的性能，但掺杂的缺点非常明显，形成的掺杂能级通常是离散的，掺杂剂也可作为载流子的复合中心，增加电子和空穴的复合。与掺杂相反，固溶体不含离散能级，固溶体的能带结构是均匀的，它们的带隙通常介于原始半导体的带隙之间（图 5-15）。因此，相对于其中的宽带隙半导体，固溶体中能激发出更多的电子，而载流子的复合量增加不多。不仅如此，固溶体的导带和价带的位置介于相应两种纯半导体之间，相对于其中的窄带隙半导体，固溶体有更强的氧化还原能力。综上，组成合适的固溶体性能优于两种纯的半导体。

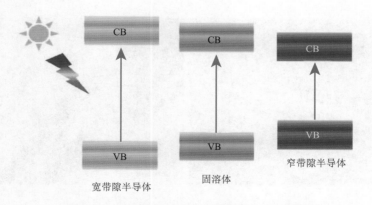

图 5-15　固溶体的能带结构改变原理示意图[4]

目前，在铋系固溶体中，卤氧化铋和钨酸铋体系较为多见。由于卤氧化铋的结构相似，其固溶体的制备相对更为容易，且随着卤素的比例变化，卤氧化铋固溶体的吸收带边通常在两种纯卤氧化物的吸收带边之间逐渐变化，使卤氧化物固溶体的能带结构调控也较为方便，因此，卤氧化铋固溶体是铋系固溶体中被研究得最多的。相应地，卤氧化铋固溶体的形貌控制研究对铋系固溶体的形貌控制有重要的参考价值。

与卤氧化铋相似，卤氧化铋固溶体也由 Bi^{3+} 水解产生的 BiO^+ 与卤素阴离子 X^- 反应得到，当溶液中的卤素只有一种时，得到的是卤氧化铋；而当溶液中同时存在两种或三种卤素的时候，形成的是卤氧化铋固溶体。固溶体中卤素的比例是通过反应液中加入的卤素比例来控制的，一般情况下，加入的卤素的量与 Bi^{3+} 的量相同。例如，将 $Bi(NO_3)_3$ 加入 KCl 和 KI 的混合水溶液中，在 140 ℃下进行水热反应，可制备出 $BiOCl_xI_{1-x}$ 固溶体，通过调整混合溶液中 KCl 和 KI 的比例对 Cl 和 I 的比例进行调节，分别得到 $BiOCl_{0.9}I_{0.1}$、$BiOCl_{0.7}I_{0.3}$、$BiOCl_{0.5}I_{0.5}$、$BiOCl_{0.3}I_{0.7}$、$BiOCl_{0.1}I_{0.9}$ 等固溶体[125]。用水热法或水解法，利用 KBr-KI 组合和 KCl-KBr 组合，还可相应地制备出 $BiOBr_xI_{1-x}$ 和 $BiOCl_xBr_{1-x}$ 固溶体[126,127]。此外，还可利用 Bi_2O_3 与卤化物混合溶液进行反应，制备出目标固溶体，此时，反应通常在酸性环境中进行，反应的原理同样是 BiO^+ 与卤素阴离子 X^- 反应。例如，在冰醋酸存在的条件下，将 Bi_2O_3 与 KCl 和 KBr 的混合溶液反应，可制得分级花状 $BiOCl_{0.5}Br_{0.5}$ 固溶体，该固溶体在可见光下对 RhB 的降解表现出比 BiOCl 和 BiOBr 更强的光催化活性[128]。当在制备过程中引入三种卤素时，可以得到三卤素的卤氧化铋固溶体（$x+y+z=1$），且所制备的固溶体一般具有可控的带隙，可见光催化活性增强。含 F 的卤氧化铋固溶体的研究报道较少，这主要是因为 $BiOF_xY_{1-x}$ 固溶体中组成部分不能完全互溶[129]。

卤氧化铋固溶体的形貌控制也与卤氧化铋较为相似，通过调整溶液浓度、pH、模板剂和溶剂组成，可构建多样化的形貌。卤氧化铋固溶体与卤氧化铋一样是片状插层结构，外观也是纳米片，当固溶体中的纳米片较大时，样品是散乱堆积的纳米片；当纳米片较薄时，样品一般为由微小的薄片构成的分级微球或花球。例如，采用加热水解的方法，利用 PVP 作模板剂，将 $Bi(NO_3)_3$ 与 NaBr、NaCl 和 NaI 中的两种进行组合，制备出了由纳米片构筑而成的 $BiOCl_xI_{1-x}$、$BiOBr_xI_{1-x}$ 和 $BiOCl_xBr_{1-x}$ 微球，它们的带隙连续可调[130]。

对于非等计量比的卤氧化铋固溶体，其制备方法与相应的卤氧化铋相近，组成的改变主要利用卤素的高温挥发来实现，而形貌的调控则主要通过 pH、模板剂、溶剂的调整来完成。例如，用含有 $Bi(NO_3)_3$、KBr 和 KI 的乙二醇溶液进行水热和水解反应，可制备出分级结构的 $Bi_4O_5Br_xI_{2-x}$ 固溶体，在光催化 CO_2 还原和 Cr(Ⅵ) 去除中表现出较好的活性[131]。如果用聚乙二醇作模板剂，通过水热法制备，也可得到具有分级结构的 $Bi_4O_5Br_xI_{2-x}$ 固溶体[132]。水热法制备 $BiOCl_xBr_{1-x}$ 固溶体时，在采用水作溶剂的情况下，如果用 NH_4Cl 和 KBr 作卤源，形成的是四方形的纳米片，采用阳离子型聚丙烯酰胺（C-PAM）和 CTAB 作卤源形成的是由纳米片构成的无规则的小颗粒；而采用乙二醇替代水作溶剂时，则可形成由纳米片构成的规整的 $BiOCl_xBr_{1-x}$ 微球[133]。在这一过程中，固溶体的溶解和重结晶受到溶剂的影响，当溶剂黏度较大时，离子扩散较慢，固溶体的重结晶速率也较慢，更倾向于形成较薄的纳米片，并在热力学驱动力的作用下聚集在一起生长，形成规整的球形外观。卤氧化铋除两两之间能形成固溶体外，还可与 $Bi_2O_2CO_3$ 形成固溶体，主要原因在于它们都具有四方相结构。例如,BiOI 与 $Bi_2O_2CO_3$ 构成的固溶体可通过将 $Bi_2O_2CO_3$ 置于 $Bi(NO_3)_3$ 和 KI 的酸性混合溶液中进行反应来制备,所得的 $(BiO)_2(CO_3)_x(I_2)_{1-x}$ 固溶体呈现出区别于 $Bi_2O_2CO_3$ 和 BiOI 的分级结构[134]。

　　Bi_2WO_6 和 Bi_2MoO_6 的结构相近,故它们之间也可形成 $Bi_2W_xMo_{1-x}O_6$ 固溶体,不过 $Bi_2W_xMo_{1-x}O_6$ 的形貌控制相对于卤氧化铋要难一些。多数情况下,固溶体可形成薄片构筑的分级结构,即使利用乙二醇等黏度较大的溶剂,也不易形成球形、花形等规整的外观[135,136]。要形成较为规整的外观,可利用卤氧化铋作模板,通过离子交换的方法制备 $Bi_2W_xMo_{1-x}O_6$ 固溶体,例如,利用 BiOBr 微球作模板,通过水热法,将 BiOBr 在含有 Na_2WO_4 和 Na_2MoO_4 的溶液中进行水热处理,可以得到外观与 BiOBr 分级微球相似的 $Bi_2W_xMo_{1-x}O_6$ 固溶体(图 5-16)[137]。

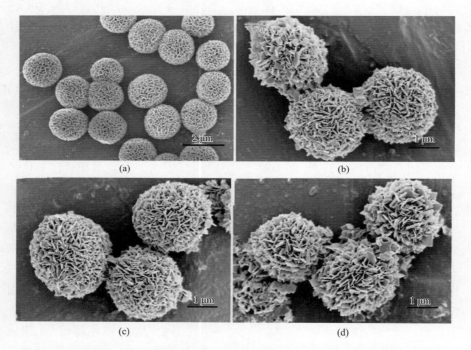

图 5-16　以 BiOBr 微球作模板制备的 $Bi_2W_xMo_{1-x}O_6$ 固溶体的 SEM 图[137]
(a) BiOBr 微球模板;(b) $Bi_2W_{0.2}Mo_{0.8}O_6$ 固溶体;(c) $Bi_2W_{0.4}Mo_{0.6}O_6$ 固溶体;(d) $Bi_2W_{0.8}Mo_{0.2}O_6$ 固溶体

5.6　其他 Bi 系光催化材料

　　对于其他 Bi 系光催化剂,如 Bi_2O_3、Bi_2WO_6、Bi_2MoO_6、$BiVO_4$ 等,形貌的调控也是重要的研究内容之一。目前对于这些典型的 Bi 系光催化剂的形貌调控的主要手段包括借助模板、对溶剂和 pH 的控制等。当然,这些调控手段并不都适用于所有的 Bi 系光催化剂,需要根据具体光催化剂的特点来综合运用。

　　利用软、硬模板来调控形貌的方法通用性相对较强,可用于大部分的光催化剂。软模板主要是表面活性剂或有机高分子，如可以以聚苯乙烯为模板剂，通过水热法制备 Bi_2WO_6 空心球和双壳层的 Bi_2O_3/Bi_2WO_6 空心球，它们的光催化性能明显高于 Bi_2O_3 和 Bi_2WO_6 颗粒。采用聚环氧乙烷-聚环氧丙烷-聚环氧乙烷三嵌段共聚物（P123）作模板剂进行 Bi_2WO_6 的制备可使其具有微球形外观，若加入的 P123 足够多，还可得到空心的 Bi_2WO_6 微球[34]。如图 5-17 所示，在制备过程中，P123 达到一定浓度后，会形成球形胶束，为 Bi_2WO_6 晶核的形成和生长提供模板，待样品成型后，通过煅烧去掉 P123，便得到了 Bi_2WO_6 空心微球。

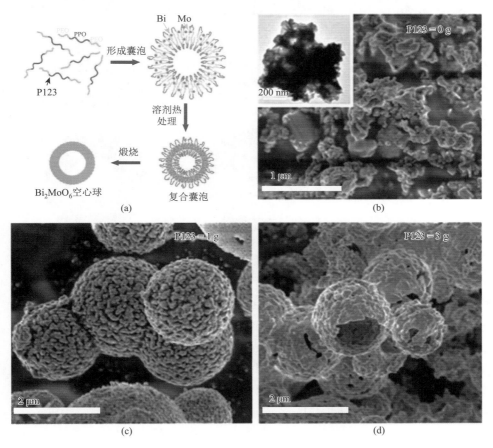

图 5-17　利用模板剂 P123 对 Bi_2MoO_6 形貌进行控制的机理及效果[34]

（a）空心结构 Bi_2MoO_6 的形成示意图；（b）～（d）不加 P123、加入 1 g P123 和加入 3 g P123 时所制备的 Bi_2MoO_6 的 SEM 图

除了采用软模板，也可利用硬模板进行形貌调控。由于卤氧化铋的形貌调控较为方便，而其又可以在一定条件下转化成其他 Bi 系化合物，故常被用作牺牲模板，通过离子交换的方法制备具有相似形貌的其他 Bi 系光催化剂。例如，可以先用溶剂热法制备分级结构 BiOBr 微球作为前驱体，然后以 Na_2WO_4 为钨源，利用水热反应过程中的离子交换，用 WO_4^{2-} 取代 Br^-，制备出光催化性能优异的 Bi_2WO_6 空心微球（图 5-18）[138]。类似地，改用分级 BiOI 微球作前驱体，通过水热法也可制备出 Bi_2WO_6 空心微球[139]。

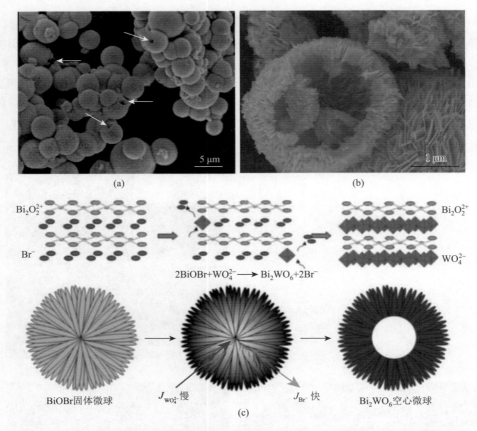

图 5-18　由 BiOBr 微球制备的 Bi_2WO_6 空心微球的微观形貌和形成原理[138]

（a）、（b）Bi_2WO_6 空心微球的 SEM 图和 HRSEM 图（白色箭头所指之处为空心微球的开口）；（c）从 BiOBr 固体微球通过
离子交换形成 Bi_2WO_6 空心微球的原理示意图

　　利用二维半导体作模板剂，有利于二维铋系半导体的形成，可制备 2D/2D 复合光催化剂。例如，Cao 等[140]利用二维的 Ti_3C_2 作模板，使 Bi_2WO_6 在其上原位沉积，得到了 2D/2D 构造的 Ti_3C_2/Bi_2WO_6 复合光催化剂。

　　不用模板剂，借助乙二醇、甘油等溶剂，通过溶剂热法也可实现对 Bi_2O_3、Bi_2WO_6 和 Bi_2MoO_6 等光催化剂的形貌调控。若在水热法制备 Bi_2MoO_6 时，采用水作溶剂，在不加任何模板剂的情况下，制备得到的 Bi_2MoO_6 为纳米颗粒或纳米片，而用乙二醇和乙醇混合溶剂进行制备时，则得到带核的空心微球，如图 5-19 所示[141]。在制备过程中，Bi_2MoO_6 带核空心微球的形成是较为典型的 Ostwald 熟化过程。类似地，在制备 Bi_2O_3 时，如果采用水解法，即在 $Bi(NO_3)_3$ 的水溶液中加入过量的 NaOH 溶液，得到的是棱柱状 Bi_2O_3［图 5-20（a）］[142]；而如果采用溶剂热法，将 $Bi(NO_3)_3$ 溶于甘油和乙醇的混合溶剂中，经过水热反应和后续的煅烧处理，则可制备出 Bi_2O_3 空心微球［图 5-20（b）］[22]。究其原因，主要是黏度较大的混合溶剂对空心微球的形成起到了形貌引导的作用，即反应物的扩散受到溶液黏度的限制，形成的薄片聚在一起生长以减小表面能，同时，加上 Ostwald 熟化的作用，前驱体形成了规整的球形外观，经过煅烧最终形成 Bi_2O_3 空心微球。

此外，若在制备 Bi$_2$O$_3$ 时采用甘油作溶剂，可制备出由纳米立方块构成的球形分级结构，若进而在反应体系中加入油酸作抑制剂，则可制备出由纳米棒组装而成的扇叶形分级结构[143]。

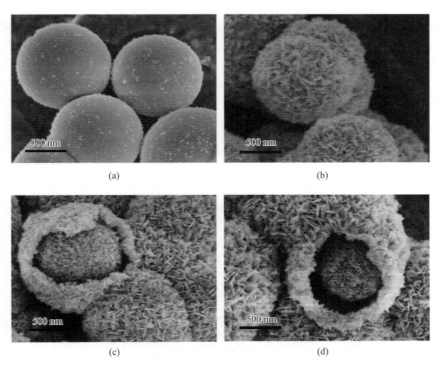

图 5-19　水热处理 1 h、4 h、8 h 和 12 h 后 Bi$_2$MoO$_6$ 的微观形貌[141]

（a）1h；（b）4h；（c）8h；（d）12h

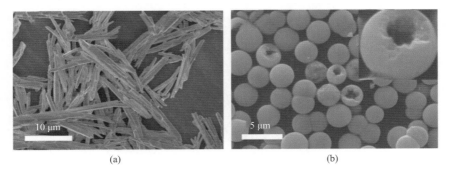

图 5-20　水解法制备的棱柱状 Bi$_2$O$_3$ 和溶剂热法制备的 Bi$_2$O$_3$ 空心微球的 SEM 图[22,142]

（a）棱柱状 Bi$_2$O$_3$ 的 SEM 图；（b）Bi$_2$O$_3$ 空心微球的 SEM 图

对于 BiVO$_4$ 的形貌调控，除可利用模板剂和溶剂外，还可通过 pH 调节来实现，这主要是因为 BiVO$_4$ 的形貌对 pH 较为敏感，当 pH 改变时，其形貌变化明显，故可以通过调整反应溶液的酸碱性来控制 BiVO$_4$ 的形貌。例如，以 Bi(NO$_3$)$_3$ 和 NH$_4$VO$_3$ 为原料，用水和乙二醇混合溶剂进行溶剂热制备 BiVO$_4$ 的过程中，通过调整反应液的酸碱性，可制备得到不同形貌的样品（图 5-21）[144]。酸性较强时，样品以小颗粒构筑的较大颗粒为主；弱酸性环境得到的 BiVO$_4$ 具有较明显的树枝状分级形貌；在中性和弱碱性环境中 BiVO$_4$ 则以分散的无规则颗粒为主。如果改用纯水作溶剂，在强酸性环境中进行水热法制备，则可制备出具有规则的四方双锥体形貌的 BiVO$_4$（图 5-22）[145]；如果能更精确地控制溶液的酸性，还可调控(010)晶面比例，进而得到四方片状的 BiVO$_4$[146]。

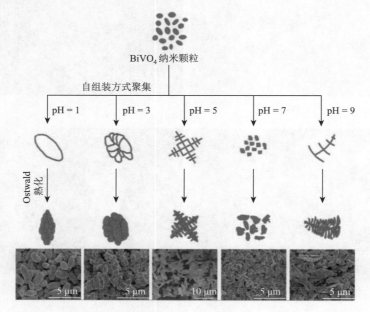

图 5-21　不同 pH 条件下不同形貌 BiVO$_4$ 样品的形成机理示意图[144]

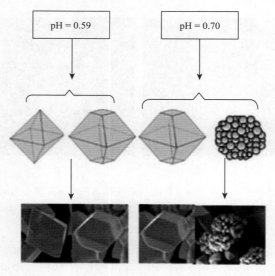

图 5-22　强酸性水溶液中所制备 BiVO$_4$ 的形貌与 pH 的关系[145]

5.7　小结与展望

　　铋系光催化剂在可见光光催化剂中占有重要地位,在环境治理和能源领域都有着良好的应用前景。在铋系光催化剂的研究中,形貌控制是重要的内容,原因不仅在于合适的形貌对其性能发挥的促进作用,还在于其独特的结构和各向异性的特点为形貌控制和机理研究提供了更多的可能和更大的探索空间,因此吸引了越来越多的研究者开展这方面的研究。在铋系半导体中, 卤氧化铋、$Bi_2O_2CO_3$、Bi_2WO_6、Bi_2MoO_6 等的各向异性特点较为突出,制备的样品的形貌更为丰富,相关的研究报道相对更多。研究者们通过不断研究,现已能利用水热、水解、原位反应等方法,配合引导剂、pH 调节、自组装、Ostwald 熟化等控制手段,制备出独立的纳米片及由纳米片组装成的片球、空心球、花形球、纳米线等形貌的铋系光催化剂。

　　尽管近年来研究者们在铋系光催化剂的形貌调控方面取得了许多较为可喜的成果和有趣的发现,但要利用形貌调控的优势,开发出性能卓越的光催化剂,仍具有较大的挑战性,还需不断加大研究的深度和广度,开展多方面的研究,未来可在以下两个方面开展工作:

　　(1)柔性铋系光催化剂的形貌调控。现有的研究报道大多集中在铋系纳米颗粒的形貌控制,包括单一半导体、固溶体和部分复合光催化剂。虽然在实验条件下形貌调控对这些光催化剂的性能有促进作用,但从应用的角度考虑,许多粉体光催化剂的回收较为困难,不利于循环使用和实际应用。要解决这一问题,将铋系光催化剂负载在具有宏观尺度的柔性载体上并进行形貌调控是一个较为可行的途径。它不仅有利于光催化剂的回收,还有利于其性能发挥,同时,还能给操作带来很大的方便。因此,柔性铋系复合光催化剂的形貌调控是需要关注的重要内容。

　　(2)具有多层级分级结构的复合光催化剂的制备和调控。许多铋系光催化剂具有层状结构,这使其容易形成由纳米片组装而成的分级结构,这种结构虽有利于光催化性能的提升,但大多数催化剂只有两个层级,且多见于单一含铋系化合物和相似化合物形成的固溶体。较少的层级使这种分级结构在光吸收和物质传输方面的优势还不能得到充分发挥,同时,较为单一的组成结构也不利于光生电子和空穴的分离。探索构建具有多个层级分级结构的铋系半导体及其异质结,既有利于充分发挥分级结构的优势,也有利于结合异质结和分级结构的优点,提高光催化活性。同时,通过对比分析不同层级光催化剂的效能,还能探明不同形貌在光催化反应中所起的作用和机理,故也是今后研究中需要关注的一个内容。

参 考 文 献

[1]　Cao S W, Tao F F, Tang Y, et al. Size-and shape-dependent catalytic performances of oxidation and reduction reactions on nanocatalysts[J]. Chemical Society Reviews, 2016, 45(17): 4747-4765.

[2]　Low J X, Yu J G, Jaroniec M, et al. Heterojunction photocatalysts[J]. Advanced Materials, 2017, 29(20): 1601694.

[3]　Reddy P A K, Reddy P V L, Kwon E, et al. Recent advances in photocatalytic treatment of pollutants in aqueous media[J].

Environment International，2016，91：94-103.

[4] He R A，Xu D F，Cheng B，et al. Review on nanoscale Bi-based photocatalysts[J]. Nanoscale Horizons，2018，3（5）：464-504.

[5] Antonopoulou M，Evgenidou E，Lambropoulou D，et al. A review on advanced oxidation processes for the removal of taste and odor compounds from aqueous media[J]. Water Research，2014，53：215-234.

[6] Jin X L，Ye L Q，Xie H Q，et al. Bismuth-rich bismuth oxyhalides for environmental and energy photocatalysis[J]. Coordination Chemistry Reviews，2017，349：84-101.

[7] 赫荣安，曹少文，周鹏，等. 可见光铋系光催化剂的研究进展[J]. 催化学报，2014，35（7）：989-1007.

[8] 赫荣安，曹少文，余家国. 铋系光催化剂的形貌调控与表面改性研究进展[J]. 物理化学学报，2016，32（12）：2841-2870.

[9] Zhang L S，Wang W Z，Yang J，et al. Sonochemical synthesis of nanocrystallite Bi_2O_3 as a visible-light-driven photocatalyst[J]. Applied Catalysis A：General，2006，308：105-110.

[10] Bao H F，Cui X Q，Li C M，et al. Photoswitchable semiconductor bismuth sulfide（Bi_2S_3）nanowires and their self-supported nanowire arrays[J]. The Journal of Physical Chemistry C，2007，111（33）：12279-12283.

[11] Kidchob T，Malfatti L，Marongiu D，et al. Sol-gel processing of $Bi_2Ti_2O_7$ and $Bi_2Ti_4O_{11}$ films with photocatalytic activity[J]. Journal of the American Ceramic Society，2010，93（9）：2897-2902.

[12] He H Q，Yin J，Li Y X，et al. Size controllable synthesis of single-crystal ferroelectric $Bi_4Ti_3O_{12}$ nanosheet dominated with {001} facets toward enhanced visible-light-driven photocatalytic activities[J]. Applied Catalysis B：Environmental，2014，156-157：35-43.

[13] Zhang Z J，Wang W Z，Shang M，et al. Low-temperature combustion synthesis of Bi_2WO_6 nanoparticles as a visible-light-driven photocatalyst[J]. Journal of Hazardous Materials，2010，177（1-3）：1013-1018.

[14] Fan H M，Jiang T F，Li H Y，et al. Effect of $BiVO_4$ crystalline phases on the photoinduced carriers behavior and photocatalytic activity[J]. The Journal of Physical Chemistry C，2012，116（3）：2425-2430.

[15] Gao T，Chen Z，Huang Q L，et al. A review：preparation of bismuth ferrite nanoparticles and its applications in visible-light induced photocatalysis[J]. Reviews on Advanced Materials Science，2015，40（2）：97-109.

[16] Ni Z L，Sun Y J，Zhang Y X，et al. Fabrication，modification and application of $(BiO)_2CO_3$-based photocatalysts：a review[J]. Applied Surface Science，2016，365：314-335.

[17] Zhang K L，Liu C M，Huang F Q，et al. Study of the electronic structure and photocatalytic activity of the BiOCl photocatalyst[J]. Applied Catalysis B：Environmental，2006，68（3-4）：125-129.

[18] He R A，Cao S W，Guo D P，et al. 3D BiOI-GO composite with enhanced photocatalytic performance for phenol degradation under visible-light[J]. Ceramics International，2015，41（3）：3511-3517.

[19] Su Y，Zhang L，Wang W Z. Internal polar field enhanced H_2 evolution of $BiOIO_3$ nanoplates[J]. International Journal of Hydrogen Energy，2016，41（24）：10170-10177.

[20] Ramachandran R，Sathiya M，Ramesha K，et al. Photocatalytic properties of $KBiO_3$ and $LiBiO_3$ with tunnel structures[J]. Journal of Chemical Sciences，2011，123（4）：517-524.

[21] Qiao J，Lv M Y，Qu Z H，et al. Preparation of a novel Z-scheme $KTaO_3/FeVO_4/Bi_2O_3$ nanocomposite for efficient sonocatalytic degradation of ceftriaxone sodium[J]. Science of the Total Environment，2019，689：178-192.

[22] Yan Y H，Zhou Z X，Cheng Y，et al. Template-free fabrication of α-and β-Bi_2O_3 hollow spheres and their visible light photocatalytic activity for water purification[J]. Journal of Alloys and Compounds，2014，605：102-108.

[23] Sang Y，Cao X，Dai G D，et al. Facile one-pot synthesis of novel hierarchical Bi_2O_3/Bi_2S_3 nanoflower photocatalyst with intrinsic p-n junction for efficient photocatalytic removals of RhB and Cr（Ⅵ）[J]. Journal of Hazardous Materials，2020，381：120942.

[24] Liang N，Zai J T，Xu M，et al. Novel $Bi_2S_3/Bi_2O_2CO_3$ heterojunction photocatalysts with enhanced visible light responsive activity and wastewater treatment[J]. Journal of Materials Chemistry A，2014，2（12）：4208-4216.

[25] Liu Y，Zhang M Y，Li L，et al. In situ ion exchange synthesis of the $Bi_4Ti_3O_{12}/Bi_2S_3$ heterostructure with enhanced photocatalytic activity[J]. Catalysis Communications，2015，60：23-26.

[26]　阚艳梅，王佩玲，李永祥，等. 丙烯酸-丙烯酸酯共聚物对钛酸铋水悬浮液性质的影响[J]. 无机材料学报，2002，17（6）：1194-1198.

[27]　Zhao Y W，Fan H Q，Fu K，et al. Intrinsic electric field assisted polymeric graphitic carbon nitride coupled with $Bi_4Ti_3O_{12}/Bi_2Ti_2O_7$ heterostructure nanofibers toward enhanced photocatalytic hydrogen evolution[J]. International Journal of Hydrogen Energy，2016，41（38）：16913-16926.

[28]　Obregón S，Colón G. On the different photocatalytic performance of $BiVO_4$ catalysts for methylene blue and rhodamine B degradation[J]. Journal of Molecular Catalysis A：Chemical，2013，376：40-47.

[29]　Laraib I，Carneiro M A，Janotti A. Effects of doping on the crystal structure of $BiVO_4$[J]. The Journal of Physical Chemistry C，2019，123（44）：26752-26757.

[30]　余忠雄，向垒，钟方龙，等. pH 对低温燃烧法合成钨酸铋光催化降解罗丹明 B 的影响[J]. 无机材料学报，2015，30（5）：535-541.

[31]　Zhang K，Wang J，Jiang W J，et al. Self-assembled perylene diimide based supramolecular heterojunction with Bi_2WO_6 for efficient visible-light-driven photocatalysis[J]. Applied Catalysis B：Environmental，2018，232：175-181.

[32]　Guo L，Zhang K L，Han X X，et al. 2D in-plane CuS/Bi_2WO_6 p-n heterostructures with promoted visible-light-driven photo-fenton degradation performance[J]. Nanomaterials，2019，9（8）：1151.

[33]　Tang D，Mabayoje O，Lai Y Q，et al. Enhanced photoelectrochemical performance of porous Bi_2MoO_6 photoanode by an electrochemical treatment[J]. Journal of the Electrochemical Society，2017，164（6）：H299-H306.

[34]　Kashfi-Sadabad R，Yazdani S，Alemi A，et al. Block copolymer-assisted solvothermal synthesis of hollow Bi_2MoO_6 spheres substituted with samarium[J]. Langmuir，2016，32（42）：10967-10976.

[35]　Cruz A M L，Alfaro S O，Cuéllar E L，et al. Photocatalytic properties of Bi_2MoO_6 nanoparticles prepared by an amorphous complex precursor[J]. Catalysis Today，2007，129（1-2）：194-199.

[36]　Madhusudan P，Yu J G，Wang W G，et al. Facile synthesis of novel hierarchical graphene-$Bi_2O_2CO_3$ composites with enhanced photocatalytic performance under visible light[J]. Dalton Transactions，2012，41（47）：14345-14353.

[37]　Zheng Y，Duan F，Chen M Q，et al. Synthetic $Bi_2O_2CO_3$ nanostructures：novel photocatalyst with controlled special surface exposed[J]. Journal of Molecular Catalysis A：Chemical，2010，317（1-2）：34-40.

[38]　Al Marzouqi F，Al Farsi B，Kuvarega A T，et al. Controlled microwave-assisted synthesis of the 2D-BiOCl/2D-g-C_3N_4 heterostructure for the degradation of amine-based pharmaceuticals under solar light illumination[J]. ACS Omega，2019，4（3）：4671-4678.

[39]　Jiang J，Zhao K，Xiao X Y，et al. Synthesis and facet-dependent photoreactivity of BiOCl single-crystalline nanosheets[J]. Journal of the American Chemical Society，2012，134（10）：4473-4476.

[40]　Wu S J，Wang C，Cui Y F. Controllable growth of BiOCl film with high percentage of exposed {001} facets[J]. Applied Surface Science，2014，289：266-273.

[41]　Mera A C，Váldes H，Jamett F J，et al. BiOBr microspheres for photocatalytic degradation of an anionic dye[J]. Solid State Sciences，2017，65：15-21.

[42]　Liu Z S，Wu B T，Niu J N，et al. Solvothermal synthesis of BiOBr thin film and its photocatalytic performance[J]. Applied Surface Science，2014，288：369-372.

[43]　Mera A C，Contreras D，Escalona N，et al. BiOI microspheres for photocatalytic degradation of gallic acid[J]. Journal of Photochemistry and Photobiology A：Chemistry，2016，318：71-76.

[44]　He R A，Zhang J F，Yu J G，et al. Room-temperature synthesis of BiOI with tailorable (001) facets and enhanced photocatalytic activity[J]. Journal of Colloid and Interface Science，2016，478：201-208.

[45]　Li S，Lin Y H，Zhang B P，et al. Controlled fabrication of $BiFeO_3$ uniform microcrystals and their magnetic and photocatalytic behaviors[J]. The Journal of Physical Chemistry C，2010，114（7）：2903-2908.

[46]　Alexe M，Hesse D. Tip-enhanced photovoltaic effects in bismuth ferrite[J]. Nature Communications，2011，2（1）：256.

[47]　Di J L，Yang H，Xian T，et al. Facile synthesis and enhanced visible-light photocatalytic activity of novel p-Ag_3PO_4/n-$BiFeO_3$

heterojunction composites for dye degradation[J]. Nanoscale Research Letters，2018，13（1）：257.

[48] Cheng J，Feng J，Pan W. Enhanced photocatalytic activity in electrospun bismuth vanadate nanofibers with phase junction[J]. ACS Applied Materials & Interfaces，2015，7（18）：9638-9644.

[49] Nguyen T D，Hong S S. Facile solvothermal synthesis of monoclinic-tetragonal heterostructured $BiVO_4$ for photodegradation of rhodamine B[J]. Catalysis Communications，2020，136：105920.

[50] Chen L，He J，Liu Y，et al. Recent advances in bismuth-containing photocatalysts with heterojunctions[J]. Chinese Journal of Catalysis，2016，37（6）：780-791.

[51] Huang Z F，Pan L，Zou J J，et al. Nanostructured bismuth vanadate-based materials for solar-energy-driven water oxidation：a review on recent progress[J]. Nanoscale，2014，6（23）：14044-14063.

[52] Yang Y，Zhang C，Lai C，et al. BiOX（X = Cl，Br，I）photocatalytic nanomaterials：applications for fuels and environmental management[J]. Advances in Colloid and Interface Science，2018，254：76-93.

[53] Yi H，Qin L，Huang D L，et al. Nano-structured bismuth tungstate with controlled morphology：fabrication，modification，environmental application and mechanism insight[J]. Chemical Engineering Journal，2019，358：480-496.

[54] Low J X，Jiang C J，Cheng B，et al. A review of direct Z-scheme photocatalysts[J]. Small Methods，2017，1（5）：1700080.

[55] Dai G P，Yu J G，Liu G. Synthesis and enhanced visible-light photoelectrocatalytic activity of p-n junction $BiOI/TiO_2$ nanotube arrays[J]. The Journal of Physical Chemistry C，2011，115（15）：7339-7346.

[56] Aliwi S M，Al-Jubori K F. Photoreduction of CO_2 by metal sulphide semiconductors in presence of H_2S[J]. Solar Energy Materials，1989，18（3-4）：223-229.

[57] Kudo A，Hijii S. H_2 or O_2 evolution from aqueous solutions on layered oxide photocatalysts consisting of Bi^{3+} with $6s^2$ configuration and d^0 transition metal ions[J]. Chemistry Letters，1999，28（10）：1103-1104.

[58] Zhang X，Ai Z H，Jia F L，et al. Generalized one-pot synthesis，characterization，and photocatalytic activity of hierarchical BiOX（X = Cl，Br，I）nanoplate microspheres[J]. The Journal of Physical Chemistry C，2008，112（3）：747-753.

[59] Cheng H F，Huang B B，Dai Y. Engineering BiOX（X = Cl，Br，I）nanostructures for highly efficient photocatalytic applications[J]. Nanoscale，2014，6（4）：2009-2026.

[60] Zhang C，Zhu Y F. Synthesis of square Bi_2WO_6 nanoplates as high-activity visible-light-driven photocatalysts[J]. Chemistry of Materials，2005，17（13）：3537-3545.

[61] Fu H B，Pan C S，Yao W Q，et al. Visible-light-induced degradation of rhodamine B by nanosized Bi_2WO_6[J]. The Journal of Physical Chemistry B，2005，109（47）：22432-22439.

[62] Yu J G，Xiong J F，Cheng B，et al. Hydrothermal preparation and visible-light photocatalytic activity of Bi_2WO_6 powders[J]. Journal of Solid State Chemistry，2005，178（6）：1968-1972.

[63] Liu S W，Yu J G. Cooperative self-construction and enhanced optical absorption of nanoplates-assembled hierarchical Bi_2WO_6 flowers[J]. Journal of Solid State Chemistry，2008，181（5）：1048-1055.

[64] Jeong H T，Jeong S Y，Kim W T，et al. The experimental evidence on the existence of fourfold ferroelastic domain wall[J]. Journal of the Physical Society of Japan，2000，69（2）：306-308.

[65] Ghosh A. Frequency-dependent conductivity in bismuth-vanadate glassy semiconductors[J]. Physical Review B，1990，41（3）：1479-1488.

[66] Hazen R M，Mariathasan J W E. Bismuth vanadate：a high-pressure，high-temperature crystallographic study of the ferroelastic-paraelastic transition[J]. Science，1982，216（4549）：991-993.

[67] Majewski P. Materials aspects of the high-temperature superconductors in the system Bi_2O_3-SrO-CaO-CuO[J]. Journal of Materials Research，2000，15（4）：854-870.

[68] Yaremchenko A A，Kharton V V，Naumovich E N，et al. Stability of δ-Bi_2O_3-based solid electrolytes[J]. Materials Research Bulletin，2000，35（4）：515-520.

[69] Philip J，Rodrigues N，Sadhukhan M，et al. Temperature dependence of elastic and dielectric properties of $(Bi_2O_3)_{1-x}(CuO)_x$ oxide glasses[J]. Journal of Materials Science，2000，35（1）：229-233.

[70] Zommer-Urbańska S，Bulska E，Pawlaczyk R，et al. Determination of bismuth in rabbit blood serum and tissues after administration of pharmaceuticals containing Bi$_2$O$_3$[J]. Acta Poloniae Pharmaceutica，1994，51（1）：7-10.

[71] Oppermann H，Huong D Q，Zhang M，et al. Investigations on the system BiOCl/SeO$_2$[J]. Zeitschrift für Anorganische und Allgemeine Chemie，2001，627（6）：1347-1356.

[72] Kijima N，Matano K，Saito M，et al. Oxidative catalytic cracking of n-butane to lower alkenes over layered BiOCl catalyst[J]. Applied Catalysis A：General，2001，206（2）：237-244.

[73] Hao J G，Li W，Zhai J W，et al. Progress in high-strain perovskite piezoelectric ceramics[J]. Materials Science & Engineering：R：Reports，2019，135：1-57.

[74] Chen Z W，Jiang H，Jin W L，et al. Enhanced photocatalytic performance over Bi$_4$Ti$_3$O$_{12}$ nanosheets with controllable size and exposed {001} facets for rhodamine B degradation[J]. Applied Catalysis B：Environmental，2016，180：698-706.

[75] Dobal P S，Katiyar R S. Studies on ferroelectric perovskites and Bi-layered compounds using micro-Raman spectroscopy[J]. Journal of Raman Spectroscopy，2002，33（6）：405-423.

[76] Bordun O M. Luminescence centers in thin films of lead and bismuth tungstates[J]. Journal of Applied Spectroscopy，1998，63：149-151.

[77] Blasse G，Dirksen G J. The luminescence of bismuth tungstates[J]. Chemical Physics Letters，1982，85（2）：150-152.

[78] Zhang L S，Wang H L，Chen Z G，et al. Bi$_2$WO$_6$ micro/nano-structures：synthesis，modifications and visible-light-driven photocatalytic applications[J]. Applied Catalysis B：Environmental，2011，106（1-2）：1-13.

[79] Bessekhouad Y，Robert D，Weber J V. Bi$_2$S$_3$/TiO$_2$ and CdS/TiO$_2$ heterojunctions as an available configuration for photocatalytic degradation of organic pollutant[J]. Journal of Photochemistry and Photobiology A：Chemistry，2004，163（3）：569-580.

[80] Wang W D，Huang F Q，Lin X P. xBiOI-(1−x)BiOCl as efficient visible-light-driven photocatalysts[J]. Scripta Materialia，2007，56（8）：669-672.

[81] Tang J W，Zou Z G，Ye J H. Photocatalytic decomposition of organic contaminants by Bi$_2$WO$_6$ under visible light irradiation[J]. Catalysis Letters，2004，92（1-2）：53-56.

[82] Low J X，Yu J G，Li Q，et al. Enhanced visible-light photocatalytic activity of plasmonic Ag and graphene co-modified Bi$_2$WO$_6$ nanosheets[J]. Physical Chemistry Chemical Physics，2014，16（3）：1111-1120.

[83] Shimodaira Y，Kato H，Kobayashi H，et al. Photophysical properties and photocatalytic activities of bismuth molybdates under visible light irradiation[J]. The Journal of Physical Chemistry B，2006，110（36）：17790-17797.

[84] Tokunaga S，Kato H，Kudo A. Selective preparation of monoclinic and tetragonal BiVO$_4$ with scheelite structure and their photocatalytic properties[J]. Chemistry of Materials，2001，13（12）：4624-4628.

[85] Iwase A，Ng Y H，Ishiguro Y，et al. Reduced graphene oxide as a solid-state electron mediator in Z-scheme photocatalytic water splitting under visible light[J]. Journal of the American Chemical Society，2011，133（29）：11054-11057.

[86] Pan C S，Zhu Y F. New type of BiPO$_4$ oxy-acid salt photocatalyst with high photocatalytic activity on degradation of dye[J]. Environmental Science & Technology，2010，44（14）：5570-5574.

[87] Luo J，Maggard P A. Hydrothermal synthesis and photocatalytic activities of SrTiO$_3$-coated Fe$_2$O$_3$ and BiFeO$_3$[J]. Advanced Materials，2006，18（4）：514-517.

[88] Hu J，Weng S X，Zheng Z Y，et al. Solvents mediated-synthesis of BiOI photocatalysts with tunable morphologies and their visible-light driven photocatalytic performances in removing of arsenic from water[J]. Journal of Hazardous Materials，2014，264：293-302.

[89] Shi X J，Chen X，Chen X L，et al. PVP assisted hydrothermal synthesis of BiOBr hierarchical nanostructures and high photocatalytic capacity[J]. Chemical Engineering Journal，2013，222：120-127.

[90] Cui Z K，Mi L W，Zeng D W. Oriented attachment growth of BiOCl nanosheets with exposed {110} facets and photocatalytic activity of the hierarchical nanostructures[J]. Journal of Alloys and Compounds，2013，549：70-76.

[91] Chen L，Huang R，Xiong M，et al. Room-temperature synthesis of flower-like BiOX（X = Cl，Br，I）hierarchical structures and their visible-light photocatalytic activity[J]. Inorganic Chemistry，2013，52（19）：11118-11125.

[92] Di J，Xia J X，Li H M，et al. Bismuth oxyhalide layered materials for energy and environmental applications[J]. Nano Energy，2017，41：172-192.

[93] Xiao X，Liu C，Hu R P，et al. Oxygen-rich bismuth oxyhalides：generalized one-pot synthesis，band structures and visible-light photocatalytic properties[J]. Journal of Materials Chemistry，2012，22（43）：22840-22843.

[94] Wang Z W，Chen M，Huang D L，et al. Multiply structural optimized strategies for bismuth oxyhalide photocatalysis and their environmental application[J]. Chemical Engineering Journal，2019，374：1025-1045.

[95] Li J，Zhang L Z，Li Y J，et al. Synthesis and internal electric field dependent photoreactivity of Bi_3O_4Cl single-crystalline nanosheets with high {001} facet exposure percentages[J]. Nanoscale，2014，6（1）：167-171.

[96] Sun L M，Xiang L，Zhao X，et al. Enhanced visible-light photocatalytic activity of BiOI/BiOCl heterojunctions：key role of crystal facet combination[J]. ACS Catalysis，2015，5（6）：3540-3551.

[97] Zhang L，Wang W Z，Sun S M，et al. Selective transport of electron and hole among {001} and {110} facets of BiOCl for pure water splitting[J]. Applied Catalysis B：Environmental，2015，162：470-474.

[98] Gao M C，Zhang D F，Pu X P，et al. Combustion synthesis of BiOCl with tunable percentage of exposed {001} facets and enhanced photocatalytic properties[J]. Journal of the American Ceramic Society，2015，98（5）：1515-1519.

[99] Xu Y Q，Hu X L，Zhu H K，et al. Insights into BiOCl with tunable nanostructures and their photocatalytic and electrochemical activities[J]. Journal of Materials Science，2016，51（9）：4342-4348.

[100] Ai Z H，Wang J L，Zhang L Z. Substrate-dependent photoreactivities of BiOBr nanoplates prepared at different pH values[J]. Chinese Journal of Catalysis，2015，36（12）：2145-2154.

[101] Li R，Gao X Y，Fan C M，et al. A facile approach for the tunable fabrication of BiOBr photocatalysts with high activity and stability[J]. Applied Surface Science，2015，355：1075-1082.

[102] Li X，Yu J G，Jaroniec M. Hierarchical photocatalysts[J]. Chemical Society Reviews，2016，45（9）：2603-2636.

[103] He R A，Cao S W，Yu J G，et al. Microwave-assisted solvothermal synthesis of $Bi_4O_5I_2$ hierarchical architectures with high photocatalytic performance[J]. Catalysis Today，2016，264：221-228.

[104] Huang H W，Xiao K，Zhang T R，et al. Rational design on 3D hierarchical bismuth oxyiodides via in situ self-template phase transformation and phase-junction construction for optimizing photocatalysis against diverse contaminants[J]. Applied Catalysis B：Environmental，2017，203：879-888.

[105] Zhao Y，Tan X，Yu T，et al. SDS-assisted solvothermal synthesis of BiOBr microspheres with highly visible-light photocatalytic activity[J]. Materials Letters，2016，164：243-247.

[106] Xie Y C，Chang F，Li C L，et al. One-pot polyvinyl alcohol-assisted hydrothermal synthesis of hierarchical flower-like BiOCl nanoplates with enhancement of photocatalytic activity for degradation of rhodamine B[J]. Clean Soil Air Water，2014，42（4）：521-527.

[107] Sun D F，Wang T Y，Xu Y H，et al. Hierarchical bismuth oxychlorides constructed by porous nanosheets：preparation，growth mechanism，and application in photocatalysis[J]. Materials Science in Semiconductor Processing，2015，31：666-677.

[108] Ren K X，Zhang K，Liu J，et al. Controllable synthesis of hollow/flower-like BiOI microspheres and highly efficient adsorption and photocatalytic activity[J]. CrystEngComm，2012，14（13）：4384-4390.

[109] Di J，Xia J X，Ji M X，et al. Carbon quantum dots induced ultrasmall BiOI nanosheets with assembled hollow structures for broad spectrum photocatalytic activity and mechanism insight[J]. Langmuir，2016，32（8）：2075-2084.

[110] Ding L Y，Chen H，Wang Q Q，et al. Synthesis and photocatalytic activity of porous bismuth oxychloride hexagonal prisms[J]. Chemical Communications，2016，52（5）：994-997.

[111] Zhang L，Cao X F，Chen X T，et al. BiOBr hierarchical microspheres：microwave-assisted solvothermal synthesis，strong adsorption and excellent photocatalytic properties[J]. Journal of Colloid and Interface Science，2011，354（2）：630-636.

[112] Liao C X，Ma Z J，Chen X F，et al. Controlled synthesis of bismuth oxyiodide toward optimization of photocatalytic performance[J]. Applied Surface Science，2016，387：1247-1256.

[113] He R A，Cheng K Y，Wei Z Y，et al. Room-temperature in situ fabrication and enhanced photocatalytic activity of direct

Z-scheme BiOI/g-C₃N₄ photocatalyst[J]. Applied Surface Science，2019，465：964-972.

[114] Zhou X J，Shao C L，Yang S，et al. Heterojunction of g-C₃N₄/BiOI immobilized on flexible electrospun polyacrylonitrile nanofibers：facile preparation and enhanced visible photocatalytic activity for floating photocatalysis[J]. ACS Sustainable Chemistry & Engineering，2017，6（2）：2316-2323.

[115] Grice J D. A solution to the crystal structures of bismutite and beyerite[J]. The Canadian Mineralogist，2002，40（2）：693-698.

[116] Madhusudan P，Zhang J，Cheng B，et al. Photocatalytic degradation of organic dyes with hierarchical Bi₂O₂CO₃ microstructures under visible-light[J]. CrystEngComm，2013，15（2）：231-240.

[117] Liu S Q，Tu Y Q，Dai G P. The effects of citrate ion on morphology and photocatalytic activity of flower-like Bi₂O₂CO₃[J]. Ceramics International，2014，40（1）：2343-2348.

[118] Madhusudan P，Ran J R，Zhang J，et al. Novel urea assisted hydrothermal synthesis of hierarchical BiVO₄/Bi₂O₂CO₃ nanocomposites with enhanced visible-light photocatalytic activity[J]. Applied Catalysis B：Environmental，2011，110：286-295.

[119] Bai P，Tong X L，Wan J，et al. Flower-like Bi₂O₂CO₃-mediated selective oxidative coupling processes of amines under visible light irradiation[J]. Journal of Catalysis，2019，374：257-265.

[120] Li S J，Hu S W，Jiang W，et al. Ag₃VO₄ nanoparticles decorated Bi₂O₂CO₃ micro-flowers：an efficient visible-light-driven photocatalyst for the removal of toxic contaminants[J]. Frontiers in Chemistry，2018，6：255.

[121] Qin F，Li G F，Wang R M，et al. Template-free fabrication of Bi₂O₃ and (BiO)₂CO₃ nanotubes and their application in water treatment[J]. Chemistry：A European Journal，2012，18（51）：16491-16497.

[122] Cui K X，He Y H，Guo Y J，et al. Photochemical properties and structure characterization of (BiO)₂CO₃ nanowires doped with alkaline-earth metal ions[J]. Materials Research Bulletin，2017，90：111-118.

[123] Cui K X，He Y H，Jin S M. Enhanced UV-visible response of bismuth subcarbonate nanowires for degradation of xanthate and photocatalytic reaction mechanism[J]. Chemosphere，2016，149：245-253.

[124] Han X，Zhang Y H，Wang S B，et al. Controllable synthesis，characterization and photocatalytic performance of four kinds of bismuth-based materials[J]. Colloids and Surfaces A：Physicochemical and Engineering Aspects，2019，568：419-428.

[125] Yang Y F，Zhou F，Zhan S，et al. Facile preparation of BiOCl$_x$I$_{1-x}$ composites with enhanced visible-light photocatalytic activity[J]. Applied Physics A，2017，123（1）：29.

[126] Lu J L，Meng Q G，Lv H Q，et al. Synthesis of visible-light-driven BiOBr$_x$I$_{1-x}$ solid solution nanoplates by ultrasound-assisted hydrolysis method with tunable bandgap and superior photocatalytic activity[J]. Journal of Alloys and Compounds，2018，732：167-177.

[127] Zhang X，Wang L W，Wang C Y，et al. Synthesis of BiOCl$_x$Br$_{1-x}$ nanoplate solid solutions as a robust photocatalyst with tunable band structure[J]. Chemistry：A European Journal，2015，21（33）：11872-11877.

[128] Zhang J，Han Q F，Zhu J W，et al. A facile and rapid room-temperature route to hierarchical bismuth oxyhalide solid solutions with composition-dependent photocatalytic activity[J]. Journal of Colloid and Interface Science，2016，477：25-33.

[129] Zhao Z Y，Liu Q L，Dai W W. Structural，electronic，and optical properties of BiOX$_{1-x}$Y$_x$（X，Y = F，Cl，Br，and I）solid solutions from DFT calculations[J]. Scientific Reports，2016，6（1）：31449.

[130] Ren K X，Liu J，Liang J，et al. Synthesis of the bismuth oxyhalide solid solutions with tunable band gap and photocatalytic activities[J]. Dalton Transactions，2013，42（26）：9706-9712.

[131] Bai Y，Ye L Q，Chen T，et al. Synthesis of hierarchical bismuth-rich Bi₄O₅Br$_x$I$_{2-x}$ solid solutions for enhanced photocatalytic activities of CO₂ conversion and Cr（Ⅵ）reduction under visible light[J]. Applied Catalysis B：Environmental，2017，203：633-640.

[132] Lu S S，Li J，Duan F，et al. One-step preparation of Bi₄O₅Br$_x$I$_{2-x}$ solid solution with superior photocatalytic performance for organic pollutants degradation under visible light[J]. Applied Surface Science，2019，475：577-586.

[133] Yang J，Liang Y J，Li K，et al. Design of 3D flowerlike BiOCl$_x$Br$_{1-x}$ nanostructure with high surface area for visible light photocatalytic activities[J]. Journal of Alloys and Compounds，2017，725：1144-1157.

[134] Ou M Y，Dong F，Zhang W，et al. Efficient visible light photocatalytic oxidation of NO in air with band-gap tailored

(BiO)$_2$CO$_3$-BiOI solid solutions[J]. Chemical Engineering Journal，2014，255：650-658.

[135] Kulkarni A K，Panmand R P，Sethi Y A，et al. 3D hierarchical heterostructures of Bi$_2$W$_{1-x}$Mo$_x$O$_6$ with enhanced oxygen evolution reaction from water under natural sunlight[J]. New Journal of Chemistry，2018，42（21）：17597-17605.

[136] Cao Q W，Zheng Y F，Song X C. The enhanced visible light photocatalytic activity of Bi$_2$W$_x$Mo$_{1-x}$O$_6$-BiOCl heterojunctions with adjustable energy band[J]. Ceramics International，2016，42（13）：14533-14542.

[137] Li W Q，Ding X G，Wu H T，et al. Bi$_2$Mo$_x$W$_{1-x}$O$_6$ solid solutions with tunable band structure and enhanced visible-light photocatalytic activities[J]. Applied Surface Science，2018，447：636-647.

[138] Cheng H F，Huang B B，Liu Y Y，et al. An anion exchange approach to Bi$_2$WO$_6$ hollow microspheres with efficient visible light photocatalytic reduction of CO$_2$ to methanol[J]. Chemical Communications，2012，48（78）：9729-9731.

[139] Ma D K，Zhou S M，Hu X，et al. Hierarchical BiOI and hollow Bi$_2$WO$_6$ microspheres：topochemical conversion and photocatalytic activities[J]. Materials Chemistry and Physics，2013，140（1）：11-15.

[140] Cao S W，Shen B J，Tong T，et al. 2D/2D heterojunction of ultrathin MXene/Bi$_2$WO$_6$ nanosheets for improved photocatalytic CO$_2$ reduction[J]. Advanced Functional Materials，2018，28（21）：1800136.

[141] Li J L，Liu X J，Sun Z，et al. Mesoporous yolk-shell structure Bi$_2$MoO$_6$ microspheres with enhanced visible light photocatalytic activity[J]. Ceramics International，2015，41（7）：8592-8598.

[142] He R A，Zhou J Q，Fu H Q，et al. Room-temperature in situ fabrication of Bi$_2$O$_3$/g-C$_3$N$_4$ direct Z-scheme photocatalyst with enhanced photocatalytic activity[J]. Applied Surface Science，2018，430：273-282.

[143] Wang Y J，Li Z X，Yu H Y，et al. Facile and one-pot solution synthesis of several kinds of 3D hierarchical flower-like α-Bi$_2$O$_3$ microspheres[J]. Functional Materials Letters，2016，9（5）：1650059.

[144] Chen L，Wang J X，Meng D W，et al. The pH-controlled {040} facets orientation of BiVO$_4$ photocatalysts with different morphologies for enhanced visible light photocatalytic performance[J]. Materials Letters，2016，162：150-153.

[145] Tan G Q，Zhang L L，Ren H J，et al. Effects of pH on the hierarchical structures and photocatalytic performance of BiVO$_4$ powders prepared via the microwave hydrothermal method[J]. ACS Applied Materials & Interfaces，2013，5（11）：5186-5193.

[146] Tan H L，Wen X M，Amal R，et al. BiVO$_4$ {010} and {110} relative exposure extent：governing factor of surface charge population and photocatalytic activity[J]. The Journal of Physical Chemistry Letters，2016，7（7）：1400-1405.

第 6 章　碳材料在光催化材料中的应用

6.1　碳基光催化材料的发展历史和基本性质

1991 年碳纳米管[1]（CNT，图 6-1）和 2004 年石墨烯[2]（图 6-1）的发现，为化学和材料科学等领域的研究带来了新的机遇，也为设计高效、稳定的光催化材料提供了新的选择[3]。早在 2003 年，Sun 和 Gao[4]便将碳纳米管与二氧化钛复合，用于苯酚的光催化降解。而在 2008 年，Williams 等[5]通过光还原氧化石墨烯的方法获得了石墨烯/二氧化钛复合光催化材料。这些 sp² 杂化的碳材料具有较大的比表面积、出色的导电性、较高的化学稳定性和热稳定性。碳纳米管和石墨烯与半导体光催化剂的结合不仅可以增加表面催化反应的吸附位点和活性中心，而且它们还可以作为电子受体或传输通道来抑制光生电子和空穴的复合。同时，这些一维和二维碳材料可以作为各种半导体光催化剂的载体，减少颗粒聚集并提高分散性。另外，光催化材料体系的光吸收范围也被拓展，带来光敏化和光热效应。这些优点可以贯穿光催化反应的整个过程，进一步增强半导体光催化剂的光催化性能。与碳纳米管相比，石墨烯在某些特定的光催化应用中具有一定的优势。首先，石墨烯的理论比表面积（约为 2600 m²·g⁻¹）远大于碳纳米管的理论比表面积（约为 1300 m²·g⁻¹），意味着石墨烯表面有更多的吸附位点和活性中心；其次，与一维的碳纳米管相比，石墨烯的二维结构特征可以确保半导体纳米结构在其表面上更好地分散以及半导体与石墨烯之间有更大的接触界面；最后，石墨烯具有更平整的扩展的 π-芳香环结构及更高的电导率和电子迁移率，有利于光催化反应过程中的电子捕获和迁移。另外两种纳米碳材料（图 6-1）C₆₀[6,7]和碳量子点[8]也已被广泛研究，这些零维碳材料通常被用作半导体光催化剂的表面改性剂。C₆₀ 和碳量子点既是良好的电子受体也是良好的电子供体，丰富了碳材料在光催化应用中的角色。Takahashi 等[9]在 2001 年报道了 C₆₀ 和硫复合形成的光催化剂。Li 等[10]则在 2010 年发现具有上转换发光性质的水溶性碳点可用于修饰二氧化钛进行光催化降解甲基蓝反应。最近，作为一种新的稳定的人工合成二维碳材料[11,12]，具有与石墨烯相似的性质（如大比表面积和高电子迁移率）的石墨二炔（graphdiyne）成为另一种半导体纳米结构的良好载体，以及出色的电子捕获材料或电子转移介质。值得注意的是，石墨二炔具有由 sp 和 sp² 杂化的碳原子组成的 π 共轭结构，而石墨烯仅具有纯 sp² 杂化的碳骨架结构，且石墨二炔中存在炔键，而炔键这种缺电子结构在石墨烯中不存在，因此石墨二炔比石墨烯更容易捕获电子。此外，三个二炔键之间均匀分布的孔（—C≡C—C≡C—）为分子吸附提供了丰富的位点（图 6-2）。这些优点使石墨二炔在光催化领域有着更广阔的应用潜力[13-16]。例如，Wang 等[13]在 2012 年最早报道了石墨二炔/P25 复合光催化剂用于光催化降解有机污染物。其他碳材料，包括碳纤维、活性炭和多孔碳等，也是纳米碳家族的重要成员，在高性能光催化材料的设计和制备中发挥了重要作用。当然，半导体-碳材料复合光催化剂性能的优劣取决于许多因素，如碳材料的尺寸、壁/层的数量、缺陷的类型和浓度、碳材料的表面化学官能团，以及半导体和碳材料之间的界面接触面积等。

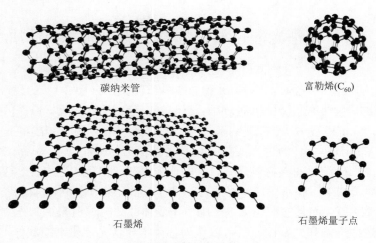

图 6-1　典型碳材料的结构示意图

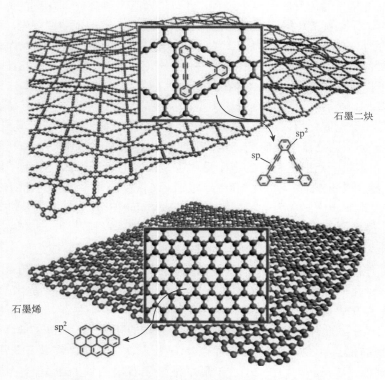

图 6-2　石墨二炔（GDY）和石墨烯的结构对比图

6.2　碳材料的制备方法

　　碳纳米管的制备方法主要有电弧放电法、激光烧蚀法和化学气相沉积（CVD）法。日本科学家 Lijima[1]在 1991 年利用石墨电弧放电法制备富勒烯的过程中发现了碳纳米管，该方法后经 Ebbesen 和 Ajayan[17]改良，可制备出质量更高、产量更多的碳纳米管。电弧放电法的原理是在真空反应室中充入惰性气体（如氦气、氩气或者氢气），保持恒定的压力条件下，利用电弧放电产生的高温使含有金属催化剂（如镍、钴、铁等）的石墨电极完全气化蒸发后，再次沉积得到碳纳米管。激光烧蚀法是在高温、惰性气体保护下通过高能量密度的激光烧蚀含有金属催化剂的石墨靶材，气化蒸发的碳原子和催化剂颗粒被气流从高温区带向低温区，在催化剂的作用下，气态碳相互作用生成碳纳米管[18]。化学气相沉积法又叫催化热解法，其原理是在一定温度下，借助金属催化剂（如铁、钴、镍、钯等）的作用，使化合物中的碳从化合态中分解出来并生长成为碳纳米管[19]，该方法使用的碳源为甲烷、一氧化碳、乙烯等含碳气体，或苯、甲苯等含碳液体。

　　石墨烯的制备方法主要分为两大类，一类是自上而下的剥离方法，包括微机械剥离法和液相剥离法；另一类是自下而上的制备方法，包括 CVD 法和 SiC 外延生长法等。微机械剥离法是利用物体与石墨之间的摩擦产生相对运动，从而得到单层石墨烯的方法。2004 年，Novoselov 等[2]利用胶带对定向热解的石墨进行重复的粘贴作用，首次发现单层石墨烯。液相剥离法是将鳞片状石墨置于活性溶剂中，使溶剂中的活性物质插入石墨的层间结构，再利用机械搅拌或超声振荡的方式对石墨的层间结构进行冲击，使得石墨层与层之间发生分离得到石墨烯的方法[20]。最为广泛使用的液相剥离法为改进的 Hummers 法[21]，这种方法首先将石墨置于高锰酸钾、硝酸钠和硫酸的混合水溶液中，使羟基、羧基、环氧基等含氧基团修饰在石墨的碳结构上，得到氧化石墨，进一步通过超声剥离的方法得到少层/单层氧化石墨烯，再通过化学法将氧化石墨烯进行还原，除去表面的含氧基团，从而得到还原氧化石墨烯。CVD 法是制备石墨烯薄膜较为有效的方法，即在高温下将含碳有机气体裂解为碳原子，碳原子在催化剂作用下进行气相沉积得到石墨烯薄膜[22]，主要的碳源包括甲烷、乙烷、乙烯等，催化衬底包括铜、镍、铂等。SiC 外延生长法主要以 SiC 单晶片为原料，在超高真空和高温环境下使 Si 原子升华，表面剩下的 C 原子发生结构重整，从而得到基于 SiC 单晶衬底的石墨烯材料[23]。

　　富勒烯早期是通过激光辐射法制备的[24]，该方法在惰性气体保护下，利用高能量脉冲激光攻击石墨片表面，产生碳离子碎片，进一步通过气相热碰撞作用制备含有富勒烯的产物。随后，电弧放电法[25]被广泛采用，这种方法以石磨棒为电极，在低压氦气氛围中利用电弧放电蒸发碳原子，使其结构重排后得到富勒烯。其他制备富勒烯的方法还有苯燃烧法[26]、高频加热蒸发石墨法[27]等。

　　碳点的制备方法主要包括电化学氧化法、化学氧化法、微波合成法、水热法等，电化学氧化法[28]通常以碳纳米管电极为碳源，通过电化学反应制备碳点；化学氧化法[29]利用浓硫酸、硝酸等氧化剂通过氧化反应从碳源中获得碳点；微波合成法[30]利用微波能量来打断碳源中的化学键从而获得碳点，水热法[31]则通过水热氧化碳源（如石墨烯等）获得碳点。

　　石墨二炔的制备方法主要包括溶液法和 CVD 法。2010 年，李玉良课题组在溶液中加入铜箔、吡啶和六乙炔基苯，通过 Glaser 炔烃偶联反应在铜箔表面首次合成了 γ-石墨二炔[12]。其他溶液法大多是在此方法上进行改进后的成果。Liu 等[32]以六乙炔基苯为前驱体，银箔为基底，利用鼓泡法将前驱体引入腔体，通过同构 CVD 技术在银箔表面获得了单层类石墨二炔薄膜。

6.3　碳材料在光催化反应中的角色

　　本节将系统地介绍碳材料（如碳纳米管、石墨烯、石墨二炔、C_{60}、碳量子点、碳纤维等）在增强半导体光催化性能方面的作用，包括载体作用、增加吸附和活性位点、电子捕获和传输介质、助催化剂、光敏化作用、光催化剂和带隙收窄效应等（图 6-3）。

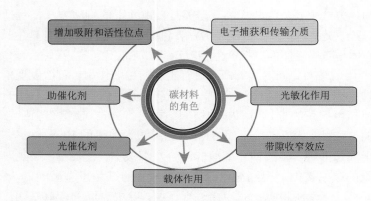

图 6-3　碳材料在增强半导体光催化性能方面的作用

6.3.1　载体作用

　　碳材料，特别是碳纳米管、碳纤维、石墨烯和石墨二炔通常可用作载体材料，以固定半导体光催化剂的纳米颗粒，这归因于这些碳材料的几个优点（图 6-4）：①它们具有大的比表面积，纳米颗粒可以在其表面分布和固定；②这些碳材料具有良好的化学稳定性和热稳定性，因此在与纳米颗粒复合的过程中可以保持自身结构和性能不变；③碳材料表面上的缺陷位点和含氧基团可为纳米颗粒的生长和锚定提供丰富的成核位点；④碳材料比重轻，是理想的载体材料；⑤地球上碳元素含量很丰富，如今可以通过经济的方式大规模地制备碳纤维、碳纳米管和石墨烯等。这些碳材料可以通过影响成核和生长过程来抑制纳米颗粒的聚集并改善其结构稳定性，从而增加半导体光催化剂的比表面积和表面活性位点，增大半导体和碳材料之间的接触界面，进而提高电荷转移效率。与原始半导体光催化剂相比，半导体-碳材料复合光催化剂可获得更高效的光催化性能。

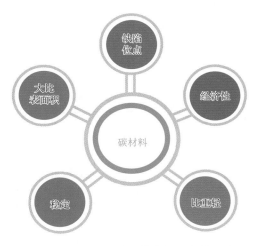

图 6-4　碳材料作为光催化剂载体的优点

Wang 等[33]首先使用 HCl 和 HNO$_3$ 的混合溶液处理多壁 CNT，通过引入含氧基团（如羟基、羧基、羰基和环氧基）来改善 CNT 表面的亲水性[图 6-5（a）]；然后，使用 Zn(Ac)$_2$·2H$_2$O、CdCl$_2$·2/5H$_2$O 和硫脲作为原料，通过溶剂热法获得表面功能化的 CNT 负载的 Zn$_x$Cd$_{1-x}$S 纳米颗粒。直径约 100 nm 的 Zn$_{0.83}$Cd$_{0.17}$S 纳米颗粒能够很好地组装在 CNT 表面上[图 6-5（b）]，而在没有 CNT 的情况下，这些纳米颗粒则聚集严重 [图 6-5（c）]，良好的分散性使 Zn$_{0.83}$Cd$_{0.17}$S/CNTs 纳米复合材料具有更大的界面接触面积。由于 Zn$_{0.83}$Cd$_{0.17}$S 的导带（CB）电势比 CNT 的费米能级更负，因此光生电子可从 Zn$_{0.83}$Cd$_{0.17}$S 的 CB 转移到 CNT 的表面，

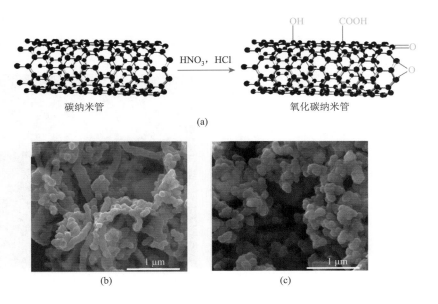

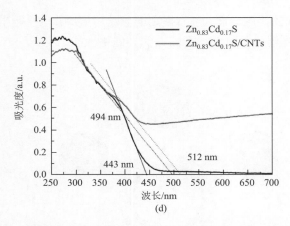

(d)

图 6-5　碳纳米管表面功能化示意图及不同样品的微观形貌和光学性质[33]

（a）通过酸处理的碳纳米管表面功能化示意图；（b）、（c）$Zn_{0.83}Cd_{0.17}S/CNTs$ 和纯 $Zn_{0.83}Cd_{0.17}S$ 的 SEM 图；（d）$Zn_{0.83}Cd_{0.17}S/CNTs$ 和纯 $Zn_{0.83}Cd_{0.17}S$ 的 UV-vis 光谱图

使光生电荷在 $Zn_{0.83}Cd_{0.17}S$ 和 CNT 的界面上发生有效的分离。此外，与纯 $Zn_{0.83}Cd_{0.17}S$ 相比，$Zn_{0.83}Cd_{0.17}S/CNTs$ 纳米复合材料的禁带宽度更小，如图 6-5（d）所示。因此，在 $300\sim800$ nm 波长的光照射下，$Zn_{0.83}Cd_{0.17}S/CNTs$ 纳米复合材料的光催化产氢速率为 6.03 $mmol\cdot h^{-1}\cdot g^{-1}$，是纯 $Zn_{0.83}Cd_{0.17}S$ 的 1.5 倍。

　　Xia 等[34]首先通过改进的 Hummers 法制备得到氧化石墨烯（GO），然后将 GO 粉末分散到商用聚氨酯中，进一步在 350 ℃下煅烧得到氮掺杂的三维石墨烯泡沫（NGF）。以氮掺杂的三维石墨烯泡沫为载体，$Zn(CH_3COO)_2$ 和 $In(NO_3)_3$ 溶液中的 Zn^{2+} 和 In^{3+} 可通过静电作用吸附在 NGF 表面，随后在水热环境下与 L-半胱氨酸所释放出的 S^{2-} 反应生成 $ZnIn_2S_4$，形成 $ZnIn_2S_4/NGF$ 分等级异质结光催化剂，如图 6-6（a）所示。图 6-6（b）和图 6-6（c）显示，$ZnIn_2S_4$ 纳米墙垂直排列并固定在 NGF 的表面，形成 2D/3D 混合维度的纳米框架。这种 $ZnIn_2S_4/NGF$ 分等级复合材料可将光的吸收范围从 UV 拓展到近红外（NIR）区域，同时实现效率较高的光生电荷分离和 CO_2 的选择性吸附。在模拟的太阳光照射下，

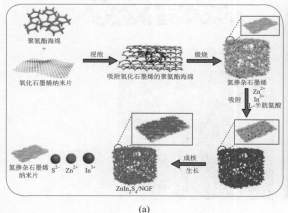

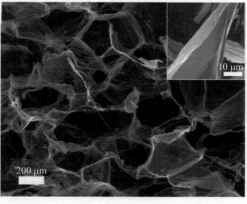

（a）　　　　　　　　　　　　　　　　　　　　（b）

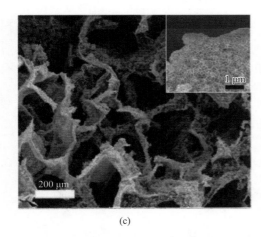
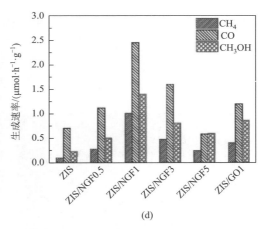

(c)　　　　　　　　　　　　　　　(d)

图 6-6　ZnIn₂S₄/NGF 复合材料的制备过程及不同样品的微观形貌和光催化性能[34]

（a）2D/3D 分等级结构的 ZnIn₂S₄/NGF 复合材料的制备过程示意图；（b）、（c）NGF、ZIS/NGF 样品的 FESEM 图；
（d）不同样品在模拟太阳光照射下催化 CO_2 还原为 CH_4、CO 和 CH_3OH 的性能比较，ZIS/NGFx 中，ZIS 为纯 ZnIn₂S₄，NGF
为氮掺杂的三维石墨烯泡沫，x 指 NGF 在样品中的质量分数为x%

ZnIn₂S₄/NGF 分等级异质结光催化剂可更有效地将 CO_2 转化为碳氢燃料，其最佳光催化转化 CO_2 为 CH_4、CO 和 CH_3OH 的效率分别是纯 ZnIn₂S₄ 的 9.1 倍、3.5 倍和 5.9 倍 [图 6-6（d）]。该增强效应得益于作为载体的三维石墨烯泡沫高度开放的网状结构、良好的 CO_2 吸附能力和两种组分（ZnIn₂S₄ 和 NGF）之间的协同作用。

6.3.2　增加吸附和活性位点

由前可知碳材料可以改善所负载的半导体纳米颗粒的分散度并提高其比表面积，从而在纳米颗粒表面和半导体-碳材料界面上获得更多的吸附和活性位点。同时，碳材料本身，如碳纳米管、石墨烯和石墨二炔，它们的大比表面积也能够增加光催化体系的吸附和活性位点。这是因为光催化反应不仅发生在半导体与碳材料之间的接触界面上，也发生在界面周围的碳材料的表面上。碳材料可以促进反应物（如水分子和 CO_2 分子）的吸附，这对光催化反应是有益的。尤其是对于那些表面经过修饰的碳材料，大量的表面官能团（如—COOH 和—OH）可以充当靶向位点并提供额外的反应活性中心，从而增强光催化活性。

Zhang 等[35]以钛酸四正丁酯和氧化石墨烯为前驱体，通过溶胶-凝胶法结合高温（450 ℃）煅烧法制备了石墨烯负载的 TiO_2 光催化剂，其中 TiO_2（锐钛矿）的平均晶粒尺寸为 11 nm。复合光催化剂的比表面积随石墨烯含量的增加而增加，结果表明，质量分数为 5%的石墨烯改性的 TiO_2 的光催化产氢速率为 P25 的 1.9 倍。当然，较大的比表面积不是增强 TiO_2/石墨烯的光催化活性的唯一因素，另一个因素是石墨烯优异的电导率抑制了光生电子和空穴的复合，这将在本章后面的内容中讨论。

Ye 等[36]在 N, N-二甲基甲酰胺和乙二醇的混合溶剂中，通过溶剂热法制备了由还原氧化石墨烯（rGO）和 ZnIn₂S₄ 纳米片组成的二维/二维复合结构，如图 6-7（a）和图 6-7（b）所示。作者发现，即使少量（质量分数为 1.0%）的 rGO 也可以导致比表面积的显著增加。

1.0%rGO/ZnIn$_2$S$_4$ 纳米复合材料的比表面积为 150 m^2·g^{-1}，远高于纯 ZnIn$_2$S$_4$ 的比表面积（99.8 m^2·g^{-1}）。此外，高度还原的 rGO 还充当了有效的电子捕获和传导介质。在可见光照射、乳酸为牺牲剂的条件下，1.0%rGO/ZnIn$_2$S$_4$ 纳米复合材料的光催化产氢速率为40.9 μmol·h^{-1}，而纯 ZnIn$_2$S$_4$ 的产氢速率仅为 9.5 μmol·h^{-1}［图 6-7（c）］。

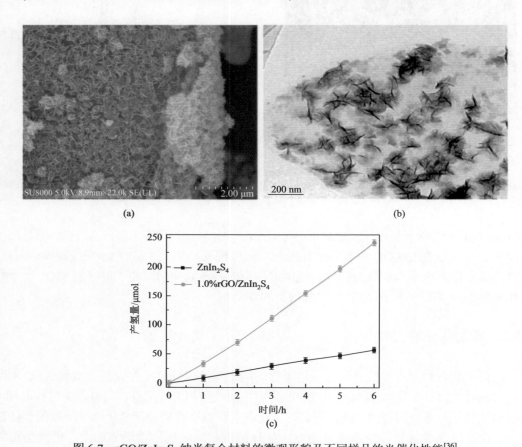

图 6-7　rGO/ZnIn$_2$S$_4$ 纳米复合材料的微观形貌及不同样品的光催化性能[36]

（a）、（b）1.0%rGO/ZnIn$_2$S$_4$ 纳米复合材料的 SEM 图和 TEM 图；（c）1.0%rGO/ZnIn$_2$S$_4$ 纳米复合材料和纯 ZnIn$_2$S$_4$ 的光催化产氢活性对比

作为新兴的碳材料，石墨二炔（GDY）具有二维特征和独特的碳-碳键。Xu 等[37]通过静电自组装法制备了一种 TiO$_2$/GDY 纳米纤维复合材料，并用于光催化 CO$_2$ 还原。如图 6-8（a）所示，在 pH＝4 的水中 TiO$_2$ 表面带正电（Zeta 电位为+15.1 mV），而 GDY 则带负电（Zeta 电位为−19.2 mV），因此，GDY 和 TiO$_2$ 可通过静电自组装法复合，进一步对 TiO$_2$/GDY 复合材料进行煅烧可增强其界面相互作用。拉曼光谱［图 6-8（b）］表明，与纯 GDY 相比，TG0.5 的 D 峰和 G 峰向更高的波数偏移了约 13 cm^{-1}，证实 TiO$_2$ 和 GDY 存在强烈的相互作用。图 6-8（c）显示，TiO$_2$ 纳米纤维为多孔结构，并与 GDY 纳米片紧密连接。在 TiO$_2$ 纤维附近可以观察到非晶相的二维 GDY［图 6-8（d）］。HAADF 图和元素面分布图清楚显示了 TiO$_2$ 和 GDY 的分布［图 6-8（e）］。

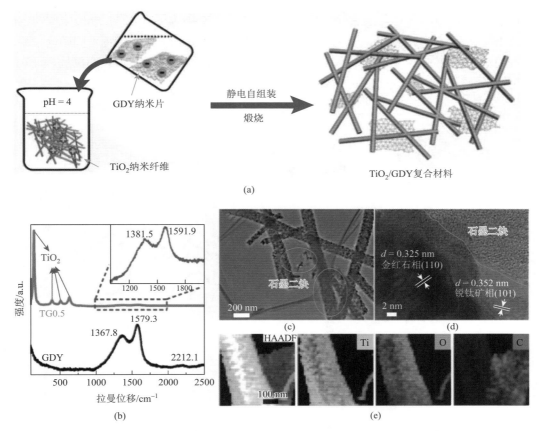

图 6-8　TiO$_2$/GDY 复合材料的制备过程、不同样品的拉曼光谱及 TG0.5 的微观形貌[37]

（a）TiO$_2$/GDY 复合材料的制备示意图；（b）GDY 和 TG0.5 的拉曼光谱；（c）、（d）TG0.5 的 TEM 图和 HRTEM 图；
（e）TG0.5 的 HAADF 图及其中 Ti、O 和 C 元素的元素面分布；TG0.5 代表含量质量分数为 0.5%的 GDY 的 TiO$_2$/GDY
复合材料

图 6-9（a）和图 6-9（b）比较了吸附在 TiO$_2$(101)晶面和 GDY(001)晶面上的 CO$_2$ 分子的结构的初始模型和优化模型。经过几何优化后，CO$_2$ 分子在 TiO$_2$ 表面仅表现出物理吸附，其 C＝O 键长和 O＝C＝O 键角与游离的 CO$_2$ 分子几乎相同。但是，CO$_2$ 分子在 GDY 表面则通过化学吸附作用被高度活化，其中 O＝C＝O 键弯曲，C 和 O 原子与来自炔键单元的 C 原子形成化学键合作用，说明 GDY 中的炔键是 CO$_2$ 活化和光还原的优先活性位点。原位漫反射红外傅里叶变换光谱（DRIFTS）进一步验证了 TiO$_2$/GDY 上的 CO$_2$ 化学吸附作用。在暗态下吸附了 CO$_2$/H$_2$O 后的 TG0.5 的光谱图［图 6-9（c）中线 B、C、D］显示了位于 1395 cm^{-1}、1650 cm^{-1}、1515 cm^{-1} 和 1700 cm^{-1} 处的 CO$_2$ 化学吸附特征吸收峰[38,39]。相反，在纯 TiO$_2$ 的光谱中，这些吸收峰非常弱［图 6-9（c）中线 A］。在紫外-可见光照射下，纯的 TiO$_2$ 表现出较低的 CO 和 CH$_4$ 生成活性。随着 GDY 含量的增加，CO 的生成速率显著提高，最佳样品 TG0.5 的生成速率达到 50.53 μmol·h^{-1}·g^{-1}［图 6-9（d）］，相应的 365 nm 波长下生成 CO 的表观量子效率为 0.2%。相比之下，CH$_4$ 的生成速率仅略有增加，表明 GDY 改性的光催化剂具有较好的选择性。此外，为了确定 CO$_2$ 光还原过程

中产物的碳来源，作者进行了同位素（^{13}C 和 ^{12}C）示踪实验，并通过气相色谱-质谱仪（GC-MS）进行了分析 [图 6-9（e）]。在光催化产物的质谱图中明显可见不同碳同位素对应的产物 $m/z = 29$、17（^{13}CO、$^{13}CH_4$）和 $m/z = 28$、16（^{12}CO、$^{12}CH_4$）的信号，证实检测到的还原产物源自 CO_2 光还原而不是任何污染的碳物质。

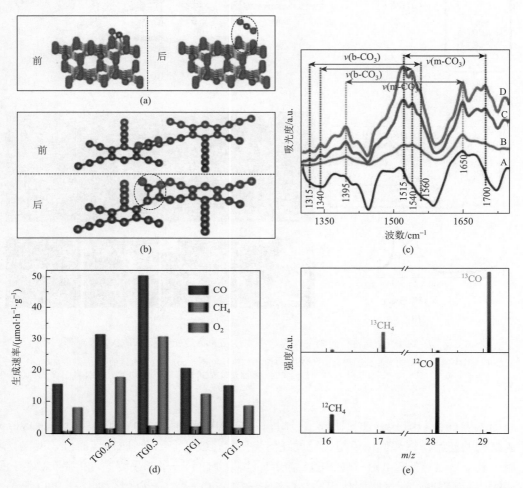

图 6-9　CO_2 分子吸附在不同表面上几何优化前后的结构、暗态下样品吸附 CO_2/H_2O 的原位 DRIFTS 光谱图、样品的光催化性能及光催化还原产物的同位素测试[37]

（a）、（b）CO_2 分子吸附在 TiO_2(101)晶面和 GDY(001)晶面上几何优化前后的结构，蓝色、红色和棕色的球体分别代表 Ti、O 和 C 原子；（c）在暗态下吸附 CO_2/H_2O 60 min 后 TiO_2（A），吸附 CO_2/H_2O 20 min（B）、40 min（C）和 60 min（D）后 TG0.5 的原位 DRIFTS 光谱图；（d）样品的光催化 CO_2 还原活性；（e）TG0.5 光催化还原 $^{12}CO_2$ 和 $^{13}CO_2$ 获得的 CO 和 CH_4 的质谱图

6.3.3　电子捕获和传输介质

单一组分光催化剂通常难以获得较高的光催化活性，关键问题之一是光生电子和空穴容易快速复合，而没有迁移到催化剂表面和反应位点。碳材料能够从半导体的 CB 或

染料的最低未占据分子轨道（LUMO）中捕获光生电子。这是因为碳材料（如 CNT 和石墨烯）具有较大的功函数，而与 CNT 的功函数（约–0.30 eV vs. NHE）[40]和石墨烯的功函数（约–0.08 eV vs. NHE）[41]相比，所复合的半导体的 CB 或染料的 LUMO 更负，如图 6-10（a）所示。因此，这些捕获的电子会聚集在碳材料的表面，或迅速经碳材料的导电表面传输到反应位点。Dong 等[42]基于第一性原理对石墨烯负载的 CdS 量子点的可见光诱导的电荷转移途径进行理论研究。研究结果表明，CdS 量子点的光生电子倾向于注入石墨烯的 LUMO 中，并进一步通过 π*轨道在石墨烯表面传输，从而确保了有效的界面电荷分离。通过这种方式，碳材料可以作为优异的电子捕获和传输介质，有效抑制光生电子和空穴的复合，从而提高光催化活性[3,43-48]，如图 6-10（b）所示。

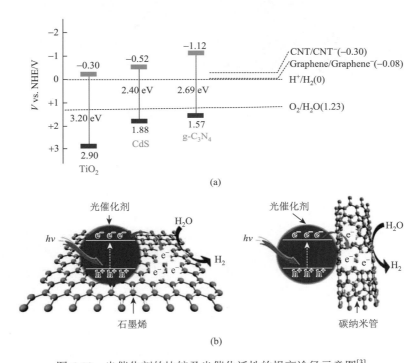

图 6-10　光催化剂的比较及光催化活性的提高途径示意图[3]

（a）几种典型半导体光催化剂的 CB 位置与 CNT 和石墨烯的功函数比较；（b）以光催化产氢为例说明石墨烯和碳纳米管在光催化反应中作为电子捕获和传输介质的示意图

研究人员以 $Zn(Ac)_2·2H_2O$、$Cd(Ac)_2·2H_2O$ 和硫代乙酰胺为原料，在 pH = 8 的条件下，通过水热法将酸处理的多壁碳纳米管与 $Cd_{0.1}Zn_{0.9}S$ 固溶体进行复合，反应温度为 160 ℃，反应时间为 8 h[49]。由于酸处理过的 CNT 的表面存在大量的含氧基团，如羟基（—OH）、羧基（—COOH）和羰基（C＝O），因此 $Cd_{0.1}Zn_{0.9}S$ 纳米颗粒易于固定在碳纳米管的表面 [图 6-11（a）]。实验表明，在没有任何贵金属助催化剂的辅助下，最佳 CNT 修饰质量分数为 0.25%时，$CNT/Cd_{0.1}Zn_{0.9}S$ 表现出最高的可见光（$\lambda \geqslant 420$ nm）光催化产氢活性，产氢速率为 78.2 $\mu mol·h^{-1}$，对应 420 nm 波长下的表观量子效率为 7.9%。相比之下，纯 $Cd_{0.1}Zn_{0.9}S$ 的产氢速率仅为 24.1 $\mu mol·h^{-1}$。如图 6-11（b）所示，当 CNT 表面通过化学键

相连的 $Cd_{0.1}Zn_{0.9}S$ 纳米颗粒被光激发时,由于碳纳米管的高电导率和长程 π 电子共轭效应,$Cd_{0.1}Zn_{0.9}S$ 的 CB 上的光生电子可以迅速转移并积聚在 CNT 表面,从而有效地抑制光生电子和空穴的复合,并成功增强光催化产氢活性。

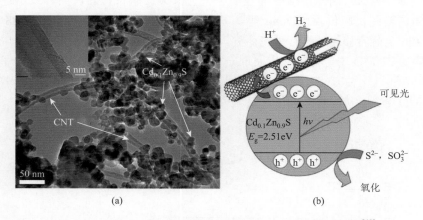

图 6-11　　CNT/$Cd_{0.1}Zn_{0.9}S$ 复合材料的微观形貌和光催化活性[49]

（a）质量分数为 0.25% 的 CNT/$Cd_{0.1}Zn_{0.9}S$ 的 TEM 图;（b）使用 Na_2S 和 Na_2SO_3 作为牺牲剂,在可见光照射下 CNT/$Cd_{0.1}Zn_{0.9}S$ 复合材料的光催化机理

研究人员通过共沉淀法结合后续水热处理制备了 rGO/NiS/$Zn_{0.5}Cd_{0.5}S$ 复合光催化剂[50]。$Cd(Ac)_2·2H_2O$、$Zn(Ac)_2·2H_2O$、$Ni(Ac)_2·2H_2O$ 和硫代乙酰胺被用作制备 $Zn_{0.5}Cd_{0.5}S$ 和 NiS 的原料,GO 则可在 180 ℃ 下水热处理 12 h 的过程中转变为 rGO。在该三元复合材料中,三种组分相互紧密接触,如图 6-12（a）和图 6-12（b）所示。这种紧密接触使 rGO 成为有效的电子捕获和传输介质,可从 $Zn_{0.5}Cd_{0.5}S$ 的 CB 捕获光生电子,同时成为产氢的还原活性中心。同时,由于 NiS 和 $Zn_{0.5}Cd_{0.5}S$ 之间的 p-n 结效应,NiS 可作为氧化活性中心,并从 $Zn_{0.5}Cd_{0.5}S$ 的价带（VB）捕获空穴 ［图 6-12（c）］。光生电子-空穴对的这种有效分离使得 rGO/NiS/$Zn_{0.5}Cd_{0.5}S$ 复合光催化剂在模拟太阳光照射下,不需要任何贵金属助催化剂辅助即可获得优异的光催化产氢性能。在 rGO 质量分数为 0.25% 和 NiS 摩尔分数为 3% 的最佳用量下,三元复合光催化剂的产氢速率为 375.7 $μmol·h^{-1}$,在 420 nm 波长下具有 31.1% 的表观量子效率,其活性远高于 rGO、NiS 和 $Zn_{0.5}Cd_{0.5}S$ 单组分或组成的双组分光催化剂 ［图 6-12（d）］。

He 等[51] 采用简便的一步水热法制备了石墨烯修饰的 WO_3/TiO_2 S 型异质结光催化剂。光催化产氢性能测试表明,WO_3/TiO_2/rGO 复合材料的光催化产氢速率显著提高（245.8 $μmol·g^{-1}·h^{-1}$）,约为纯 TiO_2 的 3.5 倍。TEM、拉曼光谱和 XPS 结果证明,TiO_2 和 WO_3 纳米颗粒紧密接触,并成功负载在还原氧化石墨烯（rGO）上。光照条件下 XPS 图中 Ti 2p 结合能的变化证实 TiO_2 和 WO_3 之间强的相互作用和 S 型异质结的形成。此外,UV-vis 光谱图显示,复合材料中的 rGO 拓展了复合物的光吸收范围。而且 rGO 与 TiO_2 之间进一步形成肖特基异质结,促进了 TiO_2 导带电子的转移和分离。总之,WO_3 和 TiO_2 的 S 型异质结与 TiO_2 和 rGO 之间的肖特基异质结的协同效应（图 6-13）抑制了相

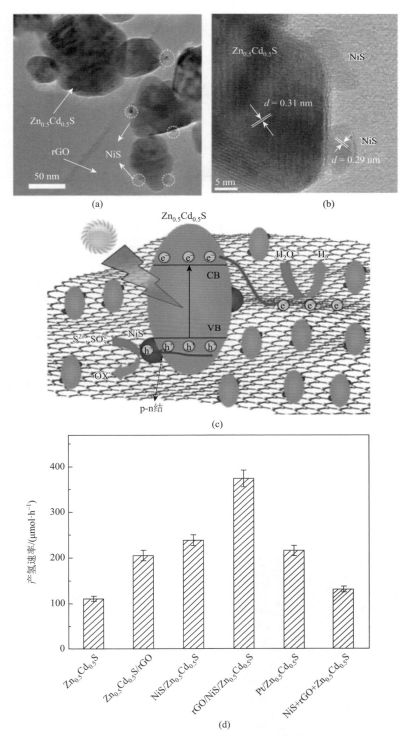

图 6-12　rGO/NiS/Zn$_{0.5}$Cd$_{0.5}$S 复合材料的微观形貌、光催化机理及各种光催化剂的光催化产氢活性[50]

（a）、（b）rGO/NiS/Zn$_{0.5}$Cd$_{0.5}$S 复合材料的 TEM 图和 HRTEM 图；（c）rGO/NiS/Zn$_{0.5}$Cd$_{0.5}$S 复合材料的光催化机理；
（d）各种光催化剂的光催化产氢活性对比

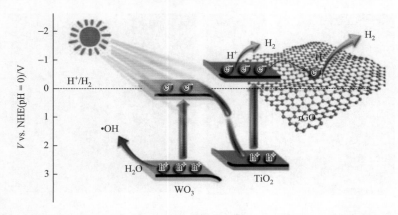

图 6-13　WO₃/TiO₂/rGO 复合材料中基于 S 型异质结和肖特基异质结的电荷转移机理示意图[51]

对有用的电子和空穴的复合,有利于氧化还原能力较强的载流子的分离和进一步转移,加速了表面产氢动力学过程,增强了三元复合光催化剂的光催化产氢活性。

Xu 等[52]通过简便的煅烧方法成功制备了一种石墨二炔/石墨相氮化碳纳米复合材料 [图 6-14 (a)],其在可见光下表现出优异的产氢性能。当复合材料中石墨二炔的质量分数达到 0.5%时,复合材料可获得最大的产氢速率,是石墨相氮化碳产氢速率的 6.7 倍[图 6-14 (b)]。他们的研究发现,热处理后在石墨二炔和石墨相氮化碳之间形成新的 C—N 键,该键可作为载流子传输通道,促进光生电子从石墨相氮化碳迁移到石墨二炔,从而增强纳米复合材料的光催化性能 [图 6-14 (c)]。

研究人员通过浸渍法和煅烧法将碳纤维 (CF) 与 TiO₂ (P25) 和 CuO 进行复合,构建了 CuO/CF/TiO₂ 复合光催化剂[53]。其中少量的 CuO 作为光催化产氢的助催化剂,而碳纤维起到了电子传输通道的作用,以减少电子和空穴的复合。在 300 W 氙灯的照射下、体积分数为 10%的乙醇溶液中,CF 质量分数为 1%的 CuO/CF/TiO₂ 复合光催化剂具有最高的光催化产氢速率 ($2000\ \mu mol \cdot h^{-1} \cdot g^{-1}$),分别是 TiO₂ 和 CuO/TiO₂ 的 45 倍和 2 倍 (图 6-15)。

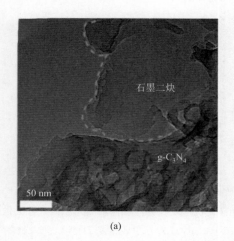

(a)

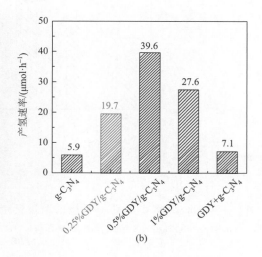

(b)

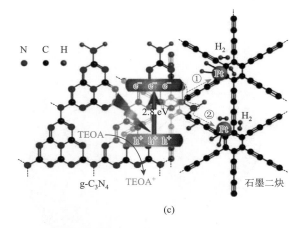

(c)

图 6-14　石墨二炔(GDY)/石墨相氮化碳（g-C₃N₄）的微观形貌、不同样品的光催化产氢活性和机理[52]

（a）GDY/g-C₃N₄ 的 TEM 图；（b）在可见光（$\lambda > 420$ nm）下，Pt 作为助催化剂、体积分数为 15%的三乙醇胺（TEOA）
牺牲剂溶液中，负载不同质量分数 GDY 的复合材料的光催化产氢活性；（c）GDY/g-C₃N₄ 的光催化产氢机理示意图

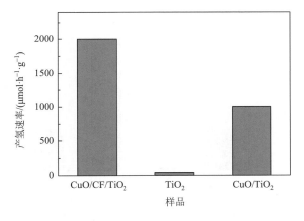

图 6-15　CuO/CF/TiO₂、TiO₂ 和 CuO/TiO₂ 光催化剂的产氢活性比较[53]

　　研究人员通过蒸发诱导的自组装策略结合离子交换法，将 C₆₀ 团簇嵌入 CdS 量子点修饰的 TiO₂ 介孔结构中[54]。在可见光照射下，质量分数为 0.50%的 C₆₀ 修饰的 CdS/TiO₂ 复合光催化剂的产氢速率为 6.03 $\mu mol \cdot h^{-1}$，而 CdS/TiO₂ 的产氢速率仅为 0.71 $\mu mol \cdot h^{-1}$。此外，C₆₀/CdS/TiO₂ 光催化剂在循环光催化试验中也显示出良好的稳定性。这主要是由于 C₆₀ 团簇可以有效地捕获和积累 CdS/TiO₂ 半导体复合材料中的光生电子，从而促进电荷分离（图 6-16）。

　　Wang 等[55]利用番石榴、红辣椒、豌豆和菠菜等天然蔬菜为原料，在 180 ℃情况下水热处理 4 h 成功制备了碳点，随后他们再次通过水热法将获得的碳点（CDs）进一步负载到 TiO₂ 纳米颗粒（NPs）和纳米管（NTs）上。与未修饰的纳米结构相比，这些碳点修饰的 TiO₂ 纳米结构表现出更好的光催化产氢活性。在 300 W 氙灯的照射下，碳点改性的 TiO₂ 纳米颗粒和纳米管的产氢速率分别为 75.5 $\mu mol \cdot h^{-1} \cdot g^{-1}$ 和 246.1 $\mu mol \cdot h^{-1} \cdot g^{-1}$，分别是纯

TiO$_2$纳米颗粒的 21.6 倍和纳米管的 3.3 倍（图 6-17）。这一性能提高的关键原因是碳点出色的电子转移性能，有效地捕获光生电子从而促进了载流子的分离。

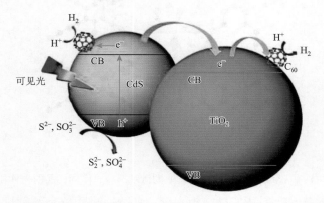

图 6-16　可见光照射下 C$_{60}$/CdS/TiO$_2$ 复合光催化剂的电荷转移示意图[54]

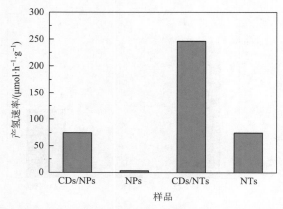

图 6-17　未修饰和碳点修饰的 TiO$_2$ 纳米结构的光催化产氢活性比较[55]

Lu 的研究小组[56-58]研究了碳材料在染料敏化光催化体系中作为电子介质的作用。他们使用曙红 Y（EY）作为光敏剂，通过原位化学沉积方法在石墨烯上修饰了 NiS$_x$ 催化剂[57]。对于 EY/NiS$_x$ 光催化体系，其在可见光（$\lambda \geqslant 420$ nm）照射下，5.5 h 内产生的氢气为 293.5 μmol；对于 EY/NiS$_x$/石墨烯光催化体系（其中 NiS$_x$ 与石墨烯的质量比为 46.7%），其在 5.5 h 内产生的氢气为 599.1 μmol，对应在 430 nm 波长下的表观量子效率为 32.5%。这里石墨烯作为电子传输介质，显著提高了电子从激发态的 EY 染料到 NiS$_x$ 助催化剂的转移效率。这种电荷转移效率的改善也为时间分辨荧光光谱所证明。Zhu 等[59]在 CNT 骨架上生长 Ni$_3$S$_2$ 纳米片，并使用黄藻红（ErY）作为光敏剂，用于可见光（$\lambda \geqslant$ 420 nm）光催化产氢。作者首先通过简单的涂覆工艺制备了 CNT/SiO$_2$，然后以 CNT/SiO$_2$ 复合材料为载体生长硅酸镍（NiSilicate）纳米片，最后在 Na$_2$S 存在的条件下进行水热处理，将获得的 CNT/SiO$_2$/NiSilicate 复合结构转变为 CNT/Ni$_3$S$_2$ 纳米结构。这种方法在将 NiSilicate 纳米片转化为 Ni$_3$S$_2$ 纳米片的同时去除了中间二氧化硅层 ［图 6-18（a）～图 6-18（c）］。

实验结果表明，ErY/CNT/Ni$_3$S$_2$ 在 12 h 内的光催化产氢平均速率为 5.32 mmol·h^{-1}·g^{-1}，远高于 ErY/NiS 体系的 2.54 mmol·h^{-1}·g^{-1}，相应的 420 nm 波长下的表观量子效率为 11.1%。ErY/CNT/Ni$_3$S$_2$ 光催化产氢性能的显著提升是因为 CNT 可以将光生电子从 ErY 迅速转移到 Ni$_3$S$_2$ 纳米片上，如图 6-18（d）所示。

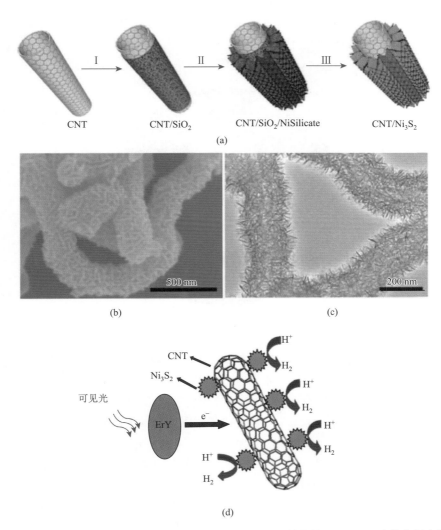

图 6-18　CNT/Ni$_3$S$_2$ 纳米复合材料的制备示意图、微观形貌及染料敏化的 CNT/Ni$_3$S$_2$ 光催化剂产氢示意图[59]

（a）CNT/Ni$_3$S$_2$ 纳米复合材料的制备示意图；（b）、（c）CNT/Ni$_3$S$_2$ 纳米复合材料的 FESEM 图和 TEM 图；（d）染料敏化的 CNT/Ni$_3$S$_2$ 光催化剂产氢示意图

6.3.4　助催化剂

将助催化剂引入光催化体系是提高光催化效率的有效策略。通常，贵金属（如 Pt、Au 或 Pd）与半导体相比具有更大的功函数，作为助催化剂时能够表现出优异的性能。助

催化剂在光催化反应中的作用包括改善电荷分离、提供催化位点、降低过电位和降低反应活化能等。不过，贵金属稀有且昂贵，不利于光催化实际应用，因此，需要开发低成本的替代性助催化剂。碳材料即这样一类替代性材料，已被广泛研究用作光催化反应中的助催化剂[60-78]，这主要是因为这些碳材料的费米能级低于所复合半导体的 CB，但高于一些表面催化反应的还原电势。如图 6-19 所示，除具有与贵金属助催化剂相似的优点外，碳材料还拥有一些其他优点，如由于比表面积大而具有更多的吸附位点，以及由于光吸收范围的扩展而产生局部光热效应等[79-83]。

图 6-19　碳材料作为光催化反应中的助催化剂的优点

　　Khan 等[60]将化学氧化（酸处理）的多壁碳纳米管负载到 CdS/TiO$_2$/Pt 复合光催化剂上，其中 Pt 和 CdS 分别通过光沉积法和水解法在 TiO$_2$ 上生长。作者研究了制备的 CdS/TiO$_2$/Pt/CNTs 复合光催化剂在可见光（$\lambda \geqslant 420$ nm）照射、以 Na$_2$S 和 Na$_2$SO$_3$ 为牺牲剂条件下的光催化产氢性能。在该材料体系中，电子空穴分离首先发生在 CdS 和 TiO$_2$ 的异质结上，随后 TiO$_2$ 的 CB 上的光生电子进一步转移到 CNT 和 Pt 催化剂上。由于 CNT 的费米能级低于 TiO$_2$ 的 CB，因此它可以与 Pt 纳米颗粒一起作为助催化剂。光催化结果表明，Pt 和 CNT 均表现出有效的助催化活性，值得注意的是，共同负载 Pt（质量分数为 0.4%）和 CNT（质量分数为 4%）的复合光催化剂可以将性能提高 50% 以上，这意味着质量分数为 80%～90% 的 Pt 可以被 CNT 取代而不会影响其催化性能。

　　研究人员制备了石墨烯/MoS$_2$/TiO$_2$ 复合光催化剂，并在不添加贵金属助催化剂的情况下用于高性能的光催化产氢反应[77]。他们首先在 210 ℃的水溶液中对钼酸钠、硫脲和氧化石墨烯进行 24 h 水热处理，制备了石墨烯/MoS$_2$ 层状异质结构；之后，在乙醇/水混合溶剂中用钛酸四正丁酯对得到的石墨烯/MoS$_2$ 复合物进行进一步的水热处理，制备了石墨烯/MoS$_2$/TiO$_2$ 复合光催化剂 [图 6-20（a）和图 6-20（b）]。实验结果表明，石墨烯和 MoS$_2$ 都是高活性的助催化剂，在氙灯照射下，使用 TiO$_2$ 作为光催化剂、乙醇作为牺牲剂，可以光催化产氢。在质量分数为 5.0% 的石墨烯和质量分数为 95% 的 MoS$_2$ 的最佳负载量下，

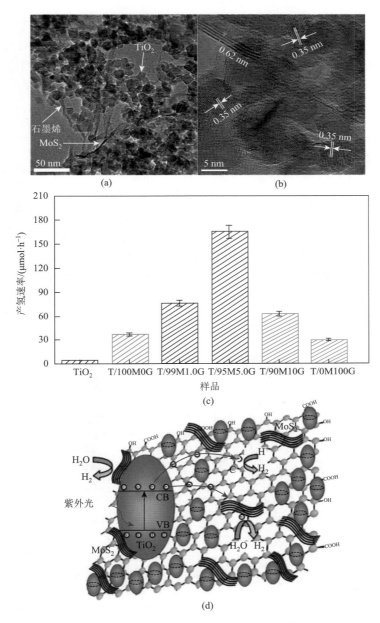

图 6-20 石墨烯/MoS$_2$/TiO$_2$ 复合材料的微观形貌、光催化产氢示意图及不同样品的光催化产氢性能[77]

（a）、（b）石墨烯/MoS$_2$/TiO$_2$ 复合材料的 TEM 图和 HRTEM 图,MoS$_2$ 和石墨烯的层间距分别为 0.62 nm 和 0.35 nm;（c）TiO$_2$/MG（M = MoS$_2$,G = 石墨烯）复合材料的光催化产氢性能,其中 T/(xM)(yG)表示具有质量分数为 x%的 MoS$_2$ 和 y%的石墨烯的石墨烯/MoS$_2$/TiO$_2$ 复合材料;（d）石墨烯/MoS$_2$/TiO$_2$ 复合材料的光催化产氢示意图,石墨烯和 MoS$_2$ 均作为助催化剂

石墨烯/MoS$_2$/TiO$_2$ 复合光催化剂表现出较高的产氢速率,为 165.3 μmol·h^{-1}[图 6-20（c）],相应的在 365 nm 波长下的表观量子效率为 9.7%。这是因为石墨烯具有较大的功函数（约 −0.08 eV vs.NHE）,可从 TiO$_2$ 的 CB 中捕获光生电子［图 6-20（d）］。在另一项研究中,研究人员仅将 rGO 通过共沉淀-水热还原技术与 Zn$_x$Cd$_{1-x}$S 光催化剂复合［图 6-21（a）］, rGO 在光催化产氢过程中也表现出出色的助催化性能［图 6-21（b）］[78]。在模拟太阳光照射下，以 Na_2S 和 Na_2SO_3 为牺牲剂、rGO 质量分数为 0.25%时，优化的 $rGO/Zn_{0.8}Cd_{0.2}S$ 光催化剂的产氢速率为 1824 $\mu mol\cdot h^{-1}\cdot g^{-1}$。在相同的反应条件下，该性能甚至优于优化的 $Pt/Zn_{0.8}Cd_{0.2}S$［图 6-21（c）］。上述工作表明，在特定的光催化反应体系中，石墨烯有望取代贵金属作为助催化剂。

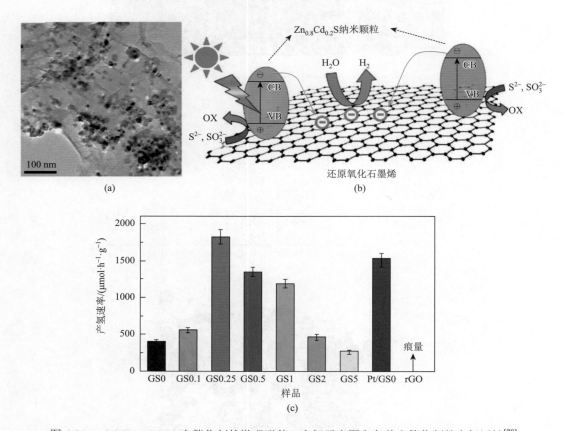

图 6-21　$rGO/Zn_{0.8}Cd_{0.2}S$ 光催化剂的微观形貌、产氢示意图和各种光催化剂的产氢活性[78]

（a）$rGO/Zn_{0.8}Cd_{0.2}S$ 光催化剂的 TEM 图；（b）$rGO/Zn_{0.8}Cd_{0.2}S$ 光催化剂的产氢示意图，石墨烯为助催化剂；（c）各种光催化剂的产氢活性对比，其中 GSx 代表 rGO 质量分数为 x%的 $rGO/Zn_{0.8}Cd_{0.2}S$ 光催化剂

Liu 等[65]首先通过电化学方法制备碳点，然后用氨水水热处理获得改性的碳点，之后将改性的碳点和尿素在 550 ℃下热处理 3 h，成功将碳点掺入 $g\text{-}C_3N_4$ 中［图 6-22（a）～图 6-22（d）］。作者发现，碳点/$g\text{-}C_3N_4$ 复合光催化剂能够在可见光照射下有效进行全分解水反应产生氢气和氧气，在碳点与 $g\text{-}C_3N_4$ 的最佳含量比（即 4.8×10^{-3} g/g）下，在 (420 ± 20) nm 波长处实现了 16%的最高量子效率［图 6-22（e）］。作者认为，该研究的光催化全分解水反应遵循逐步的双电子/双电子过程，即在第一步中，水通过 $g\text{-}C_3N_4$ 的光催化作用分解为 H_2O_2 和 H_2，然后在第二步中，H_2O_2 在碳点的催化下分解为 H_2O 和 O_2。

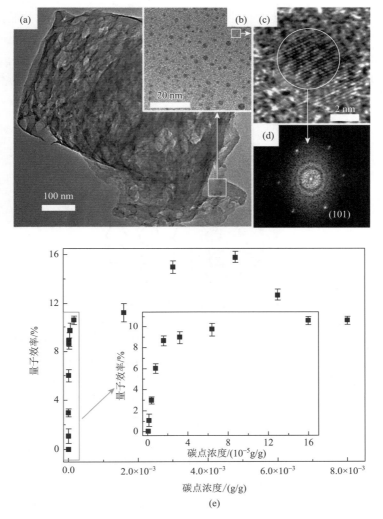

图 6-22　碳点修饰的 g-C₃N₄ 与单个碳点的微观形貌及不同浓度碳点的量子效率[65]

（a）、（b）碳点修饰的 g-C₃N₄ 的 TEM 图和标记区域放大的 TEM 图；（c）复合材料中单个碳点的 HRTEM 图；（d）碳点的六方晶体结构的 FFT 图；（e）不同浓度的碳点的量子效率

6.3.5　光敏化作用

在某些情况下，碳材料表现出类似半导体或染料分子的特性，因此当纳米碳的 LUMO 比所复合半导体的 CB 更负时，纳米碳中的光生电子可以注入半导体的 CB 中，此时碳材料可以起到光敏剂的作用，从而扩展宽带隙半导体光催化剂的光响应范围[84-93]。

Wang 等[84]以氯化锌、硫化钠和氧化石墨为原料，通过两步水热法制备石墨烯负载的 ZnS 纳米颗粒，并研究了其可见光（λ>420 nm）光催化产氢性能。石墨烯质量分数为 0.1% 的最佳复合光催化剂的产氢速率是纯 ZnS 光催化剂的 8 倍。由于 ZnS 不能被可见光激发，因此可以认为参与水还原反应的光生电子来自石墨烯，即电子首先从石墨烯的最高占据分子轨道（HOMO）被激发到 LUMO，然后转移到 ZnS 的 CB 中（图 6-23）。在另一项研究中，rGO 与天然光捕获膜复合物（细菌视紫红质）一起被作为光敏剂，以捕获可见光辅助 Pt/TiO₂ 光催化剂[86]。rGO 的加入可将光催化产氢速率提升至 11.24 mmol·(μmol protein)$^{-1}$·h^{-1}。作者通过电子顺磁共振谱和瞬态吸收光谱证明了光生电子从 rGO 到 Pt/TiO₂ 光催化剂的界面电荷转移过程。

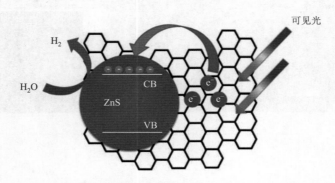

图 6-23　ZnS/石墨烯复合材料的光催化产氢示意图[84]

　　碳点的大小一般为 2～10 nm，通常表现出较强的光致发光和良好的光吸收能力，这种光学性质使碳点成为光催化反应中非常有效的光敏剂。Martindale 等[88]将碳点作为光敏剂与 Ni-双-（二膦）催化剂（NiP）结合，构建了一个准分子光催化体系用于全太阳光谱照射下的产氢[图 6-24（a）]。作者先将柠檬酸在空气中于 180 ℃下热解 40 h，然后通过 NaOH 水溶液中和制备了大小为（6.8±2.3）nm 的羧酸钠修饰的碳点 [图 6-24（b）和图 6-24（c）]。由于 π-π*（C＝C）和 n-π*（C＝O）跃迁，这些碳点在紫外和近可见光区显示出较宽的吸收范围。在激发波长从 360 nm 移至 460 nm 时，碳点表现出 464～532 nm 的光致发光发射峰。在 3 mL 0.1 mol·L^{-1} EDTA 溶液中，pH＝6 的条件下，0.5 mg（2.2 nmol）的碳点和 30 nmol NiP 的光催化产氢速率达到 398 μmol·(g$_{CQD}$)$^{-1}$·h^{-1}，相应的(360±10) nm 波长下的量子效率约为 1.4%。

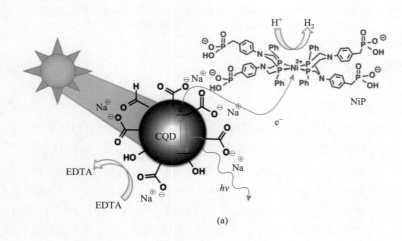

(a)

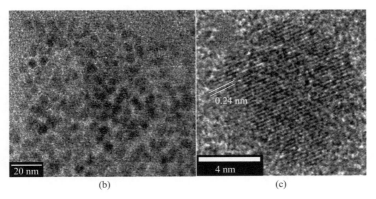

图 6-24　碳点（CQD）/NiP 体系光催化产氢示意图及碳点的微观形貌[88]

（a）CQD/NiP 体系光催化产氢示意图；（b）、（c）碳点的 TEM 图和 HRTEM 图

碳点的另一个特性是上转换光致发光特性，这使碳点具有捕获近红外光用于半导体光催化的能力。Tian 等[89]将氢化后的 TiO$_2$ 纳米带与碳量子点通过回流的方法复合，构建了一种紫外-可见-近红外光谱响应的光催化剂，即碳量子点/氢化 TiO$_2$ 纳米带异质结构（CQDs/H-TiO$_2$）［图 6-25（a）～图 6-25（c）］。该复合光催化剂在甲醇作为牺牲剂、Pt 作

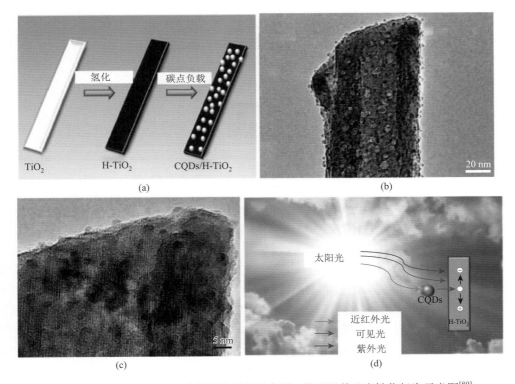

图 6-25　CQDs/H-TiO$_2$ 复合材料的制备示意图、微观形貌及光敏化行为示意图[89]

（a）CQDs/H-TiO$_2$ 复合材料制备示意图；（b）、（c）CQDs/H-TiO$_2$ 复合材料的 TEM 图和 HRTEM 图；（d）CQDs/H-TiO$_2$ 复合材料的光敏化行为示意图

为助催化剂、300 W 氙灯照射的条件下，在紫外区到近红外区的宽光谱范围内表现出优异的光催化产氢性能，产氢速率为 7.42 mmol·h^{-1}·g^{-1}，高于氢化 TiO$_2$ 纳米带的 6.01 mmol·h^{-1}·g^{-1}。其中近红外区的光催化活性归因于碳量子点的上转换光致发光特性，它可以将近红外光转换为可见光并转移到氢化 TiO$_2$ 纳米带上 [图 6-25（d）]。

6.3.6　光催化剂

理论和实验还表明，由于 CNT、GO、rGO、C$_{60}$ 和碳点在特定情况下具有半导体特性，碳材料还可以作为光催化剂[94-105]。这些半导体特性的纳米碳材料通常具有较负的 LUMO 位置，以 rGO 为例[106-108]，其导带底主要由反键 π*轨道组成，对应位置为 −0.52 V vs. NHE（pH = 0）[41]，而其价带顶则主要由 O 2p 轨道组成，这样便可通过改变还原程度来调节 rGO 的带隙（图 6-26）。Jiang 等[103]应用密度泛函理论计算，通过改变表面环氧基和羟基的覆盖率和相对比例研究了 GO 的电子结构，他们发现在 40%～50%的覆盖率和羟基与环氧基的个数比为 2∶1 或 33%～67%的覆盖率和羟基与环氧基的个数比为 1∶1 时，GO 的电子结构可以同时满足光催化产氢和产氧的氧化还原电位要求。

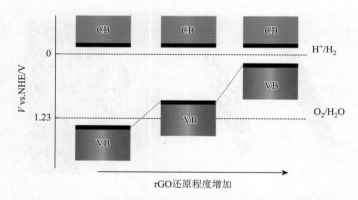

图 6-26　具有不同还原程度的 rGO 的能带结构示意图[41]

Teng 的研究小组采用改进的 Hummers 法制备的 GO 的表观直接带隙为 3.3～4.3 eV，间接带隙为 2.4～3.0 eV [图 6-27（a）～图 6-27（c）][105]。这是因为 GO 由具有不同氧化程度的石墨烯分子组成。化学组成分析确认其中碳的质量分数为 49%。在紫外光或可见光照射下，GO 上可连续产生氢气。在体积分数为 20%的甲醇水溶液中、含 0.5 g GO 且无助催化剂存在的情况下，使用汞灯照射 6 h 后可获得约 17000 μmol 氢气 [图 6-27（d）]。Meng 等[107]则将 5～20 nm 的 p 型 MoS$_2$ 纳米片沉积到 n 型氮掺杂 rGO 的表面，在模拟太阳光照射下，p-MoS$_2$/n-rGO 复合光催化剂在乙醇水溶液中显示出比纯 MoS$_2$ 和普通 MoS$_2$/rGO 复合物更高的光催化产氢活性。这是由于 p-MoS$_2$/n-rGO 异质结具有更高效的光生电荷分离过程。

Zhu 的小组研究了纯碳点[98,99]和基于碳点的复合光催化剂[100]的产氢性能。他们发现，由多壁碳纳米管氧化物水热制备的纯碳点即使在没有任何助催化剂的纯水中也能光催化产氢，产氢速率为 423.7 μmol·g^{-1}·h^{-1}[99]。在另一项研究中，在甲醇作为牺牲剂和 Pt 为助催化剂的情况下，碳纳米点/WO$_3$ 复合光催化剂在氙灯照射下的产氢速率为 1330 μmol·g^{-1}·h^{-1}[100]。

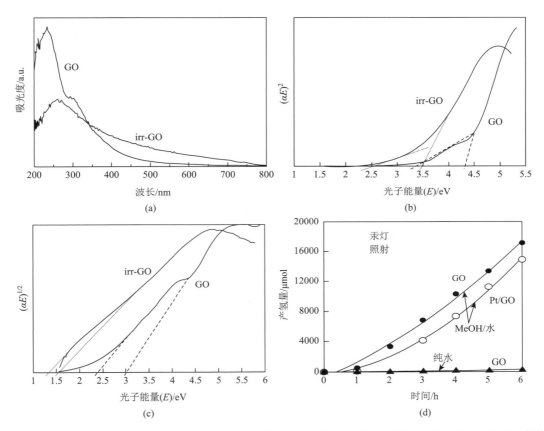

图 6-27 GO 和 irr-GO 的光吸收性质，$(\alpha E)^2$、$(\alpha E)^{1/2}$ 与光子能量（E）的关系及 GO 的光催化产氢活性[105]

（a）GO 和 irr-GO 的光吸收性质；（b）GO 和 irr-GO 的 $(\alpha E)^2$ 与光子能量（E）的关系；（c）GO 和 irr-GO 的 $(\alpha E)^{1/2}$ 与光子能量（E）的关系；（d）GO 的光催化产氢活性，其中 irr-GO 代表在甲醇溶液中照射 6 h 后的 GO

6.3.7 带隙收窄效应

理论[109,110]和实验研究[111-116]均证明，半导体光催化剂和碳材料之间一旦建立起牢固的相互作用，便有可能形成特定的化学键（如金属—O—C 键），这种化学键合作用会导致半导体光催化剂的带隙变窄，并提高其光催化性能。

Ye 等[114]通过水热法制备了石墨烯或 CNT 负载的 CdS 纳米颗粒（直径约为 35 nm），用于光催化产氢。石墨烯与 CdS 的最佳质量比为 0.01∶1，而 CNT 与 CdS 的最佳质量比为 0.05∶1。在 200 W 氙灯（$\lambda \geqslant 420$ nm）的照射下，100 mL 0.1 mol·L^{-1} 的 Na$_2$S 和 0.05 mol·L^{-1} 的 Na$_2$SO$_3$ 水溶液中，0.1 g 光催化剂的光催化产氢速率分别为 70 μmol·h^{-1} 和 52 μmol·h^{-1}，而纯

CdS 的产氢速率仅为 14.5 μmol·h^{-1}。由于 CdS 与石墨烯或 CNT 之间的强相互作用，这些石墨烯或 CNT 改性的 CdS 光催化剂的带隙明显变窄，加之复合光催化剂有更明显的电荷分离优势，因此石墨烯或 CNT 改性的 CdS 光催化剂具有比纯 CdS 更好的光催化产氢性能。

通常，Bi$_2$WO$_6$ 的 CB 位置由于电势不够，不足以驱动水的还原反应，因此不适用于光催化分解水产氢反应。然而，Sun 等[116,117]发现，将 Bi$_2$WO$_6$ 纳米结构和石墨烯进行耦联，Bi$_2$WO$_6$ 的 CB 可以变得更负，从而使其具有光催化产氢的能力。他们以 GO、Bi(NO$_3$)$_3$·5H$_2$O、(NH$_4$)$_{10}$W$_{12}$O$_{41}$ 和 HNO$_3$ 为原料，首先进行超声处理，然后在氮气气氛中于 450 ℃ 下煅烧 3 h，在石墨烯表面原位生长了尺寸为 30～40 nm 的 Bi$_2$WO$_6$ 纳米颗粒[116]。拉曼光谱和 XPS 分析均证实了 Bi$_2$WO$_6$ 与石墨烯之间具有化学键合作用。而且，Mott-Schottky 测试（图 6-28）表明，在引入石墨烯后，Bi$_2$WO$_6$ 的 CB 从 + 0.09 V vs. NHE 提升至−0.30 V vs. NHE。因此，在可见光（λ≥420 nm）照射下，甲醇水溶液中，0.03 g Bi$_2$WO$_6$/石墨烯复合光催化剂的光催化产氢速率为 159.2 μmol·h^{-1}。

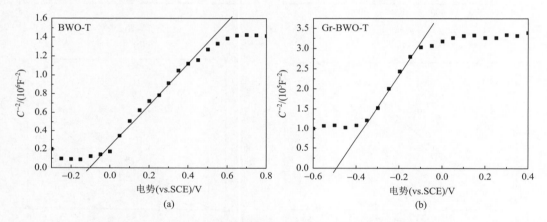

图 6-28　BWO-T 和 Gr-BWO-T 的 Mott-Schottky 曲线图[116]

BWO-T 和 Gr-BWO-T 分别代表 Bi$_2$WO$_6$ 和 Bi$_2$WO$_6$/石墨烯

总而言之，碳材料能够从多个方面改善半导体光催化剂的光催化性能。不同的碳材料与半导体光催化剂的结合可通过一种或多种作用产生不同的增强效果：作载体材料，以增强结构稳定性；增加体系的吸附和活性位点；电子捕获和传输介质，从而抑制光生电子和空穴的复合；助催化剂；光敏化作用；光催化剂和带隙收窄效应等。需要指出的是，特定的碳材料在整个光催化反应过程中可能具有多功能作用。

6.4　碳材料在光催化反应中的功能增强策略

基于碳材料的复合光催化剂的性能提高与碳材料自身的结构效应和性能效应高度相关，其影响因素包括碳材料的尺寸、壁/层的数量、缺陷的类型和浓度、碳材料的表面化学官能团，以及半导体和碳材料之间的界面接触面积等。因此，为了充分利用碳材料的优势来增强光催化材料体系的性能，可以采用有效的策略来调控碳材料的结构效应和性能效应。

6.4.1　表面化学功能化

表面化学功能化（如酸氧化和有机配体化学修饰）不会破坏碳材料的本体结构，但是，它可以引入适量的表面缺陷和含氧官能团，这对增强光催化活性是有益的。通常，这种表面化学功能化可以产生大量的成核位点，利于纳米颗粒的均匀生长和锚定，从而有助于改善所复合半导体纳米结构的分散性和稳定性。而且，这些表面缺陷和官能团可以在光催化反应过程中充当反应物分子的锚定位点。

Li 等[118]通过简单的水热法在碳布（CC）上生长了由多孔纳米片组成的 $ZnIn_2S_4$/$CdIn_2S_4$ 三维分等级结构膜。水热过程中添加 L-半胱氨酸对于分等级结构的形成至关重要，一方面，由于 L-半胱氨酸具有—NH_2、—COOH 和—SH 官能团，因此 L-半胱氨酸可与无机金属离子形成有效配位；另一方面，L-半胱氨酸可被用作形成金属硫化物的硫源。L-半胱氨酸的这种双重作用使 S^{2-} 和金属离子得以缓慢释放，从而为在碳布表面形成多孔纳米片创造机会（图 6-29）。优化的 CC 负载的 $ZnIn_2S_4$/$CdIn_2S_4$（20%）在 Na_2S/Na_2SO_3 水溶液中，可见光（$\lambda \geqslant 420$ nm）照射下表现出良好的光催化产氢活性，相应的产氢速率为 210 $\mu mol \cdot h^{-1}$。此外，这种在碳布上的三维分等级结构膜很容易回收用于重复测试。这项研究表明，有机配体的引入有利于在碳材料表面上形成半导体光催化剂的特定结构，从而进一步提高光催化性能。

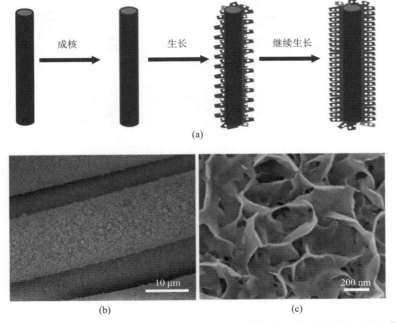

图 6-29　CC 负载的 $ZnIn_2S_4$/$CdIn_2S_4$（20%）纳米结构的形成过程和微观形貌[118]

（a）形成过程；（b）SEM 图；（c）HRSEM 图

Sordello 等[119]发现，在石墨烯/TiO₂ 复合光催化剂的水热制备过程中，—COOH 和—NH₂ 功能化的石墨烯可作为 TiO₂ 的形貌调控剂。其中，—COOH 功能化的石墨烯可优先与(101)晶面结合以生长双锥体状锐钛矿，而—NH₂ 功能化的石墨烯则优先与(100)晶面结合以生长截断双锥体状锐钛矿。Fang 等[120]利用 L-半胱氨酸修饰 GO 并随后通过水合肼溶液进行还原，制备了硫醇化石墨烯纳米片。硫醇化的石墨烯纳米片能够非常有效地固定 CdS 量子点和 Pt 纳米晶（图 6-30），因此，在可见光（$\lambda \geqslant 420\,\text{nm}$）照射下，复合光催化剂在乳酸水溶液中实现了 $2.15\ \text{mmol·h}^{-1}$ 的高产氢速率，相应的 420 nm 波长下的量子效率为 50.7%。石墨烯（氧化物）的其他表面化学功能化，如利用氯乙酸进行的羧酸功能化[121]和利用 4-（二苯氨基）苯甲醛进行的三苯胺功能化[122]，也可用于改善光催化剂或助催化剂的分散性，提高体系的光催化活性。

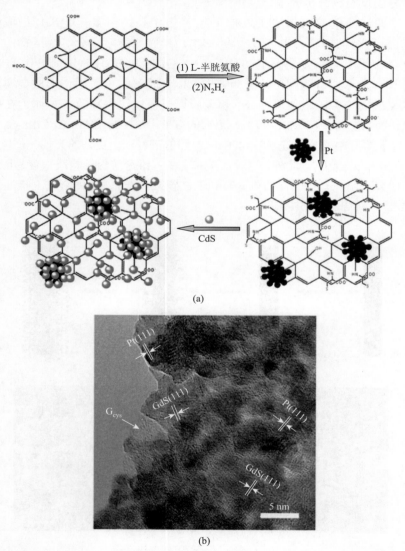

(a)

(b)

图 6-30　表面锚定 CdS 量子点和 Pt 纳米晶的硫醇化石墨烯纳米片的形成过程和 HRTEM 图[120]

（a）形成过程；（b）HRTEM 图

6.4.2　掺杂调控

　　杂原子掺杂是一种有效的策略,可以调控碳材料的电导率和电子结构,从而调节碳材料的电子迁移率、电荷转移能力和类金属/类半导体特性。例如,Kwon 等[123]研究了碱金属氯化物掺杂石墨烯中 Na^+、K^+、Mg^{2+}和 Ca^{2+}等金属阳离子的作用,发现这些低功函数的金属阳离子可通过与石墨烯上的含氧官能团形成界面偶极配合物而导致 n 型掺杂,从而降低石墨烯的电导率和功函数。不过,目前对碳材料的杂原子掺杂以增强光催化性能的研究主要集中在非金属元素掺杂上。

　　Teng 的研究小组[124]在 500 ℃下 NH_3 气氛中将 GO 进行处理后,通过改进的 Hummers 法进行氧化制备了氮掺杂的氧化石墨烯量子点。Mott-Schottky 测试表明,氮掺杂的氧化石墨烯量子点同时显示 p 型和 n 型特性,形成了其内部的 S 型电荷转移路径(原为 Z 型,此处统称为 S 型,图 6-31)。这种氮掺杂的氧化石墨烯量子点在可见光($420\,nm<\lambda<800\,nm$)

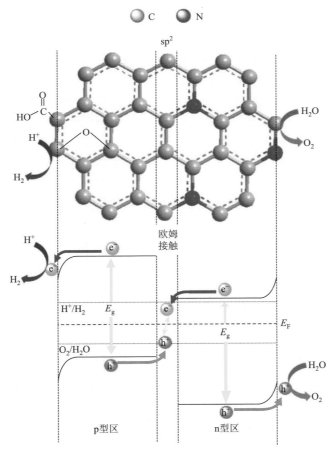

图 6-31　具有 S 型电荷转移途径的氮掺杂氧化石墨烯量子点的电子结构示意图[124]

照射下可实现全分解水反应，具有含氧官能团的 p 型 GO 促进产氢反应，而氮掺杂的 n 型 GO 则有利于产氧反应。Latorre-Sánchez 等[125]在氩气气氛中于 900 ℃热分解 $H_2PO_4^-$ 改性的藻酸盐，制备了 P 掺杂的石墨烯。P 掺杂可使零带隙石墨烯转化为半导体石墨烯（带隙达 2.85 eV），表现出紫外区和可见光区的光催化产氢活性。该光催化剂在以三乙醇胺为牺牲剂，以 Pt 为助催化剂，紫外-可见光照射条件下的光催化产氢速率为 282 $\mu mol \cdot h^{-1} \cdot g^{-1}$。

6.4.3　界面调控

对于基于碳材料的复合半导体光催化剂，通常存在两种类型的界面效应，其中肖特基异质结在类金属碳材料与半导体光催化剂之间形成，而半导体异质结（如 p-n 异质结和 S 型异质结）则在类半导体碳材料与半导体光催化剂之间形成。由于光生电荷转移主要发生在碳材料和所复合的半导体之间的接触界面上，因此，上述两种界面效应均可显著影响碳基半导体光催化剂的电荷转移和分离。于是，合理设计碳材料与半导体光催化剂之间的紧密接触界面也是提高电荷分离效率并获得更高光催化活性的重要方法。

Xia 等[126]制备了一种 CdS/石墨烯纳米带复合材料，其制备过程如图 6-32（a）所示。首先，H_2SO_4 和 KNO_3 中的阴离子穿插进入多壁碳纳米管的层与层之间，从而削弱了层与层之间的范德瓦耳斯力；然后，$KMnO_4$ 氧化剂将碳纳米管裁剪成多层石墨烯纳米带（GNR）；随后将其置于 HCl 溶液中剧烈搅拌，最终剥落成单层 GNR。当向上述体系中加入 $Cd(CH_3COO)_2$ 溶液时，Cd^{2+} 通过静电相互作用力吸附到 GNR 表面，然后，在溶剂热条件下硫脲中的 S^{2-} 释放到溶液中与 Cd^{2+} 反应形成 CdS 微晶，随后继续成核并长大形成 CdS 纳米颗粒，从而得到 CdS/石墨烯纳米带复合材料，如图 6-32（b）所示。由于纯 GNR 的功函数比纯 CdS 纳米颗粒的大，所以二者形成复合物并被可见光照射时，光生电子会从 CdS 的价带被激发到其导带上，并进一步转移到 GNR 上，而其空穴仍留在 CdS 价带上。CdS/GNR 复合材料中 GNR 的表面负载 Pt NPs 后，由于 Pt 的功函数比 CdS/GNR 复合材料的大，因此 CdS/GNR 复合材料中的电子会进一步从 GNR 转移到 Pt 上，进而 Pt 助催化剂上聚集的光生电子用于质子还原产氢，而集中在 CdS 表面的空穴则被牺牲剂消耗掉，从而达到光生载流子在空间上的有效分离，光催化产氢活性明显提高，如图 6-32（c）和图 6-32（d）所示。所制备的 CdS/GNR 复合材料的最高可见光产氢速率为 1.89 $mmol \cdot h^{-1} \cdot g^{-1}$，表观量子效率达 19.3%。

在一项基于密度泛函理论计算的理论研究中[127]，研究人员发现石墨烯对于带有 TiO 终端层的 $SrTiO_3$(100)而言是敏化剂，而对于带有 SrO 终端层的 $SrTiO_3$(100)而言则是电子传输介质。当 rGO 与 $SrTiO_3$ 复合时，可在界面处形成 II 型异质结，此外，rGO 中带负电荷的 O 原子还可作为活性位点。因此，可以通过界面调控来实现有效的电荷分离和获得最佳的活性位点，从而增强光催化性能。

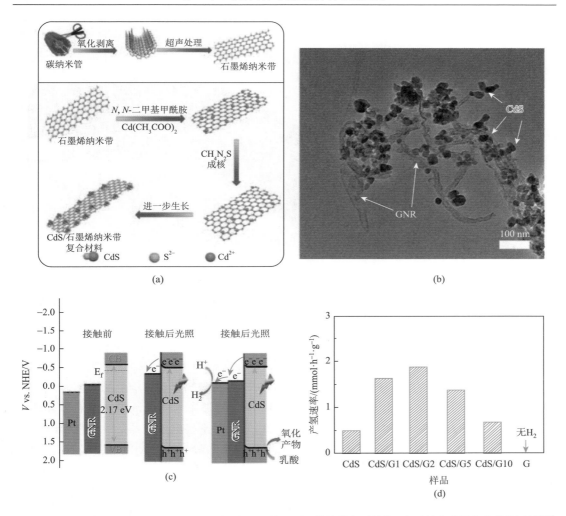

图 6-32　CdS/GNR 复合材料的制备示意图、微观形貌及不同样品的电子结构、电子转移路径和光催化活性[126]

（a）CdS/GNR 复合材料的制备示意图；（b）CdS/GNR 纳米复合材料的 TEM 图；（c）Pt、GNR 和 CdS 在复合前后光照时的电子能带结构和电子转移路径；（d）样品 GNR、CdS 和 CdS/GNR 在以乳酸为牺牲剂，以质量分数为 1.0%的 Pt 为助催化剂时可见光（λ≥400 nm）下产氢性能比较，CdS/Gx（x＝1、2、5、10）中，x%是 GNR 相对于 CdS 纳米颗粒的质量分数

Cherevan 等[128]以乙醇钽[Ta(OEt)$_5$]作为前驱体，通过水热法将 Ta$_2$O$_5$ 原位生长在多壁 CNT 的表面，制备了 CNT/Ta$_2$O$_5$ 复合光催化剂。他们制备了两种具有不同 CNT 与 Ta$_2$O$_5$ 质量比的 CNT/Ta$_2$O$_5$ 复合物，厚 Ta$_2$O$_5$ 涂层（样品 H1）和薄 Ta$_2$O$_5$ 涂层（样品 H2）的比例分别为 1∶4 和 1∶2（图 6-33），二者比例不同导致 CNT 与 Ta$_2$O$_5$ 之间的界面效应不同。其中，样品 H2 比样品 H1 更加单晶化，因此具有较少的晶界以改善界面电荷转移。此外，Ta$_2$O$_5$ 在 CNT 上的稀薄生长可使样品 H2 中形成紧密的肖特基异质结，从而促进了界面电荷的分离。相比之下，具有厚 Ta$_2$O$_5$ 涂层的样品 H1 中的电荷转移需要经历长距离隧穿效应，不如样品 H2 的电荷转移有效。另外，样品 H2 中 Ta$_2$O$_5$ 致密而稀薄的生长会导致更大的带隙，提升其 CB 的还原电位。由于上述原因，在 Pt 为助

催化剂、甲醇为牺牲剂、紫外光照射的条件下，样品 H2 的光催化产氢速率
（1600 μmol·h^{-1}）远高于样品 H1 的产氢速率（520 μmol·h^{-1}）。

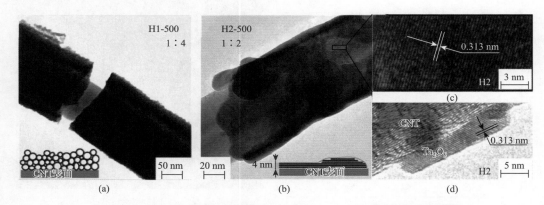

图 6-33　H1、H2 的微观形貌及 CNT 和 Ta$_2$O$_5$ 之间的紧密接触界面[128]

（a）在 500 ℃退火的 H1 的 TEM 图；（b）在 500 ℃退火的 H2 的 TEM 图；（c）在 500 ℃退火的 H2 的 HRTEM 图，图中显示 Ta$_2$O$_5$ 层；（d）CNT 和 Ta$_2$O$_5$ 之间的紧密接触界面

　　构建二维/二维层状异质结是获得大的紧密接触界面的一种有效策略，可提供丰富的表面活性位点和实现有效的界面电荷转移。Xiang 等[129]通过浸渍-化学还原法，结合后续氮气气氛中 550 ℃的热处理过程，成功将 g-C$_3$N$_4$ 和石墨烯进行复合，其中三聚氰胺和氧化石墨烯分别用作 g-C$_3$N$_4$ 和石墨烯的前驱体，水合肼则作为还原剂将氧化石墨烯转化为石墨烯。这种方法使 g-C$_3$N$_4$ 和石墨烯之间成功形成紧密接触的二维/二维层状异质结，从而实现非常有效的界面电荷分离，使得光生电子和空穴分别在石墨烯和 g-C$_3$N$_4$ 上积累[图 6-34（a）]。因此，通过优化石墨烯和 g-C$_3$N$_4$ 的界面效应，可获得远高于纯 g-C$_3$N$_4$ 的光催化产氢活性[图 6-34（b）]。此外，将具有(001)暴露晶面的 TiO$_2$ 纳米片与石墨烯复合，即使没有 Pt 助催化剂，它也显示出优异的光催化产氢活性[130]。

　　总而言之，可以通过表面化学功能化来优化碳材料的性能，从而为半导体光催化剂的生长和分散提供成核位点，并为光催化反应物提供锚定位点；再者，也可以通过杂原子掺杂来调控碳材料的电导率和电子结构，进一步调节性能；最后，通过碳材料和所复合的半导体之间的界面调控策略可以改善界面电荷的分离，从而显著提高光催化材料体系的性能。

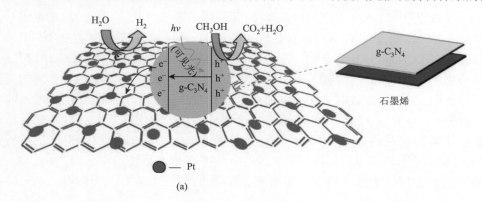

(a)

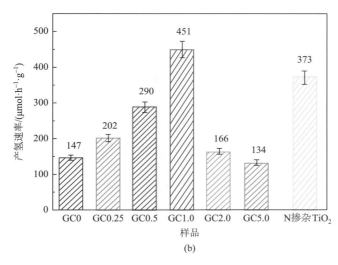

图 6-34　石墨烯复合材料的光催化产氢示意图及产氢活性比较[129]

（a）石墨烯/g-C₃N₄复合材料的光催化产氢示意图；（b）各种光催化剂的产氢活性比较，GCx 代表石墨烯质量分数为 x%的石墨烯/g-C₃N₄复合材料

6.5　小结与展望

　　碳基光催化材料是一类非常有潜力的功能材料，在未来有望解决不断增长的能源需求。本章全面介绍了碳材料（如碳纳米管、石墨烯、石墨二炔、C_{60}、碳量子点、碳纤维等）在增强半导体光催化性能方面的作用，例如，通过载体作用增强结构稳定性、增加吸附和活性位点、电子捕获和传输介质、助催化剂、光敏化作用、光催化剂和带隙收窄效应等，还介绍了通过碳材料的结构优化和性能提升来进一步增强光催化性能的策略，包括碳材料的表面化学功能化、碳材料的掺杂调控以及半导体/碳材料的界面调控。

　　尽管碳基光催化材料具有巨大的应用潜力，但在现阶段仍然存在重大挑战。首先，复合光催化材料的性能与碳材料的性能高度相关，而碳材料的性能受合成技术、功能化和缺陷的影响很大。此外，良好的界面效应取决于半导体光催化剂的良好分散性、碳材料的高质量改性，以及半导体光催化剂与碳材料之间大的紧密接触界面，因此，需要开发用于制备碳材料和碳材料/半导体复合物的精准实验方法，以调节上述因素。其次，到目前为止，界面电荷转移动力学过程还不够清楚。例如，碳材料是充当电子供体还是受体，界面异质结是传统的异质结还是 S 型异质结，均尚难区分。因此，在研究碳基光催化材料的过程中，一方面，应广泛地使用高分辨率瞬态光谱方法精确跟踪电荷载流子的转移途径，并利用先进的原位表征技术跟踪光催化反应过程；另一方面，基于大量理论和机理研究的深刻认识有助于理解半导体光催化剂与碳材料之间的电子相互作用和电荷转移途径。最后，当前无论是光催化产氢还是 CO_2 还原，整体效率仍然低下，距离实际应用还有相当大的距离。因此，需要结合光催化材料、表面界面化学和多相催化等方面的研究，共同推动碳基光催化材料的实际应用。

参 考 文 献

[1] Lijima S. Helical microtubules of graphitic carbon[J]. Nature，1991，354（6348）：56-58.

[2] Novoselov K S，Geim A K，Morozov S V，et al. Electric field effect in atomically thin carbon films[J]. Science，2004，306（5696）：666-669.

[3] Cao S W，Yu J G. Carbon-based H_2-production photocatalytic materials[J]. Journal of Photochemistry and Photobiology C：Photochemistry Reviews，2016，27：72-99.

[4] Sun J，Gao L. Development of a dispersion process for carbon nanotubes in ceramic matrix by heterocoagulation[J]. Carbon，2003，41（5）：1063-1068.

[5] Williams G，Seger B，Kamat P V. TiO_2-graphene nanocomposites. UV-assisted photocatalytic reduction of graphene oxide[J]. ACS Nano，2008，2（7）：1487-1491.

[6] Fukuzumi S. Development of bioinspired artificial photosynthetic systems[J]. Physical Chemistry Chemical Physics，2008，10（17）：2283-2297.

[7] Angaridis P A，Lazarides T，Coutsolelos A C. Functionalized porphyrin derivatives for solar energy conversion[J]. Polyhedron，2014，82：19-32.

[8] Fernando K A，Sahu S，Liu Y M，et al. Carbon quantum dots and applications in photocatalytic energy conversion[J]. ACS Applied Materials & Interfaces，2015，7（16）：8363-8376.

[9] Takahashi H，Matsubara E，Sato N，et al. Preparation of C-60 and sulfur compound for development of new photocatalyses[C]// Pricm 4：Forth Pacific Rim International Conference on Advanced Materials and Processing. Sendai：Japan Inst Metals Aoba Aramaki.

[10] Li H T，He X D，Kang Z H，et al. Water-soluble fluorescent carbon quantum dots and photocatalyst design[J]. Angewandte Chemie（International Edition），2010，49（26）：4430-4434.

[11] Haley M M，Brand S C，Pak J J. Carbon networks based on dehydrobenzoannulenes：synthesis of graphdiyne substructures[J]. Angewandte Chemie（International Edition），1997，36（8）：836-838.

[12] Li G X，Li Y L，Liu H B，et al. Architecture of graphdiyne nanoscale films[J]. Chemical Communications，2010，46（19）：3256-3258.

[13] Wang S，Yi L X，Halpert J E，et al. A novel and highly efficient photocatalyst based on P25-graphdiyne nanocomposite[J]. Small，2012，8（2）：265-271.

[14] Yang N L，Liu Y Y，Wen H，et al. Photocatalytic properties of graphdiyne and graphene modified TiO_2：from theory to experiment[J]. ACS Nano，2013，7（2）：1504-1512.

[15] Lv J X，Zhang Z M，Wang J，et al. In situ synthesis of CdS/graphdiyne heterojunction for enhanced photocatalytic activity of hydrogen production[J]. ACS Applied Materials & Interfaces，2019，11（3）：2655-2661.

[16] Han Y Y，Lu X L，Tang S F，et al. Metal-free 2D/2D heterojunction of graphitic carbon nitride/graphdiyne for improving the hole mobility of graphitic carbon nitride[J]. Advanced Energy Materials，2018，8（16）：1702992.

[17] Ebbesen T W，Ajayan P M. Large-scale synthesis of carbon nanotubes[J]. Nature，1992，358（6383）：220-222.

[18] Thess A，Lee R，Nikolaev P，et al. Crystalline ropes of metallic carbon nanotubes[J]. Science，1996，273（5274）：483-487.

[19] Li Y L，Kinloch I A，Windle A H. Direct spinning of carbon nanotube fibers from chemical vapor deposition synthesis[J]. Science，2004，304（5668）：276-278.

[20] Hernandez Y，Nicolosi V，Lotya M，et al. High-yield production of graphene by liquid-phase exfoliation of graphite[J]. Nature Nanotechnology，2008，3（9）：563-568.

[21] Li D，Müller M B，Gilje S，et al. Processable aqueous dispersions of graphene nanosheets[J]. Nature Nanotechnology，2008，3（2）：101-105.

[22] Cabrero-Vilatela A，Weatherup R S，Braeuninger-Weimer P，et al. Towards a general growth model for graphene CVD on transition metal catalysts[J]. Nanoscale，2016，8（4）：2149-2158.

[23]　Berger C，Song Z M，Li X B，et al. Electronic confinement and coherence in patterned epitaxial graphene[J]. Science，2006，312（5777）：1191-1196.

[24]　Kroto H W，Heath J R，O'Brien S C，et al. C_{60}：buckminsterfullerene[J]. Nature，1985，318（6042）：162-163.

[25]　Krätschmer W，Fostiropoulos K，Huffman D R. The infrared and ultraviolet absorption spectra of laboratory-produced carbon dust：evidence for the presence of the C_{60} molecule[J]. Chemical Physics Letters，1990，170（2-3）：167-170.

[26]　Howard J B，McKinnon J T，Makarovsky Y，et al. Fullerenes C_{60} and C_{70} in flames[J]. Nature，1991，352（6331）：139-141.

[27]　Peters G，Jansen M. A new fullerene synthesis[J]. Angewandte Chemie（International Edition），1992，31（2）：223-234.

[28]　Zhou J G，Booker C，Li R Y，et al. An electrochemical avenue to blue luminescent nanocrystals from multiwalled carbon nanotubes（MWCNTs）[J]. Journal of the American Chemical Society，2007，129（4）：744-745.

[29]　Sun D，Ban R，Zhang P H，et al. Hair fiber as a precursor for synthesizing of sulfur-and nitrogen-co-doped carbon dots with tunable luminescence properties[J]. Carbon，2013，64：424-434.

[30]　Zhu H，Wang X L，Li Y L，et al. Microwave synthesis of fluorescent carbon nanoparticles with electrochemiluminescence properties[J]. Chemical Communications，2009，（34）：5118-5120.

[31]　Pan D Y，Zhang J C，Li Z，et al. Hydrothermal route for cutting graphene sheets into blue-luminescent graphene quantum dots[J]. Advanced Materials，2010，22（6）：734-738.

[32]　Liu R，Gao X，Zhou J Y，et al. Chemical vapor deposition growth of linked carbon monolayers with acetylenic scaffoldings on silver foil[J]. Advanced Materials，2017，29（18）：1604665.

[33]　Wang L，Yao Z P，Jia F Z，et al. A facile synthesis of $Zn_xCd_{1-x}S$/CNTs nanocomposite photocatalyst for H_2 production[J]. Dalton Transactions，2013，42（27）：9976-9981.

[34]　Xia Y，Cheng B，Fan J J，et al. Near-infrared absorbing 2D/3D $ZnIn_2S_4$/N-doped graphene photocatalyst for highly efficient CO_2 capture and photocatalytic reduction[J]. Science China Materials，2020，63（4）：552-565.

[35]　Zhang X Y，Li H P，Cui X L，et al. Graphene/TiO_2 nanocomposites：synthesis，characterization and application in hydrogen evolution from water photocatalytic splitting[J]. Journal of Materials Chemistry，2010，20（14）：2801-2806.

[36]　Ye L，Fu J L，Xu Z，et al. Facile one-pot solvothermal method to synthesize sheet-on-sheet reduced graphene oxide(RGO)/ $ZnIn_2S_4$ nanocomposites with superior photocatalytic performance[J]. ACS Applied Materials & Interfaces，2014，6（5）：3483-3490.

[37]　Xu F Y，Meng K，Zhu B C，et al. Graphdiyne：a new photocatalytic CO_2 reduction cocatalyst[J]. Advanced Functional Materials，2019，29（43）：1904256.

[38]　Fu J W，Zhu B C，Jiang C J，et al. Hierarchical porous O-doped g-C_3N_4 with enhanced photocatalytic CO_2 reduction activity[J]. Small，2017，13（15）：1603938.

[39]　Liu L J，Zhao C Y，Xu J Y，et al. Integrated CO_2 capture and photocatalytic conversion by a hybrid adsorbent/photocatalyst material[J]. Applied Catalysis B：Environmental，2015，179：489-499.

[40]　Chai B，Peng T Y，Zhang X H，et al. Synthesis of C_{60}-decorated SWCNTs（C_{60}-d-CNTs）and its TiO_2-based nanocomposite with enhanced photocatalytic activity for hydrogen production[J]. Dalton Transactions，2013，42（10）：3402-3409.

[41]　Xie G C，Zhang K，Guo B D，et al. Graphene-based materials for hydrogen generation from light-driven water splitting[J]. Advanced Materials，2013，25（28）：3820-3839.

[42]　Dong C K，Li X，Jin P F，et al. Intersubunit electron transfer（IET）in quantum dots/graphene complex：what features does IET endow the complex with?[J]. The Journal of Physical Chemistry C，2012，116（29）：15833-15838.

[43]　Chang H X，Wu H K. Graphene-based nanocomposites：preparation，functionalization，and energy and environmental applications[J]. Energy & Environmental Science，2013，6（12）：3483-3507.

[44]　Tan L L，Chai S P，Mohamed A R. Synthesis and applications of graphene-based TiO_2 photocatalysts[J]. ChemSusChem，2012，5（10）：1868-1882.

[45]　Wijesinghe C A，El-Khouly M E，Subbaiyan N K，et al. Photochemical charge separation in closely positioned donor-boron dipyrrin-fullerene triads[J]. Chemistry：A European Journal，2011，17（11）：3147-3156.

[46]　Zhu M S，Li Z，Xiao B，et al. Surfactant assistance in improvement of photocatalytic hydrogen production with the porphyrin

noncovalently functionalized graphene nanocomposite[J]. ACS Applied Materials & Interfaces，2013，5（5）：1732-1740.

[47] Kuang P Y，Sayed M，Fan J J，et al. 3D graphene-based H_2-production photocatalyst and electrocatalyst[J]. Advanced Energy Materials，2020，10（14）：1903802.

[48] Tang X S，Tay Q L，Chen Z，et al. CuInZnS-decorated graphene nanosheets for highly efficient visible-light-driven photocatalytic hydrogen production[J]. Journal of Materials Chemistry A，2013，1（21）：6359-6365.

[49] Yu J G，Yang B，Cheng B. Noble-metal-free carbon nanotube-$Cd_{0.1}Zn_{0.9}S$ composites for high visible-light photocatalytic H_2-production performance[J]. Nanoscale，2012，4（8）：2670-2677.

[50] Zhang J，Qi L F，Ran J R，et al. Ternary $NiS/Zn_xCd_{1-x}S$/reduced graphene oxide nanocomposites for enhanced solar photocatalytic H_2-production activity[J]. Advanced Energy Materials，2014，4（10）：1301925.

[51] He F，Meng A Y，Cheng B，et al. Enhanced photocatalytic H_2-production activity of WO_3/TiO_2 step-scheme heterojunction by graphene modification[J]. Chinese Journal of Catalysis，2020，41（1）：9-20.

[52] Xu Q L，Zhu B C，Cheng B，et al. Photocatalytic H_2 evolution on graphdiyne/g-C_3N_4 hybrid nanocomposites[J]. Applied Catalysis B：Environmental，2019，255：117770.

[53] Yu Z M，Meng J L，Li Y，et al. Efficient photocatalytic hydrogen production from water over a CuO and carbon fiber comodified TiO_2 nanocomposite photocatalyst[J]. International Journal of Hydrogen Energy，2013，38（36）：16649-16655.

[54] Lian Z C，Xu P P，Wang W C，et al. C_{60}-decorated CdS/TiO_2 mesoporous architectures with enhanced photostability and photocatalytic activity for H_2 evolution[J]. ACS Applied Materials & Interfaces，2015，7（8）：4533-4540.

[55] Wang J，Ng Y H，Lim Y F，et al. Vegetable-extracted carbon dots and their nanocomposites for enhanced photocatalytic H_2 production[J]. RSC Advances，2014，4（83）：44117-44123.

[56] Li Q Y，Chen L，Lu G X. Visible-light-induced photocatalytic hydrogen generation on dye-sensitized multiwalled carbon nanotube/Pt catalyst[J]. The Journal of Physical Chemistry C，2007，111（30）：11494-11499.

[57] Kong C，Min S X，Lu G X. Dye-sensitized NiS_x catalyst decorated on graphene for highly efficient reduction of water to hydrogen under visible light irradiation[J]. ACS Catalysis，2014，4（8）：2763-2769.

[58] Li Z，Wang Q S，Kong C，et al. Interface charge transfer versus surface proton reduction：which is more pronounced on photoinduced hydrogen generation over sensitized Pt cocatalyst on RGO?[J]. The Journal of Physical Chemistry C，2015，119（24）：13561-13568.

[59] Zhu T，Wu H B，Wang Y B，et al. Formation of 1D hierarchical structures composed of Ni_3S_2 nanosheets on CNTs backbone for supercapacitors and photocatalytic H_2 production[J]. Advanced Energy Materials，2012，2（12）：1497-1502.

[60] Khan G，Choi S K，Kim S，et al. Carbon nanotubes as an auxiliary catalyst in heterojunction photocatalysis for solar hydrogen[J]. Applied Catalysis B：Environmental，2013，142-143：647-653.

[61] Wen J Q，Li X，Li H Q，et al. Enhanced visible-light H_2 evolution of g-C_3N_4 photocatalysts via the synergetic effect of amorphous NiS and cheap metal-free carbon black nanoparticles as co-catalysts[J]. Applied Surface Science，2015，358：204-212.

[62] Tajima T，Sakata W，Wada T，et al. Photosensitized hydrogen evolution from water using a single-walled carbon nanotube/fullerodendron/SiO_2 coaxial nanohybrid[J]. Advanced Materials，2011，23（48）：5750-5754.

[63] Ahmmad B，Kusumoto Y，Somekawa S，et al. Carbon nanotubes synergistically enhance photocatalytic activity of TiO_2[J]. Catalysis Communications，2008，9（6）：1410-1413.

[64] Li Q，Cui C，Meng H，et al. Visible-light photocatalytic hydrogen production activity of $ZnIn_2S_4$ microspheres using carbon quantum dots and platinum as dual co-catalysts[J]. Chemistry：An Asian Journal，2014，9（7）：1766-1770.

[65] Liu J，Liu Y，Liu N Y，et al. Metal-free efficient photocatalyst for stable visible water splitting via a two-electron pathway[J]. Science，2015，347（6225）：970-974.

[66] Zhang N，Zhang Y H，Xu Y J. Recent progress on graphene-based photocatalysts：current status and future perspectives[J]. Nanoscale，2012，4（19）：5792-5813.

[67] Rao C N R，Gopalakrishnan K，Maitra U. Comparative study of potential applications of graphene，MoS_2，and other two-dimensional materials in energy devices，sensors，and related areas[J]. ACS Applied Materials & Interfaces，2015，7（15）：7809-7832.

[68] Wang B W，Sun Q M，Liu S H，et al. Synergetic catalysis of CuO and graphene additives on TiO$_2$ for photocatalytic water splitting[J]. International Journal of Hydrogen Energy，2013，38（18）：7232-7240.

[69] Hong Z，Li X Q，Kang S Z，et al. Enhanced photocatalytic activity and stability of the reduced graphene oxide loaded potassium niobate microspheres for hydrogen production from water reduction[J]. International Journal of Hydrogen Energy，2014，39（24）：12515-12523.

[70] Liu M M，Li F Y，Sun Z X，et al. Enhanced photocatalytic H$_2$ evolution on CdS with cobalt polyoxotungstosilic and MoS$_2$/graphene as noble-metal-free dual co-catalysts[J]. RSC Advances，2015，5（59）：47314-47318.

[71] Lang D，Shen T T，Xiang Q J. Roles of MoS$_2$ and graphene as cocatalysts in the enhanced visible-light photocatalytic H$_2$ production activity of multiarmed CdS nanorods[J]. ChemCatChem，2015，7（6）：943-951.

[72] Wang M G，Han J，Xiong H X，et al. Yolk@shell nanoarchitecture of Au@r-GO/TiO$_2$ hybrids as powerful visible light photocatalysts[J]. Langmuir，2015，31（22）：6220-6228.

[73] Lv X J，Zhou S X，Zhang C，et al. Synergetic effect of Cu and graphene as cocatalyst on TiO$_2$ for enhanced photocatalytic hydrogen evolution from solar water splitting[J]. Journal of Materials Chemistry，2012，22（35）：18542-18549.

[74] Gao P，Liu Z Y，Sun D D. The synergetic effect of sulfonated graphene and silver as co-catalysts for highly efficient photocatalytic hydrogen production of ZnO nanorods[J]. Journal of Materials Chemistry A，2013，1（45）：14262-14269.

[75] Zhu B L，Lin B Z，Zhou Y，et al. Enhanced photocatalytic H$_2$ evolution on ZnS loaded with graphene and MoS$_2$ nanosheets as cocatalysts[J]. Journal of Materials Chemistry A，2014，2（11）：3819-3827.

[76] Chang K，Mei Z W，Wang T，et al. MoS$_2$/graphene cocatalyst for efficient photocatalytic H$_2$ evolution under visible light irradiation[J]. ACS Nano，2014，8（7）：7078-7087.

[77] Xiang Q J，Yu J G，Jaroniec M. Synergetic effect of MoS$_2$ and graphene as cocatalysts for enhanced photocatalytic H$_2$ production activity of TiO$_2$ nanoparticles[J]. Journal of the American Chemical Society，2012，134（15）：6575-6578.

[78] Zhang J，Yu J G，Jaroniec M，et al. Noble metal-free reduced graphene oxide-Zn$_x$Cd$_{1-x}$S nanocomposite with enhanced solar photocatalytic H$_2$-production performance[J]. Nano Letters，2012，12（9）：4584-4589.

[79] Guo D Z，Zhang G M，Zhang Z X，et al. Visible-light-induced water-splitting in channels of carbon nanotubes[J]. The Journal of Physical Chemistry B，2006，110（4）：1571-1575.

[80] Robinson J T，Tabakman S M，Liang Y Y，et al. Ultrasmall reduced graphene oxide with high near-infrared absorbance for photothermal therapy[J]. Journal of the American Chemical Society，2011，133（17）：6825-6831.

[81] Gan Z X，Wu X L，Meng M，et al. Photothermal contribution to enhanced photocatalytic performance of graphene-based nanocomposites[J]. ACS Nano，2014，8（9）：9304-9310.

[82] Sun S M，Wang W Z，Jiang D，et al. Infrared light induced photoelectrocatalytic application via graphene oxide coated thermoelectric device[J]. Applied Catalysis B：Environmental，2014，158-159：136-139.

[83] Neelgund G M，Bliznyuk V N，Oki A. Photocatalytic activity and NIR laser response of polyaniline conjugated graphene nanocomposite prepared by a novel acid-less method[J]. Applied Catalysis B：Environmental，2016，187：357-366.

[84] Wang F Z，Zheng M J，Zhu C Q，et al. Visible light photocatalytic H$_2$-production activity of wide band gap ZnS nanoparticles based on the photosensitization of graphene[J]. Nanotechnology，2015，26（34）：345402.

[85] Yang M Q，Xu Y J. Basic principles for observing the photosensitizer role of graphene in the graphene-semiconductor composite photocatalyst from a case study on graphene-ZnO[J]. The Journal of Physical Chemistry C，2013，117（42）：21724-21734.

[86] Wang P，Dimitrijevic N M，Chang A Y，et al. Photoinduced electron transfer pathways in hydrogen-evolving reduced graphene oxide-boosted hybrid nano-bio catalyst[J]. ACS Nano，2014，8（8）：7995-8002.

[87] Xie S L，Su H，Wei W J，et al. Remarkable photoelectrochemical performance of carbon dots sensitized TiO$_2$ under visible light irradiation[J]. Journal of Materials Chemistry A，2014，2（39）：16365-16368.

[88] Martindale B C，Hutton G A，Caputo C A，et al. Solar hydrogen production using carbon quantum dots and a molecular nickel catalyst[J]. Journal of the American Chemical Society，2015，137（18）：6018-6025.

[89]　Tian J，Leng Y H，Zhao Z H，et al. Carbon quantum dots/hydrogenated TiO$_2$ nanobelt heterostructures and their broad spectrum photocatalytic properties under UV，visible，and near-infrared irradiation[J]. Nano Energy，2015，11：419-427.

[90]　Xia X Y，Deng N，Cui G W，et al. NIR light induced H$_2$ evolution by a metal-free photocatalyst[J]. Chemical Communications，2015，51（54）：10899-10902.

[91]　Zhang X，Huang H，Liu J，et al. Carbon quantum dots serving as spectral converters through broadband upconversion of near-infrared photons for photoelectrochemical hydrogen generation[J]. Journal of Materials Chemistry A，2013，1（38）：11529-11533.

[92]　Fan W Q，Bai H Y，Shi W D. Semiconductors with NIR driven upconversion performance for photocatalysis and photoelectrochemical water splitting[J]. CrystEngComm，2014，16（15）：3059-3067.

[93]　Wang J，Lim Y F，Ho G W. Carbon-ensemble-manipulated ZnS heterostructures for enhanced photocatalytic H$_2$ evolution[J]. Nanoscale，2014，6（16）：9673-9680.

[94]　Dai K，Peng T Y，Ke D N，et al. Photocatalytic hydrogen generation using a nanocomposite of multi-walled carbon nanotubes and TiO$_2$ nanoparticles under visible light irradiation[J]. Nanotechnology，2009，20（12）：125603.

[95]　Abe T，Chiba J，Ishidoya M，et al. Organophotocatalysis system of p/n bilayers for wide visible-light-induced molecular hydrogen evolution[J]. RSC Advances，2012，2（21）：7992-7996.

[96]　Abe T，Taira N，Tanno Y，et al. Decomposition of hydrazine by an organic fullerene-phthalocyanine p-n bilayer photocatalysis system over the entire visible-light region[J]. Chemical Communications，2014，50（16）：1950-1952.

[97]　Abe T，Hiyama Y，Fukui K，et al. Efficient p-zinc phthalocyanine/n-fullerene organic bilayer electrode for molecular hydrogen evolution induced by the full visible-light energy[J]. International Journal of Hydrogen Energy，2015，40（30）：9165-9170.

[98]　Yang P J，Zhao J H，Wang J，et al. Light-induced synthesis of photoluminescent carbon nanoparticles for Fe^{3+} sensing and photocatalytic hydrogen evolution[J]. Journal of Materials Chemistry A，2015，3（1）：136-138.

[99]　Yang P J，Zhao J H，Wang J，et al. Pure carbon nanodots for excellent photocatalytic hydrogen generation[J]. RSC Advances，2015，5（27）：21332-21335.

[100]　Yang P J，Zhao J H，Wang J，et al. Construction of Z-scheme carbon nanodots/WO$_3$ with highly enhanced photocatalytic hydrogen production[J]. Journal of Materials Chemistry A，2015，3（16）：8256-8259.

[101]　Mangrulkar P A，Kotkondawar A V，Mukherjee S，et al. Throwing light on platinized carbon nanostructured composites for hydrogen generation[J]. Energy & Environmental Science，2014，7（12）：4087-4094.

[102]　Yeh T F，Cihlář J，Chang C Y，et al. Roles of graphene oxide in photocatalytic water splitting[J]. Materials Today，2013，16（3）：78-84.

[103]　Jiang X，Nisar J，Pathak B，et al. Graphene oxide as a chemically tunable 2-D material for visible-light photocatalyst applications[J]. Journal of Catalysis，2013，299：204-209.

[104]　Yeh T F，Chan F F，Hsieh C T，et al. Graphite oxide with different oxygenated levels for hydrogen and oxygen production from water under illumination：the band positions of graphite oxide[J]. The Journal of Physical Chemistry C，2011，115（45）：22587-22597.

[105]　Yeh T F，Syu J M，Cheng C，et al. Graphite oxide as a photocatalyst for hydrogen production from water[J]. Advanced Functional Materials，2010，20（14）：2255-2262.

[106]　Xu L，Huang W Q，Wang L L，et al. Insights into enhanced visible-light photocatalytic hydrogen evolution of g-C$_3$N$_4$ and highly reduced graphene oxide composite：the role of oxygen[J]. Chemistry of Materials，2015，27（5）：1612-1621.

[107]　Meng F K，Li J T，Cushing S K，et al. Solar hydrogen generation by nanoscale p-n junction of p-type molybdenum disulfide/n-type nitrogen-doped reduced graphene oxide[J]. Journal of the American Chemical Society，2013，135（28）：10286-10289.

[108]　Zhang K，Kim W，Ma M，et al. Tuning the charge transfer route by p-n junction catalysts embedded with CdS nanorods for simultaneous efficient hydrogen and oxygen evolution[J]. Journal of Materials Chemistry A，2015，3（9）：4803-4810.

[109]　Yuan Y L，Gong X P，Wang H M. The synergistic mechanism of graphene and MoS$_2$ for hydrogen generation：insights from

density functional theory[J]. Physical Chemistry Chemical Physics，2015，17（17）：11375-11381.

[110] Li X R，Dai Y，Ma Y D，et al. Graphene/g-C₃N₄ bilayer：considerable band gap opening and effective band structure engineering[J]. Physical Chemistry Chemical Physics，2014，16（9）：4230-4235.

[111] Shaban Y A，Khan S U M. Visible light active carbon modified n-TiO₂ for efficient hydrogen production by photoelectrochemical splitting of water[J]. International Journal of Hydrogen Energy，2008，33（4）：1118-1126.

[112] Zhao C X，Luo H，Chen F，et al. A novel composite of TiO₂ nanotubes with remarkably high efficiency for hydrogen production in solar-driven water splitting[J]. Energy & Environmental Science，2014，7（5）：1700-1707.

[113] Pei F Y，Liu Y L，Xu S G，et al. Nanocomposite of graphene oxide with nitrogen-doped TiO₂ exhibiting enhanced photocatalytic efficiency for hydrogen evolution[J]. International Journal of Hydrogen Energy，2013，38（6）：2670-2677.

[114] Ye A H，Fan W Q，Zhang Q H，et al. CdS-graphene and CdS-CNT nanocomposites as visible-light photocatalysts for hydrogen evolution and organic dye degradation[J]. Catalysis Science & Technology，2012，2（5）：969-978.

[115] Ding J J，Yan W H，Xie W，et al. Highly efficient photocatalytic hydrogen evolution of graphene/YInO₃ nanocomposites under visible light irradiation[J]. Nanoscale，2014，6（4）：2299-2306.

[116] Sun Z H，Guo J J，Zhu S M，et al. A high-performance Bi₂WO₆-graphene photocatalyst for visible light-induced H₂ and O₂ generation[J]. Nanoscale，2014，6（4）：2186-2193.

[117] Sun Z H，Guo J J，Zhu S M，et al. High photocatalytic performance by engineering Bi₂WO₆ nanoneedles onto graphene sheets[J]. RSC Advances，2014，4（53）：27963-27970.

[118] Li L L，Peng S J，Wang N，et al. A general strategy toward carbon cloth-based hierarchical films constructed by porous nanosheets for superior photocatalytic activity[J]. Small，2015，11（20）：2429-2436.

[119] Sordello F，Zeb G，Hu K W. Tuning TiO₂ nanoparticle morphology in graphene-TiO₂ hybrids by graphene surface modification[J]. Nanoscale，2014，6（12）：6710-6719.

[120] Fang Z，Wang Y B，Song J B，et al. Immobilizing CdS quantum dots and dendritic Pt nanocrystals on thiolated graphene nanosheets toward highly efficient photocatalytic H₂ evolution[J]. Nanoscale，2013，5（20）：9830-9838.

[121] Liu J C，Xu S P，Liu L，et al. The size and dispersion effect of modified graphene oxide sheets on the photocatalytic H₂ generation activity of TiO₂ nanorods[J]. Carbon，2013，60：445-452.

[122] Li Z，Chen Y J，Du Y K，et al. Triphenylamine-functionalized graphene decorated with Pt nanoparticles and its application in photocatalytic hydrogen production[J]. International Journal of Hydrogen Energy，2012，37（6）：4880-4888.

[123] Kwon K C，Choi K S，Kim C，et al. Role of metal cations in alkali metal chloride doped graphene[J]. The Journal of Physical Chemistry C，2014，118（15）：8187-8193.

[124] Yeh T F，Teng C Y，Chen S J，et al. Nitrogen-doped graphene oxide quantum dots as photocatalysts for overall water-splitting under visible light illumination[J]. Advanced Materials，2014，26（20）：3297-3303.

[125] Latorre-Sánchez M，Primo A，Garcia H. P-doped graphene obtained by pyrolysis of modified alginate as a photocatalyst for hydrogen generation from water-methanol mixtures[J]. Angewandte Chemie（International Edition），2013，52（45）：11813-11816.

[126] Xia Y，Cheng B，Fan J J，et al. Unraveling photoexcited charge transfer pathway and process of CdS/graphene nanoribbon composites toward visible-light photocatalytic hydrogen evolution[J]. Small，2019，15（34）：1902459.

[127] Yang Y C，Xu L，Huang W Q，et al. Electronic structures and photocatalytic responses of SrTiO₃(100) surface interfaced with graphene，reduced graphene oxide，and graphane：surface termination effect[J]. The Journal of Physical Chemistry C，2015，119（33）：19095-19104.

[128] Cherevan A S，Gebhardt P，Shearer C J，et al. Interface engineering in nanocarbon-Ta₂O₅ hybrid photocatalysts[J]. Energy & Environmental Science，2014，7（2）：791-796.

[129] Xiang Q J，Yu J G，Jaroniec M. Preparation and enhanced visible-light photocatalytic H₂-production activity of graphene/C₃N₄ composites[J]. The Journal of Physical Chemistry C，2011，115（15）：7355-7363.

[130] Xiang Q J，Yu J G，Jaroniec M. Enhanced photocatalytic H₂-production activity of graphene-modified titania nanosheets[J]. Nanoscale，2011，3（9）：3670-3678.

第 7 章　S 型异质结光催化剂

7.1　S 型异质结的提出

7.1.1　异质结光催化剂的发展

光催化技术是利用半导体材料将可持续利用的太阳能转化为可储存的化学能或处理环境污染的技术，其因无须消耗化石能源，在解决能源短缺危机和环境污染问题上极具潜力而被认为是一种环境友好的技术，如能够应用于光催化 CO_2 还原产生碳氢化合物[1-5]和水裂解产生 H_2[6-10]的反应。此外，光催化在污染物降解[11-14]、抗菌和杀菌[15,16]等环境领域也极具应用前景。

在光催化反应过程中，光催化剂的性质决定着太阳能利用效率和光催化反应能力。理想的光催化剂，除了需要有高的光生载流子分离效率，还需具备宽的光响应范围和足够的氧化还原能力。经过几十年的研究，科研工作者在光催化领域取得了显著的成果[1,17-22]，然而，半导体光催化剂受光激发产生的光生电子和空穴易发生复合，导致光催化效率较低，这仍然是限制其实际应用的重要因素[3,22-24]。为了更好地说明光生载流子易发生复合的原因，将此过程与重力作用下的物体降落过程进行对比。如图 7-1（a）所示，当站在地球上的人将一个物体向上抛起时，在重力作用下，该物体一般会在几秒钟内自由落地。类似地，当单组分光催化剂在受光激发后，其价带（VB）上的电子会跃迁至其导带（CB）上，该跃迁过程与物体被抛出的过程相似，随后在强的库仑力作用下，光生电子与空穴会在极短的时间内（ps～ns）发生复合。通过对库仑力和重力计算公式的比较，发现库仑常数（8.99×10^9 N·m²·C⁻²）远大于引力常数（6.67×10^{-11} N·m²·kg⁻²），这意味着库仑力作用下的光生电子和空穴发生复合所需的时间远远短于重力作用下的物体坠落的时间[25]。对于单组分光催化剂而言，正是由于光生电子和空穴之间存在强静电引力，导致其易发生复合，从而使得可参与光催化反应的光生载流子数量降低，不利于光催化反应的进行。

太阳光是由约 4%的紫外光、45%的可见光及 51%的红外光组成的，如图 7-2（a）所示[26]。从太阳能利用的角度来看，光催化剂需要较小的禁带宽度才具有较宽的光响应范围，然而较小的禁带宽度往往意味着光催化剂具有较低的导带电势或较高的价带电势，从而具有较弱的氧化还原能力，如图 7-2（b）所示。从热力学角度来看，要使光催化剂对于特定光催化反应具有大的驱动力，就需要光催化剂具有强的氧化或还原能力，从而需要光催化剂具有大的禁带宽度。为了便于理解，将氧化还原势能类比于重力势能，如图 7-2（c）和图 7-2（d）所示，处于轨道低点的球被从高位置滚落下来的球撞击后具有较大的动能和初始加速度，而被从低处滚落下来的球撞击后则具有较小的动能。上述两个方面的矛盾导致单组分光催化剂不能同时具有宽的光响应范围和强的氧化还原能力[27]，因此，研究者们将两种能带结构匹配的半导体光催化剂通过一定的方法结合在一起，研发出异质结光催化剂以解决这些问题[25,27,28]。

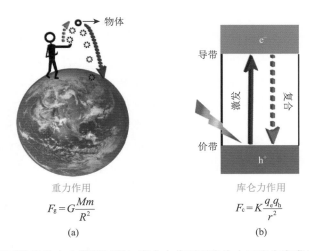

图 7-1　重力作用下物体的自由降落过程与库仑力作用下光生电子和空穴发生复合过程的类比

（a）受重力作用而自由降落的物体；（b）在库仑力作用下发生复合的光生电子和空穴，其中 F_g 和 F_c 分别为重力和库仑力，G 和 K 分别为重力常数和库仑力常数，R 为物体与地球间的距离，r 为电荷间的距离，M 和 m 分别为地球和物体的质量，q_e 和 q_h 分别为电子和空穴的电量

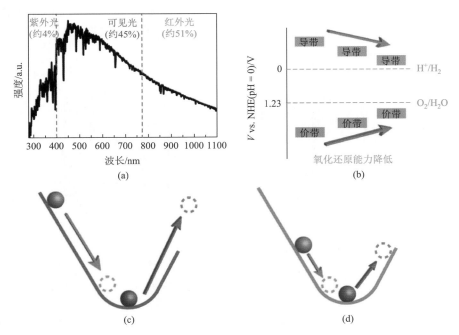

图 7-2　太阳能光谱、半导体能级结构及位于轨道底部的球被位于不同高度的球撞击后的状态

（a）太阳能光谱；（b）禁带宽度与氧化还原电势的关系；（c）、（d）从高的位置和低的位置滚落的球与轨道底部的球相撞

7.1.2　异质结结构的分类及特点

1. Ⅱ型异质结

为了解决单组分光催化剂载流子易发生复合的问题，研究者们开发出了多种类型的异质结光催化剂。在过去的研究工作中，Ⅱ型异质结因具有高的光生载流子分离效率而受到广泛关注[29-31]。1984 年，Serpone 等[32]首次采用颗粒间电子转移（inter-particle electron transfer，IPET）的策略来阻止光生载流子的复合，如图 7-3（a）所示。该研究通过一系列的对比实验发现，在可见光照射下，相比于负载有 RuO_2 作为助催化剂的 RuO_2/CdS，RuO_2/CdS 与 TiO_2 复合后的光催化产氢性能有所降低，而 CdS 与 RuO_2/TiO_2 复合后则表现出最高的光催化产氢性能。考虑到 TiO_2 在可见光照射下并不能产生光生电子和空穴，说明 CdS 导带上的光生电子会转移到 TiO_2 上发生水还原产生氢气的反应，从而有效抑制了 CdS 光生电子和空穴的复合。然而，该项工作仅针对光生电子参与的还原反应进行了研究。

此后，Serpone 等[33]在 1995 年进一步研究了能带结构匹配的两种不同半导体之间光生电子和空穴的转移过程。实验发现，在模拟太阳光照射下，TiO_2 比 CdS 具有更快的苯酚降解速率，然而将 CdS 与 TiO_2 复合后，所得复合体系的苯酚降解速率相较于纯 TiO_2 却明显下降，但仍然比纯 CdS 高。考虑到 CdS 比 TiO_2 具有更慢的苯酚降解速率，据此推测在受光激发产生电子-空穴对后，CdS 导带上的光生电子会转移到 TiO_2 上参与 O_2 还原的反应，而 TiO_2 价带上的光生空穴会转移到 CdS 上参与苯酚降解的反应，如图 7-3（b）所示，该例子即为典型的Ⅱ型异质结。

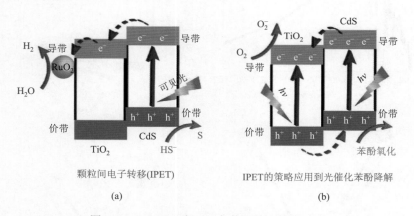

颗粒间电子转移(IPET)　　　　　　IPET的策略应用到光催化苯酚降解
(a)　　　　　　　　　　　　(b)

图 7-3　CdS/TiO_2 在不同条件下的光催化反应
（a）可见光照射下 CdS/TiO_2 的光催化产氢反应[32]；（b）模拟太阳光照射下 CdS/TiO_2 的光催化苯酚降解反应[33]

事实上，Ⅱ型异质结很早就被提出了。1984 年，Voisin 等[34]根据组成异质结的半导体的不同能级结构，提出了Ⅰ型异质结和Ⅱ型异质结。典型的Ⅱ型异质结如图 7-4（a）所示，即光催化剂Ⅰ（PC Ⅰ）相对于光催化剂Ⅱ（PC Ⅱ）具有更高的导带和价带位置。当 PC Ⅰ 与

PC Ⅱ构成异质结后，在具有足够能量的光的照射下，PC Ⅰ与 PC Ⅱ均受到激发并产生光生电子-空穴对。此后，PC Ⅰ导带上的光生电子会转移到 PC Ⅱ上，而光生空穴向相反的方向迁移，从而促使Ⅱ型异质结的光生电子-空穴对实现空间上的分离。随后，聚集在 PC Ⅱ导带上的光生电子参与到光催化还原反应中，而聚集在 PC Ⅰ价带上的空穴则参与光催化氧化反应[28,35]。

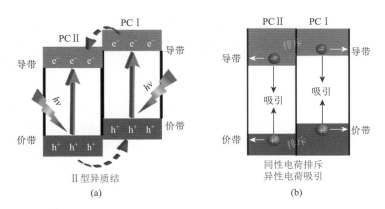

图 7-4　Ⅱ型异质结光生载流子的转移情况

（a）Ⅱ型异质结；（b）发生在Ⅱ型异质结上的光生电子间同性电荷排斥、异性电荷吸引作用

　　虽然Ⅱ型异质结光催化剂表现出高的光生载流子分离效率，但是其光生载流子的迁移方式决定了其存在一些问题。从热力学的角度来看，Ⅱ型异质结具有较弱的氧化还原能力，不利于光催化反应的进行。如图 7-4（a）所示，若异质结的光生载流子遵循Ⅱ型迁移机理，则光生电子将在具有弱还原能力的 PC Ⅱ导带上积聚，而光生空穴将聚集在具有弱氧化能力的 PC Ⅰ价带上，这无疑会降低光催化反应的驱动力，从而降低光催化性能[25,36]。同时，从动力学的角度来看，PC Ⅱ导带上的光生电子与 PC Ⅰ导带上的光生电子间存在静电斥力，这会阻碍 PC Ⅰ导带上的光生电子向 PC Ⅱ转移。同样，PC Ⅰ价带上的光生空穴与 PC Ⅱ价带上的光生空穴也存在静电斥力，这也阻碍了 PC Ⅱ价带上的光生空穴向 PC Ⅰ价带上转移。另外，PC Ⅰ导带上的光生电子与其自身价带上的光生空穴之间存在强的静电引力，这也抑制了光生电子从 PC Ⅰ转移到 PC Ⅱ［图 7-4（b）］。与此类似，PC Ⅱ光生电子和空穴之间的静电引力也阻止了 PC Ⅱ价带上的空穴向 PC Ⅰ的转移。这些静电斥力和引力的存在，阻碍了光生载流子按照Ⅱ型迁移机理的方式进行转移。根据上述分析，Ⅱ型异质结的电荷转移方式是存在问题的。

2. Z 型光催化体系

1）传统 Z 型光催化体系

　　植物通过光合作用，能够将 H_2O 和 CO_2 转化为 O_2 和碳氢化合物。在此过程中，光系统Ⅰ（PS Ⅰ）和光系统Ⅱ（PS Ⅱ）在受光激发后均会使其电子跃迁到激发态。光系统Ⅱ上的电子经过一系列的转移过程被用来将 $NADP^+$还原为烟酰胺腺嘌呤二核苷酸磷酸

（NADP），并最终在暗反应中利用 NADP 将 CO_2 转化为碳氢化合物，而 H_2O 的氧化反应则发生在光系统Ⅱ上的锰钙氧化物团簇上，如图 7-5（a）所示。

受到该过程的启发，Bard[37]在 1979 年首次提出了 Z 型光催化体系。该体系不仅很好地解决了单组分光催化剂在拓宽光吸收范围和提高氧化还原能力方面的矛盾，还能够有效避免因催化剂颗粒小而导致的氧化还原产物逆反应的发生[38]。另外，该光催化体系还能够克服Ⅱ型异质结氧化还原能力弱的缺点，同时拥有强氧化还原能力和高光生载流子分离效率的优点。Sayama 等[39]在 1997 年首次利用 Z 型光催化体系进行了全分解水反应研究。如图 7-5（b）所示，RuO_2/WO_3 粉末催化剂被可见光激发后产生电子-空穴对，其空穴转移到 RuO_2 参与 H_2O 氧化产生氧气的反应，而电子会将 Fe^{3+} 还原成 Fe^{2+}。同时，Fe^{2+} 被紫外光激发，其激发态能够与质子反应生成氢气，自身被氧化为 Fe^{3+}，从而实现全分解水反应。通常情况下，WO_3 由于导带位置较低，其光生电子的还原能力不足以发生 H_2O 还原产生 H_2 的反应，然而利用 Z 型光催化体系的优势，能够使其发生全分解水反应。

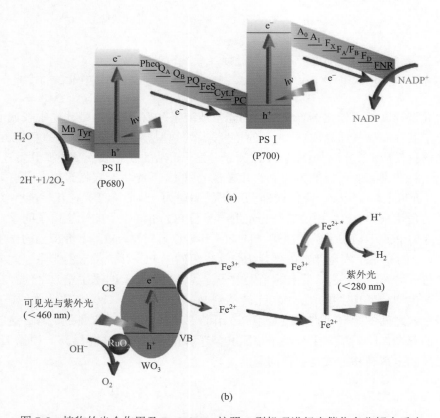

图 7-5　植物的光合作用及 RuO_2/WO_3 按照 Z 型机理进行光催化全分解水反应

（a）P680 和 P700 分别为可吸收波长为 680 nm 和 700 nm 的光的叶绿素，Mn 为锰钙氧化物团簇，Tyr 为 PS Ⅱ中的酪氨酸，Pheo 为 PS Ⅱ的中脱镁叶绿素，Q_A、Q_B、PQ 均为质体醌，FeS 为铁硫蛋白，Cyt. f 为细胞色素 f，PC 为质体蓝素，A_0 为 PS Ⅰ的第一个电子受体，A_1 为叶绿醌，F_X、F_A、F_B 为三种分开的铁硫中心，F_D 为铁氧化还原蛋白，FNR 为磷酸酰胺腺嘌呤二核苷酸还原酶；（b）RuO_2/WO_3 在 Fe^{3+}/Fe^{2+} 氧化还原体系中按照 Z 型机理进行光催化全分解水反应

　　典型的传统 Z 型光催化体系由两种具有交错能级结构的半导体组合而成，还需要用到诸如 Fe^{3+}/Fe^{2+}、IO_3^-/I^- 和 I_3^-/I^- 等氧化还原离子对作为电荷转移的介质[38,40-42]，因此传统 Z 型光催化体系主要用于全分解水的反应。如图 7-6（a）所示，在理想状态下，光催化剂 I（PC I）价带上的光生空穴与电子给体（D）反应产生相对应的电子受体（A），而光催化剂 II（PC II）导带上的光生电子则与电子受体反应产生相对应的电子给体。留在 PC I 导带上具有强还原性的光生电子参与光催化还原反应，PC II 价带上具有强氧化性的光生空穴则参与光催化氧化反应，这种独特的电荷转移方式赋予了该体系强的氧化还原能力，并且可实现氧化还原反应活性位点在空间上的分离[38]。

　　然而，传统 Z 型光催化体系也存在一些缺点：

　　（1）传统 Z 型光催化体系仅能应用于液相光催化反应。对于传统 Z 型光催化体系而言，氧化还原离子对在载流子的迁移过程中是不可缺少的，而只有在溶液中，这些氧化还原离子对才会有足够的迁移速率，因此传统 Z 型光催化体系仅适合于液相的光催化反应。

　　（2）存在不利的电荷转移方式。如图 7-6（a）所示，在理想情况下，氧化还原离子对将参与到以下的反应过程中：

$$A + e^-(来自 PC\ II\ 的\ CB) \longrightarrow D \tag{7-1}$$
$$D + h^+(来自 PC\ I\ 的\ VB) \longrightarrow A \tag{7-2}$$

然而，实际还会存在以下的反应过程：

$$A + e^-(来自 PC\ I\ 的\ CB) \longrightarrow D \tag{7-3}$$
$$D + h^+(来自 PC\ II\ 的\ VB) \longrightarrow A \tag{7-4}$$

　　考虑到 PC I 导带上的光生电子具有更强的还原性，其更容易被电子受体捕获，式（7-3）的反应会优先于式（7-1）的反应，如图 7-6（b）所示。同样，PC II 价带上的光生空穴更容易被电子给体捕获，因此，在实际光催化反应过程中，式（7-3）和式（7-4）的反应优先于式（7-1）和式（7-2）的反应。表 7-1 列举了一些常用氧化还原离子对的氧化还原电势。

　　（3）光屏蔽效应。以 Fe^{3+}/Fe^{2+} 氧化还原离子对为例，由于带有颜色，其会与半导体光催化剂在光的吸收上产生竞争，从而降低光能的有效利用率。

　　（4）溶液 pH 敏感性。当采用 Fe^{3+}/Fe^{2+} 为氧化还原离子对时，由于铁离子在弱酸和碱性条件下均会发生沉淀反应，其仅能应用于酸性条件下的光催化反应。此外，若采用 IO_3^-/I^- 氧化还原离子对，则因其在强酸性条件下会发生归中反应，故不适用于强酸体系的光催化反应。

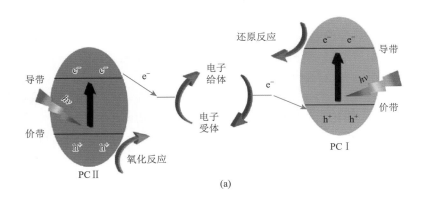

(a)

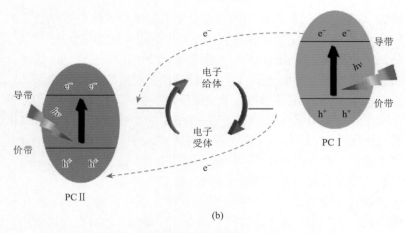

(b)

图 7-6 传统 Z 型光催化体系中的电荷转移过程示意图

（a）理想的电荷转移方式；（b）不利的电荷转移方式

表 7-1 一些常用氧化还原离子对和质子还原的氧化还原电势

反应	V vs. NHE(pH = 0)/V[38,43]
$2H^+ + 2e^- \longrightarrow H_2$	0
$I_3^- + 2e^- \longrightarrow 3I^-$	0.54
$Fe^{3+} + e^- \longrightarrow Fe^{2+}$	0.77
$IO_3^- + 6e^- + 3H_2O \longrightarrow I^- + 6OH^-$	1.09

2）全固态 Z 型光催化体系

传统 Z 型光催化体系需要使用氧化还原离子对作为光生载流子的传输介质，仅能应用于液相光催化反应，且从热力学角度来说，传统 Z 型光催化体系很难实现理想电荷的转移，存在其他不利于保留强氧化还原能力的电荷转移方式。另外，常用的氧化还原离子对还会吸收可见光，从而降低光催化剂的光吸收能力[41]。为了解决上述传统 Z 型光催化体系所面临的问题，Tada 等[44]在 2006 年首次采用固态导体来取代氧化还原离子对进行光生载流子的迁移，从而发展出了全固态 Z 型光催化体系，也称间接 Z 型光催化体系。

如图 7-7 所示，典型的全固态 Z 型光催化体系是由具有交错能级结构的两种半导体通过导体组合在一起形成的。当复合光催化剂的各组分在受光激发产生电子-空穴对后，PC Ⅱ导带上的光生电子会迁移至导体上，并与来自 PC Ⅰ价带上的光生空穴发生复合，而 PC Ⅰ导带上具有强还原能力的光生电子参与光催化还原反应，PC Ⅱ价带上具有强氧化能力的光生空穴则参与光催化氧化反应[45-47]。基于此，利用固态导体来取代传统 Z 型光催化体系中的氧化还原离子对的全固态 Z 型光催化体系能够应用于更多的光催化反应体系。此外，相较于传统 Z 型光催化体系，全固态 Z 型光催化体系具有更短的电荷转移路径，这有利于其电荷的快速转移[40,48-50]。

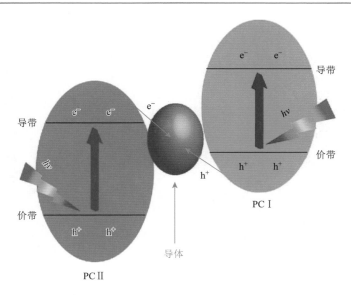

图 7-7　全固态（间接）Z 型光催化体系及其光照下的光生载流子转移过程

　　Tada 等[44]在 2006 年利用沉积-沉淀法将 Au 纳米颗粒负载到 TiO$_2$ 上后，采用原位生长的方法使 CdS 覆盖在 Au 纳米颗粒表面，从而得到 CdS/Au/TiO$_2$ 复合光催化剂。经过电子吸收光谱等一系列测试发现，TiO$_2$ 导带上的光生电子会转移到 Au 上，并与来自 CdS 价带的光生空穴发生复合，进一步的 Pt 纳米颗粒的选择性光沉积法确定了该过程，从而证实了 Z 型机理，如图 7-8（a）和图 7-8（b）所示。正是由于 CdS/Au/TiO$_2$ 复合光催化剂在光照下遵循 Z 型机理，CdS 导带上具有强还原性的电子得以保留，并对甲基紫精（MV^{2+}）表现出高的光催化还原性能，如图 7-8（c）所示。他们还进一步发现，CdS/Au/TiO$_2$ 复合光催化剂具有高的光催化全分解水产氢活性。另外，研究者们还发展出多种全固态 Z 型光催化体系，并将其应用于污染物降解[45,51,52]、全分解水[48]、CO$_2$ 还原[49]等反应，全固态 Z 型光催化体系均表现出良好的光催化性能。

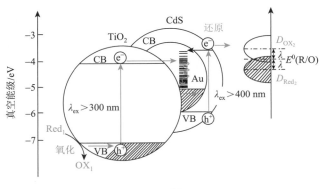

(a)

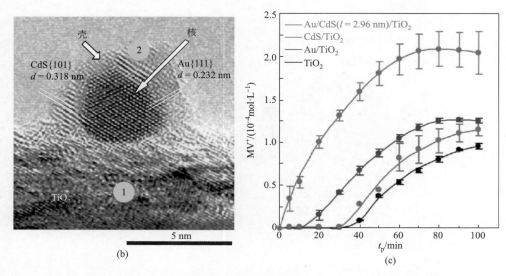

图 7-8 Au/CdS/TiO$_2$ 的能级结构、微观形貌及光催化还原甲基紫精活性[44]

(a) 能级结构示意图；(b) TEM 图；(c) 光催化还原甲基紫精活性

然而，经过深入研究发现，全固态 Z 型光催化体系也存在一些问题。首先，从电荷转移的角度来看，PC I 导带上的光生电子也可以通过导体与来自 PC II 价带上的空穴发生复合 [图 7-9（a）]，这与传统 Z 型光催化体系存在的问题类似。其次，金属与半导体界面处的内建电场并不能驱动载流子按照 Z 型的方式迁移。以 CdS/Au/TiO$_2$ 三组分光催化剂为例，由于 CdS 的费米能级高于 TiO$_2$，而 Au 具有最低的费米能级和最大的功函数 [图 7-9（b）]，当它们紧密接触后，自由电荷将在 CdS、Au 和 TiO$_2$ 三个组分之间重新分布，在此过程中，CdS 和 TiO$_2$ 上的自由电子均会转移到 Au 上，如图 7-9(c)所示。同时，在它们的界面（CdS|Au 和 Au|TiO$_2$）处会发生能带弯曲，形成肖特基势垒[53]，肖特基势垒会抑制来自 CdS 和 TiO$_2$ 导带上的光生电子进一步流向 Au，在此情况下，来自 CdS 价带上的光生空穴不能与来自 TiO$_2$ 导带上的光生电子发生复合。然后，从材料设计和制备的角度来看，作为导体的纳米颗粒往往会被先负载于光催化剂各组分的表面 [图 7-9（d）]，再经过一定的方法组装成全固态 Z 型光催化剂。然而该种异质结需要保证导电纳米颗粒正好位于两种光催化剂组分之间，使得全固态 Z 型光催化剂的制备过程非常困难。事实上，大多数的导体纳米颗粒会随机分布在光催化剂的表面，而不是处于两种光催化剂之间，且与光催化剂以点对点的方式接触，导致大多数导体纳米颗粒并不是作为电荷转移介质，而是作为助催化剂。最后，从光能利用效率的角度来看，常用的导体（铂、金和碳质材料）本身可以吸收光，这会与光催化剂在光能吸收上存在竞争，导致光能的有效利用效率降低[27]。

3）直接 Z 型光催化体系

针对单组分光催化剂电子能带结构不易调控和光生载流子易发生复合的问题，可采用构建异质结的方式来促进光生载流子的分离，并实现氧化还原反应活性位点在空间上的分离。若所选取的半导体具有合适的能带结构，则还能拓宽光催化剂的光响应范围，从而提高太阳能的利用效率[54]。常用的策略是构建 II 型异质结，然而该种类型的异质结往往具有较弱的氧化还原能力，且光生载流子转移方式存在一些问题。为此，研究者们研发出了直接 Z 型光催化体系[55-58]，该类光催化体系不仅能够实现氧化还原反应活性位点在空间上发生分离，同时还能保留强的氧化还原能力。另外，相较于传统 Z 型光催化体系和全固态 Z 型光催化体系，此种光催化体系不需要引入导体或氧化还原离子对等电荷转移介质，因此具有显著的优势[40,41]。

直接 Z 型光催化体系一般由具有交错能级结构的两种半导体组合而成，如图 7-10（a）所示。受光激发产生电子-空穴对后，PC Ⅱ 导带上的电子会通过界面与 PC Ⅰ 价带上的空穴发生复合，而 PC Ⅱ 价带上的空穴和 PC Ⅰ 导带上的电子则得以保留，并参与发生在表面的氧化还原反应。直接 Z 型的概念是在 2010 年由 Liu 等[54]提出的，而在该概念提出之前，已有研究者开展过相关研究工作。2001 年，Grätzel[59]提出了两种半导体纳米晶直接接触后的 Z 型电荷转移机理。在该工作中，作者将经染料敏化的纳米晶 TiO_2 置于 WO_3（或 Fe_2O_3）纳米晶薄膜底层构成电极，结果发现，在可见光照射下，WO_3（或 Fe_2O_3）价带上的光生空穴参与水氧化产生氧气的反应，同时其导带上的光生电子会转移至染料敏化的 TiO_2 上，如图 7-10（b）所示。因此，保留在染料敏化 TiO_2 导带上的光生电子具有足够的还原性，并参与水还原产生氢气的反应，该体系的太阳能利用效率达到 4.5%。此后，Wang 等[60]在 2009 年采用湿化学法制备了 ZnO/CdS Z 型异质结［图 7-10（c）］，并提出了在光催化裂解水产氢过程中的反应机理。ZnO 导带上的电子通过界面与 CdS 价带上的空穴发生复合，而 CdS 导带上具有强还原性的电子参与水还原的反应，ZnO 价带上具有强氧化能力的空穴参与亚硫酸根的氧化反应，表现出良好的光催化裂解水产氢活性[图 7-10（d）]。此外，经过对比发现，经机械研磨得到的 ZnO/CdS 复合体系并没有表现出增强的光催化活性，说明界面的性质对载流子的转移过程有着决定性的作用。

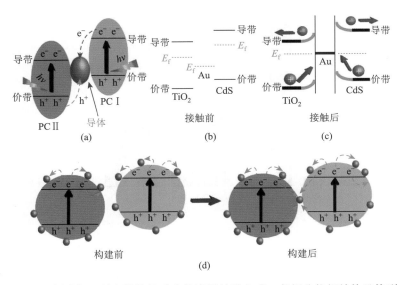

图 7-9　全固态 Z 型光催化体系中载流子转移方式、各组分能级结构及构型

（a）全固态 Z 型光催化体系中存在的不利于光催化反应的载流子转移方式；（b）、（c）TiO_2、Au 和 CdS 的能级结构在接触前和接触后的示意图；（d）全固态 Z 型光催化体系中各组分的位置结构

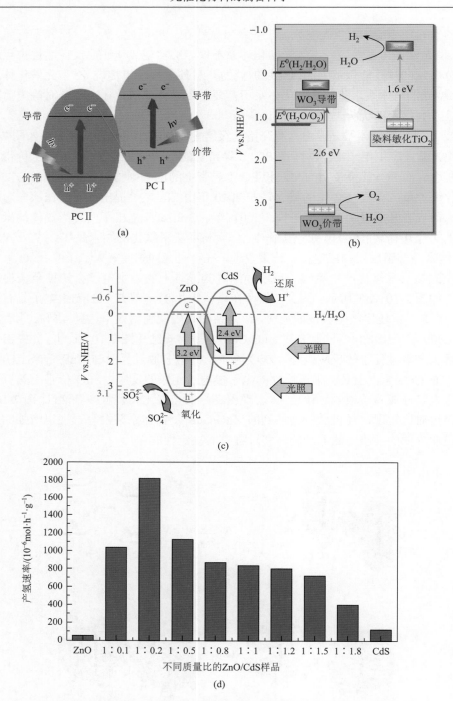

图 7-10　直接 Z 型光催化体系的载流子转移路径及不同应用[60]

（a）直接 Z 型光催化体系及其光照下的光生载流子转移路径；（b）Z 型串联电池应用于全分解水反应[59]；（c）、（d）ZnO/CdS
Z 型异质结的能带结构及光催化产氢活性

　　Yu 的研究小组[61]在 2013 年通过热处理的方法制备了 g-C$_3$N$_4$/TiO$_2$ 直接 Z 型光催化剂,并用于光催化降解甲醛的反应。根据活性物质分析的结果,作者发现 g-C$_3$N$_4$ 不能产生•OH,因为其价带仅为 1.83 V vs. NHE,不足以将 OH$^-$氧化成•OH,从而表现出弱的甲醛降解活性;但当将其与 TiO$_2$ 复合后,则能够产生•OH。这说明在光催化反应过程中,TiO$_2$ 价带上的光生空穴得以保留,并将 OH$^-$氧化成•OH 参与甲醛的降解反应,而 g-C$_3$N$_4$ 导带上的电子会将 O$_2$ 转变为•O$_2^-$ 参与反应,同时 TiO$_2$ 导带上的电子会与 g-C$_3$N$_4$ 价带上的空穴发生复合 [图 7-11 (a)]。基于以上的载流子转移过程,g-C$_3$N$_4$/TiO$_2$ 具有强的氧化还原能力,从而表现出强的甲醛降解活性 [图 7-11 (b)]。此外,他们还利用密度泛函理论(DFT)进一步研究了光生载流子的转移过程和内在机理[62]。计算结果表明,由于 TiO$_2$ 的功函数比 g-C$_3$N$_4$ 大,二者接触后 g-C$_3$N$_4$ 的自由电子会向 TiO$_2$ 转移,从而在其界面处形成由 g-C$_3$N$_4$ 指向 TiO$_2$ 的内建电场 [图 7-11 (c)]。而正是在该内建电场的作用下,g-C$_3$N$_4$/TiO$_2$ 的光生载流子才遵循直接 Z 型转移机制 [图 7-11 (d)],即 TiO$_2$ 导带上的光生电子通过界面与 g-C$_3$N$_4$ 价带上的光生空穴发生复合,TiO$_2$ 价带上具有强氧化性的光生空穴则得以保留并转移到其表面参与氧化反应,g-C$_3$N$_4$ 导带上具有强还原性的光生电子亦得到保留并转移到其表面参与还原反应,实现氧化还原反应位点在空间上的分离。

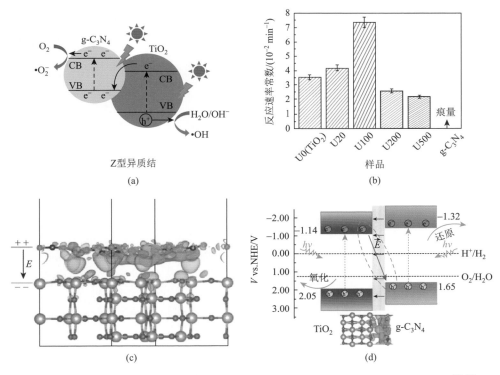

图 7-11　g-C$_3$N$_4$/TiO$_2$ 直接 Z 型光催化剂的光催化降解甲醛性能及载流子转移过程[61,62]

(a)~(d) g-C$_3$N$_4$/TiO$_2$ 直接 Z 型光催化剂的光生载流子转移路径、甲醛降解活性、内建电场的形成和方向及光生载流子的转移过程,其中 Ux(x = 0、20、100、200、500)表示生成 g-C$_3$N$_4$ 的前驱体尿素与 TiO$_2$ 的质量比为 x%的样品

3. S 型光催化剂

根据上述对相关异质结的深入分析可知, II 型异质结的电子转移机理在热力学和动力学上存在明显缺陷, 传统 Z 型光催化体系、全固态 Z 型光催化体系/间接 Z 型光催化体系的电子转移机理在热力学上也存在明显的漏洞。正是由于传统 Z 型光催化体系和全固态 Z 型光催化体系存在明显不合理的地方, 而直接 Z 型光催化体系的概念又来自传统 Z 型光催化体系和全固态 Z 型光催化体系, 因此没有必要继续采用 Z 型光催化的概念。在此情形下, Fu 等[63]在 2019 年提出了"S 型异质结"的概念, 该概念主要是为了克服传统 II 型异质结电子转移机理在热力学和动力学上的缺陷, 同时也指出了 Z 型光催化概念的源头错误。他们用 S 型异质结的概念合理解释了 g-C_3N_4/WO_3 体系光催化产氢活性的增强机理, 在该研究工作中, 电子自旋共振（ESR）探测出所制备的 g-C_3N_4/WO_3 在光照下能够产生 •O_2^- 和•OH。然而, 只有 g-C_3N_4 导带上的光生电子和 WO_3 价带上的光生空穴具有足够的还原能力和氧化能力来分别产生 •O_2^- 和•OH, 说明 g-C_3N_4/WO_3 异质结中 g-C_3N_4 导带上具有强还原能力的光生电子和 WO_3 价带上具有强氧化能力的光生空穴得以保留, 而 g-C_3N_4 价带上具有弱氧化能力的光生空穴与 WO_3 导带上具有弱还原能力的光生电子发生复合。通过理论计算, 作者进一步发现 WO_3 的功函数比 g-C_3N_4 的功函数要大[图 7-12（a）], 二者紧密接触会在界面处形成从 g-C_3N_4 指向 WO_3 的内建电场[图 7-12（b）]。光照时, 在内建电场的作用下, g-C_3N_4/WO_3 的光生载流子按照图 7-12（c）所示的路径进行转移。

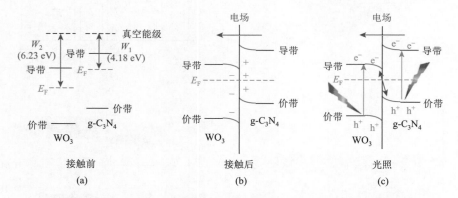

图 7-12　g-C_3N_4 和 WO_3 的能级结构及光激发下的载流子转移方法[63]

（a）g-C_3N_4 和 WO_3 的功函数；（b）WO_3 与 g-C_3N_4 紧密接触后的内建电场方向和能带弯曲示意图；（c）光照下 g-C_3N_4/WO_3 异质结光生载流子的 S 型转移过程

7.2　S 型异质结构建原理

根据能带结构的不同, 光催化剂可分为还原型光催化剂（RP）和氧化型光催化剂（OP）,

如图 7-13（a）所示。还原型光催化剂往往是具有高导带位置的半导体，能够提供强还原性的光生电子，主要应用于水裂解产生氢气和 CO_2 还原产生碳氢化合物等光催化还原反应。然而还原型光催化剂受光激发产生的光生空穴往往表现出很弱的氧化性而不能参与到光催化氧化反应中，只能与光生电子发生复合。因此，需要通过添加牺牲剂的方法来消耗掉光生空穴，从而抑制光生电子和空穴的复合。与之相反，主要用于环境污染处理的氧化型光催化剂则是光生空穴发挥主导作用，其光生电子往往具有较弱的还原性而不能被利用。

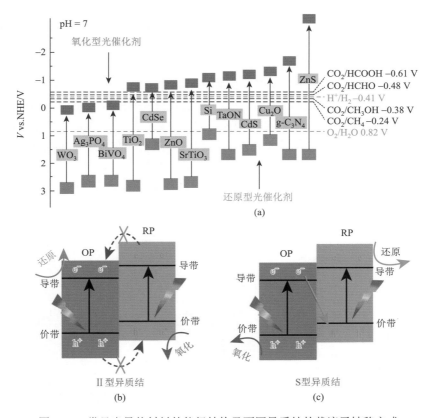

图 7-13　常见半导体材料的能级结构及不同异质结的载流子转移方式

（a）一些代表性光催化剂的能带结构示意图；（b）、（c）Ⅱ型异质结和 S 型异质结的能带结构和载流子转移过程示意图

S 型异质结一般由具有交错能带结构的还原型光催化剂和氧化型光催化剂组成，类似于Ⅱ型异质结，但具有完全不同的电荷转移方式［图 7-13（b）和图 7-13（c）］。对于Ⅱ型异质结而言，其光生电子和空穴分别积聚在氧化型光催化剂的导带和还原型光催化剂的价带上，导致其氧化还原能力较弱。S 型异质结则明显不同，其还原型光催化剂的光生电子和氧化型光催化剂的光生空穴分别得以保留并实现空间上的分离，而来自氧化型光催化剂导带上的光生电子与还原型光催化剂价带上的空穴发生复合，即具有强氧化还原能力的光生电子和空穴得以保留以参与光催化反应，而具有弱氧化还原能力的光生电子和空穴发生复合，从而使其

拥有强的氧化还原能力和反应活性位点在空间上分离的优点[7,11,64,65]。另外，考虑到 S 型异质结在光催化反应过程中的载流子转移路径在宏观上类似于 step，在微观上则类似于字母 N，故将其命名为 step-scheme 异质结，简写即 S 型（S-scheme）异质结。

将还原型光催化剂与氧化型光催化剂结合构建出 S 型异质结后，其电荷会表现出独特的转移方式[27,53]。①如图 7-14（a）所示，相较于氧化型光催化剂，还原型光催化剂往往具有较高的导带和价带位置以及较小的功函数。当这两种半导体紧密接触后，还原型光催化剂的自由电子会通过其界面自发转移至氧化型光催化剂上。此时，分别在还原型光催化剂和氧化型光催化剂上接近界面的区域形成电子耗尽层和电子积聚层，致使还原型光催化剂和氧化型光催化剂在界面处分别带正电荷和负电荷，并形成从还原型光催化剂指向氧化型光催化剂的内建电场，如图 7-14（b）所示。该内建电场的存在加速了光生电子从氧化型光催化剂到还原型光催化剂的转移，有利于具有弱氧化还原能力的光生电子和空穴的复合。②当还原型光催化剂和氧化型光催化剂紧密接触时，电子的重排使它们的费米能级相同。该过程将促使还原型光催化剂和氧化型光催化剂的费米能级分别向下和向上移动，并导致各组分界面处的能带发生弯曲，有助于促进氧化型光催化剂导带上的光生电子与还原型光催化剂价带上的光生空穴在界面处发生复合。③在空穴与电子间的静电引力作用下，氧化型光催化剂导带上的光生电子易与还原型光催化剂价带上的光生空穴发生复合。简言之，氧化型光催化剂导带上的光生电子与还原型光催化剂价带上的光生空穴发生复合的驱动力有三个主要因素，即内部电场、能带弯曲和静电引力。因此，具有弱氧化还原能力的光生电子和空穴将发生复合，而还原型光催化剂导带上具有强还原性的光生电子和氧化型光催化剂价带中具有强氧化性的光生空穴则得以保留，并实现空间上的分离，最终有助于光催化反应性能的提升[66-70]。

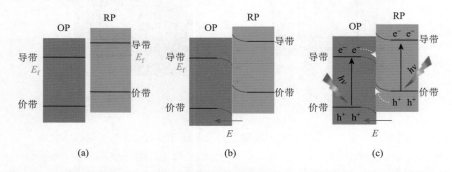

图 7-14 构成 S 型异质结的具有交错能带结构的半导体在不同状态下的电荷转移方式

（a）接触前；（b）接触后；（c）光激发

7.3 S 型异质结的应用

由于太阳能是可持续利用的一次能源，且利用太阳能和半导体的光催化技术在解决日益严峻的环境污染和能源短缺问题方面极具潜力，光催化剂的制备及应用引起了广大科研工作者的极大关注。其中，得益于独特的载流子转移方式，S 型异质结光催化剂拥有强的氧化还原能力，并且其反应活性位点在空间上得以有效分离，因而表现出优异的光催化性能。本节主要概述 S 型异质结光催化剂在水裂解、CO_2 还原、杀菌和污染物降解等方面的应用。

7.3.1　水裂解

　　光催化裂解水技术因能够将太阳能转化为清洁、可储存的氢能而受到了极大关注。然而光催化全水裂解在热力学（全水裂解反应的吉布斯自由能增加为 237 kJ·mol^{-1}）和动力学方面均面临着巨大的挑战。在全水裂解过程中，主要涉及水还原产生氢气和氧化产生氧气的两个半反应，其中，水氧化产生氧气的半反应涉及复杂的多电子过程，活化势垒大，是全水裂解反应的决速步骤[71]。为了达到一定的反应速率，光催化剂需要有合适的能带结构和足够的氧化还原能力，还需确保高的光生载流子分离效率和足够数量的反应活性位点，几乎没有单组分的光催化剂能够同时满足上述所有条件。幸运的是，由两种具有合适能带结构半导体组成的 S 型异质结光催化剂，因其独特的载流子转移方式，在光催化全水裂解反应上具有明显优势。需要注意的是，光催化剂的性质，包括光的利用效率、结晶度、缺陷浓度和助催化剂等方面因素，都能够显著影响其光催化性能[72,73]。

　　氢能具有高热值和环境友好的特点，其燃烧副产物仅为水，被认为是极具潜力的可再生化学燃料。在诸多产生氢气的方法中，利用半导体光催化剂和太阳能来产生氢气的方法不需要消耗化石燃料，因此无疑是经济和理想的[26,74,75]。在过去的几年里，研究者们已经探索出大量具有优异水裂解产氢性能的光催化剂[6,76-78]，特别是最近提出的 S 型异质结光催化剂，因具有高载流子分离效率和强氧化还原能力而表现出优异的光催化性能[7,63]。例如，Fu 等[63]采用静电自组装的方法将二维片状 g-C_3N_4 与二维片状 WO_3 复合在一起，得到 S 型异质结光催化剂，如图 7-15（a）所示。当 WO_3 与 g-C_3N_4 的质量比达到 15%时，复合样品具有最高的光催化产氢活性，是纯 g-C_3N_4 样品的 1.7 倍 [图 7-15（b）]。经过系统性的表征测试发现，g-C_3N_4/WO_3 复合样品中具有弱氧化还原能力的光生载流子发生复合，而具有强氧化还原能力的光生电子和空穴则保留下来，并位于不同组分上，从而表现出良好的光催化活性和稳定性 [图 7-15（c）]。

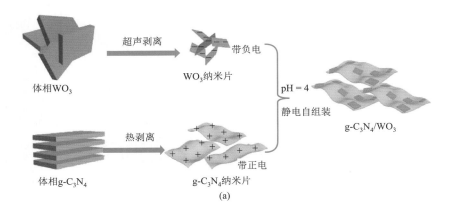

(a)

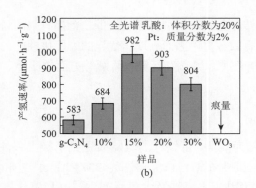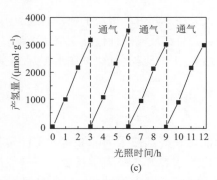

图 7-15　g-C$_3$N$_4$/WO$_3$ S 型异质结光催化剂的制备示意图、光催化裂解水产氢活性及光催化稳定性[63]

（a）g-C$_3$N$_4$/WO$_3$ S 型异质结光催化剂的制备示意图；（b）所制备样品的光催化裂解水产氢活性，其中 10%、15%、20%、30% 表示 WO$_3$ 在复合样品中的质量分数；（c）WO$_3$ 质量分数为 15% 的 g-C$_3$N$_4$/WO$_3$ 复合样品的光催化稳定性

　　形貌结构对 S 型异质结的光催化性能有着重要的影响。Ge 等[67]采用静电纺丝的方法制备了 TiO$_2$/CdS S 型异质结。得益于其一维纳米纤维结构，TiO$_2$/CdS 产生的光生载流子沿长轴方向迁移，有利于进一步减少载流子的复合，从而表现出高的光催化性能。另外，对于 S 型异质结光催化剂，具有弱氧化还原能力的光生电子和空穴需要在组分界面处发生复合，因此界面的性质对电荷转移过程和光催化性能至关重要[79,80]。一般来说，可以通过增加界面区域的面积、降低界面缺陷以及调整界面的晶面结构等方式提高界面电荷转移效率。此外，促进产物分子及时地从光催化剂表面脱附能够有效抑制逆反应的发生，同时还能够释放出反应活性位点，从而提高光催化反应速率[81]。

　　水裂解的另一个半反应是产生 O$_2$ 的反应，由于该半反应是涉及四电子参与的过程，因此该半反应相对于产生 H$_2$ 的半反应更难以发生[82]。驱动光催化裂解水产生 O$_2$ 半反应的最基本要求是光催化剂的价带位置比水氧化产生氧气的电位（1.23 V）更正，另外，该半反应需要有较大的过电势以克服光催化剂与水之间电荷转移过程的活化能[83]。S 型异质结光催化剂保留了具有强氧化还原能力的光生载流子，故能够为水裂解产生氧气的半反应提供足够的驱动力。例如，Li 等[84]将经剥离得到的黑磷（BP）与具有强氧化能力的 BiOBr 通过自组装的方法进行复合，得到 BP/BiOBr 异质结，如图 7-16（a）所示。系统性的表征测试分析说明，在内建电场作用下，BiOBr 价带上具有强氧化能力的光生空穴得以保留，并参与水氧化的反应，从而表现出良好的光催化产氧性能 ［图 7-16（b）和图 7-16（c）］。

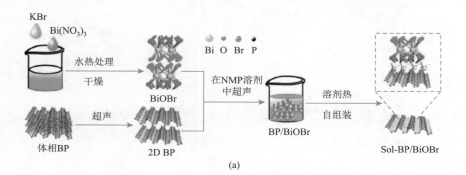

(a)

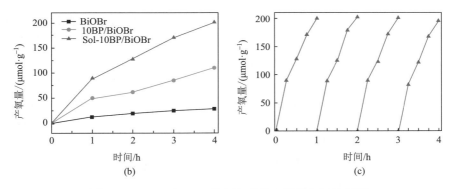

图 7-16　Sol-BP/BiOBr 的制备及其光催化产氧性能[84]

（a）Sol-BP/BiOBr 样品的制备示意图；（b）BiOBr、10BP/BiOBr（BP 质量分数为 10%）和 Sol-10BP/BiOBr 样品在可见光下的产氧活性；（c）Sol-10BP/BiOBr 的稳定性曲线

7.3.2　CO$_2$ 还原

作为温室气体的 CO$_2$ 主要来自化石燃料的大量燃烧，其在大气中浓度的不断上升是造成全球变暖和气候变化的重要原因。为了避免由此可能导致的灾难性后果，有必要寻求减少 CO$_2$ 排放并降低其在大气中浓度的方法[85-87]。受植物自然光合作用的启发，即植物在太阳光照射下能够将二氧化碳和水转化为碳氢化合物和氧气，研究者们利用光能和半导体光催化剂将二氧化碳转化为燃料。该策略能够在提供碳氢燃料的同时降低大气中的二氧化碳浓度[88,89]，然而，作为线性分子的 CO$_2$ 具有很高的稳定性，难以被还原[90]。

为了提高 CO$_2$ 的转化效率，研究者们详细研究了 CO$_2$ 还原的过程。当水被用来作为还原剂时，光催化还原 CO$_2$ 的过程包含 CO$_2$ 还原和 H$_2$O 氧化两个半反应，涉及 C—O 键的断裂和 C—H 键的形成，但是由于键能很强，C—O 键的断裂和 C—H 键的形成都很难发生[91,92]。考虑到 S 型异质结光催化剂具有强的氧化还原能力，能够为 CO$_2$ 还原和 H$_2$O 氧化两种半反应提供足够的驱动力，其对于光催化 CO$_2$ 还原反应具有明显优势。光催化 CO$_2$ 还原过程并不是单电子参与的过程，而是有质子参与的多电子过程[93]，包括以下基元反应：

$$CO_2 + e^- \Longrightarrow \cdot CO_2^-,\ E_{redox} = -1.9\ \text{V(vs. RHE, pH = 7)} \tag{7-5}$$

$$CO_2 + 2e^- + 2H^+ \Longrightarrow HCOOH,\ E_{redox} = -0.61\ \text{V(vs. RHE, pH = 7)} \tag{7-6}$$

$$CO_2 + 2e^- + 2H^+ \Longrightarrow CO + H_2O,\ E_{redox} = -0.53\ \text{V(vs. RHE, pH = 7)} \tag{7-7}$$

$$CO_2 + 4e^- + 4H^+ \Longrightarrow HCHO + H_2O,\ E_{redox} = -0.48\ \text{V(vs. RHE, pH = 7)} \tag{7-8}$$

$$CO_2 + 6e^- + 6H^+ \Longrightarrow CH_3OH + H_2O,\ E_{redox} = -0.38\ \text{V(vs. RHE, pH = 7)} \tag{7-9}$$

$$CO_2 + 8e^- + 8H^+ \Longrightarrow CH_4 + 2H_2O,\ E_{redox} = -0.24\ \text{V(vs. RHE, pH = 7)} \tag{7-10}$$

$$2H^+ + 2e^- \Longrightarrow H_2,\ E_{redox} = -0.41\ \text{V(vs. RHE, pH = 7)} \tag{7-11}$$

$$2H_2O + 4h^+ \Longrightarrow O_2 + 4H^+,\ E_{redox} = +0.82\ \text{V(vs. RHE, pH = 7)} \tag{7-12}$$

　　影响光催化 CO_2 还原过程的一个重要因素是 CO_2 分子在光催化剂表面的吸附和产物在其表面的脱附性质[94]。若光催化剂具有合适大小的 CO_2 吸附能,则可以保证 CO_2 分子在光催化剂表面有足够长的停留时间,从而有助于 CO_2 还原反应的发生。另外,若产物分子能够及时从光催化剂表面脱附,则能够迅速空出反应活性位点,从而有利于反应的持续进行。需要注意的是,相较于 CO_2 还原反应,水还原产生氢气的反应的活化能更低,这会导致水还原反应优先于 CO_2 还原反应。此外,CO_2 在水中的溶解度低,因此在液相中进行 CO_2 还原反应往往表现出低的光催化性能[88]。

　　得益于 S 型异质结独特的光生载流子转移方式,其氧化还原反应活性位点可实现空间上的分离,具有强的氧化还原能力,因此适合于 CO_2 还原反应。2020 年,Wang 等[95]采用水热法制备了空心球结构的 CdS/TiO_2 S 型异质结,如图 7-17 所示。由于 TiO_2 的功函数(6.8 eV)大于 CdS 的功函数(5.7 eV),当它们紧密接触时,CdS 上的自由电子会转移到 TiO_2 上,并在界面处形成由 CdS 指向 TiO_2 的内建电场。光照时,在内建电场的作用下,CdS 价带上的光生空穴会与 TiO_2 导带上的光生电子发生复合,而保留在 CdS 导带上的光生电子和 TiO_2 价带上的光生空穴分别参与 CO_2 还原和 H_2O 氧化的反应[图 7-18(a)],从而赋予 CdS/TiO_2 空心球 S 型异质结高的 CO_2 还原性能 [图 7-18(b)]。图 7-18(c)~图 7-18(f)为利用原位 XPS 的测试技术来进一步证实该异质结在光催化反应过程中的 S 型机理。

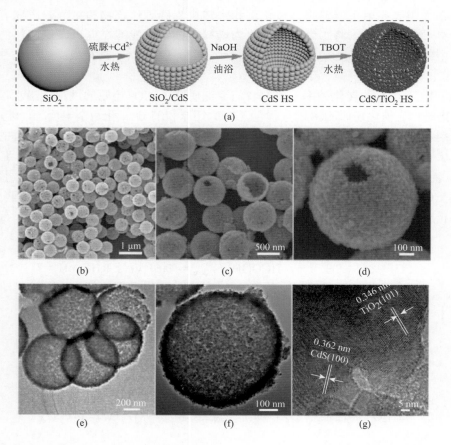

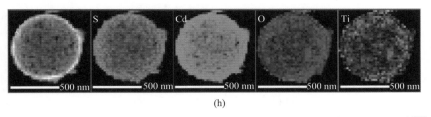

(h)

图 7-17　CdS/TiO$_2$ 空心球的制备过程、元素分布图及不同合成样品的微观形貌[95]

（a）CdS/TiO$_2$ 空心球的制备过程；（b）CdS 空心球的 SEM 图；（c）、（d）CdS/TiO$_2$ 空心球的 SEM 图；（e）、（f）CdS/TiO$_2$ 空心球的 TEM 图；（g）CdS/TiO$_2$ 空心球的 HRTEM 图；（h）CdS/TiO$_2$ 空心球的元素分布图

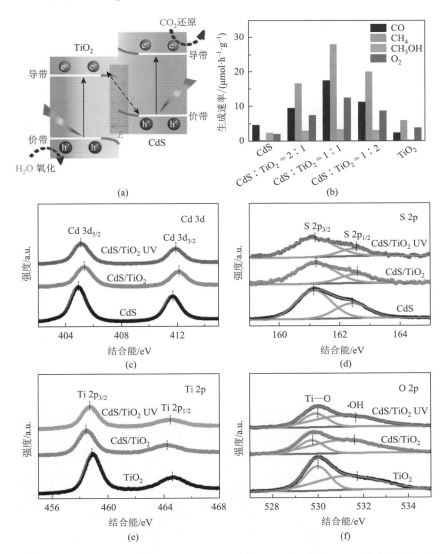

图 7-18　CdS/TiO$_2$ 空心球光生载流子的转移、CO$_2$ 还原性能及光照/无光照下的高分辨 X 射线光电子能谱（HRXPS）图[95]

（a）CdS/TiO$_2$ 空心球的光生载流子转移过程；（b）不同样品的光催化 CO$_2$ 还原性能；（c）～（f）光照和无光照下 Cd 3d、S 2p、Ti 2p、O 2p 的 HRXPS 图

7.3.3 杀菌

　　光催化杀菌被认为是一种优于氯化、臭氧氧化和紫外线（UV）杀菌的方式[96]。经研究发现，细菌经氯化或臭氧氧化失活后会产生致癌的副产物。另外，长期暴露在高强度的紫外线下是很困难的，而且紫外线不能对某些抗紫外线的细菌起作用。基于此，光催化杀菌因具有环保、成本低、无副产物等优点而受到研究者们的广泛关注。

　　在光催化杀菌过程中，•O$_2^-$和•OH 是主要的活性物质。•O$_2^-$是由光生电子与 O$_2$ 反应生成的，其还原电位为−0.33 V，而•OH 则来自光生空穴与水或 OH$^-$ 的反应，需要+1.99 V 的氧化电位[97]。因此，只有具有较强氧化还原能力的光催化剂才能有效杀菌。幸运的是，由于具有独特的电荷转移路径，S 型异质结中保留了具有强氧化还原能力的光生载流子，从而能够用于杀菌。

　　Xia 等[98]在不使用复杂有机溶剂的情况下采用离子层吸附结合高温煅烧的方法在 g-C$_3$N$_4$ 表面原位生长出 CeO$_2$ 量子点，成功制备了 CeO$_2$ 量子点修饰 g-C$_3$N$_4$ 纳米片的梯形异质结光催化材料（图 7-19）。通过理论计算发现，CeO$_2$ 的功函数为 6.12 eV，比 g-C$_3$N$_4$ 的功函数（4.31 eV）大。当这两者紧密接触后，由于电子的重新排布，CeO$_2$ 在界面处带负电，而 g-C$_3$N$_4$ 在界面处带正电，从而形成由 g-C$_3$N$_4$ 指向 CeO$_2$ 的内建电场。XPS 的结果也证实了自由电子会由 g-C$_3$N$_4$ 向 CeO$_2$ 转移，直到它们的费米能级拉平。光照时，g-C$_3$N$_4$ 和 CeO$_2$ 的 VB 中的电子被激发到它们的 CB，并在 VB 位置留下空穴。随后，CeO$_2$ 的 CB 中积累的光生电子与 g-C$_3$N$_4$ 的 VB 中的光生空穴在内建电场的驱动力和静电引力相互作用下结合在一起，发生复合作用。这种 S 型异质结机理不仅有利于光生电子和空穴的空间分离，同时也去除了 CeO$_2$ 的 CB 中相对无用的光生电子和 g-C$_3$N$_4$ 的 VB 中相对无用的光生空穴。在这种情况下，有效的光生电子将积累在 g-C$_3$N$_4$ 的 CB 中，与 O$_2$ 分子反应生成•O$_2^-$；而在 CeO$_2$ 的 VB 中则积累有效的光生空穴，与水分子反应生成•OH。因此，这种光生电荷载流子的转移机理使 CeO$_2$/g-C$_3$N$_4$ 复合材料同时具有强的氧化能力和还原能力，从而表现出高效的杀菌活性（图 7-20）。

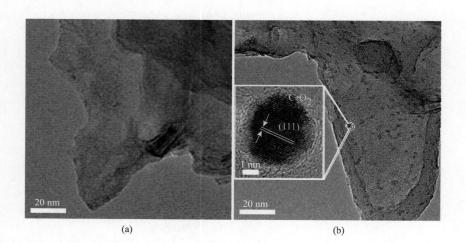

(a)　　　　　　　　　　　　　　　　　　　(b)

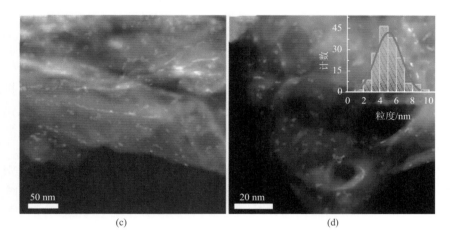

图 7-19　不同样品的微观形貌及 CeO$_2$/g-C$_3$N$_4$ 复合材料中 CeO$_2$ 量子点在 g-C$_3$N$_4$ 表面粒径分布[98]

（a）纯 g-C$_3$N$_4$ 纳米片的 TEM 图；（b）CeO$_2$/g-C$_3$N$_4$ 复合材料的 TEM 图和相应的 CeO$_2$ 组分(111)面的 HRTEM 图（插图）；（c）、（d）CeO$_2$/g-C$_3$N$_4$ 复合材料的 TEM 图及相应的 CeO$_2$ 量子点在 g-C$_3$N$_4$ 表面的粒径分布（插图）

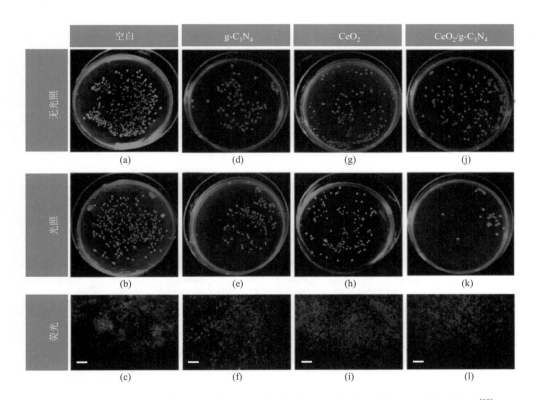

图 7-20　CeO$_2$/g-C$_3$N$_4$ 复合材料在无光照/光照下的抗菌效果及其染色细菌的荧光图[98]

（a）～（c）空白实验；（d）～（l）g-C$_3$N$_4$、CeO$_2$、CeO$_2$/g-C$_3$N$_4$ 复合材料在无光照、光照下的抗菌效果及其染色细菌的荧光图，其中绿色和红色分别代表活细菌和死亡细菌

7.3.4　污染物降解

随着全球工业化的发展和人口的不断增长，大量有毒、有害物质被不断排放到环境中，这不仅会破坏自然生态环境，还会威胁到人类的生存[99-102]。由于光催化技术在降解污染物以及修复环境方面具有降解彻底、无二次污染、经济等优点，其受到研究者们的广泛关注[103]。

光催化剂的污染物降解效率主要取决于其产生诸如 $\cdot O_2^-$、$\cdot OH$ 和 h^+ 等具有强氧化能力活性物质的能力。对于 S 型异质结光催化剂来说，具有弱氧化还原能力的电子和空穴发生复合，而具有强氧化还原能力的电子和空穴则得以保留，并实现空间上的分离，这些优点使得 S 型异质结光催化剂非常适用于光催化降解污染物的反应[11,70]。Wang 等[11]利用溶剂热法成功制备了 $SnFe_2O_4/ZnFe_2O_4$ S 型异质结，并应用于污染物的去除和杀菌领域。活性物质检测结果显示，$\cdot O_2^-$ 和 h^+ 为主要的活性物质，由于只有 $SnFe_2O_4$ 具有足够的还原能力来产生 $\cdot O_2^-$，且将其与 $ZnFe_2O_4$ 复合后能产生更多的 $\cdot O_2^-$，故证实了 $SnFe_2O_4/ZnFe_2O_4$ 异质结的 S 型机理。另外，研究表明，比表面积并不是影响其性能的重要因素，是光生载流子的转移方式赋予了该异质结光催化剂强的氧化还原能力，从而表现出良好的性能，如图 7-21 所示。此外，$SnFe_2O_4/ZnFe_2O_4$ 异质结还具有磁性，具有方便回收再利用的优点。

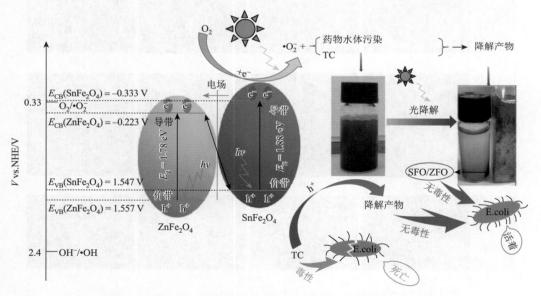

图 7-21　$SnFe_2O_4/ZnFe_2O_4$ 异质结在可见光下可能的光催化机理[11]

光催化剂的形貌结构在光催化反应过程中也起着很重要的作用[51,104]。例如，具有丰富孔结构的光催化剂可以增加光子的散射和反射，捕获更多的入射光，从而产生更多的光生电子和空穴以参与光催化反应，且多孔结构有利于反应物分子的扩散和迁移，这也可以促进光催化反应。此外，具有分等级结构的光催化剂往往拥有大的比表面积，可以为另一组分提供更多的负载位点，避免其团聚，还能够为光催化反应提供更多的活性位点。

7.4 小结与展望

经过几十年的发展，尽管半导体光催化剂相关的研究已取得显著成就，限制光催化技术实际应用的重要因素仍然是太阳能利用效率低。为此，研究者们在探索窄带隙半导体方面做了很多工作，然而，窄带隙半导体光催化剂往往具有弱的氧化还原能力，不足以为相应光催化反应提供足够的驱动力，且其载流子易发生复合。

为此，研究人员提出构建异质结的策略，主要包括Ⅱ型异质结和 Z 型异质结，但是研究发现，这两种异质结均存在不合理之处。对于Ⅱ型异质结而言，由于静电斥力的存在，其光生载流子难以持续性地按照Ⅱ型方式转移，且其氧化还原能力还被削弱。虽然 Z 型异质结可以同时拥有高载流子分离效率和强氧化还原能力，但传统 Z 型光催化体系和全固态 Z 型光催化体系也都存在明显的问题。对于传统 Z 型光催化体系，其仅能应用于液相反应，且其具有强氧化还原能力的光生电子和空穴有很大可能会被氧化还原离子对消耗掉。此外，作为载流子转移媒介的氧化还原离子对往往不稳定，不仅对溶液的 pH 有要求，还会屏蔽入射到光催化剂表面的光。而对于全固态 Z 型光催化体系，其虽然利用导体代替氧化还原离子对，从而拓宽了应用范围，但全固态 Z 型光催化体系也存在传统 Z 型光催化体系的问题，其具有强氧化还原能力的光生电子和空穴也容易发生复合。

虽然直接 Z 型光催化体系在原理上不存在问题，但其仍然属于 Z 型光催化体系的范畴，容易被误认为存在相同的问题，因此，有必要提出新的概念，即 S 型异质结，S 型异质结一般由氧化型光催化剂和还原型光催化剂组成。在光催化反应过程中，并不是所有的光生电子和空穴都是有用的，对于 S 型异质结而言，具有弱氧化还原能力的光生电子和空穴会发生复合从而被消耗掉，而具有强氧化还原能力的光生载流子得以保留并存在于不同的组分上，从而同时实现高的载流子分离效率和强的氧化还原能力。

尽管 S 型异质结的概念最近才被提出，已有相关工作在实验上证实了载流子的 S 型转移过程。目前，主要有三种测试技术可用于证实 S 型光催化剂：①原位/非原位 XPS 技术，通过 XPS 的结果可以鉴别各组分的电子得失情况，从而为电子在界面的转移提供直接证据；②ESR 技术，$O_2/\cdot O_2^-$ 的还原电势为–0.33 V，而 $OH^-/\cdot OH$ 的氧化电势为 1.9 V，若还原型光催化剂仅能够将 O_2 还原成 $\cdot O_2^-$，而不能将 OH^-氧化成$\cdot OH$，同时氧化型光催化剂具有相反的性能，则可通过检测活性物质来证实 S-scheme 光催化机理；③AFM 技术，若光生电子通过界面从氧化型光催化剂转移到还原型光催化剂，则氧化型光催化剂的表面电势会增加，这可以通过 AFM 的电势模式检测出来，从而证实 S-scheme 光催化机理。

S 型光催化剂由于其独特的载流子转移方式，具有较强的氧化还原能力，因此对光催化反应具有较大的驱动力。然而，光催化性能是由反应过程中的热力学过程和动力学过程共同决定的。为了提高 S 型光催化剂的性能，需要采取策略对其进行进一步改善。①费米能级的调整，通过采用掺杂或者形貌调控等方法，可以扩大还原型光催化剂与氧化型光催化剂之间的费米能级差距，从而增加内建电场强度；②负载助催化剂，研究表明，合适的助催化剂有利于电荷分离，并能有效降低光催化反应的活化势垒，因此，将还原助催化剂加载在还原型光催化剂的表面，将氧化助催化剂加载在氧化型光催化剂的表面，能够进一步提升其性能；③形貌调控与界面优化，合理设计 S 型光催化剂的形貌结构可以提高其光催化性能，例如，制备具有二维（2D）/2D 的结构，使得光催化剂具有较大的比表面积，有利于光生载流子在界面处转移和扩散到光催化剂表面参与氧化还原反应。

　　在光催化领域，虽然在异质结光催化剂方面的研究已取得了很大的成就，但 S 型异质结光催化剂仍处于初始阶段，相关研究工作有待进一步深入。首先，应对 S 型异质结中助催化剂电荷转移规律和作用进行深入了解，这有助于为特定的光催化反应设计合适的光催化剂提供理论基础；其次，考虑到 S 型异质结的优点，有必要拓宽其应用范围，如拓宽至全水裂解、固氮、药学和选择性有机合成等方面；最后，借助于原位实验和理论模拟，为 S 型光催化剂在分子和原子层面提供更深入的认识和理解。

参 考 文 献

[1] Wang M，Shen M，Jin X X，et al. Oxygen vacancy generation and stabilization in CeO_{2-x} by Cu introduction with improved CO_2 photocatalytic reduction activity[J]. ACS Catalysis，2019，9（5）：4573-4581.

[2] Low J X，Dai B Z，Tong T，et al. In situ irradiated X-ray photoelectron spectroscopy investigation on a direct Z-scheme TiO_2/CdS composite film photocatalyst[J]. Advanced Materials，2019，31（5）：1807920.

[3] Li X，Yu J G，Jaroniec M，et al. Cocatalysts for selective photoreduction of CO_2 into solar fuels[J]. Chemical Reviews，2019，119（6）：3962-4179.

[4] Xu F Y，Zhang J J，Zhu B C，et al. $CuInS_2$ sensitized TiO_2 hybrid nanofibers for improved photocatalytic CO_2 reduction[J]. Applied Catalysis B：Environmental，2018，230：194-202.

[5] Xu Q L，Yu J G，Zhang J，et al. Cubic anatase TiO_2 nanocrystals with enhanced photocatalytic CO_2 reduction activity[J]. Chemical Communications，2015，51（37）：7950-7953.

[6] Xu Q L，Zhu B C，Cheng B，et al. Photocatalytic H_2 evolution on graphdiyne/g-C_3N_4 hybrid nanocomposites[J]. Applied Catalysis B：Environmental，2019，255：117770.

[7] Xu Q L，Ma D，Yang S B，et al. Novel g-C_3N_4/g-C_3N_4 S-scheme isotype heterojunction for improved photocatalytic hydrogen generation[J]. Applied Surface Science，2019，495：143555.

[8] Xu Q L，Zhu B C，Jiang C J，et al. Constructing 2D/2D Fe_2O_3/g-C_3N_4 direct Z-scheme photocatalysts with enhanced H_2 generation performance[J]. Solar RRL，2018，2（3）：1800006.

[9] Chao Y G，Zhou P，Li N，et al. Ultrathin visible-light-driven Mo incorporating In_2O_3-$ZnIn_2Se_4$ Z-scheme nanosheet photocatalysts[J]. Advanced Materials，2019，31（5）：1807226.

[10] Chen Z，Yang S B，Tian Z F，et al. NiS and graphene as dual cocatalysts for the enhanced photocatalytic H_2 production activity of g-C_3N_4[J]. Applied Surface Science，2019，469：657-665.

[11] Wang J，Zhang Q，Deng F，et al. Rapid toxicity elimination of organic pollutants by the photocatalysis of environment-friendly and magnetically recoverable step-scheme $SnFe_2O_4$/$ZnFe_2O_4$ nano-heterojunctions[J]. Chemical Engineering Journal，2020，379：122264.

[12] Iqbal W，Yang B，Zhao X，et al. Controllable synthesis of graphitic carbon nitride nanomaterials for solar energy conversion and environmental remediation：the road travelled and the way forward[J]. Catalysis Science & Technology，2018，8（18）：

4576-4599.

[13] He Y M，Zhang L H，Wang X X，et al. Enhanced photodegradation activity of methyl orange over Z-scheme type MoO$_3$-g-C$_3$N$_4$ composite under visible light irradiation[J]. RSC Advances，2014，4（26）：13610-13619.

[14] Jin Z Y，Murakami N，Tsubota T，et al. Complete oxidation of acetaldehyde over a composite photocatalyst of graphitic carbon nitride and tungsten（Ⅵ）oxide under visible-light irradiation[J]. Applied Catalysis B：Environmental，2014，150-151：479-485.

[15] Xiao T T，Tang Z，Yang Y，et al. In situ construction of hierarchical WO$_3$/g-C$_3$N$_4$ composite hollow microspheres as a Z-scheme photocatalyst for the degradation of antibiotics[J]. Applied Catalysis B：Environmental，2018，220：417-428.

[16] Xia D H，Wang W J，Yin R，et al. Enhanced photocatalytic inactivation of *Escherichia coli* by a novel Z-scheme g-C$_3$N$_4$/m-Bi$_2$O$_4$ hybrid photocatalyst under visible light：the role of reactive oxygen species[J]. Applied Catalysis B：Environmental，2017，214：23-33.

[17] Xiao Y T，Tian G H，Li W，et al. Molecule self-assembly synthesis of porous few-layer carbon nitride for highly efficient photoredox catalysis[J]. Journal of the American Chemical Society，2019，141（6）：2508-2515.

[18] Yugo M，Kazuhiro S. Photocatalytic water splitting for solar hydrogen production using the carbonate effect and the Z-scheme reaction[J]. Advanced Energy Materials，2019，9（23）：1801294.

[19] Mao Z L，Vang H，Garcia A，et al. Carrier diffusion—the main contribution to size-dependent photocatalytic activity of colloidal gold nanoparticles[J]. ACS Catalysis，2019，9（5）：4211-4217.

[20] Yang M Q，Gao M M，Hong M H，et al. Visible-to-NIR photon harvesting：progressive engineering of catalysts for solar-powered environmental purification and fuel production[J]. Advanced Materials，2018，30（47）：1802894.

[21] Su T M，Shao Q，Qin Z Z，et al. Role of interfaces in two-dimensional photocatalyst for water splitting[J]. ACS Catalysis，2018，8（3）：2253-2276.

[22] Bhattacharyya S，Polavarapu L，Feldmann J，et al. Challenges and prospects in solar water splitting and CO$_2$ reduction with inorganic and hybrid nanostructures[J]. ACS Catalysis，2018，8（4）：3602-3635.

[23] Kudo A，Miseki Y. Heterogeneous photocatalyst materials for water splitting[J]. Chemical Society Reviews，2009，38（1）：253-278.

[24] Meng A Y，Zhang L Y，Cheng B，et al. Dual cocatalysts in TiO$_2$ photocatalysis[J]. Advanced Materials，2019，31（30）：1807660.

[25] Low J X，Yu J G，Jaroniec M，et al. Heterojunction photocatalysts[J]. Advanced Materials，2017，29（20）：1601694.

[26] Moniz S，Shevlin S A，Martin D J，et al. Visible-light driven heterojunction photocatalysts for water splitting—a critical review[J]. Energy Environmental Science，2015，8（3）：731-759.

[27] Xu Q L，Zhang L Y，Yu J G，et al. Direct Z-scheme photocatalysts：principles，synthesis，and applications[J]. Materials Today，2018，21（10）：1042-1063.

[28] Bai S，Jiang J，Zhang Q，et al. Steering charge kinetics in photocatalysis：intersection of materials syntheses，characterization techniques and theoretical simulations[J]. Chemical Society Reviews，2015，44（10）：2893-2939.

[29] Fu J，Tian Y L，Chang B B，et al. BiOBr-carbon nitride heterojunctions：synthesis，enhanced activity and photocatalytic mechanism[J]. Journal of Materials Chemistry，2012，22（39）：21159-21166.

[30] Zheng L R，Zheng Y H，Chen C Q，et al. Network structured SnO$_2$/ZnO heterojunction nanocatalyst with high photocatalytic activity[J]. Inorganic Chemistry，2009，48（5）：1819-1825.

[31] Chen Y B，Wang L Z，Lu G Q，et al. Nanoparticles enwrapped with nanotubes：a unique architecture of CdS/titanate nanotubes for efficient photocatalytic hydrogen production from water[J]. Journal of Materials Chemistry，2011，21（13）：5134-5141.

[32] Serpone N，Borgarello E，Grätzel M. Visible light induced generation of hydrogen from H$_2$S in mixed semiconductor dispersions：improved efficiency through inter-particle electron transfer[J]. Journal of the Chemical Society，Chemical Communications，1984，（6）：342-344.

[33] Serpone N，Maruthamuthu P，Pichat P，et al. Exploiting the interparticle electron transfer process in the photocatalysed oxidation of phenol，2-chlorophenol and pentachlorophenol：chemical evidence for electron and hole transfer between coupled

semiconductors[J]. Journal of Photochemistry and Photobiology A: Chemistry, 1995, 85（3）: 247-255.

[34] Voisin P, Bastard G, Voos M. Optical selection rules in superlattices in the envelope-function approximation[J]. Physical Review B, 1984, 29（2）: 935-941.

[35] Teranishi T, Sakamoto M. Charge separation in type-II semiconductor heterodimers[J]. Journal of Physical Chemistry Letters, 2013, 4（17）: 2867-2873.

[36] Low J X, Jiang C J, Cheng B, et al. A review of direct Z-scheme photocatalysts[J]. Small Methods, 2017, 1（5）: 1700080.

[37] Bard A J. Photoelectrochemistry and heterogeneous photocatalysis at semiconductors[J]. Journal of Photochemistry, 1979, 10（1）: 59-75.

[38] Maeda K. Z-scheme water splitting using two different semiconductor photocatalysts[J]. ACS Catalysis, 2013, 3（7）: 1486-1503.

[39] Sayama K, Yoshida R, Kusama H, et al. Photocatalytic decomposition of water into H_2 and O_2 by a two-step photoexcitation reaction using a WO_3 suspension catalyst and an Fe^{3+}/Fe^{2+} redox system[J]. Chemical Physics Letters, 1997, 277（4）: 387-391.

[40] Zhou P, Yu J G, Jaroniec M. All-solid-state Z-scheme photocatalytic systems[J]. Advanced Materials, 2014, 26（29）: 4920-4935.

[41] Li H J, Tu W G, Zhou Y, et al. Z-scheme photocatalytic systems for promoting photocatalytic performance: recent progress and future challenges[J]. Advanced Science, 2016, 3（11）: 1500389.

[42] Jia Q X, Iwase A, Kudo A. $BiVO_4$-Ru/$SrTiO_3$: Rh composite Z-scheme photocatalyst for solar water splitting[J]. Chemical Science, 2014, 5（4）: 1513-1519.

[43] Krishnan C V, Brunschwig B S, Creutz C, et al. Homogeneous catalysis of the photoreduction of water. 6. Mediation by polypyridine complexes of ruthenium（II）and cobalt（II）in alkaline media[J]. Journal of the American Chemical Society, 1985, 107（7）: 2005-2015.

[44] Tada H, Mitsui T, Kiyonaga T, et al. All-solid-state Z-scheme in CdS-Au-TiO_2 three-component nanojunction system[J]. Nature Materials, 2006, 5（10）: 782-786.

[45] Min Y L, He G Q, Xu Q J, et al. Self-assembled encapsulation of graphene oxide/Ag@AgCl as a Z-scheme photocatalytic system for pollutant removal[J]. Journal of Materials Chemistry A, 2014, 2（5）: 1294-1301.

[46] Zhou H, Ding L, Fan T X, et al. Leaf-inspired hierarchical porous CdS/Au/N-TiO_2 heterostructures for visible light photocatalytic hydrogen evolution[J]. Applied Catalysis B: Environmental, 2014, 147: 221-228.

[47] Chen Z H, Bing F, Liu Q, et al. Novel Z-scheme visible-light-driven Ag_3PO_4/Ag/SiC photocatalysts with enhanced photocatalytic activity[J]. Journal of Materials Chemistry A, 2015, 3（8）: 4652-4658.

[48] Kobayashi R, Tanigawa S, Takashima T, et al. Silver-inserted heterojunction photocatalysts for Z-scheme overall pure-water splitting under visible-light irradiation[J]. The Journal of Physical Chemistry C, 2014, 118（39）: 22450-22456.

[49] Iwase A, Yoshino S, Takayama T, et al. Water splitting and CO_2 reduction under visible light irradiation using Z-scheme systems consisting of metal sulfides, CoO_x-loaded $BiVO_4$, and a reduced graphene oxide electron mediator[J]. Journal of the American Chemical Society, 2016, 138（32）: 10260-10264.

[50] Pan Z H, Hisatomi T, Wang Q, et al. Photocatalyst sheets composed of particulate $LaMg_{1/3}Ta_{2/3}O_2N$ and Mo-doped $BiVO_4$ for Z-scheme water splitting under visible light[J]. ACS Catalysis, 2016, 6（10）: 7188-7196.

[51] Hou J G, Yang C, Wang Z, et al. Three-dimensional Z-scheme AgCl/Ag/γ-TaON heterostructural hollow spheres for enhanced visible-light photocatalytic performance[J]. Applied Catalysis B: Environmental, 2013, 142-143: 579-589.

[52] Li J J, Xie Y L, Zhong Y J, et al. Facile synthesis of Z-scheme Ag_2CO_3/Ag/AgBr ternary heterostructured nanorods with improved photostability and photoactivity[J]. Journal of Materials Chemistry A, 2015, 3（10）: 5474-5481.

[53] Di T M, Xu Q L, Ho W K, et al. Review on metal sulphide-based Z-scheme photocatalysts[J]. ChemCatChem, 2019, 11（5）: 1394-1411.

[54] Liu G, Wang L Z, Yang H G, et al. Titania-based photocatalysts—crystal growth, doping and heterostructuring[J]. Journal of Materials Chemistry, 2010, 20（5）: 831-843.

[55] Xu F Y，Xiao W，Cheng B，et al. Direct Z-scheme anatase/rutile bi-phase nanocomposite TiO_2 nanofiber photocatalyst with enhanced photocatalytic H_2-production activity[J]. International Journal of Hydrogen Energy，2014，39（28）：15394-15402.

[56] Zhang L J，Li S，Liu B K，et al. Highly efficient CdS/WO_3 photocatalysts：Z-scheme photocatalytic mechanism for their enhanced photocatalytic H_2 evolution under visible light[J]. ACS Catalysis，2014，4（10）：3724-3729.

[57] Jin J，Yu J G，Guo D P，et al. A hierarchical Z-scheme $CdS-WO_3$ photocatalyst with enhanced CO_2 reduction activity[J]. Small，2015，11（39）：5262-5271.

[58] Wang J C，Zhang L，Fang W X，et al. Enhanced photoreduction CO_2 activity over direct Z-scheme $\alpha\text{-}Fe_2O_3/Cu_2O$ heterostructures under visible light irradiation[J]. ACS Applied Materials & Interfaces，2015，7（16）：8631-8639.

[59] Grätzel M. Photoelectrochemical cells[J]. Nature，2001，414（6861）：338-344.

[60] Wang X W，Liu G，Chen Z G，et al. Enhanced photocatalytic hydrogen evolution by prolonging the lifetime of carriers in ZnO/CdS heterostructures[J]. Chemical Communications，2009，23：3452-3454.

[61] Yu J G，Wang S H，Low J X，et al. Enhanced photocatalytic performance of direct Z-scheme $g\text{-}C_3N_4\text{-}TiO_2$ photocatalysts for the decomposition of formaldehyde in air[J]. Physical Chemistry Chemical Physics，2013，15（39）：16883-16890.

[62] Liu J J，Cheng B，Yu J G. A new understanding of the photocatalytic mechanism of the direct Z-scheme $g\text{-}C_3N_4/TiO_2$ heterostructure[J]. Physical Chemistry Chemical Physics，2016，18（45）：31175-31183.

[63] Fu J W，Xu Q L，Low J X，et al. Ultrathin 2D/2D $WO_3/g\text{-}C_3N_4$ step-scheme H_2-production photocatalyst[J]. Applied Catalysis B：Environmental，2019，243：556-565.

[64] Jia X M，Han Q F，Zheng M Y，et al. One pot milling route to fabricate step-scheme AgI/I-BiOAc photocatalyst：energy band structure optimized by the formation of solid solution[J]. Applied Surface Science，2019，489：409-419.

[65] Mei F F，Dai K，Zhang J F，et al. Construction of Ag SPR-promoted step-scheme porous $g\text{-}C_3N_4/Ag_3VO_4$ heterojunction for improving photocatalytic activity[J]. Applied Surface Science，2019，488：151-160.

[66] He F，Meng A Y，Cheng B，et al. Enhanced photocatalytic H_2-production activity of WO_3/TiO_2 step-scheme heterojunction by graphene modification[J]. Chinese Journal of Catalysis，2020，41（1）：9-20.

[67] Ge H N，Xu F Y，Cheng B，et al. S-scheme heterojunction TiO_2/CdS nanocomposite nanofiber as H_2-production photocatalyst[J]. ChemCatChem，2019，11（24）：6301-6309.

[68] Deng J，Lei W Y，Fu J W，et al. Enhanced selective photooxidation of toluene to benzaldehyde over Co_3O_4-modified BiOBr/AgBr S-scheme heterojunction[J]. Solar RRL，2022，6（8）：2200279.

[69] Hu T P，Dai K，Zhang J F，et al. One-pot synthesis of step-scheme Bi_2S_3/porous $g\text{-}C_3N_4$ heterostructure for enhanced photocatalytic performance[J]. Materials Letters，2019，257：126740.

[70] Wang R，Shen J，Zhang W J，et al. Build-in electric field induced step-scheme $TiO_2/W_{18}O_{49}$ heterojunction for enhanced photocatalytic activity under visible-light irradiation[J]. Ceramics International，2020，46（1）：23-30.

[71] Yan J Q，Wu H，Chen H，et al. Fabrication of TiO_2/C_3N_4 heterostructure for enhanced photocatalytic Z-scheme overall water splitting[J]. Applied Catalysis B：Environmental，2016，191：130-137.

[72] Wang Q，Hisatomi T，Ma S S K，et al. Core/shell structured La-and Rh-codoped $SrTiO_3$ as a hydrogen evolution photocatalyst in Z-scheme overall water splitting under visible light irradiation[J]. Chemistry of Materials，2014，26（14）：4144-4150.

[73] Ma S S K，Maeda K，Hisatomi T，et al. A redox-mediator-free solar-driven Z-scheme water-splitting system consisting of modified Ta_3N_5 as an oxygen-evolution photocatalyst[J]. Chemistry：A European Journal，2013，19（23）：7480-7486.

[74] Reza Gholipour M，Dinh C T，Béland F，et al. Nanocomposite heterojunctions as sunlight-driven photocatalysts for hydrogen production from water splitting[J]. Nanoscale，2015，7（18）：8187-8208.

[75] Meng A Y，Zhu B C，Zhong B，et al. Direct Z-scheme TiO_2/CdS hierarchical photocatalyst for enhanced photocatalytic H_2-production activity[J]. Applied Surface Science，2017，422：518-527.

[76] Zhang Z J，Zhu Y F，Chen X J，et al. A full-spectrum metal-free porphyrin supramolecular photocatalyst for dual functions of highly efficient hydrogen and oxygen evolution[J]. Advanced Materials，2019，31（7）：1806626.

[77] Zhang Y X，Tang S，Zhang W D，et al. Noble metal-free photocatalysts consisting of graphitic carbon nitride，nickel complex，

and nickel oxide nanoparticles for efficient hydrogen generation[J]. ACS Applied Materials & Interfaces，2019，11（16）：14986-14996.

[78] Wang S，Zhu B C，Liu M J，et al. Direct Z-scheme ZnO/CdS hierarchical photocatalyst for enhanced photocatalytic H_2-production activity[J]. Applied Catalysis B：Environmental，2019，243：19-26.

[79] Yuan Q C，Liu D，Zhang N，et al. Noble-metal-free Janus-like structures by cation exchange for Z-scheme photocatalytic water splitting under broadband light irradiation[J]. Angewandte Chemie（International Edition），2017，129（15）：4270-4274.

[80] Mu J L，Teng F，Miao H，et al. In-situ oxidation fabrication of 0D/2D SnO_2/SnS_2 novel step-scheme heterojunctions with enhanced photoelectrochemical activity for water splitting[J]. Applied Surface Science，2020，501：143974.

[81] Peng F P，Zhou Q，Zhang D P，et al. Bio-inspired design：inner-motile multifunctional ZnO/CdS heterostructures magnetically actuated artificial cilia film for photocatalytic hydrogen evolution[J]. Applied Catalysis B：Environmental，2015，165：419-427.

[82] Feng Y Y，Zhang H J，Fang L，et al. Uniquely monodispersing NiFe alloyed nanoparticles in three-dimensional strongly linked sandwiched graphitized carbon sheets for high-efficiency oxygen evolution reaction[J]. ACS Catalysis，2016，6（7）：4477-4485.

[83] Yang X F，Tang H，Xu J S，et al. Silver phosphate/graphitic carbon nitride as an efficient photocatalytic tandem system for oxygen evolution[J]. ChemSusChem，2015，8（8）：1350-1358.

[84] Li X B，Xiong J，Gao X M，et al. Novel BP/BiOBr S-scheme nano-heterojunction for enhanced visible-light photocatalytic tetracycline removal and oxygen evolution activity[J]. Journal of Hazardous Materials，2020，387：121690.

[85] Roy S C，Varghese O K，Paulose M，et al. Toward solar fuels：photocatalytic conversion of carbon dioxide to hydrocarbons[J]. ACS Nano，2010，4（3）：1259-1278.

[86] Kubacka A，Fernandez-Garcia M，Colón G. Advanced nanoarchitectures for solar photocatalytic applications[J]. Chemical Reviews，2012，112（3）：1555-1614.

[87] Aresta M，Dibenedetto A，Angelini A. Catalysis for the valorization of exhaust carbon：from CO_2 to chemicals，materials，and fuels. Technological use of CO_2[J]. Chemical Reviews，2014，114（3）：1709-1742.

[88] Sato S，Arai T，Morikawa T，et al. Selective CO_2 conversion to formate conjugated with H_2O oxidation utilizing semiconductor/complex hybrid photocatalysts[J]. Journal of the American Chemical Society，2011，133（39）：15240-15243.

[89] Iizuka K，Wato T，Miseki Y，et al. Photocatalytic reduction of carbon dioxide over Ag cocatalyst-loaded $ALa_4Ti_4O_{15}$（A = Ca，Sr，and Ba）using water as a reducing reagent[J]. Journal of the American Chemical Society，2011，133（51）：20863-20868.

[90] Dimitrijevic N M，Vijayan B K，Poluektov O G，et al. Role of water and carbonates in photocatalytic transformation of CO_2 to CH_4 on titania[J]. Journal of the American Chemical Society，2011，133（11）：3964-3971.

[91] Shkrob I A，Marin T W，He H Y，et al. Photoredox reactions and the catalytic cycle for carbon dioxide fixation and methanogenesis on metal oxides[J]. The Journal of Physical Chemistry C，2012，116（17）：9450-9460.

[92] Habisreutinger S N，Schmidt-Mende L，Stolarczyk J K. Photocatalytic reduction of CO_2 on TiO_2 and other semiconductors[J]. Angewandte Chemie（International Edition），2013，52（29）：7372-7408.

[93] He Y M，Zhang L H，Teng B T，et al. New application of Z-scheme Ag_3PO_4/g-C_3N_4 composite in converting CO_2 to fuel[J]. Environmental Science & Technology，2015，49（1）：649-656.

[94] Jiang Z F，Wan W M，Li H M，et al. A hierarchical Z-scheme alpha-Fe_2O_3/g-C_3N_4 hybrid for enhanced photocatalytic CO_2 reduction[J]. Advanced Materials，2018，30（10）：1706108.

[95] Wang Z L，Chen Y F，Zhang L Y，Cheng B，et al. Step-scheme CdS/TiO_2 nanocomposite hollow microsphere with enhanced photocatalytic CO_2 reduction activity[J]. Journal of Materials Science & Technology，2020，56：143-150.

[96] Zeng X K，Wang Z Y，Wang G，et al. Highly dispersed TiO_2 nanocrystals and WO_3 nanorods on reduced graphene oxide：Z-scheme photocatalysis system for accelerated photocatalytic water disinfection[J]. Applied Catalysis B：Environmental，2017，218：163-173.

[97] Wang W J，Huang G C，Yu J C，et al. Advances in photocatalytic disinfection of bacteria：development of photocatalysts and mechanisms[J]. Journal of Environmental Sciences，2015，34：232-247.

[98] Xia P F，Cao S W，Zhu B C，et al. Designing a 0D/2D S-scheme heterojunction over polymeric carbon nitride for visible-light

photocatalytic inactivation of bacteria[J]. Angewandte Chemie（International Edition），2020，59（13）：5218-5225.

[99]　Jiang W J，Luo W J，Wang J，et al. Enhancement of catalytic activity and oxidative ability for graphitic carbon nitride[J]. Journal of Photochemistry Photobiology C：Photochemistry Reviews，2016，28：87-115.

[100]　Lam S M，Sin J C，Mohamed A R. A review on photocatalytic application of g-C$_3$N$_4$/semiconductor（CNS）nanocomposites towards the erasure of dyeing wastewater[J]. Materials Science in Semiconductor Processing，2016，47：62-84.

[101]　Monsef R，Ghiyasiyan-Arani M，Salavati-Niasari M. Application of ultrasound-aided method for the synthesis of NdVO$_4$ nano-photocatalyst and investigation of eliminate dye in contaminant water[J]. Ultrasonics Sonochemistry，2018，42：201-211.

[102]　Lang X J，Chen X D，Zhao J C. Heterogeneous visible light photocatalysis for selective organic transformations[J]. Chemical Society Reviews，2014，43（1）：473-486.

[103]　Martin D J，Liu G G，Moniz S J A，et al. Efficient visible driven photocatalyst，silver phosphate：performance，understanding and perspective[J]. Chemical Society Reviews，2015，44（21）：7808-7828.

[104]　Li X，Yu J G，Jaroniec M. Hierarchical photocatalysts[J]. Chemical Society Reviews，2016，45（9）：2603-2636.

第8章　双助催化剂在光催化材料中的应用

8.1　助催化剂科学原理

化石燃料（如煤、石油、天然气等）因其储量丰富、能量密度高等优点成为人类生存和发展必不可少的能源，支撑了 19~20 世纪近两百年人类文明的进步和经济的发展。据报道，2021 年全球化石燃料消费量占全年全球能源消费总量的 82%，可见化石燃料仍是今后相当长时期内的能源供应主体。然而，一方面化石燃料的不可再生性、现代社会对能源需求的大幅度增长以及人类对化石燃料的大量消耗使得化石燃料逐步走向枯竭；另一方面化石燃料的燃烧还引起了大量温室气体的排放，造成全球气候变暖，危及人类的生存与发展。鉴于上述问题，开发新的环境友好和可持续的能源非常迫切。半导体光催化技术可以将丰富的太阳能转换为可直接利用的氢能源或碳氢燃料，在改善能源和环境方面有较大前景[1-6]。

以传统的光催化剂 TiO_2 为例，一个完整的光催化反应涉及以下三个主要步骤（图 8-1）：①半导体光催化剂吸收太阳光并产生光生电子-空穴对；②光生电子-空穴对从半导体内部分离并迁移至表面；③在半导体光催化剂和助催化剂表面发生氧化还原反应。这几个连续的步骤共同决定了复合光催化剂的光催化效率。据报道，光生电子和空穴在催化剂表面的复合速率非常快（10^{-12}~10^{-11}s），而光生载流子在催化剂表面被俘获的速率和界面电荷转移速率相对较慢（10^{-7}~10^{-9}s）[1,7,8]。也就是说，光生电荷的表面俘获速率及界面电荷转移速率是光催化反应总速率的决定因素。只有抑制表面光生电荷的快速复合并促进电荷向表面活性位点的迁移，才能加速表面载流子的动力学过程，进而提高材料的光催化效率。如果半导体表面没有适当的电子和空穴捕获剂，光生电子和空穴就会在很短的时间内复合并以热或其他能量的形式释放。因此，为了有效地抑制光生电子和空穴在半导体光催化材料表面的复合，必须负载必要的还原型助催化剂和氧化型助催化剂分别作为电子和空穴捕获剂，实现光生电子和空穴的快速捕获和转移。

助催化剂通常是指本身不具备光催化活性但是可以提高半导体光催化剂的反应活性、稳定性和选择性的一种材料。简而言之，助催化剂在促进光催化材料的光催化性能方面主要起着两个作用：①助催化剂可以捕获半导体表面的光生载流子，以抑制半导体内部和表面的光生电子和空穴复合；②助催化剂可以提供更多的吸附和反应活性位点，将捕获的光生电荷用于激活反应物分子或参与氧化还原反应。根据助催化剂捕获的光生载流子类型，我们可以将助催化剂分为两类：一类是用于捕获电子的还原型助催化剂；另一类是用于捕获空穴的氧化型助催化剂。大多数材料（如金属、金属氧化物/硫化物和碳基材料等）倾向于捕获电子并充当还原型助催化剂，而其他一些金属氧化物（如 RuO_2 和 CoO_x 等）则更有可能捕获空穴并用作氧化型助催化剂[9]。在过去的几年中，关于还原型助催化剂和氧化型助催化剂的研究越来越多，研究表明，基于光催化反应的复杂程度，采用单一的助催化剂对半导体光催化剂性能的提升是有限的，远没有达到实际应用的程度。因此，我们需要开发具有多功能的双助催化剂来修饰半导体光催化剂，以提高光催化剂的反应活性、稳定性和选择性。

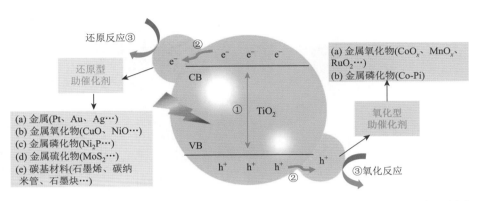

图 8-1　负载还原型助催化剂和氧化型助催化剂的 TiO_2 基光催化剂的光催化反应示意图

8.2　助催化剂的作用

在光催化反应中，还原型助催化剂和氧化型助催化剂可以分别催化还原反应和氧化反应，它们在提高半导体光催化剂的反应活性、稳定性和选择性方面具有以下几点突出的作用（图 8-2）。

（1）助催化剂能降低光催化反应的过电势或活化能[2,10]。在光电化学（PEC）测试中，产氢助催化剂的存在可以引起起始电位的正移，这意味着过电势的降低。一些产氢助催化剂（如贵金属 Pt、Au、Rh 等）是低过电势金属（$-0.1 \sim -0.3$ V）[11]，使用这些贵金属助催化剂能显著提高光催化产氢活性。

（2）助催化剂能促进半导体和助催化剂界面处的电荷分离[12,13]。当助催化剂负载在半导体上并形成紧密的接触界面时，界面处可以形成异质结[14]，促进电荷的分离和迁移，并且，紧密的界面接触能缩短电荷从半导体迁移到助催化剂的传输距离，从而有效地抑制半导体体相内电荷的复合。

（3）助催化剂能有效地捕获电子或空穴，并提供额外的催化反应活性位点[15,16]。比如，贵金属助催化剂不仅能捕获电子，还能提供有效的质子还原位点[17]，进而显著提高还原反应的效率。

（4）助催化剂能增强光吸收[18]。由于表面等离子体共振（SPR）效应，一些贵金属纳米颗粒（如金、银纳米颗粒）能够吸收可见光[15,19]，还有一些碳基助催化剂（如石墨烯）也可以提高可见光吸收率[20]。

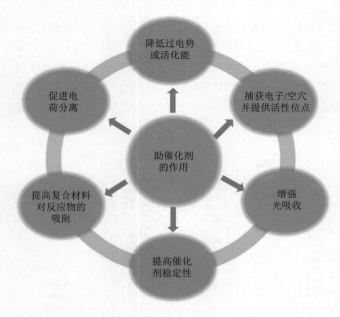

图 8-2　助催化剂在光催化反应中的作用

　　（5）助催化剂能提高复合材料对反应物分子的吸附[15]。比如，石墨烯具有大的 π-π 共轭键和大的比表面积，有利于多种反应物分子（如染料分子、CO_2 分子、H_2O 分子等）的吸附[21,22]。

　　（6）助催化剂能有效地抑制光腐蚀的发生，提高半导体光催化剂的稳定性[2,23]。比如，一些可见光响应的半导体光催化剂（如硫化物和氮化物）很容易被光生空穴氧化，发生自分解，助催化剂的负载能够有效地富集光生电子或空穴，进而抑制硫化物或氮化物的分解，提升其稳定性[2]。

8.3　双助催化剂设计原则

　　在光催化反应过程中，影响双助催化剂活性的因素主要有负载量、颗粒大小和表界面性质等。一般来说，光催化体系的活性与助催化剂的负载量之间呈火山形的趋势[2]，即复合光催化剂的活性首先随助催化剂负载量的增加而增强，当负载量达到最佳值时，复合光催化剂的光催化活性达到最大值，继续增加助催化剂的负载量，则复合光催化剂的活性反而会逐渐降低，原因如下。

　　（1）过量的助催化剂会阻碍半导体表面接触反应物分子。

　　（2）过多的助催化剂会屏蔽入射光的照射，抑制光生电子-空穴对的生成。

　　（3）过多的助催化剂可能团聚，导致其粒径增大，减小比表面积，减弱表面效应。

　　另一个影响光催化体系活性的重要因素是助催化剂的尺寸，许多研究表明，颗粒越小、厚度越薄、分散度越高的助催化剂越能显著增强半导体的光催化活性，在相同的负载量下，颗粒越小、厚度越薄的助催化剂，其比表面积越大，暴露的表面活性位点越多，从而具有越高的催化活性。

近年来，复合光催化剂的表面和界面性质也引起了研究者们越来越多的关注[5]。一方面，半导体光催化剂及助催化剂的表面不仅是反应物分子吸附和活化的位点，也是氧化还原反应的催化活性位点；另一方面，半导体光催化剂与助催化剂的界面是光生电荷分离、传输和迁移的位置，因此复合光催化体系的表面和界面性质是影响光催化反应的活性和产物选择性的重要因素。通过调节助催化剂的表面和界面参数来调节光催化反应的活性和产物选择性是非常有效且有必要的，有以下几点原因：第一，表面参数的设计不仅可以实现其对特定反应物分子的高吸附和活化能力，而且可以抑制副反应或逆反应的发生；第二，表面参数对复合光催化剂表面上电子或空穴的富集起关键作用；第三，通过改变催化剂的表面参数可以提高半导体在光催化反应过程中的化学稳定性；第四，通过改变界面参数可以调节光生电荷的迁移方向，促进电荷的分离。在负载双助催化剂的半导体光催化剂上，其表面和界面参数（如暴露表面和接触界面的数目、种类）相比负载单一助催化剂而言更为复杂，因此，我们可以根据光催化反应的类型选择不同种类的助催化剂，并设计不同的复合结构，以使光催化活性达到最优值。

8.4　光催化反应中助催化剂的类型及发展历程

根据元素组成，助催化剂可以分为以下几类：

（1）贵金属（如 Pt、Au、Ag、Pd、Ru、Rh 等）[24-30]。

（2）非贵金属（如 Cu、Ni 等）[31,32]。

（3）金属氧化物（如 NiO、CoO_x、MnO_x、FeO_x、IrO_x、CuO_x 和 RuO_x）[33-51]。

（4）金属氢氧化物［如 $Ni(OH)_2$、$Cu(OH)_2$ 和 $Co(OH)_2$ 等］[52-55]。

（5）金属硫化物（如 MoS_2、WS_2、CuS 和 NiS 等）[16,56]。

（6）金属磷化物（如 Co_2P、Ni_2P 和 MoP）[57-59]。

（7）碳材料（如碳量子点、碳纳米管、石墨烯和石墨二炔等）[60-65]。

根据助催化剂在光催化反应中所起的作用，可将其分为捕获电子的还原型助催化剂和捕获空穴的氧化型助催化剂。通常来说，大多数助催化剂在光催化产氢和光催化 CO_2 还原反应中都用作还原型助催化剂，比如贵金属、非贵金属、部分金属氧化物（如 CuO_x、NiO）[5]、金属氢氧化物、金属硫化物、金属磷化物（如 Co_2P 和 Ni_2P）和碳材料。另一部分过渡金属氧化物（如 MnO_x、CoO_x 和 FeO_x）和磷化物（如 Co-Pi）[66]作为氧化型助催化剂应用于光催化产氧反应和光催化污染物降解。

如表 8-1 所示，有关光催化反应中助催化剂的研究可以追溯到 20 世纪 70～80 年代。1975 年，Miles[67]提出 RuO_2 具有非常低的产氧过电势，因此将 RuO_2 用于光催化分解水产氧反应具有极大的优势。1977 年，Koriakin 等[68]发现 Pt 能够显著促进水分解还原反应，提高氢气的产量。同年，Lehn 和 Sauvage[69]也得出相似的结论，证明了贵金属 Pt 在产氢体系中的有效作用。随后，Grätzel 课题组[70-72]对 Pt-RuO_2 双助催化剂进行了一系列的研究，并指出 Pt 可以催化 H_2 的生成，而 RuO_2 可以有效地促进 O_2 的产生。需要注意的是，Pt 和 RuO_2 均分散在溶液中参与反应，且论文中相关表述为氧化还原催化剂（redox catalysts 或 oxidation and reduction catalysts），并未提及助催化剂（cocatalyst）的概念。1980 年，Kiwi 等[73]首次将 Pt 和 RuO_2 同时沉积在 TiO_2 载体表面并研究其复合材料的光催化分解水产氢和产氧活性，并在随后的工作中提出了 $TiO_2/RuO_2/Pt$ 的光催化反应机理[74]。1981 年，Miller 及其合作者在研究论文中使用了 cocatalyst 的表述，如 the colloidal Pt cocatalyst[75]，他们指出金属胶体助催化剂能够降低反应的活化能[76]，此外，贵金属助催化剂（如 Pt、Pd 和 Rh）能够作为"电子池"，抑制光生载流子的复合。Baba 等[77]进一步将双金属（bimetal）助催化剂负载在 TiO_2 上，研究了该复合材料的乙烯光催化加氢反应，进而揭示了双金属的协同作用。同样地，金属和金属氧化物双助催化剂也可以协同提高光催化反应的活性，Ma 等[78]将贵金属（Pt、Pd、Rh 和 Au）和金属氧化物（RuO_2 和 IrO_2）同时沉积在 Zn_2GeO_4 上并研究了其光催化全分解水活性。结果表明，与负载单一助催化剂相比，负载双助催化剂后 Zn_2GeO_4 的光催化活性大幅提升，甚至高于负载两种单一助催化剂后的光催化活性之和，这是因为 Pt 和 RuO_2 不仅能够分别捕获电子和空穴，促进光生电荷的分离，而且可以分别作为产氢和产氧的催化活性位点，从而协同提高了全分解水的活性。

由于产氢和产氧活性位点可以分别捕获光生电子和空穴，产氢和产氧活性位点的接触界面就很容易成为光生载流子的复合中心，因此，有必要将产氢和产氧助催化剂进行空间分离，以抑制光生电荷的复合。Maeda 等[30]制备了 Rh/Cr_2O_3 核壳结构助催化剂，Cr_2O_3 包裹在金属 Rh 表面，可以抑制发生在 Rh 表面的逆反应（$2H_2 + O_2 \rightarrow 2H_2O$），因此，使用 Rh/Cr_2O_3 助催化剂能够显著提升半导体光催化剂的全分解水活性。值得一提的是，在最新的报道中，Takata 等[79]制备了负载 $MoO_x/RhCrO_x$ 助催化剂的 Al 掺杂 $SrTiO_3$ 光催化剂，其量子效率提高到了接近 100%，这一研究具有里程碑式的意义。除核壳结构外，还可以利用半导体光催化剂不同晶面的氧化还原特性，将双助催化剂分别选择性地沉积在不同晶面上，从而实现双助催化剂的空间分离。2002 年，Ohno 等[80]发现 Pt 倾向于沉积在金红石相的(110)晶面上，而 PbO_2 倾向于沉积在金红石相的(011)晶面或锐钛矿相的(001)晶面。2013 年，Li 等[81]证实 $BiVO_4$ 的(010)晶面是富集电子的还原面，而(110)晶面是富集空穴的氧化面，基于此发现，他们将还原型助催化剂（如 Au、Ag 和 Pt）和氧化型助催化剂（如 MnO_x、PbO_2）分别选择性地沉积在(010)晶面和(110)晶面上，使得光催化水氧化反应性能得到了有效的提升。随后，很多研究人员相继报道了一系列基于晶面选择性沉积的双助催化剂对半导体光催化材料的活性影响的研究[9]。进一步地，Li 等[82]提出了表面极化引起的空间电荷分离机制，他们发现光生电子和空穴可以分别被分离到 GaN 纳米棒阵列的极性面和非极性面，基于这种特殊的电荷分离现象，他们将 Rh 和 CoO_x 双助催化剂分别沉积在 GaN 的极性面和非极性面，使得复合光催化剂的光催化全分解水活性得到了显著的提升。

除上述贵金属及金属氧化物助催化剂外，非贵金属助催化剂（如金属氢氧化物、硫化物、磷化物和碳材料等）也得到了越来越多的关注和越来越深入的研究。比如 MoS_2 是有效的硫化物（如 CdS）半导体的助催化剂[83]，由于它们都包含 S^{2-}，在 MoS_2 和 CdS 复合界面处可以形成低缺陷密度的共价键，这有利于形成牢固紧密的接触界面，从而实现高效的电荷转移。Yu 课题组[53,54]报道了一系列金属氢氧化物助催化剂［如 $Ni(OH)_2$、$Cu(OH)_2$］对半导体光催化剂的产氢活性的影响，结果表明，光激发时，光生电子可以从半导体转移到金属氢氧化物助催化剂，从而实现光生电荷的分离和迁移。Cao 等[58,84]将电催化剂 Ni_2P 和 Co_2P 等磷化物材料用作光催化产氢反应的助催化剂，这些成本低廉的助催化剂有效地提高了 CdS 的可见光催化活性。Wang 等[85]将电催化剂 CoPi 沉积在 $BiVO_4$ 上，作为氧化型助催化剂的 CoPi 降低了水分解的过电势，从而提高了 $BiVO_4$ 的光催化产氧活性。此外，碳材料也是一种有效的廉价助催化剂。2003 年，Lee 和 Sigmund[86]报道了多壁碳纳米管（MWCNTs）与锐钛矿相 TiO_2 纳米颗粒复合的制备方法。Zhan 和 Song[87]研究了 CNT 的加入方法、含量以及煅烧温度对 CNT/TiO_2 复合光催化剂的降解性能的影响。2010 年，Zhang 等[88]采用溶胶-凝胶法制备了二氧化钛/石墨烯复合光催化材料，并研究了石墨烯的含量对复合材料的光催化分解水产氢活性的影响。Zhang 等[89]也采用简单的一步水热法制备了 P25/石墨烯纳米复合光催化剂，该复合光催化剂表现出良好的染料吸附能力、拓宽的光响应范围和有效的电荷分离效率，相比纯 P25 和 P25/CNT，P25/石墨烯的光催化降解甲基蓝的反应速率有显著提升。随后，石墨烯被用于改性多种半导体光催化剂，其在促进光催化剂的光催化活性方面具有突出的表现。2012 年，Wang 等[64]报道了新的碳基助催化剂石墨二炔（graphdiyne），研究结果显示，P25/graphdiyne 复合光催化剂的亚甲基蓝降解性能高于 P25/石墨烯和 P25/CNT，表明石墨二炔是一种新型的有效的助催化剂。随后，研究人员进一步将石墨二炔应用于改性 C_3N_4、CdS、TiO_2 纳米纤维等光催化剂，取得了良好的实验结果[90-92]。

表 8-1　常见助催化剂的类型及发展历程

年份	助催化剂	主催化剂	助催化剂类型	通信作者	文献
1975	RuO_2	—	氧化型	Miles H H	[67]
1977	Pt	—	还原型	Shilov A E	[68]
1977	Pt	—	还原型	Sauvage J P	[69]
1978	IrO_2、PtO_2	—	氧化型	Gratzel M	[93]
1978	Pt/PtO_2	—	还原型	Gratzel M	[72]
1978	Pt	—	还原型	Bard A J	[94]
1979	Pt、RuO_2	含有光敏剂和电子受体的水溶液	还原型和氧化型	Gratzel M	[71]
1979	Pt	—	还原型	Gratzel M	[70]
1980	Pt、RuO_2	TiO_2	还原型和氧化型	Gratzel M	[73]
1980	Pt、RuO_2	TiO_2	还原型和氧化型	Sakata T	[95]
1980	RuO_2	—	还原型	Amouyal E	[96]
1980	Rh	$SrTiO_3$	未提及	Lehn J M	[97]
1980	NiO、CoO_x	$SrTiO_3$	未提及	Onishi T	[98]
1981	Pt、RuO_2	TiO_2	还原型和氧化型	Gratzel M	[99]
1981	Pt、RuO_2	TiO_2	还原型和氧化型	Gratzel M	[74]

年份	助催化剂	主催化剂	助催化剂类型	通讯作者	文献
1981	Pt、Au、Ag	—	还原型	McLendon G	[76]
1981	Pt	—	还原型	McLendon G	[75]
1985	Pt、Pd、Rh、Ru、Sn、Ni	TiO$_2$	还原型	Fujishima A	[100]
1987	双金属 Pt/Cu、Cu/Ni、Pd/Ni	TiO$_2$	还原型	Baba R	[77]
1994	Co、Ni、In、Ru、Ir、Pt 及其氧化物	BaTi$_4$O$_9$	Ni、Ru、Ir 为氧化型	Inoue Y	[101]
2002	IrO$_2$	Sm$_2$Ti$_2$S$_2$O$_5$	氧化型	Domen K	[102]
2002	MoS$_2$	CdS QDs	未提及	Choy J H	[103]
2002	Pt、PbO$_2$	TiO$_2$	还原型和氧化型	Matsumura M	[80]
2003	CNT	TiO$_2$	未提及	Song D	[87]
2003	CNT	TiO$_2$	未提及	Sigmund W M	[86]
2005	IrO$_2$	NaTaO$_3$：La	氧化型	Kudo A	[104]
2005	CoO$_x$	TiO$_2$	未提及	Wu Y Q	[105]
2006	Rh/Cr$_2$O$_3$ 核壳结构	(Ga$_{1-x}$Zn$_x$)(N$_{1-x}$O$_x$) 固溶体	还原型和氧化型	Domen K	[30]
2007	MnO$_x$	TiO$_2$	未提及	Othman I	[106]
2008	MoS$_2$	CdS	未提及	Li C	[83]
2010	Pt、Pd、Rh、Au、RuO$_2$ 及 IrO$_2$	Zn$_2$GeO$_4$	还原型和氧化型	Li C	[78]
2010	石墨烯	TiO$_2$	还原剂	Cui X L	[88]
2010	石墨烯	P25	还原剂	Li J H	[89]
2011	Ni(OH)$_2$	CdS	还原剂	Yu J G	[107]
2011	Ni(OH)$_2$	TiO$_2$	还原型	Yu J G	[54]
2011	Cu(OH)$_2$	TiO$_2$	还原型	Yu J G	[53]
2012	Co-Pi、CoO$_x$、IrO$_x$、MnO$_x$ 及 RuO$_x$	BiVO$_4$	氧化型	Li C	[85]
2012	石墨二炔	P25	还原型	Li Y L	[64]
2013	Au、Pt、Ag MnO$_x$、PbO$_2$	BiVO$_4$	还原型和氧化型	Li C	[81]
2014	Pd/IrO$_x$	TiO$_2$	还原型和氧化型	Li C	[39]
2014	Ni$_2$P	CdS	未提及	Fu W F	[84]
2015	Co$_2$P	CdS	未提及	Fu W F	[58]
2019	石墨二炔	C$_3$N$_4$	氧化型	Yu J G.	[90]
2020	Au、Rh、Ag、MnO$_x$ 及 CoO$_x$	GaN	还原型和氧化型	Li C	[82]

8.4.1　双金属助催化剂

金属助催化剂（包括昂贵的贵金属和资源丰富的非贵金属）是目前最有效的光催化反应助催化剂之一，因此金属助催化剂的研究受到了广泛的关注，其主要作用可以总结如下。

（1）金属助催化剂可以俘获半导体表面的电子，抑制半导体上光生载流子的复合，这是因为金属和半导体光催化剂可以形成肖特基异质结，由于肖特基势垒的存在，半导体受光激发产生的光生电子会迁移到金属表面。

（2）金属助催化剂可以作为表面催化活性位点。例如，在光催化 CO_2 还原制备碳氢燃料的反应中，Pt 被认为是激活 H_2O 分子的活性位点，而 Cu 被认为是活化 CO_2 分子的活性位点[48]。

（3）一些等离子体金属（如 Au 和 Ag）可以增强光吸收，这是局域表面等离子体共振效应引起的[18,19,108]。

为了获得更好的光催化活性，双金属助催化剂可以结合在一起共同作为助催化剂，常见的双金属助催化剂有 Au/Pt、Au/Pd、Au/Cu、Au/Ag、Pt/Pd 和 Pt/Cu 等[15,17,19,24-29,31,108-117]。

贵金属 Pt 因其大的功函数和低的产氢过电势被认为是最有效的俘获和富集电子的助催化剂之一[25]。金属的电子俘获能力很大程度上是由金属的功函数决定的，常见金属的功函数如表 8-2 所示。Pt 的功函数是 5.64 eV（相对于真空能级），转化为标准氢电极（NHE）其数值则为 1.1 eV，该数值相比大部分的半导体光催化材料的导带底位置更正，因此，半导体材料受光激发产生的光生电子容易迁移到金属 Pt 的表面。其他金属的功函数比 Pt 小，因此这些金属与半导体的费米能级差值也小，导致光生电子迁移的驱动力降低，这也是 Pt 比大多数金属助催化剂更容易富集电子的原因。需要注意的是，Pt 是最有效的产氢助催化剂，这是因为相比其他金属，Pt 的氢原子吸附吉布斯自由能趋近于 0（图 8-3[118]），这意味着在热力学上氢气既容易与 Pt 结合也容易从 Pt 上面释放出来[119-121]。相反，金属 Au 具有较高的氢原子吸附吉布斯自由能，使得质子/电子传输过程是一个热力学上的上坡反应[120]，因此，Au 作为产氢助催化剂时并不如 Pt 有效。然而，在光催化 CO_2 还原反应中，CO 是一种常见的还原产物，由于 Pt 与 CO 具有强的结合能，金属 Pt 很容易与 CO 结合导致失活，造成复合催化剂高活性、低稳定性的现象[122]，因此 Au 在光催化 CO_2 还原反应中可能表现出比 Pt 更高的稳定性。

表 8-2　常见金属的功函数[10,123]

元素	Φ/eV	元素	Φ/eV	元素	Φ/eV
Pt	5.64	Ir	5.27	W	4.55
	5.84(110)		5.42(110)		4.63(100)
	5.70(111)		5.76(111)		5.25(110)
	5.22(320)		5.67(100)		4.47(111)
	5.12(331)		5.00(210)		5.01(112)

续表

元素	Φ/eV	元素	Φ/eV	元素	Φ/eV
Au	5.10	Ge	5.00		4.18(113)
	5.47(100)		4.80(111)		4.30(116)
	5.37(110)	Se	5.9	Hg	4.49
	5.31(111)	Be	4.98	Nb	4.3
Pd	5.12	B	4.45		4.02(001)
	5.6(111)	Al	4.28		4.87(110)
Ni	5.15		4.41(100)		4.36(111)
	5.22(100)		4.06(110)		4.63(112)
	5.04(110)		4.24(111)		4.29(113)
	5.35(111)	Si	4.85n		3.95(116)
Cu	4.65		4.91p(100)		4.18(310)
	4.59(100)		4.60p(111)	Fe	4.50
	4.48(110)	V	4.30		4.67(100)
	4.94(111)	Mn	4.10		4.81α(111)
	4.53(112)	Zn	4.33		4.71α
C	5.0		4.90(0001)		4.62β
Co	5.0	Ga	4.30		4.68γ
Ru	4.71	Zr	4.05	Mg	3.66
Ag	4.26	Rh	4.98	Sc	3.5
	4.64(100)	In	4.12	As	3.75(111)
	4.52(110)	Sn	4.42	Y	3.1
	4.74(111)	Sb（无定形）	4.55	La	3.5
Mo	4.6		4.70(100)	Nd	3.2
	4.53(100)	Re	4.96	Gd	3.1
	4.95(110)		5.75(1011)	Tb	3.0
	4.55(111)	Os	4.83	Lu	3.3
	4.36(112)	Cd	4.22	Li	2.93
	4.50(114)	Te	4.95	Na	2.75
	4.55(332)	Ta	4.25	K	2.30
Cr	4.5		4.15(100)	Ca	2.90
Bi	4.22		4.80(110)	Rb	2.16
Ti	4.33		4.00(111)	Ce	2.9
Pb	4.25	Tc	4.88		

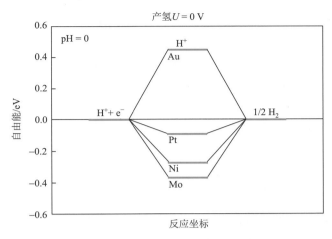

图 8-3　计算得到的不同金属的产氢自由能图（$U = 0$ V vs.SHE，pH $= 0$）[118]

　　从提高可见光吸收这个角度分析，由于 Au 的等离子体吸收波长在可见光范围内[124]，所以 Au 能够显著提高材料的可见光吸收效率。为了观察到 Au 纳米颗粒的 SPR 效应的直接证据，Zhang 等[19]制备了 Au/Pt 共修饰的 TiO$_2$ 纳米纤维，并测试了其在 420 nm 和 550 nm 双光束照射下的光催化产氢速率，实验结果表明，Au/Pt/TiO$_2$ 纳米纤维的产氢活性依赖于入射光的波长，这证明了其产氢活性与 Au 的等离子体吸收存在相关性。

　　为了同时利用金属助催化剂对可见光吸收的增强和对光生载流子迁移的促进作用，可以利用 Au/Pt 双金属助催化剂修饰半导体光催化剂以得到更高的光催化活性[24,25,27,28,108]。比如，Tanaka 等[108]制备了 Au/TiO$_2$/M（M = Pt、Pd、Ru、Rh、Au、Ag、Cu 和 Ir）光催化剂，他们发现 Au/TiO$_2$ 和 Au/TiO$_2$/Pt 在 550 nm 处的光吸收有明显增强，这是由 Au 颗粒的 SPR 效应引起的，此外，Au/TiO$_2$/M 的产氢速率大小依次为 Au/TiO$_2$/Pt＞Au/TiO$_2$/Pd＞Au/TiO$_2$/Ru＞Au/TiO$_2$/Rh＞Au/TiO$_2$/Au＞Au/TiO$_2$/Ag＞Au/TiO$_2$/Cu＞Au/TiO$_2$/Ir，表明 Pt 相比其他金属助催化剂具有更好的电子捕获作用。

　　金属 Pd 也可以俘获电子并提供催化反应活性位点。Jiang 等[15]设计了一种结构新颖的 Au/Pd/TiO$_2$ 异质结光催化剂，在这个结构中，Au 纳米立方块、Au 纳米笼和 Pd 纳米立方块共同修饰在 TiO$_2$ 纳米片的表面，TiO$_2$ 和 Au、Pd 助催化剂之间形成面与面的相互接触 [图 8-4（a）]。UV-vis-NIR 漫反射光谱测试 [图 8-4（b）] 结果表明，Au 纳米立方块和 Au 纳米笼可以分别吸收可见光和近红外光，这是因为改变 Au 的形貌和尺寸可以调控 Au 的表面等离子体吸收波长；Pd 在可见-红外光区的等离子光吸收很弱，只有微弱的宽峰，这是由 Pd 纳米立方块在二维 TiO$_2$ 纳米片表面的带间电子跃迁和高散射引起的。由于 Au 纳米立方块和 Au 纳米笼增强了可见光和红外光吸收，Pd 纳米立方块有出色的电子捕获能力和丰富的产氢催化反应活性位点，Au/Pd/TiO$_2$ 复合材料的光催化产氢活性大幅提高。

　　类似地，金属 Pd 也可以与 p 型半导体复合，捕获光生空穴并促进电荷转移。比如，Bai 等[125]制备了同时暴露(001)晶面和(110)晶面的 p 型 BiOCl 纳米片，将 Ag 纳米晶选择性地沉积在 BiOCl 的(001)晶面上，Pd 纳米晶沉积在(110)晶面上。Ag/(001)BiOCl(110)/Pd

体系中的电荷迁移路径由三个效应决定:由于 BiOCl 纳米片(001)晶面和(110)晶面的能级差异,光生空穴会从 BiOCl 的(001)晶面流向(110)晶面;在 SPR 效应的作用下,热空穴会从 Ag 注入 BiOCl(001)晶面;在肖特基势垒作用下,Pd 纳米晶不仅可以捕获由可见光激发 Ag 产生的热空穴,还可以捕获由紫外光激发 BiOCl 产生的空穴。BiOCl(110)/Pd 的肖特基异质结和 Ag/(001)BiOCl 的 SPR 效应共同促进了光生空穴的捕获和转移,从而增强了三元复合光催化剂在全光谱中的光催化性能。

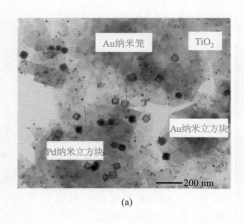
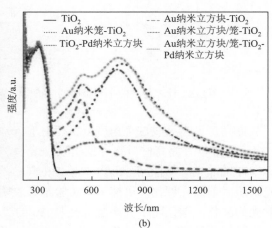

图 8-4　不同样品的微观形貌及光学性质[15]

(a)Au 纳米立方块/笼-TiO$_2$-Pd 纳米立方块复合材料的 TEM 图;(b)样品 TiO$_2$ 纳米片、Au 纳米立方块-TiO$_2$、Au 纳米笼-TiO$_2$、Au 纳米立方块/笼-TiO$_2$、TiO$_2$-Pd 纳米立方块和 Au 纳米立方块/笼-TiO$_2$-Pd 纳米立方块的 UV-vis-NIR 漫反射光谱图

双金属助催化剂除以两种独立的金属纳米颗粒方式结合外,还可以形成双金属纳米合金[17,29]。据报道,在光催化 CO$_2$ 还原反应中,Cu 和 Pt 起着不同的作用,Cu 一般作为活化 CO$_2$ 的活性位点,而 Pt 倾向于为 CO$_2$ 氢化提供质子[17]。如果 Cu 和 Pt 纳米颗粒分别沉积在半导体表面,Cu 和 Pt 纳米颗粒的接触可能不会很紧密,就会抑制质子从 Pt 纳米颗粒转移到位于 Cu 纳米颗粒上的 CO$_2$ 还原中间产物上并参与 CO$_2$ 还原反应。而在 Cu/Pt 合金中,质子和中间产物同时吸附在 Cu/Pt 合金表面,可以缩短质子的迁移距离,促进中间产物的氢化过程,因此,在某些情况下,双金属纳米合金是比纳米颗粒更有效的一种结合方式。

　　TEM 和 XPS 是两种可以从纳米尺度上区分纳米合金和纳米颗粒的测试手段,它们可以从晶格参数、电子性质和低配位表面原子等方面进行区分[3,17,111]。首先,在 TEM 图中,双金属纳米合金的晶面间距介于两种单独的金属纳米颗粒的晶面间距之间,比如,Cu/Pt 合金(111)晶面的晶面间距为 0.223 nm,该数值介于 Pt(111)晶面的晶面间距(0.226 nm)和 Cu(111)晶面的晶面间距(0.209 nm)之间。相似地,TEM 图显示,Cu/Pt 合金(100)晶面的晶面间距为 0.203 nm,介于 Pt(100)晶面的晶面间距(0.392 nm)和 Cu(100)晶面的晶面间距(0.090 nm)之间[17,31]。这些数据表明 Cu/Pt 合金在原子尺度上均匀混合。其次,在纳米合金中,可以根据 d 带电子密度变化引起的元素结合能位移情况来判断两种金属的合金化程度,比如,Cu/Pt 合金中 Cu 的 $2p_{3/2}$ 峰相比单一 Cu 助催化剂负移 0.4 eV[17];Au/Pt 合金中,Pt 和 Au 的元素结合能分别比相应的单金属 Pt 和 Au 降低 0.4 eV 和 0.1 eV[25]。

8.4.2　金属和金属氧化物复合双助催化剂

很多过渡金属氧化物(如 CoO_x[13,35,36]、MnO_x[15,29]、FeO_x[51,126]、RuO_x[40-43]、IrO_x[39]、CuO_x[45,48,127]和 NiO[33]等)都可以作为有效的光催化反应助催化剂。一般来说,金属氧化物对光催化反应的促进作用可以总结为以下几点。

(1)金属氧化物可以和半导体光催化剂形成几种不同类型的异质结(如传统的 II 型异质结、p-n 异质结、直接 Z 型异质结和 S 型异质结),进而促进光生载流子的分离。

(2)金属氧化物可以分别富集电子和空穴,作为还原反应和氧化反应的活性位点。

(3)金属氧化物可以增强可见光吸收。

不同的金属氧化物依照其在光催化反应中俘获载流子的类型可以分为以下三种:

(1)还原型助催化剂,包括 CuO_x 和 NiO 等,用来促进还原反应。

(2)氧化型助催化剂,包括 CoO_x、MnO_x、FeO_x、RuO_x 和 IrO_x 等,用来捕获空穴并作为氧化反应的活性位点。

(3)吸附剂,如 MgO,可以用作碱性吸附位点,促进 CO_2 分子的化学吸附。

Cu_2O 是一种 p 型半导体,禁带宽度为 2.0 eV[128],由于在潮湿环境中很容易氧化,它并不适合作为单独的光催化剂使用。目前,对于 Cu^+、Cu^{2+} 和金属 Cu 在光催化反应中的相互转化过程及作用还存在一定的争议[129]。An 等[127]研究了 $Cu/TiO_2/Cu_2O$ 光催化剂的电荷转移机制,他们认为光生电子从 Cu_2O 的导带经 TiO_2 转移到 Cu 参与还原反应,而光生空穴从 TiO_2 转移到 Cu_2O。然而,Cu_2O 价带空穴的氧化电势不足以将水氧化,因此,Cu_2O 一般被用于促进光催化还原反应的进行。Cu_2O 可以和 Pt[45,48]、Cu[44,49]、Au[47]和 Ag[130]形成复合助催化剂来提高光催化活性。比如,Xiong 等[45]将 Pt 和 Cu_2O 同时负载在锐钛矿相 TiO_2 纳米晶的表面,并研究了 Pt 和 Cu_2O 的相互作用对光催化剂的 CO_2 光还原活性的影响。光催化活性结果表明,Pt 能促进 H_2 和 CH_4 的生成,Cu_2O 抑制了 H_2 的生成,促进了 CH_4 的生成;当 Pt 和 Cu_2O 共同负载在 TiO_2 纳米晶上时,H_2 的生成受到阻碍,CO_2 被选择性地还原为 CH_4。另一项研究也证明,Pt 和 Cu_2O 在光催化反应中具有不同的功能[48],Pt 可以捕获电子并活化 H_2O 分子,而 Cu_2O 更可能为 CO_2 的活化提供活性位点,为此,研究人员设计了核壳结构,将 Cu_2O 包裹在 Pt 纳米颗粒外面,从而抑制了 H_2O 在 Pt 纳米颗粒上的吸附和还原。

光催化反应由两个半反应组成:氧化反应和还原反应,因此,光催化反应的总速率由较慢的反应速率决定。据报道,氧化型助催化剂的沉积也可以驱动光生载流子的分离,并作为氧化活性位点催化氧化反应(如污染物的光催化降解和光催化分解水产氧反应)。目前,金属和金属氧化物双组分助催化剂(如 $Pt-CoO_x$[13,35,36]、$Pt/Ag-MnO_x$[14,15,38]、$Pt/Ag/Au/Pd/Ru-RuO_2$[40-43,122]、$Pt-Fe_2O_3$[51]和 $Pd-IrO_x$[39])已得到广泛研究。双功能助催化剂的同时沉积有利于使光生电子和空穴分别被还原型助催化剂(贵金属)和氧化型助催化剂（金属氧化物）捕获，从而抑制光生电荷的复合，达到电荷分离效率的最大化。

CoO$_x$ 是典型的捕获空穴的氧化型助催化剂。Meng 等[13]通过两步光沉积法制备了选择性沉积 Co$_3$O$_4$ 和 Pt 的锐钛矿相 TiO$_2$ 纳米片，实验结果表明，双助催化剂沉积的 TiO$_2$ 纳米片表现出显著提高的光催化产氢活性，其产氢速率比负载单一 Co$_3$O$_4$ 或单一 Pt 助催化剂的 TiO$_2$ 纳米片分别高出 9.4 倍和 1.8 倍。除典型的光还原方法外，还可以采用原子层沉积（ALD）法制备高度分散的 CoO$_x$ 和 Pt 纳米颗粒[34]，将 Pt 和 CoO$_x$ 纳米团簇分别沉积在管状 TiO$_2$ 的内表面和外表面，分别捕获光生电子和空穴并催化氧化还原反应。

RuO$_2$ 也是有效的富集空穴的金属氧化物助催化剂，可用于提高光催化氧化反应（如分解水产氧、光催化 CO 氧化和光催化有机污染物分解）效率[131-133]。1981 年，Duonghong 等[99]发现，同时负载超细 Pt 和 RuO$_2$ 颗粒能极大地提高水分解过程中 H$_2$ 和 O$_2$ 的产率。Cao 等[40]采用硬模板和湿化学方法设计了双功能的 RuO$_2$/TiO$_2$/Pt 光催化剂，将 RuO$_2$ 和 Pt 纳米颗粒分别组装到 TiO$_2$ 中空微球的外壳和内壳上。TiO$_2$ 中空腔室提供了大的比表面积，可用于吸附有机反应物并通过多次反射增强光吸收，同时，RuO$_2$ 和 Pt 分别促进了光生空穴和电子的转移，从而提高了在紫外光下复合样品的产氢活性和有机污染物分解活性。另外，除了金属 Pt，其他贵金属（如 Au 和 Pd）也可以与 RuO$_2$ 复合以使光催化活性最大化。比如，Rahman 等[134]将 Au 纳米颗粒和 RuO$_2$ 分别沉积在 TiO$_2$ 空心球的内外表面（Au/TiO$_2$/RuO$_2$）并研究了该复合光催化剂的分解水产氢活性。结果表明，Au/TiO$_2$/RuO$_2$ 的产氢速率相比 Au/TiO$_2$ 提高了一倍。

IrO$_x$ 也是一种可以促进产氧反应的贵金属氧化物助催化剂。Niishiro 等[135]在 Rh 和 Sb 共掺杂的 SrTiO$_3$ 光催化剂上分别负载质量分数为 0.3% 的 Pt 和 3.0% 的 IrO$_x$ 用作可见光催化产氢和产氧的助催化剂。在 420 nm 的光的照射下，Pt(0.3%)/SrTiO$_3$：Rh/Sb 和 IrO$_x$(3.0%)/SrTiO$_3$：Rh/Sb 的产氢和产氧表观量子效率分别达 0.8% 和 4.5%。Ma 等[39]研究了还原型助催化剂（Pt）和氧化型助催化剂（IrO$_x$）对 TiO$_2$ 产氢的协同作用。他们发现，紧密接触的双助催化剂比空间分离的双助催化剂能更有效地提高光催化活性，这与通常的观点（即空间分离的双助催化剂对抑制电荷复合更有效）相反。Hung 等[136]设计了 Au/IrO$_x$ 双助催化剂修饰的 TiO$_2$ 纳米棒阵列光电极，其中，IrO$_x$ 可以调控电解质与等离子激元（Au 纳米颗粒）之间的界面性质，促进热空穴的分离，加速水氧化动力学。

除抑制光生电子和空穴复合外，金属氧化物还可以充当吸附剂，以更好地吸附反应物。MgO 是一种常见的碱性氧化物，可用于提高 CO$_2$ 吸附能力并增强光催化 CO$_2$ 转化活性；MgO 还是一种具有 8～9 eV 的宽带隙的绝缘体[137]，这不利于作为电荷转移的中间体。尽管有些文献中报道了 MgO 在分离光生载流子方面有一定作用[138]，但是研究者们更多地认为 MgO 只是一种有效的 CO$_2$ 吸附剂[137]。Xie 等[137]将 MgO 薄层和负载 Pt 的 TiO$_2$ 复合，并研究了其光催化 CO$_2$ 还原活性。他们首先通过测试一系列碱性金属氧化物（包括 SrO、CaO、BaO、La$_2$O$_3$ 和 Lu$_2$O$_3$）改性的 Pt/TiO$_2$ 光催化剂的 CO$_2$ 化学吸附量来评估催化剂的碱性强弱，结果发现 MgO 表现出较高的 CO$_2$ 化学吸附量（图 8-5）。继续研究 MgO 含量对光还原活性的影响可以发现，负载适当含量的 MgO 有利于提高催化剂表面的 CO$_2$ 分子密度，促进 CO$_2$ 分子的活化，但如果负载的 MgO 层过厚，就会覆盖 Pt 颗粒，阻碍光生电子从 Pt 活性位点转移到表面吸附的反应物分子上，不利于光催化反应的进行。

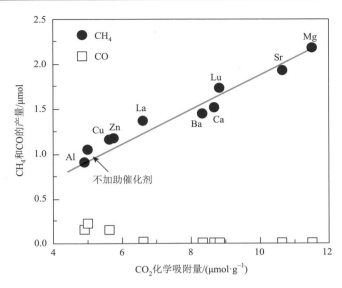

图 8-5　负载不同碱性金属氧化物的 Pt/TiO_2 光催化剂上 CO_2 化学吸附量与 CH_4 和 CO 产量之间的相关性示意图[137]

8.4.3　金属和金属硫化物复合双助催化剂

过渡金属硫化物（如 MoS_2、WS_2、Ag_2S、CuS 和 NiS）也可以用作光催化反应的有效助催化剂[139-141]。一般来说，将过渡金属硫化物用作硫化物半导体的助催化剂更合适，这是因为它们的组成更为相似（都包含 S^{2-}），有利于在复合界面处形成低缺陷密度的共价键，形成牢固、紧密的接触界面，从而实现高效的电荷转移[5]。

二维层状二硫化钼（MoS_2）因其出色的理化性质引起了研究者们极大的兴趣，它具有以下优点。

（1）MoS_2 作为非贵金属材料具有较低的成本。

（2）金属相 $1T-MoS_2$ 具有高电导率。

（3）由于独特的二维层状结构，MoS_2 具有大的接触面积，因此容易与其他材料复合形成紧密的接触界面。

（4）暴露的边界硫原子可以提供丰富的活性位点。

（5）MoS_2 具有良好的性能稳定性。

（6）通过调整 MoS_2 的原子层数可以调节其带隙宽度。由于量子限域效应，通过减少原子层数可以将 MoS_2 的带隙从 1.2 eV（体相）调节到 1.9 eV（单层），这样，MoS_2 的导带底可以被调节到更负的位置，进而增强 MoS_2 导带电子的还原能力。

基于以上优点，MoS_2 成为一种有效的光催化反应助催化剂。Liu 等[142]制备了 MoS_2 量子点修饰的 $g-C_3N_4$ 纳米片，其产氢速率较纯 $g-C_3N_4$ 提高了 8.2 倍。荧光光谱和光电测试结果显示，MoS_2 量子点的引入显著地促进了光生电子的迁移，降低了产氢反应的过电势，负载质量分数为 2% 的 Pt 助催化剂后，该三元复合光催化剂的光催化产氢速率进一步提高，达到 577 $\mu mol \cdot h^{-1} \cdot g^{-1}$。

除 MoS_2 外，研究人员还研究了其他过渡金属硫化物助催化剂，如 CuS 和 NiS[143,144]。Chen 等[140]采用电沉积和连续离子层吸附和反应（SILAR）方法制备了以 Au 和 CuS 纳米颗粒修饰的 TiO_2 纳米带[140]，通过对 Au 和 CuS 的改性，复合材料的光吸收范围可以扩展到可见光区域，并且，CuS 是带隙为 2.0 eV 的 n 型半导体，它和 TiO_2 可以形成异质结，从而加快电荷分离和迁移，提高光催化活性。

8.4.4　金属和石墨烯复合双助催化剂

石墨烯是一种二维单层石墨片，由 sp^2 杂化的碳原子组成，具有出色的物理性质，比如大的比表面积（理论值高达 2600 $m^2 \cdot g^{-1}$）、强的光吸收、迅速的电荷传输速率、高导电性、高导热性和高的机械强度等[6]。基于以上优点，石墨烯作为助催化剂主要起以下几个作用。

（1）石墨烯很大的理论比表面积可以为反应物分子（如染料分子和 CO_2 分子）提供更多的吸附和催化活性位点[145,146]。

（2）石墨烯可以作为载体负载纳米催化剂，阻止其团聚[147]，提高复合催化剂的比表面积。

（3）黑色的石墨烯能够提高材料的光吸收[18,20]。

（4）石墨烯优异的电子传导性能使其成为一种有效的电子中间体，能够促进电荷的转移[60,148]。

计算结果显示，通过调控石墨烯表面的功能团，可以将石墨烯的功函数调整为 4.2～6.8 eV[60]。如果石墨烯的功函数比半导体光催化剂更大，石墨烯就可以接收光催化剂导带上的光生电子，从而抑制其表面电荷的复合，延长光生电荷的寿命。

石墨烯作为助催化剂被应用于光催化反应始于 2010 年[88,89]。Zhang 等[88]以钛酸四正丁酯和石墨烯为原料，采用溶胶-凝胶法制备了二氧化钛/石墨烯复合光催化材料，并研究了石墨烯的质量分数对复合材料的光催化分解水产氢活性的影响[88]。结果表明，当石墨烯的质量分数为 5%时，复合光催化剂的产氢速率达到最大值；但是过量的石墨烯会引入电子-空穴复合中心，导致光催化活性的降低。几乎在同一时间，Zhang 等[89]采用简单的一步水热法制备了 P25/石墨烯纳米复合光催化剂，水热过程同时实现了石墨烯的还原和 P25 在石墨烯上的沉积，制得的 P25/石墨烯纳米复合光催化剂表现出良好的染料吸附能力、拓宽的光响应范围和有效的电荷分离效率，因此，相比纯 P25 和 P25/CNT，P25/石墨烯的光催化降解甲基蓝的反应速率显著提升。基于石墨烯在光催化反应中的优异表现，研究人员进一步将石墨烯与其他半导体材料（如 C_3N_4[149]、金属硫化物[150]、氧化物[151]等）进行复合，并研究了石墨烯在复合光催化材料中所起的作用。

除单独用作助催化剂之外，石墨烯还可以和金属构成复合助催化剂，协同提高半导体的光催化活性。由表 8-2 的数据可知，石墨烯的功函数比大部分金属助催化剂（Pt、Au、Cu 和 Pd 等）的功函数小，因此，光生电子容易从石墨烯转移到金属。在光照条件下，三元复合催化剂中电子的转移路径一般是从半导体经过石墨烯最终转移到金属，接着，贵金属助催化剂捕获电子并参与还原反应。以贵金属 Pt 为例，光照下，$Pt/TiO_2/rGO$

催化剂上光生电子的转移路径是 TiO$_2$→rGO→Pt（图 8-6）。Cho 等[152]证实了这种定向的电子转移路径，他们制备了一种石墨烯和 Pt 同时修饰的 TiO$_2$ 光催化剂。石墨烯和 TiO$_2$ 之间具有紧密的接触界面，使得界面电荷从 TiO$_2$ 传输到石墨烯；接着，电子从石墨烯转移到 Pt 纳米颗粒。在石墨烯和 Pt 同时存在的情况下，TiO$_2$ 表面的光生载流子复合率达到最低，光催化活性大幅提升。Wang 等[153]采用分步光还原法制备了 Pt/TiO$_2$/rGO 复合催化剂，并研究了其光催化活性。光电测试结果［图 8-7（a）］显示，复合光催化剂的电流密度是 TiO$_2$ 的 3 倍。理论计算表明，TiO$_2$ 的原始禁带区域被 C 的 2p 轨道占据，说明电子从 TiO$_2$ 转移到了石墨烯；接着，电子继续从石墨烯转移到 Pt 纳米颗粒，最终参与产氢反应。基于 rGO 和 Pt 的协同增强作用，Pt/TiO$_2$/rGO 具有优异的光催化产氢速率，是 TiO$_2$ 的 81 倍［图 8-7（b）］。

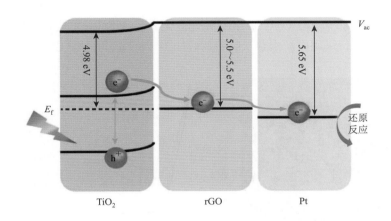

图 8-6　紫外光照射下 Pt/TiO$_2$/rGO 光催化剂的光生电荷转移路径

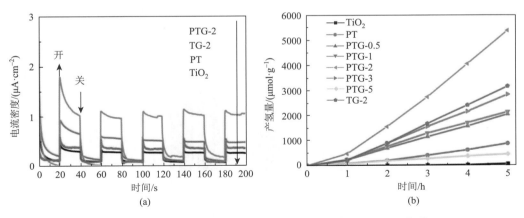

图 8-7　复合样品的瞬态光电流响应曲线和光催化产氢活性[153]

（a）样品 TiO$_2$、PT（Pt/TiO$_2$）、TG-2（TiO$_2$/2%rGO）和 PTG-2（Pt/TiO$_2$/rGO-x，x 表示 rGO 的质量分数为 x%，x = 0.5, 1, 2, 3, 5）的瞬态光电流响应曲线；（b）TiO$_2$、PT、TG-2 和 PTG-x 的光催化产氢活性

石墨烯与金属 Cu、Ag 和 Pd 结合时也具有相似的电子转移路径[148,154,155]。Lv 等[148]

采用 Cu 和石墨烯为助催化剂制备了一种成本较低的 TiO₂ 基光催化剂。Cu/rGO/P25 的产氢速率是 P25 的 5 倍，与 Pt/rGO/P25 的性能相当。光照下，光生电子从 TiO₂ 的价带跃迁到导带，由于 graphene/graphene·⁻ 的氧化还原电势低于 TiO₂ 的导带位置，电子从 TiO₂ 导带转移到石墨烯；接着，由于石墨烯具有高的电子传导率，电子从石墨烯转移到 Cu 纳米簇上，将吸附的 H⁺ 还原生成 H₂（TiO₂ 导带上的电子也可以直接转移到位于 TiO₂ 表面的 Cu 纳米簇或石墨烯的 C 原子上与 H⁺ 反应）；最终，光生电子和空穴被有效地分离，催化活性位点的数目增加，光催化产氢性能显著增强。

当可见光作为光源且等离子体贵金属（Au 和 Ag）作为助催化剂时，电子的转移方向与上述情况会有所区别。由于贵金属的 SPR 效应，贵金属纳米颗粒能够吸收太阳光中的可见光，生成热电子，热电子被注入半导体的导带，然后，半导体导带上的电子向石墨烯转移。这种连续的界面电荷转移可以有效地抑制光生载流子的复合，延长它们的寿命。Wang 等[18]在 2014 年报道了 TiO₂/GO/Au 三元光催化体系，该催化剂是以 P25、氧化石墨烯和氯金酸作为前驱体，采用微波水热法制备的。如图 8-8（a）所示，12～15 nm 的 Au 纳米

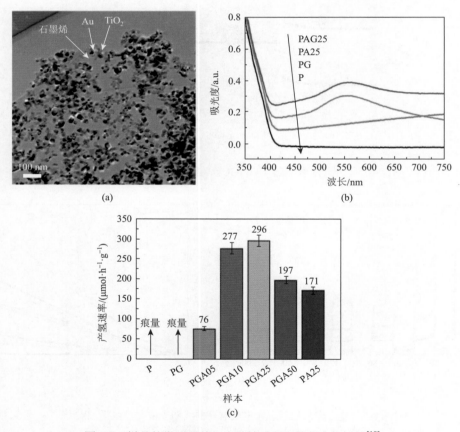

图 8-8　样品的微观形貌、光学性质和光催化产氢活性[18]

（a）PGA25（含有质量分数为 0.25% 的 Au 的 TiO₂/GO/Au 复合光催化剂，余同）的 TEM 图；（b）P（纯 TiO₂）、PG（TiO₂/GO）、PA25（含有 0.25% 的 Au 的 TiO₂/Au）和 PGA25 的 UV-vis 光谱图；（c）样品 P、PG、PGA05、PGA10、PGA25、PGA50 和 PA25 在 420 nm LED 灯照射下的光催化产氢活性

颗粒均匀地分布在 TiO_2 的表面，同时，二维薄层状石墨烯片作为 TiO_2 和 Au 纳米颗粒的载体。UV-vis 光谱图［图 8-8（b）］显示，Au 和石墨烯都可以将光吸收范围扩展至可见光区域，并且在 550 nm 处有一个宽吸收峰，这是 Au 的 SPR 效应引起的。光催化产氢活性结果［图 8-8（c）］显示，只有石墨烯作为助催化剂时，催化剂的产氢性能没有明显变化，这是因为 P25 和石墨烯都不能被可见光激发产生光生电子；当加入 Au 纳米颗粒后，产氢性能明显提升，说明 Au 在可见光激发的光催化产氢反应中起到了关键作用。

Ag 也是一种等离子体金属，同样可以利用可见光并产生热电子，然而，Ag 与 TiO_2 结合并不能有效地利用热电子，其原因在于 Ag 的功函数比较小。我们知道，当金属的功函数（W_m）大于半导体的功函数（W_s）（$W_m > W_s$）时，在金属和半导体界面处可以形成肖特基势垒，阻止热电子从半导体回流到金属[60]；当 $W_m < W_s$ 时，不能形成肖特基势垒，热电子会回流到金属，不能被半导体表面捕获并用于还原反应。因此，和功函数为 5.47 eV 的 Au 相比，功函数为 4.64 eV 的 Ag 不足以与 TiO_2 形成肖特基势垒。在这种情况下，石墨烯一般可以作为传递电子的桥梁，将热电子从等离子体金属转移到半导体。

Lang 等[60]报道了石墨烯可以作为电子传输通道使热电子从 Ag 纳米立方块转移到 TiO_2 纳米片（图 8-9），他们制备了纯的 TiO_2、二元 Ag/TiO_2 复合物、三元 $Ag/rGO/TiO_2$ 复合物（TiO_2 纳米片和 Ag 纳米立方块同时负载在石墨烯纳米片上）。在可见光照射下，单一的 TiO_2 没有表现出催化活性；同样，Ag/TiO_2 二元催化剂也没有可见光活性，这表明 Ag 的 SPR 效应并没有起作用。理论计算结果显示，Ag(100)晶面的功函数为 4.28 eV，比 TiO_2 的功函数（4.89 eV）低，因此不能形成肖特基势垒，Ag 受光激发产生的热电子会从 TiO_2 回流到 Ag。有趣的是，三元 $Ag/rGO/TiO_2$ 复合物表现出显著提升的光催化产氢速率，表明热电子从 Ag 转移到了 TiO_2 参与光催化反应，这是因为 Ag 产生的热电子先转移到石墨烯片上面，然后，由于石墨烯的功函数为 5.0～5.5 eV，TiO_2 和石墨烯之间可以形成肖特基势垒，在光照条件下，电子从石墨烯转移到 TiO_2 导带，参与产氢反应。值得注意的是，$Ag/rGO/TiO_2$ 复合光催化剂还有其他不同的电子转移路径，这是因为晶体结构、接触界面、表面自由基和缺陷等因素可能造成 Ag 和石墨烯的功函数有所差别[156]。

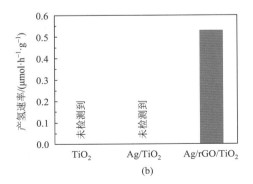

(a)　　　　　　　　　　　　　　　　　(b)

图 8-9　样品的微观形貌和光催化产氢活性[60]

（a）$Ag/rGO/TiO_2$ 的 TEM 图；（b）TiO_2 纳米片、Ag/TiO_2 和 $Ag/rGO/TiO_2$ 复合光催化剂的光催化产氢活性

除传导电荷外，石墨烯也能有效地吸附染料分子，提高光催化染料降解活性，这是因为石墨烯可以和有机分子形成 π-π 共轭。Wen 等[21]制备了 Ag/P25/rGO 纳米复合物，并研究了催化剂在黑暗条件下对染料分子的吸附作用，结果显示，石墨烯对甲基蓝分子有较强的吸附作用，这是由于：①石墨烯具有大的比表面积；②由于 π-π 共轭，石墨烯和芳香类染料分子之间有强的化学亲和能。此外，石墨烯还能够作为纳米颗粒生长的载体，抑制纳米颗粒的团聚。Zhao 等[147]报道了 rGO 为主体的 Au/TiO$_2$/rGO 纳米结构，其中 Au/TiO$_2$ 纳米颗粒均匀分布在还原氧化石墨烯纳米片上。单层石墨烯纳米片和均匀分散的 Au 和 TiO$_2$ 纳米颗粒有利于电荷的分离和迁移。

8.4.5　石墨烯和金属氧化物复合双助催化剂

前面已经提到，金属氧化物助催化剂可以和半导体形成异质结来促进电荷的分离和迁移。比如，p 型半导体 NiO 和 Cu$_2$O，可以和 n 型半导体（如 TiO$_2$、C$_3$N$_4$ 和 CdS 等）形成 p-n 异质结。当 p 型半导体与 n 型半导体复合后，由于费米能级的差异，电子会定向地从 n 型半导体流向 p 型半导体，并富集在界面处靠近 p 型半导体的一侧，因此，在界面处会形成一个内建电场，电场方向从 n 型半导体指向 p 型半导体。光照时，在内建电场作用下，电子从 p 型半导体转移到 n 型半导体，空穴则向反方向移动，这样，光生电子和空穴可以分别被转移到两种半导体上，从而抑制光生载流子的复合。在 p-n 异质结界面处引入石墨烯后，石墨烯可以作为电子传输的桥梁，进一步促进电荷的分离。Ganesh Babu 等[157]将 rGO 包裹的 Cu$_2$O 微球负载于 C$_3$N$_4$ 光催化剂上，这种方法使得 rGO 正好位于 Cu$_2$O 和 C$_3$N$_4$ 异质结的界面处，加快了光生载流子的迁移，从而增强了光催化活性。Ag$_2$O 是一种带隙为 1.46 eV 的 p 型半导体[158]，将 Ag$_2$O 与 TiO$_2$ 复合可以形成 p-n 异质结，促进光生电荷的分离和转移。然而，在光照下 Ag$^+$很容易被光生电子还原为金属 Ag，使得 Ag$_2$O/TiO$_2$ 表现出较差的光催化稳定性[159]。由于石墨烯具有高电导率和大的电荷转移速率，将石墨烯与 Ag$_2$O 复合就可以有效地将光生电子从 Ag$_2$O 转移到石墨烯，抑制 Ag$^+$的还原，从而提高 Ag$_2$O/TiO$_2$ 的稳定性。Hu 等[160]制备了三元 rGO/Ag$_2$O/TiO$_2$ 复合材料，rGO 作为电子传输介体，将 Ag$_2$O 导带的光生电子传递到 TiO$_2$ 的价带，提高了 Ag$_2$O/TiO$_2$ 复合材料的光催化活性和稳定性。

8.4.6　石墨烯和金属硫化物复合双助催化剂

常见的和石墨烯复合的硫化物助催化剂有 MoS$_2$、NiS$_2$、Ag$_2$S、PbS、CuS、CoS$_2$ 等，其中，因为具有和石墨烯类似的二维层状结构和高的电子传导率，MoS$_2$ 得到了广泛的研究。MoS$_2$ 和石墨烯的引入可以增强可见光吸收[20]、提供更多的吸附和反应活性位点[145]、提高比表面积[20]并促进界面电荷传输[16]。

Xiang 等[16]报道了采用两步水热法制备 MoS$_2$/石墨烯共修饰的 TiO$_2$ 纳米颗粒光催化剂并用于光催化产氢反应。如图 8-10 所示，TiO$_2$ 纳米颗粒均匀地分散在层状 MoS$_2$/石墨烯复合物上。MoS$_2$ 和石墨烯助催化剂的引入大大地增强了复合光催化剂的产氢量，并且，MoS$_2$ 和石墨烯的比例对产氢量的影响很大。他们根据实验结果提出了复合光催化剂的电荷转移机制：TiO$_2$ 受到紫外光激发，电子被激发到导带；由于 TiO$_2$ 的导带底比 graphene/graphene$^{\bullet-}$ 的氧化还原电势更负，TiO$_2$ 导带上的电子会转移到石墨烯；由于石墨烯具有高的电子传导率，石墨烯上的电子很容易进一步转移到相邻的层状 MoS$_2$；MoS$_2$ 上具有丰富的表面暴露的 S 原子，它可以作为反应活性位点，促进水的活化和氢气的产生。总之，石墨烯和 MoS$_2$ 复合助催化剂使得光催化剂具有高效的界面电荷传输、延长的载流子寿命及丰富的吸附和反应活性位点，进而增强了光催化活性。

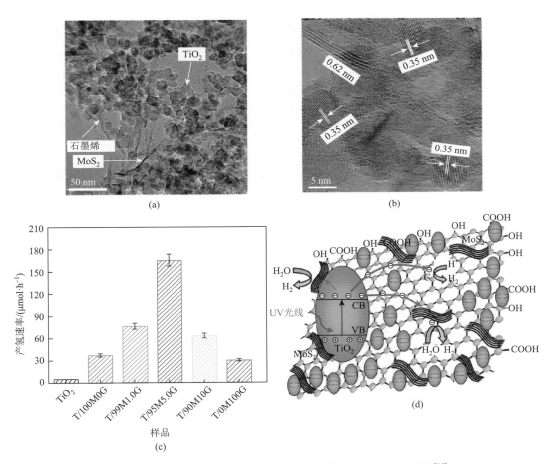

图 8-10　样品的微观形貌、光催化产氢活性及电荷转移示意图[16]

（a）、（b）TiO$_2$/MoS$_2$/石墨烯复合材料的 TEM 图和 HRTEM 图，0.62 nm 和 0.35 nm 分别对应 MoS$_2$ 和石墨烯的层间距；（c）负载不同质量分数的 MoS$_2$ 和石墨烯的 TiO$_2$/MoS$_2$/石墨烯复合材料的光催化产氢活性，T/xMyG 表示助催化剂中含有 x% 的 MoS$_2$ 和 y% 的石墨烯；（d）TiO$_2$/MoS$_2$/石墨烯复合材料的电荷转移示意图

　　MoS$_2$ 量子点也可以和石墨烯复合形成助催化剂。Gao 等[20]采用简单的一步水热法制备了 MoS$_2$ 量子点/石墨烯/TiO$_2$ 光催化剂。有趣的是，只有当石墨烯存在的时候，才能制得 MoS$_2$ 量子点，这归因于溶剂中石墨烯片和 Mo 的前驱体的功能团之间的相互作用。除

了传统的石墨烯片，研究人员还开发了 3D 石墨烯气凝胶。Han 等[145]制备了 3D 贯通的网络状石墨烯气凝胶，并将 TiO$_2$ 纳米颗粒均匀分布在 MoS$_2$ 纳米片和石墨烯气凝胶上。这种独特的 3D 石墨烯气凝胶具有多孔结构，与超薄 MoS$_2$ 一起提供了吸附活性位点和催化反应中心。

研究人员还研究了一系列的金属硫化物助催化剂，包括 CoS$_2$、PbS、CuS 和 Ag$_2$S，他们将石墨烯和这些硫化物纳米颗粒复合形成助催化剂，并评估了复合光催化剂在可见光条件下对 MB 或 RhB 的降解性能。他们提出，这些硫化物具有比 TiO$_2$ 更小的禁带宽度，可以被可见光激发产生光生电子和空穴，然后空穴和吸附在 TiO$_2$ 表面的 OH$^-$结合生成 ·OH，而电子则通过石墨烯传输到 TiO$_2$ 上[161-165]。当然，电子也可以和 TiO$_2$ 表面的吸附氧形成 ·O$_2^-$。最终，光生电子-空穴对得到了有效的分离，使得三元硫化物/石墨烯/TiO$_2$ 催化剂表现出很高的光催化去除污染物的活性。

8.5　双助催化剂的表界面调控

在光催化反应中，复合光催化剂的表面和界面性质能够显著影响光催化反应的活性和产物选择性。一方面，光催化剂的表面不仅是反应物分子吸附和活化的位点，也是氧化还原反应的催化活性位点；另一方面，半导体光催化剂与助催化剂的界面是光生电荷分离、传输和转移的位置，因此，双助催化剂与半导体之间的表界面调控对光催化活性的提升起着重要的作用。对于单一的助催化剂，助催化剂和半导体之间的位置关系很简单（图 8-11）；但是对于双助催化剂，它们和半导体之间的结构就比较复杂，当三者复合以后，双助催化剂和半导体之间能够形成不同类型、不同数目的接触界面和暴露表面，这影响着复合光催化体系的电荷传输和氧化还原反应活性位点。据此，双助催化剂与半导体的复合结构可以分为三类（图 8-12）：

（1）随机沉积的双助催化剂；

（2）依赖于晶面选择性沉积的双助催化剂；

（3）核壳结构（半核壳结构和全核壳结构）的双助催化剂。

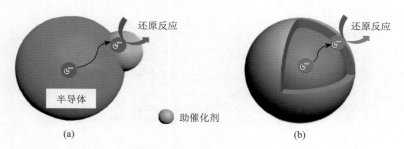

图 8-11　单一助催化剂与半导体复合的不同结构示意图[9]

（a）随机沉积；（b）核壳结构

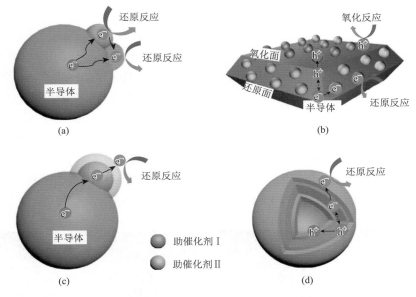

图 8-12　双助催化剂与半导体复合的不同结构示意图[9]

（a）随机沉积；（b）晶面选择性沉积；（c）半核壳结构；（d）全核壳结构

8.5.1　随机沉积的双助催化剂

通常，双助催化剂是随机沉积在半导体表面的［图 8-12（a）］，这种情况下，双助催化剂和半导体三者之间彼此接触，形成三种不同的接触界面（半导体和助催化剂Ⅰ的界面，半导体和助催化剂Ⅱ的界面，以及助催化剂Ⅰ和助催化剂Ⅱ的界面），这种情况下，光生电荷不仅可以从半导体转移到助催化剂Ⅰ和助催化剂Ⅱ，也可能从助催化剂Ⅰ转移到助催化剂Ⅱ。如果双助催化剂随机沉积在半导体表面并形成紧密的接触，这种沉积模式十分有利于电荷转移；然而，如果还原型助催化剂和氧化型助催化剂相互紧密接触，就会导致光生电子和空穴的复合概率增高，因此，有必要设计新型的结构对双助催化剂进行空间分离。

8.5.2　晶面选择性沉积的双助催化剂

依照前文所述，还原型助催化剂能够富集电子并作为还原反应的活性位点，氧化型助催化剂可以富集空穴并作为氧化反应的活性位点。当这两种助催化剂随机沉积在半导体表面时，光生载流子不能有效地分离，并且容易发生逆反应（如 H_2 和 O_2 反应形成 H_2O）。

近年来，双助催化剂在半导体不同晶面上的选择性沉积引起了研究者们的广泛关注和研究。对于同时暴露不同晶面的半导体而言，不同晶面之间由于表面原子排列状态不同而具有不同的能带结构。以 TiO_2 为例，DFT 计算结果表明，$TiO_2(001)$晶面的导带和价带位置都比(101)晶面的导带和价带位置高，这导致了晶面异质结的形成[166]。由于晶面异质结的存在，光生电子和空穴会分别迁移到 TiO_2 的(101)晶面和(001)晶面上，使得(101)晶面和

(001)晶面分别富集电子和空穴，成为还原反应和氧化反应的活性位点［图 8-12（b）］。类似的半导体还有 $BiVO_4$[81,167]、Cu_2O[168]、CeO_2[169]、$BiOCl$[125]、Cu_2WS_4[170]等。

双助催化剂的空间分离可追溯到 Ohno 等[80]2002 年的报道。他们发现 Pt 倾向于沉积在金红石相 TiO_2 的(110)晶面上，而 PbO_2 倾向于沉积在金红石相 TiO_2 的(011)晶面或锐钛矿相 TiO_2 的(001)晶面，该结果表明，通过调整 TiO_2 的暴露晶面可以提高光生电子和空穴的分离效率。接着，2013 年，Li 等[81]以 $BiVO_4$ 为模型光催化剂，研究了 $BiVO_4$ 的(010)晶面和(110)晶面上电荷的分离情况。他们通过 DFT 方法计算了 $BiVO_4$ 的(010)晶面和(110)晶面的能级，证实(010)晶面是可以富集电子的还原面，而(110)晶面是富集空穴的氧化面。基于此，他们将还原型助催化剂（如 Au、Ag 和 Pt）和氧化型助催化剂（如 MnO_x、PbO_2）分别选择性地沉积在(010)晶面和(110)晶面上（图 8-13），使得光催化水氧化反应性能得到了有效的提升。

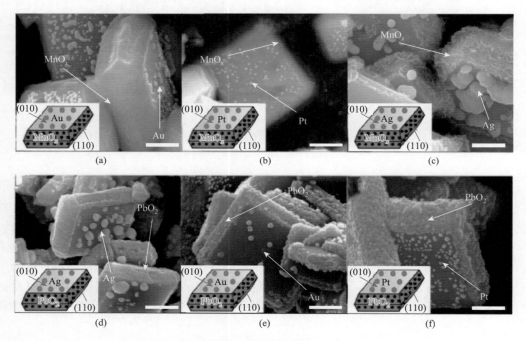

图 8-13　不同样品的 SEM 图[81]

（a）Au/MnO_x/$BiVO_4$；（b）Pt/MnO_x/$BiVO_4$；（c）Ag/MnO_x/$BiVO_4$；（d）Ag/PbO_2/$BiVO_4$；（e）Au/PbO_2/$BiVO_4$；（f）Pt/PbO_2/$BiVO_4$；比例尺均为 500 nm

2016 年，Meng 等[13]采用两步光沉积法制备了 TiO_2/Co_3O_4/Pt 三元复合光催化剂，其中，Co_3O_4 和 Pt 分别选择性地沉积在 TiO_2 的(001)晶面和(101)晶面上作为水氧化助催化剂（WOC）和水还原助催化剂（WRC）。相比随机沉积了 Co_3O_4 和 Pt 的 TiO_2 纳米片，TiO_2/Co_3O_4/Pt 三元复合光催化剂具有显著提升的光催化产氢活性。研究结果表明，TiO_2 的(001)晶面和(101)晶面形成的表面结能够促进光生电荷的分离和迁移，而空间分离的双助催化剂能够捕获光生电荷，抑制其复合，并作为氧化还原反应的活性位点，促进光催化反应的发生（图 8-14）。为了直观地观察双助催化剂在不同晶面上的选择性沉积，

Meng 等[14]制备了具有清晰的晶面边界的大尺寸 TiO$_2$ 纳米片（大小约为 1 μm、厚度约为 120 nm），并将 MnO$_x$ 和 Pt 分别选择性地沉积在不同晶面上（图 8-15），可以很明显地观察到，MnO$_x$ 纳米片选择性地沉积在富集空穴的 TiO$_2$(001)晶面，Pt 纳米颗粒选择性地沉积在富集电子的(101)晶面。

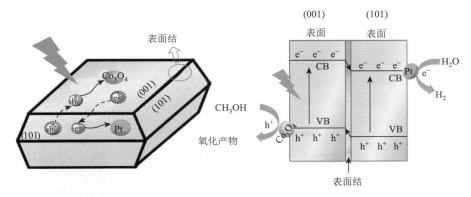

图 8-14　TiO$_2$/Co$_3$O$_4$/Pt 的光催化反应机理示意图[13]

图 8-15　MnO$_x$ 和 Pt 的选择性沉积[14]

（a）TiO$_2$/MnO$_x$ 的 SEM 图；（b）TiO$_2$/Pt 的 SEM 图

Bai 等[125]制备了同时暴露(001)晶面和(110)晶面的四方相 BiOCl 纳米片，并研究了 BiOCl 的(001)晶面和(110)晶面之间的电荷分离。第一性原理模拟计算结果表明，(110)晶面的价带顶比(001)晶面的价带顶高 0.36 eV，这表明光生空穴容易从(001)晶面迁移到(110)晶面。Zhang 等[171]制备了 BiOCl/Au/MnO$_x$ 分等级结构，其中 Au 和 MnO$_x$ 分别选择性地沉积在 BiOCl 的(001)晶面和(110)晶面上，由于 BiOCl 纳米片内部沿 c 轴方向的内建电场和 Au 纳米颗粒引起的局域电场作用，该复合样品的空间电荷分离效率大幅增加，光催化水分解效率也明显提高。

在双助催化剂的结构设计中，除要关注双助催化剂在氧化面或还原面的沉积位置外，还需要考虑光生载流子从催化剂中心迁移到助催化剂表面的迁移距离对活性的影响。对于具有不同几何形貌的 TiO$_2$，光生电子沿着不同的方向从 TiO$_2$ 内部迁移到表面时，其迁移距离是不同的，迁移距离越短，越有利于抑制电荷的复合，进而有利于提升光催化活性。比如，Li 等[172]将 PtO 团簇和金属 Pt 纳米颗粒分别沉积在暴露(001)晶面的 TiO₂ 纳米片和暴露(101)晶面的 TiO₂ 八面体上。TEM 图［图 8-16（a）～图 8-16（d）］显示，尽管 Pt 和 PtO 都是捕获光生电子的还原型助催化剂，但是金属 Pt 纳米颗粒容易沉积在(101)晶面，而 PtO 团簇可以同时沉积在(101)晶面和(001)晶面上。图 8-16（e）显示，样品 PtO-001 的光催化产氢活性高于 PtO-101，而 Pt-001 的产氢活性低于 Pt-101，这是因为 PtO-001 和 Pt-101 样品的电子迁移距离比 PtO-101 和 Pt-001 的更短［图 8-16（f）］。采用 STEM 测出样品的电子迁移距离分别为 2 nm（PtO-001）、12 nm（PtO-101 和 Pt-101）和 25 nm（Pt-001），这一结果也解释了 PtO-001 比 Pt-101 活性更高的原因，尽管对于 Pt-101 样品，Pt 沉积在还原面上，其理论上应该具备高活性。这一研究说明，在设计双助催化剂的位置时，电荷的分离效率和迁移距离都需要考虑进去。

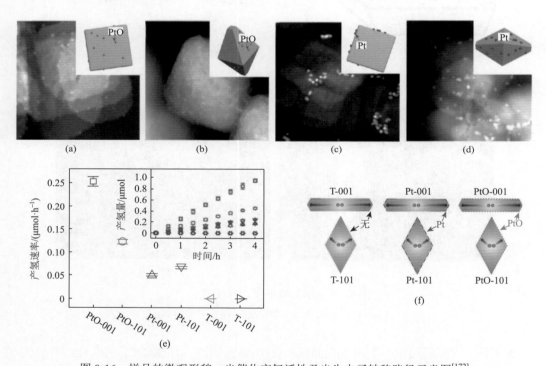

图 8-16　样品的微观形貌、光催化产氢活性及光生电子转移路径示意图[172]

（a）～（d）PtO-001、PtO-101、Pt-001 和 Pt-101 的 TEM 图及对应的几何模型图，比例尺分别为 5 nm［（a）、（b）］和 10 nm ［（c）、（d）］；（e）纯 TiO₂ 以及负载 PtO 团簇和金属 Pt 纳米颗粒的 TiO₂ 的产氢活性（插图为对应样品的光催化产氢量随时间的变化曲线）；（f）TiO₂ 基复合光催化剂的光生电子转移路径示意图

　　值得注意的是，对于 TiO₂，其(001)晶面和(101)晶面的氧化还原特性可以通过表面质子化和去质子化改变。Zhou 等[173]利用 NaOH 调节了样品表面的去质子化程度，并研究了去质子化对不同晶面的氧化还原特性的影响。当采用 0.5 mol·L⁻¹ 的 NaOH（pH = 13.5）对表面进行去质子化处理后，(001)晶面和(101)晶面可以分别转化为还原面和氧化面，Fe₂O₃ 和 MnO_x 的选择性沉积证明了这一结论。这一研究表明，除本征结构以外，吸附状态也会

改变晶面的氧化还原性质,这为优化电荷传输和助催化剂的选择性沉积的研究提供了新的思路。

8.5.3　核壳结构的双助催化剂

根据光催化剂和双助催化剂的相对位置,可将核壳结构的三元复合光催化剂分为半核壳结构和全核壳结构 [图 8-12(c)和图 8-12(d)]。

1. 半核壳结构

半核壳结构指的是半导体光催化剂作为载体,两种助催化剂在半导体表面形成核壳结构 [图 8-12(c)]。这种结构可以形成三种不同的界面(光催化剂与助催化剂 I 形成的界面,光催化剂与助催化剂 II 形成的界面,以及助催化剂 I 和助催化剂 II 形成的界面),这种情况下,电子一般沿着光催化剂→助催化剂 I →助催化剂 II 的路径进行迁移,同时,光催化剂和助催化剂 II 的表面暴露出来并作为氧化还原反应的活性位点。通常,这种半核壳结构可以保护包裹在内部的助催化剂 I ,避免其发生光腐蚀。一般来说,金属氧化物可以包裹在金属的外表面,以抑制光催化分解水反应生成的 H_2 在金属纳米颗粒表面发生逆反应。

Bai 等[110]报道了 TiO_2/Pd/Pt 光催化剂,其中 Pd/Pt 纳米立方块形成准核壳结构沉积在 TiO_2 纳米片上 [图 8-17(a)～图 8-17(g)]。在制备过程中,Pd 纳米立方块先沉积在 TiO_2 纳米片上,形成肖特基异质结,使得电子富集在 Pd 的表面;然后带电的 Pd 纳米立方块表面可以作为还原反应活性位点,使得三个原子层厚度的 Pt 选择性地沉积在 Pd 表面。Pd 和 Pt 之间的界面电荷极化进一步促进了电子从 TiO_2 向 Pd 和 Pt 的迁移,延长了光生电子的寿命。此外,超薄 Pt 原子层导致的晶格应力、表面不饱和 Pt 原子及电荷极化引起的高电子密度均使得 Pt 表面成为反应物分子的吸附活性中心。最终,TiO_2/Pd/Pt 的光催化产氢效率相比 TiO_2 得到了显著的提高 [图 8-17(h)]。

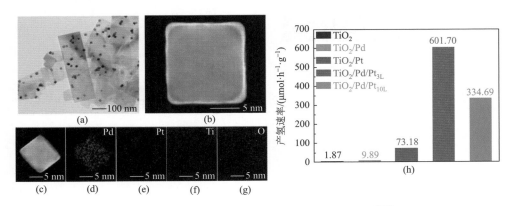

图 8-17　不同样品的微观形貌及光催化产氢性能[110]

(a) TiO_2/Pd/Pt_{3L} 的 TEM 图;(b) Pd/Pt_{3L} 准核壳结构的 TEM 图;(c)～(g) Pd/Pt_{3L} 准核壳结构的元素面分布图;(h)样品的光催化产氢性能图

　　Zhai 等[48]采用两步光沉积法制备了 $TiO_2/Pt/Cu$ 光催化剂,并采用高灵敏低能离子散射(HS-LEIS)谱证明 Cu 以 Cu_2O 的形式沉积在 Pt 纳米颗粒表面形成了核壳结构[图 8-18(a)～图 8-18(c)]。研究结果表明,Pt 可以捕获光生电子,而 Cu_2O 可以促进 CO_2 分子的活化,并且,Cu_2O 覆盖在 Pt 表面可以抑制 H_2O 还原为 H_2(CO_2 还原生成 CO 和 CH_4 的竞争反应),如图 8-18(d)所示。最终,$TiO_2/Pt/Cu$ 光催化剂的 CO_2 光催化转换效率和选择性都得到了大幅度的提升。

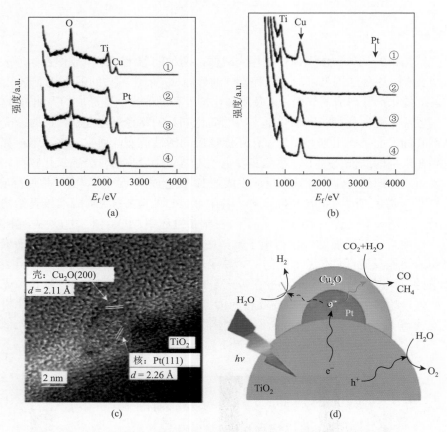

图 8-18　不同样品的微观形貌和光催化 CO_2 还原机理示意图[48]

(a)、(b) 使用 3 keV 的 $^4He^+$ 离子束和 5 keV 的 $^{20}Ne^+$ 离子束激发源测得的 Cu/TiO_2(①)、Pt/TiO_2(②)、$TiO_2/Pt/Cu$(③)和 TiO_2-5h/Pt/Cu(④)的高灵敏低能离子散射谱;(c) TiO_2-5h/Pt/Cu 的 HRTEM 图;(d) $TiO_2/Pt/Cu$ 样品的光催化 CO_2 还原机理示意图

2. 全核壳结构

　　在全核壳结构中,半导体主要以空心球或空心管的形貌存在,双助催化剂分别沉积在空心结构的内表面和外表面[图 8-12(d)]。这种结构可以形成两种不同的界面(半导体与助催化剂 I 形成的界面及半导体与助催化剂 II 形成的界面),有利于光生电子和空穴沿着不同方向的路径分离。此外,这种结构只有一种类型的表面(助催化剂 II 的表面)暴露在外面参与光催化反应。当还原型助催化剂与氧化型助催化剂分别沉积在半导

体内外表面形成核壳结构时，它们可以分别在内外表面捕获电子和空穴，从而抑制光生载流子的复合。

Zhang 等[34]利用简易的模板辅助原子层沉积法制备了多孔的 CoO$_x$/TiO$_2$/Pt 纳米管状光催化剂，Pt 和 CoO$_x$ 纳米团簇分别沉积在管状 TiO$_2$ 的内表面和外表面[图 8-19（a）～图 8-19（f）]。空间分离的 CoO$_x$ 和 Pt 助催化剂分别促进了光生空穴和电子的迁移[图 8-19（g）]，荧光光谱结果表明，CoO$_x$/TiO$_2$/Pt 样品的荧光强度最低，说明光生电荷的复合得到了有效的抑制。空间分离的电子和空穴分别被捕获在不同的助催化剂上，参与氧化还原反应，促进了光催化活性的提升，故该三元 CoO$_x$/TiO$_2$/Pt 光催化剂表现出显著提升的光催化产氢活性（产氢速率为 275.9 µmol·h^{-1}）[图 8-19（h）]。

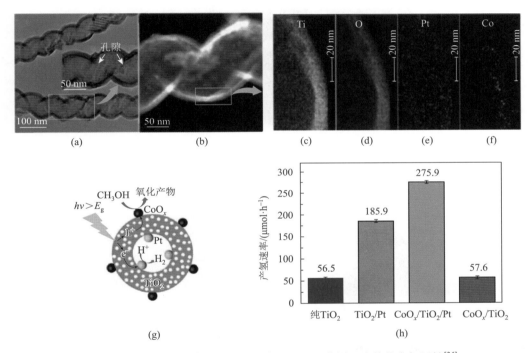

图 8-19　样品的微观形貌、电荷分离和迁移示意图及光催化产氢活性[34]

（a）、（b）CoO$_x$/TiO$_2$/Pt 的 TEM 图、STEM 图；（c）～（f）黄色矩形区域的能谱面扫描图；（g）CoO$_x$/TiO$_2$/Pt 的电荷分离和迁移示意图；（h）样品的光催化产氢活性

除了管状结构，空心球也可以用作分离双助催化剂的模板。比如，Li 等[37]设计了 Pt/TiO$_2$/MnO$_x$ 空心球结构，其中 MnO$_x$ 沉积在 TiO$_2$ 的外表面，而 Pt 则沉积在 TiO$_2$ 的内表面 [图 8-20（a）～图 8-20（j）]。空心结构具有大的比表面积，有助于反应物分子的吸附，并且，Pt 和 MnO$_x$ 分别在 TiO$_2$ 空心球的两侧捕获电子和空穴，从而加速了电荷的迁移和消耗，提高了光催化水氧化和苄醇氧化的效率。为了进一步降低 TiO$_2$ 体相和表面的电荷复合，研究人员设计了 TiO$_2$/In$_2$O$_3$ 双壳层空心结构，并将 Pt 和 MnO$_x$ 分别选择性地沉积在该双壳层结构的内外表面 [图 8-21（a）～图 8-21（b）][174]。由于 TiO$_2$ 和 In$_2$O$_3$ 具有交错的能级结构，它们可以构筑异质结，使得电子和空穴分离，抑制电荷的复合，同时，光生电子和空穴分别被 Pt 和

MnO$_x$ 捕获，参与表面氧化还原反应。时间分辨荧光光谱结果显示，Pt/TiO$_2$/In$_2$O$_3$/MnO$_x$ 相比其他样品具有更长的荧光寿命，表明其具有有效的电荷分离效率。此外，In$_2$O$_3$ 还可以将光吸收范围拓展至可见光区域（最高达 510 nm）。总之，双壳层结构、异质结及空间分离的双助催化剂的协同作用提高了光催化水氧化活性和苄醇的氧化反应选择性。

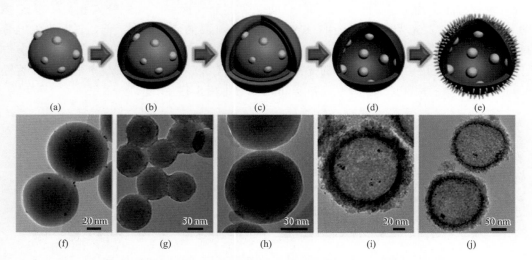

图 8-20　Pt/TiO$_2$/MnO$_x$ 空心球的制备过程示意图及对应的 TEM 图[37]

（a）、（f）SiO$_2$/Pt；（b）、（g）SiO$_2$/Pt/TiO$_2$；（c）、（h）SiO$_2$/Pt/TiO$_2$/SiO$_2$；（d）、（i）Pt/TiO$_2$ 空心球；（e）、（j）Pt/TiO$_2$/MnO$_x$ 空心球

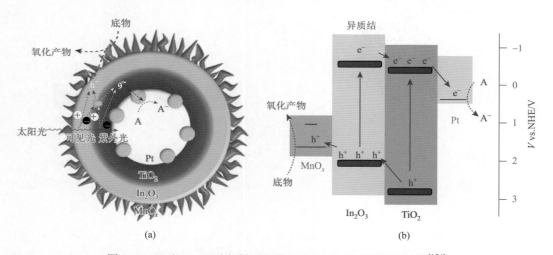

图 8-21　Pt 和 MnO$_x$ 选择性沉积的 TiO$_2$/In$_2$O$_3$ 双壳层空心结构[174]

（a）Pt/TiO$_2$/In$_2$O$_3$/MnO$_x$ 介孔空心微球结构示意图，Pt 和 MnO$_x$ 分别沉积在 TiO$_2$/In$_2$O$_3$ 双壳层结构的内表面和外表面；（b）催化剂的简化能级结构及光催化氧化反应机理

8.6　双助催化剂在光催化分解水中的应用

光催化分解水包含两个半反应：产氢的还原半反应和产氧的氧化半反应。单一的助催

化剂仅能促进半反应的进行，比如金属 Pt、Rh、Ru、Ir 和 Ni 等作为还原型助催化剂可以促进光催化分解水产氢反应的活性，而一些金属氧化物（如 CoO_x、MnO_x、FeO_x、RuO_x、IrO_x 等）作为氧化型助催化剂可以促进产氧反应的活性。负载单一的产氢助催化剂能够降低产氢的过电势，从而提高产氢活性，然而，值得注意的是，一些贵金属不仅能促进产氢半反应的进行，也会促进其逆反应的发生（即 H_2 和 O_2 反应生成 H_2O），导致光催化效率大幅降低。将金属氧化物与金属复合形成双助催化剂，可以在促进产氢反应的同时抑制逆反应的发生。比如，Domen 教授课题组制备了多种金属/金属氧化物双助催化剂并将其用于提高光催化产氢活性和抑制逆反应的发生，如采用传统的浸渍法制备了 Ni/NiO 核壳结构[175]，采用选择性光沉积法制备了 Rh/Cr_2O_3 核壳结构[30]，采用传统浸渍法制备了 $Rh_{2-x}Cr_xO_3$ 复合双助催化剂[176]。在这些双助催化剂中，NiO 和 Cr 的氧化物能够阻止产生的 O_2 转移到金属表面与 H_2 发生反应，从而抑制了逆反应的发生。Li 等[177]采用原子层沉积法和原位光沉积法制备了 Pd/Cr_2O_3 双助催化剂，相比传统的浸渍法，ALD 法不仅能够使 Pd 和 Cr_2O_3 之间形成紧密的接触界面，有利于界面电荷迁移，还可以使 Pd 纳米颗粒均匀分散，减少贵金属使用量。

　　负载单一的氧化型助催化剂虽然也能提高光催化活性，但是其提升效率远不如还原型助催化剂。同时负载还原型和氧化型双助催化剂，可分别捕获光生电子和空穴，提高电荷分离效率，同时促进产氢和产氧半反应，是一种有效地增强复合光催化剂的活性和稳定性，甚至实现全分解水反应的方法。Zhang 等[178]将 Pt 和 CoO_x 同时沉积在 $g-C_3N_4$ 半导体上并实现了光催化全分解水反应，值得注意的是，如果将 Pt 替换成其他贵金属（如 Ru、Rh 或 Au），其光催化产氢和产氧活性都很差。Pan 等[179]将 CoP 和 Pt 同时修饰在 $g-C_3N_4$ 纳米片上，并研究了其光催化全分解水性能，在该研究中，CoP 和 Pt 分别作为氧化型和还原型助催化剂，为产氧和产氢反应提供活性位点，提高了氧气和氢气的产量，共同增强了 C_3N_4 的全分解水活性。此外，MnO_x、Fe_2O_3、RuO_x 和 IrO_x 等金属氧化物都可作为氧化型助催化剂与贵金属结合，协同增强光催化分解水活性。尽管双助催化剂的共同沉积已经被证明可以有效提高光催化分解水性能，但仍然需要关注双助催化剂的沉积位置，否则有可能反而导致光催化性能的降低，这一部分内容在 8.5 节中有详细分析，此处不再赘述。

8.7　双助催化剂在光催化 CO_2 还原中的应用

　　光催化 CO_2 还原反应是一个复杂的多电子还原反应，与光催化分解水反应相比，其要求光催化剂不仅具有较高的电荷分离效率，还需要有较强的 CO_2 吸附和活化能力。因此，在设计用作 CO_2 光还原的双助催化剂时，要结合助催化剂的 CO_2 吸附和活化能力及电子捕获能力综合选择，以提高复合光催化剂的活性和选择性。在目前已有的相关文献中，关于双助催化剂在光催化 CO_2 还原反应中的应用主要分为两种设计思路：①同时负载还原型和氧化型双助催化剂；②同时负载捕获电子的助催化剂和活化 CO_2 分子的助催化剂。

　　将还原型和氧化型双助催化剂同时负载在半导体材料的表面，不仅可以分别捕获半导体的光生电子和空穴，还可以提供还原和氧化活性位，协同增强光催化 CO_2 还原活性。

Bai 等[180]制备了负载双助催化剂的 Au/MnO$_x$/BiOI 光催化剂，相比纯 BiOI、MnO$_x$/BiOI 和 Au/BiOI，无论是在氙灯照射下，还是在可见光照射下，Au/MnO$_x$/BiOI 都具有最高的光催化 CO$_2$ 还原活性。光电流和阻抗谱结果显示，Au/MnO$_x$/BiOI 的光生载流子分离效率最高，这是因为负载 Au 和 MnO$_x$ 后，光生电子和空穴分别迁移到 Au 和 MnO$_x$ 上，抑制了光生电荷的复合。Li 等[181]将质量分数分别为 1%的 RuO$_2$ 和 1%的 Pt 同时负载在六方纳米片织构的八面体 Zn$_2$SnO$_4$ 上，使其光催化 CO$_2$ 还原反应的甲烷产量从 20.1 ppm·g^{-1} 提高到了 86.7 ppm·g^{-1}。Liu 等[182]采用浸渍煅烧法和原位光还原法将质量分数分别为 1%的 RuO$_2$ 和 1%的 Pt 负载在超长的 Zn$_2$GeO$_4$ 纳米带表面，相比纯 Zn$_2$GeO$_4$ 以及负载单一助催化剂的 Zn$_2$GeO$_4$，同时负载双助催化剂的 RuO$_2$/Pt/Zn$_2$GeO$_4$ 的光催化甲烷产量大幅度提高。Liu 等[183]进一步将 RuO$_2$ 和 Pt 双助催化剂应用在 Zn$_{1.7}$GeN$_{1.8}$O 固溶体上来提高其光催化甲烷产量，该三元复合光催化剂的产甲烷量子效率为 0.024%（420 nm±15 nm）。

从化学角度看，CO$_2$ 分子是自然界最稳定的分子之一，C $=$ O 的断裂需要较高的能量，因此将 CO$_2$ 进行化学固定和还原需要较高的外部能量，这就要求光催化剂具有较强的 CO$_2$ 活化能力。在以往的研究中，过渡金属 Cu 被证明具有活化 CO$_2$、提高 CO$_2$ 还原产物选择性的作用[45,48]。Sasan 等[184]采用分步光还原法将 Cu 和 Pd 引入 Ti^{3+}/TiO$_2$ 光催化剂并测试了其光催化 CO$_2$ 还原活性，结果表明，Cu^I/Pd 双助催化剂能显著提高材料在可见光下的 CH$_4$ 产量，且该复合光催化剂具有很好的稳定性，这是因为 Pd 颗粒可以有效地捕获 Ti^{3+}/TiO$_2$ 中的光生电子，而 Cu^I 可以在 H$_2$O 存在的情况下活化 CO$_2$ 分子。Xiong 等[45]将 Pt 和 Cu$_2$O 同时负载在锐钛矿相 TiO$_2$ 纳米晶的表面，并研究了 Pt 和 Cu$_2$O 的相互作用对光催化剂的 CO$_2$ 光还原活性的影响，光催化活性结果表明，当 Pt 和 Cu$_2$O 共同负载在 TiO$_2$ 纳米晶上时，H$_2$ 的生成受到阻碍，CO$_2$ 被选择性地还原为 CH$_4$。Zhai 等[48]也提出 Pt 和 Cu$_2$O 在光催化 CO$_2$ 还原反应中具有不同的功能，Pt 可以捕获电子并活化 H$_2$O 分子，而 Cu$_2$O 更可能为 CO$_2$ 的活化提供活性位点。

8.8　小结与展望

基于光催化反应的复杂性，开发具有多功能的双助催化剂来修饰半导体光催化剂，以提高光催化剂的反应活性、稳定性和选择性是非常有必要的，本章总结了双助催化剂的组成、表界面调控手段及其在光催化分解水和光催化 CO$_2$ 还原中的应用。这些双助催化剂具有降低光催化反应的过电势或活化能、捕获电子或空穴、促进界面电荷分离、提供吸附和催化反应活性位点、增强光吸收以及抑制光腐蚀的作用。其中，贵金属是传统的高效光催化反应助催化剂，石墨烯和二维层状金属硫化物（如 MoS$_2$）因其优异的物理化学性质成为近年来的研究热点。此外，双助催化剂与半导体之间的相对位置关系也引起了研究者们的关注，除随机沉积以及核壳结构外，依赖于晶面的选择性沉积方法为双助催化剂的空间分离提供了新的思路。近年来，尽管研究者们在双助催化剂的组分和结构设计方面取得了一系列的成果，但是也要注意，双助催化剂的研究不能仅仅停留在发现新的高效助催化剂和改进制备工艺上，更要从原子、分子水平上阐明双助催化剂与主体半导体光催化剂的相互作用及其协同反应机理。为了应对这些挑战，需要在以下几个方面做进一步努力：

（1）探索新型多组分助催化剂。尽管目前已经有越来越多的光催化分解水和 CO_2 还原助催化剂被报道出来，但是开发稳定、高效、无毒、成本低廉的新型助催化剂仍然是本领域的研究重点之一。对于多组分助催化剂，其形貌、结构及相互作用等会显著影响光催化反应体系的活性，因此，开发新型制备方法或制备条件，制备具有不同形貌、不同组成的多组分助催化剂，调控其与半导体之间的表面和界面性质，促进助催化剂与半导体之间的电荷转移，抑制光生载流子的复合，是今后研究的重点之一。

（2）发展先进的原位表征手段，深入研究光催化反应机理，如光催化反应活性位点和光生载流子迁移路径等。为了阐明光催化反应机理以及助催化剂与半导体之间的相互作用，需要采用更加精确的表征手段从原子和分子尺度上研究界面电荷动力学过程，分析光生载流子的迁移机制，比如采用表面光电压谱（SPS）探测光生电子和空穴的迁移路径；采用原位漫反射红外傅里叶变换光谱（DRIFTS）监测光催化 CO_2 还原过程中中间产物的类型等。

参 考 文 献

[1] Yu J G，Jaroniec M，Jiang C J. Surface science of photocatalysis[M]. London：Elsevier，Academic Press，2020.

[2] Ran J R，Zhang J，Yu J G，et al. Earth-abundant cocatalysts for semiconductor-based photocatalytic water splitting[J]. Chemical Society Reviews，2014，43（22）：7787-7812.

[3] Rawalekar S，Mokari T. Rational design of hybrid nanostructures for advanced photocatalysis[J]. Advanced Energy Materials，2013，3（1）：12-27.

[4] Yang J H，Wang D E，Han H X，et al. Roles of cocatalysts in photocatalysis and photoelectrocatalysis[J]. Accounts of Chemical Research，2013，46（8）：1900-1909.

[5] Bai S，Yin W J，Wang L L，et al. Surface and interface design in cocatalysts for photocatalytic water splitting and CO_2 reduction[J]. RSC Advances，2016，6（62）：57446-57463.

[6] Low J X，Yu J G，Jaroniec M，et al. Heterojunction photocatalysts[J]. Advanced Materials，2017，29（20）：1601694.

[7] Wen J Q，Li X，Liu W，et al. Photocatalysis fundamentals and surface modification of TiO_2 nanomaterials[J]. Chinese Journal of Catalysis，2015，36（12）：2049-2070.

[8] Schneider J，Matsuoka M，Takeuchi M，et al. Understanding TiO_2 photocatalysis：mechanisms and materials[J]. Chemical Reviews，2014，114（19）：9919-9986.

[9] Meng A Y，Zhang L Y，Cheng B，et al. Dual cocatalysts in TiO_2 photocatalysis[J]. Advanced Materials，2019，31（30）：1807660.

[10] Li X，Yu J G，Jaroniec M，et al. Cocatalysts for selective photoreduction of CO_2 into solar fuels[J]. Chemical Reviews，2019，119（6）：3962-4179.

[11] 余家国，等. 新型太阳燃料光催化材料[M]. 武汉：武汉理工大学出版社，2019.

[12] Ran J R，Jaroniec M，Qiao S Z. Cocatalysts in semiconductor-based photocatalytic CO_2 reduction：achievements，challenges，and opportunities[J]. Advanced Materials，2018，30（7）：1704649.

[13] Meng A Y，Zhang J，Xu D F，et al. Enhanced photocatalytic H_2-production activity of anatase TiO_2 nanosheet by selectively depositing dual-cocatalysts on {101} and {001} facets[J]. Applied Catalysis B：Environmental，2016，198：286-294.

[14] Meng A Y，Zhang L Y，Cheng B，et al. TiO_2-MnO_x-Pt hybrid multiheterojunction film photocatalyst with enhanced photocatalytic CO_2-reduction activity[J]. ACS Applied Materials & Interfaces，2019，11（6）：5581-5589.

[15] Jiang W Y，Bai S，Wang L M，et al. Integration of multiple plasmonic and co-catalyst nanostructures on TiO_2 nanosheets for visible-near-infrared photocatalytic hydrogen evolution[J]. Small，2016，12（12）：1640-1648.

[16] Xiang Q J, Yu J G, Jaroniec M. Synergetic effect of MoS$_2$ and graphene as cocatalysts for enhanced photocatalytic H$_2$ production activity of TiO$_2$ nanoparticles[J]. Journal of the American Chemical Society, 2012, 134 (15): 6575-6578.

[17] Lee S, Jeong S, Kim W D, et al. Low-coordinated surface atoms of CuPt alloy cocatalysts on TiO$_2$ for enhanced photocatalytic conversion of CO$_2$[J]. Nanoscale, 2016, 8 (19): 10043-10048.

[18] Wang Y, Yu J G, Xiao W, et al. Microwave-assisted hydrothermal synthesis of graphene based Au-TiO$_2$ photocatalysts for efficient visible-light hydrogen production[J]. Journal of Materials Chemistry A, 2014, 2 (11): 3847-3855.

[19] Zhang Z Y, Li A R, Cao S W, et al. Direct evidence of plasmon enhancement on photocatalytic hydrogen generation over Au/Pt-decorated TiO$_2$ nanofibers[J]. Nanoscale, 2014, 6 (10): 5217-5222.

[20] Gao W Y, Wang M Q, Ran C X, et al. Facile one-pot synthesis of MoS$_2$ quantum dots-graphene-TiO$_2$ composites for highly enhanced photocatalytic properties[J]. Chemical Communications, 2015, 51 (9): 1709-1712.

[21] Wen Y Y, Ding H M, Shan Y K. Preparation and visible light photocatalytic activity of Ag/TiO$_2$/graphene nanocomposite[J]. Nanoscale, 2011, 3 (10): 4411-4417.

[22] Yu J G, Jin J, Cheng B, et al. A noble metal-free reduced graphene oxide-CdS nanorod composite for the enhanced visible-light photocatalytic reduction of CO$_2$ to solar fuel[J]. Journal of Materials Chemistry A, 2014, 2 (10): 3407-3416.

[23] Xing M Y, Qiu B C, Du M M, et al. Spatially separated CdS shells exposed with reduction surfaces for enhancing photocatalytic hydrogen evolution[J]. Advanced Functional Materials, 2017, 27 (35): 1702624.

[24] Shuang S, Lv R T, Xie Z, et al. Surface plasmon enhanced photocatalysis of Au/Pt-decorated TiO$_2$ nanopillar arrays[J]. Scientific Reports, 2016, 6 (1): 26670.

[25] Wang F L, Jiang Y J, Lawes D J, et al. Analysis of the promoted activity and molecular mechanism of hydrogen production over fine Au-Pt alloyed TiO$_2$ photocatalysts[J]. ACS Catalysis, 2015, 5 (7): 3924-3931.

[26] Melvin A A, Illath K, Das T, et al. M-Au/TiO$_2$ (M = Ag, Pd, and Pt) nanophotocatalyst for overall solar water splitting: role of interfaces[J]. Nanoscale, 2015, 7 (32): 13477-13488.

[27] Naldoni A, D'Arienzo M, Altomare M, et al. Pt and Au/TiO$_2$ photocatalysts for methanol reforming: role of metal nanoparticles in tuning charge trapping properties and photoefficiency[J]. Applied Catalysis B: Environmental, 2013, 130-131: 239-248.

[28] Gallo A, Marelli M, Psaro R, et al. Bimetallic Au-Pt/TiO$_2$ photocatalysts active under UV-A and simulated sunlight for H$_2$ production from ethanol[J]. Green Chemistry, 2012, 14 (2): 330-333.

[29] Su R, Tiruvalam R, Logsdail A J, et al. Designer titania-supported Au-Pd nanoparticles for efficient photocatalytic hydrogen production[J]. ACS Nano, 2014, 8 (4): 3490-3497.

[30] Maeda K, Teramura K, Lu D L, et al. Noble-metal/Cr$_2$O$_3$ core/shell nanoparticles as a cocatalyst for photocatalytic overall water splitting[J]. Angewandte Chemie (International Edition), 2006, 45 (46): 7806-7809.

[31] Shiraishi Y, Sakamoto H, Sugano Y, et al. Pt-Cu bimetallic alloy nanoparticles supported on anatase TiO$_2$: highly active catalysts for aerobic oxidation driven by visible light[J]. ACS Nano, 2013, 7 (10): 9287-9297.

[32] Simon T, Bouchonville N, Berr M J, et al. Redox shuttle mechanism enhances photocatalytic H$_2$ generation on Ni-decorated CdS nanorods[J]. Nature Materials, 2014, 13 (11): 1013-1018.

[33] Yu X, Zhang J, Zhao Z H, et al. NiO-TiO$_2$ p-n heterostructured nanocables bridged by zero-bandgap rGO for highly efficient photocatalytic water splitting[J]. Nano Energy, 2015, 16: 207-217.

[34] Zhang J K, Yu Z B, Gao Z, et al. Porous TiO$_2$ nanotubes with spatially separated platinum and CoO$_x$ cocatalysts produced by atomic layer deposition for photocatalytic hydrogen production[J]. Angewandte Chemie (International Edition), 2017, 56 (3): 816-820.

[35] Li H Y, Han J, Guo N, et al. The design of 3D artificial leaves with spatially separated active sites for H$_2$ and O$_2$ generation and their application to water splitting[J]. Chemical Communications, 2016, 52 (21): 4080-4083.

[36] Dong C Y, Xing M Y, Zhang J L. Double-cocatalysts promote charge separation efficiency in CO$_2$ photoreduction: spatial location matters[J]. Materials Horizons, 2016, 3 (6): 608-612.

[37] Li A, Wang T, Chang X X, et al. Spatial separation of oxidation and reduction co-catalysts for efficient charge separation:

Pt@TiO$_2$@MnO$_x$ hollow spheres for photocatalytic reactions[J]. Chemical Science，2016，7（2）：890-895.

[38] Akple M S，Low J X，Liu S W，et al. Fabrication and enhanced CO$_2$ reduction performance of N-self-doped TiO$_2$ microsheet photocatalyst by bi-cocatalyst modification[J]. Journal of CO$_2$ Utilization，2016，16：442-449.

[39] Ma Y，Chong R F，Zhang F X，et al. Synergetic effect of dual cocatalysts in photocatalytic H$_2$ production on Pd-IrO$_x$/TiO$_2$：a new insight into dual cocatalyst location[J]. Physical Chemistry Chemical Physics，2014，16（33）：17734-17742.

[40] Cao B，Li G S，Li H X. Hollow spherical RuO$_2$@TiO$_2$@Pt bifunctional photocatalyst for coupled H$_2$ production and pollutant degradation[J]. Applied Catalysis B：Environmental，2016，194：42-49.

[41] Jiao Y C，Jiang H L，Chen F. RuO$_2$/TiO$_2$/Pt ternary photocatalysts with epitaxial heterojunction and their application in CO oxidation[J]. ACS Catalysis，2014，4（7）：2249-2257.

[42] Lin F，Zhang Y N，Wang L，et al. Highly efficient photocatalytic oxidation of sulfur-containing organic compounds and dyes on TiO$_2$ with dual cocatalysts Pt and RuO$_2$[J]. Applied Catalysis B：Environmental，2012，127：363-370.

[43] Ismail A A，Bahnemann D W，Al-Sayari S A. Synthesis and photocatalytic properties of nanocrystalline Au，Pd and Pt photodeposited onto mesoporous RuO$_2$-TiO$_2$ nanocomposites[J]. Applied Catalysis A：General，2012，431-432：62-68.

[44] Zhen W L，Jiao W J，Wu Y Q，et al. The role of a metallic copper interlayer during visible photocatalytic hydrogen generation over a Cu/Cu$_2$O/Cu/TiO$_2$ catalyst[J]. Catalysis Science & Technology，2017，7（21）：5028-5037.

[45] Xiong Z，Lei Z，Kuang C C，et al. Selective photocatalytic reduction of CO$_2$ into CH$_4$ over Pt-Cu$_2$O TiO$_2$ nanocrystals：the interaction between Pt and Cu$_2$O cocatalysts[J]. Applied Catalysis B：Environmental，2017，202：695-703.

[46] Akashi R，Naya S I，Negishi R，et al. Two-step excitation-driven Au-TiO$_2$-CuO three-component plasmonic photocatalyst：selective aerobic oxidation of cyclohexylamine to cyclohexanone[J]. The Journal of Physical Chemistry C，2016，120（49）：27989-27995.

[47] Sinatra L，LaGrow A P，Peng W，et al. A Au/Cu$_2$O-TiO$_2$ system for photo-catalytic hydrogen production. a p-n junction effect or a simple case of in situ reduction[J]. Journal of Catalysis，2015，322：109-117.

[48] Zhai Q G，Xie S J，Fan W Q，et al. Photocatalytic conversion of carbon dioxide with water into methane：platinum and copper（Ⅰ）oxide co-catalysts with a core-shell structure[J]. Angewandte Chemie（International Edition），2013，52（22）：5776-5779.

[49] Xing J，Chen Z P，Xiao F Y，et al. Cu-Cu$_2$O-TiO$_2$ nanojunction systems with an unusual electron-hole transportation pathway and enhanced photocatalytic properties[J]. Chemistry：An Asian Journal，2013，8（6）：1265-1270.

[50] Li Z H，Liu J W，Wang D J，et al. Cu$_2$O/Cu/TiO$_2$ nanotube Ohmic heterojunction arrays with enhanced photocatalytic hydrogen production activity[J]. International Journal of Hydrogen Energy，2012，37（8）：6431-6437.

[51] Liu C，Tong R F，Xu Z K，et al. Efficiently enhancing the photocatalytic activity of faceted TiO$_2$ nanocrystals by selectively loading α-Fe$_2$O$_3$ and Pt co-catalysts[J]. RSC Advances，2016，6（35）：29794-29801.

[52] Zhou X，Jin J，Zhu X J，et al. New Co(OH)$_2$/CdS nanowires for efficient visible light photocatalytic hydrogen production[J]. Journal of Materials Chemistry A，2016，4（14）：5282-5287.

[53] Yu J G，Ran J R. Facile preparation and enhanced photocatalytic H$_2$-production activity of Cu(OH)$_2$ cluster modified TiO$_2$[J]. Energy & Environmental Science，2011，4（4）：1364-1371.

[54] Yu J G，Hai Y，Cheng B. Enhanced photocatalytic H$_2$-production activity of TiO$_2$ by Ni(OH)$_2$ cluster modification[J]. The Journal of Physical Chemistry C，2011，115（11）：4953-4958.

[55] Meng A Y，Wu S，Cheng B，et al. Hierarchical TiO$_2$/Ni(OH)$_2$ composite fibers with enhanced photocatalytic CO$_2$ reduction performance[J]. Journal of Materials Chemistry A，2018，6（11）：4729-4736.

[56] Wang Q Z，Yun G X，Bai Y，et al. CuS，NiS as co-catalyst for enhanced photocatalytic hydrogen evolution over TiO$_2$[J]. International Journal of Hydrogen Energy，2014，39（25）：13421-13428.

[57] Yue Q D，Wan Y Y，Sun Z J，et al. MoP is a novel，noble-metal-free cocatalyst for enhanced photocatalytic hydrogen production from water under visible light[J]. Journal of Materials Chemistry A，2015，3（33）：16941-16947.

[58] Cao S，Chen Y，Hou C C，et al. Cobalt phosphide as a highly active non-precious metal cocatalyst for photocatalytic hydrogen production under visible light irradiation[J]. Journal of Materials Chemistry A，2015，3（11）：6096-6101.

[59] Sun Z J, Zheng H F, Li J S, et al. Extraordinarily efficient photocatalytic hydrogen evolution in water using semiconductor nanorods integrated with crystalline Ni_2P cocatalysts[J]. Energy & Environmental Science, 2015, 8 (9): 2668-2676.

[60] Lang Q Q, Chen Y H, Huang T L, et al. Graphene "bridge" in transferring hot electrons from plasmonic Ag nanocubes to TiO_2 nanosheets for enhanced visible light photocatalytic hydrogen evolution[J]. Applied Catalysis B: Environmental, 2018, 220: 182-190.

[61] Yu H J, Shi R, Zhao Y F, et al. Smart utilization of carbon dots in semiconductor photocatalysis[J]. Advanced Materials, 2016, 28 (43): 9454-9477.

[62] Wang M G, Han J, Xiong H X, et al. Nanostructured hybrid shells of r-GO/AuNP/m-TiO_2 as highly active photocatalysts[J]. ACS Applied Materials & Interfaces, 2015, 7 (12): 6909-6918.

[63] Yu H J, Zhao Y F, Zhou C, et al. Carbon quantum dots/TiO_2 composites for efficient photocatalytic hydrogen evolution[J]. Journal of Materials Chemistry A, 2014, 2 (10): 3344-3351.

[64] Wang S, Yi L X, Halpert J E, et al. A novel and highly efficient photocatalyst based on P25-graphdiyne nanocomposite[J]. Small, 2012, 8 (2): 265-271.

[65] Wang C, Cao M H, Wang P F, et al. Preparation of graphene-carbon nanotube-TiO_2 composites with enhanced photocatalytic activity for the removal of dye and Cr（Ⅵ）[J]. Applied Catalysis A: General, 2014, 473: 83-89.

[66] Ai G J, Mo R, Li H X, et al. Cobalt phosphate modified TiO_2 nanowire arrays as co-catalysts for solar water splitting[J]. Nanoscale, 2015, 7 (15): 6722-6728.

[67] Miles M H. Evaluation of electrocatalysts for water electrolysis in alkaline solutions[J]. Journal of Electroanalytical Chemistry and Interfacial Electrochemistry, 1975, 60 (1): 89-96.

[68] Koriakin B V, Dzhabiev T S, Shilov A E. Photosensibilized reduction of water in dye solutions-model of bacterial photosynthesis[J]. Doklady Akademii Nauk SSSR, 1977, 233 (4): 620-622.

[69] Lehn J M, Sauvage J P. Chemical storage of light energy-catalytic generation of hydrogen by visible light or sunlight-irradiation od neutral aqueous-solutions[J]. Nouveau Journal De Chimie: New Journal of Chemistry, 1977, 1 (6): 449-451.

[70] Kiwi J, Grätzel M. Protection, size factors, and reaction dynamics of colloidal redox catalysts mediating light induced hydrogen evolution from water[J]. Journal of the American Chemical Society, 1979, 101 (24): 7214-7217.

[71] Kalyanasundaram K, Grätzel M. Cyclic cleavage of water into H_2 and O_2 by visible light with coupled redox catalysts[J]. Angewandte Chemie (International Edition), 1979, 18 (9): 701-702.

[72] Kalyanasundaram K, Kiwi J, Grätzel M. Hydrogen evolution from water by visible light, a homogeneous three component test system for redox catalysis[J]. Helvetica Chimica Acta, 1978, 61 (7): 2720-2730.

[73] Kiwi J, Borgarelio E, Pelizzetti E, et al. Cyclic water cleavage by visible light: drastic improvement of yield of H_2 and O_2 with bifunctional redox catalysts[J]. Angewandte Chemie (International Edition), 1980, 19 (8): 646-648.

[74] Borgarello E, Kiwi J, Pelizzettit E, et al. Photochemical cleavage of water by photocatalysis[J]. Nature, 1981, 289: 158-160.

[75] Miller D, McLendon G. Model systems for photocatalytic water reduction: role of pH and metal colloid catalysts[J]. Inorganic Chemistry, 1981, 20 (3): 950-953.

[76] Miller D S, Bard A J, McLendon G, et al. Catalytic water reduction at colloidal metal "microelectrodes". 2. Theory and experiment[J]. Journal of the American Chemical Society, 1981, 103 (18): 5336-5341.

[77] Baba R, Nakabayashi S, Fujishima A, et al. Photocatalytic hydrogenation of ethylene on the bimetal-deposited semiconductor powders[J]. Journal of the American Chemical Society, 1987, 109 (8): 2273-2277.

[78] Ma B J, Wen F Y, Jiang H F, et al. The synergistic effects of two co-catalysts on Zn_2GeO_4 on photocatalytic water splitting[J]. Catalysis Letters, 2010, 134 (1): 78-86.

[79] Takata T, Jiang J Z, Sakata Y, et al. Photocatalytic water splitting with a quantum efficiency of almost unity[J]. Nature, 2020, 581 (7809): 411-414.

[80] Ohno T, Sarukawa K, Matsumura M. Crystal faces of rutile and anatase TiO_2 particles and their roles in photocatalytic reactions[J]. New Journal of Chemistry, 2002, 26 (9): 1167-1170.

[81]　Li R G，Zhang F X，Wang D E，et al. Spatial separation of photogenerated electrons and holes among {010} and {110} crystal facets of BiVO$_4$[J]. Nature Communications，2013，4：1432.

[82]　Li Z，Zhang L，Liu Y，et al. Surface-polarity-induced spatial charge separation boosts photocatalytic overall water splitting on GaN nanorod arrays[J]. Angewandte Chemie（International Edition），2020，59（2）：935-942.

[83]　Zong X，Yan H J，Wu G P，et al. Enhancement of photocatalytic H$_2$ evolution on CdS by loading MoS$_2$ as cocatalyst under visible light irradiation[J]. Journal of the American Chemical Society，2008，130（23）：7176-7177.

[84]　Cao S，Chen Y，Wang C J，et al. Highly efficient photocatalytic hydrogen evolution by nickel phosphide nanoparticles from aqueous solution[J]. Chemical Communications，2014，50（72）：10427-10429.

[85]　Wang D E，Li R G，Zhu J，et al. Photocatalytic water oxidation on BiVO$_4$ with the electrocatalyst as an oxidation cocatalyst: essential relations between electrocatalyst and photocatalyst[J]. The Journal of Physical Chemistry C，2012，116（8）：5082-5089.

[86]　Lee S W，Sigmund W M. Formation of anatase TiO$_2$ nanoparticles on carbon nanotubes[J]. Chemical Communications，2003，（6）：780-781.

[87]　Zhan X Y，Song D D. Study on the photocatalytic character of the CNT doped TiO$_2$ catalyst[J]. Chemical Research and Application，2003，15（4）：471-474.

[88]　Zhang X Y，Li H P，Cui X L，et al. Graphene/TiO$_2$ nanocomposites：synthesis，characterization and application in hydrogen evolution from water photocatalytic splitting[J]. Journal of Materials Chemistry，2010，20（14）：2801-2806.

[89]　Zhang H，Lv X J，Li Y M，et al. P25-graphene composite as a high performance photocatalyst[J]. ACS Nano，2010，4（1）：380-386.

[90]　Xu Q L，Zhu B C，Cheng B，et al. Photocatalytic H$_2$ evolution on graphdiyne/g-C$_3$N$_4$ hybrid nanocomposites[J]. Applied Catalysis B：Environmental，2019，255：117770.

[91]　Cao S W，Wang Y J，Zhu B C，et al. Enhanced photochemical CO$_2$ reduction in the gas phase by graphdiyne[J]. Journal of Materials Chemistry A，2020，8（16）：7671-7676.

[92]　Xu F Y，Meng K，Zhu B C，et al. Graphdiyne：a new photocatalytic CO$_2$ reduction cocatalyst[J]. Advanced Functional Materials，2019，29（43）：1904256.

[93]　Kiwi J，Grätzel M. Oxygen evolution from water via redox catalysis[J]. Angewandte Chemie（International Edition），1978，17（11）：860-861.

[94]　Kraeutler B，Bard A J. Heterogeneous photocatalytic synthesis of methane from acetic-acid-new Kolbe reaction pathway[J]. Journal of the American Chemical Society，1978，100（7）：2239-2240.

[95]　Kawai T，Sakata T. Conversion of carbohydrate into hydrogen fuel by a photocatalytic process[J]. Nature，1980，286（5772）：474-476.

[96]　Amouyal E，Keller P，Moradpour A. Light-induced hydrogen generation from water catalysed by ruthenium dioxide[J]. Journal of the Chemical Society，Chemical Communications，1980，（21）：1019-1020.

[97]　Lehn J M，Sauvage J P，Ziessel R. Photochemical water splitting continuous generation of hydrogen and oxygen by irradiation of aqueous suspensions of metal loaded strontium-titanate[J]. Nouveau Journal De Chimie：New Journal of Chemistry，1980，4（11）：623-627.

[98]　Domen K，Naito S，Soma M，et al. Photocatalytic decomposition of water vapour on an NiO-SrTiO$_3$ catalyst[J]. Journal of the Chemical Society，Chemical Communications，1980，（12）：543-544.

[99]　Duonghong D，Borgarello E，Grazel M. Dynamics of light-induced water cleavage in colloidal systems[J]. Journal of the American Chemical Society，1981，103（16）：4685-4690.

[100]　Baba R，Nakabayashi S，Fujishima A. Investigation of the mechanism of hydrogen evolution during photocatalytic water decomposition on metal-loaded semiconductor powders[J]. The Journal of Chemical Physics，1985，89（10）：1902-1905.

[101]　Inoue Y，Asai Y，Sato K. Photocatalysts with tunnel structures for decomposition of water part 1-BaTi$_4$O$_9$，a pentagonal prism tunnel structure，and its combination with various promoters[J]. Journal of the Chemical Society，Faraday Transactions，1994，90（5）：797-802.

[102] Ishikawa A，Takata T，Kondo J N，et al. Oxysulfide $Sm_2Ti_2S_2O_5$ as a stable photocatalyst for water oxidation and reduction under visible light irradiation（$\lambda \leqslant 650$ nm）[J]. Journal of the American Chemical Society，2002，124（45）：13547-13553.

[103] Lee J K，Lee W，Yoon T J，et al. A novel quantum dot pillared layered transition metal sulfide: $CdS-MoS_2$ semiconductor-metal nanohybrid[J]. Journal of Materials Chemistry，2002，12（3）：614-618.

[104] Iwase A，Kato H，Kudo A. A novel photodeposition method in the presence of nitrate ions for loading of an iridium oxide cocatalyst for water splitting[J]. Chemistry Letters，2005，34（7）：946-947.

[105] Wu Y Q，Lu G X，Li S B. The preparation，optimization and photocatalytic properties of CoO_x-modified TiO_2 photocatalysts for hydrogen generation from photocatalytic water splitting[J]. Chinese Journal of Inorganic Chemistry，2005，21（3）：309-314.

[106] Othman I，Mohamed R M，Ibrahem F M. Study of photocatalytic oxidation of indigo carmine dye on Mn-supported TiO_2[J]. Journal of Photochemistry and Photobiology A: Chemistry，2007，189（1）：80-85.

[107] Ran J R，Yu J G，Jaroniec M. $Ni(OH)_2$ modified CdS nanorods for highly efficient visible-light-driven photocatalytic H_2 generation[J]. Green Chemistry，2011，13（10）：2708-2713.

[108] Tanaka A，Sakaguchi S，Hashimoto K，et al. Preparation of Au/TiO_2 with metal cocatalysts exhibiting strong surface plasmon resonance effective for photoinduced hydrogen formation under irradiation of visible light[J]. ACS Catalysis，2013，3（1）：79-85.

[109] Chen C Y，Kuai L，Chen Y J，et al. Au/Pt co-loaded ultrathin TiO_2 nanosheets for photocatalyzed H_2 evolution by the synergistic effect of plasmonic enhancement and co-catalysis[J]. RSC Advances，2015，5（119）：98254-98259.

[110] Bai S，Yang L，Wang C L，et al. Boosting photocatalytic water splitting: interfacial charge polarization in atomically controlled core-shell cocatalysts[J]. Angewandte Chemie（International Edition），2015，54（49）：14840-14814.

[111] Neatu S，Maciá-Agulló J A，Concepción P，et al. Gold-copper nanoalloys supported on TiO_2 as photocatalysts for CO_2 reduction by water[J]. Journal of the American Chemical Society，2014，136（45）：15969-15976.

[112] Kamimura S，Miyazaki T，Zhang M，et al.（Au@Ag）@Au double shell nanoparticles loaded on rutile TiO_2 for photocatalytic decomposition of 2-propanol under visible light irradiation[J]. Applied Catalysis B: Environmental，2016，180：255-262.

[113] Li N，Zhang X Y，Yuan S L，et al.（Hollow Au-Ag nanoparticles）-TiO_2 composites for improved photocatalytic activity prepared from block copolymer-stabilized bimetallic nanoparticles[J]. Physical Chemistry Chemical Physics，2015，17（18）：12023-12030.

[114] Shiraishi Y，Takeda Y，Sugano Y，et al. Highly efficient photocatalytic dehalogenation of organic halides on TiO_2 loaded with bimetallic Pd-Pt alloy nanoparticles[J]. Chemical Communications，2011，47（27）：7863-7865.

[115] Wang X H，Baiyila D，Li X T. Macroporous TiO_2 encapsulated Au@Pd bimetal nanoparticles for the photocatalytic oxidation of alcohols in water under visible-light[J]. RSC Advances，2016，6（109）：107233-107238.

[116] Cybula A，Priebe J B，Pohl M M，et al. The effect of calcination temperature on structure and photocatalytic properties of Au/Pd nanoparticles supported on TiO_2[J]. Applied Catalysis B: Environmental，2014，152-153：202-211.

[117] Bera S，Lee J E，Rawal S B，et al. Size-dependent plasmonic effects of Au and Au@SiO_2 nanoparticles in photocatalytic CO_2 conversion reaction of Pt/TiO_2[J]. Applied Catalysis B: Environmental，2016，199：55-63.

[118] Norskov J K，Bligaard T，Logadottir A，et al. Trends in the exchange current for hydrogen evolution[J]. Journal of the Electrochemical Society，2005，152（3）：J23-J26.

[119] Zhou H L，Qu Y Q，Zeid T，et al. Towards highly efficient photocatalysts using semiconductor nanoarchitectures[J]. Energy & Environmental Science，2012，5（5）：6732-6743.

[120] Hinnemann B，Moses P G，Bonde J，et al. Biomimetic hydrogen evolution: MoS_2 nanoparticles as catalyst for hydrogen evolution[J]. Journal of the American Chemical Society，2005，127（15）：5308-5309.

[121] Jaramillo T F，Jørgensen K P，Bonde J，et al. Identification of active edge sites for electrochemical H_2 evolution from MoS_2 nanocatalysts[J]. Science，2007，317（5834）：100-102.

[122] Dong C Y，Hu S C，Xing M Y，et al. Enhanced photocatalytic CO_2 reduction to CH_4 over separated dual co-catalysts Au and RuO_2[J]. Nanotechnology，2018，29（15）：154005.

[123] Michaelson H B. The work function of the elements and its periodicity[J]. Journal of Applied Physics, 1977, 48（11）: 4729-4733.

[124] Zhou X M, Liu G, Yu J G, et al. Surface plasmon resonance-mediated photocatalysis by noble metal-based composites under visible light[J]. Journal of Materials Chemistry, 2012, 22（40）: 21337-21354.

[125] Bai S, Li X Y, Kong Q, et al. Toward enhanced photocatalytic oxygen evolution: synergetic utilization of plasmonic effect and schottky junction via interfacing facet selection[J]. Advanced Materials, 2015, 27（22）: 3444-3452.

[126] Zhao Y L, Tao C R, Xiao G, et al. Controlled synthesis and photocatalysis of sea urchin-like $Fe_3O_4@TiO_2@Ag$ nanocomposites[J]. Nanoscale, 2016, 8（9）: 5313-5326.

[127] An X Q, Liu H J, Qu J H, et al. Photocatalytic mineralisation of herbicide 2, 4, 5-trichlorophenoxyacetic acid: enhanced performance by triple junction $Cu-TiO_2-Cu_2O$ and the underlying reaction mechanism[J]. New Journal of Chemistry, 2015, 39（1）: 314-320.

[128] Liu L C, Ji Z Y, Zou W X, et al. In situ loading transition metal oxide clusters on TiO_2 nanosheets as co-catalysts for exceptional high photoactivity[J]. ACS Catalysis, 2013, 3（9）: 2052-2061.

[129] Slamet, Nasution H W, Purnama E, et al. Photocatalytic reduction of CO_2 on copper-doped titania catalysts prepared by improved-impregnation method[J]. Catalysis Communications, 2005, 6（5）: 313-319.

[130] Ding Q, Chen S Y, Shang F M, et al. Cu_2O/Ag co-deposited TiO_2 nanotube array film prepared by pulse-reversing voltage and photocatalytic properties[J]. Nanotechnology, 2016, 27（48）: 485705.

[131] Uddin M T, Babot O, Thomas L, et al. New insights into the photocatalytic properties of RuO_2/TiO_2 mesoporous heterostructures for hydrogen production and organic pollutant photodecomposition[J]. The Journal of Physical Chemistry C, 2015, 119（13）: 7006-7015.

[132] Zhang T T, Wang S T, Chen F. Pt-Ru bimetal alloy loaded TiO_2 photocatalyst and its enhanced photocatalytic performance for CO oxidation[J]. The Journal of Physical Chemistry C, 2016, 120（18）: 9732-9739.

[133] Thuy-Duong N-P, Luo S, Voychok D, et al. Visible light-driven H_2 production over highly dispersed ruthenia on rutile TiO_2 nanorods[J]. ACS Catalysis, 2016, 6（1）: 407-417.

[134] Rahman Z U, Wei N, Feng M, et al. TiO_2 hollow spheres with separated Au and RuO_2 co-catalysts for efficient photocatalytic water splitting[J]. International Journal of Hydrogen Energy, 2019, 44（26）: 13221-13231.

[135] Niishiro R, Tanaka S, Kudo A. Hydrothermal-synthesized $SrTiO_3$ photocatalyst codoped with rhodium and antimony with visible-light response for sacrificial H_2 and O_2 evolution and application to overall water splitting[J]. Applied Catalysis B: Environmental, 2014, 150-151: 187-196.

[136] Hung S F, Xiao F X, Hsu Y Y, et al. Iridium oxide-assisted plasmon-induced hot carriers: improvement on kinetics and thermodynamics of hot carriers[J]. Advanced Energy Materials, 2016, 6（8）: 1501339.

[137] Xie S J, Wang Y, Zhang Q H, et al. Photocatalytic reduction of CO_2 with H_2O: significant enhancement of the activity of Pt-TiO_2 in CH_4 formation by addition of MgO[J]. Chemical Communications, 2013, 49（24）: 2451-2453.

[138] Bandara J, Hadapangoda C C, Jayasekera W G. TiO_2/MgO composite photocatalyst: the role of MgO in photoinduced charge carrier separation[J]. Applied Catalysis B: Environmental, 2004, 50（2）: 83-88.

[139] Yu H G, Liu W J, Wang X F, et al. Promoting the interfacial H_2-evolution reaction of metallic Ag by Ag_2S cocatalyst: a case study of TiO_2/Ag-Ag_2S photocatalyst[J]. Applied Catalysis B: Environmental, 2018, 225: 415-423.

[140] Chen Q H, Wu S N, Xin Y J. Synthesis of Au-CuS-TiO_2 nanobelts photocatalyst for efficient photocatalytic degradation of antibiotic oxytetracycline[J]. Chemical Engineering Journal, 2016, 302: 377-387.

[141] Li Y Y, Wang J H, Luo Z J, et al. Plasmon-enhanced photoelectrochemical current and hydrogen production of（MoS_2-TiO_2）/Au hybrids[J]. Scientific Reports, 2017, 7（1）: 7178.

[142] Liu Y Z, Zhang H Y, Ke J, et al. 0D（MoS_2）/2D（g-C_3N_4）heterojunctions in Z-scheme for enhanced photocatalytic and electrochemical hydrogen evolution[J]. Applied Catalysis B: Environmental, 2018, 228: 64-74.

[143] Zhang L, Tian B Z, Chen F, et al. Nickel sulfide as co-catalyst on nanostructured TiO_2 for photocatalytic hydrogen evolution[J].

International Journal of Hydrogen Energy，2012，37（22）：17060-17067.

[144] Khanchandani S，Kumar S，Ganguli A K. Comparative study of TiO$_2$/CuS core/shell and composite nanostructures for efficient visible light photocatalysis[J]. ACS Sustainable Chemistry & Engineering，2016，4（3）：1487-1499.

[145] Han W J，Zang C，Huang Z Y，et al. Enhanced photocatalytic activities of three-dimensional graphene-based aerogel embedding TiO$_2$ nanoparticles and loading MoS$_2$ nanosheets as co-catalyst[J]. International Journal of Hydrogen Energy，2014，39（34）：19502-19512.

[146] Liang Y Y，Wang H L，Casalongue H S，et al. TiO$_2$ nanocrystals grown on graphene as advanced photocatalytic hybrid materials[J]. Nano Research，2010，3（10）：701-705.

[147] Zhao L W，Xu H B，Jiang B，et al. Synergetic photocatalytic nanostructures based on Au/TiO$_2$/reduced graphene oxide for efficient degradation of organic pollutants[J]. Particle & Particle Systems Characterization，2017，34（3）：1600323.

[148] Lv X J，Zhou S X，Zhang C，et al. Synergetic effect of Cu and graphene as cocatalyst on TiO$_2$ for enhanced photocatalytic hydrogen evolution from solar water splitting[J]. Journal of Materials Chemistry，2012，22（35）：18542-18549.

[149] Xiang Q J，Yu J G，Jaroniec M. Preparation and enhanced visible-light photocatalytic H$_2$-production activity of graphene/C$_3$N$_4$ composites[J]. The Journal of Physical Chemistry C，2011，115（15）：7355-7363.

[150] Li Q，Guo B D，Yu J G，et al. Highly efficient visible-light-driven photocatalytic hydrogen production of CdS-cluster-decorated graphene nanosheets[J]. Journal of the American Chemical Society，2011，133（28）：10878-10884.

[151] Han C，Chen Z，Zhang N，et al. Hierarchically CdS decorated 1D ZnO nanorods-2D graphene hybrids：low temperature synthesis and enhanced photocatalytic performance[J]. Advanced Functional Materials，2015，25（2）：221-229.

[152] Cho Y J，Kim H I，Lee S，et al. Dual-functional photocatalysis using a ternary hybrid of TiO$_2$ modified with graphene oxide along with Pt and fluoride for H$_2$-producing water treatment[J]. Journal of Catalysis，2015，330：387-395.

[153] Wang P F，Zhan S H，Xia Y G，et al. The fundamental role and mechanism of reduced graphene oxide in rGO/Pt-TiO$_2$ nanocomposite for high-performance photocatalytic water splitting[J]. Applied Catalysis B：Environmental，2017，207：335-346.

[154] Gao W Y，Wang M Q，Ran C X，et al. One-pot synthesis of Ag/r-GO/TiO$_2$ nanocomposites with high solar absorption and enhanced anti-recombination in photocatalytic applications[J]. Nanoscale，2014，6（10）：5498-5508.

[155] Sayed F N，Sasikala R，Jayakumar O D，et al. Photocatalytic hydrogen generation from water using a hybrid of graphene nanoplatelets and self doped TiO$_2$-Pd[J]. RSC Advances，2014，4（26）：13469-13476.

[156] Kumar P V，Bernardi M，Grossman J C. The impact of functionalization on the stability，work function，and photoluminescence of reduced graphene oxide[J]. ACS Nano，2013，7（2）：1638-1645.

[157] Ganesh Babu S，Vinoth R，Surya Narayana P，et al. Reduced graphene oxide wrapped Cu$_2$O supported on C$_3$N$_4$：an efficient visible light responsive semiconductor photocatalyst[J]. APL Materials，2015，3（10）：104415.

[158] Sarkar D，Ghosh C K，Mukherjee S，et al. Three dimensional Ag$_2$O/TiO$_2$ type-II（p-n）nanoheterojunctions for superior photocatalytic activity[J]. ACS Applied Materials & Interfaces，2013，5（2）：331-337.

[159] Liu X，Wang Z Q，Wu Y Z，et al. Integrating the Z-scheme heterojunction into a novel Ag$_2$O@rGO@reduced TiO$_2$ photocatalyst：broadened light absorption and accelerated charge separation co-mediated highly efficient UV/visible/NIR light photocatalysis[J]. Journal of Colloid and Interface Science，2019，538：689-698.

[160] Hu X L，Liu X，Tian J，et al. Towards full-spectrum（UV，visible，and near-infrared）photocatalysis：achieving an all-solid-state Z-scheme between Ag$_2$O and TiO$_2$ using reduced graphene oxide as the electron mediator[J]. Catalysis Science & Technology，2017，7（18）：4193-4205.

[161] Zhu L，Jo S B，Ye S，et al. A green and direct synthesis of photosensitized CoS$_2$-graphene/TiO$_2$ hybrid with high photocatalytic performance[J]. Journal of Industrial and Engineering Chemistry，2015，22：264-271.

[162] Ullah K，Meng Z D，Ye S，et al. Synthesis and characterization of novel PbS-graphene/TiO$_2$ composite with enhanced photocatalytic activity[J]. Journal of Industrial and Engineering Chemistry，2014，20（3）：1035-1042.

[163] Meng Z D，Zhu L，Ullah K，et al. Enhanced visible light photocatalytic activity of Ag$_2$S-graphene/TiO$_2$ nanocomposites made by sonochemical synthesis[J]. Chinese Journal of Catalysis，2013，34（8）：1527-1533.

[164] Meng Z D，Oh W. Photodegradation of organic dye by CoS$_2$ and carbon（C$_{60}$，graphene，CNT）/TiO$_2$ composite sensitizer[J]. Chinese Journal of Catalysis，2012，33（9-10）：1495-1501.

[165] Park C Y，Ghosh T，Meng Z D，et al. Preparation of CuS-graphene oxide/TiO$_2$ composites designed for high photonic effect and photocatalytic activity under visible light[J]. Chinese Journal of Catalysis，2013，34（4）：711-717.

[166] Yu J G，Low J X，Xiao W，et al. Enhanced photocatalytic CO$_2$-reduction activity of anatase TiO$_2$ by coexposed {001} and {101} facets[J]. Journal of the American Chemical Society，2014，136（25）：8839-8842.

[167] Li R G，Han H X，Zhang F X，et al. Highly efficient photocatalysts constructed by rational assembly of dual-cocatalysts separately on different facets of BiVO$_4$[J]. Energy & Environmental Science，2014，7（4）：1369-1376.

[168] Zheng Z K，Huang B B，Wang Z Y，et al. Crystal faces of Cu$_2$O and their stabilities in photocatalytic reactions[J]. The Journal of Physical Chemistry C，2009，113（32）：14448-14453.

[169] Li P，Zhou Y，Zhao Z Y，et al. Hexahedron prism-anchored octahedronal CeO$_2$: crystal facet-based homojunction promoting efficient solar fuel synthesis[J]. Journal of the American Chemical Society，2015，137（30）：9547-9550.

[170] Li N X，Liu M C，Zhou Z H，et al. Charge separation in facet-engineered chalcogenide photocatalyst: a selective photocorrosion approach[J]. Nanoscale，2014，6（16）：9695-9702.

[171] Zhang L，Wang W Z，Sun S M，et al. Selective transport of electron and hole among {001} and {110} facets of BiOCl for pure water splitting[J]. Applied Catalysis B：Environmental，2015，162：470-474.

[172] Li Y H，Peng C，Yang S，et al. Critical roles of co-catalysts for molecular hydrogen formation in photocatalysis[J]. Journal of Catalysis，2015，330：120-128.

[173] Zhou P，Zhang H N，Ji H W，et al. Modulating the photocatalytic redox preferences between anatase TiO$_2$ {001} and {101} surfaces[J]. Chemical Communications，2017，53（4）：787-790.

[174] Li A，Chang X X，Huang Z Q，et al. Thin heterojunctions and spatially separated cocatalysts to simultaneously reduce bulk and surface recombination in photocatalysts[J]. Angewandte Chemie（International Edition），2016，128（44）：13938-13942.

[175] Domen K，Naito S，Soma M，et al. Photocatalytic decomposition of water-vapor on an NiO-SrTiO$_3$ catalyst[J]. Journal of the Chemical Society，Chemical Communications，1980，（12）：543-544.

[176] Maeda K，Teramura K，Lu D L，et al. Photocatalyst releasing hydrogen from water-enhancing catalytic performance holds promise for hydrogen production by water splitting in sunlight[J]. Nature，2006，440（7082）：295.

[177] Li Z，Zhang F X，Han J F，et al. Using Pd as a cocatalyst on GaN-ZnO solid solution for visible-light-driven overall water splitting[J]. Catalysis Letters，2018，148（3）：933-939.

[178] Zhang G G，Lan Z A，Lin L H，et al. Overall water splitting by Pt/g-C$_3$N$_4$ photocatalysts without using sacrificial agents[J]. Chemical Science，2016，7（5）：3062-3066.

[179] Pan Z M，Zheng Y，Guo F S，et al. Decorating CoP and Pt nanoparticles on graphitic carbon nitride nanosheets to promote overall water splitting by conjugated polymers[J]. ChemSusChem，2017，10（1）：87-90.

[180] Bai Y，Ye L Q，Wang L，et al. A dual-cocatalyst-loaded Au/BiOI/MnO$_x$ system for enhanced photocatalytic greenhouse gas conversion into solar fuels[J]. Environmental Science：Nano，2016，3（4）：902-909.

[181] Li Z D，Zhou Y，Zhang J Y，et al. Hexagonal nanoplate-textured micro-octahedron Zn$_2$SnO$_4$: combined effects toward enhanced efficiencies of dye-sensitized solar cell and photoreduction of CO$_2$ into hydrocarbon fuels[J]. Crystal Growth & Design，2012，12（3）：1476-1481.

[182] Liu Q，Zhou Y，Kou J H，et al. High-yield synthesis of ultralong and ultrathin Zn$_2$GeO$_4$ nanoribbons toward improved photocatalytic reduction of CO$_2$ into renewable hydrocarbon fuel[J]. Journal of the American Chemical Society，2010，132（41）：14385-14387.

[183] Liu Q，Zhou Y，Tian Z P，et al. Zn$_2$GeO$_4$ crystal splitting toward sheaf-like，hyperbranched nanostructures and photocatalytic reduction of CO$_2$ into CH$_4$ under visible light after nitridation[J]. Journal of Materials Chemistry，2012，22（5）：2033-2038.

[184] Sasan K，Zuo F，Wang Y，et al. Self-doped Ti^{3+}-TiO$_2$ as a photocatalyst for the reduction of CO$_2$ into a hydrocarbon fuel under visible light irradiation[J]. Nanoscale，2015，7（32）：13369-13372.

第9章 g-C₃N₄基晶体结构模型的构建和性质

9.1 概　　述

第一性原理（first-principle）计算在光催化材料研究中发挥着重要作用[1,2]。它从物质的分子结构或晶胞结构出发，借助种类繁多的计算程序和软件，获得材料的结构信息和物理化学性质。相比于实验研究而言，理论计算的优势在于它可以精确模拟原子的组成、比例和空间构型，计算结果具有很好的重复性。随着物理、化学和材料学科的快速发展，电子设备计算能力的日益增强，以及光催化技术应用领域的不断拓展，利用第一性原理计算对光催化材料的结构组成、光催化性能和机理进行全方位的深入解读，已经成为光催化研究中不可或缺的环节。根据计算方法的不同，广义的第一性原理计算可以粗略地分为两类，即密度泛函理论（density functional theory，DFT）计算和基于 Hartree-Fock 方法的"从头算"（ab initio），其中密度泛函理论计算在光催化研究中的应用尤为广泛。从统计数据上看，近年来已发表的光催化研究中包含密度泛函理论计算的文献数量逐年增多，2020 年已达到 850 余篇（图 9-1）。这些文献报道中的研究对象主要包括二氧化钛（TiO_2）[3-5]、氧化锌（ZnO）[6]和石墨相氮化碳（g-C₃N₄）[7-9]等光催化剂。

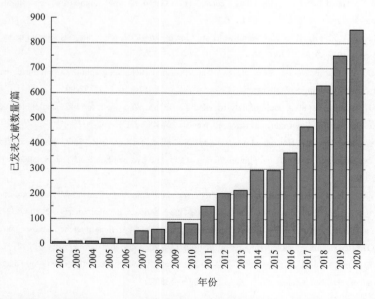

图 9-1　近年来发表的光催化研究中包含密度泛函理论计算的文献数量（统计于 Web of Science 数据库）

在实验研究中，二维片状光催化材料因比表面积大、厚度小，使得材料与反应物的接触非常充分、暴露的反应活性位点丰富、光生载流子从材料内部迁移到表面的距离较短而引起了研究者们的广泛关注。同样地，在理论计算工作中，具有层状结构的晶胞也备受青睐。在这些晶胞中，每一层的原子结构相同，且层与层之间没有化学键作用，研究这类晶胞的性质时，通常只需取出一层结构用于构建模型，由于模型所含原子数较少，因此研究工作的计算量也较小。g-C₃N₄ 就是一种晶胞结构为层状的二维光催化材料，本章围绕 g-C₃N₄ 的第一性原理计算的研究进展，重点阐述 g-C₃N₄ 基晶体结构模型的构建和性质，以及它们与光催化活性之间的联系。

9.2　g-C₃N₄ 的晶胞结构

9.2.1　g-C₃N₄ 模型的来源

氮化碳结构的由来可以追溯至 1989 年，Liu 和 Cohen[10]用碳原子取代 β 相 Si₃N₄ 中的硅原子得到了 β 相 C₃N₄ 结构。在随后的十多年中，各式各样的 C₃N₄ 结构被提出，包括 α 相、β 相、立方相、准立方相和石墨相[11,12]。自 2009 年石墨相氮化碳首次作为光催化剂应用于分解水产氢后[13]，基于 g-C₃N₄ 的第一性原理计算研究开始大量涌现[14]。g-C₃N₄ 包含两种结构，即由 tri-*s*-triazine 或 *s*-triazine 单元通过氮原子连接而成的二维平面结构（图 9-2）[15,16]。Kroke 等[17]的理论计算结果表明，tri-*s*-triazine 基结构更稳定，它的能量比 *s*-triazine 基结构的能量低 30 kJ·mol⁻¹。目前大多数文献报道中使用的都是 tri-*s*-triazine 基结构的 g-C₃N₄。

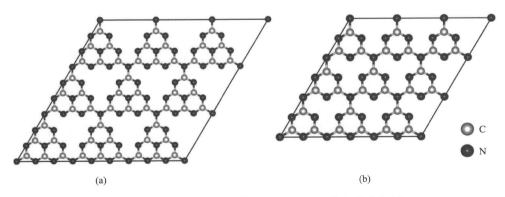

(a)　　　　　　　　　　　　　　　　(b)

○ C
● N

图 9-2　单层 g-C₃N₄ 的原子模型图（以 3×3 的超晶胞为例）

（a）tri-*s*-triazine 基结构；（b）*s*-triazine 基结构

另外一小部分研究工作则是以 *s*-triazine 基结构的 g-C₃N₄ 展开的，这主要与两个因素有关。一是 *s*-triazine 单元的尺寸比 tri-*s*-triazine 单元的尺寸小，由此在构建一些 g-C₃N₄ 基复合物体系时，使用 *s*-triazine 基 g-C₃N₄ 得到的复合物具有较小的晶胞参数和原子数，有利于后续的计算，这一点将在关于 g-C$_3$N$_4$ 基复合物的内容中深入讨论；二是 s-triazine 基 g-C$_3$N$_4$ 模型更容易获得，常见的晶体结构模型数据库主要是 Materials Studio（MS）软件自带的数据库和无机晶体结构数据库（inorganic crystal structure database，ICSD），MS 软件自带的数据库中包含 700 多种模型，但没有 g-C$_3$N$_4$ 模型；许多版本的 ICSD 中只有 s-triazine 基 g-C$_3$N$_4$ 模型，而没有 tri-s-triazine 基 g-C$_3$N$_4$ 模型。

当然，除从数据库中获取模型外，利用 MS 软件构建 tri-s-triazine 基 g-C$_3$N$_4$ 模型也非常方便。一种方法是在现有模型的基础上进行改建，如将石墨烯模型中的碳原子进行删减或替换成氮原子，如图 9-3 所示，先对石墨模型进行切面得到 3×3 石墨烯超晶胞，再删除 4 个碳原子，然后将 8 个碳原子改为氮原子，即可得到单层 tri-s-triazine 基 g-C$_3$N$_4$ 模型。另一种方法是先创建空白晶胞，晶胞参数取 $a = b = 7.15$ Å[18]、$\alpha = \beta = 90°$、$\gamma = 60°$，然后通过输入原子坐标的方式添加 8 个氮原子和 6 个碳原子，具体的原子坐标如表 9-1 所示。本章后续所讨论的石墨相氮化碳在没有特别说明的情况下，均指 tri-s-triazine 基 g-C$_3$N$_4$。

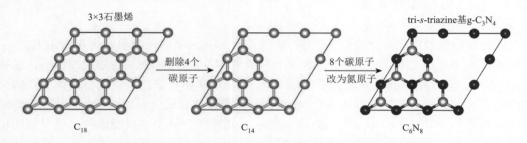

图 9-3　将石墨烯模型改建为 tri-s-triazine 基 g-C$_3$N$_4$ 模型的示意图

表 9-1　构建 tri-s-triazine 基 g-C$_3$N$_4$ 模型时添加原子的坐标

原子	坐标	原子	坐标
N	（0，0，0.5）	C	（1/9，1/9，0.5）
N	（1/3，0，0.5）	C	（4/9，1/9，0.5）
N	（2/3，0，0.5）	C	（7/9，1/9，0.5）
N	（0，1/3，0.5）	C	（1/9，4/9，0.5）
N	（1/3，1/3，0.5）	C	（4/9，4/9，0.5）
N	（2/3，1/3，0.5）	C	（1/9，7/9，0.5）
N	（0，2/3，0.5）		
N	（1/3，2/3，0.5）		

9.2.2　g-C$_3$N$_4$ 模型晶胞参数的调控

在构建 g-C$_3$N$_4$ 基复合物模型时，首先需要获取具有合适晶胞参数的 g-C$_3$N$_4$ 模型，使得它与另外一相的模型达到晶胞参数的匹配，同时也要尽可能地降低复合物的原子数。在 MS 软件中使用 Cleave Surface 功能进行切面时，可以通过调节 Surface vectors 中的两个向

量 U 和 V 来控制所得模型的晶胞参数，包括 a 值、b 值和 γ 角。表 9-2～表 9-4 列出了一些 U 和 V 向量，可以用于将 $a = b = a_0$、$\gamma = 60°$ 的 g-C$_3$N$_4$ 模型切面得到 γ 角分别为 60°、120° 和 90° 且具有不同 a 值和 b 值的 g-C$_3$N$_4$ 模型，图 9-4 为相应的示意图。实际上，这些切面方法对于其他 a 值和 b 值相等且 γ 角为 60° 的模型同样适用。

表 9-2　切面得到 $\gamma = 60°$ 且具有不同 a 值和 b 值的 g-C$_3$N$_4$ 模型时选取的 U 和 V 向量

U	V	$a = b$
0　1　0	−1　1　0	a_0
1　1　0	−1　2　0	$\sqrt{3}a_0$
2　1　0	−1　3　0	$\sqrt{7}a_0$
3　1　0	−1　4　0	$\sqrt{13}a_0$
⋮	⋮	⋮
n　1　0	−1　$n+1$　0	$\sqrt{n^2+n+1}a_0$

表 9-3　切面得到 $\gamma = 120°$ 且具有不同 a 值和 b 值的 g-C$_3$N$_4$ 模型时选取的 U 和 V 向量

U	V	$a = b$
0　1　0	−1　0　0	a_0
1　1　0	−2　1　0	$\sqrt{3}a_0$
2　1　0	−3　2　0	$\sqrt{7}a_0$
3　1　0	−4　3　0	$\sqrt{13}a_0$
⋮	⋮	⋮
n　1　0	−$n-1$　n　0	$\sqrt{n^2+n+1}a_0$

表 9-4　切面得到 $\gamma = 90°$ 且具有不同 a 值和 b 值的 g-C$_3$N$_4$ 模型时选取的 U 和 V 向量

U	V	a	b
0　1　0	−2　1　0	a_0	$\sqrt{3}a_0$
1　1　0	−3　3　0	$\sqrt{3}a_0$	$3a_0$
2　1　0	−4　5　0	$\sqrt{7}a_0$	$\sqrt{21}a_0$
3　1　0	−5　7　0	$\sqrt{13}a_0$	$\sqrt{39}a_0$
⋮	⋮	⋮	⋮
n　1　0	−$n-2$　$2n+1$　0	$\sqrt{n^2+n+1}a_0$	$\sqrt{3(n^2+n+1)}a_0$

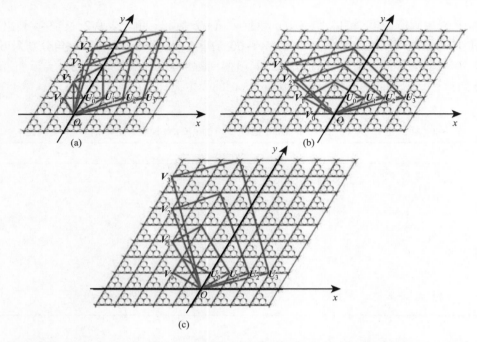

图 9-4　切面得到不同 γ 角的 g-C$_3$N$_4$ 模型时 U 和 V 向量的选取示意图（以 $n=0\sim3$ 为例）

（a）$\gamma=60°$；（b）$\gamma=120°$；（c）$\gamma=90°$

9.2.3　g-C$_3$N$_4$ 量子点

g-C$_3$N$_4$ 量子点一般用(g-C$_3$N$_4$)$_n$ 表示，它由 n 个 tri-s-triazine 单元通过氮原子连接而成，且边缘上不饱和的氮原子用氢原子补齐。这 n 个 tri-s-triazine 单元可以连接成链状或聚集成含孔形状，在含孔形状中，孔的个数也可随着排布方式的变化而变化，当 n 取 3、6、10、15 等时，可以构建得到含孔的三角形量子点。Zhai 等[19]构建了 4 种(g-C$_3$N$_4$)$_6$ 量子点[图 9-5（a）]，包括链状、单孔型、双孔型和三角形（三孔型）。计算结果表明，链状结构的能量最低，三角形结构的能量最高，这主要是由于在含孔较多的结构中，tri-s-triazine 单元的聚合度较高，边缘上的氮原子较少，体系的氢原子数较小。通过进一步的形成能计算，可以确定(g-C$_3$N$_4$)$_6$ 量子点的形成过程，如图 9-5（b）所示，即从 tri-s-triazine 单元出发，依次形成链状(g-C$_3$N$_4$)$_2$、三角形(g-C$_3$N$_4$)$_3$、单孔型(g-C$_3$N$_4$)$_4$ 和双孔型(g-C$_3$N$_4$)$_5$ 结构，最后形成三角形(g-C$_3$N$_4$)$_6$ 量子点。在一些实验报道中，三角形(g-C$_3$N$_4$)$_3$ 结构常被用来表示 g-C$_3$N$_4$ 量子点[20,21]。

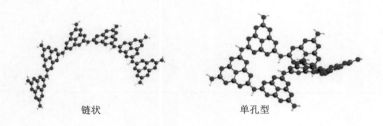

链状　　　　　　　　　　　　　　单孔型

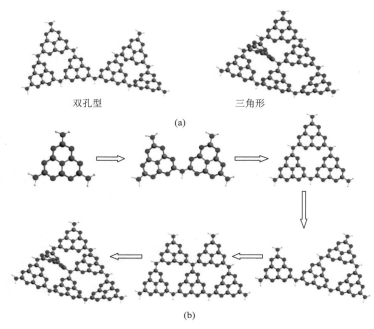

双孔型　　　　　　　　三角形

(a)

(b)

图 9-5　(g-C₃N₄)₆量子点的几何结构[19]

（a）4 种(g-C₃N₄)₆量子点；（b）三角形(g-C₃N₄)₆量子点的形成过程

9.2.4　g-C₃N₄纳米管

实验上已有通过煅烧三聚氰胺制备管状 g-C₃N₄ 的报道[22]，TEM 图显示所得纳米管的内径为（18±2）nm，壁厚为（15±2）nm；在光催化活性方面，管状 g-C₃N₄ 比体相 g-C₃N₄ 具有更好的降解亚甲基蓝的活性。在关于 g-C₃N₄ 纳米管的第一性原理计算研究中，一般使用单壁纳米管模型进行模拟，单壁 g-C₃N₄ 纳米管可以看作是由单层 g-C₃N₄ 卷曲而成的，根据卷曲方向的不同，可以得到两类 g-C₃N₄ 纳米管。如图 9-6（a）所示，围绕 x 轴卷曲而成的纳米管称为 armchair 型纳米管，记作（m，m）纳米管；围绕 y 轴卷曲而成的纳米管称为 zigzag 型纳米管，记作（m，0）纳米管[23,24]，其中 m 为 3 的倍数，m 值越大则管径越大。对于同一个 m 值，（m，m）和（m，0）g-C₃N₄ 纳米管具有相同的碳原子个数和氮原子个数。图 9-6（b）和图 9-6（c）分别列举了（9，9）和（9，0）g-C₃N₄ 纳米管模型。

前文所述的利用 MS 软件通过改建石墨烯得到单层 g-C₃N₄ 模型的方法可以类推到 g-C₃N₄ 纳米管的构建中。首先使用 Build Nanostructure 工具构建单壁碳纳米管，其中 N 和 M 值取决于所需构建 g-C₃N₄ 纳米管的类型和大小，若构建（m，m）g-C₃N₄ 纳米管，则 N 和 M 都取 m，若构建（m，0）g-C₃N₄ 纳米管，则 N 取 m，M 取 0；再将得到的单壁碳纳米管扩展为 1×1×3 的超晶胞，此时模型中应含有 $12m$ 个碳原子；然后连续进行 $2m/3$ 次操作，每次操作中将 8 个碳原子改为氮原子并随后删掉 4 个碳原子。这些操作完成后即可得到 g-C₃N₄ 纳米管模型，它包含 $4m$ 个碳原子和 $16m/3$ 个氮原子。

经过几何优化后，单壁 g-C₃N₄ 纳米管的圆柱形结构会产生褶皱变形，主要体现在曲面变得起伏并具有一定的壁厚。如图 9-7 所示，（m，m）g-C$_3$N$_4$ 纳米管的截面近似于具有 $2m/3$ 条边的正多边形[25]；（m，0）g-C$_3$N$_4$ 纳米管（$m = 9\sim18$）的壁厚为 $1.44\sim1.74$ Å，且随着纳米管管径的增大而减小，外径为 $8.56\sim14.77$ Å。一系列计算结果表明，g-C$_3$N$_4$ 纳米管不仅是良好的光催化剂[26]，也可以作为锂离子电池材料和储氢材料[27,28]。

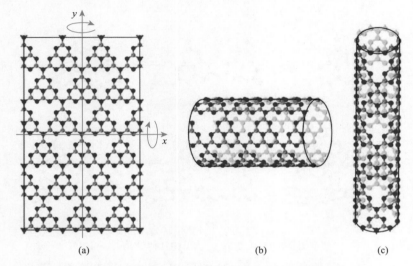

图 9-6　由 g-C$_3$N$_4$ 单层结构卷曲形成纳米管

（a）单层 g-C$_3$N$_4$ 的卷曲方向示意图；（b）、（c）（9，9）和（9，0）g-C$_3$N$_4$ 纳米管模型

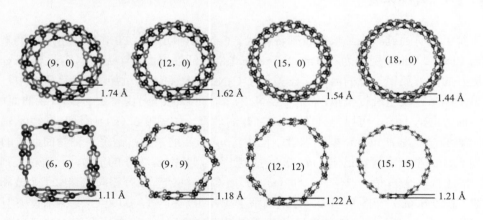

图 9-7　几何优化后的 g-C$_3$N$_4$ 纳米管模型[25]

9.3　非金属原子掺杂

9.3.1　掺杂模型的构建

构建掺杂模型时首先需要考虑的是杂质原子的位置和浓度。对于 tri-s-triazine 基

g-C$_3$N$_4$ 而言，常见的掺杂位点有 6 种，包括 2 种三配位的碳原子位、2 种三配位的氮原子位、1 种二配位的氮原子位和 1 种空隙位。杂质原子的浓度通过杂质原子的个数和 g-C$_3$N$_4$ 的大小确定，它有两种定义：一种是杂质原子的个数与体系的总原子数之比，如将含有 56 个原子的 C$_{24}$N$_{32}$ 结构中的一个碳原子改为硼原子，则得到了掺杂浓度为 1/56（即 1.79%）的硼掺杂 g-C$_3$N$_4$ 模型[29]；另一种是杂质原子的个数与掺杂位点的个数之比，如将含有 28 个原子的 C$_{12}$N$_{16}$ 结构中的一个碳原子改为硼原子，得到的硼掺杂浓度为 1/12，即 8.333%[30]，其依据是硼原子以取代碳原子的方式进行掺杂，而体系中的碳原子有 12 个，再如将含有 14 个原子的 C$_6$N$_8$ 结构中的一个氮原子改为碳原子，得到的碳掺杂浓度为 1/8，即 12.5%[31]。

　　大多数研究都是将一个杂质原子引入 g-C$_3$N$_4$ 中，占据不同的掺杂位点，计算并比较各掺杂模型的形成能，从而确定最优的掺杂结构。当杂质原子取代碳原子时，形成能（formation energy）的计算公式为 $E_{form} = E(X\text{-}C_3N_4) + \mu(C) - E(C_3N_4) - \mu(X)$；当杂质原子取代氮原子时，形成能的计算公式为 $E_{form} = E(X\text{-}C_3N_4) + \mu(N) - E(C_3N_4) - \mu(X)$；当杂质原子占据空隙位时，形成能的计算公式为 $E_{form} = E(X\text{-}C_3N_4) - E(C_3N_4) - \mu(X)$，其中 $E(X\text{-}C_3N_4)$ 和 $E(C_3N_4)$ 分别为元素 X 掺杂的 g-C$_3$N$_4$ 模型的能量和未掺杂的纯 g-C$_3$N$_4$ 模型的能量，$\mu(C)$、$\mu(N)$ 和 $\mu(X)$ 分别为碳、氮和 X 元素的化学势。元素的化学势的计算方法为对应单质的化学势除以单质所含的原子个数，例如，$\mu(N) = \mu(N_2)/2$，其中 $\mu(N_2)$ 为氮气分子的化学势[32]；再如，$\mu(C) = \mu(石墨)/n$，其中 $\mu(石墨)$ 为石墨的化学势，n 为石墨模型中所含碳原子的个数[33]。

　　形成能的数值越负，意味着对应的掺杂结构越容易形成。表 9-5 列出了 B、C、O、P 和 S 原子占据 g-C$_3$N$_4$ 中不同掺杂位点时的相对形成能，即在各掺杂位点的形成能中以最负的形成能作为参考值，将所有形成能减去该参考值作为相对形成能，于是，表中相对形成能为 0 的掺杂位点即为各原子最稳定的掺杂位点。这里之所以列出相对形成能，是因为对于同一个元素在 g-C$_3$N$_4$ 中同一个位点的掺杂，不同文献报道的形成能数值都不一样。各研究成果中形成能的差异主要源于三个方面：一是构建的 g-C$_3$N$_4$ 模型的大小不一；二是计算时采用的诸多参数不完全相同；三是元素化学势的计算公式有差异，如使用的单质中所含的原子个数不同。在一些文献中，研究人员也是通过相对能量来更直观地判断最稳定的掺杂结构[34]。

表 9-5　B、C、O、P 和 S 原子占据 g-C$_3$N$_4$ 中不同掺杂位点时的相对形成能

杂质原子	超晶胞大小	原子个数	相对形成能/eV					文献
			C1	C2	N1	N2	N3	
B	2×2×1	C$_{24}$N$_{32}$	0	0.29	1.97	2.03	3.23	[29]
B	1×1×1	C$_6$N$_8$	0	0.19	3.63	2.87	3.39	[35]
C	1×1×1	C$_6$N$_8$			0.13	0.68	0	[31]
C	3×3×1	C$_{54}$N$_{72}$			0	0.26	1.90	[34]
O	1×$\sqrt{3}$×2	C$_{24}$N$_{32}$	2.04	2.14	1.25	0	2.30	[36]
O	1×1×1	C$_6$N$_8$	6.2	5.7	2.5	0	1.6	[37]
P	2×2×1	C$_{24}$N$_{32}$			0.57	0	1.59	[38]

杂质原子	超晶胞大小	原子个数	相对形成能/eV					文献
			C1	C2	N1	N2	N3	
P	$1\times\sqrt{3}\times2$	$C_{24}N_{32}$	0	0.79	1.20	0.60	2.82	[33]
S	$1\times\sqrt{3}\times2$	$C_{24}N_{32}$			2.24	0	4.67	[33]
S	$1\times1\times2$	$C_{12}N_{16}$			1.539	0	0.711	[39]
S	$2\times2\times2$	$C_{48}N_{64}$				0	0.53	[40]
S	$2\times2\times1$	$C_{24}N_{32}$				0	1.39	[41]

表 9-5 中的 N1 指连接 tri-*s*-triazine 单元的三配位氮原子，N2 指 tri-*s*-triazine 单元中的二配位氮原子，N3 指 tri-*s*-triazine 单元中心的三配位氮原子，C1 指与 N1 原子成键的碳原子，C2 指与 N3 原子成键的碳原子。对比各掺杂位点的形成能可以看出，除硼原子倾向于取代 C1 原子、碳原子倾向于取代三配位的氮原子外，其他原子都倾向于取代 N2 原子，因此一些研究在构建掺杂模型时，直接将 N2 原子替换为非金属杂质原子[32,42]。

当然，用计算形成能的方法只是对掺杂位点进行理论预测。在实验中，不同的制备方法可能得到具有不同掺杂结构的样品，而且在同一样品中也可能存在多种掺杂形式，此时，一些实验表征得到的样品结构信息可以为掺杂位点的确定提供帮助。Liu 等[43]报道了一种具有优异产氢和苯酚氧化活性的硫掺杂 g-C₃N₄ 光催化剂，他们利用 XPS 和 X 射线吸收近边结构（XANES）表征对样品中硫元素的化学状态进行了分析。如图 9-8（a）所示，S 2p HRXPS 图中有一个峰位于 163.9 eV，与 CS₂ 中 S 2p_{3/2} 峰的结合能 163.7 eV 十分接近，因此这个峰应该对应于 C—S。同时，硫元素的 XANES 图中有一个硫负离子 $S^{\theta-}$（$0<\theta\leqslant2$）的峰位于 2.4726 keV［图 9-8（b）］，它是由硫原子取代晶格氮原子形成的。根据这两个表征结果，可以按照图 9-8（c）所示设计两种硫掺杂 g-C₃N₄ 模型，其中两种氮原子被硫原子取代，进一步计算两个模型的形成能，可以确定二配位的氮原子是更有利的掺杂位点。类似地，在另一个硼掺杂 g-C₃N₄ 的研究中[44]，傅里叶变换红外光谱（FTIR）和 XPS 表征结果表明样品中含有 B—N。因此，在构建硼掺杂 g-C₃N₄ 模型时，将碳原子替换为硼原子即可。

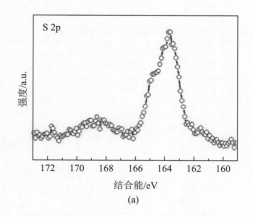

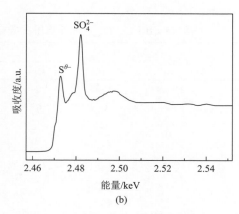

(a)　　　　　　　　　　　　　　　　　(b)

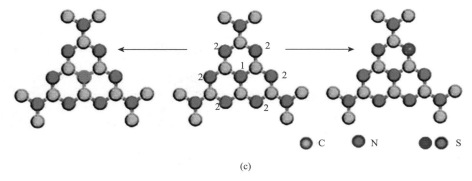

图 9-8　硫掺杂 g-C₃N₄ 样品的 XPS 图、XANES 图及晶胞结构[43]

（a）S 2p HRXPS 图；（b）硫元素 XANES 图；（c）g-C₃N₄ 结构中的两种氮原子被硫原子取代

9.3.2　掺杂模型的几何结构

非金属原子的引入会改变 g-C₃N₄ 晶胞中各原子的位置，即掺杂模型在几何优化后，其晶胞参数、键长和键角会发生变化。Lu 等[42]总结了一系列非金属原子掺杂的单层 g-C₃N₄ 的几何结构，其中杂质原子均放在二配位氮原子处。结果表明，除氧原子和碘原子外，其他非金属原子掺杂都会导致 g-C₃N₄ 晶胞参数 a 值的增大，且增大比例不超过 4%。同时，除氢原子外，其他非金属原子与相邻两个碳原子形成的化学键的长度均大于纯 g-C₃N₄ 中对应的 C—N 的长度。晶胞参数的改变可以通过 XRD 图中峰的位移反映出来。g-C₃N₄ 的 XRD 图有两个峰，一个位于 13.4°，对应于(100)晶面；另一个位于 27.5°，对应于(002)晶面。在 g-C₃N₄ 中引入磷元素后，位于 13.4°的峰向小角度偏移［图 9-9（a）］[45]，表明(100)晶面的间距增大了，这与第一性原理计算结果一致，如图 9-9（b）所示，磷原子以取代碳原子的形式在面内掺杂时，tri-s-triazine 单元的尺寸增大；在 g-C₃N₄ 中引入氯元素后，位于 27.5°的峰也向小角度偏移［图 9-9（c）］[46]，表明(002)晶面的间距也增大了，这是由于氯原子在体相 g-C₃N₄ 晶胞中以嵌入层间的方式进行掺杂［图 9-9（d）］，使得层间距增大。

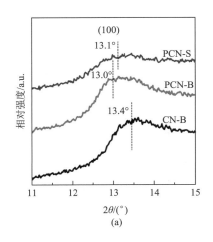

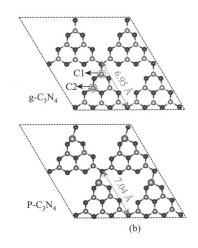

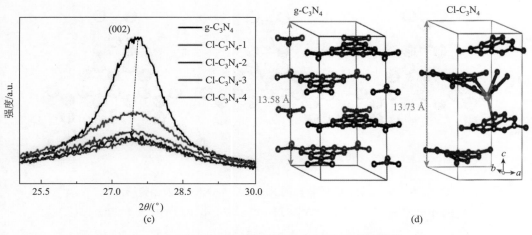

图 9-9　不同 g-C₃N₄ 样品的 XRD 图和晶胞结构[45,46]

（a）块体 g-C₃N₄（CN-B）、块体 P-C₃N₄（PCN-B）和 P-C₃N₄ 纳米片（PCN-S）的 XRD 图；（b）单层 g-C₃N₄ 和 P-C₃N₄ 的晶胞结构；（c）g-C₃N₄ 和 Cl-C₃N₄-n 样品的 XRD 图（样品以三聚氰胺和氯化铵为原料，通过高温煅烧法制备得到，n 取 1～4 时，三聚氰胺和氯化铵的摩尔比分别为 1：5、1：20、1：30 和 1：40）；（d）多层 g-C₃N₄ 和 Cl-C₃N₄ 的晶胞结构

9.3.3　掺杂模型的电子性质和光学性质

　　在确定了最稳定的掺杂结构后，需要计算掺杂模型的电子性质和光学性质。与光催化活性相关的电子性质主要包括能带结构、态密度、功函数、分子轨道、价带顶（VBM）和导带底（CBM）的电位等。从能带结构中可以读取带隙，其大小与使用的泛函有关，对于 g-C₃N₄ 而言，使用 GGA-PBE 泛函得到的带隙为 1.10 eV[47]，小于实验值 2.7 eV[48]；使用 HSE06 杂化泛函得到的带隙为 2.78 eV[49]。考虑到使用 GGA-PBE 泛函已经能够满足对模型体系的定性分析，而且它的计算耗时远少于使用 HSE06 杂化泛函所需要的计算耗时，因此大多数第一性原理计算研究都使用 GGA-PBE 泛函。一般而言，非金属原子掺杂会在 g-C₃N₄ 的禁带中引入杂质能级，从而使 g-C₃N₄ 的带隙减小。以硫原子在二配位氮原子处的掺杂为例[40]，与纯 g-C₃N₄ 的能带结构相比，S 掺杂 g-C₃N₄ 的能带结构中出现了一条新的能级（图 9-10），这条能级主要由硫原子的 p 轨道构成，它在原始导带的下方附近形成了 n 型掺杂。

　　从态密度图（图 9-11）中也可以看出带隙的变化和杂质元素参与能带组成的情况。如图 9-11（a）所示[50]，纯 g-C₃N₄ 的价带主要由 N2 原子的 2p 轨道组成，导带由碳原子和 N3 原子的 2p 轨道构成，费米能级位于价带顶；当氧原子在二配位氮原子处进行掺杂时，体系的态密度如图 9-11（b）所示，杂质峰由 O、C1 和 N3 原子的 2p 轨道构成，它位于导带底下方 0.22 eV 处，形成了 n 型掺杂，体系的带隙由此减小，同时费米能级上移至杂质峰处。

　　带隙的减小会引起光吸收性质的变化，例如，硫原子在二配位氮原子处的掺杂使得 g-C₃N₄ 的吸收边从 475 nm 移至 550 nm，拓宽了可见光吸收范围[41]。同时，用硫等比氮原子具有更大的原子序数的原子替换 g-C₃N₄ 中的氮原子后，由于体系的电子数增多，费米能级升高，功函数会减小。另外，掺杂后 g-C₃N₄ 的带边电位也会发生变化，但它仍然满足分解水产氢和还原 CO₂ 的电位要求。最低未被占据分子轨道（LUMO）和最高被占据分子

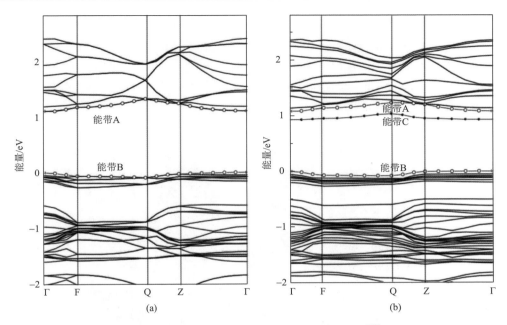

图 9-10　g-C₃N₄ 和 S 掺杂 g-C₃N₄ 的能带结构[40]

（a）g-C₃N₄；（b）S 掺杂 g-C₃N₄

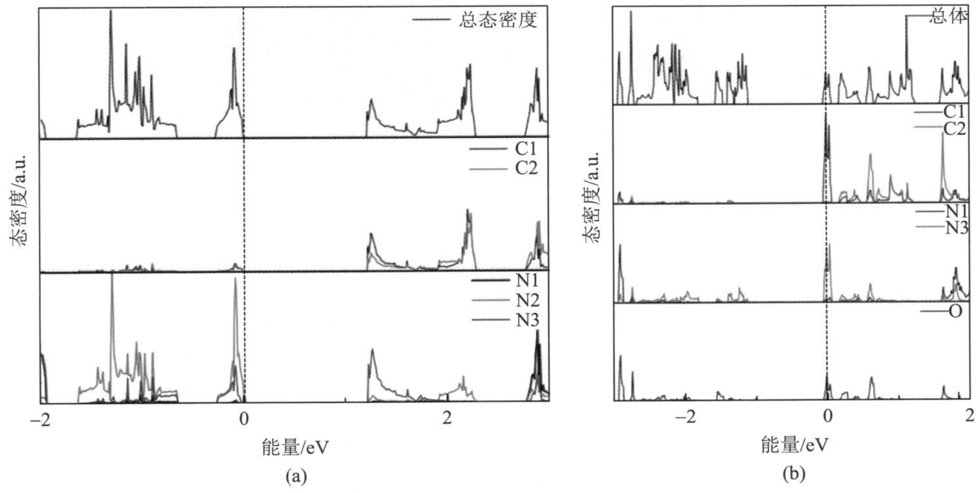

图 9-11　g-C₃N₄ 和 O 掺杂 g-C₃N₄ 的态密度图[50]

（a）g-C₃N₄；（b）O 掺杂 g-C₃N₄

轨道（HOMO）常被用来反映光生电子和空穴的分离能力，一般来说，LUMO 和 HOMO 的离域化较强时，光生载流子具有更高的分离效率。如图 9-12 所示，纯 g-C₃N₄ 的 LUMO 主要分布在碳原子和 N3 原子上，HOMO 主要分布在 N2 原子上，这与态密度显示的价带和导带的组成一致。值得注意的是，连接 tri-s-triazine 单元的 N1 原子对价带和导带的组成贡献极小，基本不参与 HOMO 和 LUMO 的分布，这表明光生电子既不在 N1 原子上产生，也很难通过 N1 原子在各 tri-*s*-triazine 单元之间转移。也就是说，光生电子在很大程度上被限制在各 tri-*s*-triazine 单元中，因此它和光生空穴的复合率较高，纯 g-C$_3$N$_4$ 的光催化活性较低。引入硫原子后，LUMO 主要分布在硫原子所在的 tri-*s*-triazine 单元上，而 HOMO 分布在其他 tri-*s*-triazine 单元上，这种分布意味着光生电子和空穴很容易实现空间上的分离，有助于增强光催化活性。

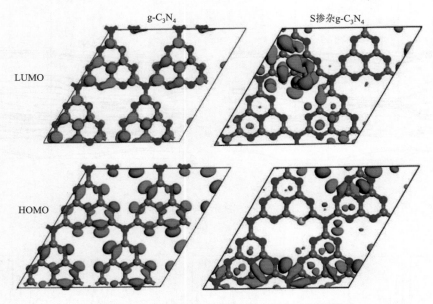

图 9-12　g-C$_3$N$_4$ 和 S 掺杂 g-C$_3$N$_4$ 的分子轨道[41]

9.3.4　非金属原子共掺杂

多个非金属原子共掺杂 g-C$_3$N$_4$ 时，形成能的计算方法仍然是掺杂体系的能量与被取代原子的化学势之和减去纯 g-C$_3$N$_4$ 的能量与杂质原子的化学势之和。Wu 等[51]研究了 C 和 O 共掺杂 g-C$_3$N$_4$ 纳米带的产氢活性，他们设计了如图 9-13 所示的两种共掺杂模型。一种模型中，氧原子取代 N1 原子，碳原子取代 N2 原子；另一种模型中，氧原子取代 N2 原子，碳原子取代 N1 原子。形成能计算结果表明，后者更容易形成，这与表 9-5 中的结果一致。Ding 等[29]研究了 B 和 F 共掺杂对 g-C$_3$N$_4$ 分解水性能的影响，他们首先对比了单

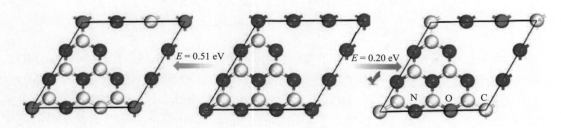

图 9-13　两种 C 和 O 共掺杂的 g-C$_3$N$_4$ 模型及其形成能[51]

个硼原子在 5 种原子位掺杂的 g-C₃N₄ 体系的形成能，发现硼原子最容易取代 C1 原子；然后设计了 5 种共掺杂模型，其中硼原子都取代 C1 原子，氟原子吸附在 5 种原子上与它们形成化学键。形成能计算结果表明，最稳定的共掺杂构型为硼原子取代 C1 原子，氟原子吸附在与硼原子相连的 N2 原子上形成 F—N。

9.4　金属原子修饰

9.4.1　模型的构建

在第一性原理计算工作中，金属原子修饰 g-C₃N₄ 的过程一般称为嵌入（embed）[52]或负载（load）[49]，而很少称作掺杂（dope）[53,54]，金属原子修饰后体系的能量变化称为吸附能（adsorption energy）[55]或结合能（binding energy）[56]，其计算公式与非金属杂质原子占据空隙位时形成能的计算公式类似。常见的用来修饰 g-C₃N₄ 的金属原子包括碱金属[57]、第四周期过渡金属[49]、第六周期过渡金属[53]、Ⅷ族和 IB 族过渡金属[58,59]。由于金属原子与非金属原子的原子半径、电子结构和化学性质完全不同，金属原子很难以取代碳原子或氮原子的方式稳定地存在于 g-C₃N₄ 的晶胞中，因此，在大多数情况下，单个金属原子都是被放在空隙位，即相邻的三个 tri-s-triazine 单元围成的空隙的中心处[60]。当然，从理论上来说，金属原子吸附在前文所述的 5 种原子上也是有可能的。针对这种情况，Zhu 等[61]对比了碱金属 Li、Na 和 K 以吸附在 5 种原子上和占据空隙位的方式修饰 g-C₃N₄ 时的吸附能，结果表明，这三种金属原子都倾向于占据空隙位。另外，Wu 等[62]在研究 Fe、Co、Ni、Cu 和 Zn 原子修饰的 g-C₃N₄ 时，设计了如图 9-14（a）所示的三种吸附位点，结合能计算结果表明，这些金属原子也都最容易占据空隙位［图 9-14（b）］。

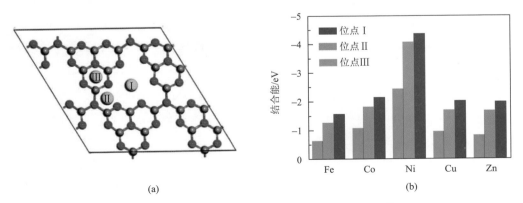

图 9-14　金属在 g-C₃N₄上的吸附位点和结合能[62]

（a）三种吸附位点示意图；（b）Fe、Co、Ni、Cu 和 Zn 原子在 g-C₃N₄上的结合能

放在空隙中心的金属原子会与其周围的二配位氮原子形成 6 个 M—N 化学键（M 表

示金属原子），此时它们的键长基本相等；几何优化后，金属原子会发生不同程度的偏移，这些化学键的键长也会改变。如图 9-15 所示[63]，优化后 V、Cr、Mn 和 Fe 原子基本还位于空隙中心处，各模型中 6 个 M—N 的键长差异都不超过 0.18 Å；而 Co、Ni、Cu 和 Zn 原子已经明显偏离了空隙中心，呈现出向两个相邻的二配位氮原子靠近的趋势，各模型中 6 个 M—N 的键长差异都达到了 0.65 Å。Li 等[59]用最短键长与最长键长之比（ε）来反映这些 M—N 的键长差异，ε 值越接近 1，则键长差异越小。他们也得到了 Ni 原子大幅偏离空隙中心的结果，其 ε 值仅为 0.588；Cu 原子的 ε 值也较小，仅为 0.786；而 Pd、Pt、Ag 和 Au 原子基本还位于空隙中心处，其 ε 值为 0.83～0.94。从这些结果中可以发现，原子半径相对较大的金属原子更容易被固定在空隙中心，部分原子虽然偏离了空隙中心，但它们仍然处于空隙中。为了进一步分析金属原子负载在空隙中的稳定性，Li 等[59]还计算了金属原子从一个空隙移动到相邻的另一个空隙的过程中体系能量的变化，结果表明，这一扩散过程需要克服的能垒高达 2.67～4.84 eV，意味着金属原子占据空隙修饰 g-C$_3$N$_4$ 的结构是可以稳定存在的。

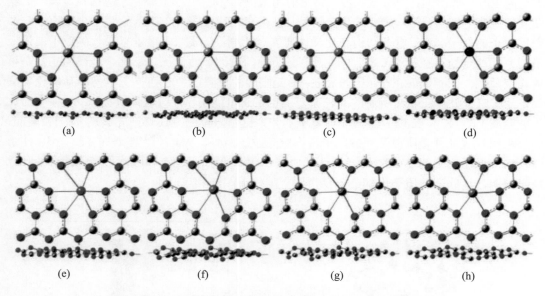

图 9-15　几何优化后的金属原子修饰 g-C$_3$N$_4$ 模型[63]

（a）V；（b）Cr；（c）Mn；（d）Fe；（e）Co；（f）Ni；（g）Cu；（h）Zn

在实验中，通过不同的制备方法既可以得到金属单原子修饰的 g-C$_3$N$_4$[64]，也可以得到具有不同尺寸的金属纳米团簇负载的 g-C$_3$N$_4$[65]。第一性原理计算也可以用于研究金属团簇负载的 g-C$_3$N$_4$ 模型，以金属钯为例，Pd$_2$、Pd$_3$ 和 Pd$_4$ 团簇的结构分别为线型、三角形和正四面体（图 9-16）[66]，这些团簇容易吸附在 g-C$_3$N$_4$ 的空隙的正上方，并与二配位氮原子成键，其中 Pd$_2$ 团簇中的一个钯原子还与碳原子成键。钯团簇修饰的 g-C$_3$N$_4$ 体系比钯单原子修饰的 g-C$_3$N$_4$ 体系具有更负的吸附能。

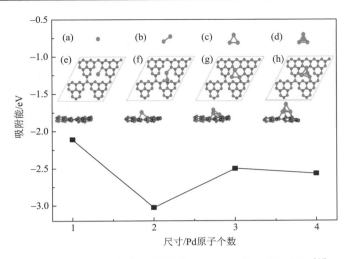

图 9-16　不同尺寸的 Pd 团簇修饰 g-C₃N₄ 体系的吸附能[66]

（a）～（d）几何优化后的 Pd 团簇模型；（e）～（h）几何优化后的 Pd 团簇修饰 g-C₃N₄ 模型

9.4.2　模型的电子性质和光学性质

通过计算电荷密度可以获知 g-C₃N₄ 和金属原子之间的相互作用。一般来说，引入 g-C₃N₄ 中的金属原子会向其周围的氮原子转移电子，从而与氮原子形成化学键。以 Sc 原子修饰 g-C₃N₄ 模型的电荷密度图为例（图 9-17）[60]，Sc 原子处于代表电荷消耗的蓝色区域，而其周围的氮原子被代表电荷积累的黄色区域覆盖，充分说明了 Sc 原子失去电子，而氮原子获得电子。转移电子的数目可以用马利肯（Mulliken）电荷来衡量，正值表示失去电子，负值表示得到电子，例如，用 Pd 原子修饰 g-C₃N₄ 时，其 Mulliken 电荷为 0.05 e[67]；用碱金属 Li、Na 和 K 修饰 g-C₃N₄ 时，其 Mulliken 电荷分别为 1.09 e、1.75 e 和 2.26 e[61]；用 Fe、Co、Ni、Cu 和 Zn 原子修饰 g-C₃N₄ 时，其 Mulliken 电荷分别为 0.79 e、0.85 e、0.88 e、0.90 e 和 1.17 e[62]。

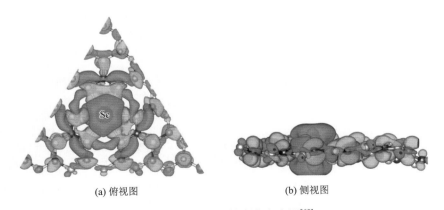

(a) 俯视图　　　　　　　　　(b) 侧视图

图 9-17　Sc-C₃N₄ 的电荷密度图[60]

黄色和蓝色区域分别代表电荷积累和消耗，等值面取 0.005 e·Å⁻³

　　金属原子修饰也会在 g-C₃N₄ 的能带中引入杂质能级。图 9-18 给出了 Ni、Cu、Pd 和 Pt 修饰的 g-C₃N₄ 的能带结构和态密度[59]，可以看到，在费米能级下方都出现了杂质能级，且杂质能级主要由金属原子的 d 轨道构成。在其他过渡金属原子修饰的 g-C₃N₄ 体系（如 Au-C₃N₄）中，也出现了相同的现象[56]，而在碱金属 Li、Na 和 K 修饰的 g-C₃N₄ 体系中，杂质原子参与能带结构的组成情况则完全不同，虽然带隙也有减小，但这些金属原子在价带、导带和禁带中没有态密度的分布[61]，它们向氮原子转移的是外层的 s 电子甚至是次外层的 p 电子，其态密度分布在较深的能级处，对 Na 原子而言是 3s 轨道，对 K 原子而言是 3p 轨道[57]。

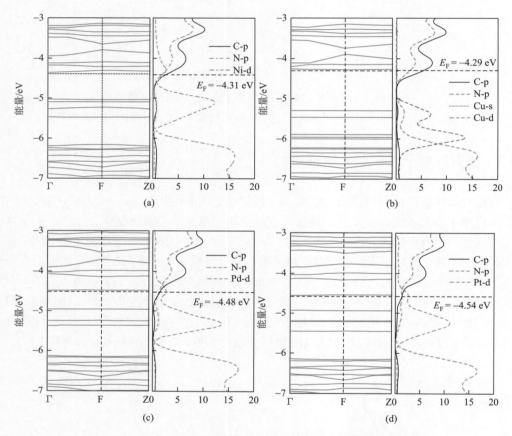

图 9-18　Ni、Cu、Pd 和 Pt 修饰的 g-C₃N₄ 的能带结构和态密度[59]

（a）Ni；（b）Cu；（c）Pd；（d）Pt

　　此外，无论是引入碱金属还是过渡金属原子，都可以使 g-C₃N₄ 的分子轨道分布变得更加离散[61,68]，从而提高载流子的分离效率。以 Ni-C₃N₄ 体系为例，如图 9-19（a）所示，它的 HOMO 和 LUMO 分布与图 9-12 中纯 g-C₃N₄ 的 HOMO 和 LUMO 分布完全不同，主要体现在 Ni 原子同时参与了 HOMO 和 LUMO 的组成。从结构上看，Ni 原子连接了相邻的两个 tri-s-triazine 单元，这意味着光生电子可以不再局限于各 tri-s-triazine 单元中，电子传输路径得到拓展。Ni 原子修饰还可以改善 g-C₃N₄ 的光吸收性质，如图 9-19（b）所示，

Ni 原子的引入使 *s*-triazine 基和 tri-*s*-triazine 基 g-C$_3$N$_4$ 的可见光吸收范围都拓宽至 800 nm 以上，吸收强度也得到提高。

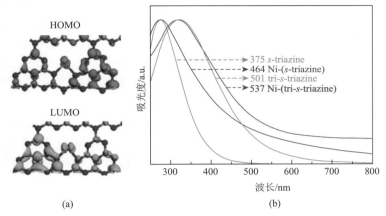

图 9-19　Ni 原子修饰 g-C$_3$N$_4$ 的分子轨道和光吸收性质[68]

（a）分子轨道；（b）光吸收性质

9.5　g-C$_3$N$_4$ 基复合物体系

9.5.1　g-C$_3$N$_4$ 基复合物模型的构建

g-C$_3$N$_4$ 基复合物包含二元复合物[69]、三元复合物[70]甚至组分更多的复合物[71]，在关于 g-C$_3$N$_4$ 的第一性原理计算中，以针对二元复合物的研究居多，只有少数文献报道了三元复合物模型[72]。本节所涉及的内容主要是 g-C$_3$N$_4$ 基二元复合物的理论计算研究，首先要讨论的仍然是模型的构建。对于由 g-C$_3$N$_4$ 和具有晶体结构的物质 A 组成的二元复合物，其模型一般由单层 g-C$_3$N$_4$ 和物质 A 的某个表面模型堆叠组合而成，其中有两个问题需要考虑，一是物质 A 的晶面选取，二是 g-C$_3$N$_4$ 模型和物质 A 的表面模型是否可以达到晶胞参数的匹配。在一些实验结合理论计算的研究中，可以将 TEM 图所显示的晶面作为建模时选取的晶面[73]，例如，Xia 等[74]通过湿化学法在 g-C$_3$N$_4$ 表面生长 MnO$_2$ 纳米片制备了 g-C$_3$N$_4$/MnO$_2$ 复合光催化剂，复合物的 TEM 图中显示的晶格条纹归属于 MnO$_2$ 的(001)晶面，由此先构建 MnO$_2$ 的(001)表面模型，再将其用于构建 g-C$_3$N$_4$/MnO$_2$ 复合物模型。

在确保复合物模型具有合适的原子个数的前提下，实现晶胞参数的匹配对于后续电子性质的计算十分关键。晶胞参数匹配的标准是两个组分模型的 a 值、b 值和 γ 角都大小相近，其中 a 值（或 b 值）是否匹配可以用晶格失配比（δ）来衡量，计算公式为 $\delta = \left| a_{\text{g-C}_3\text{N}_4} - a_\text{A} \right| / a_\text{A}$[75]，$a_{\text{g-C}_3\text{N}_4}$ 和 a_A 分别为 g-C$_3$N$_4$ 模型和物质 A 的表面模型的 a 值（或 b 值），δ 值越小，则晶胞参数越匹配。获得大小相近的晶胞参数的方法是将两个组分模型各自进行适当的放大，从理论上来讲，任何两个数值经过各自的放大后总可以达到一个相近值，但问题在于，如果放大倍数过大，则会导致复合物模型的原子个数过多，后续计算十分困难。

这里列举一些由 *s*-triazine 基或 tri-*s*-triazine 基 g-C$_3$N$_4$ 和其他物质组成的复合物模型的

构建方法。s-triazine 基和 tri-s-triazine 基 g-C_3N_4 的晶胞参数分别为 4.79 Å 和 7.15 Å[76,77]，石墨烯的晶胞参数为 2.44 Å[78]。将石墨烯扩建为 2×2 和 3×3 的超晶胞后（图 9-20），其晶胞参数分别为 4.88 Å 和 7.32 Å，这些超晶胞与 s-triazine 基和 tri-s-triazine 基 g-C_3N_4 能够达到晶胞参数的匹配，其 δ 值分别为 1.8%和 2.3%。因此，用 s-triazine 基和 tri-s-triazine 基 g-C_3N_4 都能很容易地构建 g-C_3N_4/石墨烯复合物模型，相比之下，用 s-triazine 基 g-C_3N_4 构建的复合物模型具有较少的原子个数。但在另外一些情况中，只有用 s-triazine 基和 tri-s-triazine 基 g-C_3N_4 中的一种，才能构建得到具有合适大小的复合物模型。例如，构建 g-C_3N_4/石墨二炔复合物模型时，石墨二炔的晶胞参数为 9.45 Å[79]，只有将 s-triazine 基 g-C_3N_4 扩展为晶胞参数为 9.58 Å 的 2×2 超晶胞后［图 9-21（a）］，才能实现晶胞参数的匹配，其 δ 值为 1.4%；再如，构建 g-C_3N_4/SnS_2 复合物模型时，SnS_2 的晶胞参数为 3.68 Å[80]，将 SnS_2 扩展为 2×2 超晶胞后［图 9-21（b）］，其晶胞参数为 7.36 Å，它只能与 tri-s-triazine 基 g-C_3N_4 达到晶胞参数的匹配，其 δ 值为 2.9%。

在解决了晶胞参数的匹配问题后，还有一个因素需要确定，即两个组分堆叠时的对齐方式。以 g-C_3N_4/石墨烯复合物模型的构建为例，第一步是对石墨模型进行切面以得到 3×3 石墨烯模型，图 9-22（a）列出了 4 种具有不同原点的切面方式，按照这些方式可以切得如图 9-22（b）所示的 4 种石墨烯模型。这些模型具有相同的原子个数和晶胞参数，只是各原子的坐标不同，用它们来计算石墨烯的性质将会得到相同的结果；但如果将它们与同一个 g-C_3N_4 模型堆叠起来，则会由于对齐方式的不同，而得到 4 种具有不同几何结构的复合物模型，由此计算得到的性质也会不同。在这种情况下，需要计算结合能来判断最稳定的复合物模型，结合能的计算公式为 $E_b = E(\text{g-}C_3N_4/A) - E(C_3N_4) - E(A)$，其中 $E(\text{g-}C_3N_4/A)$ 和 $E(A)$ 分别为 g-C_3N_4/A 复合物模型的能量和物质 A 模型的能量。也有文献将 E_b 除以截面面积，得到单位面积的结合能[81]。无论采用哪种结合能，都是数值越负，代表复合物结构越容易形成。Li 等[82]的计算结果表明，用 g-C_3N_4 与图 9-22（b）中的第 1 个石墨烯模型组合得到的 g-C_3N_4/石墨烯复合物模型具有最低的结合能（–3.41 eV），其结构如图 9-22（c）所示。

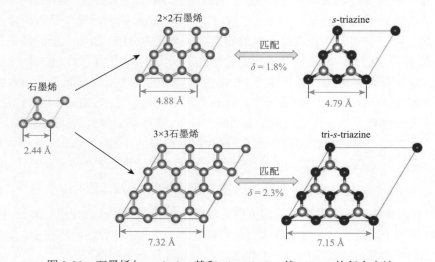

图 9-20　石墨烯与 s-triazine 基和 tri-s-triazine 基 g-C_3N_4 的复合方法

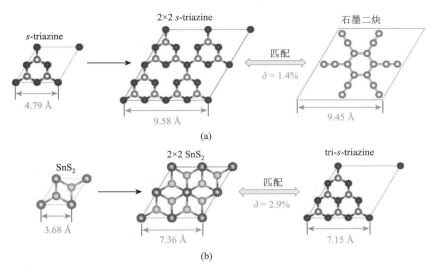

图 9-21　两种 g-C₃N₄基复合物模型的构建方法

（a）石墨二炔与 s-triazine 基 g-C₃N₄ 的复合物；（b）SnS₂ 和 tri-s-triazine 基 g-C₃N₄ 的复合物

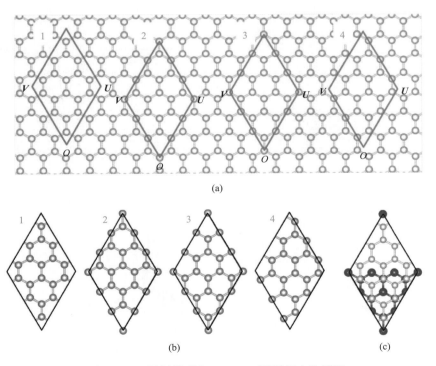

图 9-22　石墨烯模型和 g-C₃N₄/石墨烯复合物模型

（a）获得石墨烯模型的 4 种切面方式；（b）4 种 3×3 石墨烯模型；（c）最稳定的 g-C₃N₄/石墨烯复合物模型

9.5.2　g-C₃N₄基复合物体系的电子性质和光学性质

复合物体系的性质计算中最主要的研究内容是两个组分之间的电子相互作用,这对剖析光催化机理、解释复合物的优异光催化活性起着十分关键的作用。通常,组成复合物的两种半导体具有不同的费米能级,因此它们在接触后会发生电子转移,转移方向为从费米能级高的半导体转移至费米能级低的半导体。费米能级的高低可以通过计算功函数来分析[83,84],功函数小则费米能级高,功函数大则费米能级低。以 C₃N/g-C₃N₄复合物为例[85],C₃N 是一种带隙为 1.04 eV 的半导体,其功函数为 2.97 eV,比 g-C₃N₄的功函数小,故费米能级比 g-C₃N₄的费米能级高。当 C₃N 与 g-C₃N₄接触后,会发生从 C₃N 到 g-C₃N₄的电子转移,这种电子转移可以通过计算差分电荷密度和 Bader 电荷来进一步确认[86]。图 9-23(a)给出了 C₃N/g-C₃N₄复合物的差分电荷密度图,黄色和蓝色区域分别代表电荷积累和消耗;图 9-23(b)给出了 C₃N/g-C₃N₄复合物在 Z 方向的平均差分电荷密度曲线,正值和负值分

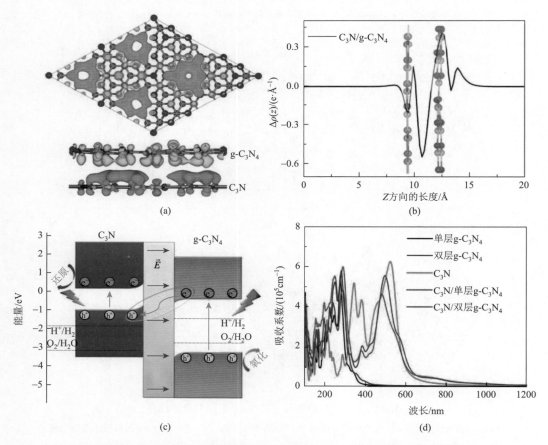

图 9-23　C₃N/g-C₃N₄复合物的电子性质、光催化机理和光吸收性质[85]

（a）差分电荷密度图（等值面取 0.001 e·Å⁻³）；（b）Z 方向的平均差分电荷密度曲线；（c）光催化机理；（d）光吸收性质

别代表得电子和失电子，从这两个图中可以直观地看出电子从 C₃N 转移到 g-C₃N₄。此外，Bader 电荷分析表明转移电子的数目为 0.60 e。

电子从 C₃N 到 g-C₃N₄ 的转移使得 C₃N 的能带向上弯曲、g-C₃N₄ 的能带向下弯曲 [图 9-23（c）]，同时在它们的界面处产生由 C₃N 指向 g-C₃N₄ 的内建电场。该电场的强度可以用公式 $E = P/(\varepsilon Sd)$ 来计算，其中 P 为偶极矩，ε 为介电常数，S 为接触面积，d 为 C₃N 层与 g-C₃N₄ 层之间的距离，计算得到该电场的强度为 $1.2 \times 10^9\ V \cdot m^{-1}$。在光照下，C₃N 和 g-C₃N₄ 上都会产生光生电子和空穴，由于 g-C₃N₄ 导带上的光生电子与 C₃N 导带上的光生电子之间有库仑排斥作用，与 C₃N 价带上的光生空穴之间有库仑吸引作用，再加上能带弯曲和内建电场的驱使，g-C₃N₄ 导带上的光生电子会转移到 C₃N 的价带，并与 C₃N 价带上的光生空穴发生复合。结果，C₃N 和 g-C₃N₄ 各自的光生电子和空穴的分离效率得到提高，同时在 C₃N 的导带上保存了具有强还原能力的光生电子，在 g-C₃N₄ 的价带上保存了具有强氧化能力的光生空穴。另外，C₃N/g-C₃N₄ 复合物比 g-C₃N₄ 具有更强的可见光吸收能力 [图 9-23（d）]。因此可以推断，C₃N/g-C₃N₄ 复合物是良好的分解水光催化剂。

在 C₃N/g-C₃N₄ 复合物的例子中，g-C₃N₄ 的费米能级比 C₃N 的费米能级低，但在许多其他 g-C₃N₄ 基复合物中，g-C₃N₄ 的费米能级则比另一组分的费米能级高，此时同样可以按照上述方法分析光催化机理，即先比较功函数，再确定电子转移方向，然后推理光生载流子的转移路径。以 WO₃/g-C₃N₄ 复合物为例[87]，计算得到 WO₃ 和 g-C₃N₄ 的功函数分别为 6.23 eV 和 4.18 eV [图 9-24（a）和图 9-24（b）]，即 WO₃ 的功函数比 g-C₃N₄ 的功函数

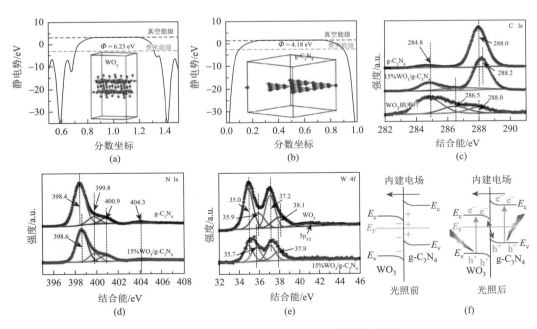

图 9-24　样品的功函数 XPS 图和光催化机理[87]

（a）WO₃ 的功函数；（b）g-C₃N₄ 的功函数；（c）C 1s HRXPS 图；（d）N 1s HRXPS 图；（e）W 4f HRXPS 图；（f）WO₃/g-C₃N₄ 复合物的光催化机理

大，WO_3 的费米能级比 g-C_3N_4 的费米能级低。当 WO_3 与 g-C_3N_4 接触后，会发生从 g-C_3N_4 到 WO_3 的电子转移，这种电子转移也可以通过 XPS 表征反映出来，如图 9-24（c）～图 9-24（e）所示，相比于 g-C_3N_4 的 C 1s 和 N 1s 峰而言，WO_3/g-C_3N_4 复合物的 C 1s 和 N 1s 峰向高结合能的方向偏移，同时，相比于 WO_3 的 W 4f 峰而言，WO_3/g-C_3N_4 复合物的 W 4f 峰向低结合能的方向偏移。这些结果表明，g-C_3N_4 失去了电子，而 WO_3 得到了电子。

电子从 g-C_3N_4 到 WO_3 的转移使得 WO_3 的能带向下弯曲、g-C_3N_4 的能带向上弯曲 [图 9-24（f）]，同时在它们的界面处产生由 g-C_3N_4 指向 WO_3 的内建电场。在光照下，WO_3 和 g-C_3N_4 上都会产生光生电子和空穴，由于 WO_3 导带上的光生电子与 g-C_3N_4 导带上的光生电子之间有库仑排斥作用，与 g-C_3N_4 价带上的光生空穴之间有库仑吸引作用，再加上能带弯曲和内建电场的驱使，WO_3 导带上的光生电子会转移到 g-C_3N_4 的价带，并与 g-C_3N_4 价带上的光生空穴发生复合。结果，WO_3 和 g-C_3N_4 各自的光生电子和空穴的分离效率得到提高，同时在 g-C_3N_4 的导带上保存了具有强还原能力的光生电子，在 WO_3 的价带上保存了具有强氧化能力的光生空穴，WO_3/g-C_3N_4 复合光催化剂因此比 WO_3 和 g-C_3N_4 具有更好的产氢活性。其他一些 g-C_3N_4 基复合物的理论计算研究也提出了类似的光催化机理[80]。

除上述由 g-C_3N_4 和另一光催化剂组成的复合物外，g-C_3N_4 和助催化剂组成的复合物的光催化机理也可以用第一性原理计算来研究[88]。例如，Ma 等[89]解析了 g-C_3N_4/石墨烯复合物的电子性质，他们构建了 5 种具有不同对齐方式的复合物模型 [图 9-25（a）]，无论是采用 DFT-D2 方法还是采用 DFT-TS 方法来校正体系中的范德瓦耳斯作用，能量计算结果都表明第 2 个复合物模型最稳定，这与前文所述的 Li 等[82]的计算结果一致。石墨烯的能带结构显示它为零带隙半导体 [图 9-25（b）]，而复合物的能带结构中出现了大小为 32 meV 的带隙 [图 9-25（c）]，这一现象也被报道于其他许多关于 g-C_3N_4/石墨烯复合物的理论计算工作中[90,91]。石墨烯的功函数大于 g-C_3N_4 的功函数 [图 9-25（d）]，其费米能级低于 g-C_3N_4 的费米能级，当 g-C_3N_4 与石墨烯接触后，界面处会发生电荷的重新分布，其结果是 g-C_3N_4 与石墨烯的费米能级达到平衡 [图 9-25（e）]，且 g-C_3N_4 的能带向上弯曲，肖特基势垒由此形成。在光照下，g-C_3N_4 上产生光生电子和空穴，其中光生电子跨过能垒到达石墨烯，而石墨烯上的电子不能回迁至 g-C_3N_4，由此抑制了光生电子和空穴的复合。

还有一种特殊的 g-C_3N_4 基复合物，它由 s-triazine 基 g-C_3N_4 和 tri-s-triazine 基 g-C_3N_4 组合而成[92]。如图 9-26（a）所示，将 s-triazine 基和 tri-s-triazine 基 g-C_3N_4 扩展为 3×3 和 2×2 的超晶胞后，其晶胞参数分别为 14.37 Å 和 14.30 Å，它们组成复合物时的晶格失配比仅为 0.49%。图 9-26（b）为复合物的差分电荷密度图，可以看到代表电荷积累的黄色区域主要位于 4 个 tri-s-triazine 单元上。图 9-26（c）所示为复合物在 Z 方向的平均差分电荷密度曲线，可以看到 tri-s-triazine 基 g-C_3N_4（h-C_3N_4）一侧为正值，s-triazine 基 g-C_3N_4（t-C_3N_4）一侧为负值。综上，从图 9-26 中可以直观地看出电子从 s-triazine 基 g-C_3N_4 转移到 tri-s-triazine 基 g-C_3N_4，这是因为 s-triazine 基 g-C_3N_4 的功函数比 tri-s-triazine 基 g-C_3N_4 的功函数小。

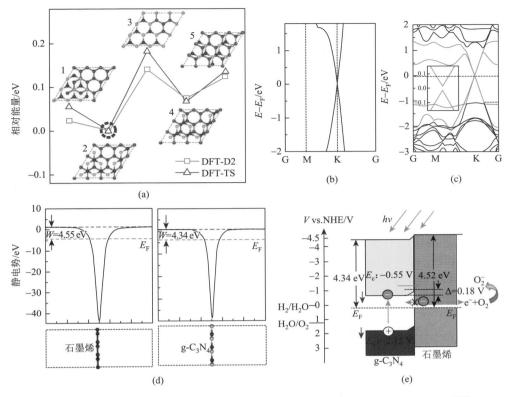

图 9-25　g-C₃N₄/石墨烯复合物的相对能量、能带结构图、功函数和光催化机理[89]

（a）5 种 g-C₃N₄/石墨烯复合物的相对能量；（b）、（c）石墨烯和 g-C₃N₄/石墨烯复合物的能带结构；（d）石墨烯和 g-C₃N₄ 的
功函数；（e）g-C₃N₄/石墨烯复合物的光催化机理

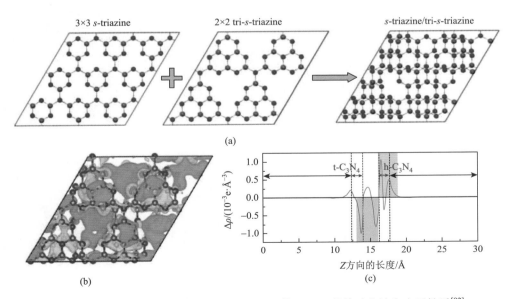

图 9-26　s-triazine 基 g-C₃N₄ 和 tri-s-triazine 基 g-C₃N₄ 的构建方法和电子性质[92]

（a）构建方法；（b）差分电荷密度图；（c）Z 方向的平均差分电荷密度曲线

9.5.3　单分子、化合物团簇和单质量子点修饰 g-C$_3$N$_4$体系

前文讨论的 g-C$_3$N$_4$基复合物都是由 g-C$_3$N$_4$和具有晶体结构的物质组成的，构建复合物模型时需要满足晶胞参数的匹配。本节则聚焦于单分子、化合物团簇和单质量子点修饰的 g-C$_3$N$_4$体系进行讨论，构建这些体系的模型时，只需要将 g-C$_3$N$_4$和另一组分在同一平面内拼接起来，或者以尺寸较大的 g-C$_3$N$_4$作为基底，将尺寸较小的另一组分放在 g-C$_3$N$_4$表面即可，因此不存在晶胞参数的匹配问题。用来修饰 g-C$_3$N$_4$的单分子主要包括碳材料（如 C$_{60}$[93,94]）和有机分子（如偏苯三酸酐[95]、β-环糊精[96]和聚酰亚胺[97]），化合物团簇主要包括 W$_6$O$_{19}$[98]、SiW$_{11}$[99]和 MNi$_{12}$（M 为 Fe、Co、Cu、Zn）[100]，单质量子点主要包括石墨烯量子点[101,102]、碳量子点[103]和黑磷量子点[104]。有机分子、化合物团簇和单质量子点修饰 g-C$_3$N$_4$的作用主要是增强光吸收，以及使 HOMO 和 LUMO 的分布更加离散。

Dutta 等[95]研究了 5 种有机分子修饰的 g-C$_3$N$_4$体系，这些分子的结构如图 9-27（a）所示。5 种复合物都表现出了比 g-C$_3$N$_4$更强的光吸收［图 9-27（b）］，尤其是 g-C$_3$N$_4$/A 复合物，其吸收峰出现了明显的红移。同时，5 种复合物的 HOMO-LUMO 能隙（Δ$_{H-L}$）均比 g-C$_3$N$_4$的 Δ$_{H-L}$小，其中 g-C$_3$N$_4$/A 复合物的 Δ$_{H-L}$最小，仅为 2.65 eV。图 9-27（c）给出

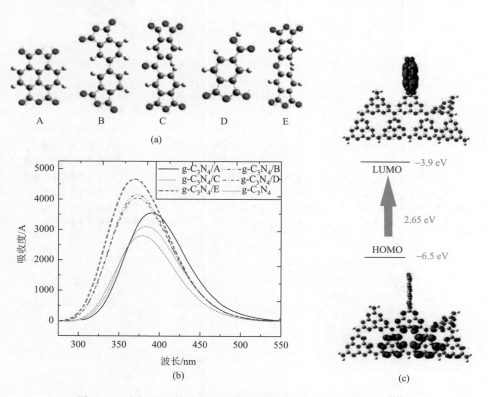

图 9-27　有机分子的结构、复合物的光吸收性质和分子轨道[95]

（a）5 种有机分子的结构；（b）g-C$_3$N$_4$和 g-C$_3$N$_4$/有机分子复合物的光吸收性质；（c）g-C$_3$N$_4$/A 复合物的分子轨道

了 g-C₃N₄/A 复合物的 HOMO 和 LUMO 分布，由图可知，在几何优化后的 g-C₃N₄/A 结构中，g-C₃N₄ 所在的平面和 A 分子所在的平面垂直，HOMO 分布在 g-C₃N₄ 上，LUMO 分布在 A 分子上，也就是说，HOMO 和 LUMO 的分布不仅在空间上比较分散，而且呈现出非共面的特性，这对于光生电子和空穴的分离非常有利。Wang 等[98]研究了 W_6O_{19}/g-C₃N₄ 复合物的几何结构、电子性质和光学性质。如图 9-28（a）所示，W_6O_{19}/g-C₃N₄ 复合物的价带主要由 g-C₃N₄ 构成，导带主要由 W_6O_{19} 构成。相应地，其 HOMO 由氮原子的 2p 轨道构成，LUMO 由氧原子的 2p 轨道和钨原子的 5d 轨道组成［图 9-28（b）］。另外，W_6O_{19}/g-C₃N₄ 复合物比 g-C₃N₄ 具有更强的光吸收。

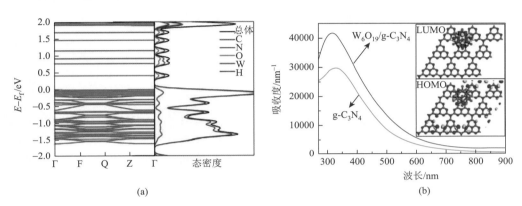

图 9-28　W_6O_{19}/g-C₃N₄ 复合物的能带结构图、态密度图、光吸收性质和分子轨道[98]

（a）能带结构图和态密度图；（b）光吸收性质和分子轨道

Kong 等[104]将含有 84 个磷原子的黑磷量子点放在 5×5 单层 g-C₃N₄ 表面，构建了 g-C₃N₄/黑磷量子点复合物模型。复合物的 HOMO 主要分布在黑磷量子点上，LUMO 主要分布在 g-C₃N₄ 上［图 9-29（a）］。黑磷量子点的功函数为 4.92 eV，比 g-C₃N₄ 的功函数大，其费米能级比 g-C₃N₄ 的费米能级低。当 g-C₃N₄ 与黑磷量子点形成复合物后，电子从 g-C₃N₄ 转移至黑磷量子点，直至二者的费米能级达到平衡。这一点从复合物在 Z 方向的平均差分电荷密度曲线也可以看出来，如图 9-29（b）所示，g-C₃N₄ 主要被蓝色（代表电荷消耗）填充，黑磷量子点主要被黄色（代表电荷积累）填充。电子从 g-C₃N₄ 到黑磷量子点的转移使得 g-C₃N₄ 的能带向上弯曲，黑磷量子点的能带向下弯曲，同时在它们的界面处形成

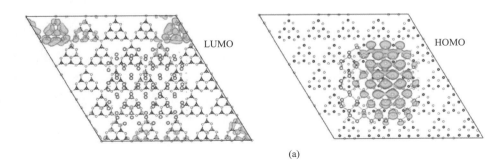

（a）

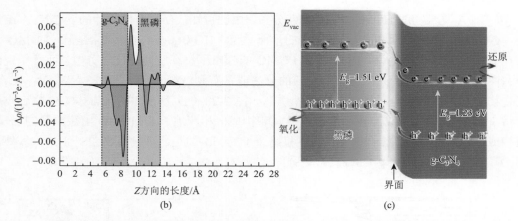

图 9-29　g-C_3N_4/黑磷量子点复合物的分子轨道、电子性质和光催化机理[104]

（a）分子轨道；（b）Z 方向的平均差分电荷密度曲线；（c）光催化机理

由 g-C_3N_4 指向黑磷量子点的内建电场。在光照下，g-C_3N_4 和黑磷量子点上都会产生光生电子和空穴，在能带弯曲和内建电场的作用下，黑磷量子点导带上的光生电子会转移到 g-C_3N_4 的导带上，g-C_3N_4 价带上的光生空穴会转移到黑磷量子点的价带上，体系中光生电子和空穴的分离效率由此得到提高［图 9-29（c）］。

9.6　g-C_3N_4 表面的分子吸附与反应

9.6.1　g-C_3N_4 表面的分子吸附

分子在光催化剂表面的吸附是它参与氧化反应或还原反应的第一步，研究吸附体系的构型和稳定性对于进一步探索反应过程非常重要。相关文献已经报道了一系列分子，包括 H_2O、H_2、N_2、CO_2、O_2、NO、CO、NH_3 和 HCN 等[52,105-110]在 g-C_3N_4 表面的吸附。吸附模型的构建方法是将单个分子放在 g-C_3N_4 表面，放置时需要考虑三个因素：一是吸附位点，如图 9-30（a）所示，g-C_3N_4 上有 11 种吸附位点[105]，其中 1 和 2 为两种空隙的中心，3～7 为五种原子位，8～11 为四种 C—N 键的中点；二是分子与 g-C_3N_4 的位置关系，以 O_2 分子在 g-C_3N_4 上的吸附为例[111]，在各吸附位点上，O_2 分子所在的直线与 g-C_3N_4 所在的平面都可以呈平行或垂直的关系［图 9-30（b）］；三是分子与 g-C_3N_4 的间距。改变这三个因素可以得到不同的吸附模型，随后计算吸附能即可确定最稳定的吸附结构。吸附能的计算公式为 $E_a = E（M/g\text{-}C_3N_4）-E（C_3N_4）-E（M）$，其中 $E（M/g\text{-}C_3N_4）$ 和 $E（M）$ 分别为分子 M 吸附的 g-C_3N_4 体系的能量和单个分子 M 的能量。吸附能越负，代表吸附构型越容易形成。图 9-30（c）给出了 O_2 分子在 11 种吸附位点以不同间距吸附于 g-C_3N_4 上时体系的吸附能，其中 O_2 分子与 g-C_3N_4 都呈平行的关系。可以看到，除第 2 和第 3 两个吸附位点外，在其他吸附位点上都是将间距设为 2.65 Å 时得到最低的吸附能。

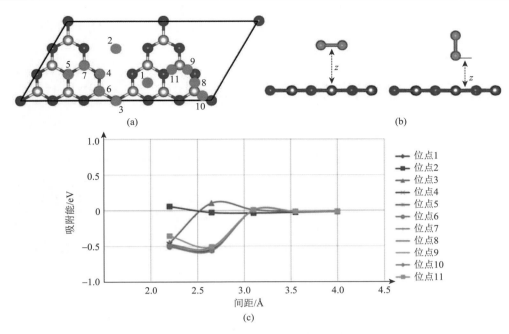

图 9-30 O₂ 分子在 g-C₃N₄ 上的吸附位点、吸附方式和吸附能[111]

（a）11 种吸附位点；（b）水平和垂直两种吸附方式；（c）不同间距时的吸附能

通常，分子吸附的 g-C₃N₄ 平面模型在不固定 g-C₃N₄ 的情况下进行几何优化后，g-C₃N₄ 的平面结构会被破坏，变为具有起伏和褶皱的无规则片层，同时，分子与 g-C₃N₄ 的位置关系和间距也会发生变化。大多数分子不会与 g-C₃N₄ 形成化学键，而是与 g-C₃N₄ 间隔一定的距离，例如，CO_2 分子与 g-C₃N₄ 的距离为 3.0 Å[41,112]，N_2 分子与 g-C₃N₄ 的距离为 2.87 Å[113]。少数分子会与 g-C₃N₄ 形成氢键，如水分子中的 O—H 与 g-C₃N₄ 中的二配位氮原子形成 O—H···N 氢键[114,115]，其长度为 1.9 Å[116]。如果在 g-C₃N₄ 中引入缺陷，那么一些原本不与 g-C₃N₄ 成键的分子也会与 g-C₃N₄ 成键，例如，N_2 分子吸附在氮空位的 g-C₃N₄ 上，它会与 g-C₃N₄ 中的碳原子形成 C—N[117]；NO 分子吸附在氮空位的 g-C₃N₄ 上，它会与 g-C₃N₄ 中的碳原子形成 C—N 和 C—O[118]。在某些特殊的吸附结构中，g-C₃N₄ 可以保持其平面结构，例如，两个相同的分子在单层 g-C₃N₄ 两侧以相同的吸附位点和间距对称地吸附时，g-C₃N₄ 平面不会出现褶皱变形[77,114]。

引入非金属或金属杂质原子可以增强 g-C₃N₄ 对一些分子的吸附。例如，硫原子掺杂增强了 g-C₃N₄ 对 CO_2 和 H_2O 分子的吸附[41,119]，Ti、Cr、Mn、Fe、Co、Ni 和 Cu 原子修饰都可以增强 g-C₃N₄ 对 CO、N_2 和 NO_2 分子的吸附[120]。分子吸附在金属原子修饰的 g-C₃N₄ 表面时，会与金属原子形成化学键。Basharnavaz 等[52,121]研究了 Ni、Pd 和 Pt 原子修饰的 g-C₃N₄ 对 CO 和 HCN 分子的吸附，结果表明，这些金属原子的引入使吸附能变得更负，且 CO 分子中的 C—O 和 HCN 分子中的 C—N 都伸长。金属原子与 CO 分子中的碳原子形成了长度为 1.634～1.830 Å 的化学键，与 HCN 分子中的氮原子形成了长度为 1.658～2.034 Å 的化学键（图 9-31）。另外，他们还研究了 Fe、Ru 和 Os 原子修饰的 g-C₃N₄ 对

NH₃ 和 NO 分子的吸附[109,122]，以及 Co、Rh 和 Ir 原子修饰的 g-C₃N₄ 对 NO₂ 分子的吸附[123]，也得到了类似的结果。

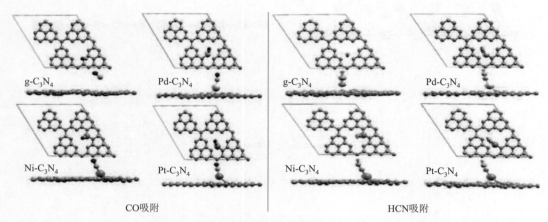

图 9-31　CO 和 HCN 分子吸附于 g-C₃N₄ 和金属原子（Ni、Pd、Pt）修饰的 g-C₃N₄[52,121]

9.6.2　g-C₃N₄ 表面的 CO₂ 还原反应

CO₂ 还原反应是 CO₂ 分子在光生电子的作用下，通过连续的加氢反应和脱水反应，逐步转化为各种基团和分子产物的过程，其每一步反应都存在体系能量的变化。g-C₃N₄ 的 CO₂ 还原活性不高，除光生电子和空穴容易复合的原因外，还有一个原因是 g-C₃N₄ 上的 CO₂ 还原反应过程需要克服较高的能垒。降低能垒的方法包括非金属元素掺杂和金属原子修饰。Wang 等[41]研究了 S 掺杂 g-C₃N₄ 上 CO₂ 还原得到甲醇的反应过程，他们设计了如图 9-32（a）所示的反应路径：CO₂ 首先通过两步加氢反应并脱去水分子得到 CO，然后经过四步加氢反应，在碳原子上加 3 个氢原子，在氧原子上加 1 个氢原子，即得到甲醇。按照这四步反应中加氢位点顺序的不同分为四条路径，在路径 Ⅰ、Ⅱ、Ⅲ和Ⅳ中，氧原子上的氢分别在第 1、2、3 和 4 步中加上。

在未掺杂的纯 g-C₃N₄ 上，CO₂ 还原按照路径Ⅳ进行[112]，其中 COOH*、HCO* 和 CH₃O* 的形成分别需要 1.41 eV、0.49 eV 和 1.43 eV 的能量输入，其他三个步骤都是释放能量的过程 [图 9-32（b）]。整个反应过程的速率决定步骤为 HCHO 加氢形成 CH₃O*，对应的能

$$CO_2 \xrightarrow{H^++e^-} COOH^* \xrightarrow{H^++e^-} H_2O \rangle +CO \xrightarrow{H^++e^-} COH^* \xrightarrow{H^++e^-} CHOH^* \xrightarrow{H^++e^-} CH_2OH^* \xrightarrow{H^++e^-} CH_3OH$$

（Ⅰ）

$$\downarrow H^++e^-$$

$$HCO^* \xrightarrow{H^++e^-} HCHO \xrightarrow{H^++e^-} CH_3O^* \xrightarrow{H^++e^-} CH_3OH$$

（Ⅳ）

$$\downarrow H^++e^- \qquad \downarrow H^++e^-$$

（Ⅱ）

$$CHOH^* \xrightarrow{H^++e^-} CH_2OH^* \xrightarrow{H^++e^-} CH_3OH$$

（Ⅲ）

(a)

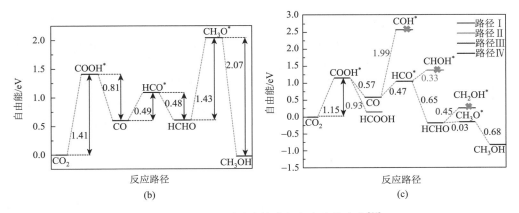

图 9-32　CO₂ 还原反应的路径和自由能变化[41]

（a）4 种路径；（b）、（c）g-C₃N₄ 和 S 掺杂 g-C₃N₄ 上 CO₂ 还原反应的自由能变化

垒为 1.43 eV。在 S 掺杂 g-C₃N₄ 上形成 CO 后 [图 9-32（c）]，按照路径 I 继续加氢形成 COH*需要的能量为 1.99 eV，远高于按照其他路径加氢形成 HCO*需要的能量（0.47 eV），因此路径 I 被排除。HCO*按照路径 II 加氢形成 CHOH*需要输入能量 0.33 eV，而它按照路径 III 和 IV 加氢形成 HCHO 会释放能量，因此路径 II 也被排除。HCHO 按照路径 III 加氢形成 CH₂OH*需要输入能量 0.45 eV，而它按照路径 IV 加氢形成 CH₃O*仅需输入能量 0.03 eV，因此路径 III 也被排除，即在 S 掺杂 g-C₃N₄ 上，CO₂ 还原也是按照路径 IV 进行。整个反应过程的速率决定步骤为 CO₂ 加氢形成 COOH*，对应的能垒为 1.15 eV，这比 g-C₃N₄ 上 CO₂ 还原反应过程的能垒低。

Han 等[124]研究了 Ni 原子修饰 g-C₃N₄ 上 CO₂ 还原得到甲烷的反应过程，CO₂ 首先按照上述路径 IV 反应生成甲醇，然后通过两步加氢反应并脱去水分子得到甲烷（图 9-33）。g-C₃N₄

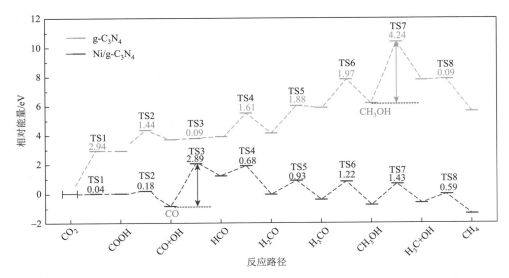

图 9-33　g-C₃N₄ 和 Ni 原子修饰 g-C₃N₄ 上 CO₂ 还原反应过程中的能量变化[124]

上反应过程的速率决定步骤为甲醇的脱羟基，对应的能垒为 4.24 eV；Ni 原子修饰后，速率决定步骤变为 CO 加氢形成 HCO，能垒降低至 2.89 eV。Wang 等[68]研究了 Ni 原子修饰 g-C_3N_4 上 CO_2 还原得到 CO 的反应过程，除 CO_2 通过两步加氢反应并脱去水分子得到 CO 外，他们还考察了 CO_2 直接分解为 CO 和 O 的反应路径，结果表明，无论按照哪种路径，Ni 原子修饰都能降低反应过程的能垒。此外，金属原子修饰还能影响 CO_2 还原产物的选择性，例如，CO_2 在 Pd 和 Pt 原子修饰的 g-C_3N_4 上分别更容易被还原为甲酸和甲烷[125]。

9.6.3　g-C_3N_4 表面的 N_2 还原反应

N_2 还原反应是 N_2 分子在光生电子的作用下，通过连续的六步加氢反应逐步转化为 NH_3 的过程，也称为固氮反应。根据 N_2 分子中两个氮原子上加氢顺序的不同可以设计 3 条反应路径。以 B 掺杂 g-C_3N_4 表面的 N_2 还原反应为例[126]，首先 N_2 分子可以以 End-on 和 Side-on 这两种模式吸附在 B-C_3N_4 表面 [图 9-34（a）]，在 End-on 吸附模式中，N_2 分子中的一个氮原子与硼原子成键，另一个氮原子处于远端；在 Side-on 吸附模式中，两个氮原子都与硼原子成键。从这两种吸附模式的 N_2 分子出发，在两个氮原子上依次交替加氢，直至两个 NH_3 分子生成并从 B-C_3N_4 上脱附，这样的两条路径分别称为 Alternating 路径和 Enzymatic

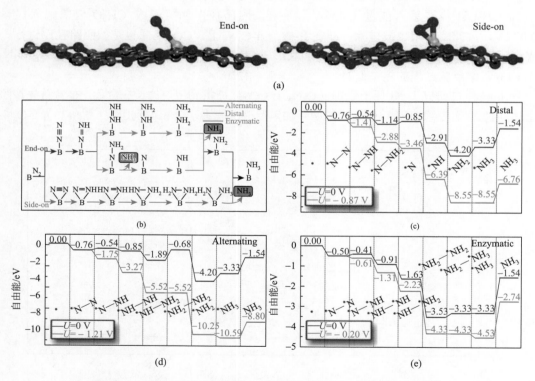

图 9-34　N_2 分子的吸附模式、N_2 还原反应的路径和自由能变化[126]

（a）N_2 分子在 B 掺杂 g-C_3N_4 表面的两种吸附模式；（b）3 种 N_2 还原反应路径；（c）～（e）Distal、Alternating 和 Enzymatic 路径的自由能变化

路径；从 End-on 吸附模式的 N_2 分子出发，先在远端氮原子上连续加 3 个氢，生成 NH_3 分子并从 B-C₃N₄ 上脱附，然后再在剩下的与硼原子成键的氮原子上连续加 3 个氢生成 NH_3 分子，这样的路径称为 Distal 路径 [图 9-34（b）]。

图 9-34（c）~ 图 9-34（e）给出了 3 条路径中体系自由能的变化。Distal 路径中的速率决定步骤为第二个 NH_3 分子的生成，对应的能垒为 0.87 eV；Alternating 路径中的速率决定步骤为 $^*NH—NH_2$ 加氢生成 $^*NH_2—NH_2$，对应的能垒为 1.21 eV；Enzymatic 路径中的速率决定步骤为 $^*NH_2—^*NH_2$ 加氢生成 $^*NH_2—^*NH_3$，对应的能垒仅为 0.2 eV。由于 Enzymatic 路径将 N_2 还原为 NH_3 所需克服的能垒非常低，加之 B 掺杂能够增强 g-C₃N₄ 的可见光和红外光吸收，因此可以推断，B-C₃N₄ 体系是良好的 N_2 还原光催化剂。Ren 等[117]研究了平面的和褶皱的含氮空位 g-C₃N₄ 上的 N_2 还原反应，也考虑了这 3 条路径。结果表明，无论是从氮吸附的角度来看，还是从自由能变化的角度来看，褶皱的 g-C₃N₄ 结构都比平面的 g-C₃N₄ 结构更具有优势。同时，不同种类的氮空位对反应能垒也有影响。在褶皱的 g-C₃N₄ 表面按照 Alternating 路径反应时，如果是二配位的 N2 原子空位，反应速率决定步骤为 $^*N—NH$ 加氢生成 $^*NH—NH$，对应的能垒为 1.32 eV；如果是三配位的 N3 原子空位，反应速率决定步骤为第二个 NH_3 分子的生成，对应的能垒为 1.76 eV。

9.6.4　g-C₃N₄ 表面的产氢反应

光催化分解水产氢的本质是氢离子在光生电子的作用下被还原为氢气，其中氢离子源于水分子的分解。在第一性原理计算研究中，一般是通过计算 $H^+ + e^- \longrightarrow 1/2H_2$ 反应过程中氢吸附自由能（ΔG_{H^*}）的大小来反映产氢性能的高低，计算得到的 ΔG_{H^*} 可正可负，通常认为，ΔG_{H^*} 越接近于 0，即其绝对值越小，则产氢性能越好。在一些文献中，水分子的分解过程也被考虑为产氢性能的评价指标之一，此时计算的内容为 $H_2O \rightarrow H—OH \rightarrow H^* \rightarrow 1/2H_2$ 反应过程中自由能的变化[127,128]。常见的 g-C₃N₄ 上氢吸附自由能的调控方法为构建复合物和元素掺杂。例如，用 FeP 纳米点作为助催化剂修饰 g-C₃N₄ 得到 FeP/g-C₃N₄ 复合物[129]，其氢吸附自由能仅为 –0.09 eV [图 9-35（a）]，远低于 g-C₃N₄ 的 –0.58 eV 和 FeP 的 0.17 eV。在构建氢吸附模型时，在 g-C₃N₄ 表面氢原子一般放在二配位的氮原子处 [图 9-35（b）][130]，

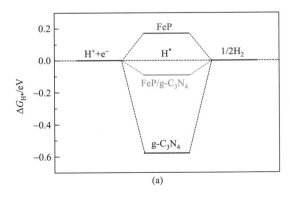

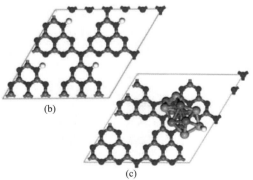

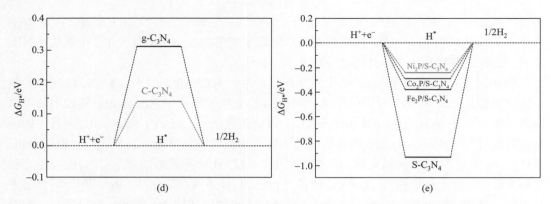

图 9-35　不同 g-C₃N₄ 基体系的氢吸附自由能和氢原子吸附示意图[129-132]

（a）FeP/g-C₃N₄ 体系的氢吸附自由能；（b）、（c）g-C₃N₄ 和 FeP/g-C₃N₄ 表面氢原子吸附示意图；（d）、（e）C 掺杂 g-C₃N₄ 和磷化物/S-C₃N₄ 体系的氢吸附自由能

而在 FeP/g-C₃N₄ 表面氢原子则放在 FeP 上 ［图 9-35（c）］，这是由于 g-C₃N₄ 上的光生电子会转移到 FeP 上，并在 FeP 表面触发产氢反应。Li 等[131]发现，以碳原子取代二配位氮原子进行掺杂后，g-C₃N₄ 的氢吸附自由能从 0.31 eV 降低至 0.14 eV ［图 9-35（d）］。Sun 等[132]在 S 掺杂 g-C₃N₄ 表面负载了三种磷化物助催化剂，结果 S 掺杂 g-C₃N₄ 的氢吸附自由能从 −0.93 eV 减弱至 −0.4 eV 以下 ［图 9-35（e）］。

　　不难发现，上述光催化 CO_2 还原、N_2 还原和产氢反应都是消耗光生电子和氢离子的过程，因此它们在同一个反应环境中是竞争的关系。对于一些应用于 CO_2 还原或 N_2 还原的光催化体系而言，产氢反应是不利于光催化活性的副反应，在对这些光催化剂改性时除应设法降低 CO_2 还原或 N_2 还原反应过程中的能垒外，还需要考虑如何增大 ΔG_{H^*} 以尽可能抑制产氢反应的发生。例如，g-C₃N₄/SnS₂ 复合物是良好的可见光 CO_2 还原光催化剂[133]，CO_2 分子在其表面还原得到甲烷的过程中，反应速率决定步骤为 CO_2 加氢形成 COOH*，对应的能垒为 1.10 eV[134]。将 g-C₃N₄/SnS₂ 中的一个碳原子替换为硼原子进行掺杂得到 B-C₃N₄/SnS₂ 体系后，反应速率决定步骤变为 CH₂* 加氢形成 CH₃*，能垒降低至 0.40 eV ［图 9-36（a）］。不仅如此，硼原子掺杂还使得 g-C₃N₄/SnS₂ 的氢吸附自

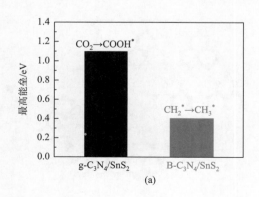

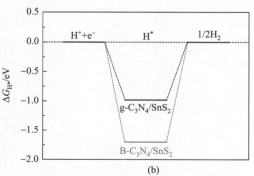

（a）　　　　　　　　　　　　　　　　（b）

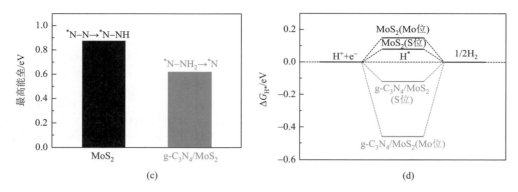

图 9-36　不同 g-C$_3$N$_4$基复合物的 CO$_2$ 还原反应速率决定步骤和能垒、N$_2$ 还原反应速率决定步骤和能垒、氢吸附自由能

（a）g-C$_3$N$_4$/SnS$_2$ 和 B-C$_3$N$_4$/SnS$_2$ 的 CO$_2$ 还原反应速率决定步骤和能垒；（b）g-C$_3$N$_4$/SnS$_2$ 和 B-C$_3$N$_4$/SnS$_2$ 的氢吸附自由能；（c）MoS$_2$ 和 g-C$_3$N$_4$/MoS$_2$ 的 N$_2$ 还原反应速率决定步骤和能垒；（d）MoS$_2$ 和 g-C$_3$N$_4$/MoS$_2$ 的氢吸附自由能

由能的绝对值从 0.98 eV 增大至 1.70 eV［图 9-36（b）］，因此，硼掺杂能够进一步增强 g-C$_3$N$_4$/SnS$_2$ 复合光催化剂的 CO$_2$ 还原性能。再如，MoS$_2$ 常被用作 N$_2$ 还原光催化剂[135]，N$_2$ 分子在 MoS$_2$ 的 Mo 原子上按照 Distal 路径被还原时，反应速率决定步骤为 *N—N 加氢形成 *N—NH，对应的能垒为 0.87 eV[136]。将 MoS$_2$ 生长在 g-C$_3$N$_4$ 纳米片上形成 g-C$_3$N$_4$/MoS$_2$ 复合物后，反应速率决定步骤变为 *N—NH$_2$ 加氢并脱去 NH$_3$ 分子形成 *N，能垒降低至 0.62 eV［图 9-36（c）］。同时，无论是在 Mo 原子位还是 S 原子位，g-C$_3$N$_4$/MoS$_2$ 复合物的氢吸附自由能的绝对值都比 MoS$_2$ 的氢吸附自由能的绝对值更大［图 9-36（d）］，因此，g-C$_3$N$_4$/MoS$_2$ 复合物具有优异的 N$_2$ 还原性能。

9.6.5　g-C$_3$N$_4$ 表面的 NO 氧化反应

NO 氧化是 g-C$_3$N$_4$ 在光催化领域的又一重要应用[137]，其原理是光生电子将 O$_2$ 分子还原为超氧自由基（•O$_2^-$）、光生空穴将 OH$^-$ 氧化为羟基自由基（•OH），NO 分子在这些自由基的作用下被氧化为 NO$_3^-$。用第一性原理计算研究可知，g-C$_3$N$_4$ 上的 NO 氧化反应路径主要有两条，路径 1 是 NO 分子直接与 •O$_2^-$ 结合得到 NO$_3^-$；路径 2 是 NO 分子先与 •O$_2^-$ 反应生成 NO$_2$ 和吸附氧，然后 NO$_2$ 再与 •O$_2^-$ 反应生成 NO$_3^-$ 和吸附氧。Li 等[138]研究了 Au 原子修饰对 g-C$_3$N$_4$ 上 NO 氧化反应路径的影响，结果如图 9-37 所示。在未修饰的纯 g-C$_3$N$_4$ 上，NO 氧化按照路径 2 进行，其中 NO 转化为 NO$_2$ 需要克服的能垒为 2.2 eV，NO$_2$ 转化为 NO$_3^-$ 需要克服的能垒为 1.915 eV，且两个反应都是能量升高的过程。在 Au 原子修饰的 g-C$_3$N$_4$ 上，NO 氧化按照路径 1 进行，反应能垒降低至 2.042 eV，且反应后体系的能量降低。因此，Au 原子修饰不仅能提高 g-C$_3$N$_4$ 的 NO 转化效率，而且能有效抑制有害中间产物 NO$_2$ 的产生。另外，该课题组还研究了 Pd$_4$ 团簇修饰的 g-C$_3$N$_4$ 上 NO 的转化[139]，也得到了类似的结果。

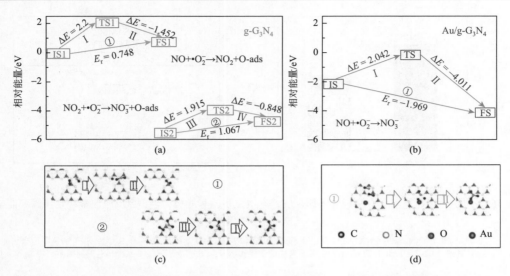

图 9-37　g-C₃N₄ 和 Au 原子修饰的 g-C₃N₄ 上 NO 氧化反应过程中的能量变化和结构模型[138]

（a）、（b）g-C₃N₄ 上 NO 氧化反应过程中的能量变化和结构模型；（c）、（d）Au 原子修饰的 g-C₃N₄ 上 NO 氧化反应过程中的能量变化和结构模型

9.7　小结与展望

$g-C_3N_4$ 的改性方法包括微观形貌和结构调控、非金属元素掺杂、金属单原子修饰和构建复合物，利用第一性原理计算可以针对这些方法分别构建模型并计算其性质，由此从原子、分子水平为光催化活性增强的内在机制提供理论依据。具体计算内容主要包含四个方面：一是 $g-C_3N_4$ 量子点和纳米管等特殊结构的设计和优化；二是计算形成能、结合能和吸附能，确定最容易形成的掺杂构型、吸附构型和复合物结构；三是计算电子性质，探索杂质原子的引入如何改变体系的电荷分布，以及复合物中各组分之间的电子相互作用，分析光生载流子的分离效率和转移途径；四是计算分子在 $g-C_3N_4$ 表面的反应过程，寻找最佳的反应路径，考察杂质原子的引入对反应速率决定步骤、能垒和产物选择性的影响。目前，围绕非金属元素掺杂和金属单原子修饰 $g-C_3N_4$ 体系的电子性质的研究已经较为深入和全面，还存在的问题以及后续相应的研究方向可以总结为如下几点。

（1）元素掺杂位点对反应过程的影响。元素掺杂的研究方法一般是先根据形成能确定最佳的掺杂构型，然后研究该构型的电子性质和 CO_2 还原反应过程。这里可能出现的情况是，最佳的掺杂位点并不一定具有最佳的降低 CO_2 还原反应能垒的效果。此时应当对比杂质元素在不同位点掺杂时 CO_2 还原反应的能垒，根据计算结果，调控实验制备方法，实现杂质元素在特定位点的引入，从而获得最高的光催化活性。

（2）元素掺杂和构建复合物的协同作用。当前的研究都是将元素掺杂和构建复合物分开研究，其中元素掺杂讨论的是体系的电子性质，构建复合物关注的是各组分的电子转移和光催化机理。但实际上，元素掺杂会改变 $g-C_3N_4$ 的功函数，而 $g-C_3N_4$ 的功函数与复合物中电子转移的数目和内建电场的强度都有关系。因此，合适的元素掺杂能够使复合物光生载流子分离的效果更加显著。

（3）多组分的复合物体系。目前关于 g-C₃N₄ 基复合物的研究主要集中于二元复合物，然而在很多实验研究中，参与光催化反应的催化剂由三个或者更多的组分构成。例如，在 g-C₃N₄ 上负载双助催化剂、在 g-C₃N₄ 基复合物上再负载助催化剂、g-C₃N₄ 与含银化合物的复合物在光催化反应过程中有银单质析出。此时需要根据实际组成构建多元复合物模型，从而更准确地描述光催化体系的性质。

（4）更多的光催化氧化还原反应过程。CO₂ 还原、N₂ 还原和产氢反应是通过理论计算研究较多的光催化反应过程，此外，g-C₃N₄ 在光催化 O₂ 还原、H₂S 分解、芳香醇氧化和硝基苯氢化等反应中也有应用，利用第一性原理计算研究这些反应过程也具有重要意义。

参 考 文 献

[1] 赵宗彦. 理论计算与模拟在光催化研究中的应用[M]. 北京：科学出版社，2014.

[2] 刘华忠. 第一性原理计算：TiO₂ 表面[M]. 西安：西安交通大学出版社，2017.

[3] Vittadini A，Casarin M，Selloni A. Chemistry of and on TiO₂-anatase surfaces by DFT calculations：a partial review[J]. Theoretical Chemistry Accounts，2007，117（5-6）：663-671.

[4] 张向超，杨华明，陶秋芬. TiO₂ 基纳米材料第一性原理计算模拟的研究进展[J]. 材料工程，2018，（1）：76-80.

[5] 桑丽霞，张钰栋，王军，等. 二氧化钛上光催化分解水的模拟计算进展[J]. 北京工业大学学报，2016，42（7）：1082-1094.

[6] Oba F，Choi M，Togo A，et al. Point defects in ZnO：an approach from first principles[J]. Science and Technology of Advanced Materials，2011，12（3）：034302.

[7] Zhu B C，Zhang L Y，Cheng B，et al. First-principle calculation study of tri-s-triazine-based g-C₃N₄：a review[J]. Applied Catalysis B：Environmental，2018，224：983-999.

[8] 郗佳，李明，刘利，等. g-C₃N₄ 光催化材料的第一性原理研究[J]. 化学进展，2016，28（10）：1569-1577.

[9] Zhu B C，Cheng B，Zhang L Y，et al. Review on DFT calculation of s-triazine-based carbon nitride[J]. Carbon Energy，2019，1（1）：32-56.

[10] Liu A Y，Cohen M L. Prediction of new low compressibility solids[J]. Science，1989，245（4920）：841-842.

[11] Teter D M，Hemley R J. Low-compressibility carbon nitrides[J]. Science，1996，271（5245）：53-55.

[12] Molina B，Sansores L E. Electronic structure of six phases of C₃N₄：a theoretical approach[J]. Modern Physics Letters B，1999，13：193-201.

[13] Wang X C，Maeda K，Thomas A，et al. A metal-free polymeric photocatalyst for hydrogen production from water under visible light[J]. Nature Materials，2009，8（1）：76-80.

[14] Zhu B C，Zhang L Y，Yu J G. Chapter 16-Surface modification of g-C₃N₄：first-principles study[J]. Interface Science and Technology，2020，31：509-539.

[15] Komatsu T. Prototype carbon nitrides similar to the symmetric triangular form of melon[J]. Journal of Materials Chemistry，2001，11（3）：802-805.

[16] Liu A Y，Wentzcovitch R M. Stability of carbon nitride solids[J]. Physical Review B，1994，50（14）：10362-10365.

[17] Kroke E，Schwarz M，Horath-Bordon E，et al. Tri-s-triazine derivatives. Part Ⅰ. From trichloro-tri-s-triazine to graphitic C₃N₄ structures[J]. New Journal of Chemistry，2002，26（5）：508-512.

[18] Zhu B C，Zhang J F，Jiang C J，et al. First principle investigation of halogen-doped monolayer g-C₃N₄ photocatalyst[J]. Applied Catalysis B：Environmental，2017，207：27-34.

[19] Zhai S C，Guo P，Zheng J M，et al. Density functional theory study on the stability，electronic structure and absorption spectrum of small size g-C₃N₄ quantum dots[J]. Computational Materials Science，2018，148：149-156.

[20] Zhan Y，Liu Z M，Liu Q Q，et al. A facile and one-pot synthesis of fluorescent graphitic carbon nitride quantum dots for bio-imaging applications[J]. New Journal of Chemistry，2017，41（10）：3930-3938.

[21] Zhong H X，Zhang Q，Wang J，et al. Engineering ultrathin C_3N_4 quantum dots on graphene as a metal-free water reduction electrocatalyst[J]. ACS Catalysis，2018，8（5）：3965-3970.

[22] Wang S P，Li C J，Wang T，et al. Controllable synthesis of nanotube-type graphitic C_3N_4 and their visible-light photocatalytic and fluorescent properties[J]. Journal of Materials Chemistry A，2014，2（9）：2885-2890.

[23] Gracia J，Kroll P. First principles study of C_3N_4 carbon nitride nanotubes[J]. Journal of Materials Chemistry，2009，19（19）：3020-3026.

[24] Liu J J，Cheng B. New understanding of photocatalytic properties of zigzag and armchair g-C_3N_4 nanotubes from electronic structures and carrier effective mass[J]. Applied Surface Science，2018，430：348-354.

[25] Gao Q，Hu S L，Du Y，et al. The origin of the enhanced photocatalytic activity of carbon nitride nanotubes：a first-principles study[J]. Journal of Materials Chemistry A，2017，5（10）：4827-4834.

[26] Pan H，Zhang Y W，Shenoy V B，et al. Ab initio study on a novel photocatalyst：functionalized graphitic carbon nitride nanotube[J]. ACS Catalysis，2011，1（2）：99-104.

[27] Pan H. Graphitic carbon nitride nanotubes as Li-ion battery materials：a first-principles study[J]. The Journal of Physical Chemistry C，2014，118（18）：9318-9323.

[28] Koh G，Zhang Y W，Pan H. First-principles study on hydrogen storage by graphitic carbon nitride nanotubes[J]. International Journal of Hydrogen Energy，2012，37（5）：4170-4178.

[29] Ding K N，Wen L L，Huang M Y，et al. How does the B, F-monodoping and B/F-codoping affect the photocatalytic water-splitting performance of g-C_3N_4?[J]. Physical Chemistry Chemical Physics，2016，18（28）：19217-19226.

[30] Yu H L，Jiang X F，Shao Z G，et al. Metal-free half-metallicity in B-doped gh-C_3N_4 systems[J]. Nanoscale Research Letters，2018，13（1）：57.

[31] Choudhuri I，Bhattacharyya G，Kumar S，et al. Metal-free half-metallicity in a high energy phase C-doped gh-C_3N_4 system：a high Curie temperature planar system[J]. Journal of Materials Chemistry C，2016，4（48）：11530-11539.

[32] 翟顺成，郭平，郑继明，等. 第一性原理研究 O 和 S 掺杂的石墨相氮化碳(g-C_3N_4)$_6$量子点电子结构和光吸收性质[J]. 物理学报，2017，66（18）：187102.

[33] Ma X G，Lv Y H，Xu J，et al. A strategy of enhancing the photoactivity of g-C_3N_4 via doping of nonmetal elements：a first-principles study[J]. The Journal of Physical Chemistry C，2012，116（44）：23485-23493.

[34] Zheng Q M，Durkin D P，Elenewski J E，et al. Visible-light-responsive graphitic carbon nitride：rational design and photocatalytic applications for water treatment[J]. Environmental Science & Technology，2016，50（23）：12938-12948.

[35] Wang Z Y，Chen M J，Huang Y，et al. Self-assembly synthesis of boron-doped graphitic carbon nitride hollow tubes for enhanced photocatalytic NO$_x$ removal under visible light[J]. Applied Catalysis B：Environmental，2018，239：352-361.

[36] Huang Z F，Song J J，Pan L，et al. Carbon nitride with simultaneous porous network and O-doping for efficient solar-energy-driven hydrogen evolution[J]. Nano Energy，2015，12：646-656.

[37] Fu J W，Zhu B C，Jiang C J，et al. Hierarchical porous O-doped g-C_3N_4 with enhanced photocatalytic CO_2 reduction activity[J]. Small，2017，13（15）：1603938.

[38] Molaei M，Mousavi-Khoshdel S M，Ghiasi M. Exploring the effect of phosphorus doping on the utility of g-C_3N_4 as an electrode material in Na-ion batteries using DFT method[J]. Journal of Molecular Modeling，2019，25（8）：256.

[39] Stolbov S，Zuluaga S. Sulfur doping effects on the electronic and geometric structures of graphitic carbon nitride photocatalyst：insights from first principles[J]. Journal of Physics：Condensed Matter，2013，25（8）：085507.

[40] Chen G，Gao S P. Structure and electronic structure of S-doped graphitic C_3N_4 investigated by density functional theory[J]. Chinese Physics B，2012，21（10）：107101.

[41] Wang Y L，Tian Y，Yan L K，et al. DFT study on sulfur-doped g-C_3N_4 nanosheets as a photocatalyst for CO_2 reduction reaction[J]. The Journal of Physical Chemistry C，2018，122（14）：7712-7719.

[42] Lu S，Li C，Li H H，et al. The effects of nonmetal dopants on the electronic，optical and chemical performances of monolayer g-C₃N₄ by first-principles study[J]. Applied Surface Science，2017，392：966-974.

[43] Liu G，Niu P，Sun C H，et al. Unique electronic structure induced high photoreactivity of sulfur-doped graphitic C₃N₄[J]. Journal of the American Chemical Society，2010，132（33）：11642-11648.

[44] Guo Q Y，Zhang Y H，Qiu J R，et al. Engineering the electronic structure and optical properties of g-C₃N₄ by non-metal ion doping[J]. Journal of Materials Chemistry C，2016，4（28）：6839-6847.

[45] Ran J R，Ma T Y，Gao G P，et al. Porous P-doped graphitic carbon nitride nanosheets for synergistically enhanced visible-light photocatalytic H₂ production[J]. Energy & Environmental Science，2015，8（12）：3708-3717.

[46] Liu C Y，Zhang Y H，Dong F，et al. Chlorine intercalation in graphitic carbon nitride for efficient photocatalysis[J]. Applied Catalysis B：Environmental，2017，203：465-474.

[47] Cao S W，Huang Q，Zhu B C，et al. Trace-level phosphorus and sodium co-doping of g-C₃N₄ for enhanced photocatalytic H₂ production[J]. Journal of Power Sources，2017，351：151-159.

[48] Zhu B C，Xia P F，Ho W K，et al. Isoelectric point and adsorption activity of porous g-C₃N₄[J]. Applied Surface Science，2015，344：188-195.

[49] Tong T，He B W，Zhu B C，et al. First-principle investigation on charge carrier transfer in transition-metal single atoms loaded g-C₃N₄[J]. Applied Surface Science，2018，459：385-392.

[50] Cui J，Liang S H，Wang X H，et al. First principle modeling of oxygen-doped monolayer graphitic carbon nitride[J]. Materials Chemistry and Physics，2015，161：194-200.

[51] Wu J J，Li N，Zhang X H，et al. Heteroatoms binary-doped hierarchical porous g-C₃N₄ nanobelts for remarkably enhanced visible-light-driven hydrogen evolution[J]. Applied Catalysis B：Environmental，2018，226：61-70.

[52] Basharnavaz H，Habibi-Yangjeh A，Mousavi M. Ni，Pd，and Pt-embedded graphitic carbon nitrides as excellent adsorbents for HCN removal：a DFT study[J]. Applied Surface Science，2018，456：882-889.

[53] Zhang Y，Wang Z，Cao J X. Prediction of magnetic anisotropy of 5d transition metal-doped g-C₃N₄[J]. Journal of Materials Chemistry C，2014，2（41）：8817-8821.

[54] Tan J J，Gu F L. Tuning the nonlinear optical response of graphitic carbon nitride by doping Li atoms[J]. The Journal of Physical Chemistry C，2018，122（46）：26635-26641.

[55] Hosseini S M，Ghiaci M，Farrokhpour H. The adsorption of small size Pd clusters on a g-C₃N₄ quantum dot：DFT and TD-DFT study[J]. Materials Research Express，2019，6（10）：105079.

[56] Nie G Y，Li P，Liang J X，et al. Theoretical investigation on the photocatalytic activity of the Au/g-C₃N₄ monolayer[J]. Journal of Theoretical and Computational Chemistry，2017，16（2）：1750013.

[57] Xiong T，Cen W L，Zhang Y X，et al. Bridging the g-C₃N₄ interlayers for enhanced photocatalysis[J]. ACS Catalysis，2016，6（4）：2462-2472.

[58] Tong T，Zhu B C，Jiang C J，et al. Mechanistic insight into the enhanced photocatalytic activity of single-atom Pt，Pd or Au-embedded g-C₃N₄[J]. Applied Surface Science，2018，433：1175-1183.

[59] Li H H，Wu Y，Li L，et al. Adjustable photocatalytic ability of monolayer g-C₃N₄ utilizing single-metal atom：density functional theory[J]. Applied Surface Science，2018，457：735-744.

[60] Hussain T，Vovusha H，Kaewmaraya T，et al. Graphitic carbon nitride nano sheets functionalized with selected transition metal dopants：an efficient way to store CO₂[J]. Nanotechnology，2018，29（41）：415502.

[61] Zhu L，Ma X G，Liu N，et al. Band structure modulation and carrier transport process of g-C₃N₄ doped with alkali metals[J]. Acta Physico-Chimica Sinica，2016，32（10）：2488-2494.

[62] Wu Y，Li C，Liu W，et al. Unexpected monoatomic catalytic-host synergetic OER/ORR by graphitic carbon nitride：density functional theory[J]. Nanoscale，2019，11（11）：5064-5071.

[63] Ghosh D，Periyasamy G，Pandey B，et al. Computational studies on magnetism and the optical properties of transition metal embedded graphitic carbon nitride sheets[J]. Journal of Materials Chemistry C，2014，2（37）：7943-7951.

[64] Cao S W，Li H，Tong T，et al. Single-atom engineering of directional charge transfer channels and active sites for photocatalytic hydrogen evolution[J]. Advanced Functional Materials，2018，28（32）：1802169.

[65] Zhu Y Q，Wang T，Xu T，et al. Size effect of Pt co-catalyst on photocatalytic efficiency of g-C_3N_4 for hydrogen evolution[J]. Applied Surface Science，2019，464：36-42.

[66] Liu S，Chen L，Mu X L，et al. Development of Pd_n/g-C_3N_4 adsorbent for Hg^0 removal - DFT study of influences of the support and Pd cluster size[J]. Fuel，2019，254：115537.

[67] Zhao Y，Zhu M Y，Kang L H. The DFT study of single-atom Pd_1/g-C_3N_4 catalyst for selective acetylene hydrogenation reaction[J]. Catalysis Letters，2018，148：2992-3002.

[68] Wang F，Ye Y H，Cao Y H，et al. The favorable surface properties of heptazine based g-C_3N_4 (001) in promoting the catalytic performance towards CO_2 conversion[J]. Applied Surface Science，2019，481：604-610.

[69] Zhu B C，Xia P F，Li Y，et al. Fabrication and photocatalytic activity enhanced mechanism of direct Z-scheme g-C_3N_4/Ag_2WO_4 photocatalyst[J]. Applied Surface Science，2017，391：175-183.

[70] Chen Z，Yang S B，Tian Z F，et al. NiS and graphene as dual cocatalysts for the enhanced photocatalytic H_2 production activity of g-C_3N_4[J]. Applied Surface Science，2019，469：657-665.

[71] Mousavi M，Habibi-Yangjeh A. Magnetically recoverable highly efficient visible-light-active g-C_3N_4/Fe_3O_4/Ag_2WO_4/AgBr nanocomposites for photocatalytic degradations of environmental pollutants[J]. Advanced Powder Technology，2018，29（1）：94-105.

[72] Zhang W，Xiao X P，Li Y Y，et al. Liquid-exfoliation of layered MoS_2 for enhancing photocatalytic activity of TiO_2/g-C_3N_4 photocatalyst and DFT study[J]. Applied Surface Science，2016，389：496-506.

[73] Xia P F，Cao S W，Zhu B C，et al. Designing a 0D/2D S-scheme heterojunction over polymeric carbon nitride for visible-light photocatalytic inactivation of bacteria[J]. Angewandte Chemie（International Edition），2020，59（13）：5218-5225.

[74] Xia P F，Zhu B C，Cheng B，et al. 2D/2D g-C_3N_4/MnO_2 nanocomposite as a direct Z-scheme photocatalyst for enhanced photocatalytic activity[J]. ACS Sustainable Chemistry & Engineering，2018，6（1）：965-973.

[75] Lin Y M，Shi H L，Jiang Z Y，et al. Enhanced optical absorption and photocatalytic H_2 production activity of g-C_3N_4/TiO_2 heterostructure by interfacial coupling: a DFT + U study[J]. International Journal of Hydrogen Energy，2017，42（15）：9903-9913.

[76] Wang J J，Guan Z Y，Huang J，et al. Enhanced photocatalytic mechanism for the hybrid g-C_3N_4/MoS_2 nanocomposite[J]. Journal of Materials Chemistry A，2014，2（21）：7960-7966.

[77] Zhu B C，Zhang L Y，Xu D F，et al. Adsorption investigation of CO_2 on g-C_3N_4 surface by DFT calculation[J]. Journal of CO_2 Utilization，2017，21：327-335.

[78] Cao X，Shi J J，Zhang M，et al. Band gap opening of graphene by forming heterojunctions with the 2D carbonitrides nitrogenated holey graphene，g-C_3N_4，and g-CN: electric field effect[J]. The Journal of Physical Chemistry C，2016，120（20）：11299-11305.

[79] Kuang P Y，Zhu B C，Li Y L，et al. Graphdiyne: a superior carbon additive to boost the activity of water oxidation catalysts[J]. Nanoscale Horizons，2018，3（3）：317-326.

[80] Liu J J，Hua E D. High photocatalytic activity of heptazine-based g-C_3N_4/SnS_2 heterojunction and its origin: insights from hybrid DFT[J]. The Journal of Physical Chemistry C，2017，121（46）：25827-25835.

[81] Li J J，Wei W，Mu C，et al. Electronic properties of g-C_3N_4/CdS heterojunction from the first-principles[J]. Physica E: Low-dimensional Systems and Nanostructures，2018，103：459-463.

[82] Li X R，Dai Y，Ma Y D，et al. Graphene/g-C_3N_4 bilayer: considerable band gap opening and effective band structure engineering[J]. Physical Chemistry Chemical Physics，2014，16（9）：4230-4235.

[83] Xu Q L，Zhu B C，Cheng B，et al. Photocatalytic H_2 evolution on graphdiyne/g-C_3N_4 hybrid nanocomposites[J]. Applied Catalysis B: Environmental，2019，255：117770.

[84] Xu Q L，Zhu B C，Jiang C J，et al. Constructing 2D/2D Fe_2O_3/g-C_3N_4 direct Z-scheme photocatalysts with enhanced H_2 generation performance[J]. Solar RRL，2018，2（3）：1800006.

[85] Wang J J，Li X T，You Y，et al. Interfacial coupling induced direct Z-scheme water splitting in metal-free photocatalyst:

C₃N/g-C₃N₄ heterojunctions[J]. Nanotechnology，2018，29（36）：365401.

[86] Liu J J，Cheng B，Yu J G. A new understanding of the photocatalytic mechanism of the direct Z-scheme g-C₃N₄/TiO₂ heterostructure[J]. Physical Chemistry Chemical Physics，2016，18（45）：31175-31183.

[87] Fu J W，Xu Q L，Low J X，et al. Ultrathin 2D/2D WO₃/g-C₃N₄ step-scheme H₂-production photocatalyst[J]. Applied Catalysis B：Environmental，2019，243：556-565.

[88] Ran J R，Guo W W，Wang H L，et al. Metal-free 2D/2D phosphorene/g-C₃N₄ van der Waals heterojunction for highly enhanced visible-light photocatalytic H₂ production[J]. Advanced Materials，2018，30（25）：1800128.

[89] Ma X G，Wei Y，Wei Z，et al. Probing π-π stacking modulation of g-C₃N₄/graphene heterojunctions and corresponding role of graphene on photocatalytic activity[J]. Journal of Colloid and Interface Science，2017，508：274-281.

[90] Du A J，Sanvito S，Li Z，et al. Hybrid graphene and graphitic carbon nitride nanocomposite：gap opening，electron-hole puddle，interfacial charge transfer，and enhanced visible light response[J]. Journal of the American Chemical Society，2012，134（9）：4393-4397.

[91] Dong M M，He C，Zhang W X. A tunable and sizable bandgap of a g-C₃N₄/graphene/g-C₃N₄ sandwich heterostructure：a van der Waals density functional study[J]. Journal of Materials Chemistry C，2017，5（15）：3830-3837.

[92] Zhao Y L，Lin Y M，Wang G S，et al. Photocatalytic water splitting of（F，Ti）codoped heptazine/triazine based g-C₃N₄ heterostructure：a hybrid DFT study[J]. Applied Surface Science，2019，463：809-819.

[93] Li Q，Xu L，Luo K W，et al. Insights into enhanced visible-light photocatalytic activity of C₆₀ modified g-C₃N₄ hybrids：the role of nitrogen[J]. Physical Chemistry Chemical Physics，2016，18（48）：33094-33102.

[94] Ma X J，Li X R，Li M M，et al. Effect of the structure distortion on the high photocatalytic performance of C₆₀/g-C₃N₄ composite[J]. Applied Surface Science，2017，414：124-130.

[95] Dutta R，Dey B，Kalita D J. Narrowing the band gap of graphitic carbon nitride sheet by coupling organic moieties：a DFT approach[J]. Chemical Physics Letters，2018，707：101-107.

[96] Zou Y D，Wang X X，Ai Y J，et al. β-Cyclodextrin modified graphitic carbon nitride for the removal of pollutants from aqueous solution：experimental and theoretical calculation study[J]. Journal of Materials Chemistry A，2016，4（37）：14170-14179.

[97] Gong Y，Yu H T，Chen S，et al. Constructing metal-free polyimide/g-C₃N₄ with high photocatalytic activity under visible light irradiation[J]. RSC Advances，2015，5（101）：83225-83231.

[98] Wang Q，Wu C X，Yan L K，et al. First-principles calculation of geometric，electronic structures and optical properties of Lindqvist-type polyoxometalates functionalized carbon nitride[J]. Computational Materials Science，2018，148：260-265.

[99] Zhao S，Zhao X，Ouyang S X，et al. Polyoxometalates covalently combined with graphitic carbon nitride for photocatalytic hydrogen peroxide production[J]. Catalysis Science & Technology，2018，8（6）：1686-1695.

[100] Han M R，Zhou Y N，Zhou X，et al. Tunable reactivity of MNi₁₂（M = Fe，Co，Cu，Zn）nanoparticles supported on graphitic carbon nitride in methanation[J]. Acta Physico-Chimica Sinica，2019，35（8）：850-857.

[101] Ma Z J，Sa R J，Li Q H，et al. Interfacial electronic structure and charge transfer of hybrid graphene quantum dot and graphitic carbon nitride nanocomposites：insights into high efficiency for photocatalytic solar water splitting[J]. Physical Chemistry Chemical Physics，2016，18（2）：1050-1058.

[102] Ullah N，Chen S W，Zhang R Q. Mechanism of the charge separation improvement in carbon-nanodot sensitized g-C₃N₄[J]. Applied Surface Science，2019，487：151-158.

[103] Wang F L，Wang Y F，Wu Y L，et al. Template-free synthesis of oxygen-containing ultrathin porous carbon quantum dots/g-C₃N₄ with superior photocatalytic activity for PPCPs remediation[J]. Environmental Science：Nano，2019，6（8）：2565-2576.

[104] Kong Z Z，Chen X Z，Ong W J，et al. Atomic-level insight into the mechanism of 0D/2D black phosphorus quantum dot/graphitic carbon nitride（BPQD/GCN）metal-free heterojunction for photocatalysis[J]. Applied Surface Science，2019，463：1148-1153.

[105] Aspera S M，David M，Kasai H. First-principles study of the adsorption of water on tri-s-triazine-based graphitic carbon

nitride[J]. Japanese Journal of Applied Physics，2010，49（11）：115703.

[106] Guo Y，Tang C M，Wang X B，et al. Density functional calculations of efficient H$_2$ separation from impurity gases（H$_2$，N$_2$，H$_2$O，CO，Cl$_2$，and CH$_4$）via bilayer g-C$_3$N$_4$ membrane[J]. Chinese Physics B，2019，28（4）：048102.

[107] Hu S Z，Qu X Y，Bai J，et al. Effect of Cu（Ⅰ）-N active sites on the N$_2$ photofixation ability over flowerlike copper-doped g-C$_3$N$_4$ prepared via a novel molten salt-assisted microwave process：the experimental and density functional theory simulation analysis[J]. ACS Sustainable Chemistry & Engineering，2017，5（8）：6863-6872.

[108] Zhu B C，Wageh S，Al-Ghamdi A A，et al. Adsorption of CO$_2$，O$_2$，NO and CO on s-triazine-based g-C$_3$N$_4$ surface[J]. Catalysis Today，2019，335：117-127.

[109] Basharnavaz H，Habibi-Yangjeh A，Kamali S H. DFT investigation for NH$_3$ adsorption behavior on Fe，Ru，and Os-embedded graphitic carbon nitride：promising candidates for ammonia adsorbent[J]. Journal of the Iranian Chemical Society，2020，17（1）：25-35.

[110] Xia P F，Zhu B C，Yu J G，et al. Ultra-thin nanosheet assemblies of graphitic carbon nitride for enhanced photocatalytic CO$_2$ reduction[J]. Journal of Materials Chemistry A，2017，5（7）：3230-3238.

[111] Aspera S M，Kasai H，Kawai H. Density functional theory-based analysis on O$_2$ molecular interaction with the tri-s-triazine-based graphitic carbon nitride[J]. Surface Science，2012，606（11-12）：892-901.

[112] Azofra L M，Macfarlane D R，Sun C H. A DFT study of planar vs. corrugated graphene-like carbon nitride（g-C$_3$N$_4$）and its role in the catalytic performance of CO$_2$ conversion[J]. Physical Chemistry Chemical Physics，2016，18（27）：18507-18514.

[113] Ji Y J，Dong H L，Lin H P，et al. Heptazine-based graphitic carbon nitride as an effective hydrogen purification membrane[J]. RSC Advances，2016，6（57）：52377-52383.

[114] Wu H Z，Liu L M，Zhao S J. The effect of water on the structural，electronic and photocatalytic properties of graphitic carbon nitride[J]. Physical Chemistry Chemical Physics，2014，16（7）：3299-3304.

[115] Wirth J，Neumann R，Antonietti M，et al. Adsorption and photocatalytic splitting of water on graphitic carbon nitride：a combined first principles and semiempirical study[J]. Physical Chemistry Chemical Physics，2014，16（30）：15917-15926.

[116] Sun J Y，Li X X，Yang J L. The roles of buckled geometry and water environment in the excitonic properties of graphitic C$_3$N$_4$[J]. Nanoscale，2018，10（8）：3738-3743.

[117] Ren C J，Zhang Y L，Li Y L，et al. Whether corrugated or planar vacancy graphene-like carbon nitride（g-C$_3$N$_4$）is more effective for nitrogen reduction reaction?[J]. The Journal of Physical Chemistry C，2019，123（28）：17296-17305.

[118] Wang Z Y，Huang Y，Chen M J，et al. Roles of N-vacancies over porous g-C$_3$N$_4$ microtubes during photocatalytic NO$_x$ removal[J]. ACS Applied Materials & Interfaces，2019，11（11）：10651-10662.

[119] Lin S，Ye X X，Gao X M，et al. Mechanistic insight into the water photooxidation on pure and sulfur-doped g-C$_3$N$_4$ photocatalysts from DFT calculations with dispersion corrections[J]. Journal of Molecular Catalysis A：Chemical，2015，406：137-144.

[120] Zhang H P，Du A J，Gandhi N S，et al. Metal-doped graphitic carbon nitride（g-C$_3$N$_4$）as selective NO$_2$ sensors：a first-principles study[J]. Applied Surface Science，2018，455：1116-1122.

[121] Basharnavaz H，Habibi-Yangjeh A，Kamali S H. A first-principles study on the interaction of CO molecules with Ⅷ transition metals-embedded graphitic carbon nitride as an excellent candidate for CO sensor[J]. Physics Letters A，2019，383（21）：2472-2480.

[122] Basharnavaz H，Habibi-Yangjeh A，Kamali S H. Fe，Ru，and Os-embedded graphitic carbon nitride as a promising candidate for NO gas sensor：a first-principles investigation[J]. Materials Chemistry and Physics，2019，231：264-271.

[123] Basharnavaz H，Habibi-Yangjeh A，Kamali S H. A first-principle investigation of NO$_2$ adsorption behavior on Co，Rh，and Ir-embedded graphitic carbon nitride：looking for highly sensitive gas sensor[J]. Physics Letters A，2020，384（2）：126057.

[124] Han C Q，Zhang R M，Ye Y H，et al. Chainmail co-catalyst of NiO shell-encapsulated Ni for improving photocatalytic CO$_2$ reduction over g-C$_3$N$_4$[J]. Journal of Materials Chemistry A，2019，7（16）：9726-9735.

[125] Gao G P，Jiao Y，Waclawik E R，et al. Single atom（Pd/Pt）supported on graphitic carbon nitride as an efficient photocatalyst for visible-light reduction of carbon dioxide[J]. Journal of the American Chemical Society，2016，138（19）：6292-6297.

[126] Ling C Y，Niu X H，Li Q，et al. Metal-free single atom catalyst for N_2 fixation driven by visible light[J]. Journal of the American Chemical Society，2018，140（43）：14161-14168.

[127] Zhu Q H，Qiu B C，Duan H，et al. Electron directed migration cooperated with thermodynamic regulation over bimetallic NiFeP/g-C₃N₄ for enhanced photocatalytic hydrogen evolution[J]. Applied Catalysis B：Environmental，2019，259：118078.

[128] Chu K，Li Q Q，Liu Y P，et al. Filling the nitrogen vacancies with sulphur dopants in graphitic C_3N_4 for efficient and robust electrocatalytic nitrogen reduction[J]. Applied Catalysis B：Environmental，2020，267：118693.

[129] Zeng D Q，Zhou T，Ong W J，et al. Sub-5 nm ultra-fine FeP nanodots as efficient co-catalysts modified porous g-C₃N₄ for precious-metal-free photocatalytic hydrogen evolution under visible light[J]. ACS Applied Materials & Interfaces，2019，11（6）：5651-5660.

[130] Gao G P，Jiao Y，Ma F X，et al. Metal-free graphitic carbon nitride as mechano-catalyst for hydrogen evolution reaction[J]. Journal of Catalysis，2015，332：149-155.

[131] Li J，Wu D D，Iocozzia J，et al. Achieving efficient incorporation of π-electrons into graphitic carbon nitride for markedly improved hydrogen generation[J]. Angewandte Chemie（International Edition），2019，58（7）：1985-1989.

[132] Sun Z C，Zhu M S，Lv X S，et al. Insight into iron group transition metal phosphides（Fe_2P，Co_2P，Ni_2P）for improving photocatalytic hydrogen generation[J]. Applied Catalysis B：Environmental，2019，246：330-336.

[133] Di T M，Zhu B C，Cheng B，et al. A direct Z-scheme g-C₃N₄/SnS₂ photocatalyst with superior visible-light CO_2 reduction performance[J]. Journal of Catalysis，2017，352：532-541.

[134] Wang Y L，Tian Y，Lang Z L，et al. A highly efficient Z-scheme B-doped g-C₃N₄/SnS₂ photocatalyst for CO_2 reduction reaction：a computational study[J]. Journal of Materials Chemistry A，2018，6（42）：21056-21063.

[135] Maimaitizi H，Abulizi A，Zhang T，et al. Facile photo-ultrasonic assisted synthesis of flower-like Pt/N-MoS₂ microsphere as an efficient sonophotocatalyst for nitrogen fixation[J]. Ultrasonics Sonochemistry，2020，63：104956.

[136] Chu K，Liu Y P，Li Y B，et al. Two-dimensional（2D）/2D interface engineering of a MoS₂/C₃N₄ heterostructure for promoted electrocatalytic nitrogen fixation[J]. ACS Applied Materials & Interfaces，2020，12（6）：7081-7090.

[137] Li Y H，Ho W，Lv K L，et al. Carbon vacancy-induced enhancement of the visible light-driven photocatalytic oxidation of NO over g-C₃N₄ nanosheets[J]. Applied Surface Science，2018，430：380-389.

[138] Li K L，Cui W，Li J Y，et al. Tuning the reaction pathway of photocatalytic NO oxidation process to control the secondary pollution on monodisperse Au nanoparticles@g-C₃N₄[J]. Chemical Engineering Journal，2019，378：122184.

[139] Li K L，He Y，Chen P，et al. Theoretical design and experimental investigation on highly selective Pd particles decorated C₃N₄ for safe photocatalytic NO purification[J]. Journal of Hazardous Materials，2020，392：122357.